普通高等教育电机与电器创新型系列教材

高低压电器及设计

第 2 版

李　靖　编著

机 械 工 业 出 版 社

全书共分3篇，第1篇为电力系统及其对高低压电器的基本要求，包括第1章电力系统及其短路故障的计算和第2章电力系统中的高低压电器及其设计技术综述；第2篇为低压电器，包括第3章低压电器概述、第4章低压配电电器、第5章低压控制电器和第6章低压电器试验技术；第3篇为高压电器，包括第7章高压电器概述、第8章高压断路器及其操动机构、第9章 SF_6 高压断路器和全封闭组合电器、第10章高压真空开关电器、第11章其他高压电器和第12章高压开关设备试验。

本书既可作为高等院校电气类专业的教材，也可供高压电器和低压电器制造企业的管理人员、设计人员以及电力系统从事运行与维护的工作人员参考使用。

图书在版编目（CIP）数据

高低压电器及设计/李靖编著. —2版. —北京：机械工业出版社，2024.3

普通高等教育电机与电器创新型系列教材

ISBN 978-7-111-75457-2

Ⅰ.①高… Ⅱ.①李… Ⅲ.①高压电器-设计-高等学校-教材②低压电器-设计-高等学校-教材 Ⅳ.①TM5

中国国家版本馆CIP数据核字（2024）第061390号

机械工业出版社（北京市百万庄大街22号 邮政编码100037）

策划编辑：王雅新　　责任编辑：王雅新　聂文君

责任校对：张雨霏　王　延　　封面设计：张　静

责任印制：单爱军

北京虎彩文化传播有限公司印刷

2024年7月第2版第1次印刷

184mm×260mm · 25.5印张 · 627千字

标准书号：ISBN 978-7-111-75457-2

定价：79.80元

电话服务	网络服务
客服电话：010-88361066	机　工　官　网：www.cmpbook.com
010-88379833	机　工　官　博：weibo.com/cmp1952
010-68326294	金　　书　　网：www.golden-book.com
封底无防伪标均为盗版	机工教育服务网：www.cmpedu.com

前　言

自2016年《高低压电器及设计》第1版首次将“低压电器”和“高压电器”两门课程的内容整合后出版以来，由于结合了行业企业产品生产发展状况介绍了高低压电器的基本原理，同时用大量案例较全面地反映了当时国内外高低压电器的最新产品与技术发展情况，为高等院校电气类专业的学生针对高低压电器进行集中课程学习或单独进行课程设计，以及为相关行业企业工程技术人员进行产品设计和系统集成提供了有益帮助。

近几年，随着智能电网建设、绿色低碳转型，围绕5G、人工智能、工业互联网、物联网、特高压、新能源汽车等方面开展的“新型基础设施建设”（简称“新基建”），促使高低压电器的产品与技术在数字化、信息化、物联化和智能化方面得到了有力推进。进入“十四五”，国家积极推进碳达峰、碳中和，大力发展新能源及新兴产业，进一步推进新型电力系统及其装备的研制，高低压电器新产品的应用助力“双碳”目标的实现。

根据新形势的要求，《高低压电器及设计》第2版主要做了以下修订：①将第1版第1章与第8章内容合并，删掉了第8章，并将新型电力系统的相关内容增加到第1章；②在第2篇“低压电器”相关章节增加了“低压专业市场电器”，对高电压直流断路器、5G专用小型断路器、AFDD、智能量测开关、高电压直流接触器等专业细分电器典型产品进行了介绍；③在第3篇“高压电器”相关章节增加了高压直流断路器的内容；④将各章介绍的旧标准内容改为新标准内容；⑤增加了高低压开关电器设计新技术介绍。另外，各类高低压电器部分常用产品型号已经有变化的，这次也进行了修改。

《高低压电器及设计》第2版仍分3篇，但总的章节减少了1章。其中，第1篇为电力系统及其对高低压电器的基本要求，包括第1章电力系统及其短路故障的计算和第2章电力系统中的高低压电器及其设计技术综述；第2篇为低压电器，包括第3章低压电器概述、第4章低压配电电器、第5章低压控制电器和第6章低压电器试验技术；第3篇为高压电器，包括第7章高压电器概述、第8章高压断路器及其操动机构、第9章SF_6高压断路器和全封闭组合电器、第10章高压真空开关电器、第11章其他高压电器和第12章高压开关设备试验。

作为国内目前同时讲述应用于新型电力系统的高压电器和低压电器的专业教材，本书结合500余个图表，通过150余个案例，比较全面、系统地介绍了用于新型电力系统中的高低压电器的组成结构、工作原理、主要技术参数、试验方法及设计原则等内容，以及新研制的高低压电器典型产品及其设计技术的发展水平和动向，具有系统性、规范性、实用性和先进性等特点。

本书由温州大学李靖教授编著。在本书编写过程中，得到了西安交通大学、清华大学、浙江大学、哈尔滨工业大学、华北电力大学、华南理工大学、湖南大学、上海工程技术大学、杭州电子科技大学、大连理工大学、温州大学、厦门理工学院、湖南工程学院等高校，以及上海电器科学研究所（集团）有限公司、西安高压电器研究院股份有限公司、桂林电器科学研究院有限公司、施耐德电气（中国）有限公司、正泰电器股份有限公司、德力西电气有限公司、良信电器股份有限公司、浙江天正电气股份有限公司、厦门宏发股份有限公司、西安西电开关电气有限公司、平高电气股份有限公司、南方电网科学研究院有限责任公司、华仪电气股份有限公司、许继电气有限公司、厦门ABB开关有限公司、北元电器有限公司、泰永长征电气股份有限公司、沈阳二一三电器有限公司、鼎信通讯股份有限公司、瑞睿电气（浙江）有限公司、圣普电气有限公司、新驰电气集团有限公司、浙江创奇电气股份有限公司、加西亚电子电器股份有限公司、桂林金格电工电子材料科技有限公司、浙江方圆电器设备检测有限公司、浙江现代电气有限公司等单位的大力帮助，书中大量案例来自国内外电器行业企业。作为主审，贺湘琰老师对全书进行了审阅，提出了不少宝贵意见，在此一并表示感谢。

本书既可作为高等院校电气类专业的教材，也可供高压电器、低压电器制造企业的管理人员、设计人员以及电力系统从事运行与维护的工作人员参考使用。

由于编者水平有限，书中不妥之处在所难免，恳请读者批评指正。

编　者

目　录

第2篇 低 压 电 器

第3篇　高压电器

第1篇　电力系统及其对高低压电器的基本要求

第1章　电力系统及其短路故障的计算

1.1　概述

电作为人类最伟大的科技发明成果之一，对推动社会进步与科技发展、提高人们的生活质量发挥了极其重要的作用。能源科技革命、行业产业变革和新型电力系统建设的加速进行，引申出一系列涵盖电力、交通、通信、工业、建筑等行业的电气工程领域专业技术，其中，新型电力行业又涉及各类发电工程、电气工程材料与器件、电力系统工程、电机工程、电力电子技术、电气传动自动化、储能技术等领域，包含的技术要求、技术数据、设计经验、科技成果随着社会需求的提升不断发展。

下面以新型电力系统为应用背景，对常用高低压电器的相关知识进行叙述。

1.1.1　动力系统、传统电力系统和电力网间的关系

1. 动力系统

动力系统是动力部分与电力系统的总称。其中，动力部分设备包括热力装置、水力装置、核反应堆、风力发电装置、光伏发电装置等。近年新能源装机旺盛，风电和光伏的装机总和保持30%以上的复合增速。

2. 传统电力系统

传统电力系统由发电厂、电力网和用户组成，通过发电、升压、输电（从电厂到负荷中心）、降压、配电（由负荷中心到各配电变电所）和用电等设备以及辅助系统（如继电保护、安全自动装置、调度自动化和通信等装置），完成电能的生产、变换、输送、分配和消费，并将各发电厂、变电所并列运行，以提高整个系统的可靠性和经济性的统一整体。

3. 电力网

电力网是连接发电厂和电能用户的中间环节，包括输电网和配电网两部分。其中，输电网由220kV及以上电压等级的输电线路和与之相连的变电所组成，作为电力系统的主干部分，其作用是将电能输送到距离较远的各地区配电网或直接送到大型企业。配电网由110kV及以下电压等级的线路（380/220V为低压配电线路、10～35kV为中压配电线路、35～110kV为高压配电线路）和配电变压器组成，其作用是将电能分配到各类用户。

上述三系统的结构关系如图1-1所示。

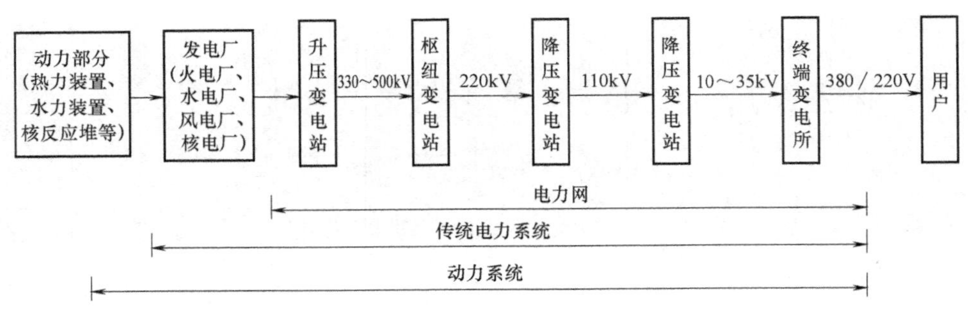

图1-1 三系统的结构关系

传统低压配电系统是将低压电器及各类测量、显示、控制、信号、保护、调节等设备，用具有保护功能的结构部件，通过电气和机械连接完整地组装在一起的组合体。它处于电力网的末端，包括五类电器：①低压配电电器，如断路器、隔离器、隔离开关与低压熔断器的组合电器、双电源转换开关、低压熔断器；②控制电器，如接触器、起动器；③低压控制电路电器，如中间继电器、时间继电器、万能转换开关、位置（行程）开关、按钮、主令控制器、接近开关、控制器、电阻器、信号灯；④终端电器，如家用及类似场所用电器、模数化终端组合电器；⑤由电力电子器件和微电子芯片组成的功率控制开关、专用智能化控制器、可编程序控制器及各种电能计量、监控仪表等。由上述电器组成的配电系统可实现电能的输、配、供。传统的低压配用电系统如图1-2所示。

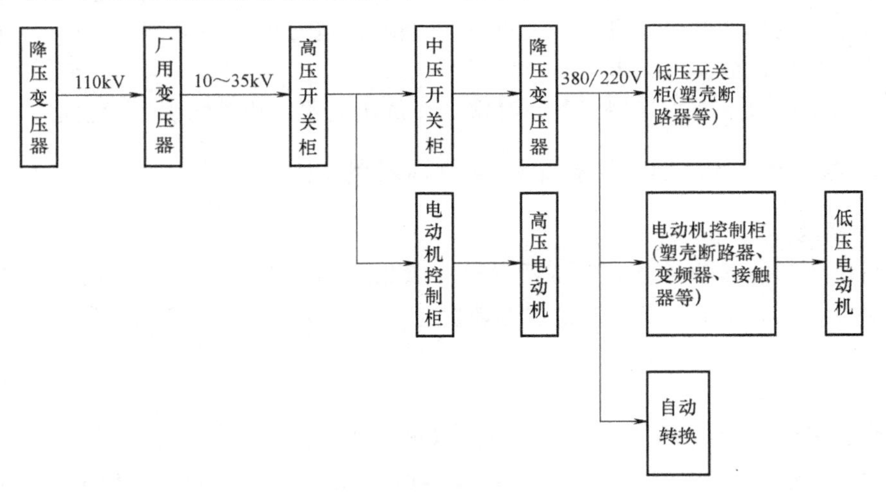

图1-2 传统低压配用电系统

1.1.2 双碳目标下的新型电力系统

1. 新能源

能源是指能够提供能量的资源，也称传统能源、常规能源，如煤炭、石油、水、天然气等。新能源是指除一般传统能源之外的各种形式能源。

1980年，联合国提出：新能源是以新技术和新材料为基础，使传统的可再生能源得到现代化的开发和利用，用取之不尽、周而复始的可再生能源取代资源有限、对环境有污染的化石能源，重点开发太阳能、风能、生物质能、地热能、氢能和核能（原子能）。

传统能源与新能源的划分存在时限性、相对性，如核能中的核裂变在 20 世纪 50 年代被称为新能源，但到了 20 世纪 80 年代被称为常规能源。

新能源行业包括开发利用一次新能源和开发利用二次新能源两个行业。其中，前者包括太阳能、风能、生物质能、地热能、氢能和核能，后者包括由电车和氢能源车组成的新能源车、电化学储能（目的是提升电力电网的使用效率）和充电桩。且前者可以提供电力等转换后的能源产品供给后者。

新能源行业的直流电压等级近年逐渐在提升，2022 年多种低压直流产品的额定电压已经达到 DC 1500V，今后还会达到中压 3kV 及以上。之所以要提高直流额定电压，一方面是为了节约系统成本，另一方面是为了减少直流线损和交流线损，从而提高项目的用电量。

2. 双碳目标

2020 年 9 月，我国明确提出 2030 年前达到碳达峰、2060 年前实现碳中和的双碳目标。换言之，是 2030 年前使用化石能源排放的二氧化碳达到峰值，即化石能源的使用量达到最大值；2060 年前使用的化石能源排放的二氧化碳都能被抵消，大部分能源都是新能源。

当今，国内新能源装机已经规模化，但发电量占比仍比较低。与常规发电比较，新能源需要数倍的装机容量才能发出同等电量，故需要更多的新能源发电和高电压直流保护设备，这些设备需要对直流电压和电流具有较高的灵敏性。我国电网将接入大量新能源发电设备，能源结构中的风光电将处于高占比状态。目前，我国电源总装机 22 亿 kW，其中风力发电、光伏发电、生物质发电共占比 26%，发电量占比 11%；未来，新能源装机和发电量均有望达到 50%以上。

3. 新型电力系统

2021 年 3 月，中央财经委员会第九次会议指出“要着力提高利用效能，实施可再生能源替代行动，深化电力体制改革，构建以新能源为主体的新型电力系统”。同年 10 月国务院发布的《2030 年前碳达峰行动方案》提到：积极发展“新能源+储能”、源网荷储一体化和多能互补，支持分布式新能源合理配置储能系统。制定新一轮抽水蓄能电站中长期发展规划，完善促进抽水蓄能发展的政策机制，支持新能源优先就地就近并网消纳。

以新能源接入为核心的新型电力系统的架构如图 1-3 所示。

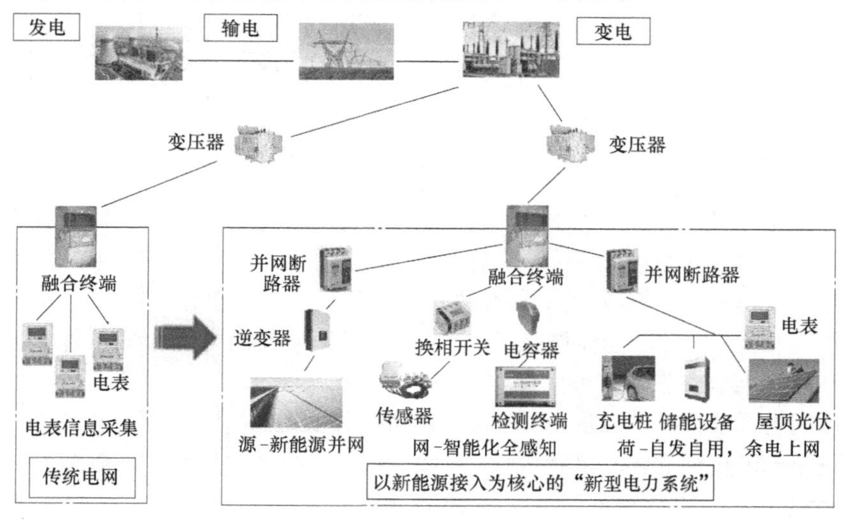

图 1-3　新型电力系统的架构

新型电力系统是未来能源体系中最重要的变革，构建新型电力系统不再只是传统意义上的电网规划和建设，而是发电、电网和用户的有机结合，实现源网荷储（即电源、电网、负荷、储能）深度互动。为适应业务的变化，低压用电采集系统也将向业务“源网荷”演进，满足功率双向流动和多元负荷用电需求，达到分布式新能源就地消纳、源荷实时柔性调节的目标。

当然，新能源并网也会给电力系统带来电压和频率的不稳定，由双馈异步风力发电机、永磁直驱风力发电机构成的风力发电设备和由光伏逆变器（PCS）组成的太阳能发电设备均含有电力电子部件，原来基于机电系统制定的分析与调控手段对新能源发电设备将不再适用，加之可再生能源的不确定性，这让新能源占比很高的电力系统变得异常脆弱。为此，许多电力系统设备生产厂家都在进行角色转换，不再是简单的电能质量治理设备生产商，而是要考虑更为综合的、能满足系统需求、对于用户易用够用的综合服务商。

4. 新型低压配电系统

新型低压配电系统是基于分布式能源接入能源可控和负荷可控需求与微网自治理念，强调系统安全的系统。

新型低压配电系统的构成框图如图1-4所示。

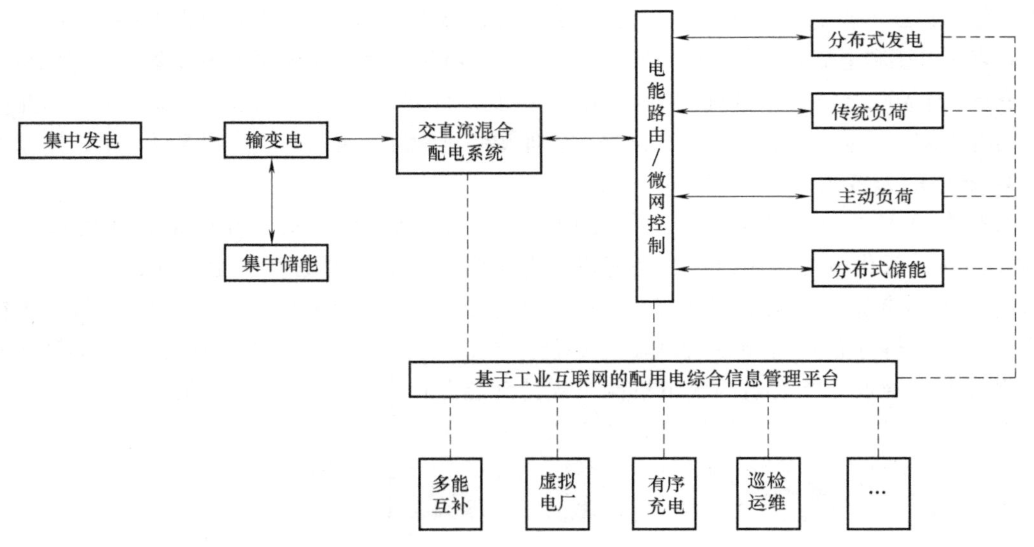

图1-4 新型低压配电系统的构成框图

→能量流 --信息流

新型低压配电系统具有三方面的特征：①大量应用新型组网技术，如多层级的分布式微网、纯直流电力系统、多能互补系统、电能路由器应用等；②大幅增加主动负荷与储能，包括应用虚拟电厂、有序充电等方式挖掘可调节负荷潜力，应用储能实现发电用电解耦；③高度融合能量流与信息流，包括全面建设基于工业互联网的配用电综合信息管理平台，资产数字化、数字孪生运行。

新型低压配电系统具有“双高（即高比例可再生能源接入与高比例电力电子设备应用）、双随机（即供给侧随机性和需求侧随机性）”特点，对系统灵活高效运行提出了更高要求。

由于新型电力系统和新型低压配电系统的建设目前还在进行中，其中涉及的体系、标准、设备等还在探讨和研制，故本章下述内容仍然以传统电力系统为分析对象进行介绍。

1.1.3　电力系统中的电能质量标准参数

在 IEC（International Electrical Commission，国际电工委员会）和国家标准中，有标称值和额定值两个重要的电工名词术语。其中，“标称值”（nominal value）为用以标识一个元件、器件或设备的合适的近似值。“额定值”（rated value）是制造厂对一个元件、器件或设备在规定条件下工作所规定的一个量值，用有效值表示。

衡量电能质量的主要指标是电网的频率、电压和波形的质量指标。其中，频率质量指标为频率允许偏差；电压质量指标包括允许电压偏差、允许波形畸变率（谐波）、三相电压允许不平衡度以及允许电压波动和闪变。

电能质量的三个主要指标的标准参数如下：

1）频率。我国大陆电力系统额定频率为 50Hz，台湾地区为 60Hz。其中，技术标准规定对 50Hz 的大型电力系统，频率的允许范围为 50Hz±0.2Hz；对 50Hz 的中小型电力系统，频率的允许范围为 50Hz±0.5Hz。

2）电压。电力系统电压等级包括电网、用电设备、发电机和变压器的额定电压。国家标准规定，三相交流电网和电力设备的额定电压均为线电压。对不同对象的额定电压，国家标准的规定有所不同，具体如下：

① 电网的额定电压，等于电力线路及与之相连的变电所汇流母线的额定电压。

② 用电设备的额定电压，规定与同级电网的额定电压相同，实际运行时允许在一定波动范围内变化。其中，35kV 及以上电压供电用户的电压容许变化范围为±5%，10kV 及以下的为±7%，低压照明的为-10%～+5%。

③ 发电机的额定电压允许比同级电网的额定电压高 5%，这是因为电力线路的始末允许有 10%的电压损耗，其末端允许比电网的额定电压低 5%。

④ 电力变压器一、二次绕组的额定电压与其连接方式有关。当发电机与变压器的一次绕组直接相连时，变压器一次绕组的额定电压应与发电机的额定电压相同；当变压器不与之直接相连，而是接于某电力线路时，变压器一次绕组的额定电压应当与该线路的额定电压相同。当电力变压器的二次绕组供电给较长的高压输电线路时，其额定电压应比线路的额定电压高 10%；当供电给较短的输电线路时，其额定电压可以只比线路的额定电压高 5%。

3）波形。电力系统供电电压或电流的标准波形应是正弦波；否则，其将含有各种谐波成分。谐波不仅会大大影响电动机的效率和正常运行，还可能使电力系统产生谐波共振，危及设备的安全运行，同时影响电子设备的正常工作，并对通信产生干扰。

1.1.4　电力系统的接线

1. 接线方式

电力系统接线包括电力网的接线、发电厂的主接线和变电所的主接线（也称一次接线）。

1）电力网包括输电网（将发电厂生产的电能输送到负荷中心）和配电网（将小型发电厂或变电所通过适合的电压等级配送到每个用户，分高压、中压和低压）。其中，中压配电网的接线方式有放射式、树干式和环网式。

2）发电厂的主接线是指由发电厂所有高压电气设备通过连接线组成的、用来接收和分配电能的电路。

3）变电所的主接线是指输电线路进入变电站之后，所有电力设备（变压器及进出线开关等）的相互连接方式。其接线方案有线路变压器组、桥形接线、单母线、单母线分段、双母线、双母线分段、环网供电等。

对电气主接线的基本要求是供电可靠、电气设备能够根据各种工作情况和运行方式灵活投切，并在此基础上做到经济合理。

2. 中性点的运行方式

所谓中性点，是指电气设备三相星形联结的相连端。电力系统中的发电机绕组和变压器高压绕组常接成星形，这些绕组的中性点统称为电力系统的中性点。一般而言，将电力系统中变压器中性点的接地方式理解为对应的电力系统的中性点接地方式。

中性点的运行方式是指系统中星形联结的发电机、变压器中性点对地的连接方式，分为大接地电流系统和小接地电流系统。分述如下：

1）大接地电流系统：中性点直接接地或经过低阻抗接地。当系统发生单相接地时电弧不能自行熄灭，需要断路器来切断单相接地故障。

2）小接地电流系统：中性点不接地或经消弧线圈和其他高阻抗接地的系统，发生单相接地故障时，电弧能够自行熄灭。6~10kV 电网中接地点的电容电流超过 20~30A、35~66kV 电网中的接地点的电容电流超过 10A 时，需加装消弧线圈。当发生单相接地时，故障电流一般较小（特别是经消弧线圈补偿后），为 20~30A。用来判断接地点并发出告警的自动装置，称为小电流接地选线仪。

电力系统根据中性点是否接地，分为中性点接地和中性点不接地两种系统。其中，电压等级 110kV 及以上的电力系统属于中性点接地系统，110kV 以下的属于中性点不接地系统。

3. 电力系统电气主接线

电力系统的电气主接线也称一次电路、主电路或一次设备连接电路。它反映了电能产生、汇集、分配和传输的关系，决定了电力系统的运行方式、电气设备的选择以及继电保护与控制方式等。电气主接线图一般画成单线图，用规定的图形符号和文字符号描述主接线中设备在“正常状态（如电路无电压、无外力作用）”下的连接情况。

某 10kV 变电所的一次线路如图 1-5 所示。

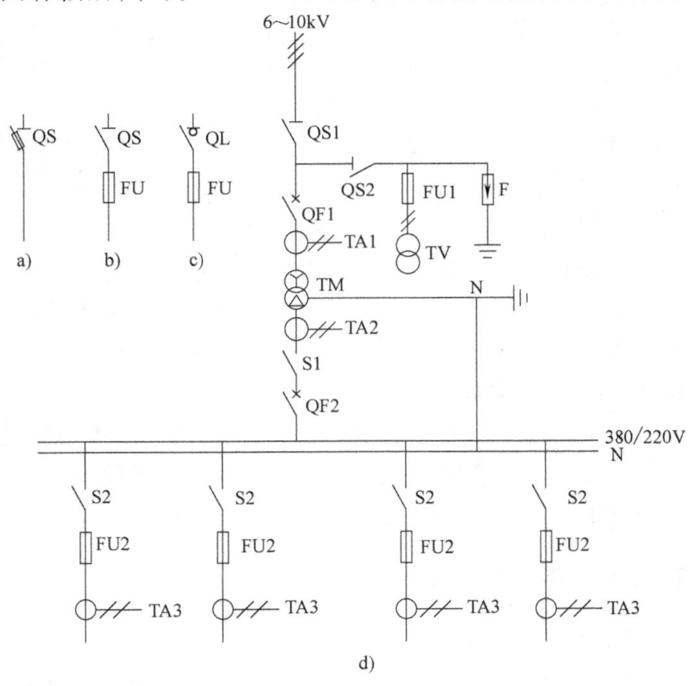

图 1-5 10kV 变电所的一次线路

a）熔断器 b）隔离开关-熔断器 c）负荷开关-熔断器 d）隔离开关-断路器

FU—熔断器 F—高压避雷器 QF—高压断路器 QS—隔离开关 QL—负荷开关 TA—电流互感器 TV—电压互感器 TM—电力变压器 S—刀开关

1.2　电力系统的关合与开断

电力系统的关合与开断既包括正常负荷的关合与开断、故障负荷的关合与开断（如单相短路故障的关合与开断和三相短路故障的关合与开断），又包括电容负荷的关合与开断、小电感电流的开断。

电力系统的故障包括临时性故障和永久性故障。

所谓临时性故障，是指高压断路器切除故障后，在一定时间内故障电路通过自动重合闸可以再次接通的故障形式。我国高压电网要求的单相重合闸时间为0.7~1.5s，三相重合闸时间为0.5~1.0s。

所谓永久性故障，是指一次自动重合闸失败后，电路存在的故障形式。对个别特别重要的线路，在一次自动重合闸失败后，有可能要求高压断路器再一次关合，进行“强送电”。如故障未消除，高压断路器将会再次开断短路故障。因此，采用自动重合闸的高压断路器的关断条件非常恶劣。

为确保运用于电力系统中的高低压电器能够满足各类故障情况下的性能要求，需首先了解电力系统关合与开断的相关知识。

1.2.1　电力系统关合与开断的类型

高压开关电器在电力系统不同地点使用时，有不同的开断与关合任务。除了一般的关合、开断负载电流与短路电流外，高压开关电器在高压及超高压输电线路中还要关合、开断空载长线；在电力变压器前面使用时，要关合涌流及开断励磁电流；在控制电动机时，要开断起动过程中的过电流；在合、分并联电容器组时，要关合与开断容性负载；接在母线上的高压断路器，有时还要能完成并联开断任务；联络用高压断路器要能完成失步开断任务。各种关合和开断的严酷度差异很大，在完成上述关合、开断任务时，产生的过电压不允许超过高压开关电器的规定值，其开断电寿命应达到规定的次数。

根据关合与开断电流的大小、电流与电源电压之间的相位差、开断后恢复电压的波形及其幅值的不同，可将电力系统关合与开断分为四大类，见表1-1。

表1-1　电力系统关合与开断的类型及其特点

关合与开断的电流类型	正常负荷电流	短路电流	容性电流	小电感电流
关合与开断的情况举例	正常负载运行的线路、变压器、电动机等	1. 端子故障 2. 近区故障 3. 失步故障 4. 异相接地故障	1. 电容器组 2. 空载长线 3. 空载电缆	1. 空载变压器 2. 并联电抗器 3. 空载电动机
关合电流与额定电流 I_N 的关系	$I_{c1}=I_N$	$I_{c1}\geqslant I_N$	$I_{c1}\geqslant I_N$	$I_{c1}>I_N$
被开断电流与额定电流 I_N 的关系	$I_1=I_N$	$I_1\geqslant I_N$	$I_1\leqslant I_N$	$I_1\leqslant I_N$
电路功率因数	>0.6	≤0.15	≈0	≈0
开断特点及其对开断设备的要求	恢复电压幅值不高，上升速度慢，易于开断，但应增加允许开断的次数	恢复电压幅值高，上升速度快，灭弧室损伤较重，要承受很大的机械负荷（包括电动力的作用），开断与关合条件苛刻	电流过零时易于熄弧，但要防止在熄弧后的0.005~0.01s间，由于触头间绝缘强度恢复不够引起的重击穿，产生危险的过电压	灭弧能力过强时，可使电弧强迫过零、产生危险的过电压

1.2.2 电力系统关合与开断时电弧的燃烧与熄灭

对交流电力系统，关合与开断时电弧产生与熄灭的情况由交流电弧熄灭条件决定。

1）各类高低压开关电器在关合和开断电力系统某些元件时都会出现电弧。关合与开断的电流越大，开关电器中的电弧燃烧越强烈，工作条件也越严重。

2）介质强度（指高低压开关电器一极端子之间能承受的电压值）和恢复电压（指电流过零后在高低压开关电器一极的端子之间出现的外加电压值）是决定高低压开关电器关合和开断过程中电弧是否熄灭的两个重要因素。两者均随时间变化，分别用 $u_{jf}(t)$ 和 $u_{hf}(t)$ 表示，它们的变化曲线如图 1-6 所示。

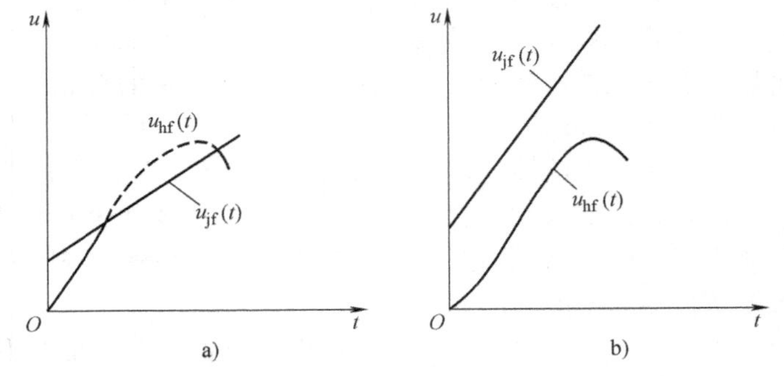

图 1-6 介质强度和恢复电压随时间变化的曲线

a）$u_{hf}(t)$ 与 $u_{jf}(t)$ 曲线间有交叉 b）$u_{hf}(t)$ 与 $u_{jf}(t)$ 曲线间无交叉

以交流电力系统的关合为例。当恢复电压 $u_{hf}(t)$ 的上升速度比介质强度 $u_{jf}(t)$ 的更快时，$u_{hf}(t)$ 和 $u_{jf}(t)$ 两曲线将相交（见图 1-6a），高低压开关电器一极的两个端子之间的电弧将重燃，电流继续以电弧的形式通过断口，电路不能开断；当介质强度 $u_{jf}(t)$ 的上升速度比恢复电压 $u_{hf}(t)$ 的更快时，$u_{jf}(t)$ 和 $u_{hf}(t)$ 两曲线将不会相交（见图 1-6b），电弧不再重燃，电路即被开断。

1.3 电力系统短路故障

1.3.1 电力系统短路故障的定义

电力系统短路是指电力系统中的一相或多相导体因发生接地或互相短接而将负载阻抗短接掉。

1.3.2 电力系统短路故障的形式

电力系统的短路故障包括单相短路、两相短路和三相短路三种类型，常见形式包括单相接地短路、两相接地短路、两相不接地短路、三相接地短路、三相不接地短路和断路器异侧两相接地短路 6 种形式。理想的短路前提是三相负载相等。

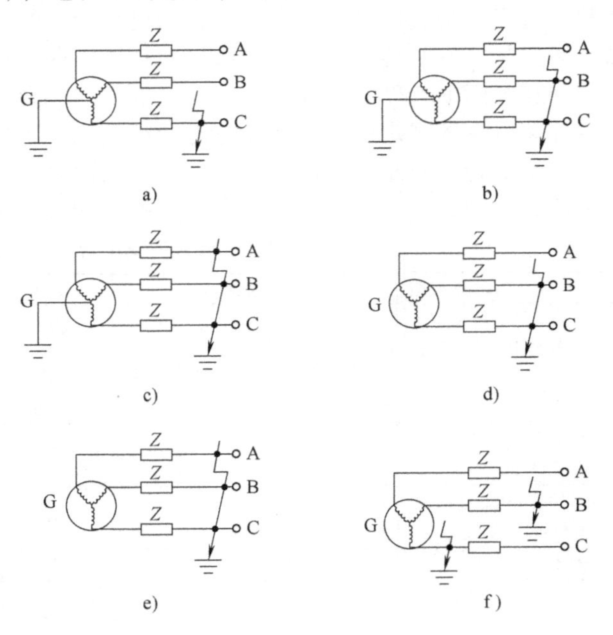

图 1-7 电力系统 6 种短路情况

a）中性点接地系统单相接地短路 b）中性点接地系统两相短路 c）中性点接地系统三相短路 d）中性点不接地系统两相短路 e）中性点不接地系统三相短路 f）中性点不接地系统异相接地短路

图 1-7 是上述 6 种常见电力系统短路形式的电路图。其中，三相接地

短路和三相不接地短路（见图 1-7c 和图 1-7e）属于对称性短路，其他形式的短路均属“非对称性短路”。从短路发生的数量看，单相短路占大多数，两相短路较少，三相短路的机会最少。从短路的危害看，三相短路的短路电流最大，危害也最严重，因此，高低压电器常用三相短路电流值来校核电器的动稳定性能。

1.3.3　电力系统短路故障的关合

电力系统的关合有两种情况：一是正常关合，即电力系统关合前，线路或电气设备不存在绝缘故障的情况；二是短路故障的关合，即电力系统关合前，由于“已存在未被发现的预伏故障、试探性自动重合闸、人为接地短路或误操作”的原因，致使电力线路或电气设备呈现短路状态的情况。由于短路故障关合时发生的问题较短路故障开断的情况更严重，因此，本章重点讨论电力系统短路故障的关合情况。

1. 不同短路电流之间的关系

关合单相短路故障时，除了会出现短路冲击电流外，还会出现额定短路关合电流、额定热稳定电流和额定短路开断电流。其中，额定短路关合电流 I_{cm}（或 I_{NG}），是指在额定电压以及规定的使用条件下，开关电器能保证正常关合的最大短路峰值电流。

额定热稳定电流 I_{th}（或 I_t），是指在 2s 短路时间内，断路器能够承受短路电流发热作用的电流有效值，单位为 kA。

额定短路开断电流 I_b（或 I_{NK}），是指在规定条件（额定电压、额定频率、功率因数或时间常数）下，由制造厂规定的表示电器短路分断能力的电流值。如某开关上标明其额定短路开断电流为 20kA，即表示如果出现 20kA 以内的短路，分闸触头的灭弧、热元件的动作等应有效。

$$I_{dm}=I_{cm},I_{th}=I_b \tag{1-1}$$

式中，I_{dm} 为稳态短路冲击电流的幅值；I_{cm} 为额定短路关合电流；I_{th} 为额定热稳定电流；I_b 为额定短路开断电流。

2. 短路电流 i_d

如图 1-8a 所示，设电源电压 $e=E_m\sin(\omega t+\alpha)$，$\alpha$ 为电源电压的初相角，忽略电源阻抗，可得如图 1-8b 所示的计算短路故障关合电流的等效电路。

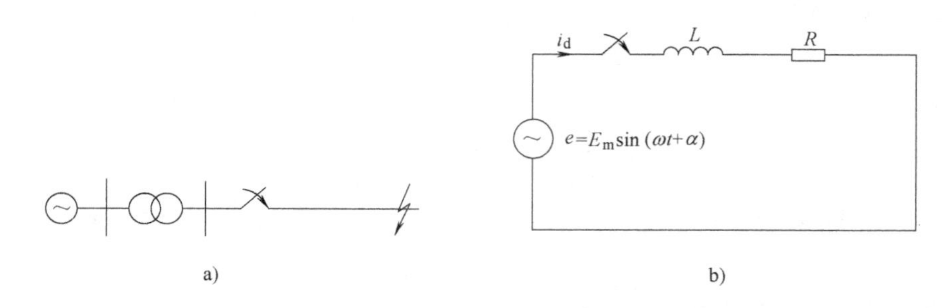

图 1-8　短路故障的关合

如 $t=0$ 时关合，则短路电流 i_d 为

$$i_d = \frac{E_m}{z}\sin(\omega t+\alpha-\varphi) - \frac{E_m}{z}e^{-\frac{t}{T}}\sin(\alpha-\varphi)$$
$$= I_{dm}\sin(\omega t+\alpha-\varphi) - I_{dm}e^{-\frac{t}{T}}\sin(\alpha-\varphi) \tag{1-2}$$

式中，z 为回路的阻抗，$z=\sqrt{(\omega L)^2+R^2}$；$\varphi$ 为阻抗角，$\varphi=\arctan(\omega L/R)$；$T$ 为回路的时间常数，$T=L/R$；I_{dm} 为稳态短路电流的幅值，$I_{dm}=E_m/z$。

当正弦电压过零（即 $\alpha=0$）时合闸，将出现短路电流的最大值 I_{ch}，也叫短路冲击电流。由于非周期分量的存在，短路电流的最大值 I_{ch} 一般在短路发生后的半个周期（即 $t=\pi/\omega=0.01\text{s}$）时出现。其值可由下式求出：

$$I_{ch} \approx -I_{dm}\cos\pi + I_{dm}e^{-\frac{0.01}{T}} = \left(1+e^{-\frac{0.01}{T}}\right)I_{dm} = K_{ch}I_{dm} = K_{ch}\sqrt{2}I_d \tag{1-3}$$

式中，$K_{ch}=1+e^{-0.01/T}$，是冲击电流与周期性分量电流的幅值之比，称为冲击电流系数。

高压电器标准规定：短路冲击电流 I_{ch} 一般为短路电流周期分量幅值的1.8倍，为短路电流周期分量有效值的2.55倍。

$$I_{th} = I_b \tag{1-4}$$

式中，I_{th} 为额定热稳定电流（I_t）；I_b 为额定短路开断电流（I_{NK}）。

$$I_{dm} = I_{cm} \tag{1-5}$$

式中，I_{dm} 为短路冲击电流（I_{ch}）；I_{cm} 为额定短路关合电流（I_{NG}）。

电力系统关合短路故障时，由于负载被短接，线路（包括设备）的阻抗极小（$R \ll \omega L$），故关合电流为正常工作电流几十倍的感性大电流，但不同回路、不同短路方式下的关合电流的大小和波形有一定的差别。普遍认为，开关电器最重要的关合任务是关合三相短路故障。在关合过程中，当开关电器的触头间隙被击穿后，其将承受短路电流产生的电动力（包括阻止其关合的回路电动力）、电弧高温对触头的烧蚀等多方面因素的作用，开关电器应能顺利关合到位。此后，如接到开断指令，开关电器应能立即顺利地开断。图1-9所示是当A相电源电压过零瞬间关合短路故障时，A、B、C三相出现短路电流的几个起始波形。

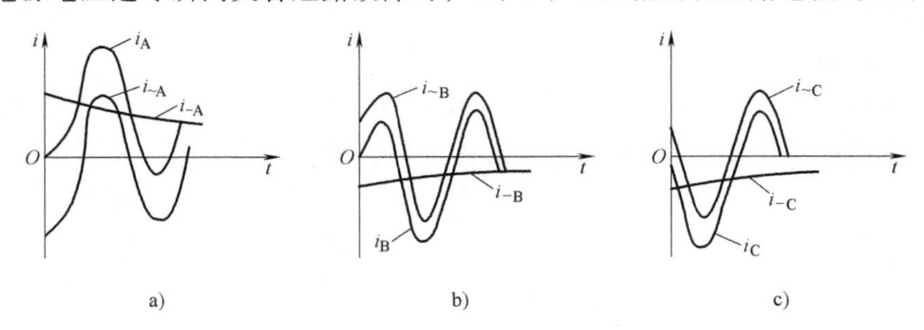

图1-9　关合短路时的电流波形

a）A相　b）B相　c）C相

i_A、i_B、i_C—三相短路电流；$i_{\sim A}$、$i_{\sim B}$、$i_{\sim C}$—三相短路电流交流分量；i_{-A}、i_{-B}、i_{-C}—三相短路电流直流分量

1.3.4　电力系统短路故障的开断

1. 开断电流的定义

开断电流是指触头分离瞬间，流过高低压开关电器断口的电流。根据继电保护整定值的

快慢和断路器动作快慢的不同，高低压开关电器触头的分离既可以出现在电流的非周期分量尚未全部衰减完时，也可以出现在非周期分量已全部衰减完后，即图 1-10 中的 t_1 或 t_2 两个不同的分离时刻。

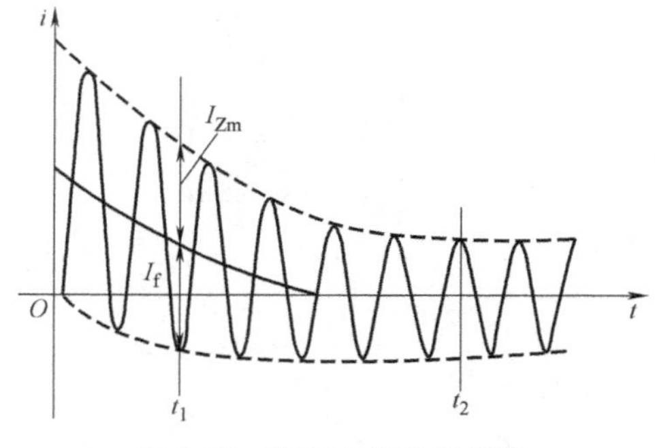

图 1-10　开断电流的波形图

2. 开断电流的表示方法

开断电流既可以用触头分离瞬间的短路电流周期分量的有效值 $I_Z=I_{Zm}/\sqrt{2}$ 表示，也可以用短路电流非周期分量与周期分量的比值 I_f/I_{Zm} 表示。

3. 短路电流包含非周期分量时的电流和电压曲线

在开断电流周期分量相等的情况下，非周期分量的存在虽然有可能提高触头分离瞬间的短路电流瞬时值，但它在某种程度上却有利于电路的开断。

在开关电器的试验条件中，规定了开断电流非周期分量的平均值或直流分量不能大于周期分量最大值（或交流分量峰值）的 20%，原因是当短路电流存在非周期分量时（见图 1-11），电弧不管是在电流的大半波过零时刻（图中 t_1 点）还是在小半波过零时刻（图中 t_2 点）熄灭，开关电器断口所受的工频恢复电压 U_{gh1} 和 U_{gh2} 均比电源电压的最大值小，有利于熄弧。

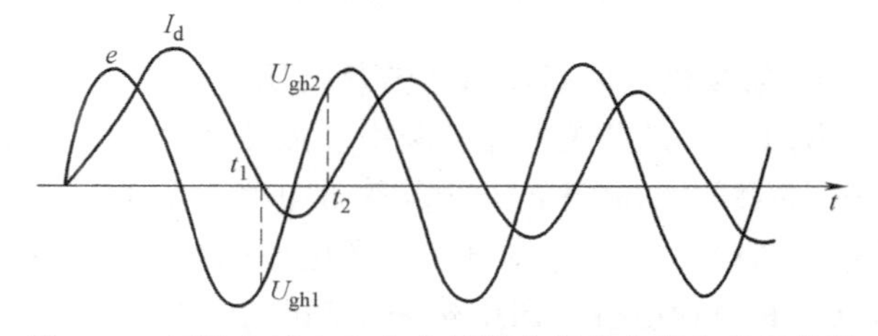

图 1-11　短路电流中包含非周期分量的电流和电压曲线

4. 高压断路器开断单相短路故障时断口处的电气参数

为限制短路电流、降低工频恢复电压、减慢恢复电压上升速度，对单频单相接地故障，可在线路中串联电阻 R，此时，瞬态恢复电压的最大值 $u_{hfm}=E_0(1+e^{-\delta_0}\pi/\omega_0)$，式中，$\delta_0$ 为电路固有衰减系数，ω_0 为电路固有振荡角频率；瞬态恢复电压上升速度 $(du_{hf}/dt)_P=4f_0E_0=4f_0U_m$，式中，$U_m$ 是单相额定电压幅值。对单频单相接地故障，可在主断口上并联电阻 R，当辅助断口（非主断口）开断时，瞬态恢复电压的最大值 $u_{hfm}=E_0(1+e^{-\delta_1}\pi/\omega_1)$，式中，$\delta_1$ 为电路固有衰减系数，ω_1 为电路固有振荡角频率；瞬态恢复电压上升速度 $(du_{hf}/dt)_P=4f_1E_0=4f_1U_m$，式中，$U_m$ 是单相额定电压幅值。

5. 高压断路器开断三相短路故障时断口处的电气参数

由于三相短路是严重的短路故障方式，高压开关电器的短路开断试验条件一般都是按照此方式制定的。中性点经高阻抗接地系统的三相接地、不接地短路，与中性点接地系统三相不接地短路的短路故障开断过程相同，它们的等效电路如图 1-12a、b 所示。

1.3.5　电力系统短路故障开断时的瞬态恢复电压

开关电器开断单相和三相短路故障时，断口上的瞬态恢复电压通常都是单频（工频）振荡特性。但是当回路结构发生变化时，开关电器断口上的恢复电压也可以是双频、三频，甚至更高频率，现分述如下。

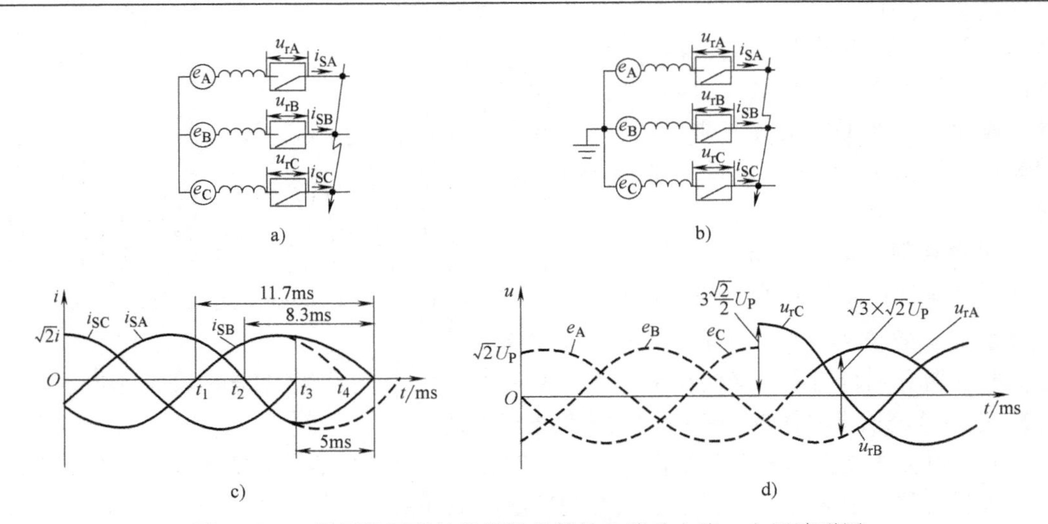

图 1-12 三相短路开断过程相同的等效电路及电流、电压波形图

a) 中性点不接地的三相系统 b) 中性点接地的三相系统 c) 电流波形图 d) 电压波形图

1. 双频振荡的断口瞬态恢复电压

图 1-13a 是开关电器开断中性点接地的发电机输电线路在电抗器后发生的单相接地短路的一次接线图，图 1-13b 为其等效电路，图 1-13c 为开关电器断口上电弧熄灭后的双频等效电路。图中，L_1、C_1 为开关电器电源侧的电感和对地电容，L_2、C_2 为开关电器的电抗器侧的电感和对地电容，图中略去全部电阻。

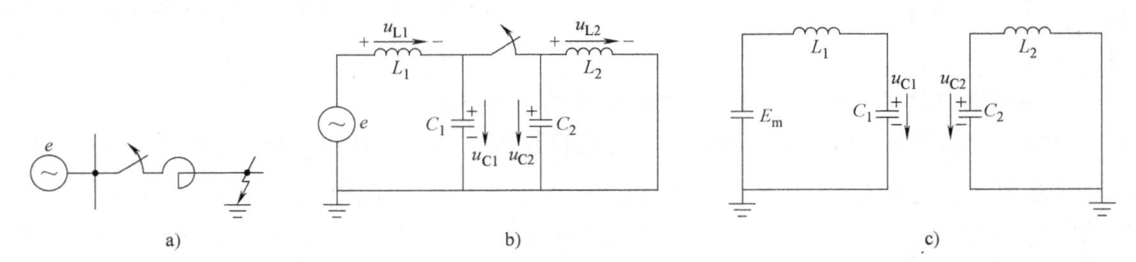

图 1-13 开断中性点接地的发电机输电线路在电抗器后发生的单相接地短路

分析如下：

1）L_1、L_2 电路：忽略开关电器开断前流经 C_1 和 C_2 的电流，则开关电器断口上的电弧电流过零前的瞬间，作用在 L_1、L_2、C_1 和 C_2 上的电压分别为

$$U_{L1}=\frac{L_1}{L_1+L_2}E_m \tag{1-6}$$

$$U_{L2}=U_{C1}=U_{C2}=\frac{L_2}{L_1+L_2}E_m \tag{1-7}$$

2）C_1、C_2 电路：从开关电器断口上的电流过零、电弧熄灭开始，断口两侧的回路将分成两个独立的振荡回路，忽略振荡过程中的电源电压变化，可得图 1-13c 的等效电路图。

由此，可求出电容 C_1 和 C_2 上的瞬态电压变化为

$$u_{C1}=E_m-(E_m-U_{C1})\cos\omega_1 t=E_m-\frac{L_1}{L_1+L_2}E_m\cos\omega_1 t \tag{1-8}$$

$$u_{C2}=U_{C2}\cos\omega_2 t=\frac{L_2}{L_1+L_2}E_m\cos\omega_2 t \qquad (1\text{-}9)$$

式中，两振荡回路的振荡角频率 ω_1 和 ω_2 分别为 $\omega_1=1/\sqrt{L_1C_1}$ 和 $\omega_2=1/\sqrt{L_2C_2}$。

而开关电器断口两端的瞬态恢复电压 u_{gh} 则为

$$u_{gh}=u_{C1}-u_{C2}=E_m\left(1-\frac{L_1}{L_1+L_2}\cos\omega_1 t-\frac{L_2}{L_1+L_2}\cos\omega_2 t\right) \qquad (1\text{-}10)$$

图 1-14 为计及衰减时的 u_{C1} 和 u_{C2} 的变化曲线以及由此合成的双频恢复电压 u_{gh} 的波形。

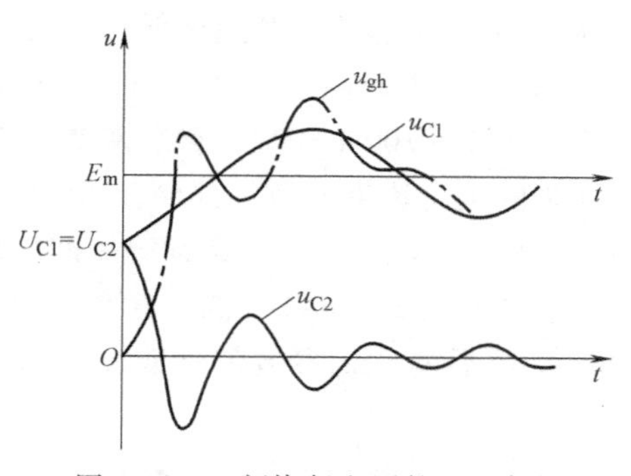

图 1-14　双频恢复电压的 u_{gh} 波形

2. 电力系统短路故障开断时的瞬态恢复电压

实际的电力系统因回路多样、参数各异，瞬态恢复电压的实际波形很复杂，一般要通过实测或用电子计算机计算得出。

根据统计和归纳，电力系统的瞬态恢复电压分为两种：

1）当系统电压低于 110kV，或虽高于 110kV 但短路电流相对较小，只有最大短路电流的 10%～30%时，瞬态恢复电压为近似于衰减的单频振荡，此时：

① 恢复电压特性常用“两参数法”表示，即用瞬态恢复电压峰值 U_{ghm}（kV）和峰值时间 t_m（μs），或恢复电压振幅系数 K_m 和固有振荡频率 f_0 表示。

② 为了反映瞬态恢复电压起始部分的变化，IEC 推荐采用“两参数带时延法”反映瞬态恢复电压的波形，如图 1-15 所示。

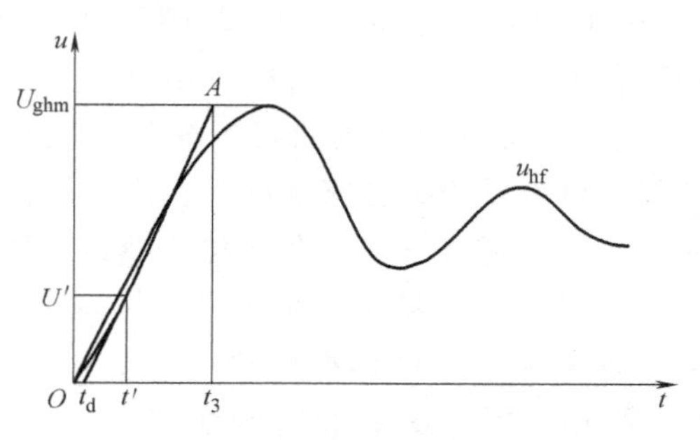

图 1-15　反映瞬态恢复电压波形的两参数带时延法

具体采用的参数包括：

a. 瞬态恢复电压的最大值 U_{ghm}（kV）。

b. 峰值参考时间 t_3（μs），即按最大平均速度上升到最大值 U_{ghm} 所需的时间。

c. 时延 t_d（μs），即与恢复电压的起始部分相切且平行于 OA 的直线（又称时延线）与时间轴的交点。

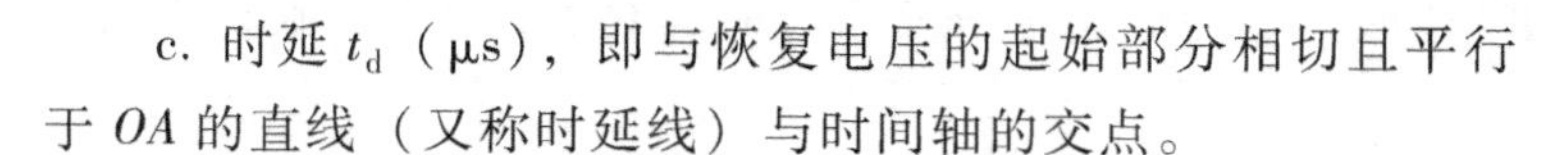
d. 时延参考电压 U'（kV）及时延参考时间 t'（μs），即时延线与恢复电压曲线相切的切点所对应的电压及时间。

③ 两参数法的缺点：由于不能正确反映恢复电压起始部分的变化情况，因而无法确定电弧是否重燃。

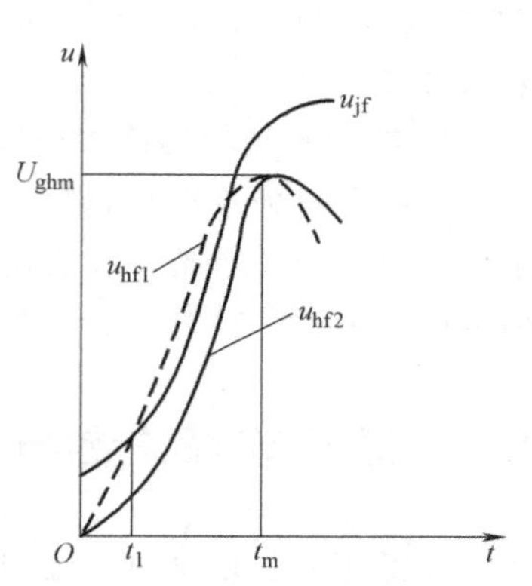

图 1-16　反映瞬态恢复电压波形的两参数法的缺点

示例 1-1：图 1-16 给出了开关电器断口的介质强度恢复曲线 $u_{jf}(t)$ 以及两条恢复电压曲线 $u_{hf1}(t)$ 和 $u_{hf2}(t)$。设 $u_{hf1}(t)$ 和 $u_{hf2}(t)$ 具有相同的瞬态恢复电压峰值和峰值时间，其中，$u_{hf1}(t)$ 的起始上升速度高于 $u_{hf2}(t)$，因此在 $t=t_1$ 时，$u_{hf1}(t)$ 因和 $u_{jf}(t)$ 曲线相交而造成电弧的重燃；

$u_{hf2}(t)$ 则由于起始上升速度低、不与 $u_{jf}(t)$ 相交而未出现电弧的重燃。

2）系统电压高于110kV且短路电流相对于最大短路电流来说百分数较大（为最大短路电流的60%~100%）时，瞬态恢复电压 $u_{hf}(t)$ 包含一个上升速度较高的初始部分，以及继之而来的上升速度较低的部分，IEC推荐用“四参数法”表征其瞬态恢复电压的特性，即用“第一波幅值 U_1（kV），达到第一波幅值的时间 t_1（μs），瞬态恢复电压峰值 U_{ghm}（kV）和峰值参考时间 t_2（μs）”四个参数。为表示曲线起始位置的上升陡度，改用“四参数法”加时延线 t_d 后的“四参数带时延法”，如图1-17a所示。

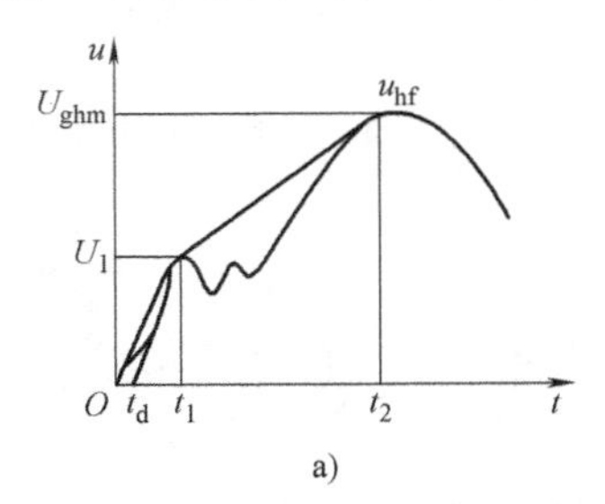

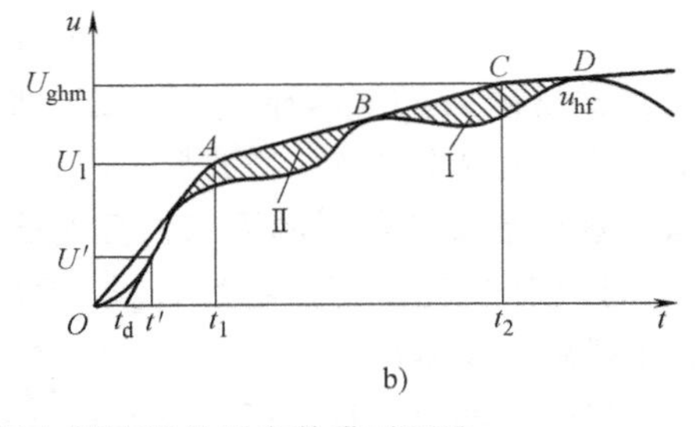

图1-17　反映瞬态恢复电压波形的四参数带时延法

注意：如果由第一波幅值点（U_1，t_1）向峰值曲线所做切线有低于实际恢复电压的地方（见图1-17b），应移动该切线 ABC，使其能包含全部恢复电压曲线。移动规则是使图1-17b中面积Ⅰ等于面积Ⅱ，折线 $OABCD$ 即为瞬态恢复电压曲线的包络线。

3）我国各级电压的瞬态恢复电压特性的相关规定可参看相关国家标准。在进行断路器试验时，所加恢复电压应符合标准的规定。如图1-18所示，以两参数带时延法为例，恢复电压 u_{hf} 合格的判据为：①用标准所给 U_{ghm}、t_3、t_d、U' 和 t'，做出参考线 OAB 和时延线 CD；②画出试验所用恢复电压曲线 u_{hf} 的最大平均速度线 OA' 及通过最大值的水平切线 $A'B'$，形成包络线 $OA'B'$；③比较 u_{hf} 的包络线 $OA'B'$ 与参考线 OAB，如线 $OA'B'$ 在线 OAB 之上，而恢复电压曲线 u_{hf} 的起始部分又不与时延线 CD 相交，则认为恢复电压符合标准的规定。

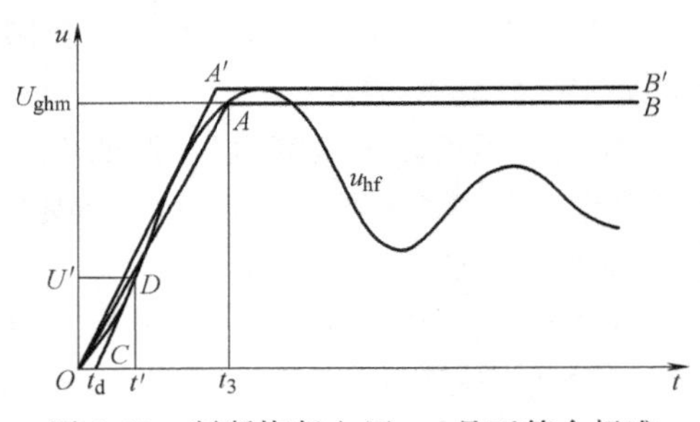

图1-18　判断恢复电压 u_{hf} 是否符合标准

3. 电力系统短路故障开断时的短路电流计算

在计算电力系统短路故障开断时的短路电流时，须知电力系统各元件的阻抗。对高压线路，一般只考虑电抗，仅在电阻大于总电抗的1/3时才计入电阻；对低压线路，电阻、电抗都考虑。为简化计算，允许不考虑占回路总阻抗值不超过10%的元件。

1.4　短路故障关合与开断的计算

高低压开关电器在开断小电感电流（如空载变压器、电抗器或电动机）、电容性电流（如空载长线或电容器组）以及关合电容性电流时，在其一极的两端之间常产生过电压（危及包括高低压开关电器本身在内的电力系统中的各种电气设备）。为此，必须对各种关合和开断情况时电力系统中电压和电流的过渡过程进行研究。讨论可先从单相回路着手，阐明物理过程，然后再分析三相问题。

1.4.1　单相短路故障的关合

1. 计算单相短路故障关合时短路电流 i_d 的等效电路

单相短路故障的主接线图参看图 1-19a。设电源电压 $E=E_m\sin(\omega t+\alpha)$，$\alpha$ 为电源电压的初相角，忽略电源阻抗，可得图 1-19b 所示的计算单相短路故障关合电流 i_d 的等效电路。

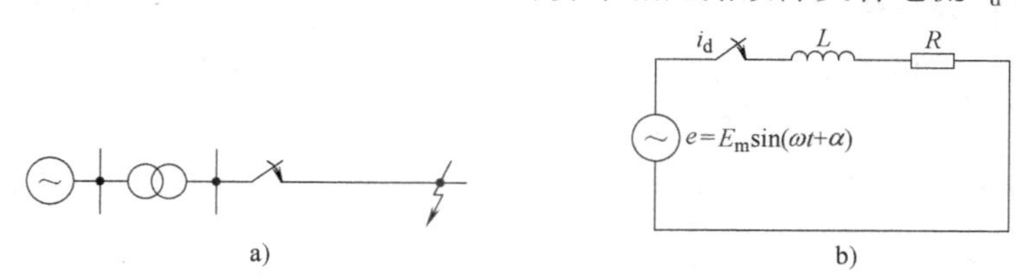

图 1-19　单相短路故障的关合

2. 短路电流 i_d 的表达式

在图 1-19b 中，L 和 R 分别是包括了变压器和输电线路性能参数的电感值和电阻值。假设关合单相短路故障发生在 $t=0$ 时刻，通过解微分方程，可得短路电流 i_d 的表达式为

$$i_d=\frac{E_m}{Z}\sin(\omega t+\alpha-\varphi)-\frac{E_m}{Z}e^{-\frac{t}{T}}\sin(\alpha-\varphi)=I_{dm}\sin(\omega t+\alpha-\varphi)-I_{dm}e^{-\frac{t}{T}}\sin(\alpha-\varphi) \quad (1\text{-}11)$$

式中，Z 为回路的阻抗，$Z=\sqrt{(\omega L)^2+R^2}$；$\varphi$ 为阻抗角，$\varphi=\arctan(\omega L/R)$；$T$ 为回路的时间常数，$T=L/R$；I_{dm} 为稳态短路电流幅值，$I_{dm}=E_m/Z$。

3. 短路电流 i_d 的波形图

在式（1-11）的右边，第一项为短路电流的稳态分量，也称短路电流的周期分量，用 i_z 表示；第二项是一个按指数规律衰减的非周期性变化的暂态电流，称为短路电流的非周期分量，用 i_f 表示，其衰减快慢由回路的时间常数 T 决定。

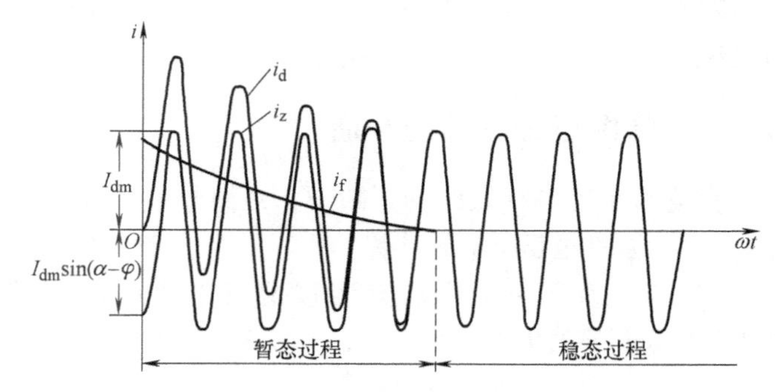

图 1-20　单相短路故障的短路电流波形图

由式（1-11）可得图 1-20 所示的单相短路故障的短路电流波形图，包含周期分量 i_z、非周期分量 i_f 和由它们所合成的短路电流 i_d 的波形。由图可见，暂态过程中的短路电流 i_d 是围绕非周期分量电流振荡的。

在普通的高压电网中，各元件的电抗均比电阻大得多。如果忽略回路电阻对稳态短路电流的影响，则可认为阻抗角 φ 等于 90°，式（1-11）可简化为

$$\begin{aligned}i_d&=i_z+i_f\\&=I_{dm}\sin(\omega t+\alpha-90°)-I_{dm}e^{-\frac{t}{T}}\sin(\alpha-90°)\\&=-I_{dm}\cos(\omega t+\alpha)+I_{dm}e^{-\frac{t}{T}}\cos\alpha\end{aligned} \quad (1\text{-}12)$$

式中，I_{dm} 为稳态短路电流的幅值。

如在电源电压过零点瞬间（即 $\alpha=0°$）关合单相短路故障，短路电流非周期分量 i_f 最大，其初始值等于 I_{dm}。此时，式（1-12）可简化为式（1-13），图1-21为与之对应的波形图。

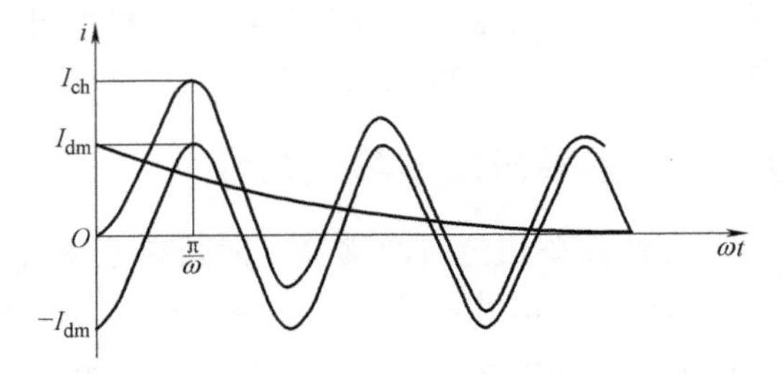

图1-21 电源电压过零点瞬间关合单相短路故障的短路电流波形图（$\alpha=0°$）

$$i_d=-I_{dm}\cos\omega t+I_{dm}e^{-\frac{t}{T}} \tag{1-13}$$

4. 短路电流的最大值 I_{ch}

短路电流的最大值 I_{ch} 也被称为短路冲击电流。由于非周期分量的存在，短路冲击电流 I_{ch} 一般出现在短路发生后的半个周期，即 $t=\pi/\omega=0.01s$ 时。其可由下式求出，即

$$I_{ch}=-I_{dm}\cos\pi+I_{dm}e^{-\frac{0.01}{T}}=(1+e^{-\frac{0.01}{T}})I_{dm}=K_{ch}I_{dm}=K_{ch}(\sqrt{2}I_d) \tag{1-14}$$

式中，K_{ch} 是短路冲击电流与短路电流周期性分量幅值之比，称为冲击系数，$K_{ch}=1+e^{-\frac{0.01}{T}}$。

高压电器的相关标准规定：短路冲击电流 I_{ch} 一般为短路电流周期分量幅值的1.8倍，亦即短路电流周期分量有效值的2.55倍。

证明如下：K_{ch} 由回路的时间常数 T 决定，在感抗较大的高压电网内，回路的时间常数 T 一般取0.045s，此时，冲击系数 K_{ch} 将为

$$K_{ch}=1+e^{-\frac{0.01}{0.045}}=1.8 \tag{1-15}$$

$$I_{ch}=1.8I_{dm}=2.55I_d \tag{1-16}$$

对断路器关合能力的要求，是根据短路冲击电流 I_{ch} 提出的；该电流值同时也决定了电力系统中电气设备所能承受的机械力。

1.4.2 单相短路故障的开断

在电力系统各种线路的开断中，短路故障的开断任务最艰巨。

1.4.2.1 恢复电压 u_{hf} 的计算

图1-22a为开断中性点直接接地发电机电路中的母线单相接地短路故障主接线图，图1-22b为其等效电路。图中，L 和 R 分别为发电机的电感和电阻，C 为发电机的对地电容。

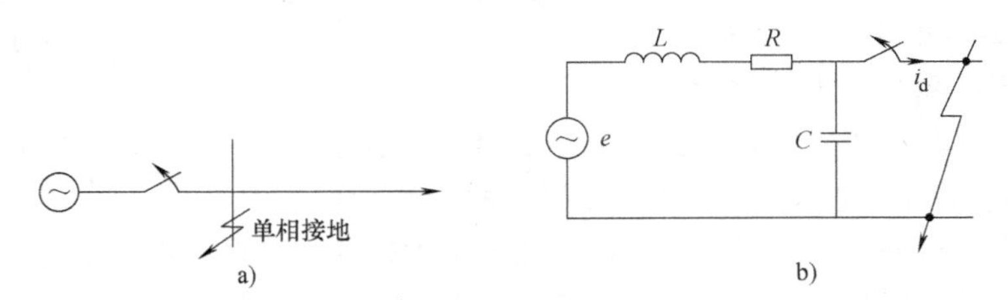

图1-22 开断发电机母线单相接地短路故障
a）母线单相接地短路故障主接线图 b）等效电路

设高压开关电器触头分离瞬间，短路电流的非周期分量已衰减完，即不考虑短路电流的非周期分量。忽略高压开关电器电弧压降 u_h，则通过断口的短路电流 i_d 和电源电压 E 的关系为

$$e=E_m\sin(\omega t+\varphi) \tag{1-17}$$

$$i_d=\frac{E_m}{\sqrt{(\omega L)^2+R^2}}\sin\omega t \tag{1-18}$$

式中，E_m 为电源的电压幅值；φ 为阻抗比，$\varphi=\arctan(\omega L/R)$。

图 1-23 是短路电流 i_d 和电源电压 E 的波形图。当 $t=t_1$ 时，断路器触头开始分离形成电弧。由于忽略了电弧压降，此时与高压开关电器断口并联的电容 C 上的电压为零。当 $t=t_2$ 时，回路电流过零、电弧熄灭，此时电源电压开始通过 R 与 L 对电容 C 充电，电容 C 上的电压 u_C（即开关断口两端的恢复电压 u_{hf}）将逐渐上升。

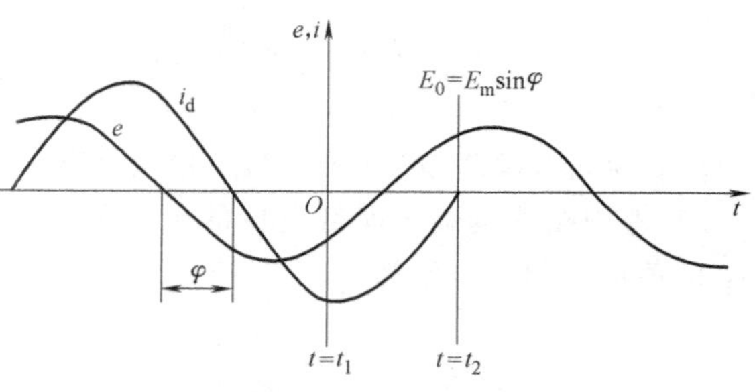

图 1-23　单相短路故障时短路电流 i_d 和电源电压 E 的波形图

此时的母线单相对地短路回路为电容性电路（实际上是 R-L-C 电路），电容的充电过程和图 1-24a 所示的交流电源 $E_m\sin(\omega t+\varphi)$ 在 $t=0$ 时闭合 R-L-C 回路的过程完全相同。

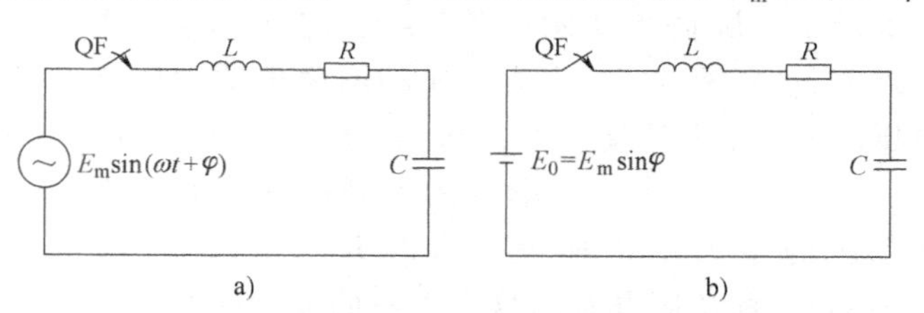

图 1-24　计算单相短路故障时的恢复电压的等效电路

考虑到电力系统短路回路中的回路电阻 R 通常很小，一般均能满足 $R<2\sqrt{\frac{L}{C}}$ 的条件，所以，在合闸过程中将会产生高频振荡，其角频率 ω' 为

$$\omega'=\sqrt{\frac{1}{LC}-\left(\frac{R}{2L}\right)^2} \tag{1-19}$$

该频率一般要比工频高得多。因此，为求得过渡过程中的电容电压 u_C，假设电源电压值近似保持不变（如在电源电压接近幅值时合闸，由于这时电源电压变化最慢，该假设更接近实际），因此可以把图 1-24a 中的交流电源简化为直流电源，简化后的电路如图 1-24b 所示。图中，直流电源电压 E_0 取为 $t=0$ 时的交流电源电压瞬时值，即

$$E_0=E_m\sin\varphi \tag{1-20}$$

由三要素法，可得高压开关电器断口上的恢复电压 u_{hf} 为

$$u_{hf}=u_C=E_0-E_0\frac{\omega_0}{\omega'}e^{-\beta t}\sin(\omega' t+\alpha) \tag{1-21}$$

式中，$\beta=R/2L$，$\omega_0=1/\sqrt{LC}$，$\omega'=\sqrt{\omega_0^2-\beta^2}$，$\alpha=\arctan(\omega'/\beta)$。

进一步分析可知，当 $R\ll2\sqrt{\frac{L}{C}}$ 时，由于 $\omega'\to\omega_0$，$\alpha\to90°$，式（1-21）可简化为

$$u_{hf}=E_0-E_0e^{-\beta t}\cos\omega_0 t \tag{1-22}$$

式中，β 为电路固有衰减系数；ω_0 为电路固有振荡频率。

1.4.2.2 单相短路故障开断时恢复电压上升速度的计算

计算方法一：恢复电压的上升速度可以用高频振荡第一个半周内的恢复电压平均上升速度 $(\mathrm{d}u_{\mathrm{hf}}/\mathrm{d}t)_{\mathrm{P}}$ 表示。计算分为两种情况：

1）不考虑振荡衰减（假设无衰减）时，恢复电压的平均上升速度 $(\mathrm{d}u_{\mathrm{hf}}/\mathrm{d}t)_{\mathrm{P}}$ 的值为

$$\left(\frac{\mathrm{d}u_{\mathrm{hf}}}{\mathrm{d}t}\right)_{\mathrm{P}}=\frac{\omega_0}{\pi}\int_0^{\frac{\pi}{\omega_0}}\frac{\mathrm{d}u_{\mathrm{hf}}}{\mathrm{d}t}\mathrm{d}t=\frac{\omega_0}{\pi}\int_0^{\frac{\pi}{\omega_0}}\omega_0 U_{\mathrm{gh}}\sin\omega_0 t\mathrm{d}t=4f_0U_{\mathrm{gh}} \tag{1-23}$$

式中，f_0 为固有振荡频率；U_{gh} 为工频恢复电压。

2）考虑振荡衰减而恢复电压的最大值有所降低时，恢复电压的平均上升速度 $(\mathrm{d}u_{\mathrm{hf}}/\mathrm{d}t)_{\mathrm{P}}$ 的值可近似地表示为

$$\left(\frac{\mathrm{d}u_{\mathrm{hf}}}{\mathrm{d}t}\right)_{\mathrm{P}}=\frac{U_{\mathrm{ghm}}}{t_{\mathrm{m}}}=\frac{K_{\mathrm{m}}U_{\mathrm{gh}}}{t_{\mathrm{m}}}=2K_{\mathrm{m}}U_{\mathrm{gh}}f_0 \tag{1-24}$$

式中，K_{m} 是恢复电压的振幅系数，取1.4~1.5。

恢复电压的平均上升速度 $(\mathrm{d}u_{\mathrm{hf}}/\mathrm{d}t)_{\mathrm{P}}$ 也可从瞬态恢复电压 $u_{\mathrm{hf}}(t)$ 的波形图中表示出来。如图1-25所示，从原点 O 做一条射线，与 $u=u_{\mathrm{hf}}$ 的幅值点 U_{ghm} 交于 A 点，线段 OA 的斜率值即为恢复电压的平均上升速度 $(\mathrm{d}u_{\mathrm{hf}}/\mathrm{d}t)_{\mathrm{P}}$，$t_{\mathrm{m}}$ 为峰值时间。

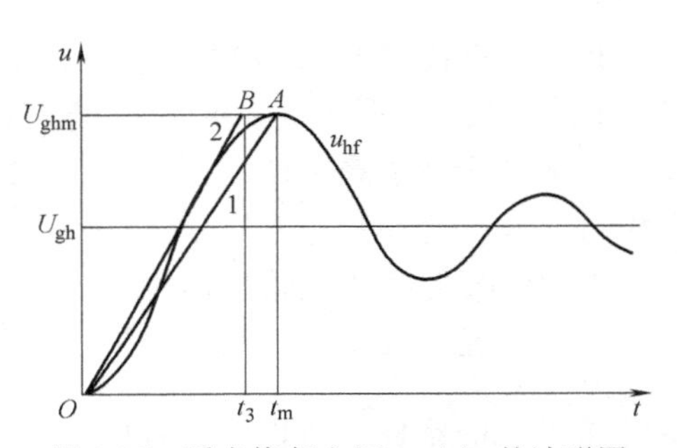

图1-25 瞬态恢复电压 $u_{\mathrm{hf}}(t)$ 的波形图

计算方法二：恢复电压的上升速度也可用恢复电压的最大平均速度 $(\mathrm{d}u_{\mathrm{hf}}/\mathrm{d}t)_{\mathrm{pm}}$ 表示（见图1-25），即从原点 O 做恢复电压曲线的切线 OB。按此速度上升时，恢复电压达到最大值的时间将提前到 t_3，t_3 又称峰值参考时间。

计算方法三：考虑到电力系统发生短路故障时，电路的功率因数一般很低（许多情况下 $\cos\varphi<0.15$，$\sin\varphi\approx1$）。由式（1-22），可得 $E_0=E_{\mathrm{m}}$（即可把工频恢复电压取为电源相电压的幅值）。实际上考虑到电力线路的损耗，常取电力系统的最大工作电压为额定电压的1.15倍，则可得用系统额定电压 U_{e}（为三相线电压）表示的瞬态恢复电压最大值 U_{ghm} 和恢复电压平均上升速度 $(\mathrm{d}u_{\mathrm{hf}}/\mathrm{d}t)_{\mathrm{P}}$ 的计算式，分别为

$$U_{\mathrm{ghm}}=1.15\times\frac{\sqrt{2}}{\sqrt{3}}K_{\mathrm{m}}U_{\mathrm{e}}=0.94K_{\mathrm{m}}U_{\mathrm{e}} \tag{1-25}$$

$$\left(\frac{\mathrm{d}u_{\mathrm{hf}}}{\mathrm{d}t}\right)_{\mathrm{P}}=1.15\times2K_{\mathrm{m}}\frac{\sqrt{2}}{\sqrt{3}}U_{\mathrm{e}}f_0=1.88K_{\mathrm{m}}U_{\mathrm{e}}f_0 \tag{1-26}$$

式中，K_{m} 是恢复电压的振幅系数。

示例1-2：有一个安装在35kV三相电网的高压开关电器，已知 $f_0=2.8\mathrm{kHz}$，$K_1=1.5$，$K_{\mathrm{m}}=1.4$，$t_3=114\mu\mathrm{s}$。计算其在满容量（$100\%I_{\mathrm{ek}}$）开断试验时应能满足的瞬态恢复电压的最大值、最大上升速度和平均上升速度。

答：由标准可知，$U_{\mathrm{mn}}=40.5\mathrm{kV}$。由已知条件可知，$K_1=1.5$，$K_{\mathrm{m}}=1.4$，可得瞬态恢复电压的最大值 U_{ghm} 为

$$U_{ghm}=0.816\times U_{mn}\times K_1\times K_m=0.816\times1.5\times1.4\times40.5\text{kV}=69.4\text{kV}$$

瞬态恢复电压的最大上升速度 $(du_{hf}/dt)_{max}$ 为

$$(du_{hf}/dt)_{max}=U_{ghm}/t_3=69.4\text{kV}/114\mu\text{s}=0.609\text{kV}/\mu\text{s}$$

瞬态恢复电压的平均上升速度 $(du_{hfm}/dt)_P$ 为

$$(du_{hfm}/dt)_P=1.63\times K_1\times K_m\times f_0\times U_{mn}=1.63\times1.5\times1.4\times2.8\times10^3\times40.5\times10^3\text{V/s}$$

$$=388.17\times10^6\text{V/s}=0.388\text{kV}/\mu\text{s}$$

1.4.2.3　降低关合单相短路故障时出现的操作过电压的措施及机理

在高压断路器断口两端并联电阻，可以降低短路故障关合时的操作过电压。

1. 并联电阻的分类

根据并联电阻的阻值大小不同，可将并联电阻分为低值电阻（几个到几十欧姆）、中值电阻（几百到几千欧姆）和高值电阻（几万欧姆及以上）三类。其中，并联低值电阻可限制短路电流、降低工频恢复电压和振幅系数，以及减慢恢复电压的上升速度；并联高值电阻的目的通常是为每相使用的高压断路器多个断口进行均压。

2. 并联电阻的电路

图 1-26 是用装有并联电阻的高压开关电器开断发电机母线单相接地故障时的电路。该电器有主断口 QF_1 和辅助断口 QF_2 两个断口。将电阻 R_b 并联在主断口 QF_1 上。当开断电路时，主断口 QF_1 先打开，并联电阻 R_b 被接入；当主断口 QF_1 的电弧完全熄灭后，辅助断口 QF_2 打开，开断流经并联电阻的电流，使电路完全开断。

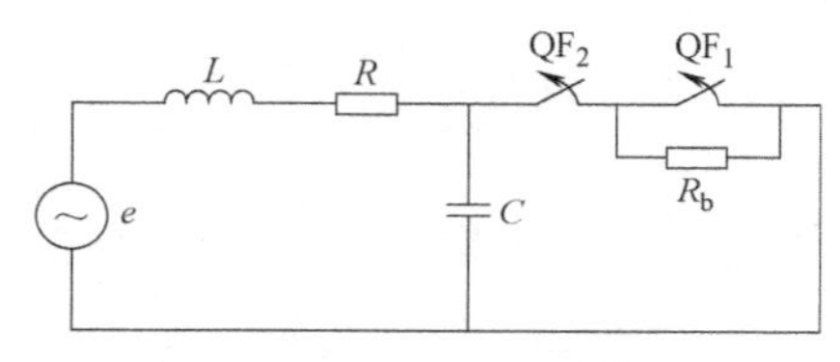

图 1-26　装有并联电阻的高压开关电器开断发电机母线单相接地故障时的电路

3. 并联电阻 R_b 后主断口 QF_1 开断时的电流和恢复电压的计算

图 1-27 为主断口 QF_1 开断时的电路，其中，图 1-27a 为开断主断口的电路图，图 1-27b 为其等效电路，电路的阻抗角 $\Phi=\arctan(\omega L/R)$。

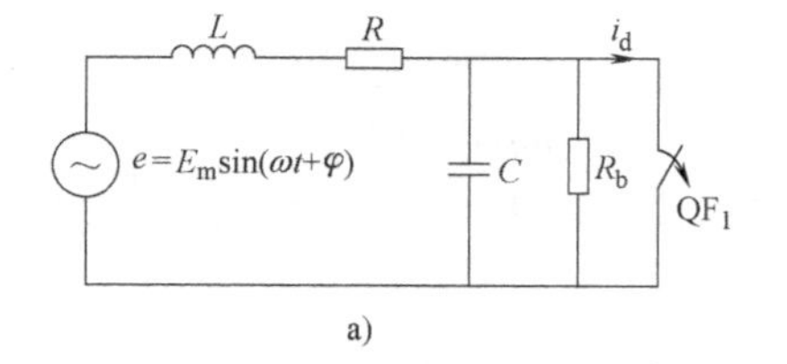

a)

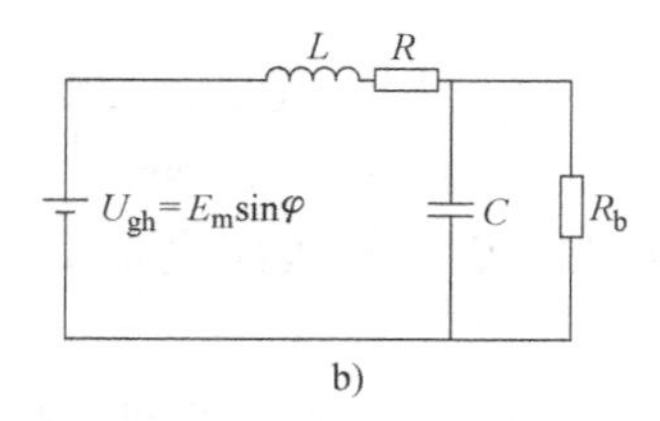

b)

图 1-27　主断口 QF_1 开断时的电路

此时，通过主断口的短路电流 i_d 和电源电压 E 仍可由式（1-11）及式（1-12）决定，恢复电压 $u_{hf}(t)$ 为

$$u_{hf}(t)=U_{gh}\left(1-e^{-\frac{R_b}{L}t}\right)\tag{1-27}$$

式中，U_{gh} 为工频恢复电压，$U_{gh}=E_m\sin\phi$。

由式（1-27），可画出主断口 QF_1 并联电阻后的恢复电压曲线，如图 1-28 所示。由图可见，采用并联电阻阻尼振荡后，恢复电压的最大值 U_{hfm} 将不会超过工频恢复电压 U_{gh}。

恢复电压最大上升速度出现在 $t=0$ 时，其值为

$$\left.\frac{\mathrm{d}u_{\mathrm{hf}}}{\mathrm{d}t}\right|_{t=0}=\frac{R_{\mathrm{b}}}{L}U_{\mathrm{gh}} \tag{1-28}$$

由式（1-28）可知，并联电阻 R_b 越小，恢复电压的最大上升速度就越低，主断口的开断将比较轻松。

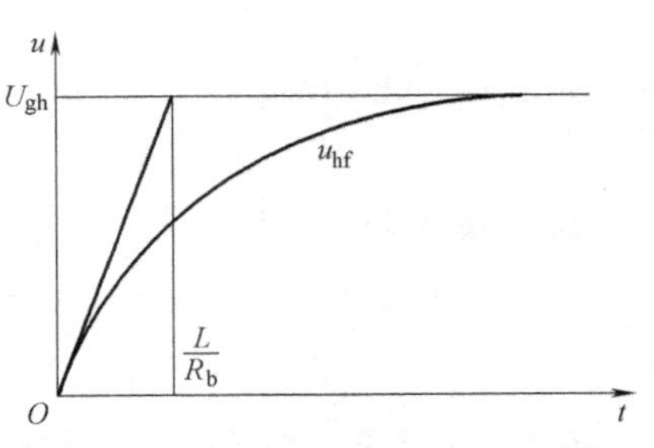

图 1-28 主断口 QF_1 并联电阻后的恢复电压 $u_{hf}(t)$ 波形

4. 并联电阻后开断辅助断口 QF_2 时，辅助断口的开断电流和电压恢复过程

1）辅助断口的开断电流 i 的计算。

图 1-29a 为辅助断口 QF_2 开断时的电路，图 1-29b 为其等效电路。

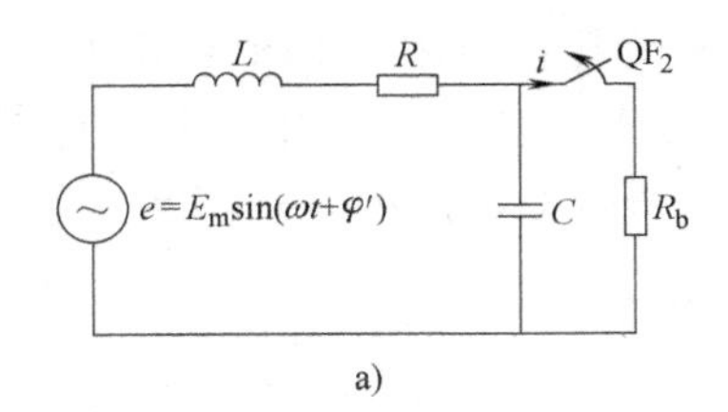

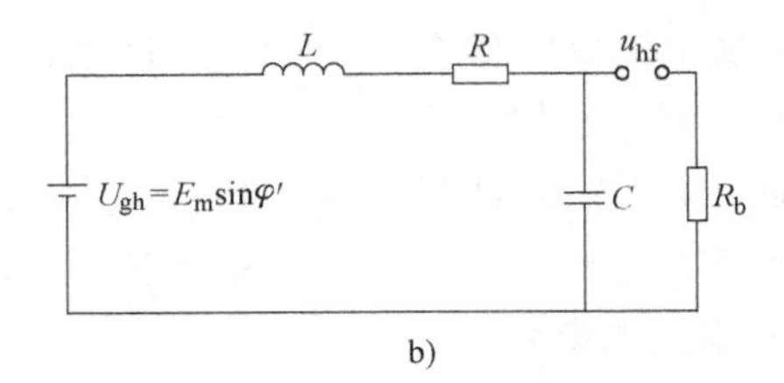

图 1-29 辅助断口开断时的电路及其等效电路

忽略流经电容 C 的电流，则辅助断口 QF_2 开断前，流经电感的电压 e 和电流 i 分别为

$$e=E_{\mathrm{m}}\sin(\omega t+\varphi') \tag{1-29}$$

$$i=\frac{E_{\mathrm{m}}}{\sqrt{(\omega L)^2+(R+R_{\mathrm{b}})^2}}\sin\omega t \tag{1-30}$$

式中

$$\varphi'=\arctan\frac{\omega L}{R+R_{\mathrm{b}}} \tag{1-31}$$

比较式（1-29）和式（1-30），并考虑短路故障时 $\omega L\gg R$，$R_b\gg R$，得

$$i=\frac{\sqrt{(\omega L)^2+R^2}}{\sqrt{(\omega L)^2+(R+R_{\mathrm{b}})^2}}i_{\mathrm{d}}\approx\frac{\omega L}{\sqrt{(\omega L)^2+R_{\mathrm{b}}^2}}i_{\mathrm{d}} \tag{1-32}$$

式中，i_d 为流经主断口的短路电流。由式可见，辅助断口 QF_2 开断的电流 i 要比主断口 i_d 小。

2）并联电阻 R_b 后开断辅助断口时的恢复电压 u_{gh} 的计算。

图 1-29b 是计算辅助断口 QF_2 开断时的恢复电压的等效电路。图中，工频恢复电压 $U_{gh}=E_m\sin\varphi'$。由式（1-31）可知，R_b 的存在，使 φ'减小，$\sin\varphi'$也随之减小，因此，作用在辅助断口 QF_2 上的工频恢复电压 u_{gh} 将要比主断口 QF_1 上的低。

辅助断口 QF_2 的恢复电压 u_{hf} 为

$$u_{\mathrm{hf}}=E_{\mathrm{m}}\sin\varphi'(1-\mathrm{e}^{-\beta t}\cos\omega_0 t) \tag{1-33}$$

式中，$\omega_0=1/\sqrt{LC}$；$\beta=R/2L$。

虽然辅助断口的瞬态恢复电压仍有高频振荡，但其工频恢复电压和开断电流都得到了一定程度的降低，所以，辅助断口的开断条件远比主断口的轻松。

1.4.3　三相短路故障的开断

三相短路故障的开断与电力系统的接地方式和短路性质有关。以下分别讨论三相不接地短路故障的开断和三相接地短路故障的开断。

1.4.3.1　三相不接地短路故障开断的计算

1. 短路电流和短路电压的计算

图 1-30 为开断三相不接地短路故障的等效电路。图中，电源中性点一般不接地（也可以接地），电源相电压的幅值为 E_m。

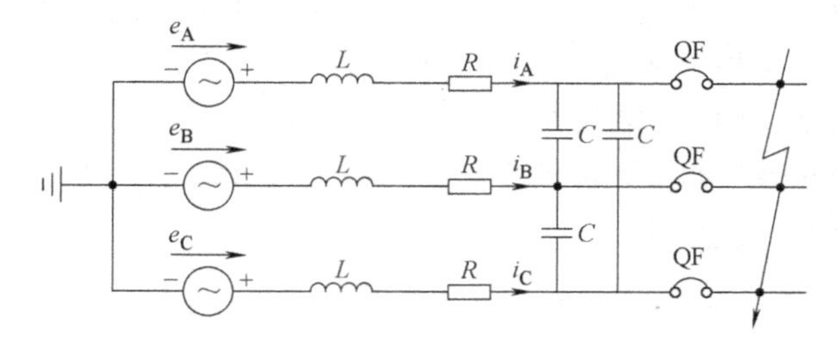

图 1-30　三相不接地短路故障开断时的等效电路

考虑到相间电容 C 通常很小，略去短路电流的电容分量，则三相短路电流的稳态值分别为

$$\left.\begin{aligned}i_A&=\frac{E_m}{\sqrt{(\omega L)^2+R^2}}\sin\omega t=I_m\sin\omega t\\i_B&=\frac{E_m}{\sqrt{(\omega L)^2+R^2}}\sin(\omega t-120^\circ)=I_m\sin(\omega t-120^\circ)\\i_C&=\frac{E_m}{\sqrt{(\omega L)^2+R^2}}\sin(\omega t+120^\circ)=I_m\sin(\omega t+120^\circ)\end{aligned}\right\}\tag{1-34}$$

三相电源电压分别为

$$\left.\begin{aligned}e_A&=E_m\sin(\omega t+\varphi)\\e_B&=E_m\sin(\omega t+\varphi-120^\circ)\\e_C&=E_m\sin(\omega t+\varphi+120^\circ)\end{aligned}\right\}\tag{1-35}$$

式中，阻抗角 $\varphi=\arctan(\omega L/R)$。

2. 首开相短路电流的计算

三相交流电流过零的时刻有先后，因此，高压开关电器在开断三相短路故障时各相的熄弧也有先后。为此，将三相不接地短路故障开断过程中最先断开的相，称为首开相。

以下分析 $t=0$ 时，首开相（假设为 A 相）的电弧电流首先过零的情况。

首开相 A 相需开断的短路电流的有效值 I_d 为

$$I_d=\frac{E_m}{\sqrt{2}\times\sqrt{(\omega L)^2+R^2}}=\frac{I_m}{\sqrt{2}}$$

当首开相 A 相的 AA′处通过的电流过零电弧熄灭后，图 1-30 的等效电路将转化为图 1-31 的形式。此时 A 相断口上的恢复电压可由等效电源定理简化的等效电路（见图 1-32）求得。

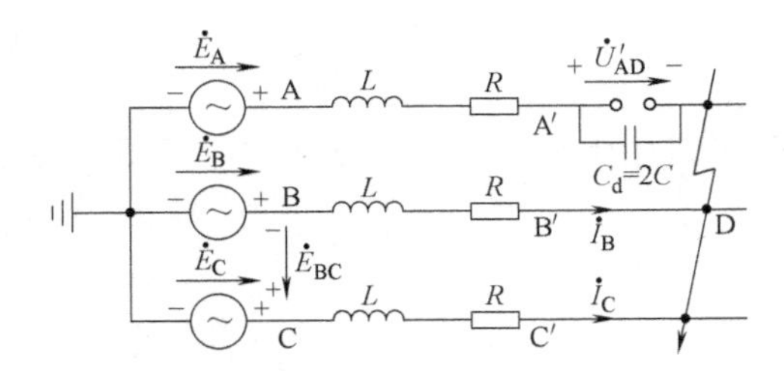

图 1-31　三相不接地短路 A 相电弧熄灭后的等效电路

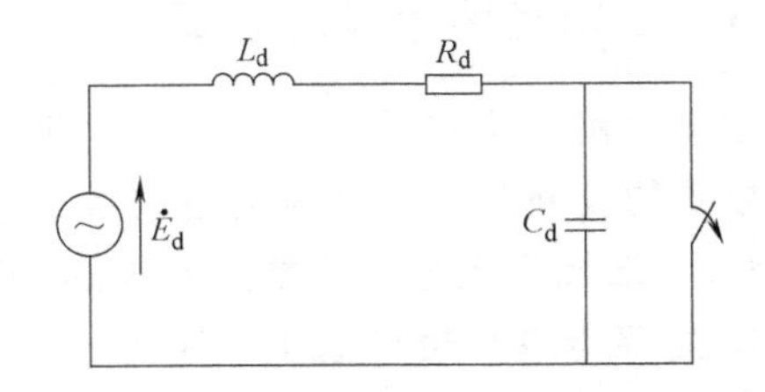

图 1-32　利用等效电源定理简化的等效电路

图 1-32 中，等效电动势 $\dot{E}_d$ 的大小为图 1-31 中等效电容 C_d 拿开后用电压表在断口间测得的电压值 U'_{AD}。由于 A 相熄弧后 AA′间无电流流过，所以，U'_{AD}也就是 U_{AD}。考虑到图 1-31 中接在电源 BC 两点间的负载是对称的，所以 D 点的电位就是 E_{BC} 的中点，如图 1-33 所示。

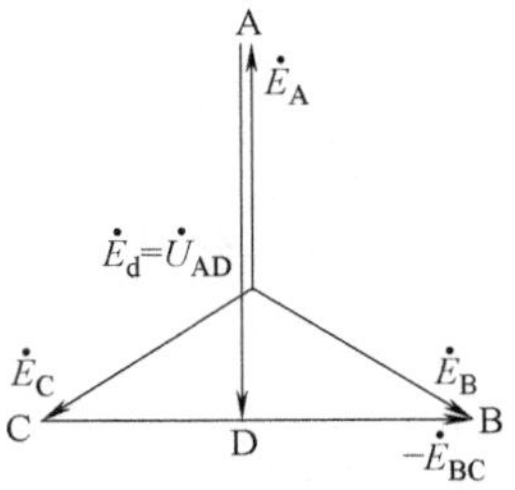

据此，可求出等效电源电动势 $\dot{E}_d$ 为

$$\dot{E}_d=\dot{U}_{AD}=1.5\dot{E}_A \tag{1-36}$$

或

$$e_d=1.5E_m\sin(\omega t+\varphi) \tag{1-37}$$

图 1-33　求等效电源电动势 $\dot{E}_d$

等效阻抗 Z_d（$Z_d=R_d+j\omega L_d$）是将图 1-32 中的电源全部短路后，从断口两端测得的阻抗。式中，等效电感 $L_d=1.5L$，等效电阻 $R_d=1.5R$，两式系数均为 1.5。

A 相断口的瞬态恢复电压为 u_{ghA}，有

$$u_{ghA}=U_{ghA}(1-e^{-\beta_d t}\cos\omega_d t) \tag{1-38}$$

式中，$\omega_d=1/\sqrt{L_dC_d}$；$\beta_d=R_d/2L_d$；U_{ghA} 为 $t=0$ 时由断口处测得的等效电源电压值，其值可由式（1-37）求出，为

$$U_{ghA}=e_d\big|_{t=0}=1.5E_m\sin\varphi \tag{1-39}$$

前面已经讨论过，在短路故障时 $\sin\varphi\approx1$，因此，有

$$U_{ghA}=1.5E_m \tag{1-40}$$

结论：开断三相短路故障时，首开相的工频恢复电压为电源相电压幅值的 1.5 倍，该值比开断单相短路时的工频恢复电压高。

3. BC 两相短路故障的开断

当三相不接地短路故障的 A 相被开断后，短路故障由三相短路转化为两相短路。两相短路开断时的等效电路如图 1-34 所示。由于 $R\ll\omega L$，在以后的分析中均略去 R。

参照图 1-34，写出 BC 两相间的线电压瞬时值 e_{BC} 及流经 B、C 两相间的短路电流瞬时值 i_B 和 i_C 分别为

$$e_{BC}=e_B-e_C=-\sqrt{3}E_m\sin\omega t \tag{1-41}$$

$$\left.\begin{aligned}i_B&\approx-\frac{\sqrt{3}}{2}I_m\cos\omega t\\ i_C&\approx\frac{\sqrt{3}}{2}I_m\cos\omega t\end{aligned}\right\} \tag{1-42}$$

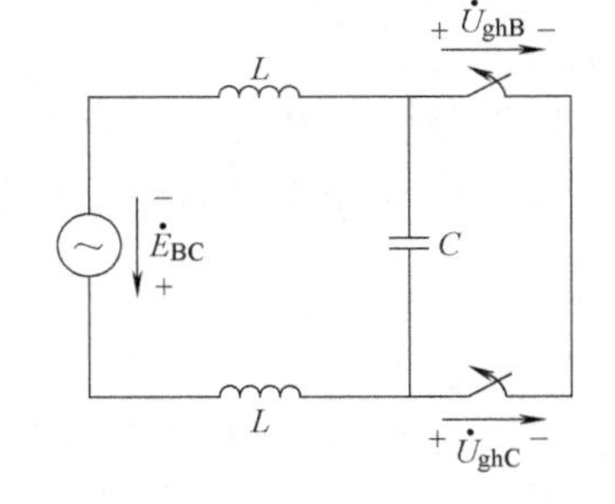

图 1-34　两相短路开断时的等效电路

当 $t=0$ 时，$\sin\omega t=0$，由式（1-41）和式（1-42）可

知，A 相电流过零熄灭时，B、C 两相间的线电压 e_{BC} 为零，流过 B 相和 C 相的电流各达其幅值的 $\mp\frac{\sqrt{3}}{2}I_m$。所以，当短路故障由三相转化为两相后，两相短路的短路电流幅值将降为三相短路时的$\sqrt{3}/2$ 倍。

三相不接地短路故障开断时的恢复电压和短路电流的变化曲线如图 1-35 所示。由图可见，三相不接地短路故障的 A 相电流过零开断后，经过 0.005s，流经 B 相和 C 相断口的电弧因电流同时过零点而熄灭。设电弧熄灭后加在 B、C 两相串联断口上的恢复电压均匀分配，则两相断口上的工频恢复电压 u_{ghB} 和 u_{ghC} 分别为

$$U_{ghB}=\frac{\sqrt{3}}{2}E_m,U_{ghC}=-\frac{\sqrt{3}}{2}E_m \quad (1\text{-}43)$$

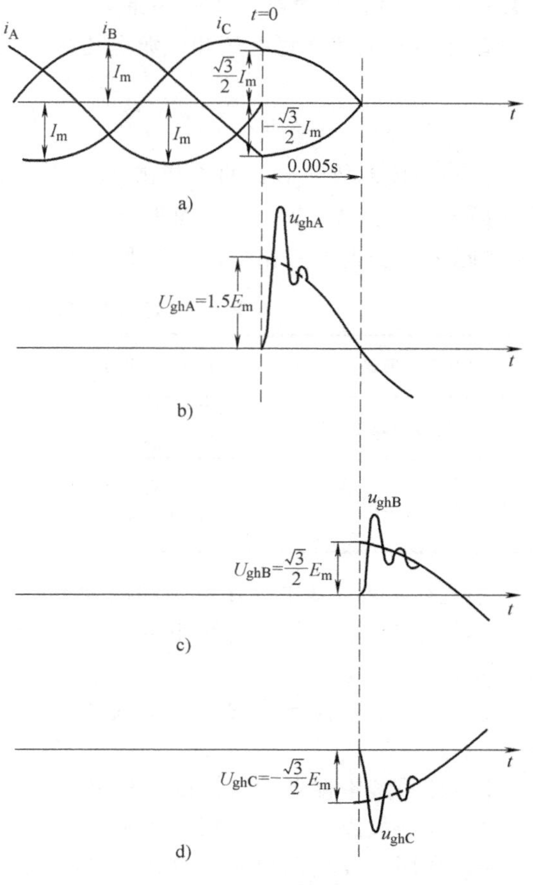

图 1-35　三相不接地短路故障开断时的恢复电压和短路电流的变化曲线

a) ABC 三相电流曲线　b) A 相开断电流曲线

c) B 相开断电流曲线　d) C 相开断电流曲线

1.4.3.2　三相接地短路故障的开断

1. 分析方法

与三相不接地短路故障不同，开断三相接地短路故障时工频恢复电压的求解采用的是“对称分量法”（即已知 I_A、U_B、U_C，求出 U_A、I_B、I_C）。图 1-36 和图 1-37 分别是开断三相接地短路故障和三相接地短路故障中的 A 相电弧熄灭后的等效电路图。

2. 工频恢复电压的结论

1）三相接地短路故障的 A 相开断后，两相短路电流开断时首先开断的 C 相恢复电压为 $U_{ghC}=1.25E_m$。

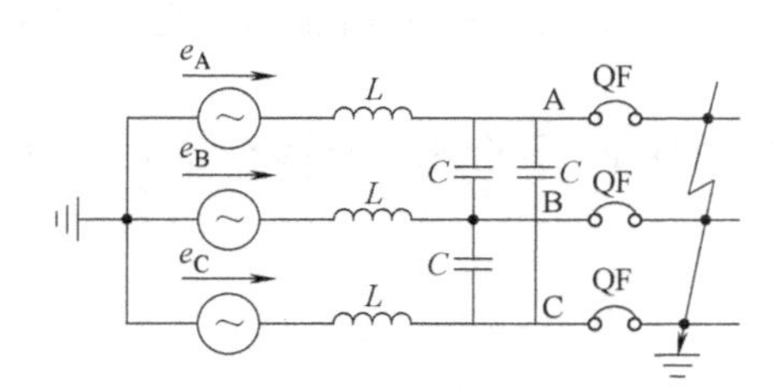

图 1-36　开断三相接地短路故障的等效电路图

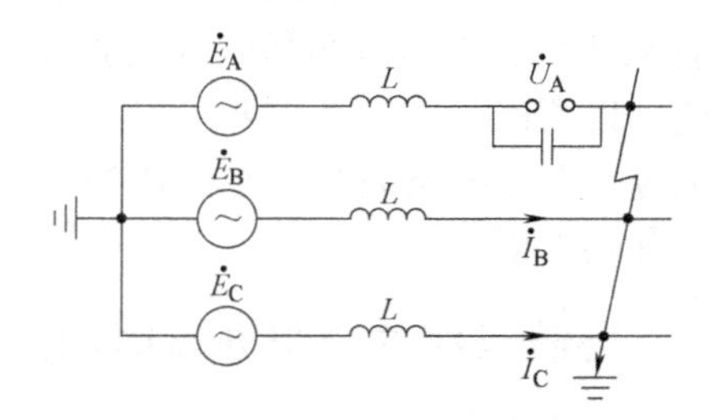

图 1-37　三相接地短路故障中 A 相电弧熄灭后的等效电路图

2）两相接地短路故障转为单相接地短路故障开断时，流经 B 相断口的短路电流幅值为 $0.6I_m$；B 相开断后，B 相断口的工频恢复电压则为 $U_{ghB}=E_m$。

1.4.3.3 各种接地故障的首开相系数

首开相的工频恢复电压和电源电压幅值之比，称为首开相系数，用 K_1 表示，即

$$K_1=\frac{U_{gh}}{E_m} \tag{1-44}$$

将不同接地故障形式的首开相系数列于表1-2。由表可知，三相短路故障时首开相工作条件最严重。当 $X_0>3X_1$ 时，可取首开相系数为1.5；当 $X_0<3X_1$ 时，可取首开相系数为1.3（因实际上很少发生三相短路，故取1.3）。

表1-2 不同短路故障形式时的首开相系数 K_1 值

短路故障形式	系统中性点接地形式	不同短路故障形式下的 K_1 值		
		三相	两相	单相
不接地短路故障	不接地，$X_p\to\infty$ 接地，$X_0\to\infty$	1.5	$\frac{\sqrt{3}}{2}=0.866$	—
接地短路故障	不接地，$X_p\to\infty$ 接地，$X_0=3X_1$	1.5 1.3	$\frac{\sqrt{3}}{2}=0.866$ 1.25	— 1

小规律：表1-2中，在“短路故障形式”和“系统中性点接地形式”中，只要有一项为“不接地”，则三相的首开相系数 $K_1=1.5$，而两相的为 $K_1=0.866$。

1.4.3.4 总结

1）在系统中性点直接接地系统中，出现三相短路故障的机会极少，首开相系数可取 $K_1=1.3$。

2）在系统中性点不直接接地系统中，首开相系数 $K_1=1.5$。

3）异地故障下，首开相系数 $K_1=1.732$。

4）利用首开相系数 K_1 与系统的最高工作电压 U_{mn}，可求出开关电器首开相的工频恢复电压最大值 U_{prm}，即 $U_{prm}=0.816K_1U_{mn}$。

1.5 电容负荷的关合与开断

开合空载架空线、空载电缆和电容器组是电力线路的常规操作方式。在开合过程中，由于电磁能量在 L、C 中发生振荡，可能产生危险的过电压。在关合电容器组，特别是关合并联（背靠背）的电容器组时，还会产生很大的涌流，因此，必须采取措施对危险的过电压及涌流加以限制。

电容负荷包括空载长线和无功补偿用余弦电容器组两种，开合时在断路器断口上出现的过电压分述如下。

1.5.1 空载长线关合与开断时的过电压

可用图1-38中的等效电路及电流和电压波形进行分析。

1. 空载长线的关合

图1-39为关合空载长线时的一次回路及其等效电路。其中，图1-39a中发电设备 F_1 和 F_2 经空载长线连通，其间未连接负载设备。在靠近 F_1 和 F_2 的线路侧分别装有高压断路器 QF_1 和 QF_2。当 QF_2 断开时关合 QF_1，即关合空载长线。

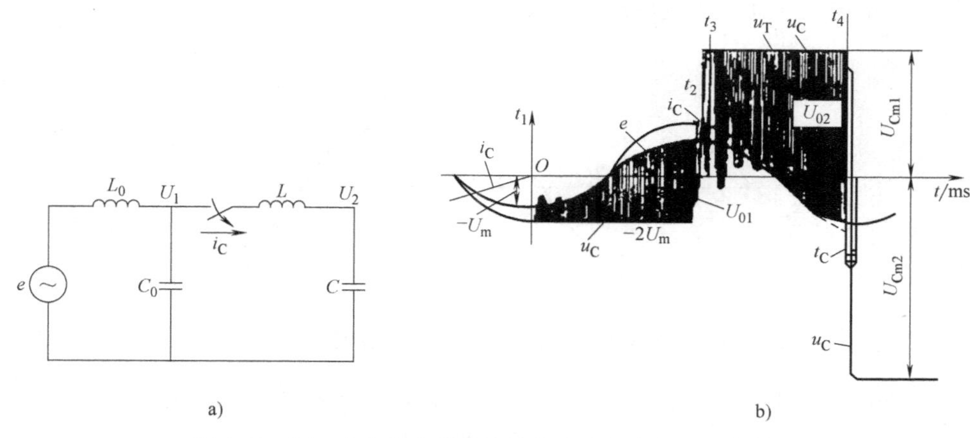

图 1-38　开、合空载长线的等效电路及电流和电压波形图

a）等效电路　b）电流和电压波形

L_0、C_0、L、C—电源侧及长线的等效电感和电容　i_C—流过断路器的电流　e—电源电压

U_m—电源电压的幅值　u_T—断路器断口上的恢复电压　u_C—发生重燃后线路上的电压

U_{Cm1}、U_{Cm2}—发生重燃线路上的过电压

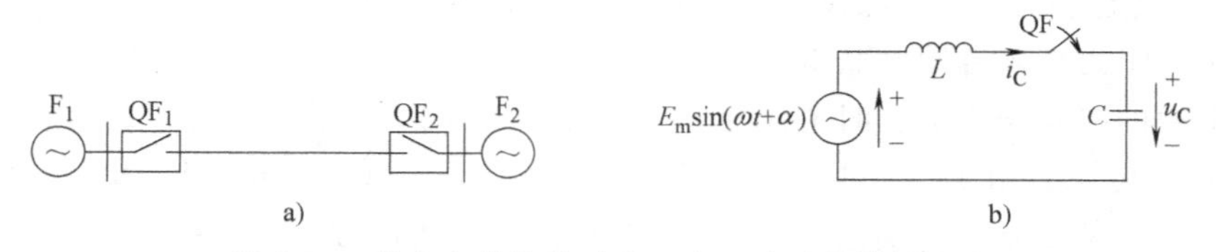

图 1-39　关合空载长线时的一次回路及其等效电路

为分析方便，用空载长线的集中电容 C 取代长线的分布电容。图 1-39b 为关合空载长线时的单相等效电路图，图中，L 为电源电感。在进行自动重合闸操作时，因电容 C 上有残余电荷，存在起始电压 U_0。

由图 1-39b，可列出以下微分方程组：

$$LC\frac{d^2u_C}{dt^2}+u_C=E_m\sin(\omega t+\alpha) \tag{1-45}$$

$$i_C=C\frac{du_C}{dt} \tag{1-46}$$

为求解在电容 C 上产生的过电压，取起始条件为 $t=0$ 时，$u_C=U_0$、$i_C=0$，可解得

$$u_C=E_m\sin(\omega t+\alpha)+(U_0-E_m\sin\alpha)\cos\omega_0 t \tag{1-47}$$

式中，α 是合闸相角；U_0 指电容 C 上的残余电压。过电压 u_C 与 α 和 U_0 的极性及大小有关。

由式（1-47）可知：当 $\alpha=90°$、$U_0=0$（即线路上没有残余电荷）时，过电压 u_C 可达 $2E_m$；当 U_0 的极性和电源电压相反时，过电压 u_C 将超过 $2E_m$。考虑到关合空载长线时电容 C 上的残余电压 U_0 一般不会超过 E_m，所以，关合空载长线的过电压倍数（指过电压与电源电压幅值之比）小于 3。

根据式（1-47）画出的 u_C 变化曲线如图 1-40 所示。其中，图 1-40a 中的 U_0 与电源电压极性相同，图 1-40b 中的 U_0 与电源电压极性相反。由图可见，由于 L、C 振荡，电容 C 上的

电压可以超出电源电压而产生过电压。

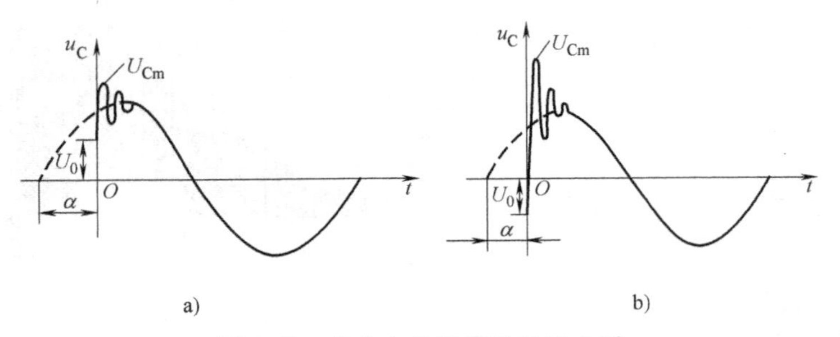

图1-40 关合空载长线时的过电压

由式（1-47）可知，在 $\omega_0 t=\pi$ 处，电容 C 承受的电压最大，其值 U_{Cm} 为

$$U_{Cm}=2E_m\sin\alpha-U_0 \tag{1-48}$$

如果 U_{Cm} 超过电力线路能够承受的绝缘水平，将可能导致接地短路发生。

示例1-3：我国220kV及以下电力线路绝缘水平较高，不需采取任何限制措施，但330kV及以上线路绝缘水平较低，为此常在高压断路器上加装合闸并联电阻 R_b 或采取选相合闸方式（因选相控制的复杂性，该措施未得到普遍应用），以限制空载长线关合时出现的合闸过电压。图1-41为加装合闸并联电阻 R_b 的工作原理图。

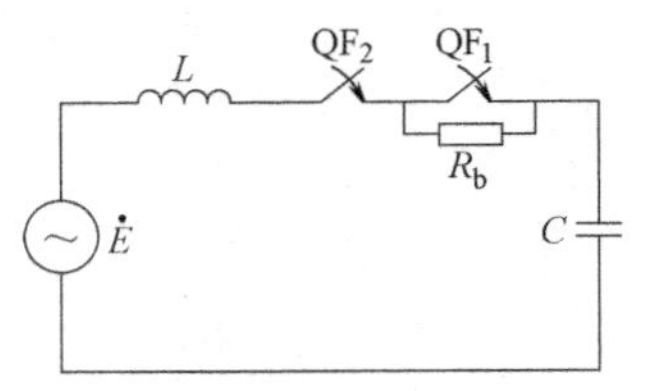

图1-41 关合空载长线时并联电阻 R_b 的工作原理图

图1-41中的空载长线关合时，先接通辅助断口 QF_2，空载长线经 R_b 接入电源。由于 R_b 的存在，QF_2 关合时空载长线的电容电压振荡得到阻尼，R_b 越大，阻尼作用越强。在 QF_2 关合7～15ms后，空载长线电压基本趋于稳定；再关合主断口 QF_1，短接 R_b。虽然 R_b 被短接时电容电压仍会出现振荡，但由于主断口 QF_1 关合前电源与空载长线的集中电容间已有合闸电阻 R_b，电源电压与电容电压的差值不是很大，因此，因振荡产生的过电压不会太高。图中，R_b 在400～1200Ω范围，属中值并联电阻。

2. 空载长线的开断

图1-42a、b分别是开断空载长线的接线图和等效电路，图1-42b中的 L、C 分别代表空载长线的等效电感和等效电容。由于 Z_C 值远大于 Z_L 值，电路属容性，因此，在电力线路开断前，认为 u_C 和电源电压 e 近似相等，流过高压断路器断口的工频电流 i_C 领先电源电压90°。

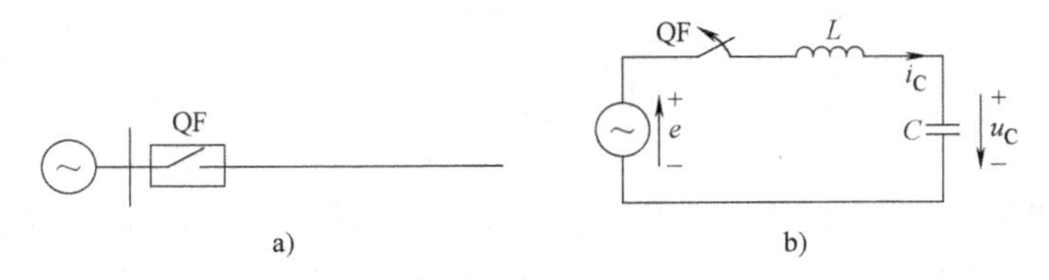

图1-42 开断空载长线的接线图和等效电路

图1-43是开断空载长线时高压断路器断口的电流和电压波形。图中，在电流过零、电弧熄灭的 t_1 瞬间，电容电压达到电源电压最大值 E_m。当电弧熄灭后，电容电压保持 E_m 不变，电源电压 e 继续按工频变化。此时，高压断路器断口的恢复电压逐渐增加（如图中第一个阴影所示）。经过工频半波 t_2 后，电源电压 e 到达反相最大值时，断口电压达到最大值

$2E_m$。如果高压断路器断口的介质强度不够，且刚好在 $2E_m$ 时被重击穿后，电容电压 u_C 将由起始值 E_m 以 $\omega_0=1/\sqrt{LC}$ 的角频率围绕 $-E_m$ 振荡。u_C 的最大值可达 $-3E_m$。依此类推，过电压可按 $-7E_m$，$+9E_m$，…逐次增加而达很大的数。实际上，开断空载长线时的过电压值不会按 3、5、7 倍逐次增加，如中性点不接地系统一般不超过 3.5~4 倍，中性点直接接地系统一般不超过 3 倍。

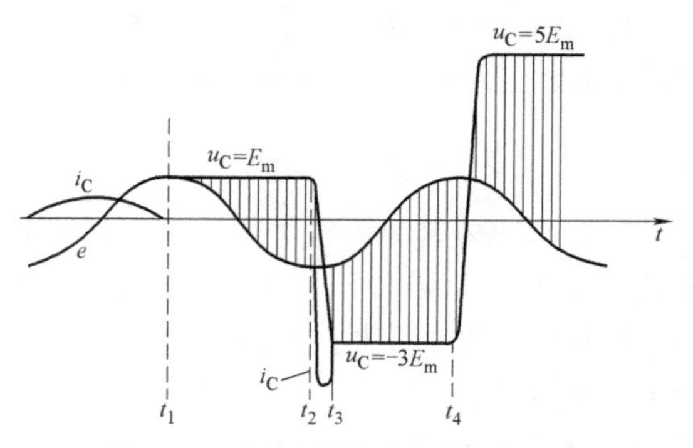

图 1-43　开断空载长线时高压断路器断口的电流和电压波形

现实中，我国仅在 330kV 及以上的线路采取专门措施限制开断空载长线产生的过电压，其中，最有效的措施是提高高压断路器的熄弧能力。当高压断路器的熄弧能力不高时，可在高压断路器断口上并联 400~1200Ω 的中值合闸电阻，用以限制开断空载长线产生的过电压。

1.5.2　无功补偿用电容器组关合与开断时的过电压

运行中的电力系统在投切无功补偿用电容器组时常会遇到两大问题：投入时出现的涌流和切除时出现的过电压。因篇幅所限，本处仅讨论无功补偿用的单组电容器与电容器组投入时出现的涌流以及电容器组开断发生重击穿时出现的过电压。

涌流是指幅值比电容器组的正常工作电流大、持续时间短、高频衰减的电流。

1. 单组电容器投入时出现的涌流

1）单组电容器投入时的电容电压 u_C。图 1-44 是单组电容器投入时的接线图和涌流计算的等效电路。图中，C 代表单组电容器。QF 为投入用高压断路器。

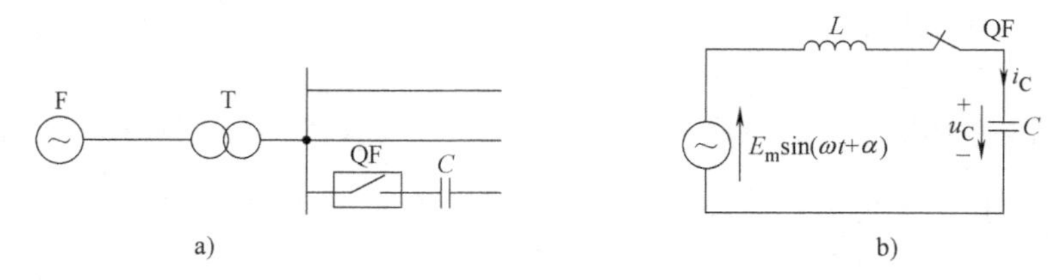

图 1-44　单组电容器投入时的接线图和涌流计算的等效电路

对式（1-48），取 $U_0=0$，$\alpha=-90°$，可得单组电容器投入时电容电压 u_C 的表达式为

$$u_C=-E_m\cos\omega t+E_m\cos\omega_0 t \tag{1-49}$$

2）流经高压断路器 QF 的涌流 i_C。由式（1-49）可得流过高压断路器的涌流 i_C 为

$$i_C=C\frac{\mathrm{d}u_C}{\mathrm{d}t}=E_m\omega C\sin\omega t-E_m\omega_0 C\sin\omega_0 t=I_m\left(\sin\omega t-\frac{\omega_0}{\omega}\sin\omega_0 t\right) \tag{1-50}$$

式中，I_m 为电容器组的正常工作电流幅值。

3）涌流波形。图 1-45 为单组电容器投入时的涌流波形图。由图可见，涌流最大值 I_{Cm} 出现在 $\sin\omega t=-1$、$\sin\omega_0 t=-1$ 时，即

$$I_{Cm}=I_m\left(1+\frac{\omega_0}{\omega}\right) \tag{1-51}$$

4）涌流倍数。涌流最大值与电容器组正常工作电流的幅值之比，称为涌流倍数，用 K 表示为

$$K=1+\frac{\omega_0}{\omega} \tag{1-52}$$

式中，ω_0 由电容器的电容量 C 和电容器安装处的短路电感 L 决定。

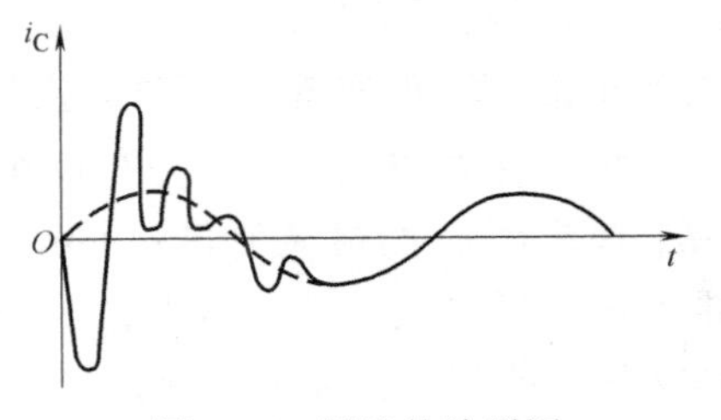

图1-45　涌流的波形图

设电网额定电压为 U_e，电容器安装处的短路容量为 P_d，$P_d=U_0^2/(\omega L)$，电容器额定容量为 P_e，$P_e=U_e^2\omega C$，以 $\omega_0=1/\sqrt{LC}$ 代入式（1-52），可得涌流倍数 K 为

$$K=1+\frac{1}{\sqrt{\omega L}\times\sqrt{\omega C}}=1+\sqrt{\frac{P_d}{P_e}} \tag{1-53}$$

由于单组电容器容量有限，投入时涌流不大，所以不会造成危害。

2. 并联电容器组投入时的涌流

1）图1-46为并联电容器组投入时的接线图，实际运行时把安装在某处的电容器分若干组并联连接，每组由一台高压断路器控制。如并联连接的电容器按编号顺序依次投入时，最后一组电容器投入时的涌流最大。

2）图1-47是计算并联电容器组的涌流已充电到 E_m 的（$n-1$）组电容器对第 n 组电容器充电时的涌流等效电路。图中，L_1 为电容器组的连线电感，C 为电容器组每组的电容。

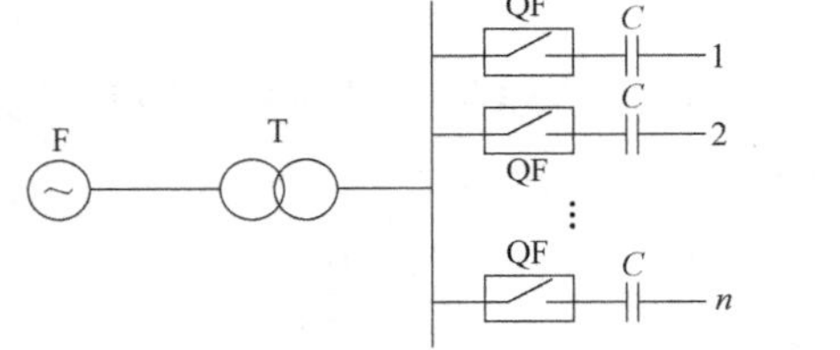

图1-46　并联电容器组投入时的接线图

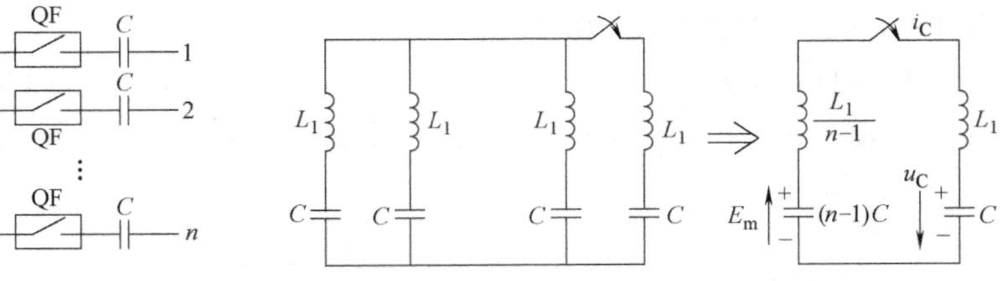

图1-47　并联电容器组第 n 组投入时的涌流等效电路

当第（$n-1$）组电容器充电结束后，所有电容器组的最终电压为

$$U_C=E_m\frac{n-1}{n} \tag{1-54}$$

第 n 组电容器上的暂态电压则为

$$u_C=E_m\frac{n-1}{n}(1-\cos\omega_0' t) \tag{1-55}$$

式中，$\omega_0'=1/\sqrt{L_1 C}$，其中 L_1 为电容器组的连线电感，C 为电容器每组的电容。

涌流 i_C 为

$$i_C=\omega_0' CE_m\frac{n-1}{n}\sin\omega_0' t=I_m\frac{\omega_0'}{\omega}\frac{n-1}{n}\sin\omega_0' t \tag{1-56}$$

由式（1-56），得并联电容器组投入时的最大涌流 I_{Cm} 为

$$I_{Cm}=I_m\frac{n-1}{n}\frac{\omega_0'}{\omega} \tag{1-57}$$

由于电容器组的连线电感 L_1 比电源的电感小得多，由 $\omega_0'=1/\sqrt{L_1C}$ 和 $\omega_0=1/\sqrt{LC}$ 可知，ω_0' 比 ω_0 高得多，在计算并联电容器组投入的最大涌流时，一般不考虑电源作用。由于 ω_0' 的增大，因此，并联电容器组投入时的最大涌流要比单组电容器投入时的最大涌流大得多；投入组数越多，涌流也越大。

3）为限制涌流，可在各组电容器前串联电抗器，也可以在高压断路器断口上并联低值电阻。

3. 开断电容器组发生重击穿时的涌流

高压断路器在开断电容器组时如果出现重击穿，相当于把电容器组重新投入电网，因而也会产生涌流，最严重的重击穿发生在电源电压为反相幅值而电容器的电荷还来不及释放时，相当于在两倍电源电压幅值时接入电容器组，此时涌流的幅值也将加倍。

重击穿次数增加时，涌流还会增加。因此，断路器应力求做到开断电容器组时不重燃。

1.6　开断小电感电流电路时的过电压

1.6.1　小电感电流的出现

高压断路器开断大电感负荷（如空载变压器、空载高压感应电动机、并联电抗器等）时，电路中将会出现小电感电流。开断大电感负荷时的截流波形如图 1-48 所示，灭弧能力较强的高压断路器在开断小电感电流时因电弧不稳定，电弧有可能不会在电弧电流自然零点熄灭，而是提前在电流值 I_0 时被强迫下降到零，使电感 L 上感应出过电压。

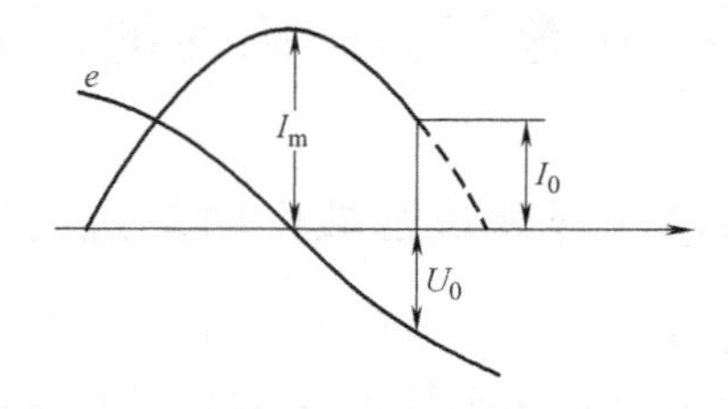

图 1-48　开断大电感负荷时的截流波形

降低过电压的有效措施包括：采取措施（如改进高压真空断路器触头材料性能），改善高压断路器开断小电感电流的性能，降低截流值；在被开断回路中串接吸收及消耗多余能量的 R-C 串联回路；加装 ZnO 避雷器，限制过电压的幅值。

1.6.2　开断空载变压器时的过电压

图 1-49 为开断空载变压器的等效电路。图中，L_B 为变压器绕组的励磁电感，C_B 为变压器绕组的电容。

设高压断路器开断空载变压器时，断口上的电弧电流在 I_0 值时被“强迫截断”，此时，作用在变压器上的电压为 U_0。由储存在变压器电感和电容中的磁能 $\frac{1}{2}L_BI_0^2$ 和电能 $\frac{1}{2}C_BU_0^2$，可算出“强迫截断”后的变压器总的储能 A_B 为

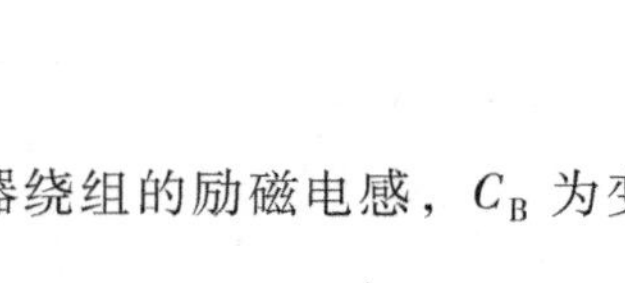

图 1-49　开断空载变压器的等效电路

$$A_B=\frac{1}{2}L_BI_0^2+\frac{1}{2}C_BU_0^2 \tag{1-58}$$

当电弧电流被突然截断后，按能量不变定律，变压器绕组的电感 L_B 中的磁能将逐渐转变为电容 C_B 的静电能，促使电容 C_B 的电压逐渐升高；当磁能全部转化为静电能时，电容

上的电压即达其最大值 U_{Bm}。

$$\frac{1}{2}C_B U_{Bm}^2=\frac{1}{2}L_B I_0^2+\frac{1}{2}C_B U_0^2$$

$$U_{Bm}=\sqrt{I_0^2\frac{L_B}{C_B}+U_0^2} \tag{1-59}$$

由式（1-59）可知，开断空载变压器时，截流值 I_0 越大，过电压 U_B 越高。当 $I_0=I_m$ 时，过电压最大值 U_{Bm} 为

$$U_{Bm}=I_m\sqrt{\frac{L_B}{C_B}} \tag{1-60}$$

由式（1-60）可知，U_{Bm} 的大小与 C_B 和 L_B 有关。当 C_B 增大时，U_{Bm} 将减小；当 L_B 较小时，即使 i_L 在电流的幅值 I_m 时被截断，过电压 U_{Bm} 也不会太大。

由于高压变压器采用的冷轧硅钢片的励磁电流仅是额定电流的0.5%左右，同时又采用了纠结式绕组，大大增加了绕组的电容，所以开断时，过电压倍数不会大于2。

因电力系统中开断空载变压器的过电压可用普通阀型避雷器来保护，所以在高压断路器设计中可不用考虑开断空载变压器过电压的影响。

1.7 开断近区故障时的过电压与限制措施

1.7.1 开断近区故障时的过电压

电力线路出现的近区故障是指距高压断路器几百米至几千米的线路上发生的短路故障。对超高压电力系统，当线路的短路电流在25～65kA范围时，高压断路器开断近区故障时的工作条件，较之其开断直接发生在高压断路器出线端的短路故障更为严重。

现以如图1-50所示的中性点接地的发电机出现近区单相接地故障为例，分析如下：

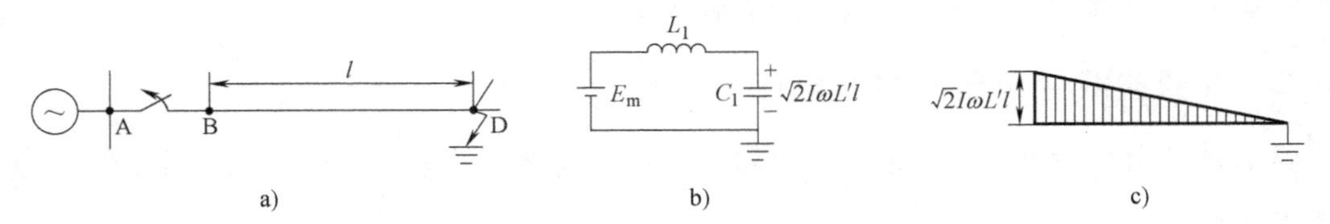

图1-50 近区单相接地故障的开断

a）接线图 b）等效电路 c）$t=0$ 时BD段上的起始电压分布

如图1-50a所示，电源电压为 E，在D点发生单相接地短路时的短路电流有效值 I 为

$$I=\frac{E}{\omega(L_1+L'l)}=\frac{E_m}{\sqrt{2}\,\omega(L_1+L'l)} \tag{1-61}$$

式中，L_1 为电源的电感；L' 为输电线每单位长度电感；l 为由高压断路器到短路点的距离。

在高压断路器断口电流过零前的瞬间（$t=0_-$），断口两端A点与B点对地电压 U_A 和 U_B 相等，即

$$U_A=U_B=\sqrt{2}\,I\omega L'l \tag{1-62}$$

在电流过零、电弧熄灭后（$t>0$），在高压断路器断口的两侧，电力回路被分成两个独立的部分，如图 1-50a、b 所示。由式（1-62）可知，A 点对地的电压 U_A 将为

$$U_A = E_m - (E_m - \sqrt{2} I\omega L'l)\cos\omega_1 t \tag{1-63}$$

B 点对地电压 U_B 根据行波理论求出。图 1-50c 是 $t=0$ 时 BD 段线路上的起始电压分布。当 $t>0$ 时，这一起始电压分布将被分解成两个相同的行波，一个前行，一个反行。行波在开路的 B 点发生全（正）反射，在短路的 D 点发生负反射。行波沿线路的传播速度为 $v=1/\sqrt{L'C'}$，其中的 L'和 C'分别为线路每单位长度的电感和电容。行波从线路一端传播至另一端所需的时间为 l/v。

图 1-51 是 $t=0$ 后不同时刻行波在线路上的位置。

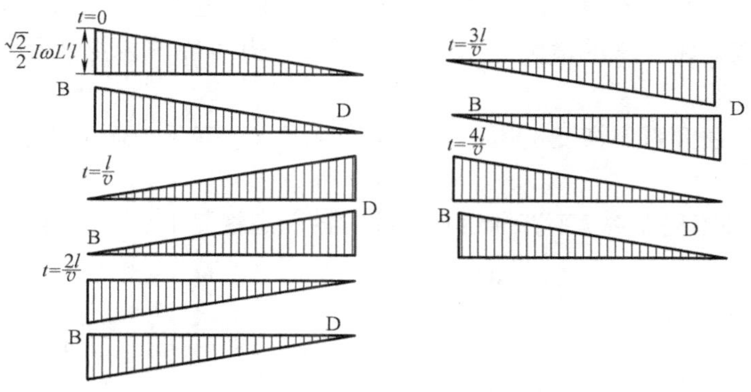

图 1-51　行波的流动

据此，可写出 B 点对地的电压为

$$\left.\begin{aligned}
&0\leqslant t\leqslant\frac{2l}{v}\text{时}, u_B=\sqrt{2}I\omega L'l\left(1-\frac{vt}{l}\right)\\
&\frac{2l}{v}<t\leqslant\frac{4l}{v}\text{时}, u_B=-\sqrt{2}I\omega L'l\left(3-\frac{vt}{l}\right)\\
&\frac{4l}{v}<t\leqslant\frac{6l}{v}\text{时}, u_B=\sqrt{2}I\omega L'l\left(5-\frac{vt}{l}\right)\\
&\qquad\vdots
\end{aligned}\right\} \tag{1-64}$$

由式（1-63）和式（1-64）得出的 u_A 和 u_B 的波形曲线如图 1-52a 所示，图 1-52b 是合成后的断口瞬态恢复电压 u_{hf} 的波形。由图可见，近区故障发生时，恢复电压先经过几个极快的锯齿振荡，再进入角频率为 ω_1 的振荡。在 $0\leqslant t\leqslant 2l/v$ 时，时间很短，u_A 变化很小，故取 $U_A=2I\omega L'l$。

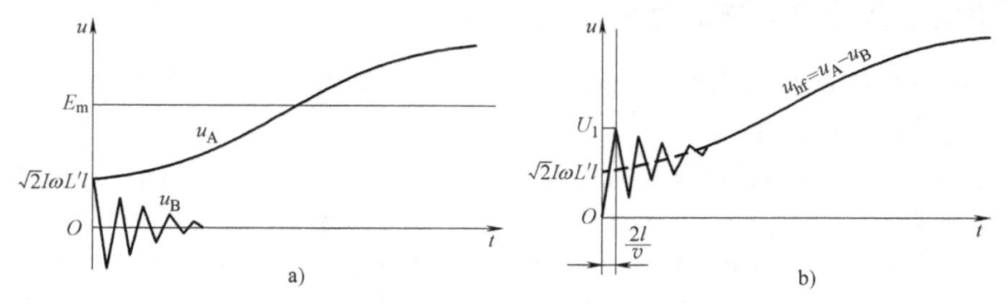

图 1-52　开断近区故障时的恢复电压曲线

a）u_A 和 u_B 的波形曲线　b）AB 断口间的瞬态恢复电压 u_{hf} 的波形

发生近区故障时，高压断路器断口上的恢复电压上升速度 du_{hf}/dt 和恢复电压的第一个最大值 U_1 分别为

$$\frac{du_{hf}}{dt}=\frac{2\sqrt{2}I\omega L'l}{\frac{2l}{v}}=\sqrt{2}I\omega Z \tag{1-65}$$

$$U_1=2\sqrt{2}I\omega L'l=\frac{2E_mL'l}{L_1+L'l} \tag{1-66}$$

式中，Z 为线路的波阻抗，一般可取为 500Ω；l 为近区故障发生时短路点到高压断路器的距离，l=0.5～8km。

由式（1-65）可知，发生近区故障时，断口上的恢复电压上升速度 du_{hf}/dt 与短路电流 I 成正比。随着系统短路容量的增大，du_{hf}/dt 将增加，有可能使得电弧重燃，导致高压断路器开断困难。

电弧是否重燃还和瞬态恢复电压的第一个最大值 U_1 有关，而 U_1 与短路点到高压断路器的距离 l 有关。

图 1-53 为三种不同距离 l 下开断近区故障时的瞬态恢复电压曲线与介质恢复强度曲线。

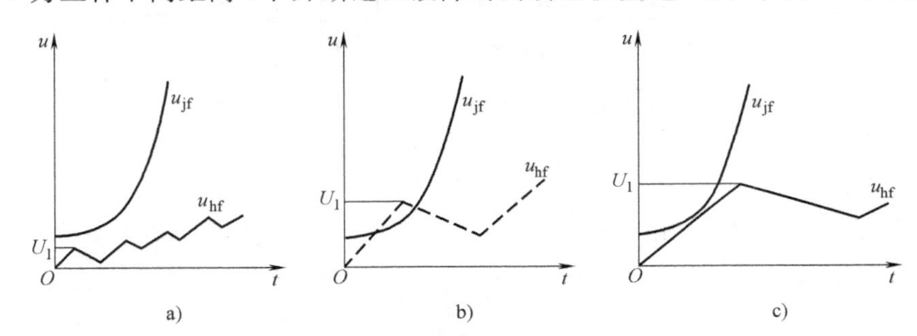

图 1-53　近区故障发生时断口上的瞬态恢复电压曲线与介质恢复强度曲线（$l_1<l_2<l_3$）

a）$l=l_1$　b）$l=l_2$　c）$l=l_3$

分析如下：对图 1-53a，l 值小、短路电流 I 和 du_{hf}/dt 大，但由于 U_1 较小，故电弧不会重燃；对图 1-53c，由于 l 值大、U_1 值也大，但短路电流 I 和 du_{hf}/dt 都较小，故电弧也不会重燃。图 1-53b 的 U_1 和 du_{hf}/dt 都大，u_{hf} 和 u_{jf} 两曲线相交，电弧将发生重燃，出现时间是恢复电压的上升速度不低而恢复电压的第一个最大值又较高时。此时，l=0.5～8km，属于近区故障。

1.7.2　限制近区故障开断时过电压的措施

并联一个电阻是限制近区故障开断时出现过电压的措施之一，其作用是改善高压断路器开断近区故障时的工作条件。

并联电阻 R_b 的数值不超过数百欧。在 $0\leqslant t\leqslant 2l/v$ 的时间间隔，用图 1-54a 等效电路计算。图中，与 C_1 串联的直流电源（$2I\omega L'l$）表示 C_1 的起始电荷。

由于故障点离电源的距离较短，电源电动势变化率极大，因此，电源电感 L_1 的阻抗非常大，可认为是开路，图 1-54a 可以简化为图 1-54b，并列写微分方程，可得高压断路器断口上的恢复电压 u_{hf} 为

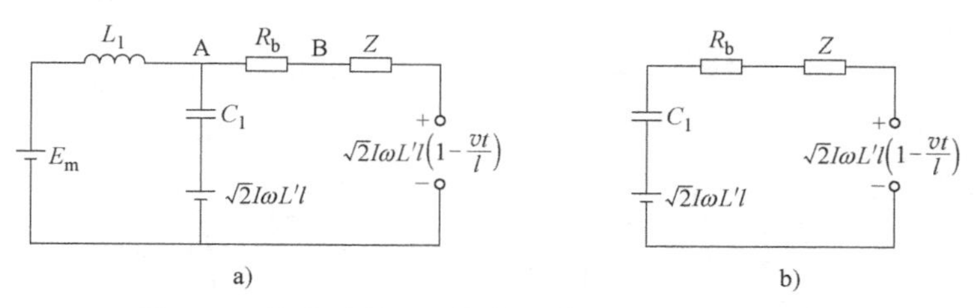

图 1-54　计算开断近区故障用并联电阻 R_b 的原理图

$$u_{hf}=iR_b=\sqrt{2}I\omega ZC_1R_b\left[1-e^{-\frac{t}{(R_b+Z)C_2}}\right] \tag{1-67}$$

高压断路器断口上的恢复电压的最大上升速度发生在 $t=0$ 时，其值为

$$\left.\frac{du_{hf}}{dt}\right|_{t=0}=\frac{\sqrt{2}I\omega ZR_b}{R_b+Z} \tag{1-68}$$

比较式（1-67）和式（1-68）可知，并联电阻 R_b 降低了 $du_{hf}/dt|_{t=0}=0$ 的值，且 R_b 越小，效果越好。若并联电阻 R_b 与 Z 的值相等，则高压断路器断口上恢复电压的上升速度将只有未并联电阻时的恢复电压上升速度的一半。由此可见，在高压断路器断口上并联电阻，可以改善高压断路器在开断近区故障时的故障条件。

1.8　失步故障的开断

1.8.1　失步故障与联络用高压断路器

在正常状态下，两个电源系统是同步运行的，高压断路器两侧的电压幅值和相位角相差不大，高压断路器流过正常负荷电流。

失步故障是指两电源系统间因故障引起振荡失去稳定，两侧电源电压相位差迅速增大，系统中出现远大于工作电流的失步电流的现象。当两个电源电压完全反相（即相差 180°，回路的总电源电压 E 等于 E_1+E_2）时，高压断路器需开断的失步故障电流最大，断口承受工频恢复电压最高。

当发生失步故障时，两个电源系统之间因故障原因将引起振荡、失去稳定，两个电源电压的相位差迅速增大，系统中将出现远大于工作电流的失步电流。此时，高压断路器应及时开断失步故障，特别是反相失步故障，以使系统解列。

图 1-55 为计算开断失步故障的一次线路和等效电路。其中，图 1-55a 中的 F_1 和 F_2 分别代表两个电源系统，QF 为联络用高压断路器。

1.8.2　单相反相失步故障开断时的故障电流

由图 1-55b，可求得开断单相反相失步故障电流值 I_s 为

$$I_s=\frac{E_1+E_2}{X_1+X_2} \tag{1-69}$$

式中，E_1、E_2 为高压断路器两侧的电源电压；X_1、X_2 为高压断路器两侧的等效电抗。

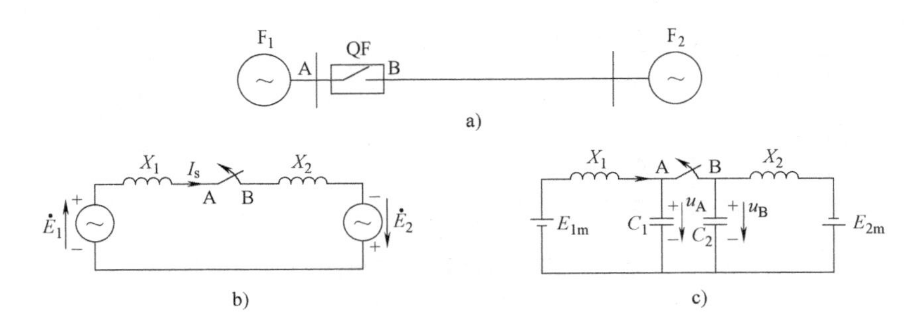

图 1-55 计算开断失步故障的一次线路和等效电路

a）一次线路 b）QF 断开时的等效电路 c）用直流电压反映开断瞬间交流电源电压的等效电路

当高压断路器的出口 B 点处出现单相反相故障时，高压断路器需开断的短路电流 $I_d = E_1/X_1$，即 $E_1 = I_d X_1$。取 $E_1 \approx E_2 = E$，代入式（1-69），得

$$I_s = \frac{2X_1}{X_1 + X_2} I_d \tag{1-70}$$

若 $X_1 = X_2$，则 $I_s = I_d$。由于实际中的 $X_1 = X_2/7$ 时，$I_s = I_d/4$，因此，高压断路器试验标准中规定：失步开断电流 I_s 为额定短路电流 I_d 的 25%（即 1/4）。

1.8.3 单相反相失步故障开断时的瞬态恢复电压

电流过零瞬间，在高压断路器断口两端 A 点和 B 点存在的对地电压 U_A、U_B 分别为

$$U_A = U_B = \frac{E_{1m}X_2 - E_{2m}X_1}{X_1 + X_2} = \frac{X_2 - X_1}{X_1 + X_2} E_m = U_0 \tag{1-71}$$

图 1-56 给出了高压断路器断口两端 A 点和 B 点的对地电压 u_A、u_B 以及瞬态恢复电压曲线 u_{hf}，u_{hf} 是一个围绕工频恢复电压 $2E_m$ 变化的振荡波。

从电弧熄灭时起，高压断路器断口 A 端的电压 U_A 由 U_0 开始以 $f_1 = 1/(2\pi\sqrt{L_1C_1})$ 的振荡频率过渡到电源电压 E_m，B 端的电压 U_B 将由 U_0 开始以振荡频率 $f_2 = 1/(2\pi\sqrt{L_2C_2})$ 过渡到 $-E_m$，通常 $f_1 > f_2$。

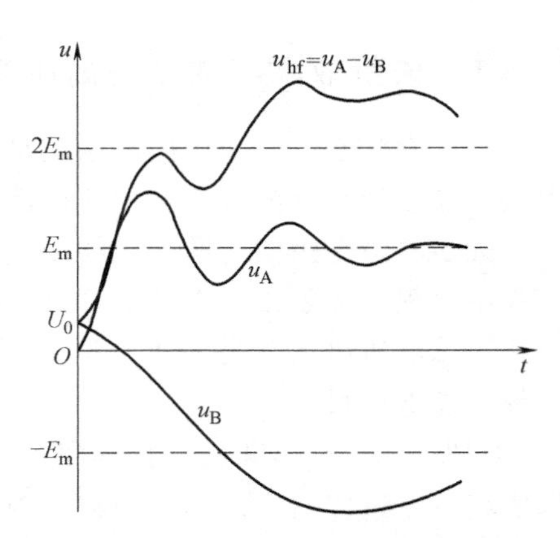

图 1-56 单相反相失步故障开断时的对地电压和瞬态恢复电压曲线

1.8.4 三相反相失步故障开断时首开相的工频恢复电压

三相反相失步故障开断时，首开相的工频恢复电压与系统接地与否有关。对中性点不直接接地系统，三相反相失步故障开断时，首开相的工频恢复电压是电源相电压幅值 E_m 的 3 倍；对中性点直接接地系统，三相反相失步故障开断时首开相的工频恢复电压是 E_m 的 2.6 倍。实际的失步开断中，电源完全反相的概率很小。

高压断路器试验标准规定：中性点不直接接地系统中，三相反相失步故障开断时首开相的工频恢复电压取电源相电压幅值的 2.5 倍，在中性点直接接地系统中取 2 倍。

思考题与习题

1-1　为什么开断小电感电流时会产生过电压？应如何防止？

1-2　高压断路器关合短路故障时，为什么会出现冲击电流？其最高可达多少？短路电流冲击系数是在什么条件下求出的？

1-3　试述低值并联电阻在主断口开断和辅助断口开断时所起的作用。

1-4　为什么在开关试验条件中要规定开断电流的非周期分量平均值或直流分量不能大于周期分量最大值（或交流分量峰值）的 20%？

1-5　用 10kV 断路器开断三相短路，已知短路电流为 11.6kA，恢复电压的固有振荡频率为 6kHz。采用 16Ω 的并联电阻是否能阻尼恢复电压的振荡？比较采用并联电阻前后断口的瞬态恢复电压最大值以及恢复电压的上升速度。

1-6　某 110kV 电网，在断路器出口处的短路容量为 4000MV·A，恢复电压的固有振荡频率为 1.8kHz，线路的电感为 1.255mH/km，电容为 0.009μF/km。计算在断路器出口处短路以及在离断路器 1km 处的架空线上发生短路时的恢复电压上升速度。

第2章　电力系统中的高低压电器及其设计技术综述

2.1　概述

目前，我国既是全球最大的高低压电器消费市场，也是全球最大的高低压电器制造国。

我国电力工业的快速持续发展为电力设备制造业提供了广阔的发展空间，行业发展前景喜人。因为特高压输电具有巨大的经济技术优势，2014—2020年，我国对智能电网及其智能成套设备、智能配电和控制系统投入近4万亿元，其中4000亿元用于打造特高压输电（交流1000kV，直流±800kV），这一投资相当于两个三峡工程，三个京沪高铁。到2020年，国家电网特高压及跨区、跨国电网输送容量达2.5亿kW以上，其中通过特高压输送的容量约占80%。

2.1.1　高低压电器的定义

高压输变电系统与高低压配电系统，统称为电力网络，其广泛使用各类高低压电器元件与成套装置，用于对电能的输送和应用起控制、保护、检测、变换与切换及调节的作用。

1. 电器

电器是指用于电力系统的工业和建筑用电器，即对电能的产生、输送和应用，起控制、保护、检测、变换与切换及调节作用的电气器具的统称。

根据额定电压不同，电器分高压电器和低压电器，两者统称为“高低压电器”。IEC（国际电工委员会）标准规定：高压与低压的分界线为1kV。我国因没有1kV的电压等级，因此将高压与低压的实际分界线定为3kV。

2. 低压电器

低压电器是指用于交流50Hz或60Hz、额定电压1200V及以下和直流额定电压1500V及以下电路中，能根据外界的信号和要求，手动或自动地接通、断开电路，以实现对电路或非电对象的切换、保护、控制、调节、检测、变换和调节的电器元件或设备。它通常由感测部分和执行部分组成。

3. 高压电器

高压电器是指额定电压3kV及其以上（交流至1200kV，直流至1000kV），在高压输电和配电线路中，对电能输送、分配与使用起关合、开断、保护、控制、调节、安全隔离和测量作用的电气器件。高压开关设备目前所处的三相交流电网的标称电压等级分别为3kV、6kV、10kV、20kV、35kV、66kV、110kV、220kV、330kV、500kV、750kV、1000kV、1200kV，高压开关设备的额定电压值较电网的标称电压高10%~20%，分别有3.6kV、7.2kV、12kV、24kV、40.5kV、72.5kV、126kV、252kV、363kV、500kV、800kV、1100kV、1320kV。

2.1.2 行业与产品的发展历程

高低压电器行业是一个产品类型比较稳定、市场发展相对成熟的行业，具有竞争充分、企业数量众多的特点。目前已经形成了国有、民营和外资企业“三足鼎立”、跨国公司与本土企业比翼齐飞的格局。

高低压电器设备的发展方向主要是大容量、小型化、组合化、自能化和智能化。其中，一次开关设备开断性能和可靠性非常重要，其灭弧室本体和操动机构可靠性尤其重要；二次检测与控制的智能化技术对组态化具有重要价值。

1. 我国低压电器行业与产品的发展历程

我国低压电器行业过去特别注重用电安全，强调过载、短路、漏电流、接地等保护功能的核心作用；现在注重用电安全和能效管理，倡导提高用能效率；未来发展重心是围绕光伏、风电、储能等绿色能源的接入与管理，研发管理平台及其数字化低压电器。

1）我国低压电器行业已有 70 余年历史，已形成完整的工业体系。其中，20 世纪 80 年代形成了“京津、上海、佛山、天水和遵义”五大生产基地，但随着以温州柳市为基地的一大批民营企业在 20 世纪 90 年代的崛起而逐步消亡；与此同时，一批国外优秀低压电器制造商相继进入我国市场。目前，该行业国内生产企业超过 2000 家，从业人员超过 40 万，产品品种超过 1000 个系列。

据不完全统计，21 世纪前 10 年我国低压电器产品的年销售额超过 600 亿元，进、出口基本相当，各达 20 多亿美元。据中国电器工业协会通用低压电器分会统计，21 世纪前 10 年（2000—2010 年）我国低压电器行业平均增长 15%。“十二五”（2011—2015 年）期间，年均保持 8%的增幅。“十三五”（2016—2020 年）期间，低压电器行业发展速度减缓，从“以量为主”转为“量与质并举”，并逐步转变为“以质为主”，行业主营规模和利润逐年增加，其中 2020 年分别为 963 亿元和 65 亿元。作为“十四五”开局的 2021 年各项数据均创新高，行业主营规模和利润分别达到 1061 亿元和 67.5 亿元，同年进出口总额 45.6 亿美元，贸易顺差 10.05 亿美元。

示例 2-1：以低压断路器产品为例，低压电器行业前 10 名企业所占整体市场份额在 55%~60%之间，其中，国外企业产品占了我国高端低压电器市场的 80%以上，国内品牌只占 10%多。

2）我国低压电器产品先后出现四代产品：20 世纪 70—20 世纪 80 年代出现第一和第二代低压电器，产品主要有电子电器、限流电器、漏电电器、真空电器。20 世纪 90 年代出现的第三代低压电器产品，包括智能型万能式低压断路器、高性能小型化塑壳断路器、模数化交流接触器、电子式电动机保护器、软起动器、低压真空断路器、双电源自动转换开关、控制与保护开关电器八大类，技术特征是高性能、小型化、电子化、智能化、组合化。21 世纪初出现的第四代低压电器产品主要有可通信网络化电器、绿色电器等，目前，第四代智能化低压电器产品日渐成为主流。

示例 2-2：第三代智能化低压电器具有六大特点：一是能够消除输入信号中的高次谐波，从而避免高次谐波造成的误操作；二是可以保护具有多种起动条件的电动机，具有很高的动作可靠性；三是具有监控、保护和通信功能；四是可以实现中央计算机集中控制，提高了配电系统的自动化程度，使配电、控制系统的调度和维护达到新的水平；五是采用数字化的新型监控元件，使配电系统和控制中心提供的信息最大幅度增加，且接线简单、便于安装，提高了工作的可靠性；六是可以实现数据共享，减少信息重复和信息通道。

3）低压电器产品的发展取决于国民经济的发展和现代工业自动化的需要，以及新技术、新工艺、新材料的研究与应用，目前，产品朝着高性能、高可靠性、小型化、数模化、模块化、组合化和零部件通用化方向发展。

示例2-3：根据《2022年中国低压电器市场白皮书》，2021年，位列中国低压电器市场龙头企业的产品研发能力数据见表2-1。

表2-1　中国低压电器市场龙头企业的产品研发能力数据（2021年）

企业简称	施耐德电气（全球）	正泰电器	常熟开关	良信电器	伊顿电气
研发人员数	3000~3500	700~800	500~550	450~500	300~400
专利数	3000~3500	2500~2600	1200~1300	1100~1200	600~800
实验室能力	非常完善	非常完善	比较完善	一般	一般
BOM部件自产率	90%~100%	80%~90%	70%~80%	70%~80%	30%~40%
焊接技术	比较完善	比较完善	比较完善	研发突破中	研发突破中
模具制造能力	非常完善	非常完善	比较完善	一般	一般
自产生产设备能力	较强	一般	一般	一般	偏弱

2. 我国高压电器行业与产品的发展历程

1）我国高压电器行业有60余年的历史。高压开关设备生产企业分为国有企业（简称国企）、民营企业（简称民企）、外资和合资企业（简称合企）三种类型。在高压开关行业的国有企业中，如西安西开高压电气股份有限公司、新东北电气（沈阳）高压开关有限公司及河南平高电气股份有限公司等因国家给予了激励政策开发特高压开关设备而变得越来越强大；民营企业如正泰集团、泰开电气集团等因产品从中压扩展到高压而异军突起；外资企业如Siemens、ABB等公司因置身“本土化”而不断扩展中国市场。

最近30年，高压电器行业进入辉煌发展阶段，生产厂家达2000多家，行业协会会员单位发展到七八百家，生产配套能力从几百万千瓦发展到过亿千瓦，产品电压等级从中高压上升到超高压和特高压。2009年，行业实现工业总产值1341.64亿元，其中新产品的产值占工业总产值的28.98%，全年生产的126kV及以上电压等级GIS共11033间隔、126kV及以上电压等级高压SF_6断路器计9234台、各型号金属封闭开关设备570797面，这些产品支持和保障了1100kV高压交流试验示范工程、世界上首个±800kV直流输电工程等国家重点建设项目的顺利实施。

表2-2列出了部分高压电器生产企业及其产品电压等级。

表2-2　高压电器生产企业及其产品电压等级

序号	国内生产企业	产品电压等级
1	西安西开高压电气股份有限公司、新东北电气（沈阳）高压开关有限公司、河南平高电气股份有限公司及西安西电高压开关有限责任公司等	1. 1100kV特高压开关设备（GIS、H-GIS、GCB、DS/ES） 2. 363~800kV超高压开关设备（GCB、GIS、H-GIS、DS/ES） 3. 126~252kV开关设备（GCB、GIS、DS/ES）
2	湖南长高高压开关集团股份公司（DS/ES）、泰开电气集团有限公司（DS）	1. 363~800kV超高压开关设备（GCB、GIS、H-GIS、DS/ES） 2. 126~252kV开关设备（GCB、GIS、3DS/ES）

（续）

序号	国内生产企业	产品电压等级
3	江苏东源电器集团股份有限公司、大全集团有限公司、北京北开电气股份公司、山东泰山恒信开关集团有限公司、正泰电气股份有限公司、云南开关厂、如高高压电器有限公司、西安高压电器研究所电器制造有限公司等，还有的厂生产其他型号的 126kV 断路器，如西电高压开关有限责任公司的 LW25-126 型、平高集团有限公司的 LW35-126 型、湖南开关有限责任公司的 LW9-126 型、泰开电气集团有限公司的 LW30-126 型等	126～252kV 开关设备（GCB、GIS、DS/ES）
序号	**外资（包括合资）生产企业**	**产品**
1	北京 ABB 高压开关设备有限公司、西门子（杭州）高压开关有限公司、苏州阿海珐高压电器有限公司，上海中发依帕超高压电器有限公司等	GCB、DC/ES
2	平高东芝高压开关有限公司、上海西门子高压开关有限公司、山东鲁能恩翼帕瓦电机有限公司、厦门 ABB 华电高压开关有限公司、三菱电机天威输变设备有限公司、上海中发依帕超高压电器有限公司、苏州阿海珐高压电器有限公司、现代重工（中国）电气有限公司等	GIS、H-GIS

2）我国高压电器企业能生产中压、高压、超高压及特高压的全系列高压开关设备。在超高压和特高压开关设备方面，我国产品技术已经达到世界先进水平。

示例 2-4：真空断路器是我国高压开关设备中中压方面的主导产品（2007 年占 98.6%）。其中，24kV 的开关设备、中压 C-GIS、环网柜及箱式变电站等是中压产品生产亮点；瓷柱式和罐式断路器（GCB）、高压隔离/接地开关（DS/ES）、气体绝缘金属封闭开关设备（GIS）、复合式组合电器（H-GIS）等是高压及以上的主导产品；550kV 单断口罐式 SF_6 断路器及 GIS 是超高压方面自主创新的主导产品；1100kV 特高压开关设备的额定电压 1100kV、额定电流 6300A、额定短路开断电流 50kA，绝缘水平达到工频 1100kV/雷电冲击 2400kV/操作冲击 1800kV（极对地）的高水平。

截至目前，高压开关设备已经历"多油-少油-无油（绝缘介质为 SF_6 或真空）"三个发展阶段，现有空气绝缘开关设备（AIS，以优化投资成本为特征）、气体绝缘金属封闭开关设备（GIS，以最小空间需求为特征）和混合绝缘技术开关设备（MTS，以可靠性极高的单线布置为特征）的三种产品类型。其中，MTS 有敞开式组合电器（国内型号为 ZHW）和复合式组合电器（H-GIS）两种，包括 ABB 的 PASS 型、三菱的 MITS 型、东芝的 GID 型、西门子的 HIS 型、阿尔斯通的 GIM 型等。其使用的元件数量少、可靠性高，由于使用标准化模块，它在故障情况下能以极短的时间恢复运行（要求小于 6h）。其另一个优势是安装时间最短，在故障情况下，可用移开式开关设备（移动车）在 4～6h 内消除故障。

2.1.3　高低压电器的技术发展

1. 低压电器的技术发展

近年来，随着第三代产品的不断完善与二次开发以及第四代产品的开发，低压电器相关技术的研究与应用取得了新突破。当前主要的低压电器新技术见表 2-3。

2. 高压电器的技术发展

为构建大规模的自动化电网，高压开关设备需要利用微电子技术、光纤信息传输技术、计算机技术、伺服技术及精密机械技术等高科技技术，将二次控制中传统的电磁机械系统改

表 2-3 低压电器新技术

序号	技术名称	意义	技术方式或内容	案例
1	数字化仿真设计技术	提高设计的科学性、准确性，减少因盲目设计带来的不必要反复，缩短新产品试制周期	电弧运动分析；操作机构运动及受力分析；导电回路发热分布分析；电动力计算；电磁系统计算与设计	解决了新一代 MCCB 的“双断点触头接触平衡”与“触头斥开后可靠卡住机构设计”两个技术难题，使我国第四代 MCCB 产品性能达到国际先进水平，部分性能处于国际领先水平
2	现代测试技术	为新一代低压电器研究创造了条件	模拟大电流试验技术（振荡回路）；电弧运动测试与分析；区域联锁与级联试验技术；电涌过电压试验技术；可通信一致性和互操作性测试技术；产品可靠性测试技术；产品环境适应性测试技术；新能源投切测试技术	
3	过电流保护新技术	解决我国低压配电系统过电流保护（即局部选择性保护）不完备，以实现配电系统全选择性保护的要求	（1）实现全电流选择性保护，确保在任何短路电流出现时上、下级断路器不同时跳闸或越级跳闸，将短路故障限制在最小范围内 （2）实现全范围选择性保护，即终端配电系统也要具备可靠的选择性保护 （3）在极短时间内实现低压配电系统选择性保护，使低压配电系统实现选择性保护的总时间在200ms以内	实现第四代低压断路器要求的：①ACB要实现全电流选择性保护，为此要大幅度提高新一代ACB短时耐受电流能力，尽可能实现 $I_{cu}=I_{cs}=I_{cw}$。对于全选择性保护配电系统，ACB的 I_{cw} 不能低于安装地点可能出现的最大短路电流。②MCCB要实现限流选择性保护，即新一代MCCB既要有非常高的分断能力和限流性能，又要具备实现选择性保护的可能性。新型配电系统上、下级断路器均选用MCCB时，也能实现选择性保护，这对配电系统实现小型化具有重要意义。③终端配电系统用主开关要有选择性保护功能，为此发展了带选择性保护功能的小型断路器（Selection Miniature Circuit Breaker，SMCB）。④改变选择性保护方法。目前低压配电系统实现选择性保护是通过电流、时间整定实现的，即在一定电流范围（短延时整定电流）内，上、下级断路器延时时间差不小于200ms。全选择性保护配电系统将改变ACB的三段保护特性，采用区域联锁新技术。即短路级断路器立即瞬动，没有短延时；非短路级断路器过电流脱扣器闭锁不动，仅作为短路级断路器后备保护
4	过电压保护新技术	解决实现智能化、网络化后低压配电系统中大量采用带电子元件的电器设备（包括电子化、智能化低压电器）极易受系统中瞬时过电压的侵害	通过雷击放电机理研究，研制出低压配电系统用和电信信号网络用各类电涌保护器对系统实行有效保护。对建筑物配电系统和工业配电系统都有完整的雷击过电压保护方案，一般采用2~3级SPD对雷击过电压逐级衰减	过电压保护产品的选择可参考 CECS 174—2004《建筑物低压电源电涌保护器选用、安装、验收及维护规程》以及 GB/T 18802.12—2014《低压电涌保护器(SPD) 第12部分：低压配电系统的电涌保护器 选择和使用导则》的规定
5	电源故障保护技术	对不同配电系统的电源故障实行有效保护，提供完整的电源故障保护方案	当低压配电系统电源发生故障时，将负载电路从一个电源转换到另一个电源（备用）时，需要一种新型的转换开关电器（Transfer Switching Equipment，TSE）。由于配电系统和负载性质的差异，需要有各类TSE	根据系统的需要，TSE可安装于不同位置，一般分为电源位置（变压器出线端）、配电位置（母线排处）、负载位置（电路终端），不同位置的TSE要求产品性能各不相同：处于电源位置的TSE强调的是产品的短时耐受电流能力；处于配电位置的TSE强调的是产品的额定限制短路电流能力及使用类别；处于负载位置的TSE强调的是产品使用类别、操作性能及额定限制短路电流能力，同时要充分考虑上、下级TSE性能的协调配合，包括短路性能配合和转换时间配合

（续）

序号	技术名称	意义	技术方式或内容	案　例
6	低压电器可通信技术	使智能化低压电器充分发挥其作用，以实现配电系统的网络化	我国第三代主要低压电器产品已实现可通信功能	通信协议主要采用 Modbus、Profibus、DeviceNet。考虑到我国许多电器生产企业不具备开发较为复杂的通信协议技术能力，我国制定了 JB/T 10542—2006《低压电器通信规约》。该标准规定的通信规约基于 485 通信协议，相对较为简单，只要企业生产的可通信低压电器符合该标准，就可以直接接入采用 Modbus 现场总线的网络系统
7	低压电器可靠性技术	对不同配电系统的电源故障实行有效保护，提供完整的电源故障保护方案	可靠性失效类型与机理 可靠性指标研究与确定 可靠性测试方法与测试设备研究 可靠性考核与增长	①开展低压电器可靠性提升工程，从低压电器产品设计、制造、检测、使用等环节全面、系统、综合地分析了影响低压电器可靠性的各种因素。通过典型产品可靠性标准研究、可靠性试验设备研制以及可靠性示范工程实践，逐步提高我国低压电器整体可靠性水平。②从 2013 年开始举办的低压电器可靠性工程系统培训班，将为行业培养一支低压电器可靠性工程师队伍。③对 7 项低压电器可靠性试验方法的国家标准进行修订

成智能控制系统，开发智能式高压开关设备，提高设备的可靠性。目前国外大型企业都在积极开发智能化开关设备，如，ABB 采用 REF542plus 智能化控制/保护单元为其 GIS 研发了第三代智能式二次技术，开发了 i-ZSI 型智能化开关柜及 ZX2 型智能化充气柜。又如，SIEMENS 公司在其 NXAir 型开关柜中采用了集保护、测量、通信、操作、监视及程序控制于一体的 Siprotec4 型数字监控装置；在 NXplus 充气柜中采用的 7SJ63 型多功能数字继电器使其智能化程度进一步提高。

对高压直流断路器的需求始于 20 世纪 60 年代。目前国内直流电网相比交流电网还处于试建设、试运行阶段，故障类型、故障表现、故障特征等暂时依据数值仿真，经验不足。不过，多端柔性直流输电系统建设大大促进了混合式和机械式两种高压直流断路器在拓扑优化、高比能 ZnO 阀片、隔离供能、快速机械开关、电磁兼容设计、等效试验、故障快速检测方法等技术方案的研究，通过院校联合攻关，200kV 混合式高压直流断路器和 160kV 机械式高压直流断路器在解决了保护快速性、重合闸功能、故障就地检测与识别功能等苛刻要求后，分别于 2017 年底和 2018 年底在舟山和南澳投运，这标志着我国高压直流断路器技术的发展水平居于世界领先地位。

2.2　电力系统对高低压电器的基本要求

电力系统随电工理论、电工技术、材料、工艺、制造、信息、控制和系统理论等的发展而发展。高低压电器的先进制造技术亦随着电力系统的技术进步而不断发展。不同电压等级所需高压开关数量不同，电压等级越高，所需开关数量越少。以断路器为例，电力每增加 1 万 kW，约需 550kV 断路器 0.1 台，252kV 断路器 0.72 台，126kV 断路器 2.49 台，12kV 断路器 100～150 台。在配电领域，12kV 级断路器用量很大，其他配电类型的开关数量也大幅增加，如断路器：隔离开关为 1∶3～4，断路器：负荷开关为 1∶5～6。作为成套装置的配电网开关柜、C-GIS、环网柜、F-C 回路柜、负荷开关-熔断器组合电器及箱式变电站也大幅增加。因此，随着配电网建设的加大，对中压开关设备的需求将大大增加，这对中压开关制造业非常有利。

2.2.1 电力系统对低压电器的基本要求

1）当电力线路的任务不同时，对低压电器的要求也不同。典型配电电路如图2-1所示。

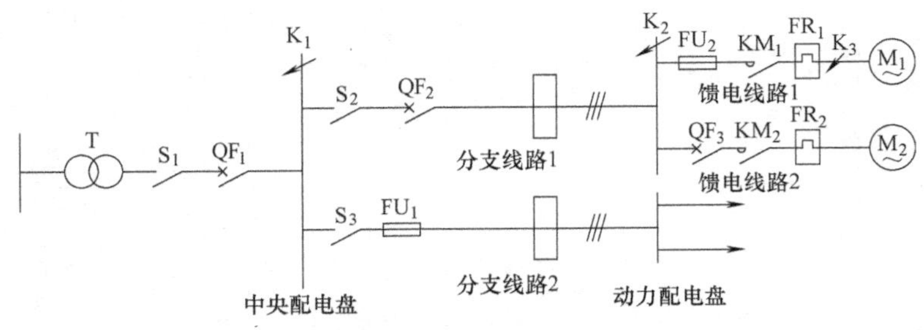

图2-1 工矿企业典型配电电路

T—供电变压器 QF_1、QF_2、QF_3—低压断路器 S_1、S_2、S_3—刀开关 FU_1、FU_2—熔断器

KM_1、KM_2—接触器 FR_1、FR_2—热继电器 M_1、M_2—电动机

该线路分为三个区段：①供电变压器至中央配电盘母线，为主线路；②中央配电盘母线至车间配电盘，称分支线路；③动力配电盘至负载（一般为电动机），称馈电线路。

2）当电力线路的工作要求不同时，对低压电器的技术要求也不同。图2-2所示的电动机控制与保护电路的原理请读者自行分析。

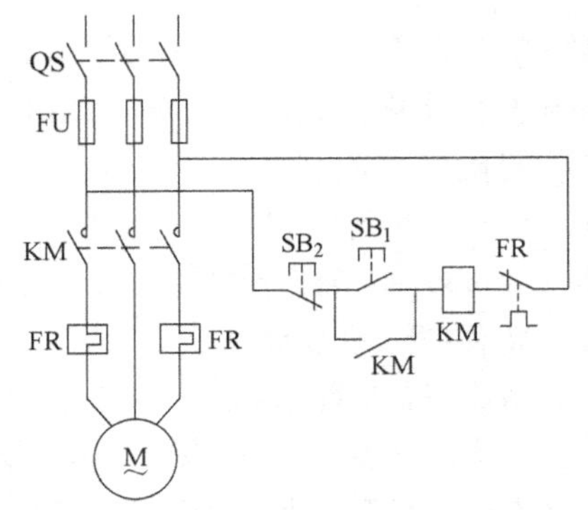

图2-2 电动机控制与保护电路

FU—熔断器 KM—接触器

FR—热继电器 SB_1、SB_2—按钮

2.2.2 电力系统对高压电器的基本要求

1）高压电器是构成电力系统的重要元器件，其在电力系统中的主要作用是：①关断高压线路或负荷，控制电能的供断，改变系统的运行方式，断开故障电流；②保护线路和设备不受大电流和过电压的危害；③将需检修、更换或安装的设备与高压电源隔离，保证人员与设备安全；④将高电压和大电流降低到可用仪表直接测量。

2）高压开关设备对线路的安全运行至关重要。为保证电力系统能安全正常地运行，高压电器应满足以下基本要求：①绝缘必须可靠。由于绝缘要承受工作电压的长期作用和各种过电压的短时作用，所以要求绝缘性能良好；②在正常运行情况下，其温升应符合有关标准；③当系统内某一环节发生短路时，处于该环节的各种高压电器应能承受短路电流所产生的热效应和电动力效应而不致损坏；④能可靠地进行控制、保护，并具有规定的测量精度；⑤能适应一定的自然条件。尤其是室外型高压电器，在规定的使用环境条件下，应能正常工作；⑥结构简单，便于维护操作和监视。此外，有些电器还应具备防爆性能及体积小、重量轻等特点。

示例2-5：2004年，在我国国家电网中使用的12~550kV高压开关设备（高压断路器和隔离开关）全年共发生392次故障，其中，事故46台次，障碍346台次。在所有故障中，拒动故障90次，占比23.0%，其中，拒分59次，占比65.5%，由操动机构及其操动系统的机构故障导致，原因主要是产品制造质量不良，造成机构、铁心卡涩及部分变形；拒合31

次，占比 34.4%，主要原因是二次回路（控制和辅助回路）采用的电磁机构出现问题，如分、合闸线圈发生烧损、接触不良、受潮、断线、被腐蚀、端子松动等。

示例 2-6：2004 年，国际大电网会议对 13 个国家的 27 个电力部门进行调查，收到故障报告 339 份，最多的故障模式是拒分、拒合，而误操作仅占主要故障的 12%。调查表明：要对占 88%的控制故障负责的，是六个控制元件：①辅助继电器，占 20%；②位置辅助开关（机械部分），占 19%；③线圈，占 14%；④储能极限监视装置，占 12%；⑤气体密度监视装置，占 12%；⑥接线和接头，占 11%。调查指出，传统的控制技术应被电子控制装置取代，以提高控制装置的可靠性。

2.3　高低压电器与用电设备间的特性配合

2.3.1　保护电器与被保护对象的特性配合

高低压电器与用电设备间特性配合关系是指保护电器保护特性与被保护设备过载特性的配合关系，研究目的是保护线路和设备以及人身的安全。保护电器与被保护对象的特性配合关系如图 2-3 所示，以断路器为例的保护电器与被保护对象的保护特性如图 2-4 所示。图 2-4 中，因曲线 3 与电动机起动电流的变化曲线 4 相交，故有此特性的断路器不能作为保护电器。

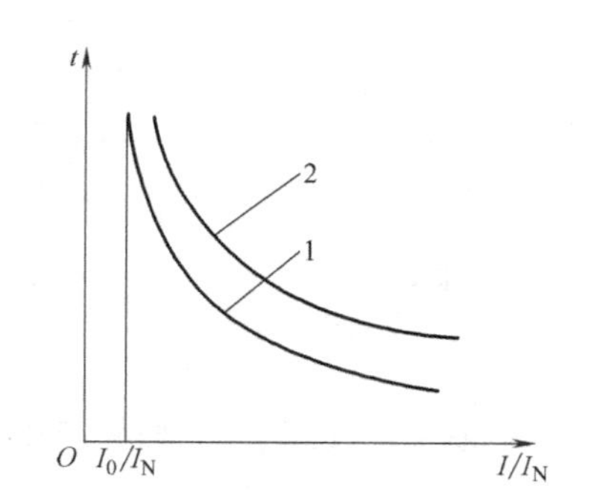

图 2-3　保护电器与被保护对象的特性配合
1—保护电器的保护特性　2—电动机的热特性

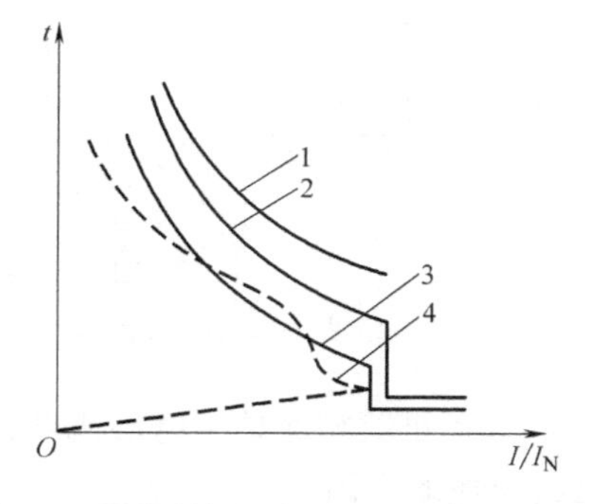

图 2-4　断路器与被保护电动机的特性配合
1—电动机过载特性　2、3—保护电器的保护特性
4—电动机起动电流的变化

2.3.2　高低压电器之间的保护特性配合

高低压电器之间的保护特性配合及选择原则是：既充分利用被保护设备的过载能力，又不使其发热超过发热允许值。

图 1-5 线路中部分保护电器的保护特性配合如图 2-5 所示。

2.3.3　高低压电器的保护特性

1. 基本要求

要求保护电器的保护特性接近并略低于被保护设备的允许过载特性，应允许设备的正常起动。为此，要求高低压电器具有过电流、欠电压、失电压、电动机断相、漏电等保护特性。

2. 专业名称

（1）过载（电流）保护　过载也称过电流，是在正常电路中产生过电流的运行条件。电流超过负荷的额定电流时，将出现过载和短路，在低压系统最常见。其特性为时间-电流特性（也称过电流保护特性、安-秒特性），是反时限关系，曲线用 $t=f(I/I_N)$ 描述，其中的临界电流是保证保护电器动作的最小电流。以断路器为例的过电流保护特性如图2-6所示。图中，过载保护是反时限特性，短路保护为瞬时性特性，选择性短路保护为定时限特性。

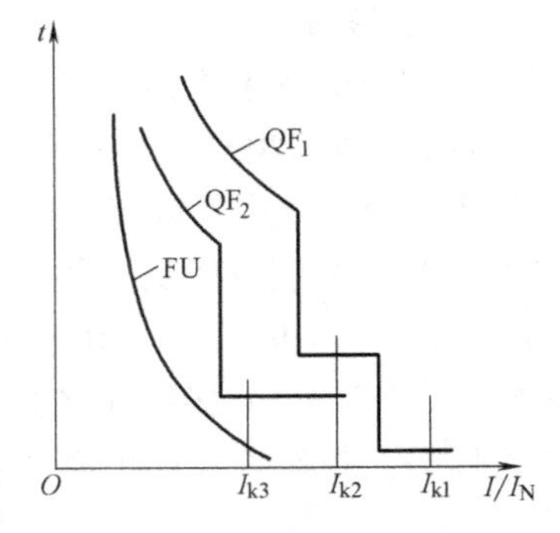

图2-5　图1-5线路中部分保护电器的保护特性配合

FU—熔断器的特性

QF_1、QF_2—两个断路器的特性

（2）欠电压与失电压保护　瞬时或短延时动作。其中，当线路电压降低到临界电压时，要求欠电压保护的保护电器动作；失电压（零电压）保护：线路电压低于临界电压（无电压）时，要求保护电器动作，目的是防止电动机自起动。实现该保护的方式或电器：采用控制电路或带电压脱扣器的断路器。

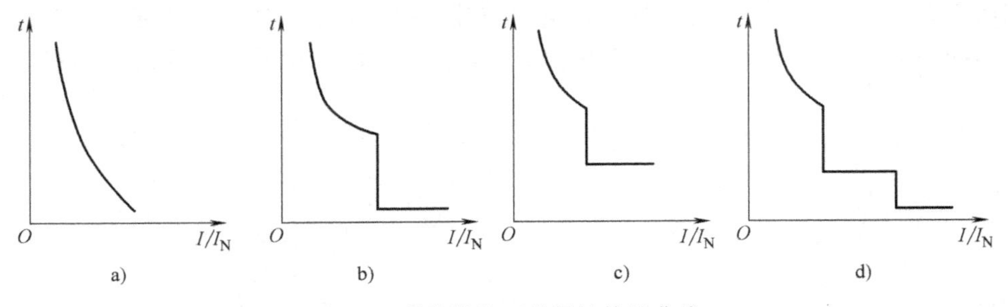

图2-6　断路器的四种保护特性曲线

a）反时限　b）反时限与瞬时性　c）反时限与短延时　d）反时限、短延时与瞬时性

（3）电动机断相保护　电动机断相运行时所采取的保护。其中，三相异步电动机单相运行是其损坏的主因。

造成电动机单相运行的原因：断类——电动机绕组中的一相断线、熔断器一相熔断、变压器一次侧或二次侧一相开路；触类——电动机绕组与电源端子接触不良，刀开关、熔断器、断路器、接触器一相的接触不良。实现保护的方法是采用控制电路或带断相保护功能的热继电器。

（4）漏电保护　漏电电流超过规定值时，分断电路。实现保护的方法是采用控制电路或带漏电保护功能的断路器。

2.4　关于高低压开关设备的解释性说明

高电压开关设备（Electrical Equipment，配电设备）是在电力系统中对高压配电柜、发电机、变压器、电力线路、断路器、低压开关柜、配电盘、开关箱、控制箱等配电设备的统称。在低压电器和高压电器中都存在这些设备。

1. 按标准体系分类

按照 IEC 的分类方式，低压开关设备的分类方式有以下几种。

1）低压开关设备与控制设备，对应于 IEC 的主要产品，按标准分类如下：

GB/T 14048. 2—2020　低压开关设备和控制设备　第 2 部分：断路器，该标准修改采用 IEC 国际标准：《低压开关设备和控制设备—第 2 部分：断路器》（IEC 60947—2—2019）

GB/T 14048. 3—2017　低压开关设备和控制设备　第 3 部分：开关、隔离器、隔离开关及熔断器组合电器

GB/T 14048. 4—2020　低压开关设备和控制设备　第 4-1 部分：接触器和电动机起动器　机电式接触器和电动机起动器（含电动机保护器）

GB/T 14048. 5—2017　低压开关设备和控制设备　第 5-1 部分：控制电路电器和开关元件机电式控制电路电器

GB/T 14048. 6—2016　低压开关设备和控制设备　第 4-2 部分：接触器和电动机起动器　交流电动机用半导体控制器和起动器（含软起动器）

GB/T 14048. 9—2008　低压开关设备和控制设备　第 6-2 部分：多功能电器（设备）控制与保护开关电器（设备）（CPS）

GB/T 14048. 10—2016　低压开关设备和控制设备　第 5-2 部分：控制电路电器和开关元件　接近开关

GB/T 14048. 11—2016　低压开关设备和控制设备　第 6-1 部分：多功能电器　转换开关电器

GB/T 17701—2023　设备用断路器（CBE）

2）家用和类似用途电器，对应于 IEC 23E，主要分为两大类：

GB/T 10963. 1—2020　电气附件　家用及类似场所用过电流保护断路器　第 1 部分：用于交流的断路器

GB/T 10963. 2—2020　电气附件　家用及类似场所用过电流保护断路器　第 2 部分：用于交流和直流的断路器

GB/T 10963. 3—2016　家用及类似场所用过电流保护断路器　第 3 部分：用于直流的断路器

GB/T 16916. 1—2014　家用和类似用途的不带过电流保护的剩余电流动作断路器（RC-CB）　第 1 部分：一般规则

GB/T 16916. 21—2008　家用和类似用途的不带过电流保护的剩余电流动作断路器（RCCB）　第 21 部分：一般规则对动作功能与电源电压无关的 RCCB 的适用性

GB/T 16916. 22—2008　家用和类似用途的不带过电流保护的剩余电流动作断路器（RCCB）　第 22 部分：一般规则对动作功能与电源电压有关的 RCCB 的适用性

GB/T 16917. 1—2014　家用和类似用途的带过电流保护的剩余电流动作断路器（RC-BO）　第 1 部分：一般规则

GB/T 16917. 21—2008　家用和类似用途的带过电流保护的剩余电流动作断路器（RC-BO）　第 21 部分：一般规则对动作功能与电源电压无关的 RCBO 的适用性

GB/T 16917. 22—2008　家用和类似用途的带过电流保护的剩余电流动作断路器（RC-BO）　第 22 部分：一般规则对动作功能与电源电压有关的 RCBO 的适用性

3）低压熔断器，对应于 IEC 32B，主要分为三大类产品：

GB/T 13539.2—2015 低压熔断器 第2部分：专职人员使用的熔断器的补充要求（主要用于工业的熔断器）标准化熔断器系统示例 A 至 K

GB/T 13539.3—2017 低压熔断器 第3部分：非熟练人员使用的熔断器的补充要求（主要用于家用和类似用途的熔断器）标准化熔断器系统示例 A 至 F

GB/T 13539.4—2016 低压熔断器 第4部分：半导体设备保护用熔断体的补充要求

2. 海拔对电器性能的影响

海拔是指产品安装地对海平面的高度。海拔高低对高低压电器产品运行影响很大，主要体现在：海拔升高后，空气密度下降，散热困难，导致温升数值升高，外绝缘的击穿电压降低，易形成电弧；延长电器分断后的熄弧时间，加剧触头的烧蚀，导致接通和分断能力下降，产品机械寿命和电气寿命降低；大气中强烈的紫外线，使绝缘材料加速老化。

由于我国65%以上的国土面积在海拔1000m以上，且多处于2000m以上的高海拔地区，因此，认真研究高海拔对电器设备性能的影响，做好高原地区用电器的设计显得十分重要。综合研究表明，设计敞开式的空气绝缘的高低压电器产品时，可以不考虑高海拔对温升的影响，原因是尽管海拔升高会使温度升高、散热困难，但环境温度下降抵消了该不利因素。但对安装在海拔高于1000m处的设备，其外绝缘在标准参考大气条件下的绝缘水平应该将使用场所要求的绝缘耐受电压乘以系数 k_a 来修正，k_a 的计算公式为

$$k_a = e^{m(H-1000)/8150}$$

式中，H 为海拔，单位为 m；m 为操作冲击电压，其中，$m=1$ 对应工频、雷电冲击和相间操作冲击电压，$m=0.9$ 对应绝缘操作冲击电压，$m=0.75$ 对应相对地操作冲击电压。

理论上，高压电器可通过加强外绝缘性能、低压电器可通过增加电气间隙来适应高海拔，但这样将使产品的体积和成本显著增加。实际中，高压电器常利用高绝缘强度的 SF_6 气体作为绝缘材料、将环氧树脂固体绝缘材料进行整体浇注等方式，将原来的外绝缘变成了内绝缘。

2.5 低压电器研发技术及应用

随着经济和电力事业的不断发展，具备自主知识产权的高性能、小尺寸、智能化、节能型低压电器新一代产品不断涌现。有关产品的研发技术包括了传统设计方法和新的开发方法两种。其中，传统设计方法主要依靠经验和估算，需要反复制作样机和试验来确定设计方案，开发周期很长，样机制作和试验花费成本很高，并且设计的方案达不到最佳目标。新的开发方法利用了商用软件和现代测试手段，开发周期短，节省了开发成本，增加了环保设计，达到了最佳目标。

电力绿色化是推动经济高质量发展的利器。当前，大量低压电器应用于光伏系统和风力发电系统中，低压电器产品正在向光伏发电逆变器、新能源控制与保护系统、储能设备、微电网、直流开关电器设备等领域扩展，并积极地提供整体解决方案。

低压直流技术成为技术发展新趋势，低压直流设备与系统已在轨道交通、通信、船用电力、电动汽车充电设施、智能建筑、智能家居等领域得到广泛应用。

智能制造在低压电器行业应用与推广持续加速，结合人工智能技术，基于学习的装配与检测、生产线柔性化、预测性维护等新功能在低压电器行业中的应用范围持续扩大。

示例 2-7：利用虚拟样机与灭弧系统研发新技术开发 CM2 塑壳断路器。一是利用商品可视化、仿真软件及其二次开发、微机速度和超大内存等，构建产品虚拟样机；二是借助低压振荡回路，利用基于振荡回路与介质恢复强度测试系统、二维光纤测试系统、瞬态光谱分析仪、彩色 CCD、各类测试用传感器等现代测试技术，确定灭弧室的结构形式和参数（如电弧运动的压力、温度、光谱），研究开关电弧现象，研制新型灭弧室，设计操作机构，优化瞬态脱扣器，分析灭弧室的压力与应力。

思考题与习题

2-1　高低压电器包括哪些主要产品类型？

2-2　新型电力系统建设中，新生和派生出了哪些高低压电器？涉及的新技术有哪些？

2-3　何谓电器的动稳定性和热稳定性？其校验条件各为什么？

2-4　高/低压断路器设计时，可以采取哪些措施减小电器触头在合闸过程中的振动？

2-5　海拔对高低压电器的性能有何影响？高原地区用电器如何设计？

2-6　由电力电子元器件组成的混合式电器和固态电器为何不能完全替代有触头电器？

2-7　静触头的固定底座为什么做成 U 形？这样处理，对触头系统有何好处？

2-8　智能化是国内外高低压断路器的一个发展趋势，请问目前在行业企业中采取的最新智能化技术集中在哪几个方面？

第2篇　低压电器

第3章　低压电器概述

3.1　低压电器类型

按分类原则不同，低压电器可分为五种类型，见表3-1。

表3-1　按分类原则不同划分的低压电器

序号	分类原则	类　型
1	在电气线路中所处的地位和作用	低压配电电器、低压控制电器和终端电器
2	动作方式	机械动作电器（有触头电器，又可分为自动切换电器和非自动切换电器）和非机械动作电器（无触头电器）
3	灭弧介质	空气电器和真空电器
4	有无通信功能	一般低压电器和可通信低压电器
5	功能	标准型、多功能型和智能型

注：我国将低压电器产品分为13大类，即刀开关、转换开关、熔断器、断路器、接触器、控制器、继电器、主令电器、起动器、电阻器、变阻器、调节器、电磁铁及其他电器（信号灯、剩余电流保护器）。

3.2　低压电器市场

当前，我国低压电器市场分通用市场和专业市场。其中，通用市场包括传统电力电网、建筑和工业等领域，专业市场是指新能源和新基建的“两新市场”，具体包括风电、光伏、储能、充电桩、数据中心、新能源车、5G通信、人工智能、轨道交通等新兴领域。低压电器的通用市场通常注重的是安全高效、清洁低碳、智慧融合，专业市场则强调高电压大功率、严酷环节要求和高性能小型化。

我国目前是全球最大的低压电器消费市场。据不完全统计，21世纪前十年，随着我国电力工业的高速发展，低压电器产品年销售已超过600亿，利润率约为7%；2015年，我国低压电器市场主营收入达790亿元，利润总额达56亿元。我国低压电器产品的进出口基本相当，分别为30亿美元和33亿美元。2015年主要低压电器产品的年销售分别是：万能式断路器（ACB）116万台，塑壳断路器（MCCB）6000万台，小型断路器（MCB）11.3亿极，交流接触器（MC）1.37亿台。“十三五”期间，我国低压电器市场主要产品产量年平均增长幅度在8%左右。2018年到2022年，国内小型断路器产量为13.9、14.3、14.5、16.1和

15.6 亿极，塑壳断路器为 5986、6273、7027、7598 和 7362 万台，框架断路器为 125、129.5、149.2、167.7 和 178.3 万台，接触器为 1.51、1.57、1.67、1.83 和 1.74 亿台。

根据《2022 年中国低压电器市场白皮书》，2021 年，受 2020 年项目延期及基建行业投资加大的影响，国内低压电器市场增速较高，市场规模为 1061 亿元，同比增长 9.5%。

2022 年，受区域疫情反复、工业复苏势头放缓、建筑下行、国际市场环境不良等多重因素所致，低压电器市场进入低速增长期，市场规模约为 1030 亿元，同比增长在-2.9%左右。2022 年以后，数据中心、新能源（光伏等）、通信等领域成为低压电器市场的主要增长极。“十四五”期间，工业将进入复苏周期，低压电器专业市场将保持中高速稳定增长，而低压电器传统市场的投资增速有所下滑，预计 2025 年两部分市场平分秋色，2030 年低压电器专业市场规模占比达 55%左右。

3.3 低压电器行业

3.3.1 行业状况

20 世纪 80 年代，我国低压电器行业形成了“上海、京津地区、东北、遵义长城（由上海迁去）、天水（由东北和京津地区基地内迁形成）和湘潭（最早的电器生产厂所在地）”五大低压电器生产基地。20 世纪 90 年代，温州民营企业凭借其开放灵活的发展思路、高效强大的营销网络和上下游配套分工协作的低成本运作，特别是借助 1998 年国家开始的城乡电网改造异军突起，导致原有的低压电器五大基地逐步消亡，温州柳市成为“中国低压电器之都”；与此同时，国外优秀的低压电器企业相继进入中国市场，它们借助高端品牌产品与技术以及雄厚的资金力量，很快占据了我国低压电器高端市场并向中低端市场扩展。2015 年，低压电器行业企业超过两千家，从业人员四十五万人，产品品种超过一千个系列，内外资企业中，内资占 90%、外资占 10%。随着我国资本市场较快速发展，资本对企业的发展影响越来越大，许多企业通过上市来募集资金，以寻求快速发展，并取得了良好的效果。

2021 年，按体量统计，国内低压电器生产企业第一梯队是级别为 100 亿以上的施耐德电气（138.9 亿，占比 14.7%）和正泰电器（131.8 亿，占比 14%）；第二梯队是级别为 50 亿~100 亿的德力西电气（65.7 亿，占比 7%）和 ABB（54.7 亿，占比 5.8%）；第三梯队是级别为 20~50 亿的西门子（38.5 亿，占比 4.1%）、良信电器（37.5 亿，占比 4%）和天正电气（23.9 亿，占比 2.5%）；第四梯队是级别为 10 亿~20 亿的常熟开关（19.7 亿，占比 2.1%）和伊顿电气（10.1 亿，占比 1.1%）。注：上述数据为未税未返点的低压元器件业绩评估，不含海外及代工业绩，其中，施耐德电气的业绩含万高，正泰含诺雅克，伊顿不含环宇、辉能和 Bussmann。

我国低压电器行业发展稳中向好，新技术、新模式、新成果不断呈现。伴随着智能电网、新型电力系统、新型配电系统的建设，信息技术、人工智能、智能网联、智能电源管理等新技术与低压电器的融合进一步加快，并部分实现跨界融合。至“十三五”末，已有 30 多家低压电器行业企业成功上市。

3.3.2 产品现状

低压电器按照典型产品出现的时间不同，可分为四代产品：

第一代产品：20世纪60~70年代，我国在模仿苏联产品基础上设计开发的产品，存在性能落后、功能单一、体积大、耗材、耗能等缺点。

第二代产品：1978—1990年，我国更新换代和引进国外先进技术制造的产品，技术指标明显提高，保护特性较完善，产品体积缩小，结构上适应成套装置要求，在很长一段时间内成为我国低压电器的支柱产品。但随着电力系统对电器产品性能要求的不断提高，其逐步成为低档产品，主要用于备品、备件，中小企业技术改造以及用电相对分散的农村、乡镇电网改造。

第三代产品：1990—2005年，由我国自行研制的智能化产品，在产品综合技术经济指标、产品结构、材料选用（特别是环保材料的应用）及新技术应用（如数字化与通信技术）等方面都有新突破，总体技术性能达到或接近国外20世纪80年代末、90年代初水平。较第二代产品，其具有高性能、小型化、模块化和智能化的突出特点，主要用于大中城市电网改造，大中型企业改造与建设以及国家、地方重点建设项目。

第四代产品：20世纪90年代后期，施耐德、西门子、ABB等国外低压电器主要制造商相继推出的第四代产品日趋成熟，并已在国外企业得到使用。其继承了第三代产品特性，同时在综合技术经济指标、产品结构和材料选用以及新技术的应用等方面都有新突破，具有高性能、多功能、小型化、易装配、高可靠、绿色环保（可以满足环保要求并符合欧盟指令明确“在电气设备中限制使用含有铅、汞、镉、六价铬、多溴二苯醚和多溴联苯六种有害物质的材料”的要求）、节能与节材等性能，最显著的特点是智能化、网络化和可通信性，能与多种开放式现场总线连接，以满足智能电网、低压配电与控制系统网络化的需求。

至2022年，在我国低压电器行业，第一代产品已基本淘汰，二、三和四代产品三代同堂。其中，第二代产品占12%，第三代产品占70%，第四代高端产品已占18%。

当前，随着技术和市场的不断发展，低压电器技术和产品都呈现出跨界趋势。在将机械、电气、电力电子技术进行融合的基础上，市场上出现了许多的跨界低压电器，如功能扩展后的智能量测断路器、AF-RCBO，又如性能提升后的固态低压电器，再如基于软件开发的固件在线升级、健康管理、能效管理等。

3.3.3 发展趋势

为提升通用市场产品的性价比，推动专业市场专用产品研制，国内低压电器产品目前正朝着高性能、高可靠性、小型化、数模化、模块化、一体化、标准化、电子化、智能化、可通信和零部件通用化的方向发展。

1. 小型化

随着国内电网容量不断扩大，城市土地日趋紧张，对低压配电小型化提出了更高要求。因此，产品小型化既是低压电器的主要追求目标和技术水平提高的体现，也是低压成套设备小型化发展的需要。除借助于相关新技术、新工艺的发展和应用外，低压电器小型化主要依赖结构创新。

2. 模块化

低压电器的“模块化结构”是提高使用性能和维护性能的重要途径。所谓“模块化结构”，是将每一个功能部件设计成独立模块，不同功能模块的安装与更换十分方便，其可根据用户要求任意组合，既可以安装在同一位置，也可以安装在不同位置。模块化结构的出现，实现了低压电器的组合化与多功能化，不但使低压电器的功能组合十分方便，同时也使这些部件的维护变得十分方便。

3. 一体化

低压电器的安装与连接方式也是结构创新的重要内容之一。近年来发展的电器产品母排安装与连接一体化的结构方式，就是将电器产品直接安装在成套柜内的母排上，在安装的同时实现导电连接。这种新型安装与连接方式使电器安装、维护更为简便。同时，减少了导电环节，使导电连接的可靠性得以提高。电器产品连接空间减小，既节省成本，又使成套装置体积明显缩小。因此，这项新技术在相当一部分电器产品中将逐步替代传统母排连接与电器安装分离的方法。

4. 标准化

低压电器新产品设计要使产品零部件结构、部件安装与产品总装方式适合自动化生产的要求，包括在线检测和自动检测的需要，从而进一步提高低压电器生产的效率，确保产品的一致性、可靠性。

3.4　低压电器技术的发展

3.4.1　标准

2016 年，为促进低压电器行业的技术发展，我国修订了低压电器标准体系，体系包括 99 项标准，其中国标 67 项，行标 32 项；制订了符合国家规划、重大工程建设及技术发展的专项技术标准近 70 项。

2022 年，根据国家新型电力系统建设方案，我国开始规划新型配用电设备及系统标准体系，主要包括基础共性（含低碳零碳要求、电磁兼容、绝缘配合、环境因素和信息通信）、设备接入与电能控制（含分布式电源设备接入、控制要求和可控负荷要求）、电气设备（含分布式电源设备、电能路由器设备、电能质量管理设备、网络与联结设备和保护与控制设备）、研究与评价（能效分级及标识、低碳/零碳评价和绿色设计与评价）、应用与用例（智能制造行业应用、工业互联网平台应用、电气设备应用与选用以及低碳/零碳用例）五个部分。

2022 年，按照标准体系组织开展了相关标准的起草制定，共制/修订 17 项标准，包括国标 6 项、行标 3 项和团标 8 项，60 余家企业的 120 多名专家参与了相关标准研制工作。

3.4.2　已应用的技术

低压电器已应用的技术包括“数字化与仿真设计技术、现代测试技术、过电流保护技术、过电压保护技术、电源故障保护技术、低压电器可通信技术和可靠性技术”。大批新型低压电器产品的不断出现，得益于低压电器新技术的发展。低压电器性能的提高，主要得益于低压电器新技术的应用。

1. 仿真设计技术

采用三维设计与模拟仿真设计软件进行低压开关电器的研发，涉及电磁场、磁场、温度场、结构力学和多体动力学仿真及多种物理过程的耦合求解，这些仿真和求解问题的大部分可通过利用工程仿真软件进行二次开发来解决。自20世纪90年代以来，国际上著名工程仿真软件公司陆续推出一系列高性能的仿真软件，如电磁场仿真方面的Ansys、Vectorfield、Ansoft、Quickfield软件，流场仿真的Fluent、Phoenics软件，多体动力学Adams软件等。

示例3-1：Ansys软件

Ansys是一个大型的通用有限元计算机程序，它不仅能够进行静态或动态结构力学问题的有限元分析，还能进行热传导、流体流动和电磁学等方面的有限元分析。Ansys主要包括FEA（有限元）程序，同时带有用户图形界面（GUI）的窗口、下拉菜单、对话框和工具栏等，现已被广泛应用于许多工程领域，如航空、汽车、电子、核科学等。

Ansys软件包含多种有限元分析功能，其分析过程是从简单的线性静态分析到复杂的非线性动态分析，以及流体分析、热分析、电磁学分析等。一个典型的Ansys分析过程可分为四个步骤：①建立模型和划分网格；②添加载荷和约束；③求解；④后处理过程。用户可以直接在Ansys里建立模型，也可以先在用户擅长的CAD系统里建立实体模型，把模型存为IGES文件格式，然后把这个文件输入到Ansys中。一旦模型成功地输入后，就可以像在Ansys中创建的模型那样对这个模型进行网格划分。

示例3-2：Adams软件

Adams是一款多体动力学仿真软件，包括View（用户界面模块）、Solver（方程求解器）、PostProcessor（仿真结果后处理）三个核心模块。View可以满足一般机械系统的运动学和动力学的仿真，对一些特殊领域，Adams还提供了专业软件包。

在Adams的三个基本模块中，“Adams/View”模块提供了一个直接面向用户的基本操作对话环境和虚拟样机分析的前处理功能，包括样机的建模和样机模型数据的输入与编辑、求解器（Adams/Solver）和后处理（Adams/PostProcessor）等程序的自动连接、虚拟样机分析参数设置、各种数据的输入和输出、同其他应用程序的接口等。“Adams/Solver”模块在Adams中处于心脏的地位，它自动形成机械系统模型的动力学方程，提供静力学、运动学和动力学的解算结果。“Adams/Post Processor”模块用来输出高性能的动画，各种仿真结果数据曲线，还可以进行曲线编辑和数字信号处理等，使用户可以方便、快捷地观察和研究Adams的仿真结果。

用Adams/View进行机械仿真的基本步骤如图3-1所示，据此可完成一个复杂的机械系统的仿真。

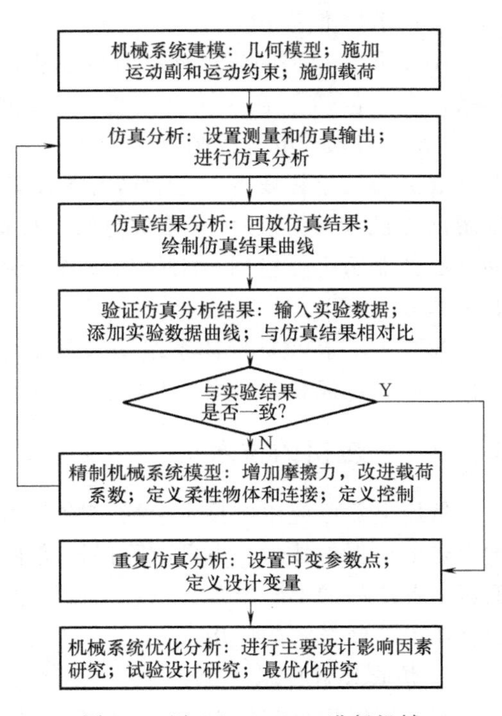

图3-1　用Adams/View进行机械仿真的基本步骤

2. 开断技术

随着低压配电系统容量的不断增大和配电系统供电可靠性的不断提高，低压断路器分断能力也被赋予了更高要求。对于极限短路分断电流I_{cu}、运行短路分断电流I_{cs}和短时耐受电流I_{cw}而言，配电系统主开关——万能式断路器被要求

$I_{cu}=I_{cs}=I_{cw}$，支路保护开关——塑壳断路器被要求 $I_{cu}=I_{cs}$。因此，国外新一代塑壳断路器的灭弧系统除采用磁吹灭弧外，还普遍采用了两种气吹灭弧技术：一种是在灭弧室内放置产气绝缘材料，利用电弧高温作用下的产气提高灭弧室压力，实现气吹；另一种方法是通过改变单断点塑壳断路器的前端灭弧室、中间操作机构和后端脱扣器传统结构，改为利用双断点塑壳断路器的后端密封的专门灭弧室，形成向前的气流，推动电弧进入灭弧室，同时，利用气吹的驱动力推动脱扣器动作，从而进一步提高断路器的分断可靠性。

3. 选择性保护技术

随着电网容量不断扩大，人们对配电可靠性的要求越来越高，希望出现短路故障时在低压配电系统全范围通过选择性保护时使停电范围最小。

目前，在我国低压配电系统中应用的断路器，其选择性保护功能存在一些不完善之处：因短路时触头快速斥开，塑壳断路器难以实现选择性保护；万能式断路器的选择性保护只在一定电流范围内实现；由于采用快速限流分断技术，终端配电系统中的小型断路器没有选择性保护功能。

示例3-3：不论下级断路器的故障电流是否达到上级断路器的极限短路分断电流，要求配电系统使用的新型万能式断路器都能实现全范围选择性保护。为此，在配电系统使用的各级断路器必须配置区域联锁模块，其功能包括确定短路故障点，短路故障级断路器快速发出信号、闭锁各上级断路器的脱扣器，使其不动作；当故障级断路器在规定时间内（一般不大于50ms）无法分断短路电流时，应立即发出解锁信号，让上一级断路器动作。另外，全范围选择性保护断路器要求能实现 $I_{cu}=I_{cs}=I_{cw}$，以确保故障级断路器分断失败时，上级断路器可靠分断。我国配电系统所用的第四代万能式断路器将具备上述功能，在100~200ms短路时间内配电系统完成选择性保护，为此，断路器对应 I_{cw} 的动作时间将从1s降到0.2s，I_{cw} 值也相应提高，从而使整个配电系统和成套设备的动热稳定性要求大大降低，配电系统的运行可靠性提高，配电系统的铜耗下降。

4. 智能化技术

随着微处理器在低压电器中的应用，具有智能保护与控制功能的智能化电器应运而生；现场总线技术的应用，具有双向通信与远程监控功能的可通信、网络化的智能电器随之出现。

（1）微处理器技术　微处理器可实现各种电量参数的实时检测与显示、各类故障信号的记录与储存以及内部故障的自诊断等功能，亦广泛用于万能式断路器、塑壳断路器、双电源自动转换开关、交流接触器、电动机保护器、软起动器、控制与保护开关电器等产品，使之成为智能化低压电器。随着产品的保护与控制功能大大扩展，产品的科技含量与附加值明显提高。

示例3-4：新型智能化交流接触器的电磁铁采用智能控制电路，通过闭环控制达到智能合闸操作，使电磁铁吸合冲击最小、触头振动减少、AC-3电寿命大幅度提高；有的产品还通过对接触器使用寿命进行状态检测，以确保接触器可靠工作；在接触器实现智能控制的同时，还实现了对电动机的过载、断相、三相不平衡、接地等多种保护。

示例3-5：新一代万能式低压断路器除前面提到的基本智能化功能外，几乎都带有能量管理功能，可以对电网质量，如谐波分量、功率因数进行检测，同时对电能分配与使用进行监控，以保证电网质量和用电安全。

（2）现场总线技术 国外带通信功能的新一代低压电器大多能与多种现场总线连接，我国的同类产品多采用 Modbus 通信协议，与其他总线连接时需通过内、外置式外挂通信适配器与各类总线连接。电器设备层的现场总线系统有三个发展趋向：①注重网络系统开放性。一方面规范各类低压电器设备描述，制定统一标准，使不同厂商产品在网络上能互联、互换；另一方面，允许非标第三方设备方便地接入，同时各类可通信低压电器支持连接不同总线系统，使其有更大灵活性。②工业以太网将直接与各类电器设备连接。工业以太网由于传输速率高，能在同一总线中传输不同通信协议等优点，已成为这一领域的技术热点。③无线通信技术已开始在低压电器通信中应用。它特别适合于移动通信设备或者不易安装通信电缆的电器设备，使低压电器通信更灵活，减少由于接线和设备移动造成的故障。

另外，低压电器设备层网络包括低压配电与控制系统、终端用电系统等，通过与信息层以太网连接，使设备管理人员、使用人员以及制造商技术人员利用办公室计算机、笔记本式计算机，甚至用手机就可以监视电器设备的运行情况并进行控制。它给电器设备的使用与维护带来了全新的理念。

（3）环保技术 随着工业的发展，环境污染日趋严重，为此，生产环保电器、绿色电器的呼声也越来越高。低压电器的环保技术主要涉及以下几个方面：

1）对环保要求的综合考虑。除金属材料外，低压电器90%以上采用的材料是塑料。这些材料一方面应保证低压电器可靠工作，包括机械强度、绝缘性能、使用寿命等，还应充分考虑环保要求：首先，低压电器的使用不污染环境，当塑料在电器发热和电弧烧灼时不产生有害气体；其次，低压电器寿命终了时塑料可以回收。目前，无污染、可回收工程塑料已在低压电器新产品中得到推广与应用。

2）环保触头材料的研究。长期以来，由于银氧化镉有良好的耐电弧侵蚀能力，在低压电器上得到广泛应用，但其存在的“镉毒”，不符合环保要求，近年来银氧化锡正逐步替代银氧化镉。但银氧化锡也存在接触电阻大、触头温升过高的问题，因此国际上一些触头材料生产厂正在研究通过加入添加剂来阻止触头表面 SnO_2 膜形成，以便降低触头的温升，并已取得成效。

示例3-6：国外推出以 WO_3 和 BiO_3 两种材料复合作为添加剂的银氧化锡，其不但与银氧化镉有接近的温升，并且耐磨损性能更好，接触器电寿命更高。

3）真空灭弧技术的应用。消除低压电器在开断电路过程中由于电弧高温使触头和周围材料产生有害气体，避免环境污染的重要途径，是采用真空技术与电力电子技术。

目前，真空技术在中压开关领域已具有统治地位，在低压电器中，低压真空接触器已在部分应用领域，如煤矿、石化、冶金等系统中得到广泛应用。低压真空断路器近年来也有很大发展，由于真空电器触头密封在真空灭弧室中，触头开断时产生的电弧不会影响环境。尽管它的价格比一般空气断路器要贵一些，但它的优良性能和环保作用已越来越引起人们的关注。真空接触器触头具有电寿命长、无须维护、不影响环境、节约成本等优点，应用范围不断扩大。

随着电力电子技术的发展，新型电子器件（如 GTO、GTR、IGBT 等第三代大功率半导体器件）的出现，固态无触头开关近年来发展迅速。与机械式开关相比较，它是一种无电弧开关，因而有较高的寿命，并且不需维护。从环保角度看，不会因电弧引起触头材料和塑料汽化而污染环境。另外，因为没有电弧引起的发热，使这类电器的操作频率很高。

5. 可靠性技术

可靠性是低压电器性能的重要组成部分，它将直接影响低压配电与控制系统可靠运行，甚至影响人身安全。低压电器产品的可靠性主要包括以下几个方面：

1）动作可靠性。我国已对交流接触器、控制继电器、塑壳断路器、小型断路器等的动作可靠性开展了研究，在可靠性指标（标准）、考核方法、试验设备、可靠性增长等方面取得了一系列成果。研究表明，提高低压电器动作可靠性的有效措施是提高操动机构运动与受力仿真研究以及相关零件加工精度。

2）分断可靠性。影响低压电器分断可靠性的因素十分复杂，目前尚无定量的考核指标与考核办法。一般而言，低压电器试制完成通过型式试验后，表明该产品分断性能已达到标准要求。但是，批量生产后如何保证每台产品可靠分断标准规定的电流是个难以确定的问题。为确保低压电器分断可靠，首先要研究该产品分断过程中电弧能否快速进入灭弧室，是否存在似进非进即电弧进入灭弧室后又退出灭弧室的情况。通过现代测试技术可以获得电弧进入灭弧室的全过程，如果发现上述现象，必须改进触头灭弧系统设计，直至电弧能快速可靠进入灭弧室。另外，低压断路器分断失败往往是分断过程中出现了相间飞弧与相对地短路，因此，设计低压断路器的灭弧室时，应确保分断过程中每相电弧（包括游离气体）有效隔离（包括对地），这一方法是提高断路器开断可靠性的有效途径，我国DW45断路器在这方面取得了很好的效果。

3）承受环境变化可靠性。这里所说的环境包括气候环境和电磁环境两方面，其中，气候环境包括温度与湿度的变化，影响比较大的是电子式（或包含电子部件）产品。目前，漏电电器标准有这方面的考核要求，其他产品尚无明确的考核办法。提高电子产品环境承受能力，必须对电子元件进行严格地筛选，并进行必要的老化试验。电磁环境就是EMC要求，包括两方面的内容：一方面要求低压电器在使用场合工作时，不因外界电磁干扰而引起误动作；另一方面要求低压电器在工作时，包括闭合、分断过程产生的电磁场不干扰附近的电子设备。目前大部分低压电器产品已规定EMC要求及考核办法。

4）网络通信可靠性。随着电子技术在低压电器的应用不断扩大，特别是智能化、网络化电器不断涌现，低压电器可靠性还涉及网络通信的可靠性，这方面国外已有成熟技术，国内尚需深入研究。

总之，为提高低压电器的可靠性，要对低压电器的可靠性设计、可靠性指标与考核方法、可靠性试验设备和可靠性增长等进行不断研究。

3.4.3 新研究的技术

“十三五”期间，为了推动由低压电器制造大国向制造强国的转型升级与可持续发展，我国通过建立层次分明的新型标准体系和行业创新研发平台，形成科技与标准、标准与产业相结合的有效推进机制，重点开展了基础技术和共性技术、产品及系统可靠性技术的研究，大力推进了低压电器行业新技术的创新和应用。

1）为适应新兴领域对低压电器产品提出的更高技术要求，开展对新兴领域的技术研究和新产品研发，包括：开展交直流逆变、高防护、高海拔、大温差、高寿命、高可靠性、高绝缘水平、耐腐蚀等的研究。

2）构建产品与系统可靠性体系与技术研究平台，建立两化融合体系、可靠性管理体系以及数字化工厂，加快智能制造装备的研制，提升企业智能制造水平与能力。例如，开展故障（失效）模式等可靠性基础理论、可靠性标准、可靠性设计要求、可靠性制造要求、可靠性测试要求等的研究。

3）开展系统解决方案的研究，提高行业企业提供系统整体解决方案的能力。例如，开展用户端能效管理系统、用户端需求响应系统、新能源控制与保护系统、移动基站控制与保护系统、电动车充电控制与保护系统、配电系统全电流范围选择性保护系统等的研究。

4）开发专业制造新工艺，提高产品质量（一致性、可靠性）与性能。例如，开展复杂金属零件一次成形与焊接工艺、多种新型焊接工艺（高频、超声波、电子束、电阻、低熔点焊接、激光焊接等）、小型和超小型线圈绕制工艺、变截面及异形金属挤压及拉拔工艺等的研究。

5）加强低压电器基础技术研究，推进完全自主研发、跨越式产品系列研发与应用进程。例如，开展高性能小型化触头灭弧系统、新型高机械强度长寿命操作机构、直流电检测及保护技术、导电回路发热及散热技术、电磁吹弧等方面的研究。

6）对电工绝缘材料（自润滑材料、弹性材料、产气材料等）、电工合金材料（轻质高强度与高导电触头合金材料、高精度双金属材料、钢铁及铜铝复合材料等）和先进功能材料（软磁材料、半导体材料、低熔点焊接材料等）等材料品种、精度、性能一致性等方面研究。例如，开展工程塑料、触头合金材料、双金属材料、磁性材料、导电材料、弹性材料、半导体材料以及压敏电阻等的研究。

7）加强对多功能复合技术的研究。例如，开展MCB/MCCB无极性交直流通用特性研究；SPD（Surge Protective Device，浪涌保护器）在新能源系统过电压、过电流二合一技术研究；AFDD/AFCI产品电弧故障与剩余电流故障保护、过电流保护复合技术研究；ACB产品低频、宽频电流检测与过电流保护技术等的研究。

8）开展数字化实时可控试验技术研究。例如，利用多回路同步实时电寿命试验设备、威尔合成试验设备、过电压+冲击电流试验设备与同步高速摄影组合等，开展低压配电电器短路分断能力及电弧走向、灭弧措施的有效性技术研究。

3.4.4 待研究的技术

“十四五”期间，我国拟重点从以下几个方面对低压电器技术进行总体推进。

1）开展交直高电压AC 1380V/DC 2000V的高电压灭弧、飞弧距离抑制和临界电流分断可靠性提升的研究。

2）开展保护+远程监控+计量+通信+专用芯片+软件分析“多合一”的深度集成技术研究。

3）开展面向新能源车综保的融合开关（指大电流熔断与小电流开断融合）的研制。

4）开展具有通态损耗、故障预警、动态监测和失控保护功能，达到快速保护+小体积+低功耗特征的固态技术研究。

5）开展具有实时量测、拓扑识别、健康管理功能，具备数字化、网络化和智能化等特性的智慧物联技术研究。

6）开展具有“电能路由+信息路由+即插即用”特征，具备智能路由、热拔插、协调控制等功能的柔性互联技术研究。

7）研发具有资源共享、中台技术和生态体系特点的“数字工厂+数字能源”工业互联网平台，开展数字能源驱动设备入网协调、低压柔性驱动与电能互联互补技术等的研究。

思考题与习题

3-1　通用低压电器市场和专业低压电器市场有何不同？举例说明。

3-2　随着新型电力系统建设的推进，低压电器重点发展的技术领域与要求有哪些？

第4章　低压配电电器

4.1　低压配电电器的定义、分类和性能

4.1.1　定义

低压配电电器是指在低压配电系统或动力装置中，用于电能的输送、分配、电路的接通和分断以及对低压配电系统进行保护的电器。当线路发生故障时，低压配电电器应能及时检测故障信号，按选择性保护的要求，将电路分断。其在分断电路过程中往往会产生强烈的电弧，并伴有爆炸声。

4.1.2　分类

低压配电电器可分为低压开关、低压熔断器、低压断路器和低压互感器四大类。其中，前三类的主要品种、主要技术参数和用途（使用场所）见表4-1。

表4-1　低压配电电器主要品种、主要技术参数和用途（使用场所）

分类名称		主要品种	主要技术参数	用途(使用场所)
低压开关	刀开关	熔断器式刀开关 板用刀开关	额定电流	用作电路隔离,也能分断与接通电路的额定电流
	转换开关	组合开关 换向开关	额定电流	主要作为两种及以上电源或负载的转换和通断电路用
低压熔断器		有填料熔断器 无填料熔断器 自复熔断器 快速熔断器	形状 尺寸规格 额定电流	用作线路和设备的短路和过载保护
低压断路器		万能式空气断路器 塑料外壳式断路器 限流式断路器 直流快速断路器 剩余电流断路器	额定电流 分断能力 保护功能 漏电电流	用于线路的过载、短路、漏电或欠电压保护,也可用作不频繁操作电路的开关

4.1.3　性能要求

1. 配电系统对低压配电电器的常用性能要求

1）使用寿命长。实际使用寿命（以时间计）较长，但由于不需频繁操作，故对其机械和电气寿命（或操作循环次数）的要求不太高（国内一般只有数千次，国外最新产品可达数万次）。

2）通断能力强。具有过电流分断能力的低压配电电器，一般应具有较强的短路电流分断能力（包括短时耐受电流），常用额定短路接通能力和额定短路分断能力表征。其中，额定短路接通能力是指在规定的电压、频率、功率因数（AC）或时间常数（DC）下，电器能

接通的最大预期短路电流的峰值。额定短路分断能力是指在规定的电压、频率、功率因数（AC）或时间常数（DC）下，电器能分断的短路电流值。

示例 4-1：为满足低压配电系统选择性保护的要求，上、下级低压断路器之间的过电流保护特性的配合如图 4-1 所示。

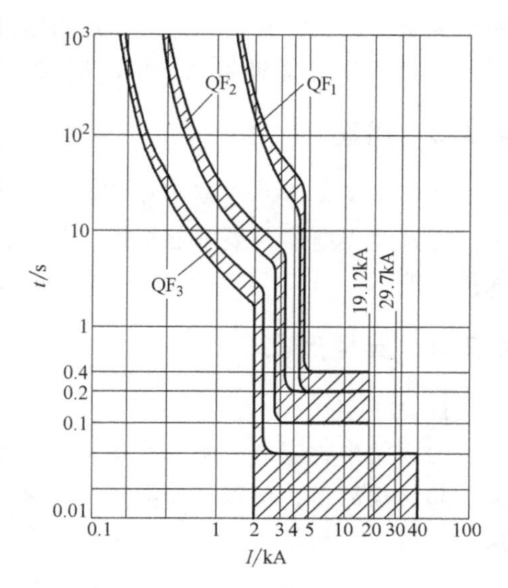

图 4-1　上、下级低压断路器之间过电流保护特性的配合

QF_1—第一级低压断路器（变压器主保护电器）

QF_2—第二级低压断路器（配电支路保护电器）

QF_3—第三级低压断路器（电动机保护电器）

3）绝缘性能好。具有隔离功能的低压配电电器，在主触头分离时应具有良好的绝缘性能，以确保维修人员安全。对不承担过电流分断的配电电器，当线路发生故障时，应具有短时耐受电流的能力，在短路电流分断前，主触头不应发生弹跳与熔焊。

4）电源转换快。承担双电源转换的低压配电电器，当主电源发生故障或其他原因导致不能正常供电时，应能快速、可靠地转换至备用电源。对部分重要负载，除主电源故障外，其他故障不应跳闸。

2. 智能电网对低压配电电器的功能扩展要求

伴随着智能电网的建设，低压配电系统采取了一些新技术，主要涉及四方面：一是采取全电流选择性保护，即当配电系统任何地点发生任何大小短路电流时，只有最靠近短路故障点的断路器动作，其他相关断路器都不动作，以使故障限制在最小范围。该方式克服了目前配电系统过电流保护存在的“保护对象局限在下级断路器出线侧短路电流不超过上级断路器短延时整定值范围、配电系统实现选择性保护时间较长、终端配电系统不具备选择性保护、高的动热稳定性不利于配电电器和成套电器小型化和节材节能”等缺陷。二是采取全电流延时技术，即在电源级与负载级框架式低压断路器采取全电流延时，系统中上、下级低压断路器的延时时间应有级差。该技术的缺点是增加了选择性保护时间，提高了系统动、热稳定性的要求。三是采取全电流延时与区域联锁相结合，其综合了两种方法的优点，在负载级和配电级断路器采用全电流延时技术，在配电级与电源级断路器采取区域联锁技术。各级断路器区域联锁模块采用通信线连接，原三段保护作为后备保护。四是采取限流选择性保护技术，即既是限流型，又有选择性，其前提是塑料外壳式低压断路器具备高的限流性能。为此，可采用第四代具有超高限流性能的 MCCB，或第三代 MCCB（限流系数为 0.125～0.15）或第二代 MCCB（限流系数为 0.055～0.075）。

当低压配电系统采取上述新技术后，低压配电电器功能也随着扩展，主要体现在完善保护功能，监控电网质量，增设管理功能；另外，还要求具有故障预警、故障隔离、故障自恢复以及寿命显示的功能。

4.2　低压开关类电器

4.2.1　类型

低压开关类电器包括“刀开关、低压隔离开关、低压转换开关、低压双电源转换开关”

四种类型。通过组合，这些产品还可组成“开关-熔断器组、熔断器组合电器、隔离器-熔断器组、隔离开关-熔断器组、熔断器式开关、熔断器式隔离器、熔断器式隔离开关”等。

4.2.2 用途

低压开关类电器主要用作隔离低压配电系统，以保证维修时系统中其他电器设备的安全。对开关类电器，要求能接通、分断额定电流；对熔断器组合电器，还要具有短路和过载保护功能。

4.2.3 典型产品

1. 刀开关

刀开关俗称隔离刀闸，是指带有刀形动触头、在闭合位置与底座上的静触头相契合的开关，其结构简单，可以当作隔离开关来使用。同隔离开关一样，低压刀开关一般不能带负载操作。组成结构不同的刀开关结构示意图如图4-2所示。

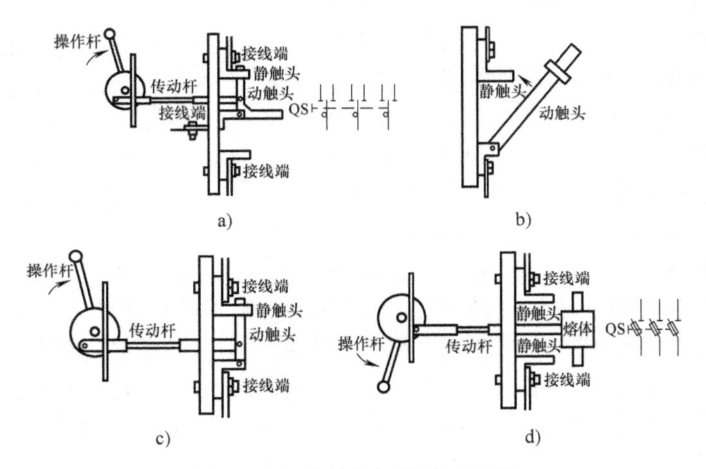

图4-2 组成结构不同的刀开关

a）双投刀开关 b）直接手动操作刀开关 c）手柄操作刀开关 d）熔断器式刀开关

低压刀开关的电气符号和产品外形如图4-3所示。

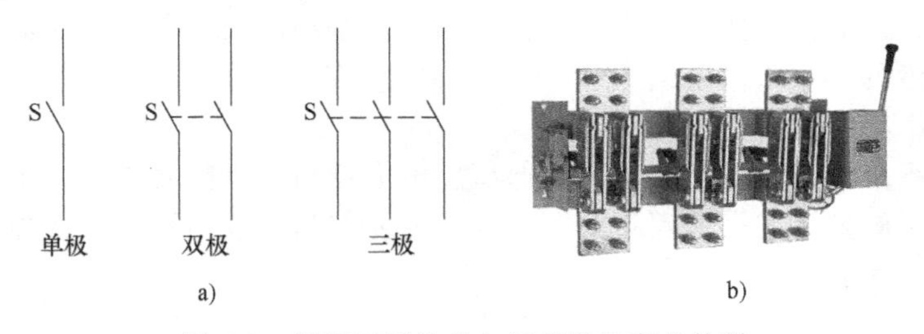

图4-3 低压刀开关的电气符号和产品外形

a）低压刀开关的电气符号（图形和文字符号） b）低压刀开关产品的外形图

示例4-2：HD13型低压刀开关。产品符合GB/T 14048.3—2017、IEC 60947—3—2015标准。主要参数为额定电流（I_e）100~6000A，额定电压（U_e）AC 690V/DC 440V，额定短时耐受电流（I_{cw}）6~50kA，极数1P、2P、3P、4P，操作方式之一为中央手柄、侧方正面

杠杆式，之二为侧面手柄、中央杠杆操作式，工作方式为单投和双投，典型型号为 HD 13 BX-600/31。

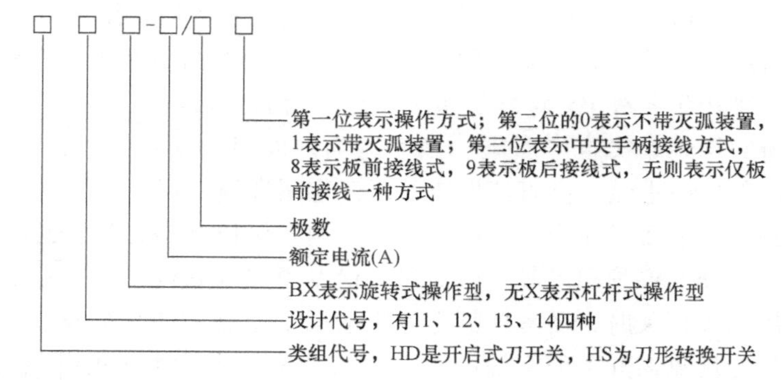

2. 低压隔离开关

低压隔离开关是在断开位置能符合规定要求的机械开关电器，一般用于不频繁地接通、分断交直流电路。它分为负荷隔离开关和熔断器式隔离开关两种，一般需无负载操作。低压隔离开关的电气符号如图 4-4 所示。

作用：①分闸后，建立可靠的绝缘间隙，将需要检修的设备或线路与电源用一个明显断开点隔开，以保证检修人员和设备的安全；②根据运行需要，换接线路；③分断、接通线路中的小电流，如套管、母线、连接头、短电缆的充电电流，开关均压电容的电容电流，双母线换接时的环流以及电压互感器的励磁电流等；④根据不同结构类型的具体情况，可用来分、合一定容量变压器的空载励磁电流。

QS

图 4-4　低压隔离开关的电气符号

示例 4-3：NH40 系列隔离开关的主要参数见表 4-2。

表 4-2　NH40 系列隔离开关的主要参数

额定电流 I_e	16~3150A	操作方式	柜内操作、柜外操作、正面操作、侧面操作
额定电压 U_e	AC 690V/DC 440V		
额定短时耐受电流 I_{cw}	$I_{cw}=2\sim50$kA	工作方式	单投、双投
极数	3P 或 4P		

典型型号产品：NH40-1250/3C/W，其含义如下：

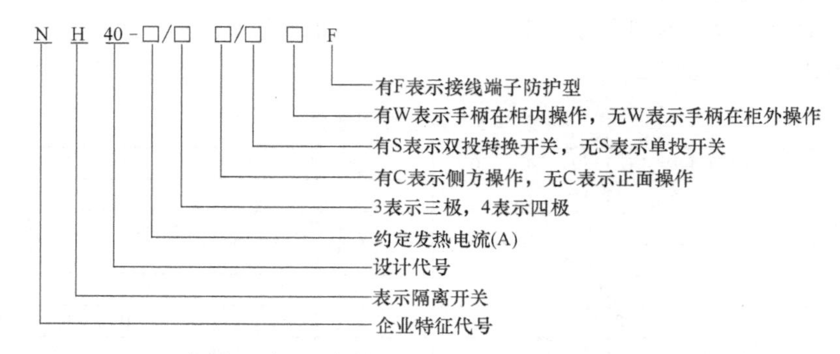

示例 4-4：X100.32，为低压水平旋转式隔离开关，用于光伏路基电站，作光伏组串式逆变器主开关使用。X 是型号，100 是额定电压，大小为 100×10＝1000V，直流；32 是额定电流，单位为 A。

3. 光伏专用直流隔离开关

近几十年，欧洲和北美在光伏系统的直流侧使用隔离开关作为隔离和分断装置成为一种使用主流。此外，国际电工委员会标准要求在逆变器的两端都需要添加隔离设备，而且规定在逆变器的直流端必须加装隔离开关这种设备，保证逆变器与所有直流源可靠隔离。另外，隔离开关设备还可被用于各级 PV 矩阵、系统接地或储能单元。

近年来，随着我国开始实施“双碳”战略，国内大容量太阳能光伏发电厂的建设迅猛发展。光伏系统的低短路电流、高直流电压及复杂应用环境，催生市场对隔离开关的大量需求；同时，对装备在大型太阳能光伏发电厂中的控制和保护电器的性能也提出了越来越高的要求，特别是对逆变器的保护和隔离，因此对光伏专用直流隔离开关也提出了新的要求。

选择光伏专用隔离开关时，需考虑额定绝缘电压 U_i、额定工作电压 U_e 和额定工作电流 I_e 三个参数。光伏专用隔离开关的绝缘电源必须按照整个光伏系统的开路电压 U_{oc} 来选取。为保证分断后的可靠隔离，绝缘电压 U_i 必须大于 U_{oc}；另外，额定工作电压 U_e 应该足够覆盖分断处的电压等级，故一般情况下，U_e 也应大于 U_{oc}。同样，额定工作电流 I_e 应该大于或者等于所有并联的光伏电池组列的短路电流 I_{sc} 的总和。

此外，还需考虑使用类别。根据 IEC 60947—3—2015 和 GB/T 14048. 3—2017，光伏系统的典型使用类别是 DC-21B，即逆变器被看成纯阻性（无感抗）负载。最后，还要评估温度对隔离开关的影响。IEC 标准规定隔离开关在正常温度（35℃）下最大温升 $\Delta T_{35℃}$ 是 70℃，所以，105℃是隔离开关承受的最高温度。

示例 4-5：新驰电气的 SGL8N-2 系列光伏直流隔离开关。

其主要安装在低压配电电路中，做主电路的不频繁接通和断开，并起隔离分断线路作用，适用于储能、电力、建筑等行业的额定电压 DC 1500V、额定电流 32～500A 直流电网电路。

SGL8N-2 三极和四极光伏专用直流隔离开关的组成结构与外形尺寸如图 4-5 所示。

SGL8N-2 系列光伏直流隔离开关的工作原理：光伏直流隔离开关的手柄 3 带动转轴 4，可控制动触头 7 与静触头 9 之间的关合与分断，接通和分断直流电网中逆变器和电池板间的直流电。由于直流电弧没有过零点，光伏直流隔离开关为可靠地切断直流电所产生的电弧，避免危险事故的发生，确保安全作业，其在灭弧室 1 前方放置一个永磁体 6，使电弧在永磁体产生的强磁场中受电动力作用被快速拉入灭弧室，经多栅片切割成多段短弧后建立较高的电弧电压，同时电弧经栅片进行了冷却，由此将直流电弧熄灭。

其主要技术参数见表 4-3。

表 4-3 主要技术参数

额定电压	DC 1000V,DC 1250V,DC 1500V	机械寿命	10000 次
壳架电流	320A	电气寿命	1000 次
额定绝缘电压	1600V	接线方式	电缆压接端子或铜排接线方式
额定工作电流	32～320A	极数	2P,3P,4P
额定冲击耐受电压	12kV	安装方式	螺钉安装、柜门安装
短时耐受电流	10kA/s	防护等级	IP20(柜外手柄 IP65)
额定短路接通能力	15kA		

示例 4-6：法国溯美高电气的 INOSYS LBS 直流专用隔离开关。

这是用于光伏和储能行业的直流专用隔离开关，起闭合、承受、断开和隔离（触头分

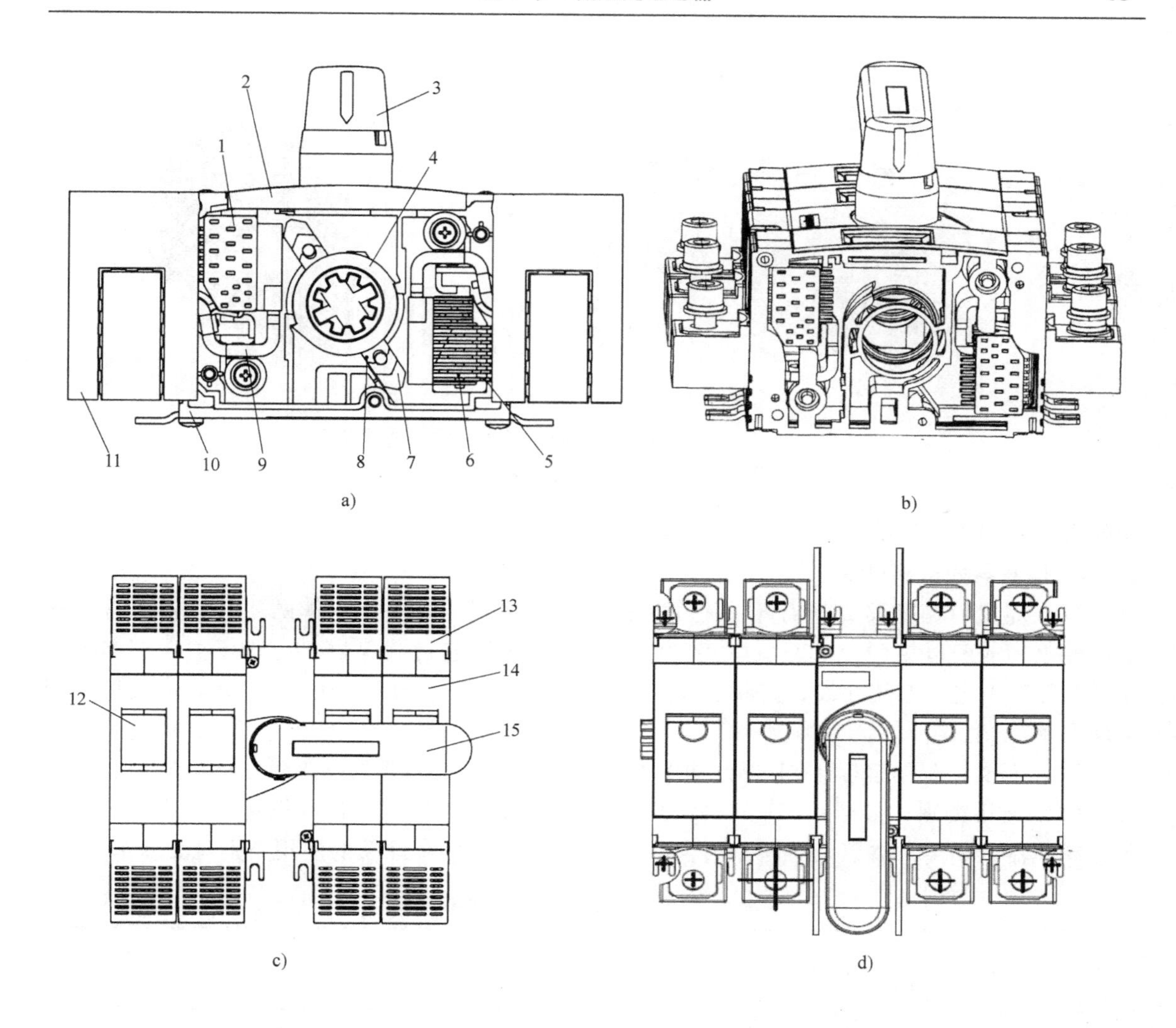

图 4-5　SGL8N-2 三极和四极光伏专用直流隔离开关的组成结构与外形尺寸

a）光伏专用直流隔离开关的组成元件　b）三极直流隔离开关内部结构　c）打开位置的四极直流隔离开关外形（有护罩）　d）闭合位置的四极直流隔离开关外形尺寸（未装护罩）

1—灭弧室　2—面盖　3—手柄　4—转轴　5—栅片　6—永磁体　7—动触头　8—弹簧片　9—静触头　10—外壳　11—端子罩　12—透明盖　13—护罩　14—面盖　15—手柄

开）的作用。主要技术参数为额定电压 DC 1500V，额定电流分别为 160～800A 和 2000～3600A，I_q 达 55kA 和 210kA；2P 开关。可安全灭弧，直流电源电压等级为 DC-PV2。高短路耐受性能。体积紧凑、高功率密度。可靠性高，设备平均故障间隔时间（Mean Time Between Failures，MTBF）大于 100 年，机械寿命 8000 次。通用性好，同时满足 UL、IEC、CCC。55℃不降容使用，工作温度-40～+70℃。试验项目包括振动冲击测试、高温度高湿度测试、盐雾测试。

图 4-6 为溯美高电气生产的直流隔离开关，额定电压 DC 750V，双断点、无极性的触头结构。

溯美高电气还研发了可为 DC 1500V 低压直流回路提供安全隔离的带载闭合和断开远程

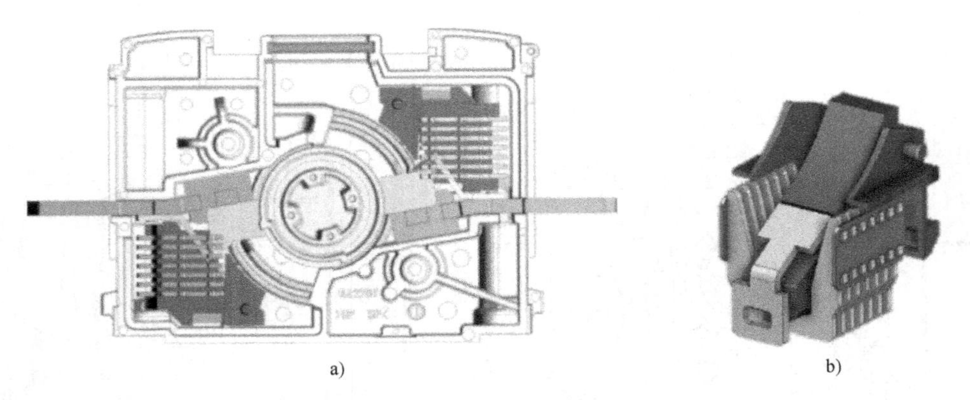

a) b)

图 4-6 溯美高电气生产的 DC 750V 直流隔离开关

a）内部结构 b）灭弧室（稀土氧化磁铁+灭弧栅）

操作直流专用隔离开关及电动直流专用隔离开关。

4. 熔断器式隔离开关

（1）定义 熔断器式隔离开关是集熔断器、隔离器、开关为一体的组合电器，常装于低压配电柜或配电箱中，对配电电路和电动机保护电路起过载保护、短路保护、隔离等作用。随着新型电力系统建设，熔断器式隔离开关被赋予了高分断能力、小型化、高使用类别等新要求。

（2）分类 根据熔断器在产品结构中的布局方式不同，熔断器式隔离开关分为条形和方形。

（3）使用类别 根据 GB/T 14048.3—2017《低压开关设备和控制设备 第3部分：开关、隔离器、隔离开关以及熔断器组合电器》，熔断器式隔离开关的使用类别见表 4-4。

表 4-4 熔断器式隔离开关的使用类别

电流种类	使用类别		典型用途
	类别 A	类别 B	
交流	AC-20A	AC-20B	在空载条件下闭合和断开
	AC-21A	AC-21B	通断电阻性负载，包括适当的过载
	AC-22A	AC-22B	通断电阻和电感混合负载，包括适当的过载
	AC-23A	AC-23B	通断电动机负载或其他高电感负载
直流	DC-20A	DC-20B	在空载条件下闭合和断开
	DC-21A	DC-21B	通断电阻性负载，包括适当的过载
	DC-22A	DC-22B	通断电阻和电感混合负载，包括适当的过载（如并励电动机）
	DC-23A	DC-23B	通断高电感负载（如串励电动机）

（4）结构及工作原理 熔断器式隔离开关主要由静触头系统（由触头、触头弹簧组成）、熔断器（动触头）、绝缘底座、手柄、灭弧室等组成。

熔断器式隔离开关采用熔断器作为动触头，通过手动操作熔断器装置手柄绕静触头装置绝缘底座的支点旋转，使熔断器呈扇形打开或闭合，实现熔断器与静触头接通与分断。静触头系统安装在绝缘底座，装有相间防护罩和灭弧室，可避免分断时由于游离气体导致的相间短路和持续燃弧，提高相间绝缘性能及开关分断能力。

熔断器式隔离开关由于具有造价低廉、运行稳定、维修方便等优点，被广泛用于台架式变压器的低压侧出线。其不足之处是开关闭合时，常常因为合闸不够紧密而存在一定的安全隐患，并有使用寿命短、维护成本高的问题。

示例4-7：新驰电气的SRD-30系列直流熔断器式隔离开关。

SRD-30系列直流熔断器式隔离开关是与SRF-30圆筒形帽的直流熔断器配装使用的，用于导线、电缆的过载和短路保护。其额定电压DC 1100V、额定电流30A及以下，可布置在导线电缆的进线或出线端，垂直安装在标准导轨上，标准导轨应符合JB 6525—1992中TH35-7.5型要求，且安装处应无显著冲击和振动。

SRD-30系列直流熔断器式隔离开关的主要技术参数见表4-5。

表4-5 SRD-30系列直流熔断器式隔离开关的主要技术参数

型 号	SRD-30(熔断器式隔离开关)	SRF-30(熔断器)
额定绝缘电压 U_i	1200V	—
额定工作电压 U_e	DC 1100V	DC 1000V
额定工作电流 I_e	1～30A	1A,2A,3A,4A,5A,6A,10A,16A,20A,25A,30A
额定冲击耐受电压 U_{imp}	6kV	—
极数	1P	—
额定限制短路电流	30kA	20kA
配用的熔断体尺寸	10mm×38mm	10mm×38mm
熔断器额定电流	1～30A	1～30A
防护等级	IP20	IP20
使用类别	PV-0	PV-0

SRD-30系列抽插式直流熔断器式隔离开关和SRF-30直流熔断器熔芯的结构和外形如图4-7所示。

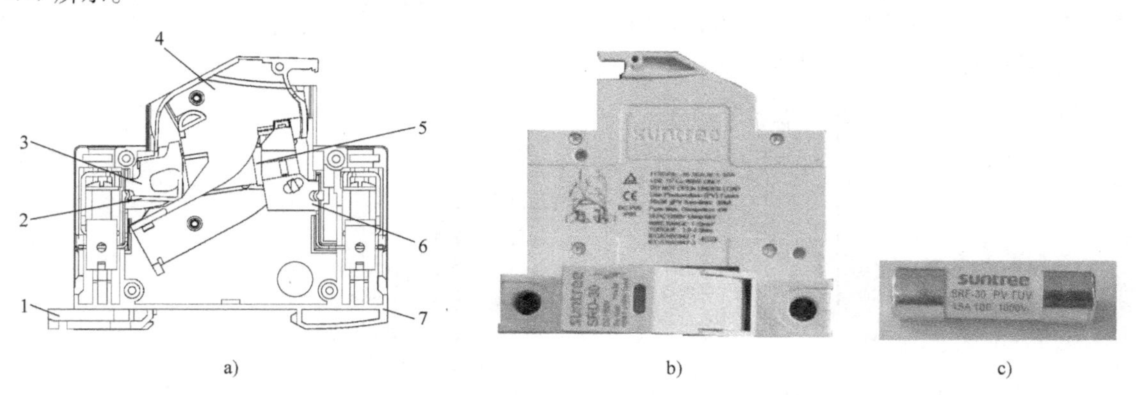

a) b) c)

图4-7 SRD-30系列抽插式直流熔断器式隔离开关和SRF-30直流熔断器熔芯

a) 隔离开关组成结构 b) 隔离开关外形 c) 直流熔断器熔芯

1—卡板 2—卡簧 3—左熔芯夹 4—熔芯架 5—熔芯 6—右熔芯夹 7—外壳

SRD-30系列抽插式直流熔断器式隔离开关的工作原理为：利用抽插机构将隔离开关内的直流熔断器的熔体熔芯5通过左熔芯夹3和右熔芯夹6固定后，将熔芯5串联于直流电路。当直流电网正常运行时，电路的额定电流通过熔芯工作，可长期保持导通状态；当出现过载或短路故障时，故障电流通过熔体熔芯产生焦耳热，可以使熔芯受热延时或瞬时熔化并最终熔断，将电路断开。

SRD-30系列直流熔断器式隔离开关要求进行温升和接受耗散功率测试，方式是在隔离开关底座装入额定耗散功率小于4W、电流小于30A的SRF-30系列熔断器，然后通以100%倍额定电流进行测试，达到热量平衡后测量接线端子和易接近部件的温度。

表4-6为接线端子和易接近部件的极限温升允许值。除上述所列的部件外，对其他部件不做温升规定，但以不引起相邻绝缘部件损坏为限。

表4-6　SRD-30系列直流熔断器式隔离开关接线端子和易接近部件的极限温升允许值

部件种类		极限允许温升/K
与外部连接的接线端子		80
人力操作部件	金属的	25
	非金属的	35
可触及但不是手捏的部件	金属的	40
	非金属的	50
正常操作时无须触及的部件	金属的	50
	非金属的	60

5. 万能转换开关

万能转换开关，又称组合开关，是一种可以控制多回路的低压开关电器，具有多触点、多档位、多段式、体积小、性能可靠、操作方便、安装灵活等优点。转换开关的图形和文字符号如图4-8所示。它多用于机床电气控制电路中，起隔离电源的作用，也可以作为直接控制小容量异步电动机不频繁起动和停止的控制开关。与刀开关的操作不同，当低压转换开关的操作手柄左右水平转动时，开关内部的凸轮将转动，使触点按规定的顺序闭合或断开。

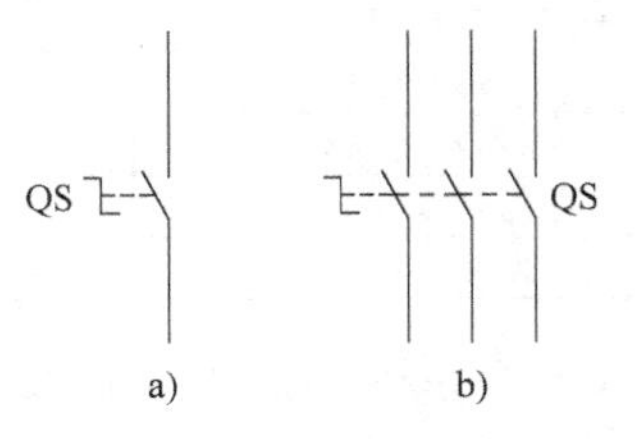

图4-8　转换开关的图形和文字符号
a）单极　b）三极

示例4-8：HZ10系列转换开关。

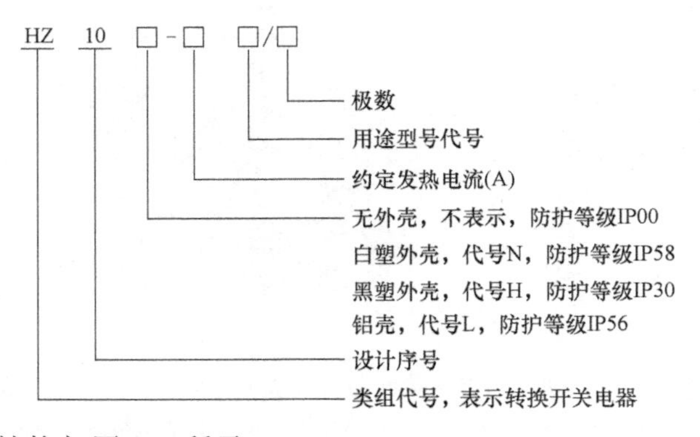

万能转换开关的结构如图4-9所示。

示例4-9：HY2-B，倒顺开关，控制电动机的正反转，有“倒、停、顺”三个位置。

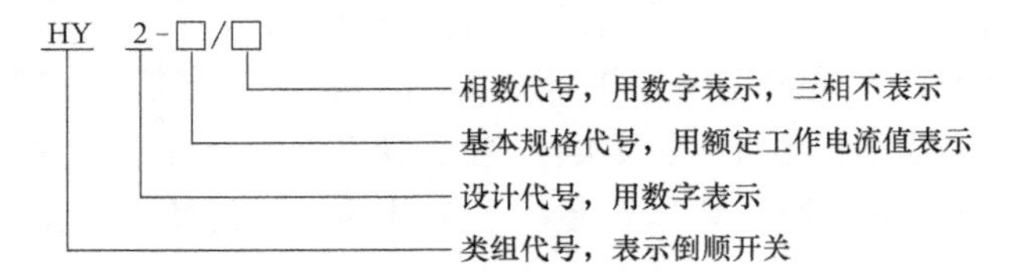

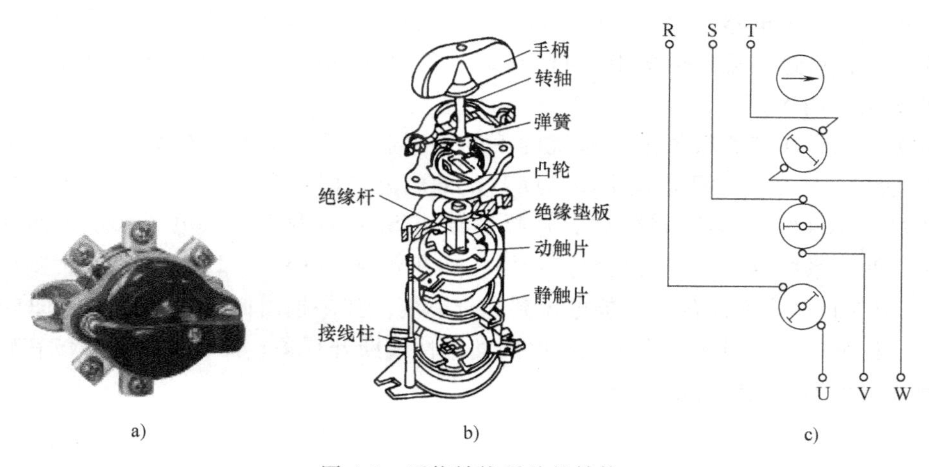

图 4-9　万能转换开关的结构
a）外形图　b）结构示意图　c）接线示意图

示例 4-10：LW8 系列万能转换开关。它主要适用于交流 50～60Hz、电压至 380V，直流电压至 220V 的电路中转换电气控制电路和电气测量仪表；也可直接控制小容量三相交流笼型异步电动机（2.2kW 及 5.5kW）。

典型产品型号：LW8-10YH3/3。

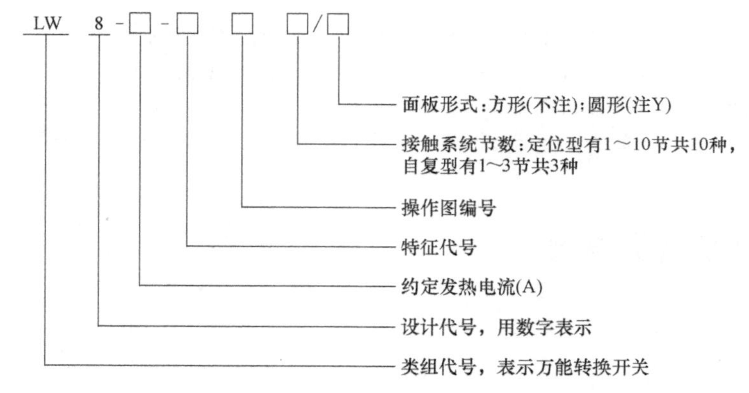

6. 自动转换开关

自动转换开关（Automatic Transfer Switching Equipment，ATS 或 ATSE），俗称双电源自动转换开关，是由一个（或几个）转换开关电器和其他电器组成的。ATSE 是能够检测当一路电源发生如断电、断相、过电压、欠电压等故障时能否自动切换至正常的备用电源（如市电与发电的转换，两路市电的转换），并将一个或多个负载电路从一个电源转换到另一个电源，以保证重要负载连续通电的电器。ATSE 在转换电源期间，中断向负载供电，在现代配电系统（如金融中心计算机中心、轨道交通、会展和体育场馆、工矿行业、通信系统等紧急供电场所）中应用越来越广泛。

自动转换开关产品包括低压转换开关（含专业 PC 级、派生的 PC 级与 CB 级，用于额定电压交流不超过 1000V 或直流不超过 1500V 的低压供电系统电源电路）和中压转换开关（额定电压交流 12kV，详见 11.2 节）。本节介绍低压自动转换开关。

根据操作方式不同，ATSE 分为双电源自动转换开关电器、双电源手动转换开关电器和双电源遥控转换开关电器三种。其中，双电源自动转换开关有CB级（采用低压断路器作为主要操作元件，有过电流保护功能）和PC级（采用负荷隔离开关作为主要操作元件，没有过载保护功能）两大类。

双电源自动转换开关根据配电系统的不同，可选择不同的开关极数，其结构示意图如图4-10所示。一般地，对两个同类型、同容量的电源，即两套系统的中性线（零线）有共同的接地点（中性线与地线短接点），选择三极ATSE；对两个输入电源来自于两套不同的接地系统，两套系统的中性线与接地点不同，如TN-C-S、TN-S、TT、IT系统，则应采用四极ATSE，以保证两个系统的运行能够做到完全隔离。如果选用四极ATSE，普通的ATSE在电源切换过程中就不可避免地会出现短时间的中性线断开现象，而很多配电系统在转换过程中都不允许出现中性点断开的情况。

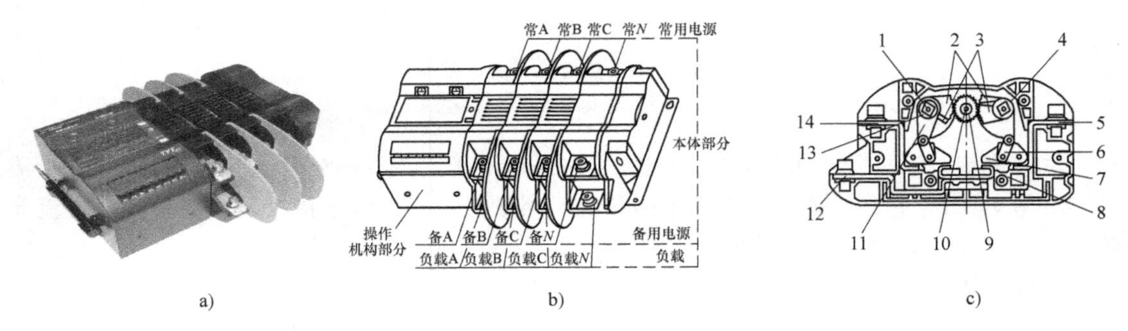

图4-10 双电源自动转换开关的结构示意图

a）外形图 b）组成结构 c）结构示意图

1—备用电源方轴 2、11—N级齿摆（Ⅱ） 3—N级齿摆（Ⅰ） 4—常用电源方轴 5—常电端子 6—连杆 7—动触头 8—静触头 9—齿轮 10—中轴 12—负载端子 13—轴套 14—备电端子

4.3 低压熔断器类电器

4.3.1 原理

低压熔断器串联于线路中。线路发生过载和短路时，线路电流增大；当电流超过规定值时，低压熔断器以本身产生的热量使熔体的温度上升到熔点，熔体熔断并分断电路，以实现短路保护和过载保护的目的。

低压熔断器的熔体材料分两大类。一类熔点较低、电阻率较大，如铅、锡、锌及其合金，其优点是最小熔化电流及熔化系数较低，有利于过载保护；在小倍数过载时，导电零件温度不会太高。缺点是电阻率大，在一定电阻值下，熔体的截面积较大；熔断时产生的金属蒸气多，不利于熄弧，从而限制了熔断器分断能力的提高。另一类熔点较高、电阻率较小，如银、铜、铝。优点是电导率大，熔体的截面积较小，熔断时产生的金属蒸气少，有利于熄弧，从而分断能力提高；缺点是最小熔化电流及熔化系数较大，不利于过载保护；小倍数过载时，导电零件温度过高。

低压熔断器熔体可做成丝状和片状两种。其中，丝状多用于小电流低压熔断器；片状用于较大电流的熔断器，常采用变截面形式，有几个狭窄部分。

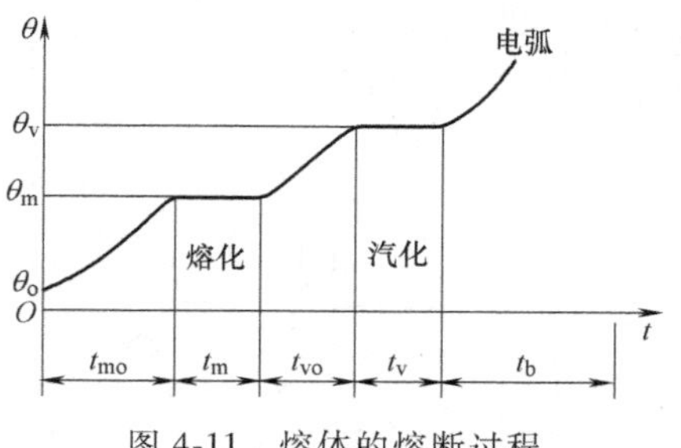

图 4-11　熔体的熔断过程

低压熔断器熔体温度的变化过程为：熔体在升温阶段，温度由正常工作温度上升到熔体材料的熔点；熔体在熔化阶段，其温度始终保持为熔体材料的熔点；当熔化处于金属汽化阶段，熔化金属继续被加热，温度上升到汽化点；在燃弧阶段，熔体断裂，产生电弧直至电弧熄灭。前三项时间之和为弧前时间，后一项为燃弧时间。熔体的熔断过程如图 4-11 所示。

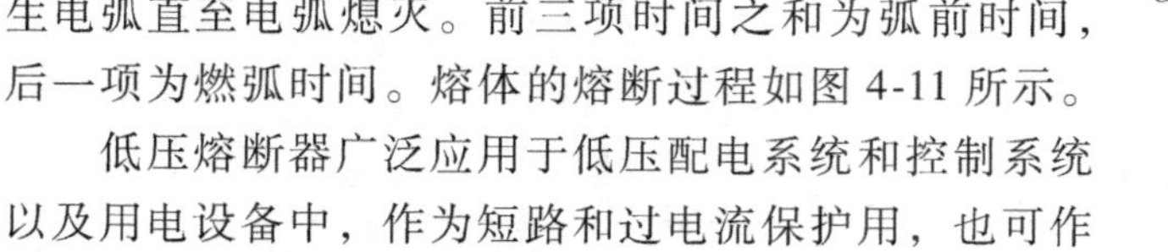

低压熔断器广泛应用于低压配电系统和控制系统以及用电设备中，作为短路和过电流保护用，也可作为电缆、照明、线路等过载保护用，是应用最广泛的保护器件之一。

4.3.2　类型

1）按照填充物的有无，低压熔断器分为有填料和无填料两类。

① 无填料熔断器：熔体多采用变截面形状，其熔体和形状如图 4-12 和图 4-13 所示。当熔体通过短路电流时，狭窄部分首先熔断，同时形成多个断口，其段数与额定电压有关，每个断口可以承受 200~250V 电压。变截面熔体狭窄部分的段数越多，越有利于熄弧；熔体宽截面部分有利于散热和减小损耗。

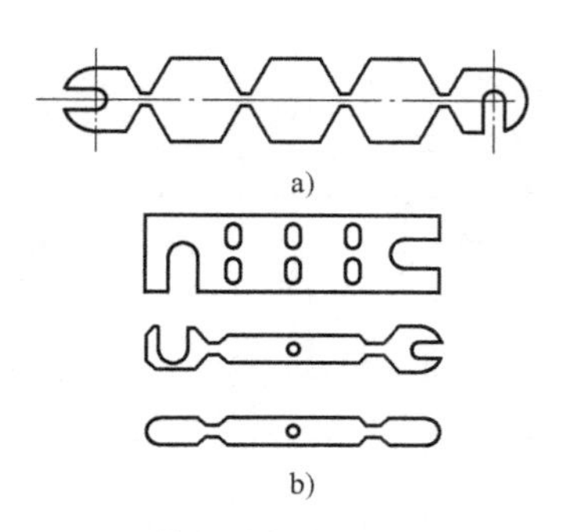

图 4-12　无填料封闭管式熔断器的熔体
a）RM10 系列的熔体　b）RM7 系列的熔体

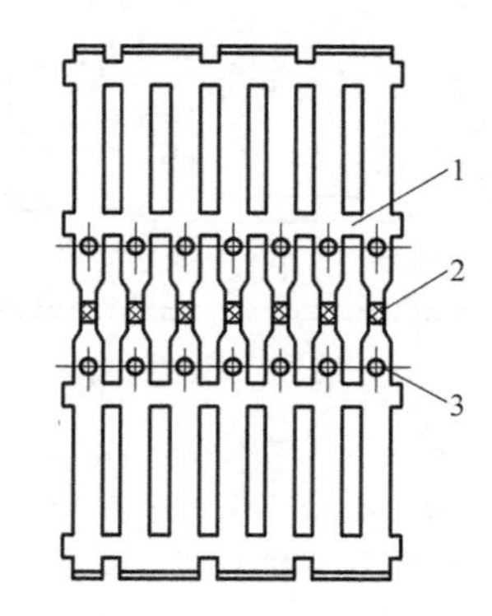

图 4-13　RT 系列熔体的形状
1—引燃栅　2—锡桥　3—变截面小孔

用硬质纤维制成的绝缘管机械强度高，耐弧性能良好。

② 有填料熔断器：绝缘管装入填料的目的是加快熄弧、提高分断能力。对填料的要求有：熔点高、比热高、热导率高；灭弧过程中膨胀系数小，产生气体少；形状最好为卵圆形，颗粒大小适当；必须清洁，不能有金属或有机物质。填充材料主要有石英砂与三氧化二铝。三氧化二铝性能优于石英砂（密度、熔点、热导率均较高），但因石英砂价廉，多采用石英砂，其直径为 0. 2~0. 4mm。

用滑石陶瓷或高频陶瓷制成的瓷管在有填料低压熔断器中应用普遍。

2）按照使用方法不同，分一般工业用熔断器、半导体器件保护用快速熔断器、特殊熔断器（自复式）。

3）按照限流情况的不同，分为不限流和限流两类低压熔断器。

不限流低压熔断器在短路电流达到最大值后才分断电路，而限流低压熔断器在短路电流还没有达到最大值时，熔体熔断，分断电路（见图4-14），其既可节省线路和设备投资，又减小了线路及电气设备通过短路电流时所承受的电动力及热效应，保证了设备的安全运行。

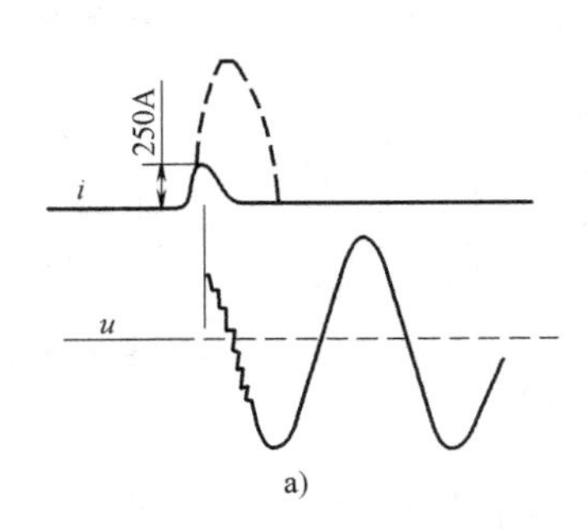

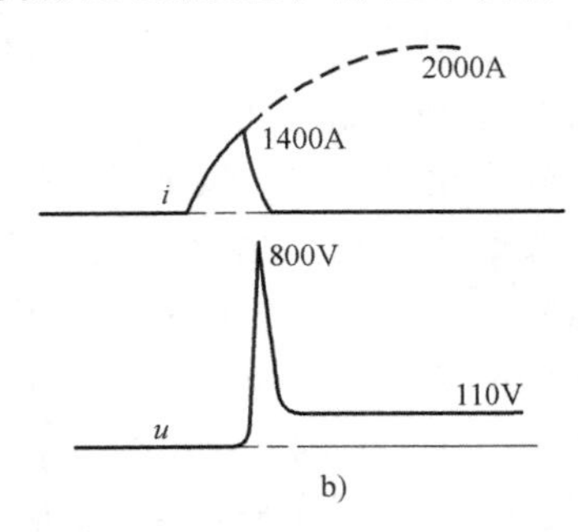

图4-14 限流低压熔断器的分断过程

a）交流电路 b）直流电路

4.3.3 结构

低压熔断器的典型结构如图4-15和图4-16所示。

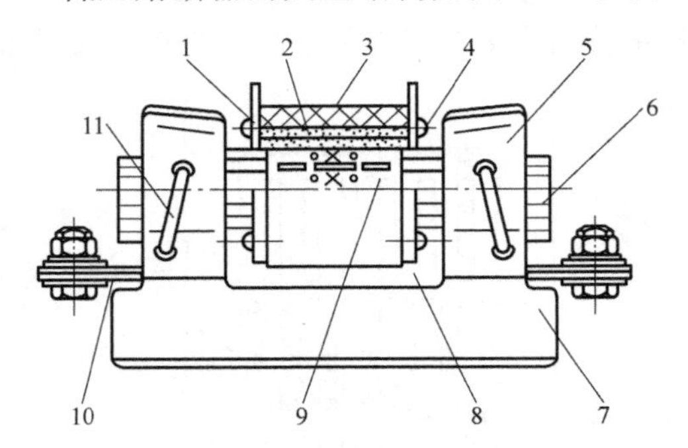

图4-15 低压熔断器的典型结构

1—熔断指示器 2—石英砂 3—绝缘管 4—螺钉 5—静触头 6—刀形触头 7—底座 8—盖板 9—熔体 10—接线端子 11—单圈弹簧

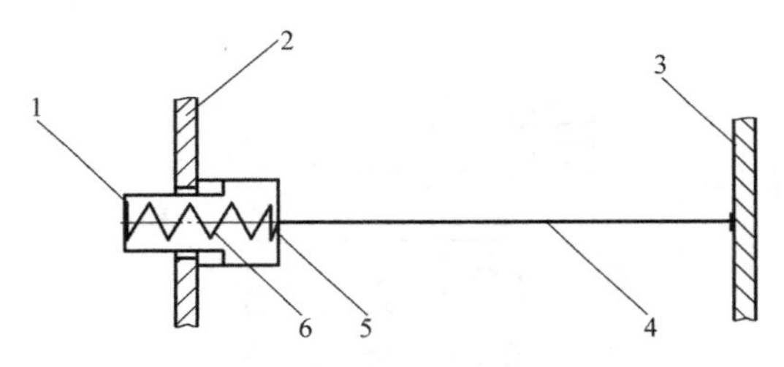

图4-16 RT0系列低压熔断器的熔断指示器

1—熔断指示器 2、3—熔断器盖板 4—康铜丝 5—指示器底座 6—弹簧

示例4-11：RM10系列产品中，R表示低压熔断器，M表示无填料封闭管式，10表示设计序号。RM系列低压熔断器的典型结构如图4-17所示。

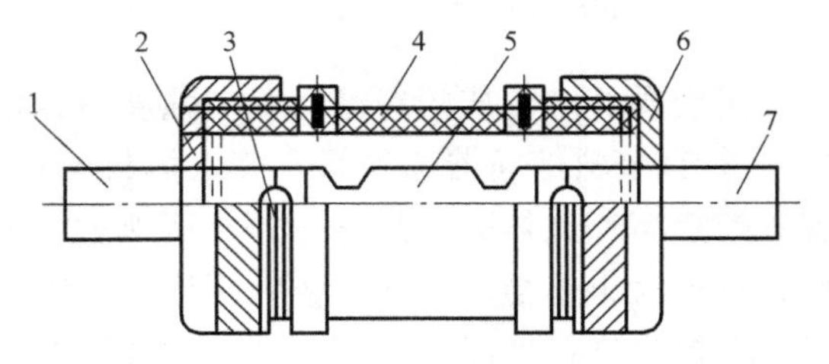

图4-17 RM系列低压熔断器的典型结构

1、7—触头 2—螺钉 3—管夹 4—纤维管 5—熔片 6—铜帽

4.3.4 主要技术参数

低压熔断器的主要技术参数包括额定电压、额定电流、最小熔化电流、额定分断能力、限流系数、保护特性、熔化系数和安秒特性等。分述如下：

1）额定电压指低压熔断器长期工作时和熔断后所能承受的电压。

2）额定电流是长期工作时，各部分温升不超过极限允许温升所能承受的电流值。

3）最小熔化电流是当熔体通过的电流使熔化时间趋于无穷大，一旦超过此电流熔体立即熔断，此时的电流即是最小熔化电流，如图 4-18 所示。

熔化系数是指最小熔化电流与熔体额定电流之比。其表征熔断器对过载的灵敏度（熔化系数小对小倍数过载有利）。

4）额定分断能力是指在规定的条件（电压、功率因数或时间常数）下，熔断器能可靠分断的电流值。

5）限流系数是指实际分断电流与预期短路电流最大值（交流指峰值）之比。此值越小，限流能力越强。

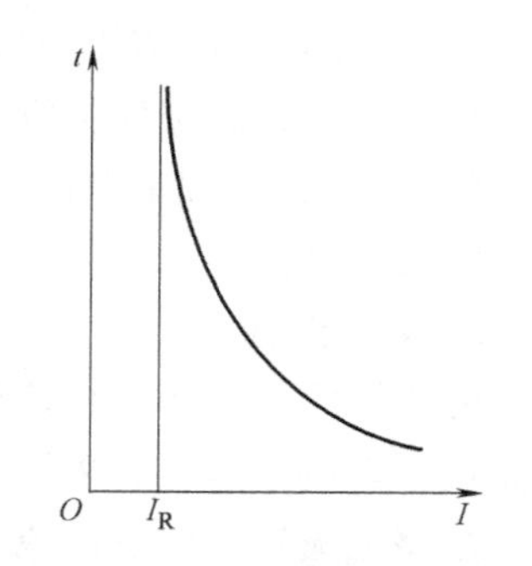

图 4-18　低压熔断器的保护特性

t—熔断时间　I—通过熔断器的电流　I_R—最小熔化电流

6）保护特性（安秒特性）是指熔体通过的电流 I 与熔断时间 t 之比，为反时限特性。该特性是选用熔断器的重要依据。安秒特性应与保护对象的能力匹配，即低压熔断器的安秒特性应尽可能接近并低于保护对象的允许过载特性，如图 4-19 所示。

7）冶金效应是指高熔点金属在某些液态金属（如锡、铅）的作用下，熔点会降低的物理特性。例如，低压熔断器在铜熔体的局部焊锡或锡合金，当通过过载电流时，锡或锡合金首先熔化，并与铜成为合金，合金熔点比铜的低，导致局部电阻加大，铜熔体在较低温度下熔断，从而改善了低压熔断器的过载保护特性。但当通过短路电流时，由于熔体的熔化时间极短，冶金效应不起作用（见图 4-20）。

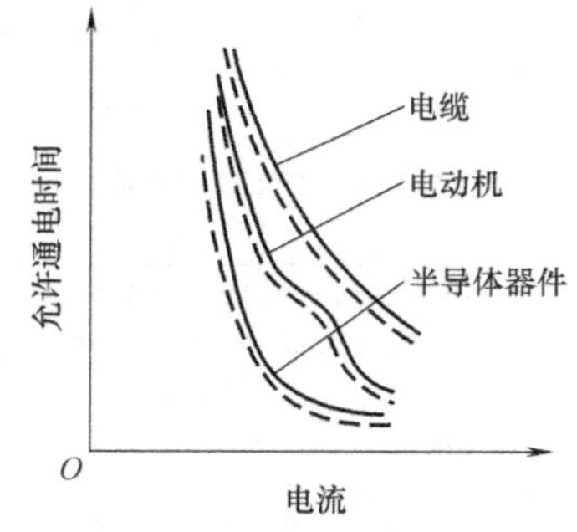

图 4-19　低压熔断器的安秒特性与保护对象过载能力间的匹配

—— —保护对象允许的通电时间-电流特性

--- —低压熔断器的通电时间-电流特性

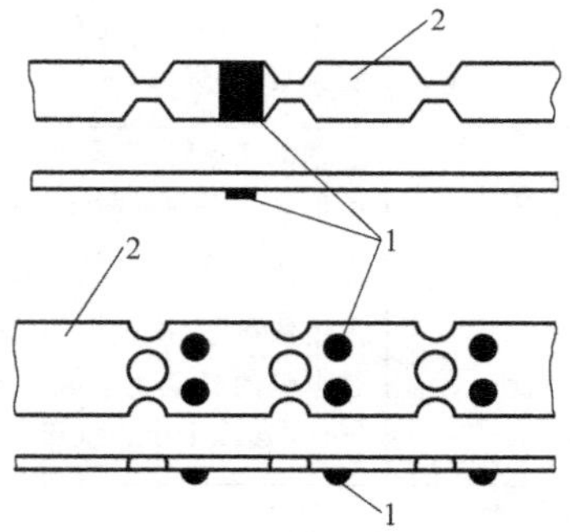

图 4-20　具有冶金效应的熔体

1—锡珠或锡桥　2—高熔点熔体

4.3.5　产品选择

1. 选择原则

1）根据使用条件确定熔断器的类型。

2）选择熔断器的规格时，应首先选定熔体的规格，然后再根据熔体去选择熔断器的规格。

3）熔断器的保护特性应与被保护对象的过载特性有良好的配合。

4）在配电系统中，各级熔断器应相互匹配，一般上一级熔体的额定电流要比下一级熔体的额定电流大 2~3 倍。

5）对于保护电动机的熔断器，应注意电动机起动电流的影响，熔断器一般只作为电动机的短路保护，过载保护应采用热继电器。

6）熔断器的额定电流应不小于熔体的额定电流；额定分断能力应大于电路中可能出现的最大短路电流。

2. 类型选择

低压熔断器主要根据负载的情况和电路短路电流的大小来选择类型。对容量较小的照明线路或电动机保护，宜采用RC1A系列插入式熔断器或RM10系列无填料密闭管式熔断器；对于短路电流较大的电路或有易燃气体的场合，宜采用具有高分断能力RL系列螺旋式熔断器或RT（包括NT）系列有填料封闭管式熔断器；对于保护硅整流器件及晶闸管的场合，应采用快速熔断器（RS）。

4.3.6 典型产品

示例4-12：有填料封闭管式和无填料封闭管式低压熔断器的对比，见表4-7。

表4-7　有填料封闭管式和无填料封闭管式低压熔断器的综合对比

比较对象	无填料封闭管式	有填料封闭管式
结构	熔体，刀形触头，绝缘管，大螺母，静触头，绝缘底板	熔体，绝缘管，圆（刀）形触头，石英砂，熔断指示器，静触头，陶瓷底座
熔体	将锌板冲制成变截面熔片，或用薄铜片冲制，小孔中焊锡	薄铜片冲制，小孔中焊锡；绝缘管：滑石陶瓷或高频陶瓷制成，具有较高的机械强度和耐热性（十几个大气压）
绝缘管	钢纸绝缘管、三聚氰胺玻璃布管或硅有机玻璃布管，其强度及耐热性高，在电弧作用下产生含氢气体，增大管内压力，有利于电弧熄灭	瓷管，常用滑石瓷、氧化铝瓷制成
灭弧原理	熔体熔断，产生电弧，电弧被迅速拉长，而且电弧的高温使绝缘管内壁燃烧，产生大量气体（达几十个大气压），使电弧熄灭	过载时，熔体在锡桥处熔断形成多个串联电弧，电弧能量被石英砂吸收，电弧被冷却而熄灭；短路时在熔体最窄处熔断，将电弧拉长，电弧能量被石英砂吸收而熄灭
典型系列	RM	RL，RT，RS，RLS，NT，NGT
优点	用户可自行更换熔体，经济性好	使用安全，绝缘管内压力低；有良好的过载保护反时限特性，又有良好的短路保护特性；具有限流作用；有醒目的熔断指示，便于识别故障电路，额定分断能力高（25~100kA）
缺点	额定分断能力不高（20kA以下）	熔体熔断后无法更换，只能报废，经济性差

示例4-13：RT28-32X低压熔断器。

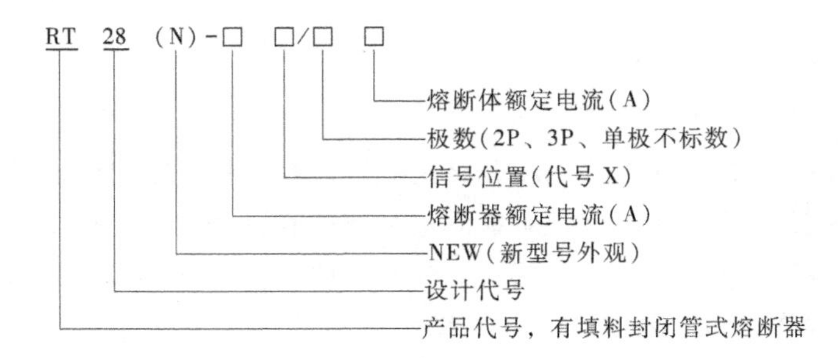

4.4 低压断路器类电器

4.4.1 概述

低压断路器以前称为自动开关或自动空气断路器，它是一类既能接通、承载和分断正常电路条件下的电流，也能在规定的非正常条件下接通、承载一定时间和分断的机械开关电器，由导电接触系统、灭弧系统、各种脱扣器、开关机构和把以上各部分连接在一起的金属框架或塑料外壳构成。

低压断路器主要用于工矿企业、高层建筑、宾馆、医院、机场、码头及现代居住小区中的低压配电网中，用作保护交直流电器设备，使之免受过电流（即过载）、逆电流、短路和欠电压等不正常情况的危害，同时，也可用于不频繁地接通和分断电动机及操作或转换电路，剩余电流断路器兼有漏电保护功能。

作为最重要的保护及控制元件之一，低压断路器的发展历程见表4-8。

表4-8 低压断路器的发展历程

时间	发展情况
1885年	世界上第一台低压断路器出现，其由一种刀开关和过电流脱扣器组成
1905年	具有自由脱扣装置的空气断路器诞生
1930年至20世纪50年代后期	随着电弧原理的发现和各种灭弧装置的发明，逐渐形成了带电磁式脱扣器的传统断路器
20世纪50年代末	为克服低压断路器机械式检测和执行装置存在的体积较大、耗材耗能、保护特性单一、反时限拟合效果差等问题，研制成功以模拟电路和数字电路为基础的电子式脱扣器
1985年	为避免因供电系统大量使用的软起动器、变频器、电力电子调速装置、不间断电源等装置在电网和配电系统中出现的谐波导致采用只反映故障电流峰值的模拟式电子脱扣器的低压断路器发生误动作，出现了第一台以微处理器为基础的智能型断路器，同时，微处理器使中央计算机、前级和后级断路器之间进行双向通信成为可能
20世纪90年代	国外相继开发出包括多种平台和相应软件支持的中央计算机控制系统、智能化断路器对话模块、低压配电装置监控系统等智能断路器集中控制和检测系统
20世纪末	随着计算机技术、智能化技术、通信技术的进步及应用领域的不断扩大，配电自动化系统对低压电器产品提出了双向通信要求，可通信低压断路器成为发展方向
进入21世纪	发展方针是“小型化、网络化、高分断、低噪声、工作安全可靠、逐步实现智能化”，其中，塑料外壳式断路器向“小型化、高分断、多功能、附件模块化、智能化”发展

4.4.2 分类

低压断路器种类繁多，因此分类方式也很多，现分述如下。

1）按保护对象不同，分为配电保护型、电动机保护型、家用和类似家用场所保护型与剩余电流保护型。

2）按结构型式不同，有万能式断路器（又称框架式断路器、空气式断路器，Air Circuit Breaker，ACB）、塑壳式断路器（Moulded Case Circuit Breaker，MCCB）、小型断路器（Miniature Circuit Breaker，MCB）和剩余电流断路器（也称漏电保护断路器，Earth Leakage Circuit Breaker，ELCB）。它们的区别是：①ACB的容量（包括 I_e 和 I_{cu}）和分断能力（单位kV·A）相对较高，MCCB次之，MCB最差。②ACB具有延时功能，能够延时分断和脱扣，而且还具有很好的通信功能和选择性，多被用作主断路器。MCCB只具备分断能力和反时限脱扣能力，不具备选择性，多被用作配电电器，一般只能作为下级保护开关；MCB多被用在负载端，因为它的分断能力相对比较低。③ACB的体积最大，安装繁杂。MCCB处于中间；MCB的体积小，安装方便。

3）按使用类别不同，有选择型（保护装置参数可调）和非选择型（保护装置参数不可调）。其中，非选择型保护特性多用于支路保护。主干线路中的断路器则要求采用选择型，以满足电路内各种保护电器的选择性断开，把事故区域限制到最小范围。

4）按灭弧介质不同，有空气式和真空式（目前国产多为空气式）。

5）按灭弧技术不同，有零点灭弧式断路器和限流式断路器两种类型。在零点灭弧式断路器里，被触头拉开的电弧在交流电流自然过零时熄灭，限流式断路器的"限流"是指把峰值预期短路电流限制到一个允通电流。

6）按操作方式不同，分直接手柄操作式、杠杆操作式、电磁铁操作式和电动机操作式。

7）按极数分，低压断路器有单极、二极、三极和四极式。

8）按安装方式分，有固定式、插入式、抽屉式和嵌入式等。

9）按电流种类不同，分交流（AC）和直流（DC）。

10）根据国际电工委员会（IEC）标准和我国国家标准，按使用类别不同，分A类和B类。其中，A类在短路情况下，无明确指明具有选择性保护，因而无短时耐受电流要求。B类则明确指明具有选择性保护功能，可实现选择性保护，有人为短延时，有短时耐受电流要求。

11）按限流原理不同，分限流型和非限流型。前者适用于交流，利用短路电流斥力效应使触头快速打开、分断。能在第一个波峰最大值尚未出现时把短路电流分断。后者为一般工业用，包括选择性。

12）按分断速度不同，分：①一般型。动作时间在20ms以内，一般工业用。②快速型。动作时间在10~20ms之间，多用于直流电路。

13）按用途不同，分：①配电断路器，用于电力电路、保护电路和电器设备免受短路、过载危害的电路，确保供电。②电动机保护用断路器，专门用于保护起动电动机的断路器。③特殊用途的断路器，如灭磁断路器。④剩余电流断路器，IEC 60947—2附录B。⑤无过电流保护断路器（CBI），IEC 60947—2附录L。⑥瞬时动作断路器（ICB），IEC 60947—2附录O。

14）按保护装置不同，分：①热式。多为双金属式。②电磁式。有带线圈的铁心，多用于瞬时动作的脱扣器或作后备保护。③电子式。利用电子器件构成脱扣器。④智能式。利用微处理器构成脱扣器，可达到各种保护特性。⑤可通信智能式。智能脱扣器增加界面和现场总线，可支持各种通信规约，达到双向通信。⑥无过电流保护断路器（CBI）和瞬时动作断路器（ICB）。前者可以完全没有过电流（过载和短路）脱扣装置，适合作隔离器用。后者带有瞬时动作脱扣器，除作隔离器外，其强调了与电动机保护装置和其他过电流保护装置的配合。这种断路器的任务是作后备保护。

表4-9列出了低压断路器按用途和保护特性分类的相关内容。

表 4-9　低压断路器按用途和保护特性分类

名称	电流种类和范围	保护特性			主要用途
配电用断路器	交流 200~6300A	选择型 （智能型）	二级保护	瞬时 短延时	电源总开关和母联开关及支路近电源端开关，真空断路器还用于特殊环境，如多尘、气体腐蚀、爆炸环境等
			三级保护	瞬时 短延时 （联锁反应） 长延时	
		非选择型	限流型	长延时	
			一般型	瞬时	
	直流 200~6300A	快速型	有限性		轨道交通和硅整流设备
		一般型	长延时 瞬时		保护一般直流设备
	交流 200~6300A	直接起动	一般型	过电流脱扣器瞬动倍数（8~15）I_{st}	保护笼型电动机
			限流型	过电流脱扣器瞬动倍数 $12I_{st}$	保护笼型电动机，可安装在近电源端
		间接起动	一般型 限流型	过电流脱扣器瞬动倍数（3~8）I_{st}	保护绕线转子电动机
剩余电流断路器	交流 63~3200A	动作电流为 0.006A，0.01A，0.03A，0.1A，0.3A，0.5A，1A，3A，10A，30A，在 0.1s 内分断			保护用电设备安全，防止火灾安全及保证人身安全
无过电流保护断路器	交流 直流 200~6300A	无过电流保护，但也可带一高倍瞬动脱扣器			主要起隔离作用
瞬时保护断路器	交流 直流 200~6300A	无过电流保护，可带瞬动脱扣器			主要作电动机起动的后备保护
特殊用途的断路器	交流或直流	一般只需瞬动			灭磁断路器及闭合开关等

4.4.3　基本特性与技术参数

4.4.3.1　基本特性

低压开关电器具有结构复杂、通断能力强、保护特性多、动稳定性与热稳定性高的特性。

低压配电线路运行时，短路故障会导致线路电压在短暂时间内大幅度降低甚至消失，这种现象不仅给线路和用电设备带来损伤，还给生产带来损失。引起电动机疲倒时的电源电压叫作临界电压，当线路电压降低到临界电压时，要求保护电器动作，这叫作欠电压保护。低压断路器的欠电压脱扣器必须保证在（85%~110%）U_e 下长期工作，当电压降到（35%~70%）U_e 时能释放。

接地故障是指因绝缘损坏致使相线与 PE 线及电气装置的外露导电部分或大地之间的短路。单相接地故障与单相短路（相线与 N 线之间）有着很大的区别，主要表现在：①单相接地故障回路复杂，其故障电流值比单相短路小，而且随接地方式不同又有很大区别。②单相接地故障除与单相短路一样会损坏导线甚至有可能引起火灾事故外，还将使正常不带电的外露可导电部分带上危险电压，以致引起人身电击事故，特别是 TN 系统配电干线发生相线对地短路故障时，将会使变压器中性点对地电位提高，从而使所有电气设备外壳均带上危险电压。

4.4.3.2 技术参数

低压断路器需要按额定工作电压、额定电流、脱扣器整定电流和欠电压脱扣器电压等参数来选择，从短路特性和灵敏系数方面进行校验。

1. 额定电压和额定电流

额定电压有额定工作电压（一般取电网额定电压等级）、额定绝缘电压（一般取最大额定工作电压）和额定脉冲电压（大于或等于线路过电压峰值）。额定电流为低压断路器的额定持续电流；对分励和欠电压脱扣器，额定电压应等于线路额定电压，电压类别（交、直流）应由实际线路情况确定，标准规定的额定控制电源电压数据系列：直流为（24）V、（48）V、110V、125V、220V、250V，交流为（24）V、（36）V、（48）V、110V、127V、220V。

低压断路器的额定工作电压和额定电流应分别不低于线路额定电压和计算电流；长延时脱扣器的整定电流应大于或等于线路的计算负载电流，同时应不大于线路导体长期允许电流的0.8~1倍；瞬时或短延时脱扣器整定电流应大于线路尖峰电流。

2. 额定接通与分断能力

额定接通与分断能力是指在规定条件下能够可靠接通和分断的短路电流值，包括短路接通能力和短路分断能力。短路接通能力指额定短路接通能力，是在额定参数下可接通的最大短路电流，用最大预期峰值电流表示。

短路分断能力包括额定短路分断能力、额定极限短路分断能力（I_{cu}，试验后不要求断路器继续运行）和额定运行短路分断能力（I_{cs}，试验后要求断路器继续运行）。其中，I_{cu}是在规定的试验条件下，按O-t-CO（O表示分断；t表示间歇时间，一般为3min；C表示接通；CO为接通分断）的试验程序所分断的短路电流，用预期电流有效值表示；I_{cs}是在规定的试验条件下，按O-t-CO-t-CO的试验程序所分断的短路电流。由于I_{cs}试验完成后还要做5%的电寿命试验，试验后测试温升，因而I_{cs}比I_{cu}更为严酷，一般来说I_{cs}比I_{cu}要低，但由于限流技术的发展，可以实现$I_{cs}=I_{cu}$。

3. 限流能力

限流式断路器（分断时间短得足以使短路电流达到其预期峰值前分断的断路器）和快速断路器（直流断路器，含义同限流式）要求有较高的限流能力。一般情况下，极限接通和分断能力时的限流系数K是实际分断电流（峰值）与预期短路分断电流（峰值）的比值，值在0.3~0.6之间。为了达到较高的限流能力，要求限流式断路器的固有动作时间小于3ms。

4. 动作时间

指从电路出现短路的瞬间至触头分离、电弧熄灭、电路完全分断所需的全部时间。限流式和快速断路器的动作时间一般小于20ms。

5. 使用寿命

指在正常负载条件下，断路器在规定条件下保证不需更换零部件的操作次数。一般地，低压断路器根据容量不同，使用寿命在2000~20000次之间。

6. 保护特性

低压断路器具有过电流保护特性（为多段选择性，见图4-21）、欠电压保护特性（瞬时或短延时）、漏电保护特性（漏电电流超过规定值分断电路）等多种保护，保护特性完善。

7. 灵敏系数

即线路最小短路电流和断路器瞬时或延时脱扣器整定电流之比。低压断路器应按短路电流进行灵敏系数校验。两相短路时灵敏系数不小于2，单相短路时灵敏系数可取1.5。

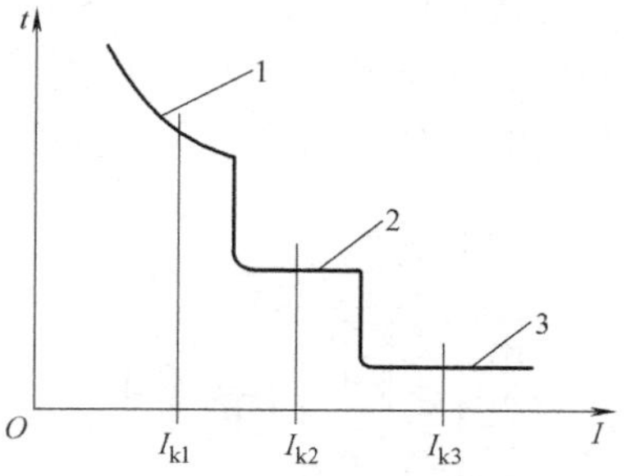

图4-21　低压断路器的三段保护特性
1—长延时动作　2—短路短延时动作
3—短路瞬时动作
I_{k1}—过载电流　I_{k2}、I_{k3}—短路电流

4.4.4　工作原理

低压断路器主要由触头系统（包括触头、载流母线和软连接等）、灭弧系统、信号感测器件、脱扣器、操作机构等部分组成。其中，主触头用于接通与分断主电路；辅助触头用于接通与分断控制电路。

灭弧室用于熄灭主触头系统在通断电路时产生的电弧。在灭弧室内部装有用1~2.5mm厚的铁片（属磁性材料）冲成的栅片，栅片表面镀锌或镀铜（有的采用镀铜加镀镍，镀层一是为了防锈，二是为了增大灭弧能力）。栅片的间距视断路器类型和短路分断能力不同而不同，多为2~6mm。当低压断路器的动、静触头打开时，电弧产生，电弧电流在周围空间产生磁通，将栅片磁化，因此，灭弧室的磁通路径发生了变化，栅片产生一种将电弧拉入灭弧室的吸力。安装时隔层栅片错开，目的是减小电弧进入栅片的阻力。电弧进入栅片后，被分割成许多串联的短弧，在原来的冷状态的铁栅片贴紧短弧后，使电弧电阻增大、电弧电压上升。当电弧电压大于触头两端的工频恢复电压时，电弧就熄灭了。

脱扣器接收外来信号并传送给操作机构（包括传动机构、自由脱扣机构和主轴、脱扣轴等），有过电流脱扣器、分励脱扣器和欠电压脱扣器三类，其中，过电流脱扣器用于防止过载和负载侧短路；分励脱扣器用于远距离遥控或热继电器动作分断断路器；欠电压脱扣器分欠电压瞬时脱扣器和欠电压延时脱扣器两种，用于失电压保护。

操作机构用于控制主触头及辅助触头的断开与闭合。自由脱扣是低压断路器的一种特有性能，它把传动机构（有手柄传动、杠杆传动、电磁铁传动、电动机传动和气动或液压传动五类）和触头系统之间的联系变为柔性联系。当五连杆的自由脱扣机构再扣时，传动机构（特别是手动传动机构）能直接带动触头系统闭合。当自由脱扣机构脱扣时，通过解脱传动机构与触头系统的联系，使传动机构不能带动触头系统闭合，达到操作安全的目的。

低压断路器工作时，利用各种感受元件检测电路电量的异常变化，然后将电能的变化量转化为机械能，通过操作机构，将力施加到执行元件，使其产生动作，将电路分断。各种故障发生时，低压断路器能自动分断，且不必更换任何零件即可重新闭合并迅速恢复供电。当低压断路器的结构型式不同时，工作原理也有所区别，以下分别进行简单介绍。

1. 万能式低压断路器（ACB）

（1）概况　万能式低压断路器因其所有零件都安装在一个钢制的框架（小容量的也可用塑料底板加金属支架）上，被称为框架式或DW型低压断路器。它主要用于额定电压380~1140V、额定电流200~4000A或分断能力要求特别高的配电系统的主电路，使被保护线路及电源设备免受过载、欠电压、短路、单相接地等多种故障的危害。

万能式低压断路器又分普通式和限流式。它有敞开式和金属箱防护式两种结构形式；有电磁式、油阻尼式（见图4-22，利用油阻尼器实现断路器反时限特性，实现过载保护）、半导体式等多种脱扣器；有较多对辅助触头。

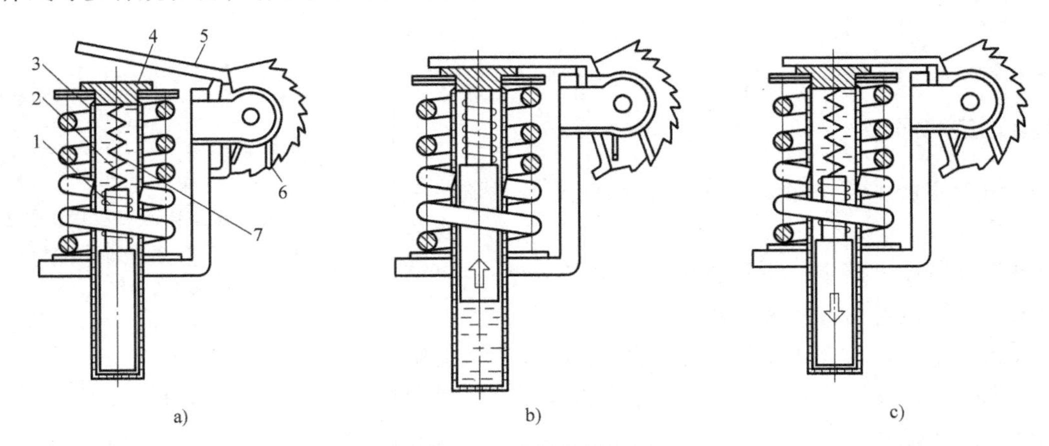

图4-22 油阻尼脱扣器

1—动铁心 2—复位弹簧 3—油杯 4—极靴 5—衔铁 6—调节弹簧 7—硅油

一般情况下，选择型断路器、快速断路器，特别是大容量低压断路器多设计成万能式。

（2）发展历程 20世纪60年代，我国参考苏联产品仿制成功A15系列产品；60年代末，我国在借鉴国外技术的基础上，自行开发设计了DW10系列产品，其各种技术参数与性能指标和后来的替代产品DW16系列基本一致。由于DW10系列分断能力低、保护性能差，已于20世纪90年代被淘汰。从20世纪70年代开始，我国推出了DW15系列断路器，在设计构造上、功能与性能上超越DW10系列。DW15系列分一般型和限流型两大类，适用于陆上和煤矿井下配电网络，可用来分配电能、保护线路及电源设备的过载、欠电压和短路，也可用于保护电动机或在正常条件下做不频繁起动控制。它采用半导体保护，具有过载长延时和短路瞬时保护两段保护特性，增加了用户的选择性。1978年，我国第一台限流型万能式断路器DW15X-630试制完成。1994年成功研发了抽屉式DW15C系列产品。该系列产品由断路器本体（经改装的DW15型断路器）和抽屉式底座两个部分组成，主要用在开关柜上。同时，还引进了国外当时较先进的ME（DW17）系列、AH（DW914）系列、SYDW1系列（DW45）、3WE系列、AH（DW19）系列、AE系列等智能型万能式断路器，使我国的万能式断路器水平大大提高。2005年，我国第四代万能式断路器产品开始批量试生产。2010年初，VW60系列产品逐步推向市场，该系列产品的最显著特点是容量有所增大，而产品本身的体积不变。

（3）工作原理 以不限流型万能式低压断路器为例，其结构如图4-23所示，工作原理如图4-24所示。

在图4-24中，低压断路器处在闭合状态。三相主触头串联在三相回路中，在手动储能闭合或电动机储能闭合后，接通闭合电磁铁6，将锁扣和卡口锁住，三相主触头接通电路。

低压断路器能够在各种非正常电流情况依靠各种脱扣器完成动作。当发生短路时，瞬时脱扣器4的电磁铁产生很大吸力，克服反力弹簧的弹簧力将衔铁3吸住，衔铁在电磁吸力的作用下推动杠杆7向上运动，卡扣5沿转轴8顺时针转动，锁扣2和卡扣5脱扣，锁扣2在

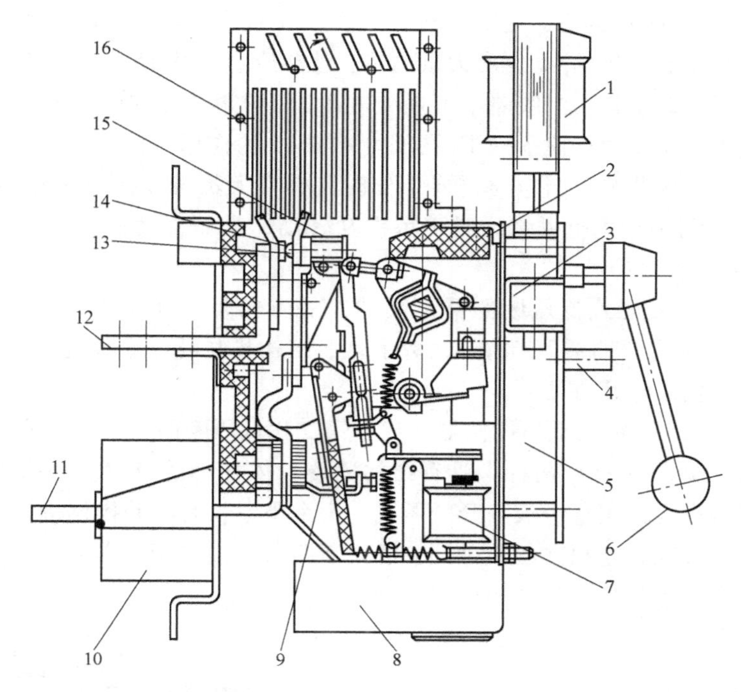

图 4-23 不限流型万能式低压断路器的结构图（630A 及以下）

1—合闸电磁铁 2—缓冲块 3—分励脱扣器 4—脱扣按钮 5—操作机构 6—操作手柄 7—欠电压脱扣器 8—半导体脱扣器 9—过电流脱扣器 10—互感器 11—下母线 12—上母线 13—动触头 14—静触头 15—触头弹簧 16—灭弧室

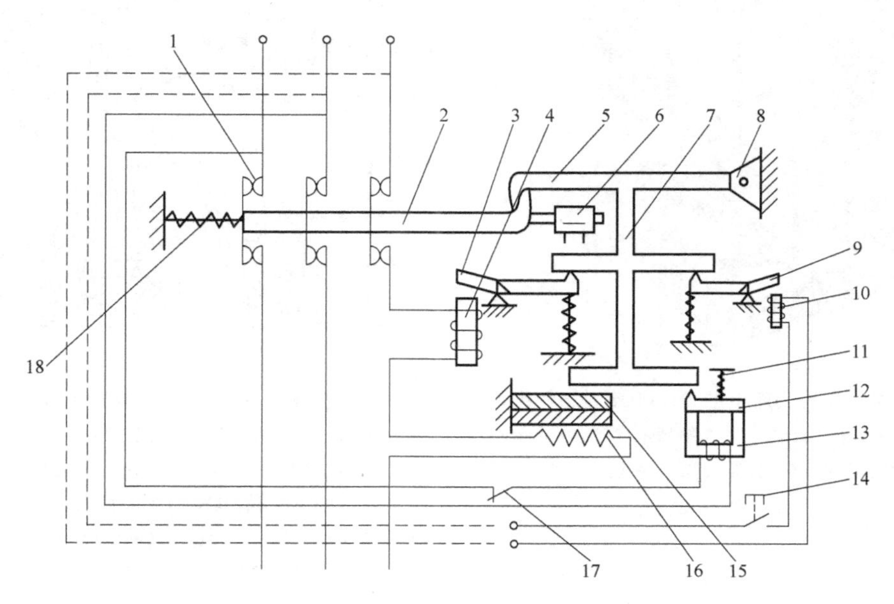

图 4-24 不限流型万能式低压断路器的工作原理图

1—主触头 2—锁扣 3、9、12—衔铁 4—瞬时脱扣器 5—卡扣 6—闭合电磁铁 7—杠杆 8—转轴 10—分励脱扣器 11、18—反力弹簧 13—欠电压脱扣器 14—按钮 15—热双金属片 16—热脱扣器电热丝 17—低压断路器辅助动合触头

反力弹簧18的作用下向左运动，使断路器动、静触头断开，切断电路，实现短路保护。当线路过载时，热脱扣器电热丝16发出大量的热，使热双金属片15发生变形，向上弯曲，推动杠杆7运动实现过载脱扣。当线路中出现欠电压时，欠电压脱扣器13中的电磁铁产生的电磁力不足以克服弹簧反力，使衔铁12在反力弹簧11的作用下向上运动，同时推动杠杆7向上运动，实现欠电压脱扣。当电路需要维修时，操作人员可以按下按钮14，接通分励脱扣器10，分励脱扣器中产生电磁力，吸引衔铁9转动，从而推动杠杆7向上运动，以实现远距离控制。

（4）发展方向　万能式低压断路器产品的发展方向是：分断能力高、保护性能完善、智能化（具有双向通信“四遥”功能）、数字化、结构模块化、小体化、节能化、塑料化、网络化、环保化、使用快捷方便等。

示例4-14：DW15万能式低压断路器，属于第二代低压断路器，其为立体布置形式，有固定式和抽屉式（见图4-25）两种，具有结构紧凑、体积小的特点。触头系统封闭在绝缘底板内，其每相触头也都用绝缘板隔开，形成一个个小室，而手动操作机构、电动操作机构依次排在其前面，形成各自独立的单元。抽屉式断路器由抽屉座、本体、操作机构等部分组成，其中本体带有各种附件，其结构如图4-26所示。

图4-25　安装在抽屉座上的DW15外观结构图
1—灭弧罩　2—导电系统　3—断路器本体　4—抽屉座
5—合闸电磁铁　6—控制系统　7—操作手柄

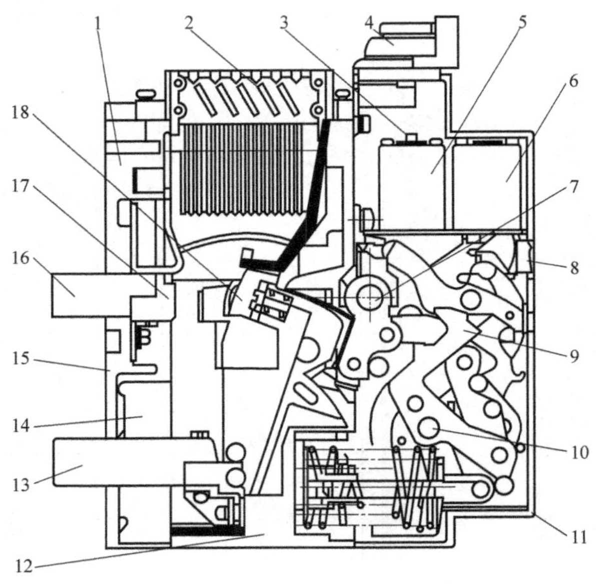

图4-26　安装在抽屉座上的DW15内部结构图
1—底板　2—灭弧室　3—分励脱扣器　4—二次插接件
5—欠电压脱扣器　6—释能电磁铁　7—主轴　8—按钮
9—机构　10—储能转轴　11—外壳　12—基座
13—下母线　14—互感器　15—底板　16—上母线
17—静触头　18—动触头

抽屉式断路器有“连接、试验、分离”三个工作位置，位置的变更通过手柄的旋进或旋出来实现。三个位置的指示通过抽屉座底座横梁上的指针显示。当处于“连接”位置时，主回路和二次回路均接通；当处于“试验”位置时，主回路断开，并由绝缘隔板隔开，仅二次回路接通，可进行一些必要的动作试验；当处于“分离”位置时，主回路与二次回路全部断开。由于有机械联锁，抽屉式断路器只在连接或试验位置才闭合，在连接与试验的中间位置不能闭合。

1）触头系统。低压断路器的触头有对接式、桥式和插入式三种结构形式。其中，对接式触头应用最广，结构也最简单；桥式触头因有两对触头，对大容量（1000A 以上）断路器有利；插入式触头在通过巨大短路电流时，有电动力补偿作用，能防止触头弹开，非常适合抽屉式断路器。对接式触头和桥式触头多做成圆柱形，原因是考虑材料成本和加工，因为圆形相对面积较小，也有利于冲压和成形。

由于万能式断路器的开断电流很大，因此要求触头系统具有更高的抗熔焊性和抗电弧烧损性能。除要求触头材料采用非对称性配对外，还要求增加触头的类型和数量，使之更有利于灭弧和保护主触头。额定电流在 200～630A 时，断路器采用一档、单断点转动式主触头（见图 4-27），动、静触头均有引弧角，以利于把电弧引入灭弧室，达到快速熄弧的目的。额定电流在 1000～4000A 时，断路器采用两档、单断点转动式触头，即由主触头与弧触头并联组成。合闸时，先闭合弧触头，再闭合主触头；分闸时，先断开主触头，再断开弧触头。动、静触头均有引弧角，有利于熄弧。

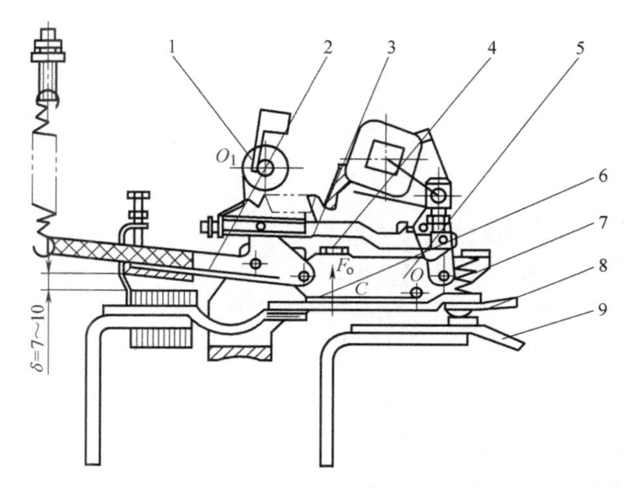

图 4-27　DW15 系列低压断路器的主触头系统（630A 及以下）
1—脱扣杆　2—快速动作电磁铁的衔铁　3—连杆　4、5—支架
6—拉杆　7—弹簧　8—动触头　9—静触头

低压断路器的触头弹簧一般装在动触头上，其既可以保证触头闭合后产生足够的终压力，同时可以减少触头弹跳。触头弹簧的类型选择与触头系统的结构有关，一般选圆柱螺旋压簧较多（如万能式断路器），也有采用圆柱螺旋拉簧的（如旋转双断点塑壳断路器）。弹簧力的大小可通过短路分断能力（即电动斥力）来计算，而减少触头弹跳主要针对机械操作机构过死点情况，多为快速合闸机构。

2）灭弧系统。采用栅片灭弧室，栅片材料与断路器的额定电流有关。当额定电流在 630A 及以下时，灭弧室的室壁采用钢纸板加环氧玻璃布板压制而成；当额定电流在 1000A 以上时，灭弧室的室壁采用三聚氰胺玻璃丝塑料压制而成。

3）脱扣器。DW15 系列断路器有欠电压脱扣器、分励脱扣器、过电流脱扣器。其中，欠电压脱扣器为一个并联电磁铁，线圈电压与主电路相同时，有瞬时动作与延时动作两种，延时由阻容电路产生，时间为 1s、3s、5s；当主电路电压大于等于 85%的脱扣器线圈额定电压时，脱扣器能够可靠吸合，当主电路电压下降到 35%～70%额定电压时，脱扣器动作，断路器分闸。分励脱扣器也是一个并联电磁铁，原理如图 4-28 所示，其中，按钮 SB 与继电器动合触头 S 并联，可远距离断开断路器，以实现多种保护。

过电流脱扣器的形式可以是热式脱扣器和电磁式脱扣器串联，也可以采用半导体脱扣器

（其原理框图见图4-29）。对非选择型断路器，是采用热式脱扣器和电磁式脱扣器串联，其具有两段保护特性，即过载时热式脱扣器动作，为长延时反时限特性；短路时电磁式脱扣器动作，为瞬时动作特性。对选择型断路器，其采用半导体脱扣器，具有过载长延时、短路短延时、短路瞬时的三段保护特性。

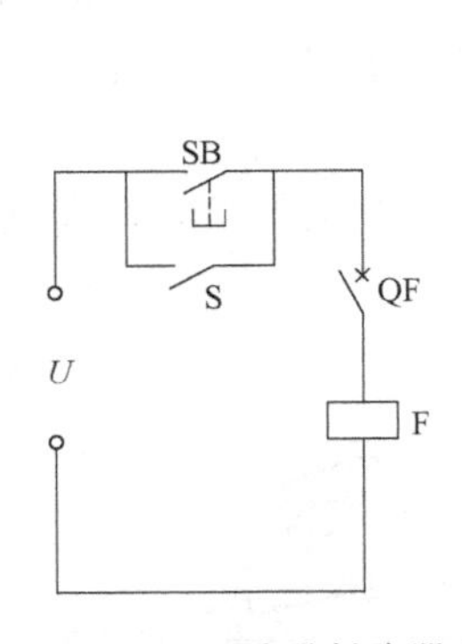

图4-28 DW15系列断路器分励脱扣器电气原理图

QF—断路器动合辅助触头 F—分励脱扣器线圈 SB—动合按钮 S—继电器动合触头

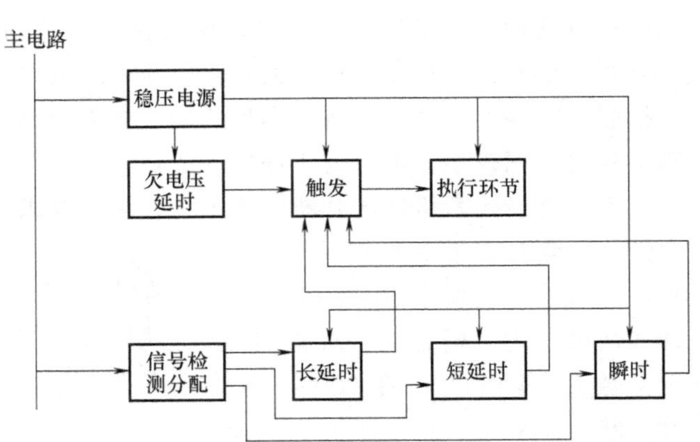

图4-29 DW15系列断路器半导体脱扣器原理框图

4）操作机构。其作用是实现操作手柄（或电动合闸装置）和各种脱扣器对触头闭合与断开的控制。采用弹簧储能合闸和快速分闸方式，由自由脱扣机构、储能弹簧、杠杆、连杆及摇臂组成，并配有电磁铁或电动机传动装置。操作机构如图4-30所示。

（5）智能型万能式低压断路器 传统断路器的检测和保护功能多由电磁元件完成，其动作时间长、保护精度低、整定困难。随着可靠性及自动化要求越来越高，对电力系统的监测、控制和保护等自动化和智能化的要求也不断提高，加之现代高电压零飞弧技术、传感器技术、微电子技术和信息传输技术、网络通信技术、计算机及其软件技术等的飞速发展，具有模块化、智能化、可通信和自动化的智能型低压断路器应运而生。

所谓智能操作，是指断路器能够根据电网的不同工况，自动选择和调整操作机构以及灭弧室合理的预定工作条件，完成动作。如对断路器的分断操

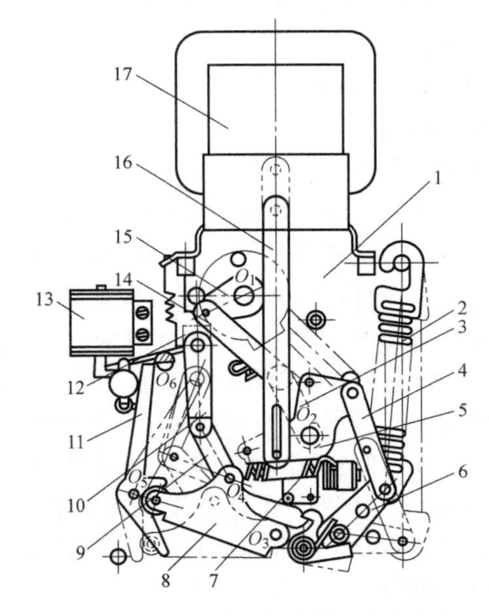

图4-30 DW15系列断路器的操作机构

1—底板 2—储能弹簧 3、4、6、14、15—连杆 5—摇臂 7—弹簧 8—船形摇杆 9、10、11—杠杆 12—滑块 13—分励脱扣器 16—拉杆 17—合闸电磁铁

作，小负载时，操作机构应以较低速度分断，既保证所需的灭弧能量，又减少机械损耗；短路时，则应全速分断，以获得最佳的开断效果。

智能型万能式断路器由触头系统、灭弧系统、上下基座、操作机构、电动机、手动传动机构、电流互感器、智能型控制（脱扣）器（其标准包括 GB/T 22710—2008《低压断路器用电子式控制器》、GB/T 27745—2011《低压电器通信规范》等）、辅助开关、二次插件和分励脱扣器等部件组成。为满足智能化控制的需要，机构设计成预储能形式，在断路器使用过程中，机构总是处于预储能位置，断路器只要接到合闸命令就能立即瞬时闭合，预储能的释放由手动释能按钮或释能电磁铁完成。

智能型万能式低压断路器本体带有各种附件，包括辅助触头、欠电压脱扣器、分励脱扣器等，其基本功能是自动识别断路器的工作状态、自动调整断路器的操作机构、记录并显示断路器的工作状态、与远端主机进行通信。采用模块化结构，集保护、测量、监控于一体，由断路器本体和智能控制（脱扣）器组成，本体结构如图 4-31 所示。

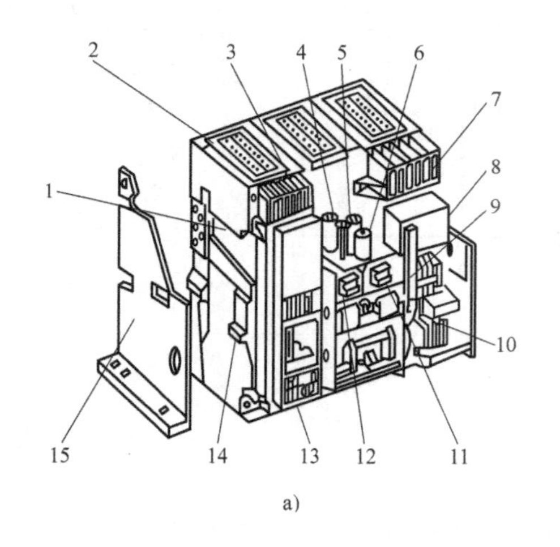

a)

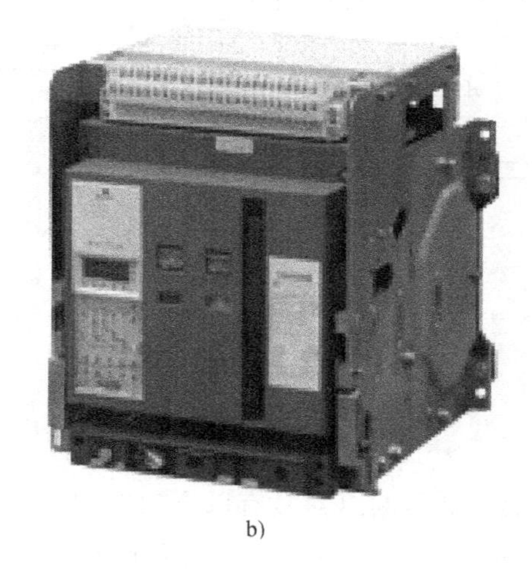

b)

图 4-31　智能断路器的本体和外形图

a）智能断路器的本体　b）智能断路器的外形图

1—手柄　2—灭弧室　3—辅助触头　4—分励脱扣器　5—欠电压脱扣器　6—合闸电磁铁　7—辅助触头　8—欠电压延时装置　9—手动储能手柄　10—电动机储能机构　11—合闸按钮　12—分闸按钮　13—智能脱扣器　14—支撑件　15—固定板（用于固定式）

智能型万能式低压断路器除具备过载、过电流、速断、漏电、接地等常规控制、保护、报警、整定功能外，还具备人机对话显示、存储、记忆、逻辑分析、判断和选择以及网络通信等功能，能够实时地显示温度、电流、电压、功率因数、有功功率、无功功率等各种特征参数，并进行故障参数、类型的储存，具有自诊断能力，从而为运行维护人员进行相应的信息查询和故障判断处理提供现场的实际运行资料，为系统运行方式的优化奠定了基础。由于带微处理器的智能化断路器反映的是负载电流的真实有效值，可避免谐波的影响，防止误动作的发生。通过网络通信技术，多台智能化断路器可以实现与中央控制计算机的双向通信，构成智能化的供配电系统，实现遥信、遥测、遥调和遥控的通信“四遥”功能，为无人化站所和实现区域联锁、远方监控、运方调整等创造必要的设备技术保障。

智能脱扣器主要由微处理器（CPU）、A-D 转换单元、信号采集单元、键盘显示单元、执行单元、电源单元、通信单元等部分组成，其工作原理框图如图4-32所示。智能脱扣器的软件包括主程序和中断程序，其中主程序包括通信处理、故障处理、键盘处理、显示处理、能量记忆处理等程序；中断程序包括键盘中断、定时器中断和通信中断，中断优先级从高到低为定时器、键盘、通信。

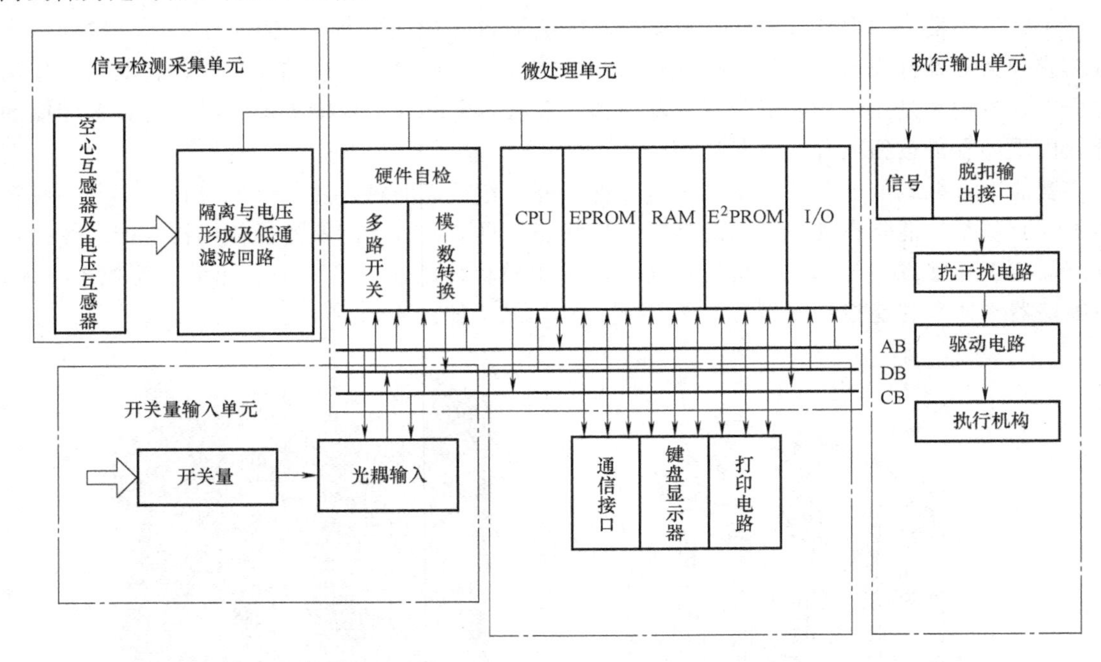

图4-32 智能断路器的智能控制（脱扣）器的工作原理框图

智能型低压断路器具有以下功能特点：

1）保护功能多样化。除具有长延时、短延时、瞬时的三段保护功能外，还有过电压、欠电压、断相、反相、三相不平衡、逆功率及接地保护（第四段保护）及屏内火灾检测预报警等功能。

2）选择性强。由于采用微处理器，其保护的选择性、灵活性及重复误差都很好，加之它的各种保护功能和特性可以全范围调节，因此可实现多种选择性：①可任意选择动作特性；②可任意选择保护功能；③便于实现级联保护协调，实施区域选择性联锁，实现良好的极间协调配合。

3）具有良好的人机界面。既能从操纵者那里得到各种控制命令和控制参数，又能通过连续巡回检测，对各种保护特性、运行参数、故障信息进行直观显示，还可与中央计算机联网实现双向通信，实施遥测、遥信、遥控、遥调，人机对话功能强，操作人员易于掌握，可避免误动作。

4）显示与记忆功能。能显示三相电压、电流、功率因数、频率、电能、有功功率、动作时间、分断次数以及预示寿命等，能将故障数据保存，并指示故障类型、故障电压、电流等，起到辅助分析诊断故障的作用，还可通过光耦合器的传输，进行远距离显示。

5）故障自诊断、预警与试验功能。可对构成智能断路器的电子元器件的工作状态进行自诊断，当出现故障时可发出报警并使断路器分断。预警功能使操作人员能及时处理电网的异常情况。微处理器能进行“脱扣”和“非脱扣”两种方式试验，利用模拟信号进行长延时、短延时、瞬时整定值的试验，还可进行在线试验。

示例 4-15：DW45 系列智能型万能式低压断路器，是我国自行设计的第三代低压断路器。它的智能控制（脱扣）器（见图 4-33）按功能不同，分为 L 型（普通型）、M 型（多功能型）和 H 型（全功能型）三种，可实现电流表、电压表功能；额定电流、整定电流、动作时间可调；有显示、试验、热记忆、故障记忆、负载监控、自诊断、MCR 和通信接口等功能，具有工作电压高、短路分断能力强、零飞弧、保护特性好、能实现智能化保护的特点，而且体积小、使用方便和安全可靠。

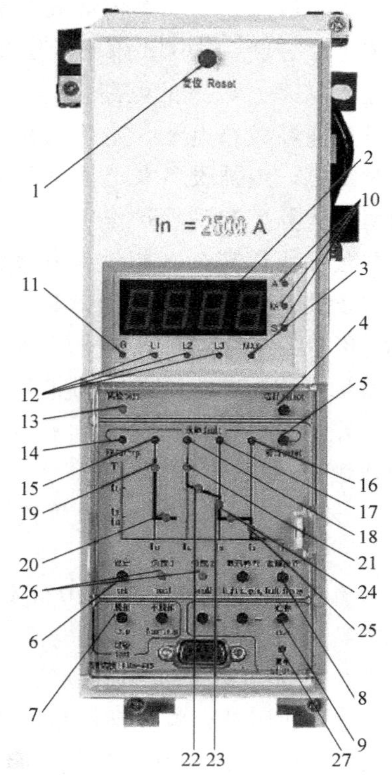

图 4-33　智能断路器的智能控制（脱扣）器的结构图

1—复位按钮　2—显示屏　3—LED 发光指示　4—“选择”键　5—“清灯”键　6—“设定”键　7—“脱扣”“不脱扣”键　8—“故障检查”键　9—“储存”“+”“-”键　10—“A、kA、S”指示灯　11—“G”指示灯　12—“L1、L2、L3”指示灯　13—“试验”指示灯　14—“脱扣”指示灯　15~27—指示灯

DW45 断路器的触头系统采用双档触头。其中，主动触头由多条回路并联，有效地减少电动斥力和增加散热面，提高触头的电动稳定性；其软连接采用铜编织线，柔性极佳，对动触头的运动速度影响不大，有利于提高分断能力和操作性能。触头支持为压塑件，这和其他断路器不同，明显改善了触头系统的绝缘性能。触头系统的底板摒弃了以往断路器的金属底架，采用类似塑壳断路器的绝缘底板，每相之间的导电部件与金属件（如机构）均由绝缘筋隔开，使每相触头系统在一绝缘小室中活动，此小室做成左右及下端均不能喷弧，电弧只能向上运动，快速进入灭弧室而熄灭，使断路器上、下进线同样可行，并在分断巨大短路电流时电弧不致造成相间短路。

随着低功耗、高速度、高集成的 LSI 电路的大量应用，电磁干扰的威胁日益严重，为此，智能型断路器产品的电磁兼容性要求被纳入技术法规。从 1996 年 1 月 1 日起，欧共体规定电气和电子产品都必须符合 EMC 要求，只有加贴 CE 标志的产品才能在欧共体市场销售。我国为智能控制器进行电磁兼容试验和测试制定了 GB/T 17626.2—2006 系列标准，包括静电放电抗干扰度、射频电磁场辐射抗扰度、电快速瞬变脉冲群抗扰度、浪涌（冲击）抗扰度、射频场感应的传导骚扰抗扰度等试验标准。

示例 4-16：CDW1-2000 智能型万能式断路器，主要适用于交流 50Hz，额定工作电压为 400V、690V，额定电流为 400~6300A 的配电网络中，用来分配电能和保护线路及电源设备免受过载、欠电压、短路和接地等故障的危害。断路器核心部件采用智能型控制器，具有精确的选择性保护，可避免不必要的停电，提高供电系统的可靠性、连续性和安全性。

2. 塑壳断路器

（1）概况　塑料外壳式断路器（Moulded Case Circuit Breaker，MCCB）简称塑壳断路器，其绝缘外壳和框架采用塑料压制而成，触头系统、操作机构和脱扣器等所有零部件都安装于外壳中；触头、灭弧系统都放在绝缘小室中，防止相间短路，确保电弧向上喷出，保证触头系统可靠分断。MCCB 用于低压交流 50Hz 或 60Hz、额定电压在 1000V 及以下、直流额定电压在 1500V 及以下的电路中，不仅可以通断正常负载电流、电动机工作电流和过载电流，还可以通断短路电流，主要用在不频繁操作的低压配电线路或开关柜中作为电源开关使用，并对线路、电器设备及电动机等实行保护。当发生严重过载、短路、漏电等故障时，它能自动切断线路，起到保护作用，应用十分广泛。它具有结构紧凑、体积小、质量轻、价格较低，并且使用较安全（指操作者接触导电部件可能性小）等特点，适于独立安装。缺点：通断能力较弱、保护方案较少、维修不方便。

MCCB 的工作特性要求触头应具有较高的抗黏接性和耐电弧烧损性。一种触头材料已不能同时满足上述要求，一般采用非对称配对，其中静触头要具有良好的抗黏接性，动触头则要求有良好的耐电弧烧损性能。采用熔渗法制备的 AgW_{50} 触头在国内被广泛应用于塑壳断路器的动触头。

（2）发展历程　20 世纪 50 年代，我国首次研制投产仿苏（A3100）的 DZ1 系列塑壳断路器。

20 世纪 60~70 年代，针对 DZ1 体积过大、短路分断能力偏小等缺陷，我国自行设计了第一代产品 DZ10 系列，其额定电流有 10A、20A、25A、50A、63A 等，短路分断能力为 1~3kA。20 世纪 60 年代后期，我国第一台电流动作型电子式漏电保安器诞生（主开关是 DZ5-20 断路器）。我国首台电流动作型电磁式漏电断路器的型号是 DZ5-20L（主开关仍是 DZ5-20 断路器）。20 世纪 70 年代中后期，新型电流动作型电磁式漏电断路器（DZ151-40、DZ151-63）试制成功，其壳架电流有 40A、63A 两种，额定电流 6~63A，漏电动作电流有 30mA、50mA、75mA 和 100mA，属快速型（漏电动作时间 0.1s），断路器的短路分断能力为 380V、3kA 和 5kA。

进入 20 世纪 80 年代，DZL16、DZL18、DZL118、DZ12L、DZL33、DZL38 和 DZ10L 等相继出现，大部分是电流动作型电子（集成电路）式漏电断路器（带过载、短路保护和不带过载、短路保护）；80 年代初，又开发了第二代的 DZ20 系列。与此同时，引进国外技术分别生产了 H 系列和 TO、TG、TL 等系列。20 世纪 80 年代中期，又引进生产了 FIN 型（不带过载、短路保护，I_n 有 25A、40A、63A，漏电动作电流有 30mA、100mA、300mA 和 500mA）和 FI/LS（带过载、短路保护，I_n 有 2A、4A、6A、10A、20A、5A、32A 等，漏电动作电流有 30mA、50mA、100mA 和 300mA）的剩余电流断路器。20 世纪 80 年代后期，引进技术生产了电动机保护型塑壳式断路器（又称电动机断路器）DZ108（3VE）系列，其是国内 DZ5-20、DZ5-50、DZ15-60 型断路器换代产品。该断路器适用于交流电压至 660V、频率为 40~60Hz，额定电流 0.1~63A 的电路中，对 AC3 负载下的电动机、配电线路或其他电气设备实行不频繁的通、断操作，并进行过载、短路保护。

进入 20 世纪 90 年代，我国又相继推出了电动机新型保护断路器，包括：CM1 系列、TM30 系列、TG 系列，HSM1 系列、S 系列等塑壳式断路器，还引进国外先进技术开发生产了 VigiC45EIE（电子式）、VigiC45ELM（电磁式）、VigiNC100 等剩余电流断路器，漏电动作电流10～30mA，快速型。1994—1995年，国内开发了DZ35系列电动机保护型塑壳断路器（型号为DZ35-25和DZ35-63两种），DZ35-25短路分断能力为380V，3kA、35kA、50kA（后两种加装限流部件），DZ35-63的为380V，3kA。该系列产品体积小，如DZ35-25的体积为DZ5-20的43.13%，DZ35-63的体积为DZ15-63的50.7%。DZ35系列断路器带有模块式的辅助触头、分励脱扣器、欠电压脱扣器和断相保护等附件。

（3）产品结构　图4-34为塑壳断路器的结构。图中，左下部为触头系统和栅片灭弧系统，左上部为操作机构，右侧为脱扣机构，顶部为操作手柄。塑壳断路器的脱扣机构有两种结构：一种就是图示的热磁脱扣器；另一种为数字脱扣器，又叫智能脱扣器。热磁脱扣器中的热双金属起过载保护作用，磁脱扣器起短路瞬时保护作用；智能脱扣器以单元微处理器为基础，采用数字电路实现保护功能多样化，并可与上级配电系统实现双向通信。

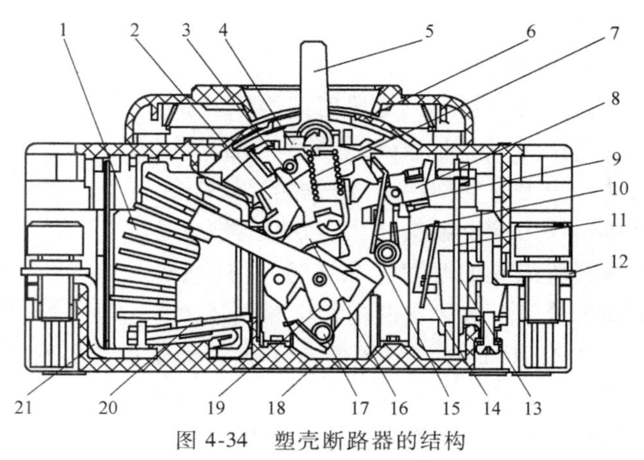

图4-34　塑壳断路器的结构

1—灭弧室　2—跳扣　3—上连杆　4—杠杆　5—手柄　6—盖
7—主拉簧　8—牵引杆　9、10—再扣　11—双金属片
12—出线端接线板　13—磁轭　14—衔铁　15—锁扣环
16—下连杆　17—触头弹簧　18—基座　19—转轴
20—静触头　21—进线端接线板

塑壳断路器的热脱扣器是用于过载长延时的保护装置。当线路出现过载时，热脱扣器能够延时动作，切断电路。当然，塑壳断路器本身应具有一定耐受过载电流的能力，保证不会发生误脱扣现象，因此对热脱扣器的要求也很高。热脱扣器的工作特性一般要遵循特定的特性曲线，也就是从冷态开始的断开时间和脱扣器动作范围内过载电流变化关系曲线。

示例4-17：CDM3-100s塑壳断路器，额定电流100A，额定电压415V。用途：在配电环节，可实现短路、过载、欠电压等故障的保护。CDM3-100s塑壳断路器（见图4-35）具有

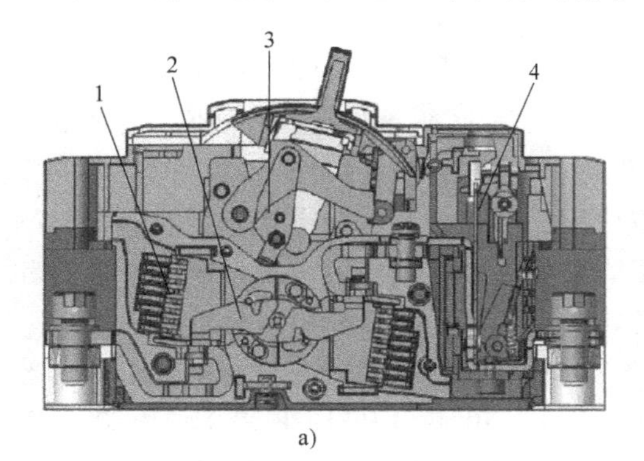

a)

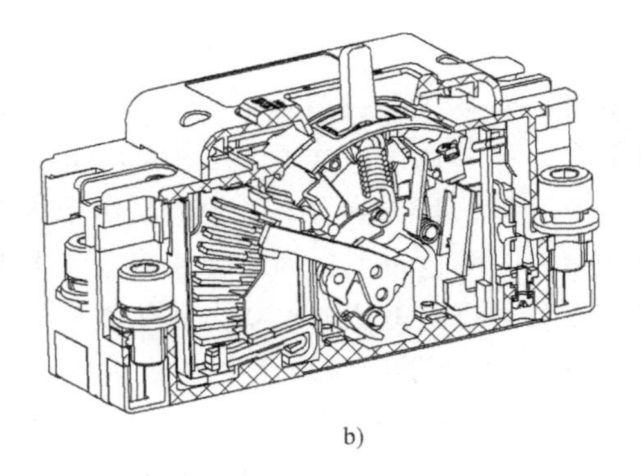

b)

图4-35　CDM3-100s塑壳断路器的实体造型

a）结构图　b）局剖的实体图

1—灭弧室　2—触头系统　3—操作机构　4—热磁脱扣器

机电寿命高、操作性能优良、特性可靠、分断短路电流能力良好、附件安装方便、体积小、外形美观等优点。

（4）特性

1）开断过程。塑壳断路器采用的是栅片灭弧，这种灭弧的开断过程一般分为四个阶段，如图4-36所示。

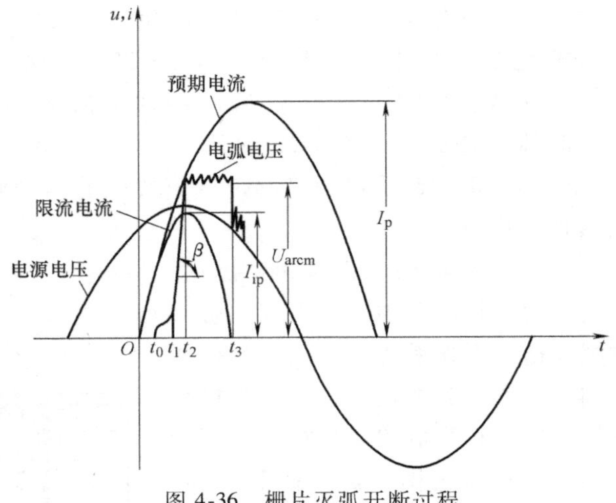

图4-36 栅片灭弧开断过程

① 从短路电流出现瞬间 $t=0$ 到触头开始运动时刻 t_0，这段时间为限流机构的动作时间，对塑壳断路器来说，是指动触头上的电动斥力随短路电流增长至电动斥力等于触头压力，而使触头开始斥开所需要的时间。在该时间内，触头尚未分开，故触头两端的电弧电压 $U_{arc}=0$。

② $t_0\sim t_1$ 时间。在 t_0 时刻开始，动触头上出现电弧，由于电弧停滞现象，电弧在触头上保持不动，这段时间叫作电弧停滞时间 $t_i=t_1-t_0$，它取决于触头材料、吹弧磁场以及触头打开的速度等因素，在这段时间中电弧电压变化不大。

③ 到 t_1 瞬间，电弧拉伸到一定的长度，在自励磁场产生的电动力作用下电弧离开触头并通过弧角进入灭弧栅片，在这段时间电弧电压很快增长，其增长速度 β 决定了电弧运动的速度和进入灭弧栅片的时间 t_2，t_2-t_1 这段时间为电弧运动时间。

④ 当电弧进入灭弧栅片后，电弧电压达到最大的峰值 U_{arcm}，此时电弧电压已大于电源电压瞬时值，电流被强制减小，到 t_3 瞬间电流降低为零，电弧熄灭。

如用限流断路器分断一负载为 R、L 的单相回路，可用下述方程来描述电流和电压的关系，即

$$U_m\sin(\omega t+\psi)=L\frac{di}{dt}+Ri+U_{arc} \tag{4-1}$$

式中，U_m 为电源电压幅值；ψ 为短路合闸相位角。由此式，可得

$$\frac{di}{dt}=\frac{1}{L}[U_m\sin(\omega t+\psi)-Ri-U_{arc}] \tag{4-2}$$

电流在 t_3 瞬间达到峰值 I_{ip}，$di/dt=0$，电弧电压等于 $U_m\sin(\omega t+\psi)-Ri$，随之电弧电压继续上升，并一直大于电源电压，此时 di/dt 为负，电流逐渐减小直至为零。图4-36中预期短路电流波形，其幅值为 I_p，很明显由于限流作用的存在，实际分断电流幅值 I_{ip} 较 I_p 要小得多，燃弧时间也短了，因而允通能量和电弧能量都减小了，前者可降低断路器本身和电网中其他设备的短路电流的电动力和热效应，后者减小了断路器开断电弧的能量。

2）塑壳断路器限制短路电流的条件。从图4-36中可以看出，决定电弧电压的参数有四个，分别是限流机构动作时间 t_0、电弧停滞时间 t_i、电弧电压上升率 β 和电弧电压幅值 U_{arcm}。很明显，如能减小 t_0 和 t_i，增大 β 和 U_{arcm}，则能增强断路器的限流作用，故提高断路器的限流能力的必要条件为：①减少电弧停滞时间 t_i；②电弧电流上升速度要快，即电弧电流上升时间要小于 t_3-t_2。

3）两个专业名词。

① 自由脱扣：是指低压断路器在电路中出现故障时，不论断路器操作手柄（或电动合闸装置）处于什么位置，主触头均能迅速地自动分断电路。其要求在操作机构中应有自由脱扣机构，在断路器闭合过程中，如遇电路出现故障，它可以解除触头与手柄（或电动合闸装置）之间的联系，使触头不受手柄等的限制而自由快速分断。自由脱扣的目的是减轻故障电流对电气设备及线路的危害。

② 开关机构：指分合闸操作机构，包括自由脱扣机构。作用：实现操作手柄（或电动合闸装置）的各种脱扣器对触头的分闸与合闸控制。基本要求：满足开关分合时动作次序要求，动作准确可靠。合：先弧、后主；分：先主、后弧。机构灵活省力，脱扣力小。自由脱扣时，触头能快速分断，分断速度与手柄位置无关。

（5）技术现状

1）利用仿真和现代测试技术研究 MCCB 灭弧室结构对灭弧性能的影响，包括灭弧室磁场分布、气流场分布、电弧运动情况等，优化双断点触头灭弧系统结构、双断点触头平衡性和触头斥开卡住机构，进一步提高分断能力，包括提高 690V 分断能力和直流分断性能。

2）大幅度提高新一代 MCCB 的额定运行短路分断能力，实现 $I_{cs}=I_{cu}$。分断能力从第三代产品的 50~80kA 提高到 120~150kA。

3）实现上、下级选择性保护。主要措施：①提高中、小容量 MCCB 限流性能。②在不影响分断能力基础上，适当增加中、大容量 MCCB 短时耐受电流。③区域联锁模块应用于 MCCB 中。

4）在产品小型化方面取得重大突破。除触头灭弧系统和操作机构进一步小型化外，重点研究小型化电流互感器结构与绕线方式，以及小型化智能控制器结构设计。提高测量精度至±5%，进一步提高 EMC 性能。

5）大幅度提高机械与电气寿命。创新设计大容量 MCCB 手动操作机构与电动操作机构，实现两者互换。大幅度降低 MCCB 加装电动操作机构后的总体高度，以降低配电柜的深度。

6）直流检测与剩余电流保护技术研究派生 B 型剩余电流保护断路器。包括对交流、脉动、直流剩余电流均能可靠动作；可对各种不同频率交流故障电流设定灵敏度；可以设置自诊断功能进行检验。

7）智能控制功能大大扩展。由于产品体积和结构原因，除与电压信号有关的功能外，智能控制器功能与 ACB 基本相同，但与上一代产品相比增加了很多功能，如接地保护、区域联锁、温度预警等。另外，新一代热磁式 MCCB 增加了可调特性面板，包括额定电流、瞬动电流倍数等。

8）研发大电流壳架产品。储能式电操机构与手动操作机构互换，可明显降低带电操机构产品的厚度，为缩小配电柜厚度创造条件；提高短路分断指标，与双断点产品高分断指标基本匹配；提高短时耐受指标，与下级产品有明显梯度，可提高选择性脱扣可靠度。

9）研发小体积、高性价比产品。缩小相间距和产品厚度，节约材料、降低成本；短路分断指标，适应大部分使用场合需要（适用主干线及分支线路），高性价比；减少壳架等级，一般设置 125A、250A、630A 三个等级，也可向下、向上适当延伸；不降低操作可靠性指标；减少零件数量和简化零件形状，适宜自动化、半自动化大批量生产。

10）研发新一代电动机保护断路器产品。适当减少额定电流壳架：0.1~25A、16~63A、

32～80（100）A；技术指标先进：提高690V短路能力与操作性能指标，实现高可靠、高防振性能；结构模块化、小型化，注重与系统中其他产品一体化，结构紧凑，组合方案多样、灵活，组装简便；附件齐全、多功能：除传统常用附件外，可安装软起动器、智能检测、控制、通信模块（与新型接触器通用）。

11）派生直流专用产品。提高工作电压：DC 800V、DC 1000V及更高，可用于光伏发电、电动汽车充电设备、应急电源等场合；提高热磁式保护精度；研发电子式脱扣器；研发B型剩余电流断路器，适应平滑直流等场所使用需要；隔离开关；交直流通用；提高短时耐受指标。

12）派生分布式光伏并网专用产品。严酷环境条件下的适用性：提高耐湿热、盐雾，防紫外线等严酷环境能力；使用可靠性：增强关键零部件强度和耐腐蚀能力，提高机构及导电系统的可靠性；宽范围可调式延时型欠压脱扣器：延时范围0～30s，最小调整步长≤1s。

13）派生重合闸RCD（剩余漏电动作保护器）。派生具有重合闸功能的RCD，适应新一轮农网改造、电信基站远程控制需要。

14）接线方式。除板前、板后接线方式外，增加插入式、抽插式（板前、板后）等。另外，增加产品安装与母排连接一体化方式及相关附件。

解决方案：①专门设计安装在母排上的母线适配器（或称母线连接器），作为MCCB附件一起提供给用户。②由专业化生产厂进行标准化设计和专业化生产，包括标准化母线、母线固定件、母线绝缘罩壳、母线连接器等。额定电流从几百安培到几千安培，全部制成标准化配件供用户选用。

（6）设计示例

示例4-18：塑壳断路器灭弧室的设计改进。过去，塑壳断路器都是直接采用栅片灭弧，其重击穿现象较严重，为此，可采取一种新型混合式灭弧室结构——即在栅片灭弧室的栅片空隙间加入绝缘塑料片，使栅片进口处形成窄缝，塑料片是一种产气材料。通过试验验证，这种灭弧室的电流峰值为原结构的89%，分断时间减少为81%，热允通能量则为79%，这说明新灭弧室的限流特性有较大提高。

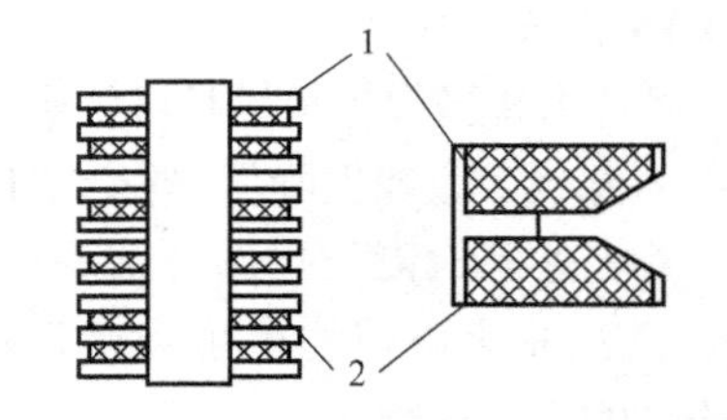

图4-37 混合式灭弧室的结构示意图
1—灭弧栅片 2—绝缘片

混合式灭弧室的结构示意图如图4-37所示，其分断波形如图4-38和图4-39所示。这种新型灭弧室已广泛应用于塑壳断路器中。

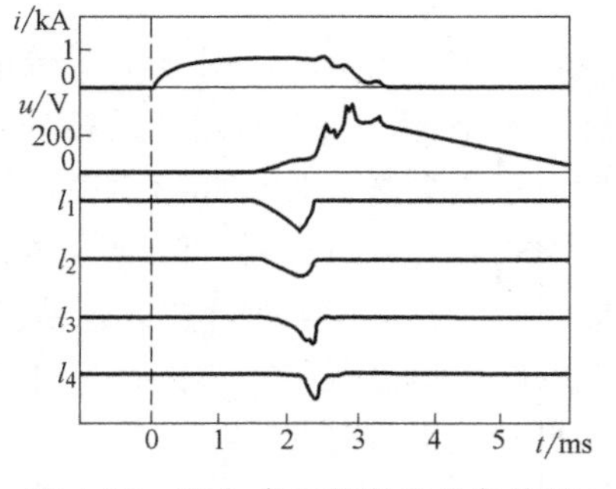

图4-38 混合式灭弧室的分断波形

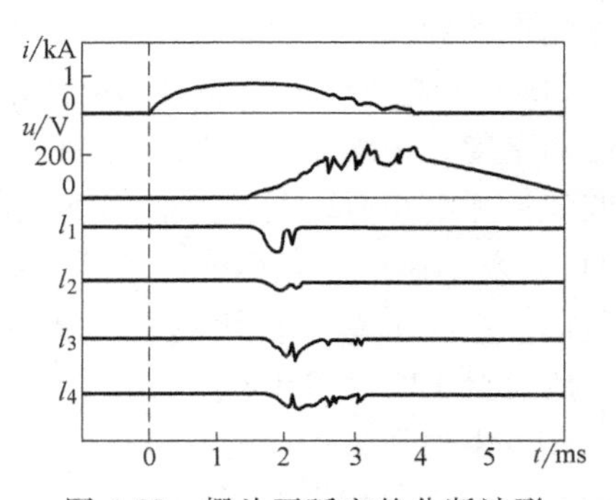

图4-39 栅片灭弧室的分断波形

示例 4-19：塑壳断路器双断点触头机构和灭弧系统的设计。

对低压断路器而言，触头系统非常关键，过载、短路、温升、寿命等产品的重要性能指标都跟触头系统有重要关系：①触头的接触电阻，对温升、过载有影响；②触头的耐电磨损、耐电弧性能，对电寿命有影响；③触头的耐电弧性能、焊接后的空洞面积等，对分断有影响。

低压断路器灭弧系统的性能，与灭弧室的种类（金属栅片式、多纵缝式、真空式）、灭弧室的制造工艺、灭弧室的平行排列设计（主要考虑工艺，同时防止工人误装配）等有关。

设计先用 UG 软件进行实体造型设计，再用 Adams 软件对三维实体进行分析验证。

1）触头机构和灭弧系统的三维设计。图 4-40 是塑壳断路器双断点触头机构和灭弧系统的装配三维立体图，触头一侧的灭弧室及上盖被隐藏。图 4-41 是灭弧系统的三维立体图，图 4-42 是触头机构的三维立体图。

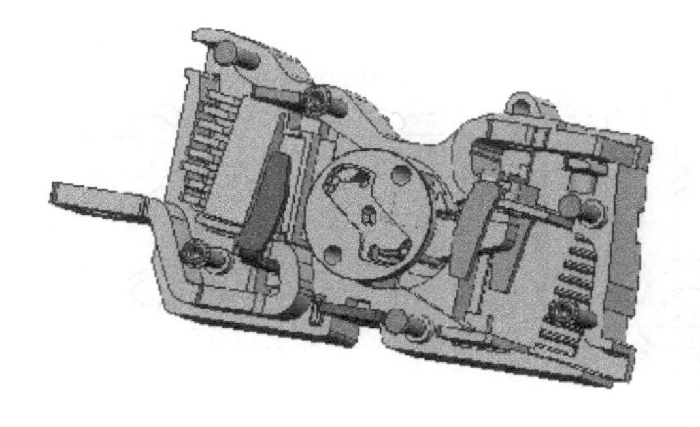

图 4-40　双断点触头机构和灭弧系统装配三维立体图

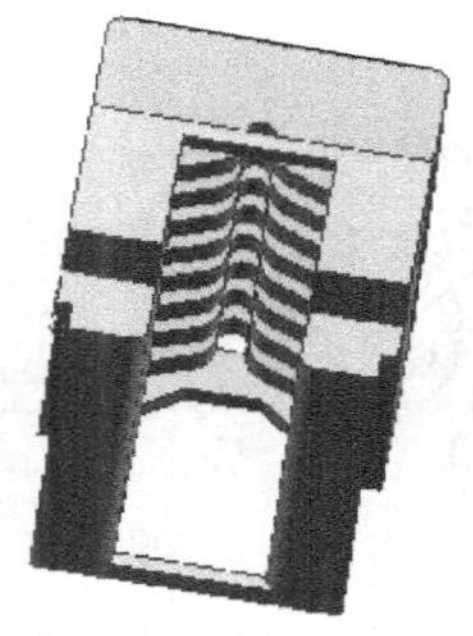

图 4-41　灭弧系统三维立体图

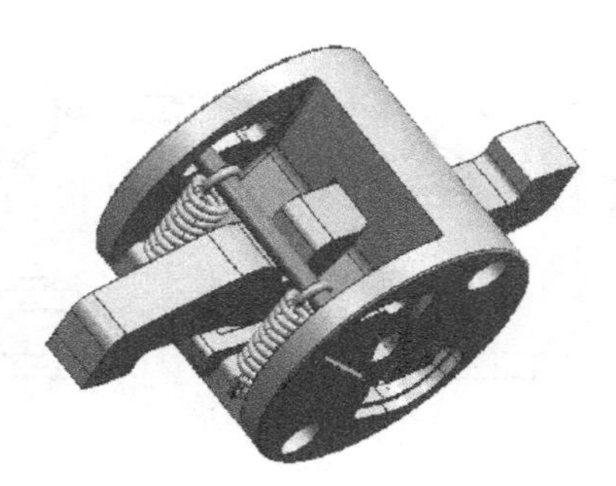

图 4-42　触头机构三维立体图

2）触头机构和灭弧系统的分析。

① 灭弧室的分析：过去的普通灭弧室由于分断产生电弧时无法对灭弧栅片的侧面进行保护，会产生很多的金属蒸气，对开关灭弧性能产生很大影响。新设计的混合式灭弧室将灭弧栅片插入塑料件中，使灭弧栅片两侧保护在塑料件之中，避免了电弧对灭弧栅片的烧损。

② 触头机构的分析：塑壳断路器的触头通常在故障电流发生时先于机构动作。为解决该问题，一些公司采用卡住机构设计，但其操作机构的回复力较大，使手柄的操作力大，对开关附件要求就会很高。

新设计的触头机构采用一种延返回落机构，一是解决了触头回落的问题，二是解决操作力的问题。延返回落机构的原理是：当动、静触头闭合时，拉簧的拉力作用在动触杆上，保证了动、静触头之间的闭合终压力。当电路中出现大的故障电流时，电动斥力将动触杆斥开，动触杆在转轴中转动，转动到一定角度时，滑销同时与动触杆的卡槽和滑槽的第二凹入部相接触配合，这种配合虽然不能完全阻止动触杆回落，但可以延缓动触杆回落的速度，为操作机构的跳闸动作争取时间。也就是说，可以延缓动触杆的回落，避免动触杆在操作机构跳闸前迅速回落重新形成电流通路，或者再次形成电弧烧损触头，不需要将动触杆完全卡住也可以达到限制、分断故障电流的效果。

图 4-43 为新型触头机构的分析图。图 4-43a～图 4-43d 是触头的斥开过程，图 4-43e～图 4-43g 是触头在操作机构动作的回复过程。图中，200 为转轴、600 为静触杆、601 为静触头

银点、105为动触头银点、100为动触杆、400为轴销、300为触头弹簧、500为轴销、210为转轴上的滑槽、212为转轴上滑槽的第二凹部、213为转轴上滑槽的平行部、211为转轴上滑槽的第一凹部、101为动触杆上第一推动面、103为动触杆上第二推动面、102为动触杆上的卡槽。

整个动作过程请读者自行分析。

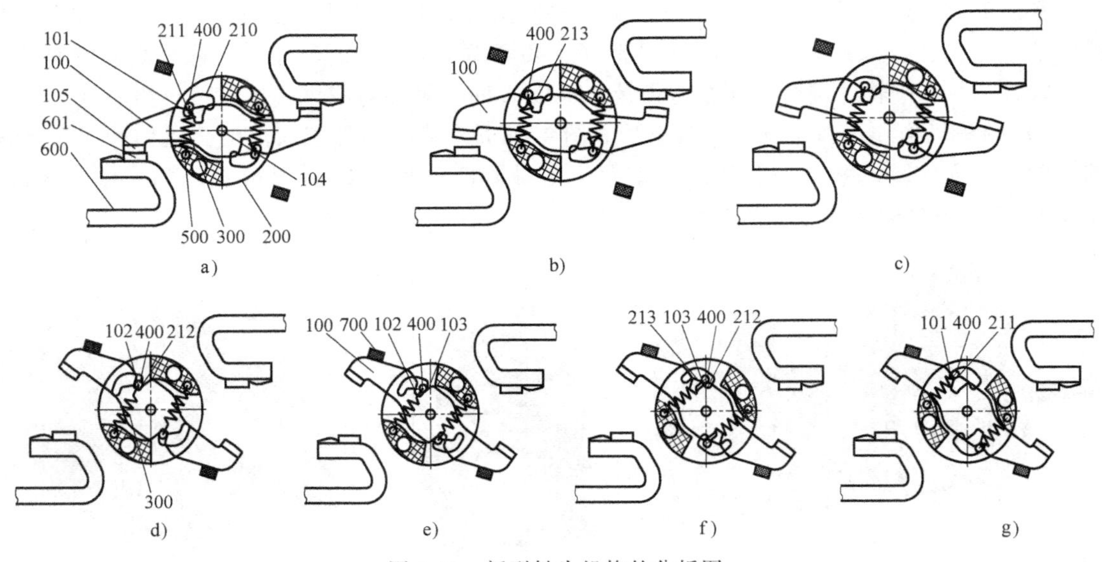

图4-43　新型触头机构的分析图

3）触头材料的选用。

Ⅰ. 动、静触头银点的材料选用。触头材料在发电、输配电和用电设备中承担着接通、承载、分断正常和故障电流的任务，按使用电压等级分为高压、中压和低压触头三大类。

低压断路器在分断短路电流时，触头（动、静触头）之间将产生电弧，而电弧将给触头带来磨损，并加速触头间物质的转移，引起触头的组织成分、微观结构和物理、化学性能的急剧变化。电弧的温度很高，会引起触头表面局部熔化、飞溅。当动、静触头闭合时，因触头弹簧的初压力不够，而产生机械振动，可能发生动熔焊。

触头的电磨损与电流大小和燃弧时间有密切关系。燃弧时间短时，电磨损主要决定于电流的大小，若燃弧时间在3ms以上，则电磨损剧增，就可能出现“重燃”现象。

① 铜做触头时，表面易形成较厚的电导率较小的氧化铜无机膜，这种膜随温度的升高厚度迅速增加，在触头要加较大的压力才能使其破坏。

② 银做触头时，表面会生成氧化银膜，但导电性能下降不明显，当温度高于180℃时，氧化银分解为原合成元素，故银触头所形成的氧化膜对触头的影响很小。

参考同类产品和最新的触头材料，静触头银点选用AgC_4（挤压），动触头银点选用AgW_{40}。其物理和力学性能和以前的材料对比见表4-10。由表可见，静触头银点采用新材料时的电阻率比原材料低，但电导率比原材料高很多，根据试验的经验，在做电寿命试验时主要烧损的是静触头银点，在做短路试验时主要是烧损动触头银点。同时根据试验分析，250A的触头在分断电弧时主要是以蒸发为材料侵蚀的主要方式。这样就要选用接触电阻低的材料，同时其硬度和质密度还要求高。

表 4-10　两种触头物理和力学性能的参数对比

性能	原材料		新材料	
	$AgWC_{12}C_3$	AgW_{50}	AgC_4	AgW_{40}
电阻率/μΩ·cm	≤3.6	≤3.0	≤2.5	≤3.6
质密度/(g/cm^3)	≥9.4	≥13.15	≥8.9	≥11.9
硬度/HB	≥45	≥103	≥40	≥115
IACS 电导率百分值(%)	48	57	69	48

Ⅱ. 开距、超程、终压力和初压力的确定。

① 触头开距的的确定。所谓开距是指触头处于完全断开位置时，动、静触头之间的最短距离。触头开距的作用是：动、静触头在一定的短路电流下断开（此短路电流足以产生较大的电弧），触头之间有一定的间隙空间，能把电弧拉长拉细，增加其自然灭弧的能力；在规定的试验电压下，不被击穿而引起电弧重燃。触头开距的设计一定要和灭弧系统有良好的配合。触头开距如果设计得过大，一则无此需要，二则势必增大断路器的体积。

触头开距与壳架、额定电压、电流和短路分断能力等有关，不同条件下的触头开距不同。不同额定电流的单断点产品，触头开距经验数据有：125A，≥15~18mm；225A，≥18~21mm；400A，≥25~27mm；630A，≥26~28mm；800A，≥27mm。

② 触头超程的确定。触头的超程，取决于传动连杆的磨损和触头的磨损。在设计时，必须保证在断路器的寿命完结前动、静触头仍能可靠地接触。习惯上认为，当动、静触头的超程减小到原来的 1/3 以下时，触头便不宜继续工作了。

超程的大小取决于触头的电磨损量；电寿命高的产品，超程相应也要大些。设计时，一般取动、静触头的总厚度作为超程值。不同产品的触头超程经验数据是：125A，≥2.2mm；225A，≥2.5mm；400A，≥3.5mm；630A，≥4.5mm；800A，≥4.5mm。

③ 触头终压力的确定。触头终压力是指触头处于闭合位置时的每对触头间的压力，目的是保证触头通过额定工作电流时，触头的温升不超过允许值，以及通过规定的过载电流或短路电流时，不发生熔焊，同时还有一定的清膜作用。

触头终压力主要取决于触头通过较大电流时（$20I_n$），不致因电动斥力产生弹跳而引起熔焊，触头终压力过大，对限流有很大的影响，触头终压力过小，就会使触头通过较大电流时（$20I_n$）产生弹跳而引起熔焊。触头的终压力与产品的触头材料、尺寸和回路形式等有关，设计中可结合实际，进行适当的调整。

根据设计经验，下列触头终压力数据较符合要求：$I_n=125A$，7~8N；$I_n=250A$，15~20N；$I_n=400A$，38~42mm；$I_n=630A$，55~62N（单片）；$I_n=800A$，75~85N。

④ 触头初压力的确定。触头初压力是指动、静触头刚刚开始接触时的每对触头间的压力，其主要作用是减小触头闭合时的弹跳。其值由经验可取为终压力的 0.5~0.7 倍。

对断路器的触头温升、动稳定性、热稳定性的验算在这里就不一一进行计算了，大家可以参照《低压电器设计手册》中的一些公式进行计算。

4）触头机构的仿真分析。通过对断路器的触头参数的初步确定，利用 Adams 分析软件进行分析，在分析中没有加摩擦系数进去，其分析结果如下：

① 触头的超程分析。图 4-44 是超程测量图，超程的实际测量方法是：在合闸位置时，移去静触头，测量此时动触头继续运动的距离即为超程。仿真采用与实际相同的方法。起始位置的纵坐标为 -30.9mm，结束位置的纵坐标为 -33.8mm，所以，超程为 -30.9mm -

(−33.8mm)=2.9mm。该值满足设计要求。

② 触头的终压力分析。触头的终压力是由触头弹簧提供的，触头弹簧为拉簧，动触头在拉簧和触头终压力产生的力矩相互作用下保持平衡，如图4-45所示。触头拉簧的弹性系数为11.0N·mm/deg，初始长度为9mm。

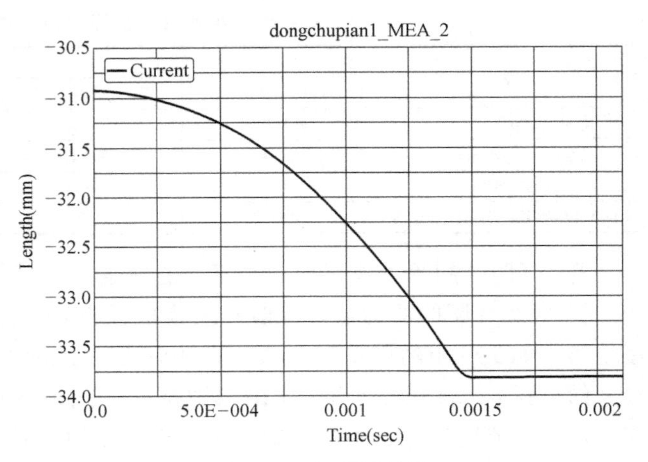

图4-44 超程测量图

从图4-45可以看到，动触头1和静触头1之间的压力为46N，动触头2和静触头2之间的压力为42N。尽管此时触头1和触头2之间的终压力不完全对称，但基本差不多。此时终压力值为(46+42)N/2=44N，所以，每相触头终压力为44N/3=14.6N，满足设计要求。

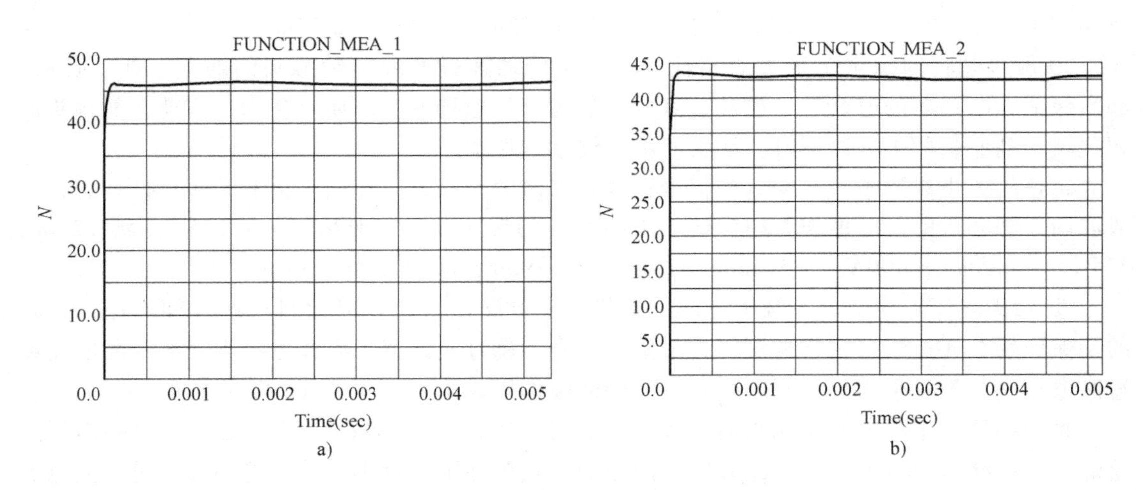

图4-45 触头终压力测量图

a) 静触头1和动触头1的终压力测量图 b) 静触头2和动触头2的终压力测量图

3. 剩余电流断路器

(1) 概况 剩余电流断路器，过去被称为漏电保护器、漏电保安器。

国外剩余电流断路器经历了三个发展阶段，即初始阶段、发展阶段和成熟阶段。1912年德国发明了电动机外壳漏电保护用电压型保护器。1940年法国发明了电流型保护器。1962年美国研制成功灵敏度为5mA电流型保护器，德、日、法等国也相继研制成功灵敏度为30mA的电流型保护器。到20世纪70年代，各国开始制定规程，强制在一些场所安装剩余电流断路器，标志剩余电流断路器的发展进入成熟阶段。

我国研究剩余电流断路器起步晚于国外，在20世纪五六十年代，在一些电力系统维修厂生产了电压型漏电保安器，其检测线圈（或检测继电器）串接在变压器中性点与接地极之间。由于接地极电阻的变化无常，造成产品精度差，加之检测线圈容量较小、结构简陋、防雷效果差，产品逐步退出应用。

20世纪60年代后期，我国第一台电流动作型电子式漏电保安器DZ5-20L诞生（主开关是DZ5-20断路器）。20世纪70年代中后期，全国联合设计的新型电流动作型电磁式漏电断路器（DZ151-40、DZ151-63）试制成功，其壳架额度等级电流有40A和63A两种，额定电流6~63A，漏电动作电流（$I_{\Delta n}$）有30mA、50mA、75mA和100mA，属于快速型（漏电动作时间≤0.1s），短路分断能力为380V、3kA和5kA。20世纪80年代初期，又有DZL16、DZL18、DZL29、DZL118、DZ12L、DZL33、DZL38和DZ10L等产品被市场使用，但大部分是电流动作型电子（集成电路）式剩余电流断路器（带过载、短路保护和不带过载、短路保护）。20世纪80年代中期，我国在引进技术的基础上生产了FIN型（不带过载、短路保护，其I_n有15A、40A、63A，$I_{\Delta n}$有30mA、100mA、300mA、500mA）和FI/LS型（带过载、短路保护，其I_n有2A、4A、6A、10A、20A、25A、32A，$I_{\Delta n}$有30mA、50mA、100mA、300mA的剩余电流断路器）。1999年，国内研制开发了S-L系列剩余电流断路器，规格有63A、100A、200A、400A、630A、800A等，漏电保护用脱扣器采用电子与电磁混合型，漏电动作电流有30mA、100mA、300mA、500mA、1000mA等，动作时间有快速型（≤0.1s）和延时型（最大1.5s），断路器还有过载和短路保护。

（2）分类　为适应不同电网和不同保护目的的需要，剩余电流断路器有如下分类方式。

1）根据运行方式不同，分为：不带辅助电源和带辅助电源。

2）根据安装型式不同，分为：固定安装和固定接线的剩余电流断路器、带有电缆的可移动使用的剩余电流断路器（通过可移动的电缆接到电源上）。

3）根据极数和电流回路数不同，分为：单极两线、两极、两极三线、三极、三极四线、四极剩余电流断路器（其中单极两线、两极三线和三极四线剩余电流断路器均有一根直接穿过检测元件而不能断开的中性线）。

4）根据保护功能不同，分为：只有漏电保护功能、带过载保护、带短路保护、带过载和短路保护、带过电压保护及多功能保护（如欠电压、断相、过电流、过电压等）多种。

5）根据额定剩余动作电流可调性不同，分为：额定剩余动作电流不可调式、额定剩余动作电流可调式。

6）根据接线方式不同，分为：用螺钉或螺栓接线式和插入式。

7）根据脉冲电压作用下防止误动作的性能不同，分为：在脉冲电压作用下能动作式、在脉冲电压作用下不动作式。

8）根据结构不同，分为：组合电器（如漏电继电器与低压断路器或低压接触器组成的组合装置）和机械开关电器（如剩余电流断路器）。

9）根据故障信号的形式不同，分为：电压动作型和电流动作型，其中，电压动作型为电子式，电流动作型为电磁式。

10）根据剩余电流是否含有直流分量，分为：AC型（对突然施加或缓慢上升的交流正弦波剩余电流能可靠脱扣）、A型剩余电流断路器（对突然施加或缓慢上升的交流正弦波剩余电流，脉动直流剩余电流和脉动直流剩余电流叠加0.006A平滑直流电流均能可靠脱扣）。

（3）产品结构　如图4-46所示，剩余电流断路器主要由零序电流互感器与执行机构（图4-46a右侧）和低压断路器本体（图4-46a左侧）组成，分别起检测、比较和执行（由分励脱扣器完成）的功能。它既可以分断线路发生漏电或触电产生的小电流，也可以分断线路产生的短路电流和过载电流。它只能用于中性点直接接地的系统。图4-46b为产品的内部结构。图4-46c所示为零序电流互感器感测部分，图中，1是互感线圈，2和3是L极和N极的主线路，图4-46d为发生漏电或触电时带动断路器本体的传动零件。

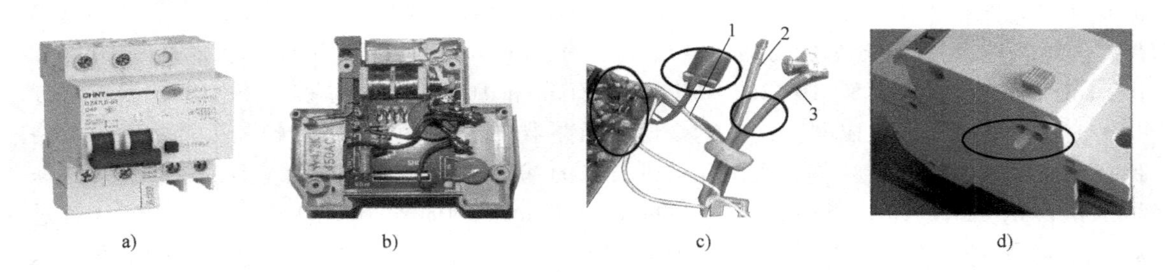

图4-46　DZ47LE-63剩余电流断路器的外形、内部结构和各种器部件
a）外形　b）内部结构　c）组成器件　d）传动零件

“1P+N”剩余电流断路器表示中性线N（零线）不能断开，断路器虽然可以同时控制相线、中性线，但只有相线才有热脱扣功能；“2P”是单相2极断路器，中性线（零线）在分闸时能断开，其可以同时控制相线、中性线，且都具有热脱扣功能。

（4）工作原理　如图4-47所示，在电路正常、没有漏电电流的情况下，不论三相负载是否平衡，利用零序电流互感器的环形铁心检测到的单相或三相线路一次侧的电流相量和都为零，零序电流互感器二次侧没有电流。当出现漏电电流（见图4-47a）或人身触电（见图4-47b）时，漏电或触电电流将通过大地回流到电源中性点，因此，零序电流互感器一次绕组内三相电流的相量和将不为零，此电流流经漏电脱扣器的线圈，使其衔铁释放，将低压断路器本体的主触头分断。

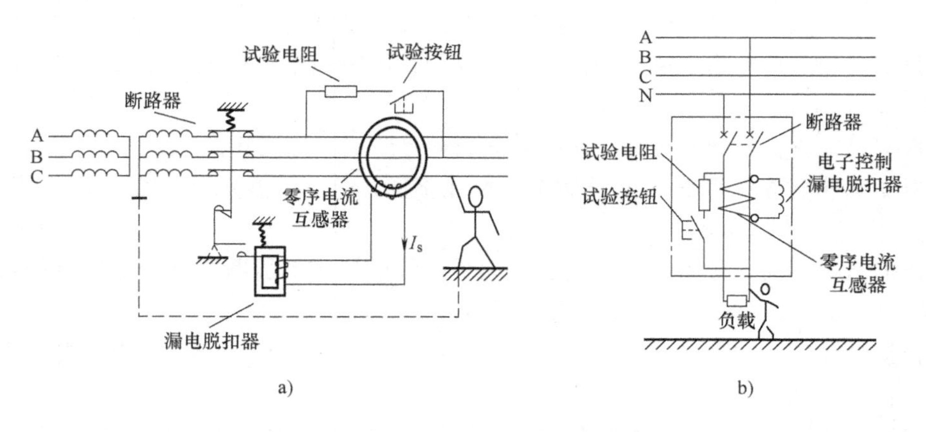

图4-47　剩余电流断路器的工作原理图
a）漏电保护　b）触电保护

当然，剩余电流断路器有两种检测执行机构：一种是利用环形铁心的感应能量直接通过电磁脱扣器驱动断路器本体跳闸，切断故障电路，也就是标准中与电压无关的电磁式剩余电流断路器；另一种是环形铁心感应的信号通过线路板放大后，触发执行机构，即与电压有关

的电子式剩余电流断路器，具体是当被保护负载电路发生漏电或有人触电，漏电或触电电流将大于整定电流，通过零序电流互感器 TA 一次侧各相电流的相量和大于整定值时，晶闸管导通、分励脱扣器线圈通电，驱动断路器本体跳闸，切断故障负载电路，从而实现漏电或触点保护。

示例 4-20：DZ15CE-40/490 剩余电流断路器。其工作原理如图 4-48 所示。图中，L 为电磁铁线圈，漏电时可驱动闸刀开关 S_1 断开。每个桥臂用两只 1N4007 串联可提高耐压。R_1 为压敏电阻，起过压保护作用。因为 R_3、R_4 阻值很大，所以 S_1 合上时流经 L 的电流很小，L 上的电磁力不足以使 S_1 断开。R_3、R_4 为晶闸管 T1、T2 的均压电阻，可降低对晶闸管的耐压要求。S_2 为试验按钮，起模拟漏电的作用，利用它可以随时检查漏电保护装置功能是否完好。当用电设备漏电或者按压 S_2 时，穿过磁环的电流矢量和不为零，磁环上的检测线圈的 a、b 两端有感应电压输出，该电压立即触发 T2 导通。由于 C_2 预充有一定电压，T2 导通后，C_2 经 R_6、R_5、T2 放电，使 R_5 上产生电压、触发 T1 导通。T1、T2 导通后，流经 L 的电流大增，使 L 上的电磁铁驱动开关 S_1 断开，切断故障电路。

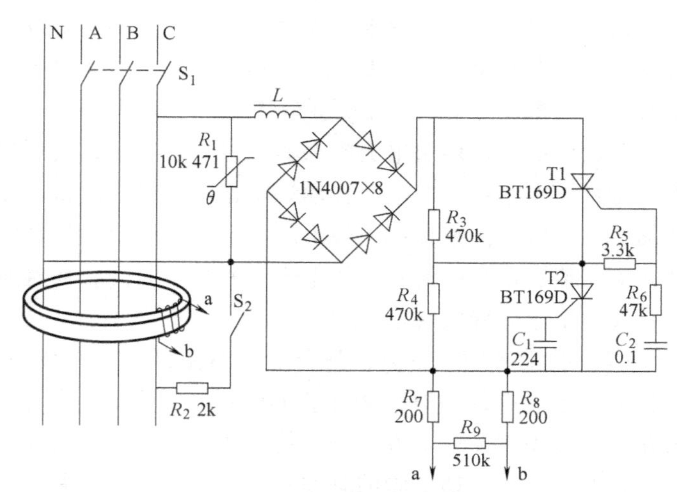

图 4-48　DZ15CE-40/490 剩余电流断路器的工作原理

（5）使用场所　根据国家标准要求，以下设备和场所必须装剩余电流断路器：①属于Ⅰ类的移动式电气设备及手持式电动工具（Ⅰ类电气产品，即产品的防电击保护不仅依靠设备的基本绝缘，而且还包含一个附加的安全预防措施，如产品外壳接地）；②安装在潮湿、强腐蚀性等恶劣场所的电气设备；③建筑施工工地的电气施工机械设备；④暂设临时用电的电器设备；⑤宾馆、饭店及招待所的客房内插座回路；⑥机关、学校、企业、住宅等建筑物内的插座回路；⑦游泳池、喷水池、浴池的水中照明设备；⑧安装在水中的供电线路和设备；⑨医院中直接接触人体的电气医用设备；⑩其他需要安装剩余电流断路器的场所。

对一旦发生漏电切断电源时，会造成事故或重大经济损失的电气装置或场所，应安装报警式剩余电流断路器，如：①公共场所的通道照明、应急照明；②消防用电梯及确保公共场所安全的设备；③用于消防设备的电源，如火灾报警装置、消防水泵、消防通道照明等；④用于防盗报警的电源；⑤其他不允许停电的特殊设备和场所。

（6）注意事项　剩余电流断路器在安装使用过程中，要注意以下几个方面：①安装前要确定各项使用参数；②剩余电流断路器在安装之前要确定电线电路的供电方式、电压大小及配用设备是否可靠接地；剩余电流电断路器不同型号的动作电流不同，动作电流较大的剩余电流断路器所保护的设备外壳必须可靠接地，这样能避免剩余电流断路器的动作电流对人造成二次伤害；③剩余电流断路器在安装时要保证有足够的飞弧距离，不要过于接近大电流的母线和交流接触器；④剩余电流断路器在安装时要明确地区分中性线和接地保护线，中性线和接地保护线不能混用，中性线也不能再接配用设备的外壳，同时接地保护线也不能介入剩余电流断路器内。剩余电流断路器安装完毕后，也不能拆除原来配用设备上的接地保护线或保护措施；⑤剩余电流断路器的接线按说明书进行，进出线不能反接；⑥连接线线径不能小于说明书要求；⑦剩余电流断路器在安装完毕后要按试验按钮进行试验，确定剩余电流断路器在线路有剩余电流时能可靠动作，一般来说剩余电流断路器安装完毕后至少要进行三次试验且能可靠动作后，才能开始正常运行。

国家标准要求剩余电流断路器在投入运行后，使用单位应建立运行记录及相应的管理制度，每月需在通电状态下，按动试验按钮，检查剩余电流断路器动作是否可靠。雷雨季节应增加检查次数。国家标准还规定应定期进行剩余电流断路器的动作特性试验，测试剩余电流动作电流值、剩余电流不动作电流值和分断时间，而且对上述试验中采用的检测仪表的准确度等级做出了明确的规定。

（7）技术改进　目前，剩余电流断路器还存在以下不足：①剩余电流和触电不分，对两相触电不能进行保护；②要求用户要定期按试验按钮，以确保其在运行时保护功能正常。为此，今后需要在以下方面进行技术改进：①破解两相触电不能保护的死区；②解决剩余电流断路器要用户定期试验的难题；③推广剩余电流断路器保护功能失效自动锁定装置；④解决剩余电流和触电的辨识问题；⑤智能化功能的扩展，实现从剩余电流保护到触电保护功能的蜕变，多种保护功能共存，确保安全用电。

4.4.5　低压断路器设计技术

近年来，国际上各大电器公司纷纷推出新系列的塑壳断路器，这些新的断路器在结构、安装方式、安全性和可靠性、智能化与可通信等方面都有新的进展，特别是额定电流至250A规格断路器与老系列相比，体积大为缩小，而分断能力却大幅度提高，例如，ABB公司推出的Tmax系列，它有五种壳架T1、T2、T3、T4、T5。T1、T2额定电流为160A，T3为250A，T4、T5为400A（630A），按分断能力分成B、C、N、S、H和L多种类型，其中250A、415V、S型的分断能力（I_{cu}）较老型号SACE Modul系列提高了1.45倍，而体积比后者缩小了50%以上，其L型分断能力可达200kA。日本三菱公司在把PSS系列的额定电流扩大至800A以后，又推出了最新的WS（World Super）系列，这种断路器的415V、250A规格标准型（S）的分断能力$I_{cu}=I_{cs}$，并均为36kA，而同规格的PSS系列的I_{cs}仅为15kA。这种新型断路器的超限流型（U）的$I_{cu}=I_{cs}$，并可达200kA。美国GE公司推出的新系列塑壳断路器为Record Plus，有额定电流为63A、160A和250A三种壳架，按分断能力分为E、S、N、H和L共五个等级，其中250A、H等级的分断能力$I_{cu}=80$kA，且$I_{cu}=I_{cs}$，而旧型号Spectra/RMS 250A、H等级的分断能力$I_{cu}=65$kA，$I_{cs}=33$kA。

以上系列断路器之所以能在分断性能上有大幅度提高，都采用了一系列新的限流技术，包括：①采用上进线静触头导电回路，增强触头区磁场；②双断点分断技术；③绝缘器壁产气和压力喷弧技术；④金属蒸气喷流技术；⑤固体绝缘屏蔽限流技术。这些新技术就是在提升电弧电压和防止触头回落的基础上研究发展的。

当前，通过对低压断路器弧触头系统、多回路并联触头与电动力补偿结构、快速引弧技术等开展研究，产品分断性能得到大幅提升，相关技术简述如下。

1. 采用上进线静触头导电回路

图 4-49 为触头回路的电流单元，它是为增强触头区域自励磁场而提出来的，①～⑤产生的磁场都是正的，都能驱动电弧向灭弧室栅片移动，并且电流单元①～⑤与动触头电流单元产生的电动斥力都是促使动触头斥开的。因而这种结构有利于增强电动斥力和吹弧磁场。德国金钟默勒公司对两种进线结构的磁场和电动斥力进行了仿真对比。

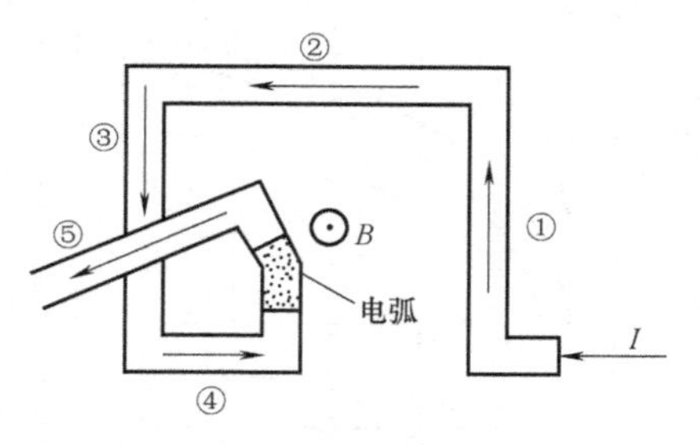

图 4-49　上进线触头回路的电流单元

图 4-50 为上进线触头回路的结构，为了使动触头能在上进线回路内运动，进线后，导电回路分成前后两部分，动触头处于中间，为了便于观察，图中的前面一半已截去。仿真结果如图 4-51 所示，由图可见，采用上进线电流回路可大幅度提高电动斥力和吹弧磁场。

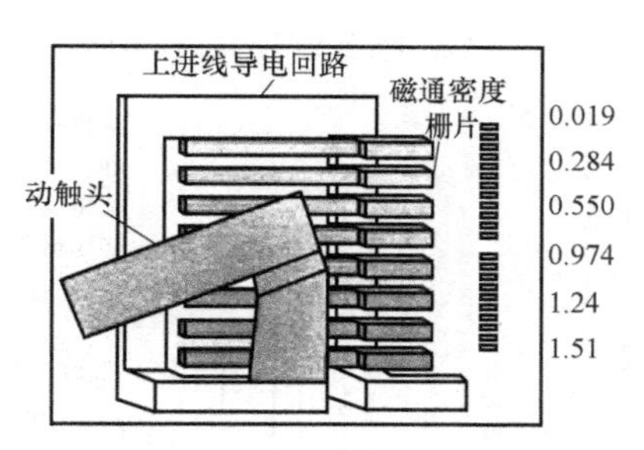

图 4-50　上进线触头回路的结构

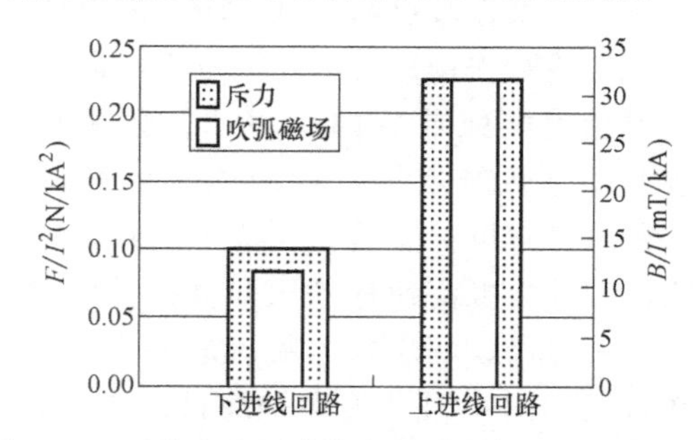

图 4-51　两种电流回路产生的斥力与吹弧磁场对比

2. 双断点分断技术

20 世纪 80 年代中期，意大利的塑壳断路器生产基地对几种限流机构做了实验和分析，图 4-52 为三种不同结构断路器限流特性对比。图中，结构 A 是传统的动触头可斥式 U 形静触头回路，其限流特性最差；结构 B 为动、静触头皆可斥式，其斥开距离增大较快，因而限流性能强于结构 A。结构 C 为双断点结构，限流性能最强，这是由于这种结构的电弧电压是由两个断口的电弧电压叠加的。

近年来，双断点技术又有了新的发展，图 4-53 是其两种新的结构，图 4-53a 是旋转式双断点，而图 4-53b 是平行式双断点。这两种结构与图 4-52 中 C 结构差别在于新结构的动触头是一体化结构，两个断口处的电动斥力作用于同一动触头杆上，因而斥力为图 4-52 中 C 结构的两倍，从而提高了电弧电压上升速度，这两种结构在断路器小尺寸条件下，获得较大的分断能力。施耐德的 NS 系列、GE 公司的 Record Plus 都采用图 4-53a 的结构，而 ABB 公司的 Tmax 系列则采用图 4-53b 的结构。

3. 绝缘器壁产气和压力喷弧技术

电弧的高温使绝缘器壁受电弧侵蚀而产气，一方面该过程要消耗电弧的能量，另一方面产生的气体能冷却电弧，这两者都有利于提高电弧电压。

近年来，国际上在这方面做了大量工作，研究了各种器壁绝缘材料对电弧电压的影响。产气材料中，三聚氰胺的电弧电压最高，其较不产气的陶瓷材料高 30%左右。光谱分析也

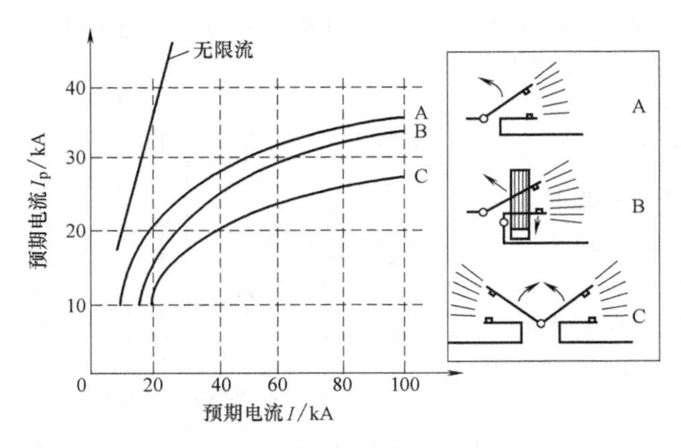

图 4-52　不同限流结构的限流特性

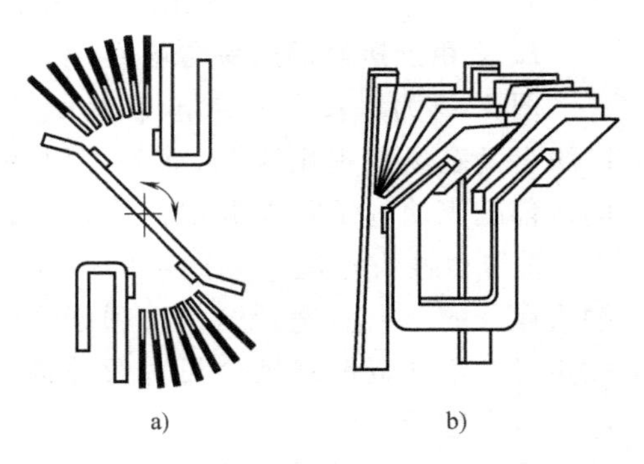

图 4-53　双断点限流机构两种新的结构方案
a）旋转式　b）平行式

表明，用三聚氰胺材料发现了较强的氢的光谱，从电弧温度沿电弧径向分布的测量也看到，由于氢气冷却作用，使电弧周围空间温度下降，电弧变细，电阻和电弧电压增大。

要加大电弧前后的压力差，必须利用绝缘器壁产气，并让电弧产生于窄槽内或一处开口的半封闭空腔内，则可大幅度提高这一压力差造成的电弧驱动力及气体喷流，让电弧高速进入灭弧栅，并向槽口和出气口喷出。另一方面，利用气体喷流进一步冷却电弧，以提高电弧电压，图 4-54 为几种绝缘材料的电弧电压数值。

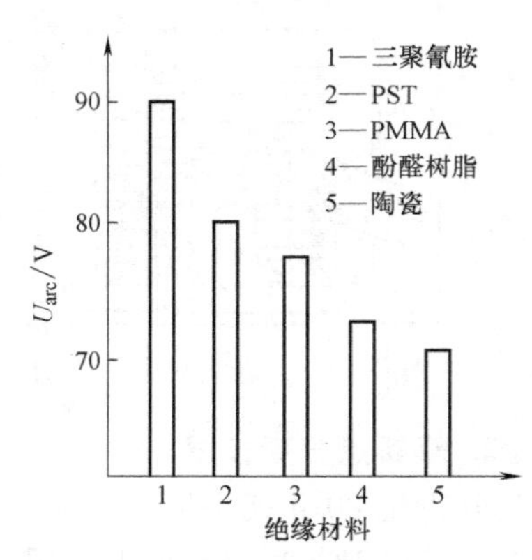

图 4-54　电弧电压与绝缘材料的关系

利用电弧压力差的几种方案如图 4-55 所示。其中，图 4-55a 为一种被称为冲击细槽加速器（ISTAC）的结构，利用槽内器壁绝缘材料产气，形成压力差，推动动触头斥开并驱动电弧，槽口形成的喷流也有助于电弧熄灭；图 4-55b 结构让动触头在带绝缘外套的 U 形电磁铁形成的槽内运动，这种结构也称为电机槽，器壁产气产生的压力差驱动电弧向外，也在出口处形成喷流；图 4-55c 为有出气口的半封闭灭弧单元，断路器每一相的触头和灭弧栅由半封闭绝缘小室形成一个标准单元，小室内的绝缘器壁在电弧侵蚀下产气，通过出气口在室内形成压力差，驱动电弧并形成喷流。

以上限流原理已应用于施耐德、GE 和三菱新型塑壳断路器中，三种产品每相都有单独的绝缘小室形成的灭弧单元，前两种产品的触头系统采用旋转双断点结构，三菱 WSS 系列为单断点的，但沿用了 PSS 系列 ISTAC 技术，即把图 4-55a 和图 4-55c 结合起来，并把它称为聚合物侵蚀自动喷流技术。

4. 金属蒸气喷流技术（VJC）

通常的电动斥力式限流机构尺寸都比较大，结构也比较复杂。近年来，日本三菱公司推出了电极金属蒸气喷流控制（Vapor Jet Control，VJC）技术。这种限流技术是利用在触头附近放置绝缘材料，对电极等离子喷流进行控制来获得高的电弧电压。

图 4-56 所示为 VJC 技术的工作原理。

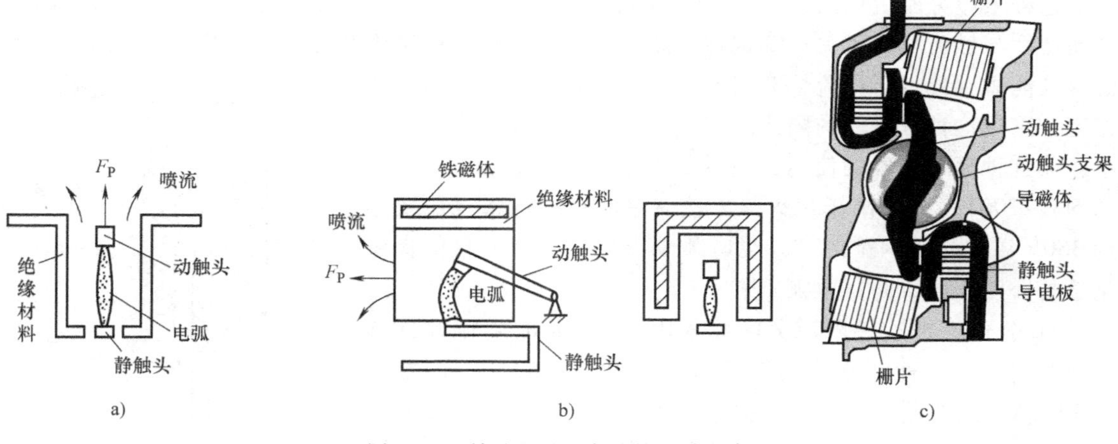

图 4-55　利用电弧压力差的几种方案

a）冲击细槽加速器结构　b）电机槽结构　c）有出气口的半封闭灭弧单元

在两个电极周围放置绝缘物，一般为酚醛树脂等，当电极间产生电弧后，电弧高温使绝缘物在电极周围产生大量绝缘物蒸气，这使得：①电弧弧根受到限制；②从电极发射出来的金属蒸气喷流，由于受到电极周围气体压力增加的影响，其运动方向受到限制；③电弧弧柱受到冷却，弧柱截面积减小。在这些因素的作用下，电弧电压被快速抬高，从而使电弧很快熄灭；④减少电弧对动、静触头的烧损，减少金属蒸气的产生，防止电弧的背后击穿。

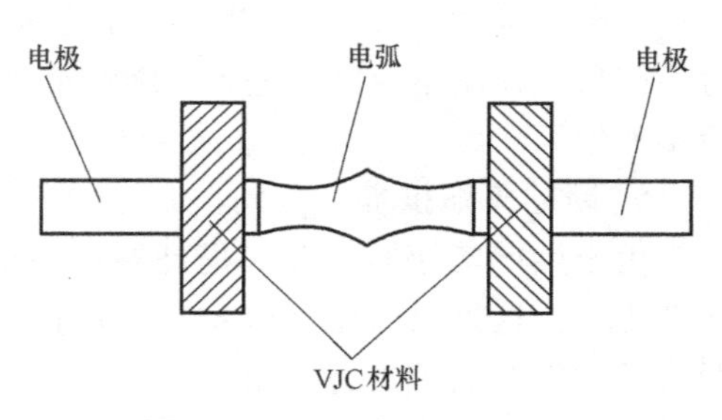

图 4-56　金属蒸气喷流技术（VJC）的工作原理

5. 固体绝缘屏蔽限流技术

传统的限流断路器依靠触头间电弧的迅速扩张并使之吹入灭弧栅片，以达到限流分断的效果。前几年，国外提出了一种新的限流技术。该限流技术与传统的方法不同，它是利用一固体绝缘物快速插入分断电流的触头对中，使触头间燃烧的电弧被屏幕隔开而迅速熄灭。

图 4-57 为按此原理设计的一种旋转式屏幕限流分断机构，其用固体绝缘材料制成的转动式绝缘屏幕由螺管电磁铁带动；当线路中出现短路故障电流时，短路电流通过线圈，铁心带动旋转式屏幕使其向上运动，固体绝缘屏幕首先推开动触头，然后隔离动、静触头的电弧，使之迅速熄灭。这种结构同时也保证了电极之间有足够的

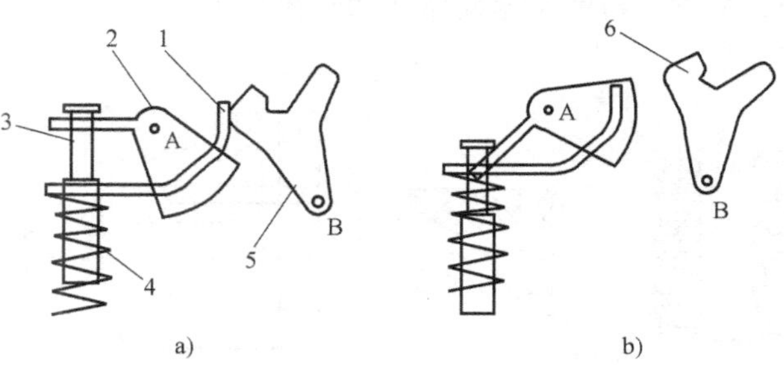

图 4-57　旋转式屏幕限流分断机构

a）闭合状态　b）分断状态

1—静触头　2—固体绝缘屏幕　3—铁心

4—螺管线圈　5—动触头　6—分断指示面

绝缘强度。

这种限流分断机构的特点是：①由于它的分断过程不存在传统结构中的四个阶段，因而分断特性与触头材料无关；②这种分断方式能在触头间迅速获得很高的电弧电压，因而其限流特性能做到接近于限流熔断器的水平；③和传统的分断方式相比，采用这种方法后的限流断路器的灭弧室尺寸可大幅度减小；④这种灭弧装置的使用，使得断路器的电弧电压可以提高到600~700V，而传统栅片灭弧方法，单断点的电弧电压要达到350V以上是很困难的；⑤当电弧熄灭后，绝缘屏幕能提供足够的介质强度，防止电弧重燃。

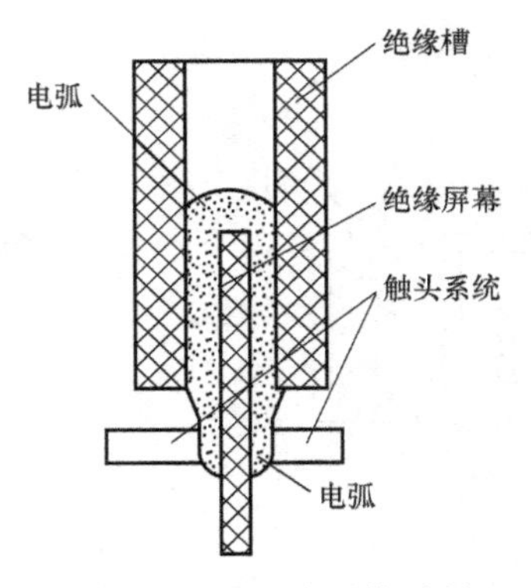

图4-58 用绝缘屏幕强制电弧进入绝缘槽中

TE公司已把这种限流分断技术用于Optimal 25限流式塑壳断路器中。这种断路器的额定电流为0.4~25A，分断能力达100kA，主要用于电动机保护。由于这种断路器的分断开距大，且具有工作状态指示，因此可作隔离器用。

近年来，德国M. Lindmayer教授提出了另一种屏幕分断机构，如图4-58所示。它利用一固体绝缘屏幕快速插入分断的触头间后，强制驱使电弧进入一绝缘窄槽之中，使之迅速拉长电弧并受到灭弧室器壁的强烈冷却而熄灭。

6. 新的灭弧技术

由于生产实际的需要，提高开断性能研究的灭弧新技术随之产生了。这里以“带产气材料夹层的栅片灭弧室”和“电弧激波反射板”为例进行介绍。

(1) 带产气材料夹层的栅片灭弧室 其结构如图4-59所示，其电弧背后击穿现象如图4-60所示。由图4-60b与图4-60c的实验结果对比可见，带产气材料后栅片灭弧室中产生的电弧燃烧时间明显缩短，新型灭弧室可有效地抑制电弧背后击穿现象。

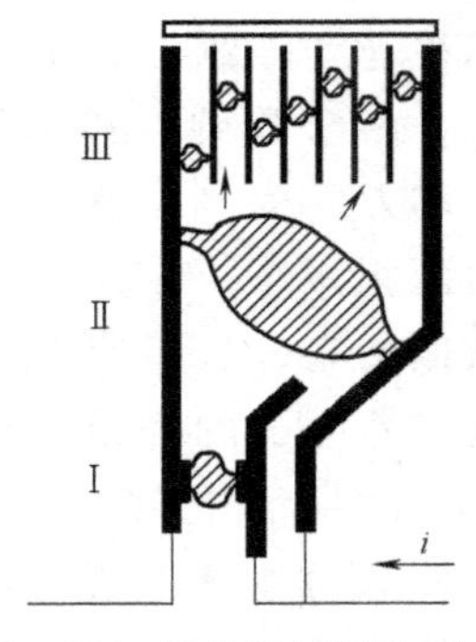

图4-59 带产气材料夹层的栅片灭弧室的结构

(2) 电弧激波反射板 传统的触头灭弧系统结构示意图如图4-61所示，带反射板的小型断路器的结构示意图如图4-62所示。带反射板的小型断路器的结构见表4-11。

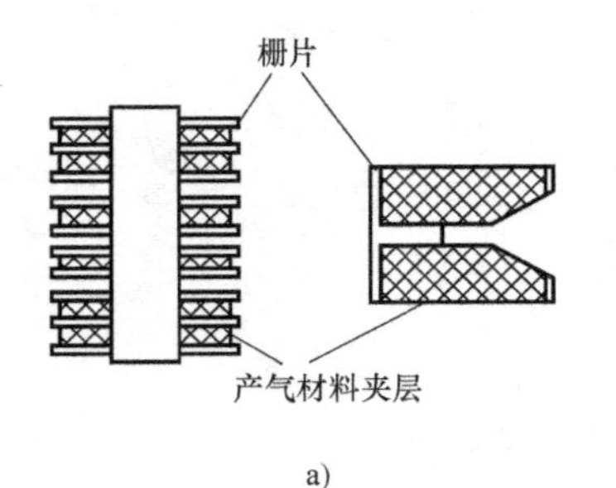

a)

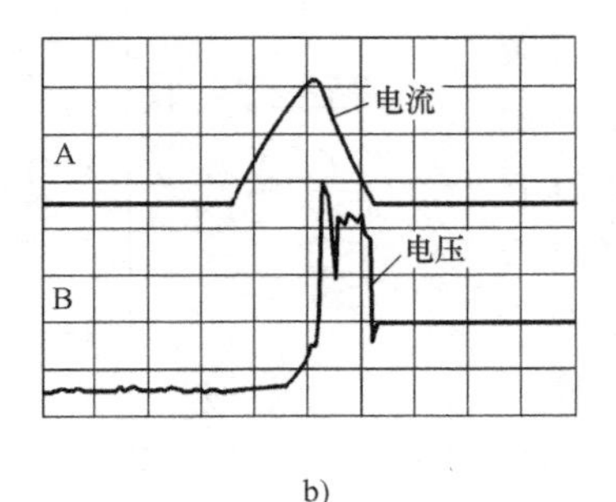

b)

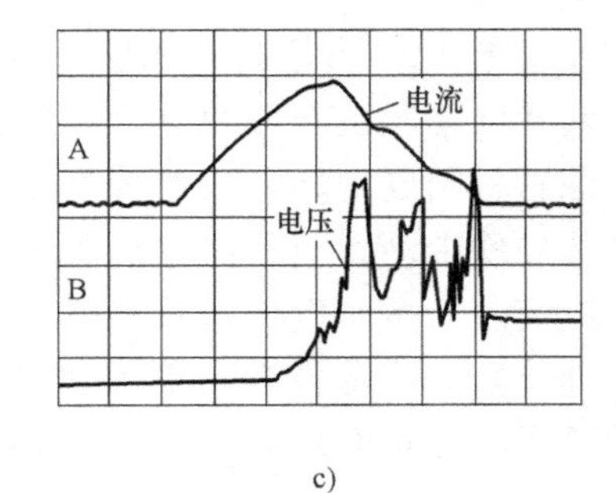

c)

图4-60 带产气材料夹层栅片灭弧室的动作特性

a）带产气材料夹层的栅片灭弧室 b）带产气材料夹层的实验结果 c）不带产气材料夹层的实验结果

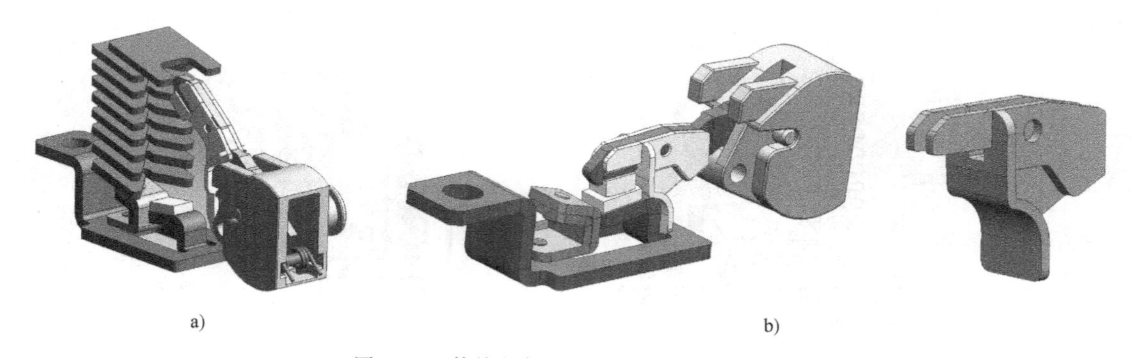

图 4-61　传统的触头灭弧系统结构示意图

a）传统的触头灭弧系统 1　b）传统的触头灭弧系统 2

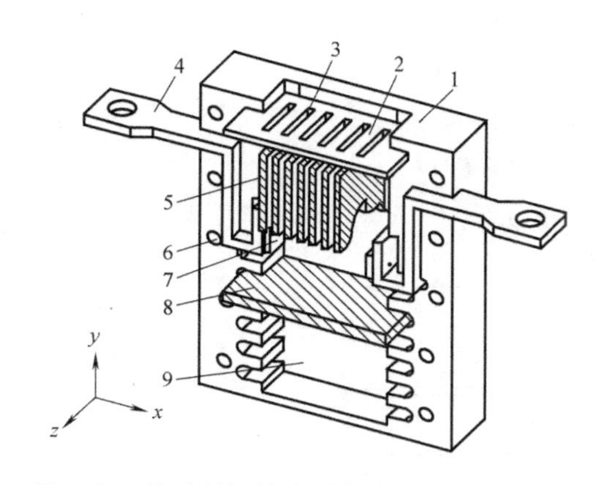

图 4-62　带反射板的小型断路器的结构示意图

1—外壳　2—灭焰片　3—灭焰片开孔　4—接线板

5—灭弧栅片　6—孔（固定）　7—触点

8—反射板　9—空间（反射板下的）

表 4-11　带反射板的小型断路器的结构

挡板距起弧处距离/mm	i/kA	u/V	p/kPa
5(位置 1)	10.0	287.8	230
13(位置 2)	10.4	256.5	186
21(位置 3)	10.7	226.0	132
29(位置 4)	11.0	188.7	114
37(位置 5)	11.6	172.0	112
45(位置 6)	11.6	157.6	92

4.4.6　典型产品的设计技术

1. 塑壳断路器（MCCB）

以 CM2-63 塑壳断路器为例。它采用双断点灭弧技术，分断能力高，$I_{cs}=100\% I_{cu}=70$kA。其瞬时脱扣器（磁通变换器）、操作机构结构和参数、触头和导电回路的设计和灭弧室实验分析简述如下。几种 MCCB 在短路电流 8kA 时的机构动作时间见表 4-12。

表 4-12　几种 MCCB 在短路电流 8kA 时的机构动作时间

产品对象	MCCB1	MCCB2	MCCB3	MCCB4	CM2-63
动作时间/ms	6.8	6.5	7.58	8.9	5.4

（1）塑壳断路器操作机构设计　包括给定触头参数（约束条件），结构方案优选，动态优化与实验验证。塑壳断路器的三维模型及仿真分析如图 4-63 和图 4-64 所示。

（2）瞬时脱扣器优化设计　包括电流分布、磁场与力和机械运动的优化。磁场分布如图 4-65 所示。

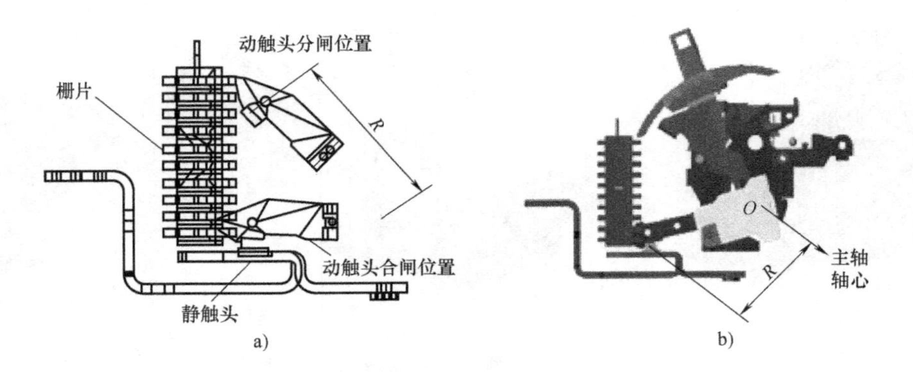

图 4-63 塑壳断路器的三维模型

a）触头及灭弧室的结构 b）机构的结构

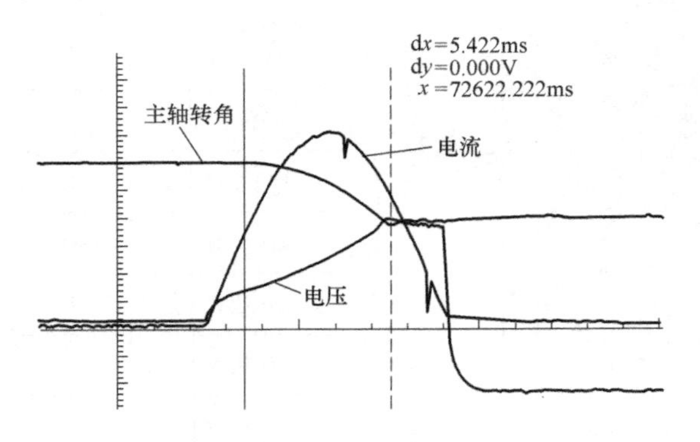

图 4-64 仿真分析

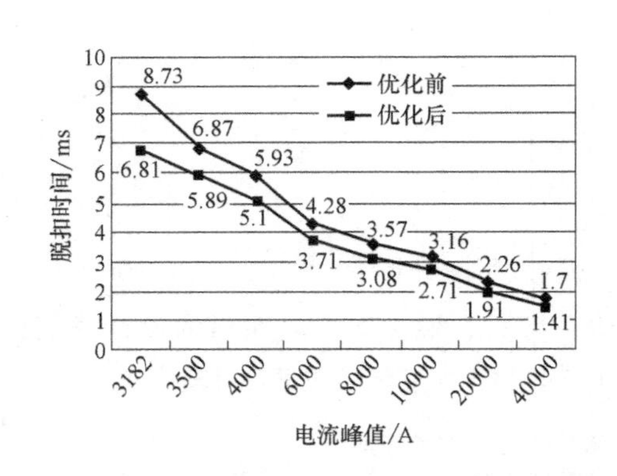

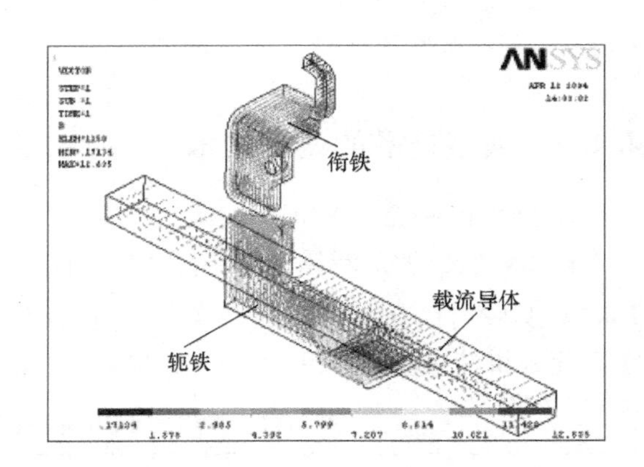

图 4-65 磁场分布

（3）触头导电回路优化设计 为提高开断性能，进行磁吹力分析和电动斥力计算。触头导电回路优化设计如图 4-66 所示。

为改善发热，需要进行温度场仿真，如图 4-67 所示。

（4）灭弧室压力与应力分析 灭弧室压力与应力仿真分析，如图 4-68 所示。

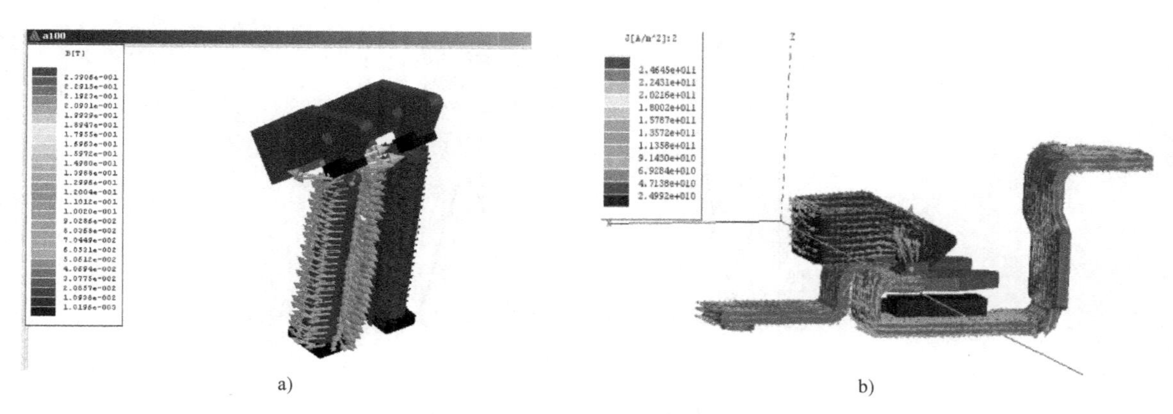

图 4-66　触头导电回路优化设计
a）磁吹力分析　b）电动斥力计算

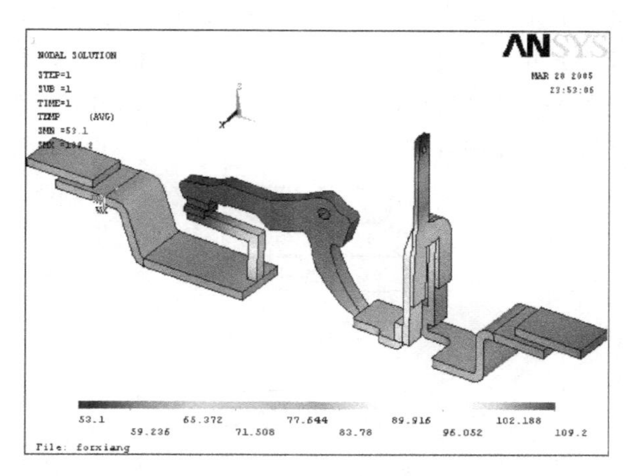

图 4-67　温度场仿真

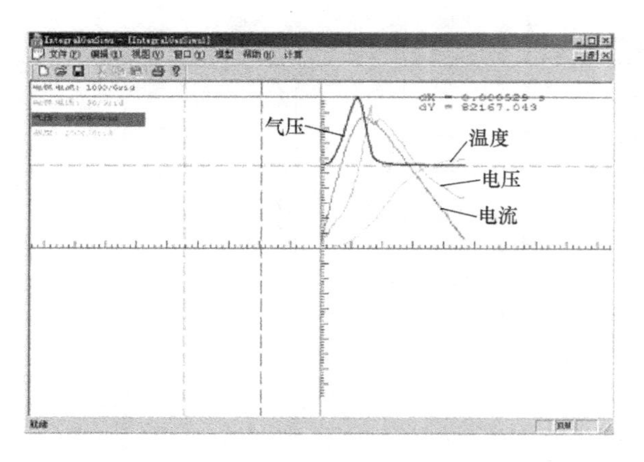

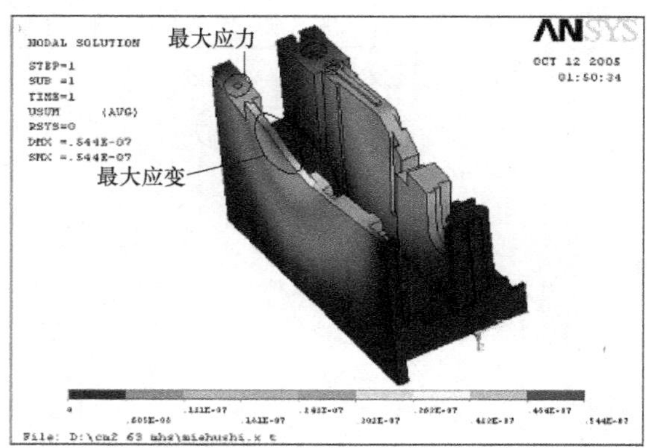

图 4-68　灭弧室压力与应力仿真分析

2. 提高框架断路器短时耐受与开断性能的新技术

（1）短时耐受过程中动热稳定性分析　动热稳定性分析如图 4-69 所示。

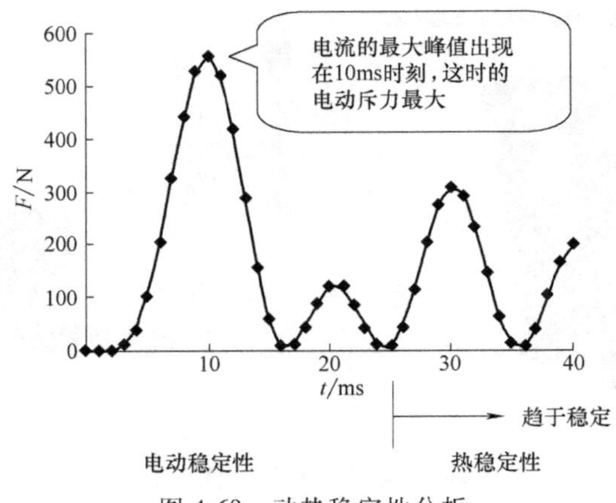

图 4-69　动热稳定性分析

（2）提高框架断路器短时耐受电流的方法　为提高框架断路器的短时耐受电流，对触头的电动力和温升进行计算的流程图如图 4-70 所示。提高框架断路器的短时耐受电流的举措包括：利用补偿力（移轴或采用特殊结构）；改变动触头并联片数；传动部分的应力应变、触头和附近部分材料和尺寸的合理选择。

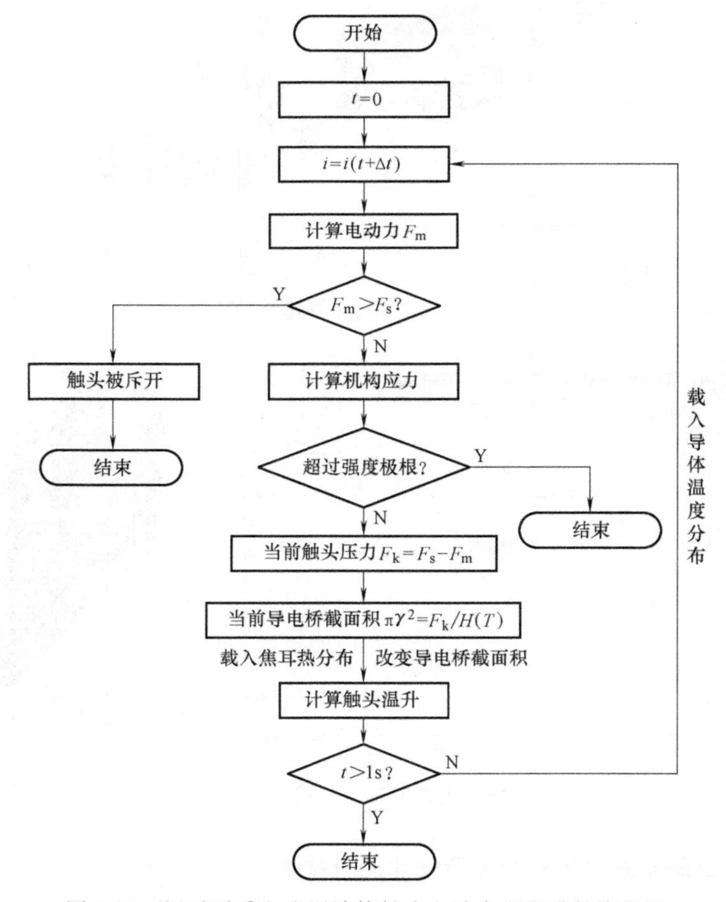

图 4-70　短时耐受电流下计算触头电动力和温升的流程图

进行动、热稳定性的仿真分析时，采用的数学模型如图4-71所示。

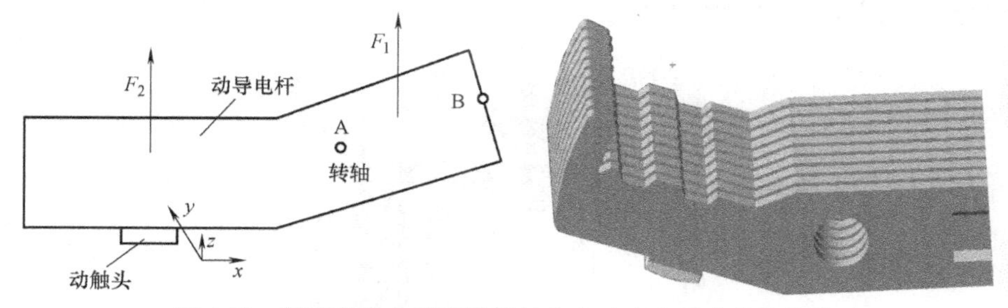

图4-71　短时耐受电流下计算触头电动力和温升的数学模型

动稳定用瞬态电磁场计算导体中电流分布和研究区域中的磁场。

$$F = \int J_s \times B \mathrm{d}v$$

热稳定考虑电动力作用下的温度场计算。

电流随时间变化，在趋肤效应和邻近效应的影响下，通过各并联触头片的电流并不相等，不能利用Holm公式计算Holm力，而必须采用触头间的导电桥模型，如图4-72所示。

触头电动力的变化将改变触头压力和接触面积的大小，影响触头温升，导电桥的半径也取决于触头电动力，两者关系为

$$R = F\pi\xi H \tag{4-3}$$

4000A框架式低压断路器的框架动稳定性由65kA提高到85kA时，框架变动前后的动稳定比较如图4-73所示，热稳定比较如图4-74所示。

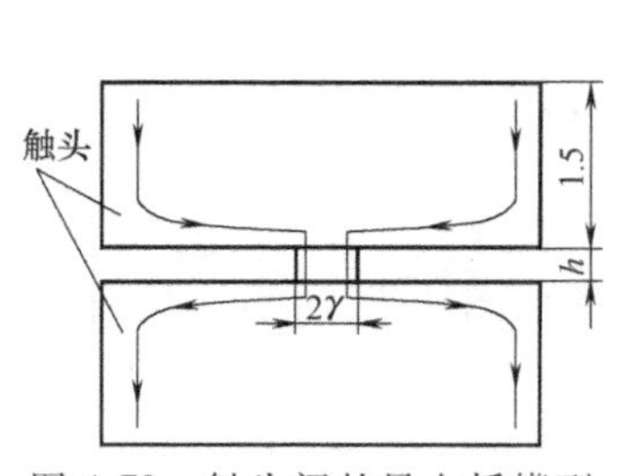

图4-72　触头间的导电桥模型

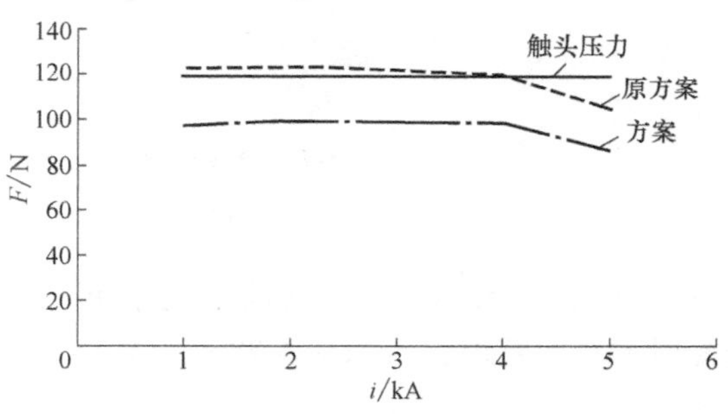

图4-73　框架变动前后的动稳定比较

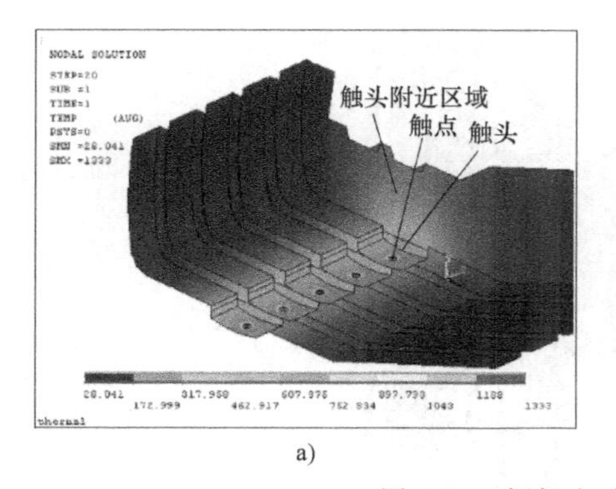

a)

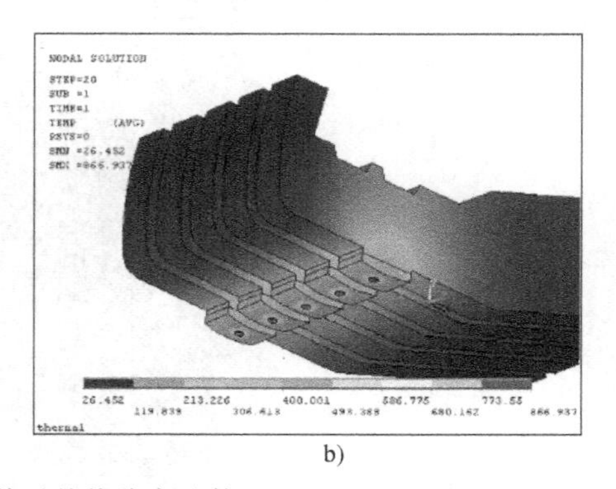

b)

图4-74　框架变动前后的热稳定比较

a）改进前，最高温度1333℃　b）改进后，最高温度867℃

（3）短路电流下双断口框架断路器的机构主轴应力分析　双断口框架断路器的机构主轴及其应力分析如图4-75和图4-76所示。

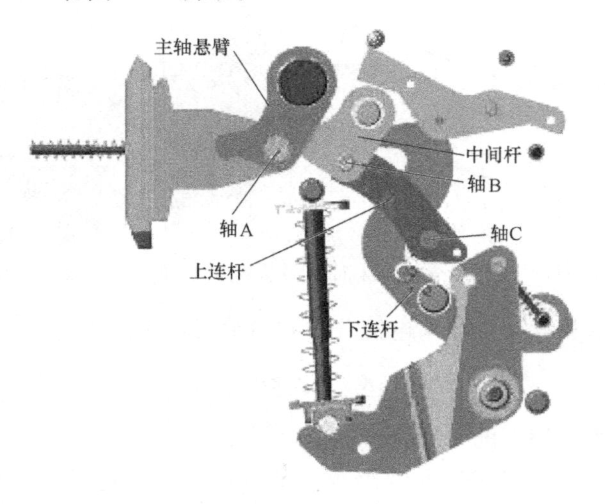

图4-75　双断口框架断路器的机构主轴

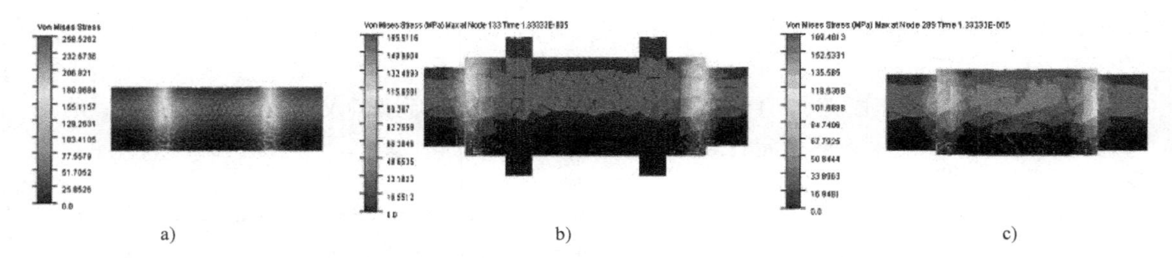

图4-76　双断口框架断路器的机构主轴应力分析

a）轴A　b）轴B　c）轴C

（4）短时耐受计算的实验验证　进行短时耐受实验的设备如图4-77所示，短时耐受实验与短时耐受计算的比较如图4-78所示。

图4-77　进行短时耐受实验的设备

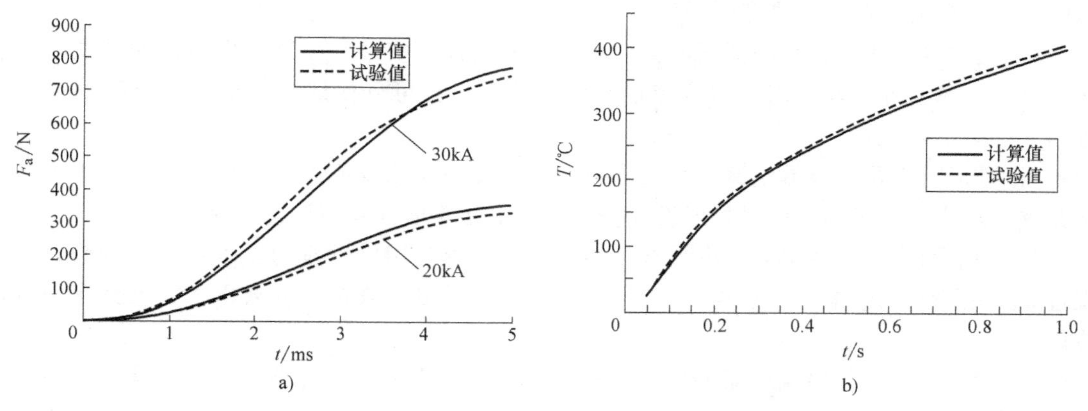

图 4-78　短时耐受实验与短时耐受计算的比较

4.5　终端电器

4.5.1　概况

终端是指电力系统的末端电路。

终端电器是模数化终端电器或终端保护电器的简称，既包括低压电器（如小型断路器、小型剩余电流断路器、遥控电器、按钮、指示灯、小容量交流接触器、模数化继电器、户内/外终端器、电涌保护器等），也包括日用电器（如调光器、定时器和插座）和仪表（如电流表、电压表和计时器互感器、低压选择开关等）。

终端电器于 20 世纪 80 年代兴起。1991 年，我国将其列入《国家级低压电器新产品开发指南》；1995 年，完成了 DZ30 小型断路器、DZ30L 剩余电流断路器、HL30 主开关、HH30 开关熔断器、HG30 熔断器式隔离器、RT30 熔断体、AG30 过电压保护器、AC30 安全型插接器和 PZ20、PZ30 组合电器（箱）9 个系列、15 个模数化终端电器产品的开发，还开发了 30 个规格的产品。

终端电器由模数化电器及其之间的电气、机械连接和外壳（全塑结构或不锈钢）等构成，它们的外形、结构和安装等特征相同，起配电、保护、控制、信号、调节、报警和计量等作用，广泛应用于工业、商业和家庭住宅等各类建筑中，特别适合非熟练人员使用。

终端电器的额定电压一般为 AC 220V、AC 380V，额定电流一般在 32A 及以下，最大为 125A，用量最大的电流规格为 10A、16A、20A 和 40A。

4.5.2　特征

终端电器全部采用模块化设计、轨道化安装，通用性强，其主要特征如下：

1）尺寸模数化。模数化是指电器的宽度、高度、接线端的位置尺寸等均统一在规定尺寸系列中，做到尺寸规范化、结构标准化、零件通用化，以方便装配。其中，宽度为 9mm（我国和西欧国家采用）或 12.5mm（美日等）及其倍数（即极数）；高度为 60mm；长度（进出线方向）与高度相同；不同容量的产品高度不同，但相同容量的高度相同。因此，终端电器可将单极电器拼装成多极使用。

2）安装导轨化。传统的低压电器产品一般要用螺钉安装，而终端电器以明装式、暗装式、厚型、薄型等方式被固定在成套设备的导轨上，且可方便地在轨道上进行移动或重新排列。

3）外形艺术化。终端电器产品相当一部分是安装在家庭或办公室内，其外形美观显得十分重要。为此，对终端电器外形设计提出了艺术化要求（相当于艺术品）。

4）功能组合化。各类终端电器根据终端用电系统和用电设备的要求组合在一起，以实现过载、短路、剩余电流（触电）、过电压、计量、控制等功能，并要求相关电器保护特性协调一致。

5）加工精密化。终端电器外形尺寸较其他同容量低压电器要小一些，但零部件的加工精度要求较高。

6）使用安全化。终端电器要求具有比 IP20 更高等级的防护外壳，以适应非熟练人员使用。

4.5.3 分类

国际上将终端电器分为模数化终端保护、控制、计量和自动化元件四大类。考虑到低压电器的范围及应用状况，我国将终端电器分为家用及类似用途电器、模数化熔断器组合电器和终端组合电器三大类。

1. 家用及类似用途电器

（1）主要品种　小型断路器、模数化小型剩余电流保护电器和模数化过电压保护器。

（2）作用　小型断路器主要起分合、配电和保护作用；模数化小型剩余电流保护电器除具有小型断路器的功能外，还具有剩余电流保护的功能，一般用于插座回路中；模数化过电压保护器能够吸收浪涌电能和限制终端电气线路的瞬态过电压。

（3）典型产品

示例 4-21：DZ47 小型断路器。

法国梅兰日兰公司在我国合资生产的 C45 系列经国家有关机构规范产品的标准和型号后，国产型号定为 DZ47。其主要用作终端配电系统导线和家用电器的过载、短路保护，主要附件具有欠电压、分励、辅助、过电压、报警等功能。

DZ47 小型断路器的结构如图 4-79 所示。

DZ47 小型断路器用于终端用电环节，可实现短路、过载等故障的保护。其具有机电寿命高、操作性能优良、特性可靠、分断短路电流能力良好、质量稳定、外形美观等优点。缺点是长时间工作后，内部金属材料的机械强度、绝缘材料绝缘强度会明显下降，使分断能力退化；同时金属部件的电阻率、密度、比热容等参数将退化，使得相同工作电流时的热效应发生变化。

DZ47 的额定电流有 1A、2A、3A、4A、5A、6A、8A、10A、13A、16A、20A、25A、32A、40A、50A 和 63A，额定工作电压为 AC 230/400V。

DZ47 分 1P、2P、3P、4P、B 型、C 型和 D 型。其中，C 型用于家庭照明，D 型用于对电动机的动力保护。

DZ47 的脱扣特性：B 型用于保护短路电流较小的负载（如电源、长电缆等），其脱扣特

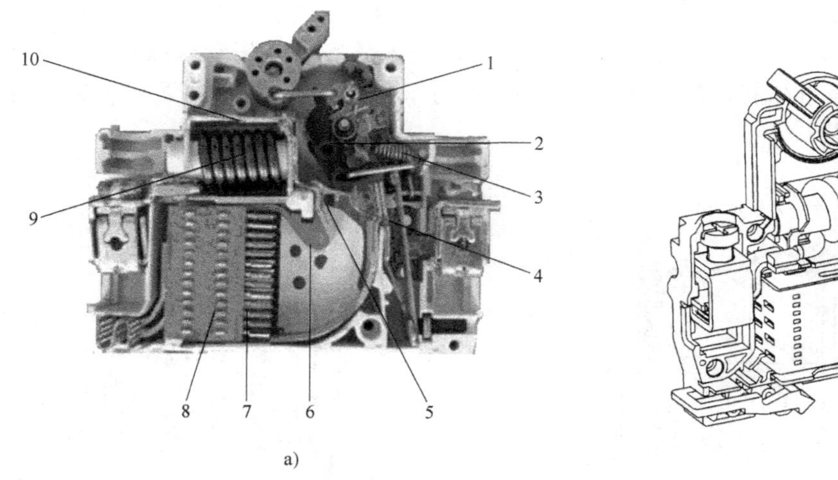

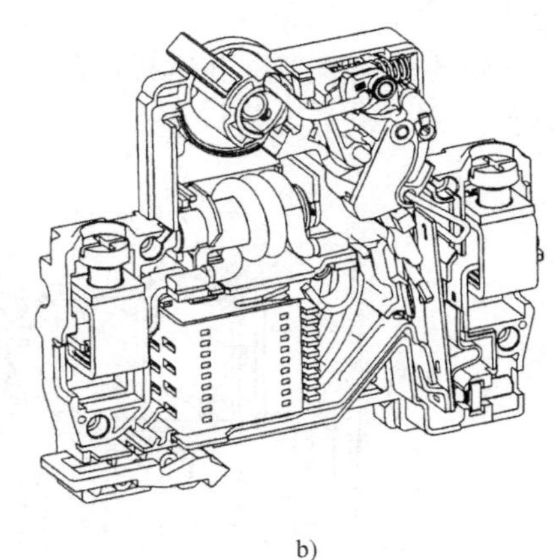

图 4-79　DZ47 小型断路器的结构图
a）组成元件　b）半剖的三维产品实体图
1—跳扣　2—锁扣　3—触头拉簧　4—动触头　5—静触头　6—静触板
7—灭弧栅片　8—灭弧室　9—线圈　10—线圈骨架

性为瞬时动作，瞬时脱扣范围（3～5）I_n；C 型用于保护常规负载和配电线缆，其脱扣特性为瞬时动作，脱扣范围（5～10）I_n；D 型用于保护起动电流大的冲击性负荷（如变压器等），脱扣特性为瞬时动作，脱扣范围（10～14）I_n。以上产品的可靠过载动作电流值都是 1.45I_n。

示例 4-22：施耐德电气的 C65 小型断路器。

施耐德电气常见的优秀小型断路器产品有 C65、C120、EA9、INT125 等系列。其中，C65 小型断路器是施耐德电气第一代低压终端配电产品 Multi9 系列的断路器，其壳架最大电流 65A，适用于电压 AC230/400V、频率 50/60Hz。对 C65N 型号，字母 N 表示断路器的分断能力，为 6000A。

Acti9 是施耐德电气最新一代低压终端配电产品，其主要的产品系列号就是 iC65，特性包括双锁定夹结构；快速闭合（其限制了触头闭合时的能量释放，从而有助于防止设备过热和老化）；隧道式接线端子。家用型小型断路器按瞬时脱扣电流分类，有 B、C、D 型三种，其中 B 型为电子保护，脱扣范围是“>3I_n～5I_n”；C 型为配电保护，脱扣范围是“>5I_n～10I_n”，即 5 倍额定电流不脱扣，10 倍额定电流脱扣，脱扣时间≤0.1s，用于保护常规负载和照明线路；D 型为动力保护，脱扣范围是“>10I_n～20I_n”。以施耐德 iC65-N-D32A/3P 小型断路器为例，N 代表短路分断能力 6kA，D32A/3P 代表额定电流 32 安培 D 型 3 极断路器。

示例 4-23：DZ47LE 剩余电流断路器。

剩余电流断路器有剩余电流模块拼装式和整体式两种结构。DZ47LE 剩余电流断路器由普通的断路器加一个剩余电流保护模块拼装而成，带剩余电流保护功能（见 2.3.3 节）的同时还带短路等保护功能。结构如图 4-80 所示。

由于延时型剩余电流断路器已在使用。为保证未发生故障的线路连续供电，要求串联的剩余电流断路器只有故障处的动作。为此，要进行分级配合。通常，下级剩余电流断路器的额定剩余动作电流值应等于上级的1/3，也可以在终端进线回路采用动作时间介于130～500ms间的选择型剩余电流断路器，而出线回路采用动作时间小于100ms的瞬动型剩余电流断路器。

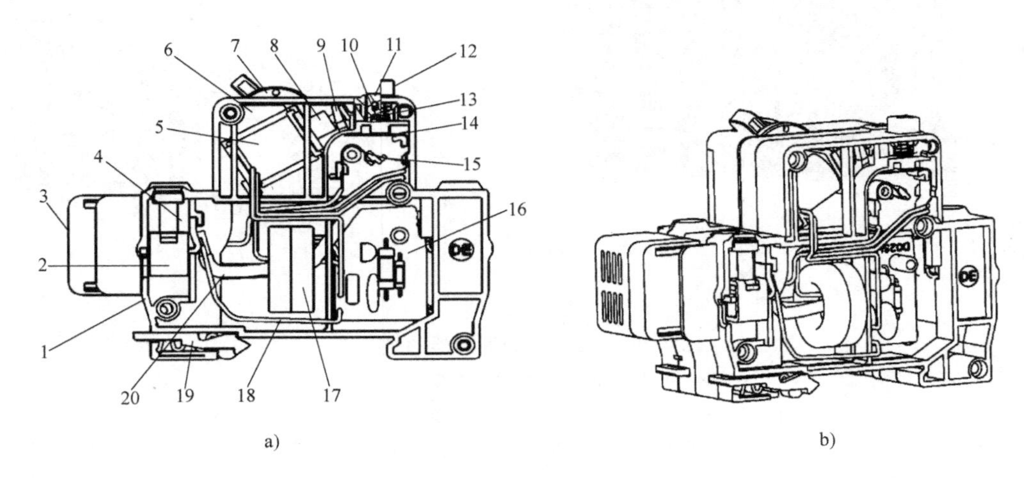

图4-80 DZ47LE剩余电流断路器的结构图

a）组成元件 b）半剖的三维产品实体图

1—中座 2—夹线板 3—罩盖 4—接线板 5—脱扣器 6—底座 7—合闸手柄 8—动铁心 9—推板 10—复位按钮弹簧 11—复位按钮 12—测试按钮 13—测试按钮弹簧 14—动触头 15—静触头 16—电子线路板 17—互感器 18—引导线 19—卡板 20—导线

（4）其他产品

1）预付费电表用断路器。工作原理：与IC卡预付费电能表配套使用时，将组装了模块的断路器安装于电能表下端，红色控制线接入电能表的输出信号插口或L端。当电能表电量正常时，信号端输出的控制电压使预付费电表用断路器保持正常合闸供电。当电能表中无电量时，其信号端输出电压消失，模块带动断路器立即切断电源，停止供电。

它适用于交流50Hz、230V（2P）或400V（4P）线路的过载、短路保护，并能通过远程控制或自动信号控制（如与IC卡预付费电能表配套使用），控制线路的通断。

2）自复式过/欠电压保护器。工作原理：当供电线路出现过电压或欠电压时，保护器能在持续高压冲击下迅速、安全地切断电路，避免异常电压送入终端电器造成事故的发生，当电压恢复正常值时，保护器将在规定时间内自动接通电路，确保终端电器在无人值守情况下正常运行。

它适用于单相交流220V、50Hz、额定工作电流60A及以下电路，主要用于住宅分户箱进线或由中性线故障引起的单相配电线路过电压、欠电压的保护。

2. 模数化熔断器组合电器

（1）用途　用于终端配电系统过载和短路保护。

（2）主要品种　模数化熔断器式隔离器、模数化开关熔断器组等。

它与小型断路器、模数化小型剩余电流保护电器和模数化过电压保护器等同属保护型电器。它们的联合使用，确保了终端电气线路、电器及人身安全。

3. 终端组合电器

按照用户需要不同，终端组合电器分为具有线路或保护设备功能的组合电器、具有控制功能的组合电器、具有自动化功能的组合电器三类。

1）主要品种。非熟练人员用终端组合电器（PZ20 系列，用于家庭和类似场所，装于分户箱）、熟练人员用终端组合电器（PZ30 系列，用于工业场所，装在配电箱中）。

2）用途。主要作为终端用电系统配电、保护与控制，可以不频繁接通与分断电路。

3）结构。图 4-81 为装有各种终端电器的终端组合电器的内部结构。图中，可带一个或两个保护极的剩余电流保护单元 6 既可以对人身触电进行保护，也具有短路、过载、过电压、欠电压等多种保护功能。使用前，先将电源接通，按试验按钮进行试验。若动作正常，再接入负载，进入正常运行。“顶帽式”安装轨 10（此外还有“C”型安装轨）具有优良的安装稳定性能，使制造厂能迅速地按照用户要求，将模数化电器方便地固定、拆卸、移动或重新排列，达到灵活组合的效果。

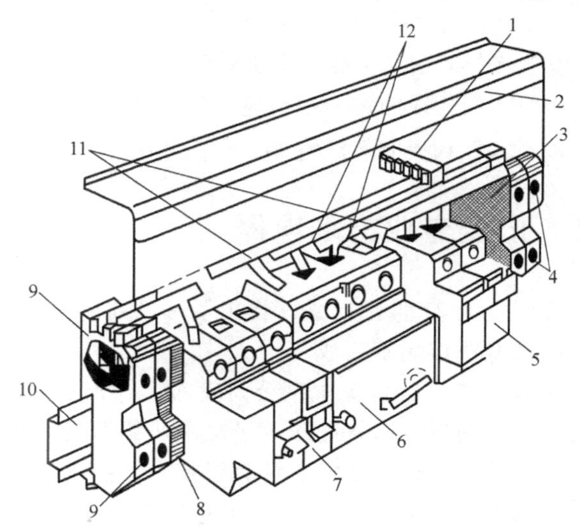

图 4-81　装有各种终端电器的终端组合电器的内部结构
1—母排夹块　2—母排保护遮盖　3—备用　4—接线端支座
5—熔断器式隔离器　6—剩余电流保护单元　7—小型断路器
8—绝缘垫片　9—接线端支座　10—“顶帽式”安装轨
11—母排 B　12—母排 A

终端组合电器有喷塑外壳加不锈钢面板组成的豪华型，也有由阻燃工程塑料或金属薄板喷塑组成的普通型。由于多用于室内，其箱盖多用透明形式。箱体内设有可靠的中性线和接地端子排；对相线的进线与壳内配线排均设有绝缘的保护遮盖；有的则设计成绝缘组合排，非常适合无电气知识的非熟练人员使用。

4）终端组合电器的编码。所谓“编码”，是指给终端组合电器中的每个电器元件一个代号，并用一些数字、符号，按一定的规则组成的数字符号串。编码的目的是用符号表示电器中组合方案的内容，省略较烦琐的电路图及许多说明，给工作带来方便。

为便于识别及记忆，终端组合电器编码时，要求：①每个元件给一个代号，代号尽量用与型号有关的特征字母（即分类代号）代表；代号字母重复时，元件应用较多的优先。②在分类代号右下标用数字和符号表示元件极数，一极时省略，1P+N 简写为 N，3P+N 简写为 3N。

编码的规则为：①元件代号按规定编写。例如，I 指隔离开关；H 指开关熔断器组；HN 指带中性线开关熔断器组；G 指熔断器式隔离器；GN 指带中性线熔断器式隔离器；D 指小型断路器；PX 指 200C 等；DX 指加分励脱扣附件（MX 等）；DN 指加欠电压脱扣附件（MN 等）；DO 指加辅助触点附件；DS 指加警告触点附件（SD 等）；L 指剩余电流断路器；T 指调压器（调速调光，如 AT30 等）；C 指插座；Q 指跷板开关；X 指信号灯（AD30 等）；Y 为备件盒。②代号按自左至右的顺序排列，代表自左至右安装的组合电器元件。③相同的

K个元件并联，写作K口$_{Pi}$（i等于1，2，3，…），其中，口$_P$为元件代号；并联的不同元件用符号“-”隔开。④用符号“/”表示进出线关系，符号左边代号为进线元件，右边为出线元件。⑤当无进线元件时，符号“/”左边的K口$_{Pi}$分别用O_1、O_2、O_3代替，即“O_1/”“O_2/”“O_3/”分别代表单相、二相、三相直接进线。⑥两元件串联，用形式（口$_{P1}$/口$_{P2}$）表示，即“/”号左右两边元件串联。⑦进线采用两路以上电源时，组合电器编码亦用两个以上的基本格式，其间用“+”号相连。⑧当组合电器元件分上下多排安装时，每排编码沿用上述的基本格式，其间用符号“-”隔开，每一分组为从左到右、自上而下的分排顺序。⑨当多排安装又多路电源进线时，只需用符号“-”隔开，不必再使用符号“+”使之相连。⑩对不同相线的每一相出线元件，其代号用括号“( )”括起，并在括号右下侧注上相线标记，其形式一般为：K_1口$_{P1}$/(K_2口$_{P2}$)$_{L1}$·(K_2口$_{P2}$)$_{L2}$·(K_3口$_{P3}$)$_{L3}$。

4.6 低压专业市场电器

我国进入21世纪以来，提出了一系列的电网发展规划和绿色节能政策，同时也推动着低压电器专业市场不断成长。

2009年5月，国家电网公司发布了“坚强智能电网”的发展规划，提出建设以特高压电网为骨干网架，以各电压等级电网协调发展的坚强电网为基础，将现代先进的传感测量技术、通信技术、信息技术、计算机技术和控制技术与物理电网高度集成而形成新型电网。

2018年底，我国开始部署推进基于数字化、网络化、智能化的“新型基础设施建设”（简称“新基建”），涉及5G基站、轨道交通、电动汽车充电桩、大数据中心、人工智能、工业互联网和特高压七大领域，负荷直流化特征明显。

2020年9月，我国在第75届联合国大会上宣布提高国家自主贡献力度，二氧化碳排放力争2030年前达到峰值，争取2060年前实现碳中和。上述两个阶段的碳减排奋斗目标，简称“双碳”目标，或“30·60”目标。

2021年3月，中央财经委员会第九次会议提出“要着力提高利用效能，实施可再生能源替代行动，深化电力体制改革，构建以新能源为主体的新型电力系统”。以新能源为主体的新型电力系统成为未来发展趋势，建设预期新能源的装机和发电量均占50%以上。

为满足新型电力系统和新基建对新型高低压电器研发的时代新要求，实现“双碳”目标，近几年行业企业相继研发生产了一批适应相关领域要求的新型高低压电器产品，如用于电力系统和新能源汽车领域的高低压直流断路器，满足5G基站运行要求的1U断路器，应用于新能源汽车充电桩的B型剩余电流断路器、高电压直流接触器、磁保持继电器，以及用于电力系统高压领域的无氟环保高压断路器等。

因篇幅所限，以下仅介绍绿色能源发展下应用于新型电力系统和新能源汽车领域的派生低压断路器。

4.6.1 低压直流断路器

1. 概述

（1）面临挑战 为实现减少故障危害、提高开断效率、维系直流系统安全运行的核心目标，使用于直流电路的低压断路器将面临三重挑战：一是与交流输电相比，直流输电电流没有过零点，灭弧较难；二是直流回路电感较大，储能较多；三是直流电路开断时，过电压较高。因此需解决包括电弧熄灭、限流分断、电寿命、交直流通用断路器无极性、电磁兼容以及防止误动作等的主要问题。

（2）产品分类　低压直流断路器包括机械式直流断路器、固态直流断路器和混合式直流断路器，后两者常被称为新型低压直流断路器。由于结构和构成器件的不同，三种直流断路器特点也不同。三者的特性比较见表 4-13。

表 4-13　三种直流断路器的特性比较

性能指标	机械式直流断路器	固态直流断路器	混合式直流断路器
分断时间	≥20ms	≤5ms	≤10ms
通态损耗	低	高	低
分断等级	中低压、高压、特高压	中低压	高压
重复操作能力	差	强	强
技术难度	相对较低	大	大
可扩展性	差	好	好

总之，机械式直流断路器虽然开断能力强、通态损耗低，但分断缓慢，分断过程伴随着燃弧，所以重复操作能力较差，且基本没有可扩展（扩容）能力。固态直流断路器分断速度快，可重复操作使用，可扩展性良好，但通态损耗巨大、技术难度大，多用于中低压场合，不能满足直流输电对其的能耗要求。混合式直流断路器正常工作时，电流流过机械断路器，所以其通态损耗低，与机械断路器相当；发生短路故障时，流过机械开关的电流将流到固态断路器，分断迅速，整个分断时间小于 10ms（有的小于 6ms），能满足直流输电的要求，且可扩充容量，可重复操作，但技术难度相对较大。近年来，混合式直流断路器成为主要研究方向，被认为是在直流输电领域最有发展潜力的断路器。

（3）开断方法　低压直流断路器开断直流电路，有电弧耗能法和电流转移法两类基本方法。

1）电弧耗能法的原理是依靠直流断路器开断时产生的电弧，去耗散系统储存的能量。当系统提供的能量不够维持电弧燃烧时，电弧熄灭、电路开断。

常用方式是用金属栅片把电弧分割为若干耗能的短弧，同时借助电弧与金属栅片的能量交换，实现电路开断。此外，还可以采取在灭弧室内部放置产气材料、采用磁吹灭弧等措施，提高电弧电压，使电弧熄灭。

图 4-82 为栅片灭弧室内放置永磁体辅助熄灭电弧的灭弧系统结构示意图。图中，永磁铁通过绝缘罩置于灭弧栅片组的腿部，永磁铁产生的驱动磁场与电流无关，为常值，在开断小电流直流电弧时能产生足够的驱动力推动电弧进入灭弧栅片，解决直流断路器在小电流区域发生的不稳定开断现象。

2）电流转移法也称换流法。原理是在直流断路器两端分别并联一个换流回路和一个吸能装置。开断负载电路时电弧产生，换流回路投入，系统电流逐步转移到换流回路；当回路电流下降到零时，电弧熄灭，同时，系统电流给换流回路中的电容器充电，形成直流断路器断口的恢复电压。当该电压达到吸能装置的动作电压时，吸能装置导通吸能，耗散能量，系统电流逐渐减小到零，最终实现开断。

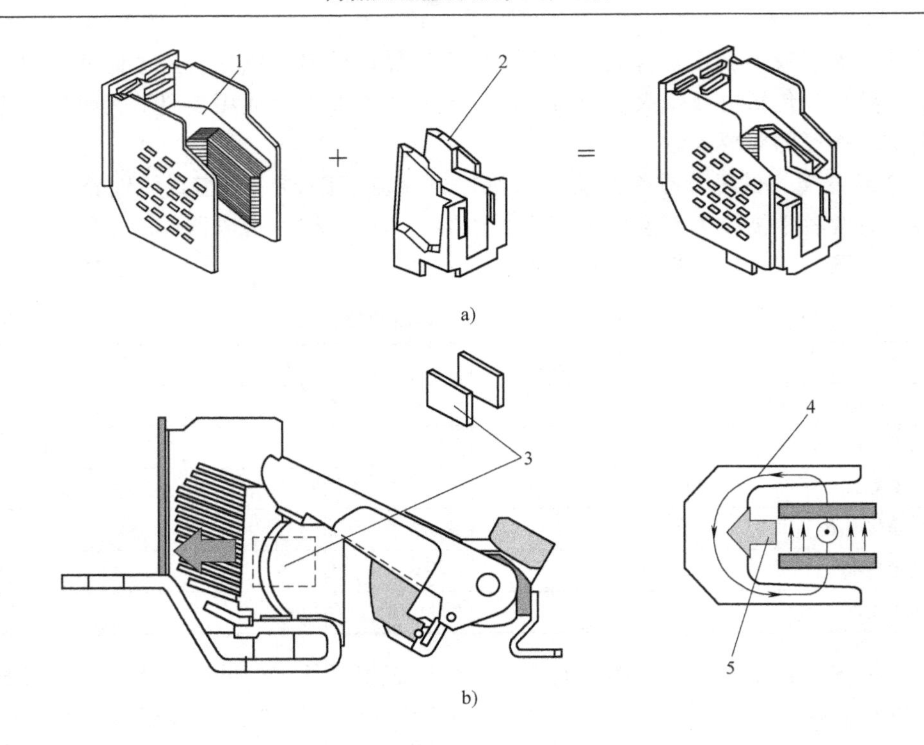

图 4-82　栅片灭弧室内放置永磁体辅助熄灭电弧的灭弧系统结构示意图

a）带永磁体的栅片灭弧室　b）栅片灭弧室中受永磁体磁场作用的电弧

1—金属栅片　2—永磁铁罩　3—永磁铁　4—永磁体产生的磁场　5—永磁体磁场对电弧产生的电动力方向

因换流回路的结构不尽相同，电流转移法又细分为无源换流法、有源换流法、固态开关换流法和混合换流法等。

（4）应用场所　当电压等级和线路电感不同时，使用不同开断方法的低压直流断路器的应用场所也不尽相同。其中，电弧耗能法多用于中低压电压等级、线路电感能量较小的场所，而电流转移法则多用于线路电感储存能量较大的场所，如 HVDC 系统。

2. 机械式直流断路器

（1）定义　以采用电流转移法的机械式直流断路器为例，其是在传统机械式断路器两端并联 LC 振荡电路，利用振荡电路使流过机械断路器的电流产生“人造”过零点，以帮助解决消弧难题的断路器。

按照振荡产生的方式不同，采用电流转移法的机械直流断路器分无源型和有源型两种。

（2）工作原理

1）无源自激振荡型机械式直流断路器。如图 4-83 所示，无源自激振荡型机械式直流断路器由机械开关、LC 振荡电路和能量吸收电路构成。

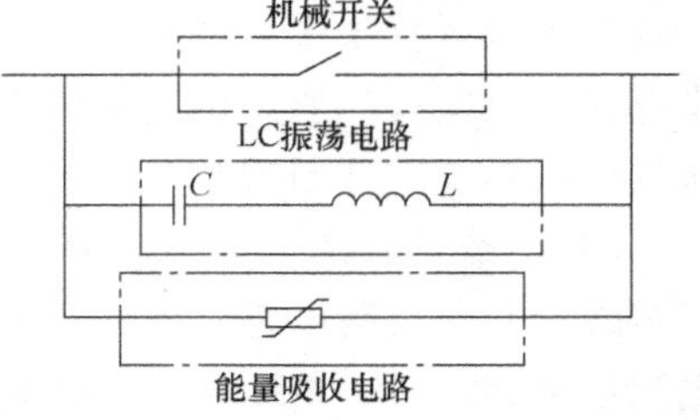

图 4-83　无源自激振荡型机械式直流断路器

正常工作时，直流电流流过闭合的机械开关。短路出现时，机械开关分断、电弧燃烧；利用电弧的不稳定性以及电弧的负阻特性，可迫使 LC 振荡电路发生振荡，使流过机械开关的电流出现过零点，实现灭弧；最后，由能量吸收电路中的避雷器吸收线路中留存的能量。

无源型机械式直流断路器的控制步骤少，结构简单，即使电弧重燃，也不影响电流过零点的形成，可靠性较高；缺点是分断时间较长。

2）有源他激振荡型机械式直流断路器。如图 4-84 所示，有源他激振荡型机械式直流断路器与无源型机械式直流断路器结构相似，只是 LC 振荡电路中多了一个预充电装置。

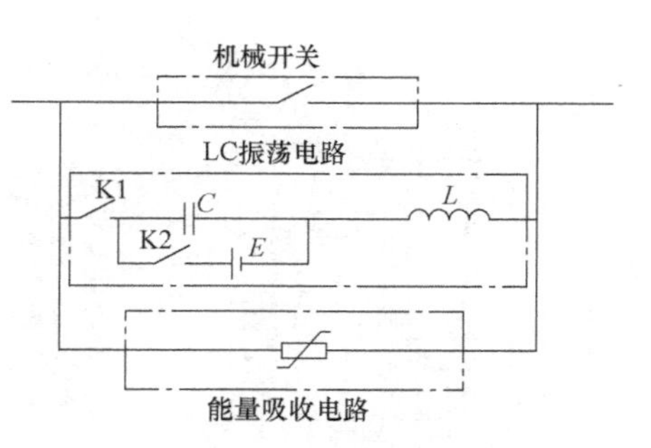

图 4-84　有源他激振荡型机械式直流断路器

图中，K1 为触发开关，电容 C 两端有一个反向预充电装置 E 可以对电容 C 充电。正常工作时，触发开关 K1 断开、K2 闭合，反向预充电装置 E 对电容 C 充电。发生故障时机械开关断开，触头开断、电弧产生。当触头开断一定距离后，触发开关 K1 闭合、K2 断开，预充电电容 C 使得 LC 振荡回路发生振荡，叠加在机械开关后，使直流电路电流产生过零点，电弧熄灭，机械式直流断路器成功分断。由于预充电装置的存在，有源型机械式直流断路器分断时间相对较短，但其结构相对复杂，控制步骤较多，可靠性较低。

示例 4-24：新驰电气的 SL7N-125D 系列机械式直流断路器。

其是一种限流型小型断路器，属无源自激振荡型机械式直流断路器。适用于 DC 1500V 及以下的直流电系统的过载和短路保护。可用于直流屏、直流配电柜、直流汇流箱、光伏、风能电站的配电箱系统、通信配电箱保护系统，亦可在正常情况下作线路不频繁通断转换之用。

型号含义如下：

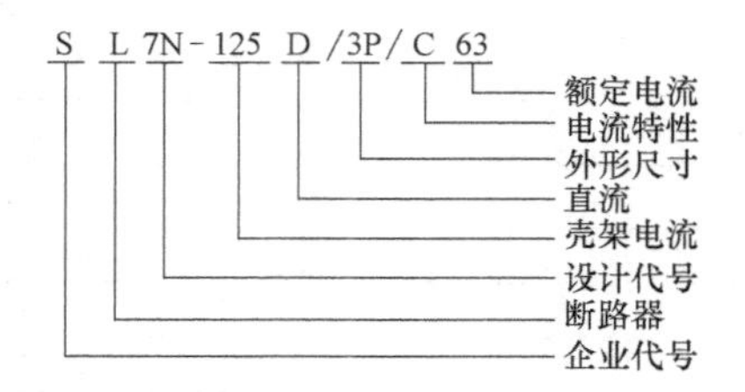

SL7N-125D 系列机械式直流断路器由外壳、手柄、操作机构、触头系统、热脱扣器、电磁系统和灭弧系统等组成，其内部结构如图 4-85 所示。

该小型直流断路器通过过载电流时，双金属片发热弯曲，拉动连杆 4，带动锁扣与跳扣分开，动触头在反力弹簧作用下与静触头分离并产生直流电弧；电磁系统 2 通过短路电流时，线圈产生的磁场使动铁心运动并撞击锁扣，使锁扣与跳扣分离，动触头在反力弹簧作用下与静触头分离并产生直流电弧。直流电弧采取电弧耗能法熄灭。较之交流小型断路器，直流小型断路器的灭弧系统无论是栅片数量还是灭弧室宽度均有所增加。

SL7N-125D 系列无源型机械式直流断路器的主要技术参数见表 4-14，其时间—电流动作特性见表 4-15。

3. 固态直流断路器

（1）定义与分类　固态直流断路器是依靠电力电子器件开关特性实现直流电路通断和保护功能的断路器。

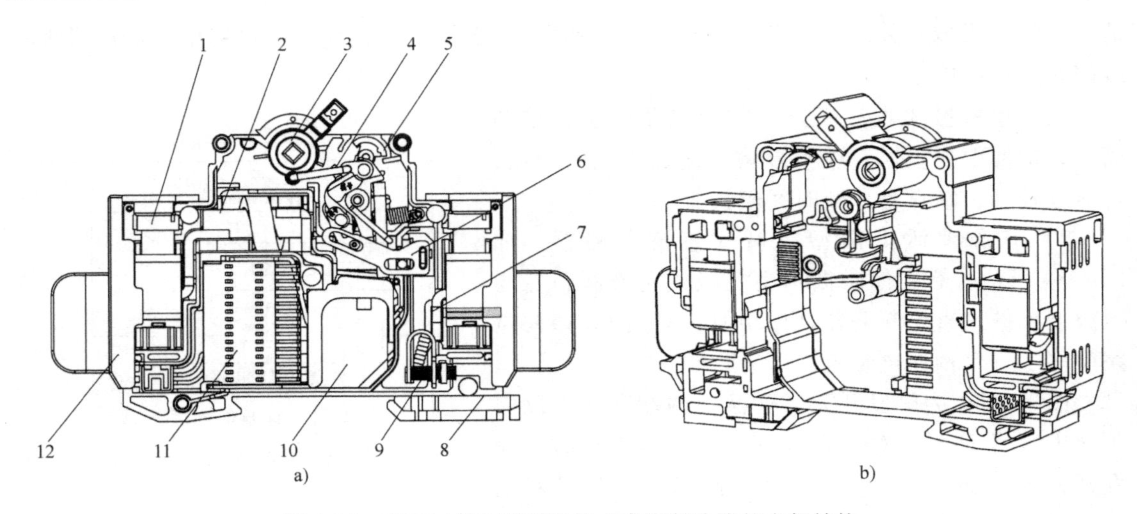

图 4-85 SL7N-125D 系列机械式直流断路器的内部结构

a）组成元件 b）内部结构

1—接线柱组件 2—电磁系统 3—手柄 4—连杆 5—指示件 6—脱扣杆 7—静触头组件 8—卡扣 9—调节螺丝组件 10—导磁系统 11—灭弧系统 12—隔弧罩

表 4-14 SL7N-125D 系列无源型机械式直流断路器的主要技术参数

极数		1P	2P	3P
额定工作电压 U_e		DC 440V/DC 600V	DC 800V/DC 1000V	DC 1200V/DC 1500V
壳架额定电流		80A		
相同壳架的不同电流 I_n		6A、10A、16A、20A、25A、32A、40A、50A、63A、80A		
额定绝缘电压 U_i		690V	1000V	1500V
额定冲击耐受电压 U_{imp}		4kV	6kV	8kV
额定运行短路分断能力 I_{cs}		5kA		
额定极限短路分断能力 I_{cu}		5kA		
机械寿命	实际平均值	30000 次		
	标准规定值	9700 次		
电寿命	实际平均值	1000 次		
	标准规定值	300 次		
脱扣特性		C/D		
脱扣类型		热磁式		

注：符合标准 IEC 60947—2—2016 和 GB/T 14048.2—2020。

表 4-15 SL7N-125D 系列无源型机械式直流断路器的时间—电流动作特性

起始状态	试验电流/A	规定时间	预期效果	备注
冷态	$1.05I_n$	≤63A，t≥1h >63A，t≥2h	不脱扣	—
热态	$1.30I_n$	≤63A，t<1h >63A，t<2h	脱扣	紧接冷态试验后 5s 内升到规定电流
冷态	$2.55I_n$	1s<t<120s	脱扣	—
冷态		1s<t<480s		—
冷态	$8I_n$	t≤0.2s	不脱扣	闭合辅助开关，接通电源
冷态	$12I_n$		脱扣	

注：过电流瞬时脱扣器类型 $I_i=10I_n$，额定电流 I_n≤63A。

按照避雷器接入方式的不同，固态断路器分为并联避雷器型和续流二极管型两种；前者按其固态开关电力电子器件组成的不同，又分为半控型和全控型两种。

（2）研究概况　固态断路器是伴随大功率电力电子器件的发展出现的。1987 年，美国 Texas 大学研制的 200V/15A 样机因开断能力有限，只作原理研究用。2004 年，德国亚琛工业大学提出一种采用电流限制器的 20kV 固态断路器结构，能提高电能质量。2005 年，美国电力电子研究中心研制的 2.5kV/1.5kA 和 4.5kV/5kA 样机可以大幅提高开断能力。2010 年，南京航空航天大学提出了一种采用半控型电力电子器件替换全控型电力电子器件的固态断路器拓扑结构。2012 年底，Alstom 公司研制的 120kV/7.5kA 固态断路器样机的开断能力较强。2014 年，日本电力电子研究中心提出的一种采用续流二极管吸收能量的方案能减少避雷器消耗的能量，减少对避雷器的压力。

（3）工作原理　正常条件下，固态断路器的电流流过电力电子支路。当检测模块通过传感器感知到有故障电流通过线路时将及时发出信号，通过驱动模块将半导体器件关断，故障电流换向至耗能支路，从而消耗电路电感中存储的能量，将故障电流清除。

（4）拓扑结构　典型的固态直流断路器的拓扑结构如图 4-86 所示，其主要由电力电子支路、耗能支路、检测模块、驱动模块和电源模块等组成，其中，电源模块为检测模块和驱动模块供能。固态直流断路器开断波形如图 4-87 所示。

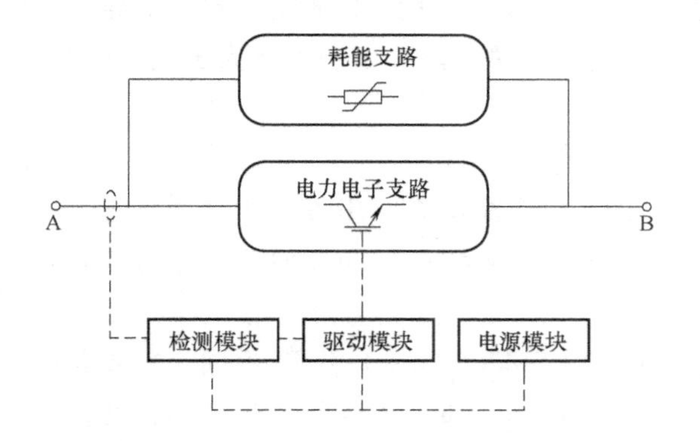

图 4-86　典型的固态直流断路器拓扑结构

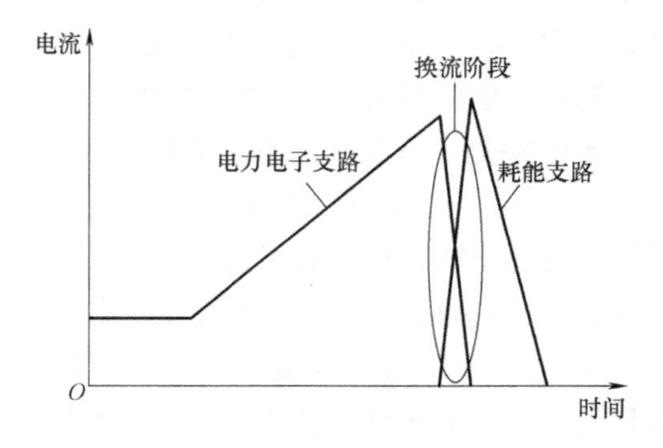

图 4-87　固态直流断路器开断波形图

拓扑结构的设计与优化是研究固态直流断路器的关键，主要包含电力电子主电流支路、过电压保护和驱动电路的设计。其中，电力电子主电流支路的拓扑结构设计是目前的主要研究方向。在直流系统中，电流存在双向流通，因此需要针对电路进行双向保护。常用的双向设计有电力电子器件反向并联、电力电子器件并联二极管后再反向串联和采用桥式电路结构等。

在电力电子器件关断瞬间，线路中会产生过电压。如过电压过大，可能会永久损坏电力电子器件，因此需要增加缓冲支路来保护电力电子器件。与传统换流器中的缓冲支路不同，纯固态断路器由于开断不频繁，对降低损耗要求不高，因此设计更多关注于过电压的抑制。

驱动电路主要用来控制电力电子主电流支路的电力电子器件的动作。根据电力电子器件种类不同，驱动电路主要分为电压驱动和电流驱动两种。驱动电路使用时需外接电源，因此纯固态断路器的体积会有所增大。

（5）器件选择 作为固态断路器的基础构成部分，电力电子器件的性能对固态断路器的开断能力和拓扑结构有着决定性的作用。

根据控制方式不同，电力电子器件分为半控型器件和全控型器件两类。其中，半控型器件以晶闸管（SCR）为主，而全控型器件包含门极可关断晶闸管（GTO）、绝缘栅双极型晶体管（IGBT）和集成门极换流晶闸管（IGCT）等。其中，SCR 价格低廉，有利于降低纯固态断路器的成本，但关断时需要电流过零，使得电路设计更为复杂，同时开断速度低；GTO 响应速度快，开断容量大，但驱动功率要求较高；与 GTO 相比，IGBT 的响应时间更快，但开断容量小，对于大电流，需要多个器件并联使用。

电力电子器件除了自身特性外，影响其正常工作的主要因素是温度。在工作过程中，纯固态断路器的电力电子器件将长时间导通电流，如果没有采取合适的降温措施，器件的温度就会逐渐上升，尤其在开断故障电流时，温度变化更加明显。因此，如何通过合理布局电路和增加降温措施来保障电力电子器件温度不产生异常，是纯固态断路器发展过程中一个重要问题。

随着科技的进步，以 Si 为材料的半导体器件已经不足以满足要求，新型宽禁带半导体得到了快速发展，其中发展较为成熟的主要为碳化硅（SiC）和氮化镓（GaN）。与传统电力电子器件相比，新型电力电子器件具有更快的响应速度、更优异的开断性能和更低的导通损耗，其中 GaN 具备更加优异的耐高压性能，而 SiC 则在传热性能方面表现更为出色，因此，SiC 更加适用于低压纯固态断路器中。

示例 4-25：不同的固态直流断路器电路的设计方案。

设计方案 1：正常工作状态下，以 SiC 为材料的场效应晶体管（JEFT）为导通状态，不需驱动电路供能，同时其通态电阻较低、导通损耗较小，因此采用 SiC JEFT 设计的纯固态断路器可实现自动开断故障电流的功能。

设计方案 2：金属氧化物半导体场效应晶体管（MOSFET）与 SiC JEFT 不同，需要驱动电路长时间导通来维持其正常工作。通过分析纯固态断路器中的 SiC MOSFET 开断特性，发现造成 MOSFET 失效的主要原因是故障电流超过其自身饱和电流，而且饱和电流与栅极电压和器件自身工作温度密切相关。

设计方案 3：随着 IGBT、IGCT、GTO 等全控器件的应用，固态直流断路器产品研发取得了较大发展，如美国电力电子系统研究中心（CPES）研制了 2.5kV/1.5kA 和 4.5kV/4kA 直流断路器样机；大连理工大学基于 IGBTs 研制了 750V/2kA 车载直流断路器。

（6）优缺点

1）优点：①与传统断路器的机械结构相比，纯固态断路器的电力电子器件响应速度较快，关断时间仅几百 μs，能够极大地减小故障电流带来的危害；②由于没有金属触头的开断，因此不会产生故障电弧，非常适用在全电飞机、船舶等工况下运行；③纯固态断路器不存在器件使用时间长导致的机械磨损，可实现多次开断，使用寿命可大大延长。

2）缺点：①大量使用电力电子器件，导致成本高昂；②在正常工作环境中，依然有电流流过电力电子支路，造成通态损耗大；③电力电子器件在正常工作和短时开断过程中，会产生大量热量，导致断路器内部温度上升，严重时可能损坏器件甚至造成安全事故，因此如何散热是需要重点考虑的问题。

4. 混合式直流断路器

近年来，随着直流微网、城市轨道交通直流牵引系统、舰船直流供电系统的发展，对高性能、大容量的低压直流断路器的需求日益迫切，由于基于机械开关与电力电子开关的混合式直流断路器综合了机械开关通流能力大、全控器件开断快的优势，因此其在高、中、低压直流领域引起了广泛关注。

（1）研究概况　混合式断路器最早出现在 20 世纪 90 年代。

国外对混合式直流断路器的研究比较早。2006 年，瑞典基于 IGCT 研制出 1.5kV/4.5kA 自然换流型混合式直流断路器，采用并联 IGCT 结构，提高了分断电流能力，但电压等级相对较低。2011 年，意大利利用 IGCT 串并联技术，研制了 10kA 自然换流型混合式直流断路器样机，在保证分断电流能力的基础上提高了分断电压等级。2012 年，ABB 公司基于 IGBT 制出了 320kV/9kA 基于全控型器件的强制换流型混合式直流断路器，该方案真正实现了机械断路器无弧分断。2015 年，美国北卡罗来纳大学基于碳化硅（SiC）器件，研制了 15kV/45A 基于全控型器件的强制换流型混合式直流断路器，新器件的应用使得该断路器在通态损耗以及分断时间上存在一定优势，这也是首次将新器件应用到直流断路器领域。

国内的混合式直流断路器研究起步相对较晚。2013 年，西安交通大学提出用液态金属故障限制器代替辅助换流电路，以降低通态损耗；海军工程大学研制的基于半控型电力电子器件的双向非一致型混合直流断路器采用两种工作模式，分别实现了自然换流和强制换流，主要应用在舰船领域。2014 年，国网智能电网研究院设计了基于晶闸管的机械断路器无弧分断混合直流断路器方案，首次用半控型器件实现机械开关无弧分断。

（2）定义与分类　混合式直流断路器（Hybrid Circuit Breaker，HCB），是采用机械结构与电力电子器件相结合的方式，用以开断直流故障电流的断路器。其具有导通损耗低、开断速度快的特点，但复杂控制方式、机械与电力电子器件时序配合问题，成为研发需要解决的关键问题。

混合式直流断路器根据换流方式的不同，分为自然换流型和强制换流型两种。

（3）拓扑结构

1）自然换流型混合式直流断路器。拓扑结构如图 4-88 所示，包含由机械断路器构成的主电流支路、固态断路器构成的换流支路和由避雷器构成的耗能支路三条支路。

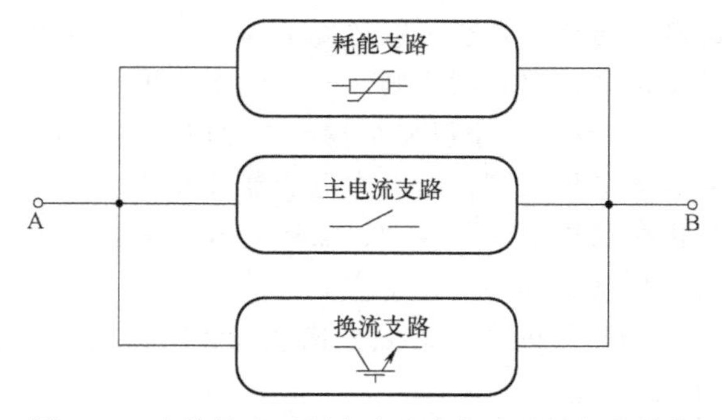

图 4-88　自然换流型混合式直流断路器的拓扑结构

2）强制换流型混合式直流断路器。按照电力电子器件组成的不同，强制换流型混合式直流断路器分为“半控型器件”和“全控型器件”两种强制换流，它们的拓扑结构如图 4-89 所示，包含机械断路器构成的主电流支路、固态断路器构成的换流支路和由避雷器构成的能量吸收电路三条支路。

图 4-89 中，全控型器件强制换流混合式直流断路器在机械断路器所在支路中串联辅助换流电路。发生短路故障时，辅助换流电路分断，强制电流向固态断路器转换，机械断路器

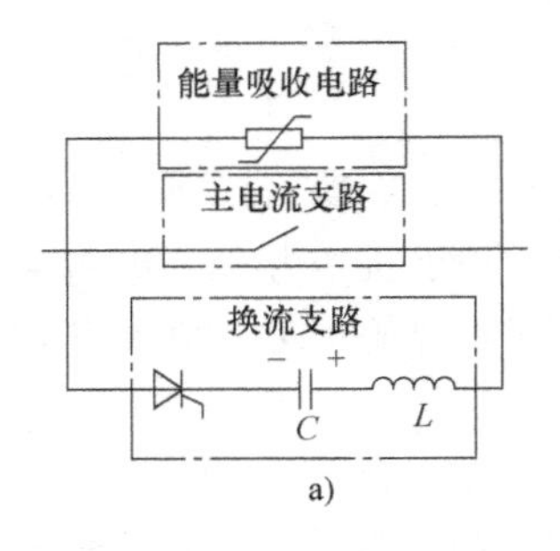

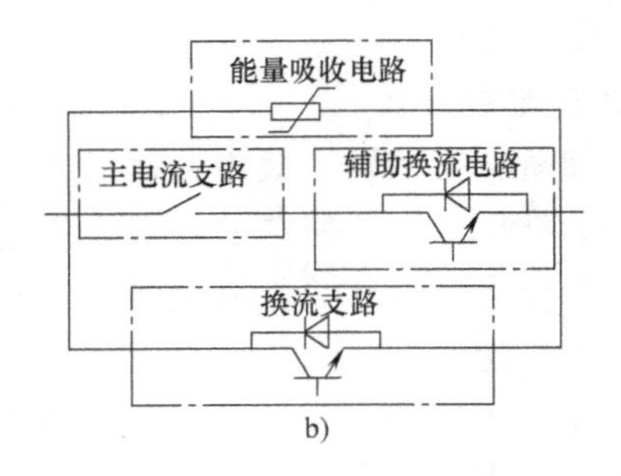

图 4-89　强制换流型混合式直流断路器的拓扑结构

a）半控型器件强制换流　b）全控型器件强制换流

在零电流下分断，无燃弧现象。所以此类断路器使用寿命较长、体积较小，而且模块化便于扩展容量，控制灵活方便。但辅助换流电路的加入，使得断路器的通态损耗有所增加，同时全控型器件投入巨大，费用相对较高。此类断路器可用于高压直流输电。

（4）开断波形　混合式直流断路器开断波形如图 4-90 所示。

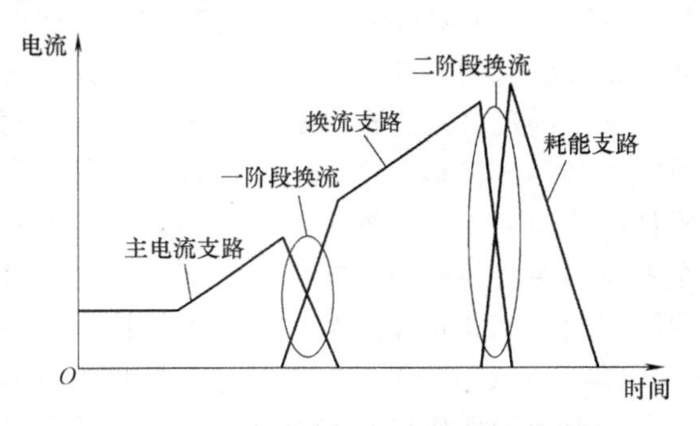

图 4-90　混合式直流断路器开断波形图

正常工作时，机械断路器导通额定电流。当故障产生时，电流迅速上升，机械断路器断开，金属触头间产生电弧；此时电力电子器件导通，电流转换至换流支路，该过程为一阶段换流；当电弧成功熄灭并不会再次重燃后，换流支路关断，电流转换到耗能支路，为二阶段换流过程，最终由耗能支路消耗电路中的剩余能量。

（5）优缺点

1）优点：①正常工作时，电流流过机械断路器的金属触点，由于触点间电阻很小，因此其导通损耗几乎可以忽略不计；②开断过程中，引入电力电子换向支路，因此开断时间得到了保证，更有利于确保故障电流的正常开断。

2）缺点：①机械结构与电力电子器件配合的时序问题较为复杂，机械结构的动作时间通常为毫秒级别，而电力电子器件在几十微秒内便能完成动作；②电力电子器件的通流能力与机械结构的差距较大，需要充分考虑器件的通流能力；③机械模块同电力电子模块难以集成，限制了其小型化生产。

（6）开断方式　混合式直流断路器根据开断条件不同，分为零电压开断与零电流开断两种方式。

1）零电压开断。是开断时刻机械断路器两端电压近似为零。当触头打开时，由于电弧电压的作用，电流可以实现自然换向。该方法的电路拓扑较为简单，控制策略便捷，但缺点是开断时会产生电弧，鉴于以上特点，该方法更加适合于常规低压系统。

2）零电流开断。是机械断路器在电流接近零时断开的方法。作为一种强制换流方式，它可实现无弧开断，对器件的损害更小。相比零电压开断，该方法的电路设计和开断策略更复杂，对时序控制的要求也更加严格，适用于无弧工作场合，如飞机和船舶等。

混合式直流断路器零电流开断，有人工过零点和串联辅助换向开关两种方式。其中，人工过零点是通过人为注入逆向电流，使主电流支路中的电流过零完成开断。它包括两种实现方案：一种是通过并联 LC 振荡回路来实现，该方案目前主要用于高压系统；另一种是通过让预先充电的电容放电，形成反向电流，当故障电流减小至零时，再将机械断路器断开。

人工过零点的方法对减少电弧危害具有重要作用，但如何在电流过零点实现准确开断，还是一个难点。通过在主电流支路串联辅助换向开关来实现电流过零，也是一种有效办法。

示例 4-26：几种典型混合式直流断路器。

荷兰 Delft 大学 Polman H 等基于 IGBTs 和快速斥力开关设计了额定参数为 600V/6kA，完全开断时间为 1.2ms 的舰船用零电压关断（Zero Voltage Switch，ZVS）型 DC HCB。

瑞士工业电子实验室 J. Meyer 等利用高速电磁斥力开关和 IGCT，研制了应用于轨道交通领域的 1.5kV/4kA DC HCB。

大连理工大学研制出 400V/10kA 混合式 ZVS 直流断路器样机，并对其电流转移特性进行了研究。

海军工程大学提出一种新型 ZCS-DC HCB 的拓扑结构，旨在改善直流断路器在短燃弧、小间隙下的开断性能。

5. 三类直流断路器的特性指标对比

综上所述，机械式、固态式和混合式三类直流断路器的开断时间、通态损耗、换流可靠性、控制难易程度等特性指标各有差异，比较结果见表 4-16。

表 4-16　三类五种直流断路器的特性指标比较

对比指标	机械式		固态式	混合式	
	栅片灭弧型	人工过零型		自然换流型	强制换流型
开断时间	中	中	极短	短	短
电弧冷却方式	栅片换热冷却	过零自然冷却	无电弧	过零自然冷却	过零自然冷却
电弧烧蚀	严重	严重	无	一般	一般
电寿命	短	短	较长	长	长
换流可靠性	一般	一般	高	一般	高
通态损耗	低	低	高	低	与换流有关
冷却设备	无	无	有	无	与换流有关
可控性	一般	一般	容易	较容易	较容易
控制难易程度	一般	高	较高	高	较高
成本	低	低	高	一般	一般

6. 新型直流断路器的设计技术方向

新型直流断路器未来的研究新方向，包含优化控制策略、设计集成模块、提升开断性能和建立仿真模型，简述如下。

（1）优化控制策略　传统断路器的开断时间由其机械结构所决定，虽然具有较好的重复性，但不能实现故障电流的灵活开断。新型直流断路器需要 CPU 进行驱动，因此可以实现更加灵活的控制策略。采用更加优异的控制策略，不仅可以更好地减少断路器的损耗，还能够进一步降低成本。

(2) 设计集成模块 新型断路器如何集成模块，是其进一步发展需要对待的重要问题。

对纯固态断路器，模块集成主要包含电力电子器件的选择、线路布局的优化和散热装置的轻量化等。合理选择电力电子器件的型号，不仅可以实现开断性能的提升，而且可以进一步缩小模块体积；线路布局的不合理，可能会导致杂散电感的增加，从而导致关断时间延长和较高的过电压产生，同时器件之间还会产生电磁干扰。散热装置在纯固态断路器中是一个重要组成部分，在设计散热装置时不仅要保障其散热性能，而且要进一步缩小体积。

对混合式断路器，模块集成除了上述电子电路的问题，还要关注机械部件和电力电子器件的集成问题。由于在机械支路中有电弧产生，因此电弧对电子模块的影响也需要认真研究。模块集成化设计，可以使新型断路器实现轻量化、小型化，更加灵活地适应不同的工况。

(3) 提升开断性能 直流断路器的开断性能包含开断时间和开断故障电流容量。其中，开断时间主要受电力电子器件控制策略和机械开关共同影响，而开断故障电流容量主要受限于电力电子器件的通流能力。

对纯固态断路器，提升开断性能的方法包含使用性能更加优异的电力电子器件和采取多个器件串并联的方式，但是需要在开断性能和成本之间进行权衡。

对混合式断路器，则需考虑机械断路器和电力电子器件在通流时间和通流能力间的匹配问题。开断性能的提升，意味着可以更快开断峰值更大的电流，对提高低压直流系统安全运行的可靠性具有重要意义。

(4) 建立仿真模型 建立仿真模型，可以对新型直流断路器出现的具体问题有更加深刻的了解。目前混合式断路器的仿真分析方法主要是通过搭建电路拓扑，模拟电流开断过程；但是该方法大多采用理想开关来代替断路器，无法准确体现故障电弧的影响，因此，需要考虑加入电弧模型，以提高仿真的准确性。

4.6.2 5G 专用 1U 交直流小型断路器

1. 概述

5G 专用 1U 交直流小型断路器是 5G 基站建设中为满足机柜提出的特殊尺寸规格要求而研发的一种小型断路器。

“U” 这个词最早用于描述通信交换机架结构的高度，后被引用到服务器的机架结构中。目前，作为非正式标准用在机架结构上，1U=4.45cm，也就是说，高度大约 40mm、能装在服务器机架内的断路器，就叫作 1U 断路器。

5G 基站之所以要采用 1U 断路器而不使用传统断路器，是因为 5G 基站的 AAU（Active Antenna Unit）设备采用的 MassiveMIMO（大规模多输入多输出）技术造成设备功率增大（5G 基站功率约为 4G 基站的 3~4 倍），配电回路数更多，电池体积和数量也相应增加，为节省占地面积和成本，要求开关电源实现配电模块化、小型化，作为控制保护的传统断路器的高度无法满足需求。

2. 结构

图 4-91 为应用于 5G 通信机柜中的 1U 断路器的构成元件和内部结构。

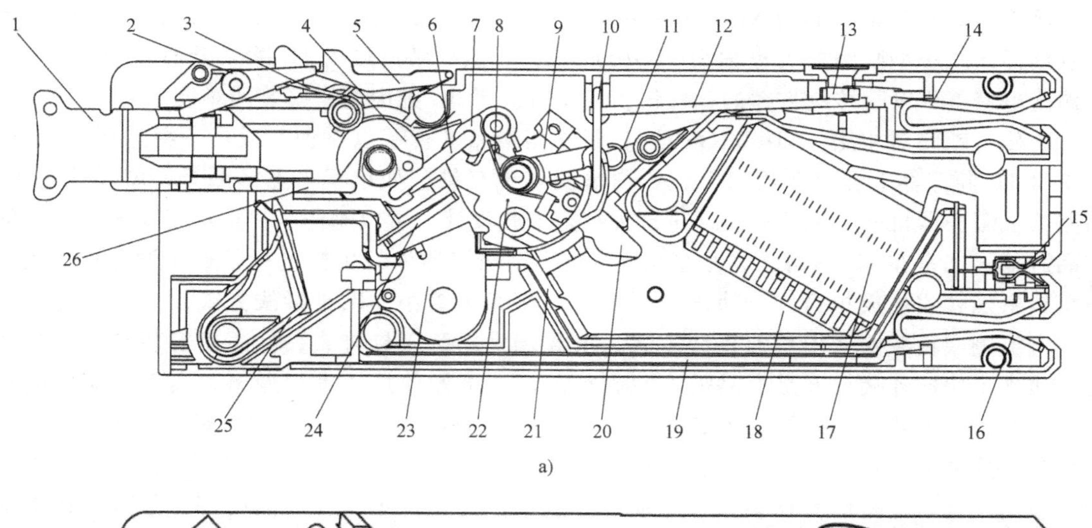

a)

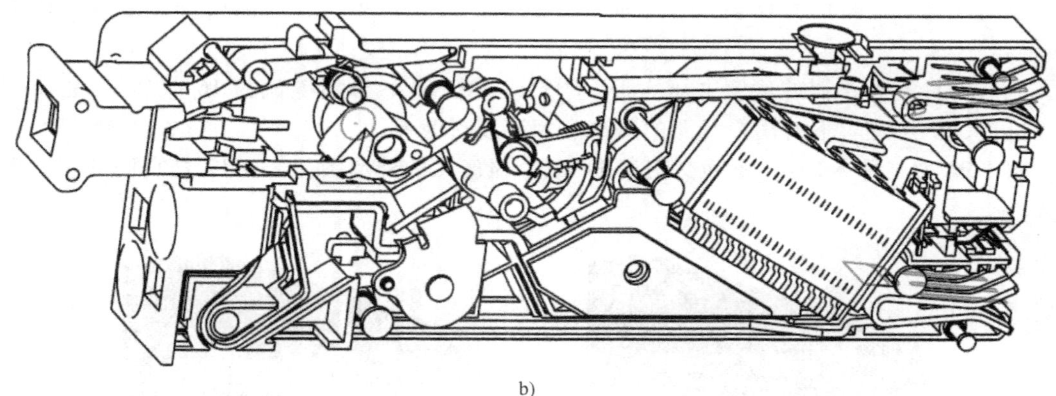

b)

图 4-91　应用于 5G 通信机柜中的 1U 断路器的结构示意图

a）构成元件　b）内部结构

1—按钮　2—解锁件　3—卡扣扭簧　4—手柄　5—牵引卡扣　6、26—连杆　7—跳扣　8—锁扣扭簧　9—支架　10—牵引杆　11—拉簧　12—双金属片　13—调节螺钉　14、16—进线端子　15—信号端子　17—灭弧室　18—隔弧板　19—直通极　20—动触头　21—静触头　22—锁扣　23—短路保护磁轭线圈　24—衔铁　25—出线端子

3. 工作原理

1U 断路器具有隔离、过载保护和短路保护的功能。

当线路或设备发生过载时，1U 断路器采用热脱扣方式，利用双金属片 12 实现过载保护。即当热脱扣器的热元件持续发热、双金属片 12 受热弯曲后，推动牵引卡扣 5 与跳扣 7 解扣，破坏四连杆平衡，推动自由脱扣机构动作，使动触头 20 和静触头 21 分开，将主电路断开。调节螺钉 13 的主要作用是调节双金属片与牵引杆之间的间隙，保证产品在允许电流范围内稳定工作，在过载电流出现时可靠动作。

当线路或设备发生短路时，1U 断路器实现短路保护的电磁系统采用拍合式电磁铁，其可使 1U 断路器体积更小，节省空间。如图 4-91 所示，当衔铁 24 吸合时，推动牵引卡扣 5 与跳扣 7 解扣，破坏四连杆平衡，推动自由脱扣机构动作，使动触头 20 和静触头 21 分开，将主电路断开。

示例4-27：良信电器的NDB6A系列1U断路器是为满足5G通信机柜要求，于2019年研发的插入式小型断路器（也称5G专用断路器），其安装高度由3U缩减至1U，使5G基站电源配电密度提升至传统方案的2.6倍，成功解决了5G配电高密安装的难题。

与传统断路器相比，NDB6A系列1U断路器产品进行了以下创新设计，特点更加明显：一是将1U断路器卡在服务器机架上，与电源实现互锁，如果不把电源断开，就不能把1U断路器从服务器机架上取下来，通过这种锁定卡扣设计，可以避免因机框或柜体振动导致的产品脱落；二是在1U断路器宽度方向将传统小型断路器内部机构进行了重排设计；三是电磁机构由螺管式变成拍合式，使电磁系统的体积大大缩小；四是接线方式发生了变化，其中，电池侧或负载侧采用快速接线方式，电源端采用插入母排式，从而使安装与取电更便捷，实现了快插连接；五是产品需安装到位后，才可操作按钮进行通电，实现了防触电功能；六是将指示功能与操作按钮集成为一体，按下合闸、拉出分闸，合闸显示红色、分闸显示绿色，这种一键式按钮设计不仅给人更直观的视觉感受，而且拉拔按钮可完成产品断电和快速拔出功能；七是信号反馈设计方面，通过把信号端子集成在产品内部，信号反馈更加可靠。

该系列直流断路器的额定电压为DC 60V或DC 80V，额定电流为16~125A，主要用于电信机柜、机房或者下游用户线路的隔离、短路及过载保护。

图4-92为三种NDB6A系列交直流1U断路器产品的外形图，表4-17是它们的主要性能参数。

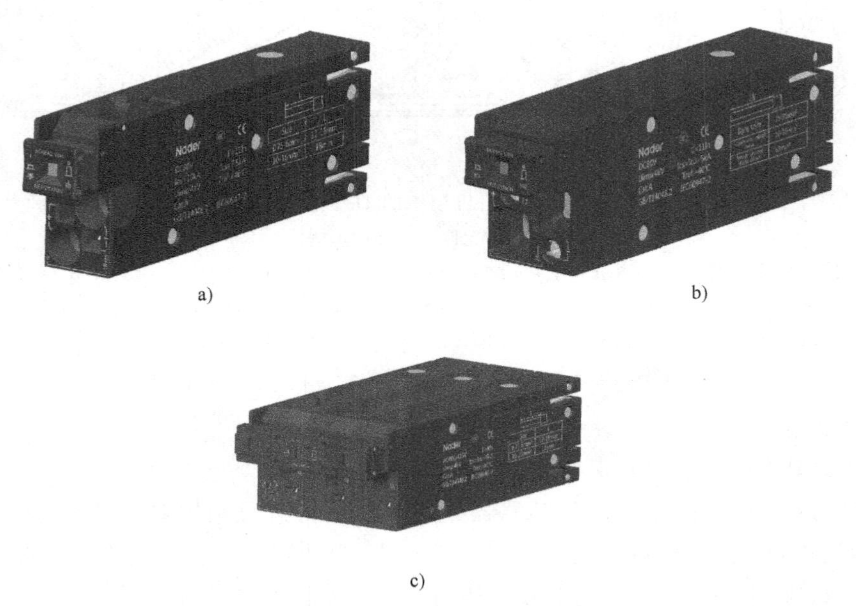

图4-92　三种NDB6A系列1U断路器产品的外形图

a）NDB6AZ-63H 1PN（直流，1P）　b）NDB6AZ-125H 1PN（直流，1P）　c）NDB6A-63H 3P（交流，3P）

NDB6A系列1U断路器的安装方式如图4-93所示。安装时，1U断路器需插入到5G通信机柜中，即1U断路器将沿导向槽滑入5G通信机框。当1U断路器卡扣滑入5G通信机柜的机框孔时，1U断路器的两个进线端子和一个信号端子就分别与5G通信机柜的两个进线母排和一个信号母排可靠接触。

表 4-17　三种 NDB6A 系列 1U 断路器产品的主要性能参数

型号	额定工作电压 U_e/V	极数	额定电流 I_n/A	短路分断能力 /kA	机电寿命 /次	防雷击
NDB6AZ-63H	DC 60/80V	1PN	16/20/32/40/50/63	10	10000	8/20μs 波形，20kA，±5 次产品不损坏
NDB6AZ-125H			80/100/125	10	10000	
NDB6A-63H	AC 400/415V	3P，4P	63	6	10000	

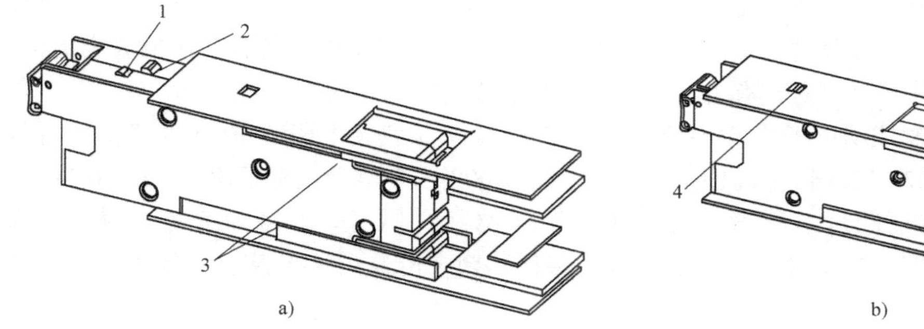

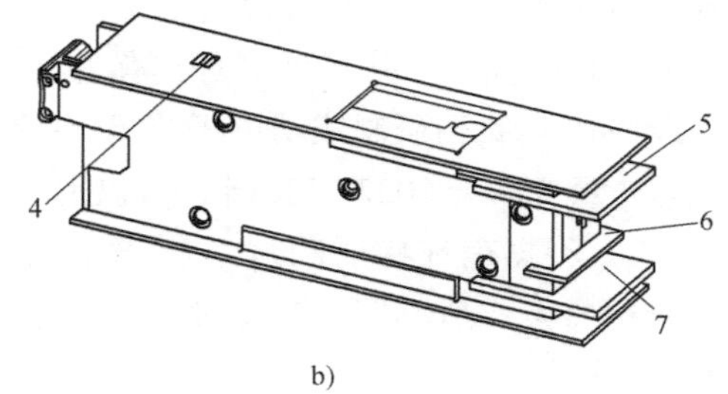

图 4-93　应用于 5G 通信的 1U 断路器的安装方式

a）1U 断路器滑入 5G 通信机框　b）1U 断路器与 5G 通信机框可靠接触

1—解锁件　2—卡扣　3—1U 断路器沿着自身两侧导向槽滑入机框　4—1U 断路器沿着自身两侧导向槽滑入机框孔　5、7—进线母排　6—信号母排

与传统断路器在任意状态均可操作按钮进行分合闸操作不同，1U 断路器可以利用解锁件锁定断路器分闸状态，防止断路器合闸带电操作；只有先对解锁件解扣，即机框将解锁件按压与产品表面齐平后，1U 断路器才可以合闸。

4.6.3　电子式剩余电流动作保护器

1. 定义与分类

（1）定义　剩余电流动作保护器（Residual Current Operated Protective Device，RCD）是一个适用于剩余电流等于或超过额定剩余动作电流时能自动断开的产品族。其包括：

1）有漏电和短路保护、不带过电流保护的剩余电流动作断路器（Residual Current Circuit Breaker，RCCB），符合 GB/T 16916.1—2014 和 GB/T 22794—2017 标准。

2）具备“短路+过电流+漏电”三种保护功能的剩余电流动作断路器（Residual Current Circuit Breaker with Overcurrent Protection，RCBO），符合 GB/T 16917.1—2014 和 GB/T 22794—2017 标准。

3）带或不带过电流保护的插座式剩余电流电器（SRCD），符合 GB/T 28527—2012 标准。

4）不带过电流保护的移动式剩余电流装置（PRCD），符合 GB/T 20044—2012 标准。

5）用于 I 类和电池供电车辆的可开闭保护接地移动式剩余电流装置（SPE-PRCD），符合 GB/T 29303—2012 标准。

6）具有剩余电流保护的断路器（CBR），符合 GB 14048.2—2020 标准，适用于主触头用来接入额定电压不超过 AC 1000V 或 DC 1500V 电路中的断路器。

7）剩余电流装置模块（MRCD），符合GB/T 14048.2—2020标准，适用于电流传感器和/或处理器与电流分断装置分开安装的剩余电流装置模块。

（2）分类

1）根据其内部有无电子信号放大器，RCD可分为电磁式和电子式两种。其中电磁式RCD利用互感器的输出信号直接驱动电磁脱扣器动作，其工作不需要辅助电源，结构简单，可靠性高。但是其对互感器和脱扣器的要求较高，并且无法对含有直流分量（包括脉动直流分量和平滑直流分量）的剩余电流进行有效保护。而电子式RCD内部具有电子信号放大器，其互感器的输出信号经过电子信号电路处理后控制脱扣器动作，具有动作值整定灵活、性价比高的优点，并且可以对含有直流分量的剩余电流进行有效保护。

1985年我国研制成功电子式RCD并投入生产。2017年我国电子式RCD的产量约占行业总产量85%。2022年我国95%以上的终端领域和100%的配电领域都采用电子式RCD。

2）根据表现特征和波形状态不同，RCD分为AC型、A型、F型和B型四类。不同RCD的特点有所不同，其中确保脱扣的条件、特征、剩余电流的波形及应用场景的对比见表4-18。

表4-18 不同类型的RCD的比较

类型	确保脱扣的条件	特征	剩余电流的波形	应用场景
AC型	正弦交流剩余电流	50Hz		住宅：主要为家用电器，如白炽灯、热水器等
A型	①同AC型；②脉动直流剩余电流；③脉动直流叠加6mA的平滑直流电流	增加脉动直流，叠加平滑直流		住宅、商建：如电磁炉、微波炉、洗碗机；写字楼：各类电脑
F型	①同A型；②由相线和中性线供电的电路产生的复合剩余电流；③脉动直流叠加10mA的平滑直流电流；④变频装置产生的多频复合剩余电流	增加复合波剩余电流		住宅：变频空调、变频洗衣机；商建：空调，泳池变频水泵、加热泵
B型	①同F型；②1kHz及以下的正弦交流剩余电流；③交流剩余电流叠加0.4倍$I_{\Delta n}$或10mA的平滑直流电流（取大值）；④脉动直流剩余电流叠加0.4倍$I_{\Delta n}$或10mA的平滑直流电流（取大值）；⑤下列整流线路产生的直流剩余电流：双极、三极和四极剩余电流装置的连接到相与相的双脉冲桥式整流电路；三极和四极剩余电流装置的三脉冲星形联结或六脉冲桥形连接整流电路；⑥平滑直流剩余电流	增加到1kHz剩余电流		工业：起重机、行车；民用：充电桩、电梯

2. 新形势下RCD面临的问题

随着我国智能电网的建设，物联网的应用、“双碳”计划与“新基建”的实施，新能源技术、新能源汽车及电动车充电站得到广泛使用，利用电子、微电子、直流电流检测等新技术的用电设备和相关电力电子设备不断增多。智能电器的普及应用使用电线路的用电状态更趋复杂性，交流线路中的直流分量不断增加，并且也加大了直流剩余电流的产生，这对剩余电流保护装置的检测能力提出了更高的要求。与此同时，各种接地短路等故障也给使用人员和相应设备造成了伤害和损坏，如何采用剩余电流保护新技术开发 RCD 电器设备对使用人员和相应设备进行保护，成为人们日常用电最关注的问题。

3. 新型电力系统中出现的各种剩余电流带来安全隐患

随着新型电力系统的建设，电器日益科技化复杂化，人们接触的漏电不再是传统的正弦交流漏电。以电动汽车充电系统为例，由于车辆使用过程中出现颠簸振动、器件老化等情况，使车载充电机的绝缘出现问题，可能会产生 A、AC、F、B 型剩余电流。A、AC 和 B 型等 RCD 已不足以满足新型用电线路中剩余电流的检测，因此使用传统 RCD 存在触电风险。

随着变频技术的发展，变频器、逆变器等电子设备负荷逐渐增多。变频器在整流和逆变过程中都会产生高次谐波，设备内部电路存在的 Y 电容及设备的电缆、机壳、绕组等部件与地之间存在的寄生电容，都会因高次谐波产生剩余电流。从防火角度看，高频剩余电流能量不弱，在一定条件下会引发火灾。变频器中的高频、高脉冲信号比常规信号高，频率高达几十至几百 kHz，仅配置 AC 型、A 型和 B 型剩余电流保护的系统很难确保检测的可靠性，对剩余电流保护技术提出了新的要求和挑战。

示例 4-28：对 AC 型 RCD，当主回路出现直流剩余电流时，会造成磁环铁心的预先磁化，导致检测装置脱扣值偏移，进入磁饱和区，剩余电流检测会失准或无法正常工作，其在直流剩余电流下的磁化曲线如图 4-94 所示。因此，德国等国家已禁止使用传统的 AC 型 RCD。

示例 4-29：对 A 型 RCD，在直流剩余电流下的磁化曲线如图 4-95 所示，其磁化特性更强，能在较小的脉动型直流剩余电流下正常工作；当主回路出现较大的平滑型直流剩余电流时，剩余电流检测仍会失准无法正常工作，从而带来巨大的安全隐患。

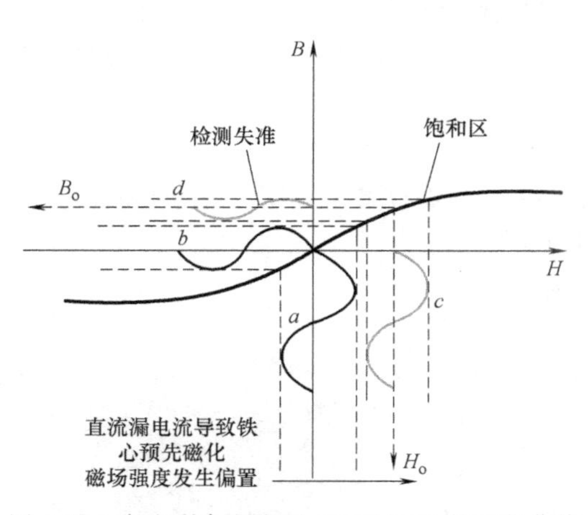

图 4-94　直流剩余电流下 AC 型 RCD 的磁化曲线

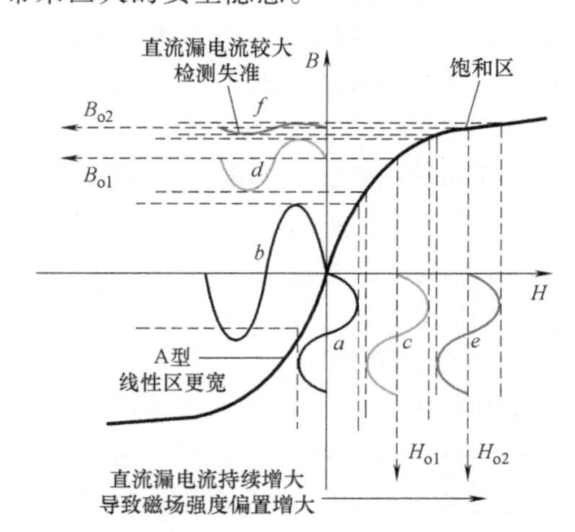

图 4-95　直流剩余电流下 A 型 RCD 的磁化曲线

4. 电子式 RCD 采用的数字化检测新技术

（1）意义　传统剩余电流检测方案使用的放大比较电路为模拟电路，存在元件相对固定、激励电压大、功耗较高、温度使用范围受限、无法测算剩余电流的类型和大小、软件辅助少、不支持智能化分析等缺点，无法满足日益变化的线路剩余电流检测要求。因此，研究电子式 RCD 数字化检测技术具有重大的现实意义。

（2）技术　面对新型电力系统中电子设备负荷的增多对剩余电流保护技术提出的新要求，国内许多高校和科研院所针对剩余电流保护技术进行了一些研究，并取得了一些成果。

示例 4-30：福建省计量科学研究院提出的面向电子式 RCD 的 B+型剩余电流检测技术和数字化检测方案。该方案充分利用集成芯片技术，通过神经网络 AI 建模，不仅提高了检测的精确性和可靠性，减少了误判漏判，而且采用大量数据采集分析，提升自动化程度和智能预警能力，减少人工投入，提高了检测效率。

1）B+型剩余电流检测技术：在原有 B 型剩余电流检测的基础上，将高频剩余电流的检测频率增加到 150kHz。基于磁通门的原理，采用单磁心和单绕组的结构。为保证剩余电流检测的有效可靠，通过 DSP（Digital Signal Processor）控制模块的程序设定一个自检周期，针对高频剩余电流的检测频率，发送一个特定频率的自检电流，对剩余电流检测通道进行周期性自检，并通过离散傅里叶变换获取信号的频域特征，以区分自检电流和线路上的剩余电流。

2）B+型剩余电流数字化检测方案：将芯片异构结构和神经网络 AI 智能算法相结合。数字化检测方案集成了高速 DSP 单元、神经网络算法单元、B+型剩余电流检测单元，利用主 CPU 系统和协处理器系统的同步异构处理方式，结合多维度数据采集与神经网络卷积 AI 算法，通过自由调节参数以适配不同场景（$I_{\Delta n}$ 值的软件调整），具备低电压、低功耗、温补提升、可以精确区分剩余电流类型和大小等特点。

3）B+型剩余电流检测结果：数字化剩余电流检测系统包含单线圈、模拟前端、专用 DSP（专用芯片）和 AI 模块。检测系统针对交流剩余电流、交流叠加直流剩余电流和脉动直流剩余电流进行了检测。检测结果表明：测试系统通过采集更大数据量并进行曲线拟合，能更好地提取图片的整体和局部信息，在多通道特征信息处理上具备较大的优势，并可通过模型参数的修改调整方案适应性，充分发挥数字化数据分析处理和辨别决策的优势。

5. 采用检测新技术的电子式 RCD 产品

采用检测新技术的电子式 RCD（剩余电流断路器）主要有 B 型 RCD（家用和配电用）、电动汽车和电动车充电装置用 RCD 和直流系统 RCD 等。

（1）B 型 RCD　B 型 RCD 有家用和配电用两种。

1）B 型家用 RCD。

示例 4-31：德国 Doepke 公司的 DFS 4 极 B 型 RCD 的外形如图 4-96 所示。其额定电流 I_n 为 16～125A；极数有 2P、4P；额定电压：2P 为 230V，4P 为 230V/400V、290V/500V；额定剩余动作电流 $I_{\Delta n}$ 为 30～500mA；外形尺寸：2P 为 85mm×36mm×69.5mm，4P 为 85mm×72mm×69.5mm。采用变频技术、直流传感器技术和信号处理技术后，DFS B 型 RCD 功能更完善，而体积减小了一半。产品采用两套不同的检测装置，分别检测 AC 型/A 型剩余电流和 B 型剩余电流。除具有一般的 B 型剩余电流断路器的保护功能外，

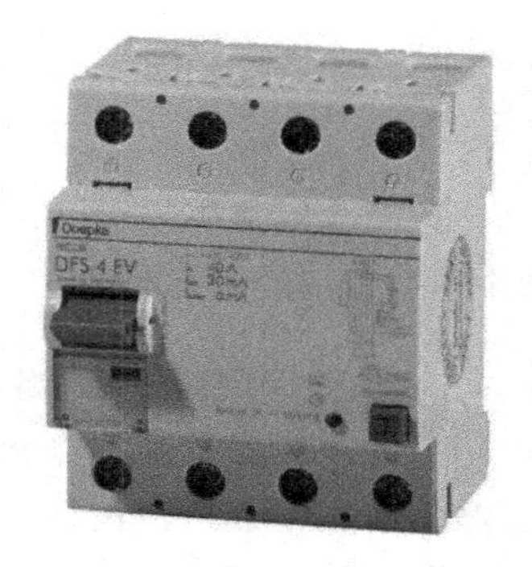

图 4-96　DFS 4 极 B 型 RCD 的外形

DFS B 型 RCD 还可以对 1MHz 的高频故障电流进行保护。

2）B 型配电用 RCD：由塑料外壳式低压断路器和剩余电流模块拼装而成。

示例 4-32：ABB 公司的 RC223 B 型剩余电流模块与 Tmax T4 断路器组装成 B 型配电用 RCD。其除了可以检测交流故障电流、脉动直流故障电流和平滑直流故障电流外，还可以检测频率高于 50Hz 的交流故障电流，并设定灵敏度分别为 400Hz、700Hz、1000Hz，以满足三相电流传动装置（400Hz）、纺织工业（700Hz）、汽车工业（1000Hz）等场所对不同频率的要求。

（2）电动汽车和电动车充电装置用 RCD　电动汽车充电基础设施主要包括各类集中式充（换）电站和分散式充电桩。按照充电装置与电源的连接方式，电动汽车有四种充电模式，每种充电模式要求安装不同类型的 RCD，详见表 4-19。

表 4-19　充电模式及所要求的 RCD

充电模式	供电设备要求 RCD 类型	充电连接电缆要求的产品类型
充电模式 1	建筑物插座前端安装 A 型 RCD	SPE-PRCD
充电模式 2	建筑物插座前端安装 A 型 RCD	IC-CPD
充电模式 3	交流充电桩或充电站安装 B 型 RCD 或 A 型 RCD+RDCMD	—
充电模式 4	交流充电桩或充电站安装 DC-RCD	—

电动汽车和电动车充电装置用 RCD 包括用于Ⅰ类绝缘和电池供电车辆的可开闭保护接地移动式 RCD（SPE-PRCD）和用于电动汽车充电模式 2 的 RCD。

1）SPE-PRCD 是专门用于具有Ⅰ类绝缘和电池充电装置的电动车辆遭到电击（如接地 PE 线带电和/或电源故障导致电击或设备损坏）时起保护作用的移动式 RCD，其具有一个可开闭的接地保护。SPE-PRCD 由一个插头、一个 RCD 和一个移动式插座组成，适用于单相和两相电路，额定电流/额定电压不超过 AC 16A/250V 或 AC 32A/130V，额定剩余动作电流不超过 30mA。除了具有剩余电流保护外，其还具有可开闭 PE 保护电线的触头，在发生诸如保护接地断开、中性线断开、相线断开、L 导线和 N 导线反接或任何电源导线接错等的电源故障时，能够立即断开包括 PE 线在内的所有电源电路，保证用电设备的安全。SPE-PRCD 适用于电动汽车充电模式 1，即将电动车辆连接到交流电网时使用已标准化的插座，用单相或三相交流电，并使用相线、中性线和接地保护导体。此外，SPE-PRCD 还可以对各种电源导线接错或断线引起的危险带电状况进行保护，确保电动车和车载充电设备的安全。

示例 4-33：Kaper 公司的 SPE-PRCD，额定电压为 AC 250V、额定电流为 16A，额定剩余动作电流为 30mA，带一个插头和一个插座，分别连接到电源和充电汽车。

2）用于电动汽车充电模式 2 的 RCD。充电模式 2 较充电模式 1 多了一个控制引导线器，其能够确认车辆是否正确连接，连续检查保护接地导线的有效性，还可以选择是否向充电部位通风、是否进行供电设备的负载电流的实时检测和调整等功能。用于电动汽车充电模式 2 的电缆控制与保护装置（IC-CPD）适用于额定电压不超过 250V、额定电流不超过 32A 的单相电路和两相电路，额定剩余动作电流不超过 30mA。IC-CPD 除具有 SPE-PRCD 的所有功能外，还具有控制引导功能。

由于 IC-CPD 要满足一些特殊的性能和环境要求，因此要能满足太阳辐射、紫外线辐射、潮湿和盐雾、汽车碾压等试验要求。

(3) 直流系统RCD　随着智能电网的建设和绿色能源的广泛使用，诸如光伏发电站的汇流和控制系统、交直流微电网的电源系统、直流储能装置（包括电动汽车）的充放电系统、大型数据中心电源系统等低压直流系统的应用越来越多，直流系统的电击保护需要直流RCD（DC-RCD）完成。DC-RCD主要由直流剩余电流互感器（DC-RCT）、判别元件、执行元件等部分组成。其中，DC-RCT用于检测线路中的剩余电流，是DC-RCD的核心部件。目前DC-RCT大多采用霍尔原理、磁调制原理等有源传感器技术。磁调制式剩余电流互感器与霍尔电流互感器相比，具有零漂低、受环境温度影响小和灵敏度高等优势，更适合直流剩余电流保护。

针对直流剩余电流的保护技术是当前低压直流系统用电安全领域的重点研究方向。基于传统直流分量法的DC-RCT由磁心、方波励磁电压源、低通滤波电路、信号放大电路和单片机等部分组成，其原理框图如图4-97所示。由于磁心工艺制造、剩磁等原因造成方波励磁电路输出方波电压信号的正、负半波周期不严格对称，从而引起零点偏移问题，对后续剩余电流的检测造成影响，进而引起DC-RCD的误动作。

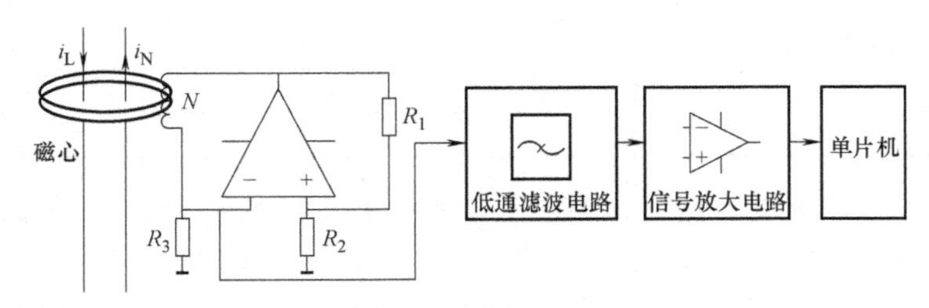

图4-97　基于传统直流分量法的直流剩余电流互感器原理框图

为解决该问题，可以在直流剩余电流信号被消除后，将由于剩磁等原因导致的不为零且未送至单片机处理的直流分量值补偿至零，同时，借助单片机等微处理器来控制补偿电路的灵活稳定接入。

(4) 具有短延时的剩余电流断路器　剩余电流保护电器在接通诸如连接在相线与保护接地间的吸收电容器等负载时，会短时出现很大的瞬态泄漏电流，或当剩余电流保护电器后面的SPD在过电压作用下放电产生浪涌电流时，RCD往往会产生误动作。为减少误差，SIEMENS、ABB、F&G等公司开发了具有10ms短延时的剩余电流断路器。

示例4-34：SIEMENS公司标志位K特性及ABB公司的F200/AP-P系列剩余电流断路器。其脱扣特性中的最大分断时间符合：$I_{\Delta n}$时，≤0.3s，$5I_{\Delta n}$时，≤0.04s；还能够耐受波形为8/20μs、峰值为3000A的冲击电流。由于具有了短延时的特性和较高的冲击耐受电流，可以防止接通泄漏电流较大的负载、SPD的放电电流或其他过电压导致的剩余电流断路器的误动作。

(5) 剩余电流继电器　电路出现瞬间故障导致漏电断路器跳闸后，剩余电流动作继电器可以对故障线路持续进行实时监测和监控，对重合闸装置发出重合闸指令，驱使漏电断路器第一时间进行重合闸复位，不再需要花费大量时间进行线路人工排查复位。这种搭配组合可以有效对低压配电系统线路和设备绝缘进行实时监控，起到提前对漏电事故的预警和漏电保护作用。剩余电流继电器通过提供持续实时监测和监控，还可避免因瞬时故障导致断路器跳闸造成设备停止运行带来的巨大损失。

示例4-35：杭州乾龙电器的JD6-6电子式剩余电流继电器。其为分体式结构，检测电流互感器外置。通过更换不同贯穿孔径的互感器，可以满足不同额定电流线路的需要。使用于交流50Hz、额定电压380V、额定电流至630A的配电线路中，用于电气线路和设备的漏电保护，也可以防止因设备绝缘损坏产生的接地故障电流引起的火灾危险。其主要技术参数见表4-20。

表4-20　JD6-6电子式剩余电流继电器的主要技术参数

型号	JD6-6
主电路的额定电压 U_e/V	380
辅助电路的额定电压 U_{sn}/V	380
额定电流 I_n/A	63~630
检测电流互感器	外置式
检测电流互感器孔径/mm	$\Phi=44(I_n\leq250A)$；$\Phi=60.5(250A<I_n\leq400A)$；$\Phi=83.5(400A<I_n\leq630A)$
额定短时耐受电流 I_{cw}/kA	3
含有直流分量时的动作特性分类	AC型
额定剩余动作电流 $I_{\Delta n}$/A	0.1/0.3/0.5/0.8可调
剩余电流动作时间/s	无延时；延时型：0.06/0.8/1.8可调

（6）带自动重合闸功能的剩余电流保护断路器　我国在智能电网改造过程中，之所以大量使用带自动重合闸功能的剩余电流保护断路器替换原有的塑壳断路器或剩余电流保护断路器，是因为设备表面在雷暴或其他短暂瞬间接地，也会产生漏电并使漏电断路器跳闸，使设备停止运行，带来巨大经济损失。针对这种偶发而非真正的漏电情况，如果漏电断路器附带有重合闸复位功能，则可通过重合闸使断路器重新闭合，将电路快速重新接通，从而避免因断电导致的巨大损失。

带自动重合闸功能的剩余电流保护断路器（Circuit-Breakers Incorporating Residual Current Protection with Auto-Reclosing Functions，CBAR）简称重合闸断路器，其集过载保护、短路保护、剩余电流保护、过电压保护、欠电压保护、断相保护、自动重合闸等多功能于一身，利用零序电流互感器检测各相导体的电流矢量，实现剩余电流保护功能。通过液晶屏，可以循环显示重合闸断路器当前的合分闸状态、额定剩余电流、三相工作电压及工作电流等参数。

示例4-36：一种塑壳式重合闸断路器的优化设计。

1）本体尺寸优化设计。由于在一个壳体中同时集成了通信、电流保护、电压保护、剩余电流保护和自动重合闸功能，塑壳重合闸断路器产品的长度和高度要远大于常规的塑壳断路器或者剩余电流断路器。为将尺寸缩小至与常规断路器相当，需要对塑壳重合闸断路器本体（除控制器以外的部分）进行优化设计。通过减小导体和零序电流互感器的厚度可以实现减小断路器本体长度的目的；为保证足够的载流截面积，可以增加导体的宽度。以250壳架为例，导体可以选择2.5mm厚的紫铜板，宽度8~10mm为宜。零序电流互感器的厚度控制在12mm以内。

2）保护模块的优化设计。如图4-98所示，重合闸断路器保护模块采取紧凑设计。通过将几个模块由长度方向平行放置方式优化成空间内的错位放置，互相嵌套，充分利用闲置空间，将保护模块长度从130mm减到56mm，产品总长从240mm减到165mm。在薄的零序电流互感器两侧增加了屏蔽片，通过增强屏蔽功能，防止大负载电流下可能出现的误动作。

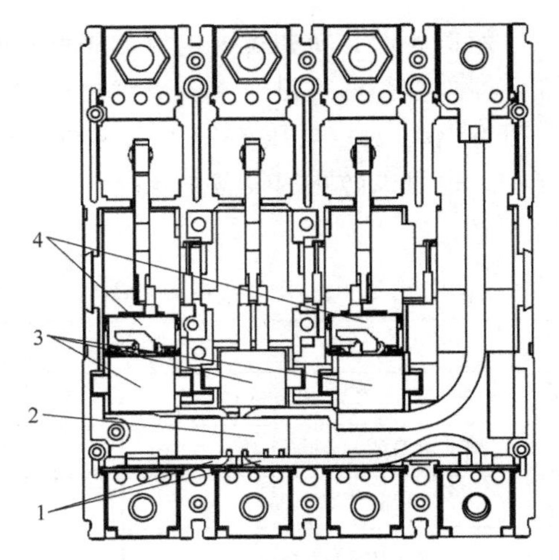

图4-98　断路器保护模块的紧凑设计
1—各相导体　2—零序电流互感器
3—电子式保护模块　4—后备保护

3）电动操作优化设计。如图4-99所示，塑壳式重合闸断路器传统的电动操作一般通过电动机提供动力，利用连杆或齿轮等传递动力。在实现分/合闸的过程中，由于机构载荷较大，电动机容易过热和损坏，金属构件容易发生磨损，塑料构件容易发生形变和断裂。为了保证足够的使用寿命，需要对断路器机构进行优化，选择合适的材料和处理工艺保证各构件的强度，塑料构件（手柄）通常选用玻纤增强20%～30%的尼龙，不宜采用热固性的材料。金属构件宜选用低碳钢渗碳处理，保证足够表面硬度和耐磨性，厚度以2mm为宜，提供足够强度的同时便于加工。此外，应考虑降低电动机构的负荷，此时本体结构中的主拉簧的优化设计格外重要。

目前，为片面提高分闸速度和降低温升，市场上有些产品加大了主拉簧刚度和工作负荷，但由于主拉簧参数选择不佳，易造成主拉簧断裂。为此可采取优化主拉簧参数和加工工艺的方法，来提高主拉簧疲劳强度，减少主拉簧的断裂。此外，合理地设计主拉簧在再扣状态和合闸状态的工作长度区间，在确保产品分断等性能不受过大影响的同时，降低再扣时的电动机构负荷，可以明显地提高产品的机构可靠性。

如某250A壳架的塑壳式重合闸断路器，优化后的主拉簧选用线径为1.6mm的弹簧钢丝，再扣时工作负荷控制在90N左右，合闸状态时工作负荷控制在150N左右，刚度约为30N/mm；其400A壳架的主拉簧选用线径为2.4mm的弹簧钢丝，再扣时的工作负荷控制在250N左右，合闸状态时的工作负荷控制在550N左右，刚度约为40N/mm。

优化后的重合闸电动机构如图4-100所示。

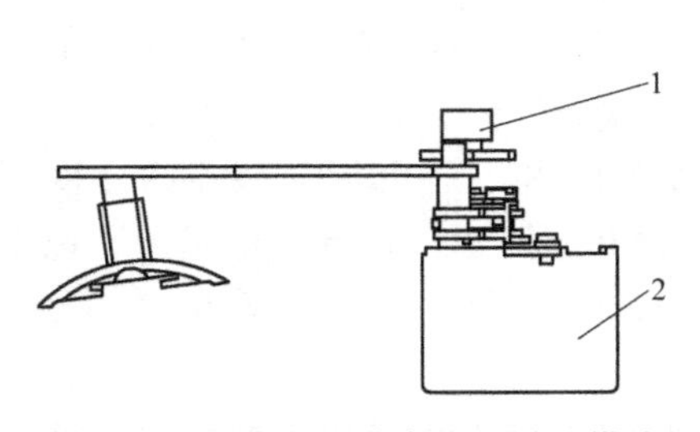

图4-99　传统的电动模块和手动模块
1—手动模块　2—电动模块

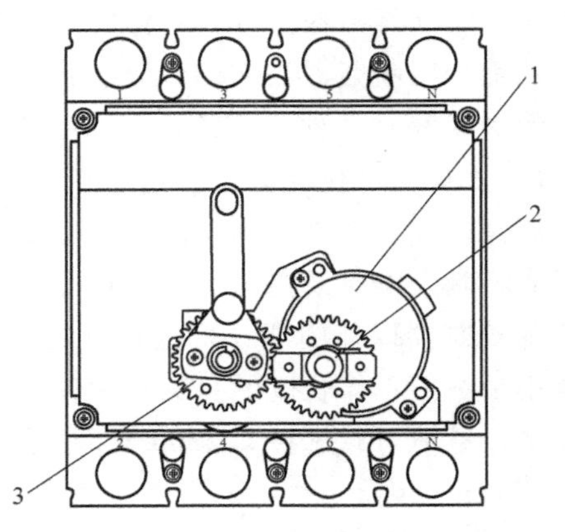

图4-100　优化后的重合闸电动机构
1—电动机和主动轮　2—手动模块　3—从动轮

4.6.4　电弧故障断路器

4.6.4.1　概述

随着大量家用电器进入普通家庭，家庭用电的安全问题日益凸显。

家庭用电的安全事故主要包括漏电、触电和电气火灾三种，其中，电气火灾是指电气产品或线路中存在的易燃材料等物质，当热量累积达到一定程度后突然燃烧的现象。我国公安部消防局2020年统计数据显示，电气火灾占全国火灾25.2万起中的33.6%，死亡一千余人，直接财产损失40.09亿元。为了防范家庭用电发生的安全问题，可以使用电弧故障断路器进行检测与保护。

美国是世界上最早针对电弧故障提出检测和保护技术并强制推行产品应用的国家。1999年2月，美国制定了UL1699《电弧故障断路器》标准（第1版），对产品分类、电弧故障检测等做了全面的要求和规定；根据安装位置和保护对象不同，将产品分为“支路式、插座式、组合式、移动式和线缆式”五种。2002年，美国在国家电气规程（NEC）中提出住宅建筑的卧室等场所的分支线路应安装电弧故障断路器，还要求单相室内空调器电源连接线处应装有泄漏电流检测断路器或者电弧故障断路器；同年在第21届国际电接触学术会议上，电弧故障断路器被列为当前低压电器领域发展方向。2008年，美国扩大了电弧故障断路器安装范围，包括居住场所的卧室、活动室、餐厅、起居室、客厅、书房、露台、游戏房甚至走廊等处的分支线路，都要求安装电弧故障断路器。

面对快速发展的电弧故障断路器市场，国际电工委员会2007年着手前期研究，2013年7月颁布了IEC 62606—2013《故障电弧检测装置的一般要求》（第1版）国际标准，该标准对规范电弧故障断路器市场，尤其是欧亚地区市场，起到了重要作用。

我国政府高度重视电气火灾防治工作，2009年5月1日在实施的新《消防法》中特别加大了对电气火灾早期预警预报的强制规定。高校和研究机构研发的一些电弧故障断路器产品通过了UL1699认证，部分出口北美地区；适用于国内的交流50Hz、230V的电弧故障断路器部分产品也已投入市场。2013年国家工业和信息化部发布了由上海电器科学研究所组织行业有关单位共同制定的JB/T 11681—2013《故障电弧检测装置（AFDD）的一般要求》。2014年国家颁布了GB/T 31143—2014《电弧故障保护电器（AFDD）的一般要求》，正式将电弧故障的检测与保护纳入电气安全保护范畴。新版的《国家低压电气装置安全技术规范》《低压配电设计标准》《民用建筑电气设计标准》均对故障电弧保护电器的应用做出了规定。

4.6.4.2　故障电弧

为掌握电弧故障断路器的技术特征，首先需要了解故障电弧的定义及其特性。

1. 定义

故障电弧俗称电火花，是指由于线路接触不良产生的能量大、温度高的“坏弧”（由插拔电器时产生的电弧，俗称“好弧”）。故障电弧如果持续燃弧，在一定条件下易引发设备损害乃至火灾。试验表明，能引发火灾的电弧电流仅有0.5A，而2~10A的电弧电流可产生高达2000~4000℃的局部高温，不仅会烧损用电设备，还可能熔化某些特殊物质、产生有毒气体，同时也会污染环境、危害人类健康。故障电弧不易被发现，发生时有金属喷溅物。

2. 产生

故障电弧的产生，一种可能是由于绝缘体长期受热或偶然出现的电火花造成绝缘体表面碳化，沿绝缘体部分导电表面形成了电弧通道；另一种可能是导电体碰上接地管道，或是一处有绝缘体表面的部分导体被尖锐的金属物体割伤，在导体与大地之间或非常接近的两个导体之间产生故障电弧。故障电弧容易产生的场所，包括绷得太紧的导体拐角、松动的链接、被钉子或螺丝扎破的绝缘层、被挤压的导线等地方。

3. 类型

故障电弧根据与负载或大地的连接关系不同，分为串联电弧（与负载串联）、并联电弧（与负载并联）和接地电弧（与地短接）三类。其中，串联电弧主要包含因导体机械断裂、导体接头松开、插头断开等情况产生的与负载串联的电弧故障，多产生于单相电路中；并联电弧产生的原因包括带电导线间的绝缘损坏、相间绝缘老化或污染生成碳化通道等产生的与负载并联的电弧故障；而接地电弧则是因带电导线接地或带电导线因绝缘材料表面损坏导致与接地的金属导体接触等产生的故障电弧。

4. 特征

故障电弧的典型特征有：①电弧故障电压和电流的波形不稳定，具有很强的随机性。②每个周期在电弧熄灭过零和重燃期间，电弧的电流波形会出现两个电流短暂为零的肩部平坦的波形。③电压和电流的波形含有丰富的高频噪声。④电弧电流上升速度 di/dt 比正常状态的大。⑤除电弧熄灭和重燃部分外，电弧的电压波形接近矩形。

5. 检测

电弧产生的同时常常伴随着闪光、高温、高压、电流和电压的波形变化，以及异常的电流、电压特征。电弧发生时，其电信号特征表现为幅值波动、相位抖动、信号非周期、电流平肩和高频干扰等，这些信号特征容易捕捉，但却不具备特异性，在判决上造成很大的困难。此外，实际用电线路中经常出现并联分支电路，当AFDD保护器处于工作状态，相邻支路出现电弧故障，保护本支路的设备不能出现误动作，也就是要避免干扰。由于相邻支路串扰过来的信号具有完全的电弧特征，因此如何从本路信号中剔除这一干扰，成为避免误判的关键技术点。

目前在低压电弧故障保护装置中检测电弧的方式有两种：基于物理现象的电弧检测方法和基于电压电流波形的电弧检测方法。两种故障电弧检测方法的对比见表4-21。

表4-21 两种故障电弧检测方法的对比

方法	检测原理	应用场景	特点和案例
基于物理现象的电弧检测方法	利用弧光和电流双判据，提供快速而安全的电弧故障保护 属于电弧故障产生后的被动检测方法	中、低压开关柜	检测系统较复杂，成本较高 案例1：ABB公司的Arc Guard System利用检测电弧故障时发出的特定弧光的频谱和电弧短路电流实现电弧故障检测，可以大幅降低其他闪光干扰，避免检测装置出现误动作。采用该检测方法的电弧保护系统与断路器的组合切断故障电弧的时间可以低至50ms 案例2：Moeller公司的ARCON系统由光检测系统和电流检测系统组成，前者负责检测电弧弧光并对电弧发生位置进行定位，后者用于检测电流值是否达到设定的阈值。只有当两个子系统同时满足条件时，才认定有故障电弧产生
	利用弧光单判据，提供快速、安全和抗干扰性能较强的电弧故障保护 属于电弧故障产生后的被动检测方法	各种开关柜	检测系统成本较低，抗干扰能力较强，经济实惠，安装简便 案例：西安交通大学和有关企业合作研制了采取弧光单判据的电弧故障保护装置。保护装置由“弧光传感器、继电保护装置和上游断路器”组成，其中，为防止各种干扰光源，弧光传感器主要由光纤探头、弧光信号检测单元、故障分析单元等组成。其开发了与市场已有的继电保护装置匹配的软硬件接口，能很好地与现有的继电保护装置实现集成

（续）

方法	检测原理	应用场景	特点和案例
基于物理现象的电弧检测方法	利用弧光和电流双判据，检测故障电弧产生前的电弧声特征信息，提供早期预测预警的电弧故障保护 属于电弧故障发生前的在线预测预警方法	中、低压开关柜；柜内母线	检测系统通过早期预测预警，为及时维修维护提供了宝贵时间；针对开关柜内母线故障，在 100ms 以内可以及时切除故障，防止弧光短路故障的进一步扩大 案例：基于电弧声检测的电弧故障在线预测预警保护系统，包括基于分形理论的在线弧声检测系统和电弧故障保护系统。前者通过光纤声音传感器测量和采集电弧声信号，利用电弧故障在线预测预警保护模块分析处理电弧声信号，发出预测预警信号。后者包括硅光电探测仪、弧光信号检测单元、霍尔电流传感器、过电流信号检测单元和电弧故障判断单元。如满足电弧故障触发条件，发出脱扣信号，使电弧故障上游断路器分断，实现故障保护
基于电压电流波形的电弧检测方法	利用故障电压和故障电流波形的特性进行电弧故障检测	配电柜；终端分支线路	关键在于信号采集与处理技术，具体有：①采集电弧电流的高频信号，尤其是电压过零区域电弧电流突变的高频信号，作为采集电弧电流的最主要依据，将高频信号送入微处理器进行处理和判断。②采集电弧电压信号，将电弧电压的高频信号及变化状况作为判断和计算的依据之一，同时作为基准电压输入微处理器，用于采集、处理电流高频信号和确定电流电压相位的时间基准，采样信号存储于微处理器中，作为计算的依据。③信号处理电路采用微处理器和合适的软件，通过提取电弧故障的特征，将其从类似的波形中区分出来进行处理，是电弧故障检测的核心技术

电弧故障的过程随机性很强，且电弧故障的时域波形随负载性质及工作状态差别很大，较难提取到电弧故障过程中的特征量。为此，可采取频谱分析，从时域角度对电弧故障过程进行分析，提取电弧故障过程中的频率特性，提高电弧检测的可靠性。

由于电弧故障波形、正常电弧波形及类似电弧负载种类繁多，运行环境条件复杂多变，使得样本波形的收集、频谱分析和数据处理的工作量十分庞大，需要较长时间才能取得成效。为此需要不断开展频谱分析研究工作，广泛收集各种负载下的电流波形和电弧电流波形（包括正常电弧和故障电弧），采取合理科学的数据分析和数据处理方法，建立合适的数学模型和电弧故障数据库，如采集节能灯、调光灯、卤素灯、计算机、电钻、吸尘器、空气压缩机、电吹风、空调器等负载的波形，并对其变化特性及其频谱进行分析。通过样本数据的不断积累，找出电弧故障特征量的变化规律，为获得准确度更高的电弧故障检测技术奠定基础。

示例 4-37：多通道时频特征提取的卷积神经网络电弧故障检测方法。

传统的电弧检测方法主要是针对提取的特征值设定阈值进行判别，由于实际用电环境中的负载多种多样，接入不同负载需设定不同的阈值，所以不同的负载环境很难同时具备良好的电弧检测效果。同时，受电子技术发展水平所限，传统的电弧检测方法关注的信号频率主要集中在数 MHz 之内，但常见的家用负载电器（如吸尘器，空压机等）本身工作引入的频率成分就能达到数 MHz，对传统电弧检测造成了极大干扰，以至于传统的电弧检测设备的误判率高，难以适应实际生活。随着近年国内外 IC（Integrated Circuit）技术水平的迅猛发展，IC 技术具有的低功耗、高精度、低成本以及高稳定性优势，使得各类复杂算法的实现难度大大降低，在低压电器设备领域，使传统的机械化设备转型为全电子化成为可能。

（1）算法原理　此项目提出了一种多通道时频特征提取及送入卷积神经网络进行识别的故障电弧检测方法，算法检测流程如图 4-101 所示。

流程的主要环节包括：对电流信号进行高速采样，对采样后经过模数转换的电流信号进行滤波，经过三个不同通频带的带通滤波器，每个滤波器输出分别在时域和频域提取电弧特

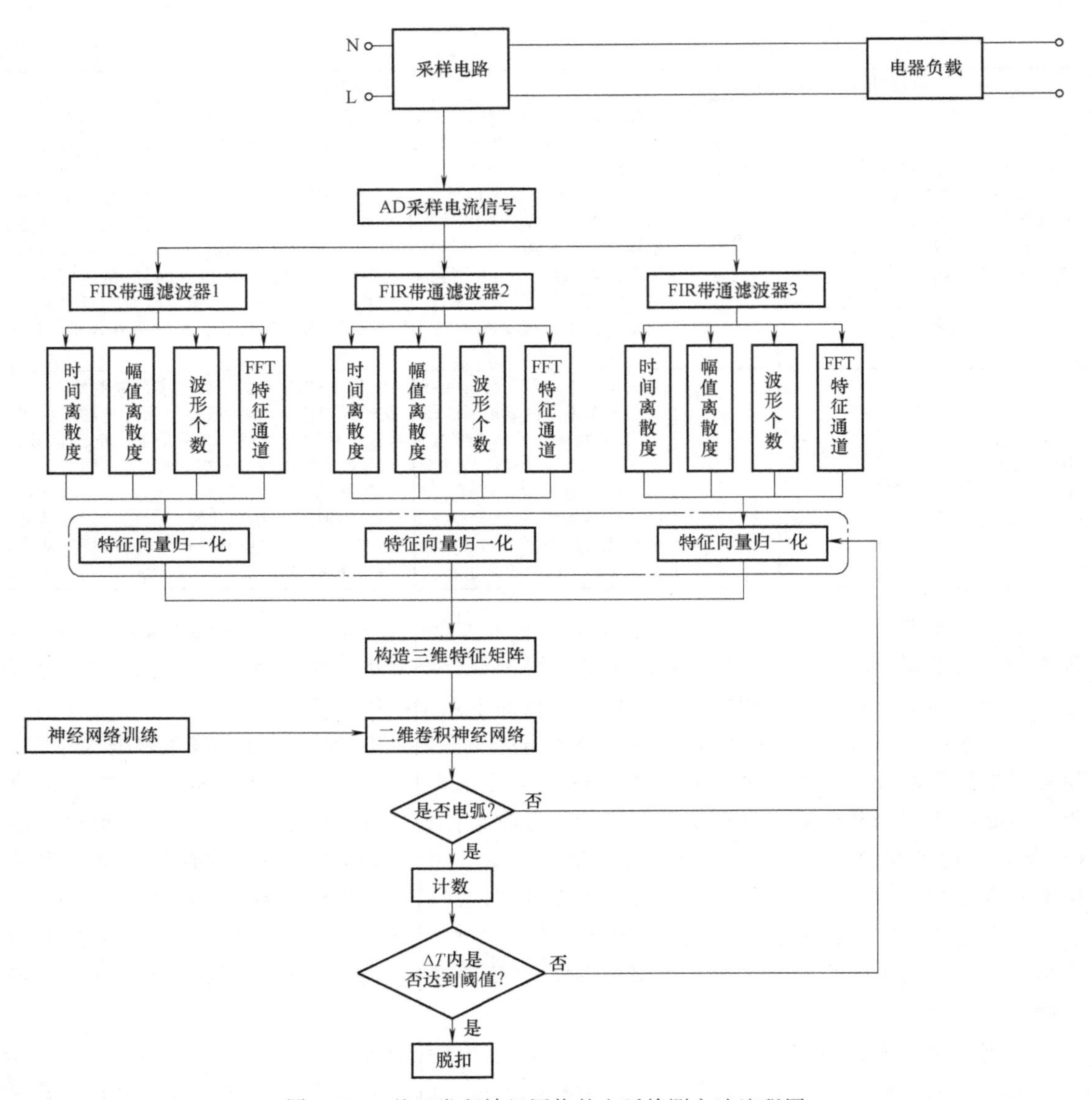

图4-101　基于卷积神经网络的电弧检测方法流程图

征值。其中，时域特征主要包括时间离散度、幅值离散度以及波形个数，而频域特征主要是基于FFT变换的频域特征提取方法。将不同滤波器输出的特征向量拼接成三维特征矩阵，通过卷积神经网络处理特征矩阵，判定该半波是否为电弧。统计观测时间内判定电弧的半波数量，根据故障半波数目是否达到阈值决定执行器是否脱扣。

详细原理如下：

1）基于专用集成芯片（Application Specific Integrated Circuit，ASIC）技术实现对相线电流信号进行连续采样，得到数字信号 $y_{in}(n)$，送入数字信号处理单元实时处理。

2）信号 $y_{in}(n)$ 经三个带通数字滤波器，分别输出三个频段信号 $y_{FIR1}(n)$、$y_{FIR2}(n)$ 和 $y_{FIR3}(n)$。数字滤波器阶数可设计为64阶，通频段分别为500kHz～50MHz、50～100MHz和100～200MHz。数字滤波器单位冲激响应分别为 $h_1(n)$、$h_2(n)$ 和 $h_3(n)$。滤波后的信号分

别为

$$\begin{cases} y_{\mathrm{FIR1}}(n)=y_{\mathrm{in}}(n)\times h_1(n)=\sum\limits_{k=-\infty}^{+\infty}h_1(k)\cdot y_{\mathrm{in}}(n-k) \\ y_{\mathrm{FIR2}}(n)=y_{\mathrm{in}}(n)\times h_2(n)=\sum\limits_{k=-\infty}^{+\infty}h_2(k)\cdot y_{\mathrm{in}}(n-k) \\ y_{\mathrm{FIR3}}(n)=y_{\mathrm{in}}(n)\times h_3(n)=\sum\limits_{k=-\infty}^{+\infty}h_3(k)\cdot y_{\mathrm{in}}(n-k) \end{cases} \tag{4-4}$$

3）对各通道信号增益分别进行自适应可控调节。根据输入信号幅值灵活调整，识别微弱电弧信号。分别对滤波后的信号 $y_{\mathrm{FIR1}}(n)$，$y_{\mathrm{FIR2}}(n)$，$y_{\mathrm{FIR3}}(n)$ 进行时频分析。

4）信号分时处理。每 1024 个数据为 1 段，对每段数据加汉宁窗，尽可能抑制频谱泄漏，保证特征向量准确提取。汉宁窗格式如下：

$$\omega(n)=\frac{1}{2}\left[1-\cos\left(\frac{2\pi n}{N+1}\right)\right] \tag{4-5}$$

加窗后信号分别为

$$\begin{cases} y_{\omega1}(n)=y_{\mathrm{FIR1}}(n)\cdot\omega(n) \\ y_{\omega2}(n)=y_{\mathrm{FIR2}}(n)\cdot\omega(n) \\ y_{\omega3}(n)=y_{\mathrm{FIR3}}(n)\cdot\omega(n) \end{cases} \tag{4-6}$$

5）对加窗后信号进行 1024 点 FFT 变换，提取选定通道的幅频响应。硬件模块基于按频率抽取：

$$\begin{cases} Y_1(k)=\sum\limits_{n=0}^{N-1}y_{\omega1}(k)W_N^{nk} \\ Y_2(k)=\sum\limits_{n=0}^{N-1}y_{\omega2}(k)W_N^{nk},k=0,1,\cdots,N-1 \\ Y_3(k)=\sum\limits_{n=0}^{N-1}y_{\omega3}(k)W_N^{nk} \end{cases} \tag{4-7}$$

其中，$W_N^{nk}=\mathrm{e}^{-\mathrm{j}(2p/N)kn}$。信号经 FFT 变换后，分别在每个通频段选定 25 个通道幅频响应，共选定 75 个频率通道，监测选定通道幅频响应在时间维度上波动情况。因此，FFT 模块输出频率响应可表示为 $Y_k(n)$，k 为选定的频率通道。

6）对选定通道输出的频率响应序列 $Y_k(n)$ 进行中值滤波处理，中值滤波阶数可设为 21 阶。

7）将每个频率通道上得到的特征序列进行分时累加，每 20μs 的特征量累加得到一个特征值，特征提取如图 4-102 所示。

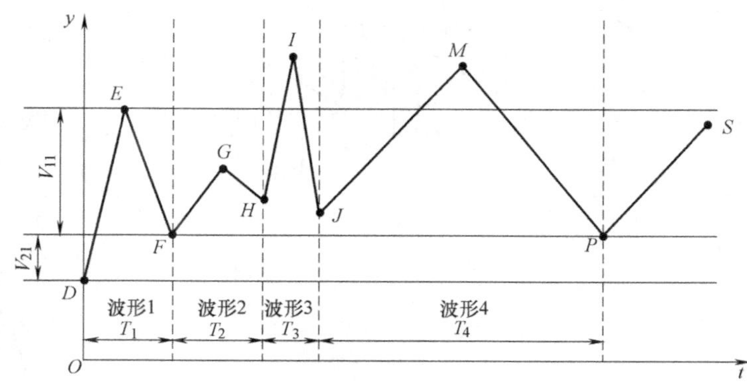

图 4-102　时域特征提取的示意图

各频率通道信号累加公式如下：

$$S_k(n) = \sum_{t=1}^{T} Y_{\text{medfilt\_}k}(t) \tag{4-8}$$

8）通过时域和频域的特征分析方法，可以得到多组特征向量，在用神经网络进行处理前，需要对提取的特征向量进行归一化操作，用来消除不同特征值的量纲影响。由于将半波划分成了300段，得到的特征向量为300维向量，对每一个特征向量分别进行归一化，归一化的方法如下：

$$\widetilde{x}[n] = \frac{x[n]-\min(\boldsymbol{X})}{\max(\boldsymbol{X})-\min(\boldsymbol{X})} \tag{4-9}$$

式中，$x[n]$ 表示特征向量中的第 n 个元素，$\widetilde{x}[n]$ 表示归一化后的元素，$\boldsymbol{X}$ 表示特征向量，$\max(\boldsymbol{X})$ 表示特征向量 $\boldsymbol{X}$ 中的最大值元素，$\min(\boldsymbol{X})$ 表示特征向量 $\boldsymbol{X}$ 中的最小值元素。

9）将归一化的特征向量拼接为特征矩阵，不同滤波器对应的二维特征矩阵类似于图像中的不同通道。对每个滤波器输出信号提取出三个时域特征向量和37个特征向量，每个半波分成300段，将特征向量进行拼接得到40×300维的特征矩阵。三个滤波器对应的二维特征矩阵可以进一步进行堆叠，如图4-103所示，将三个40×300维的矩阵堆叠为40×300×3的三维矩阵，其中3表示特征矩阵的通道个数。

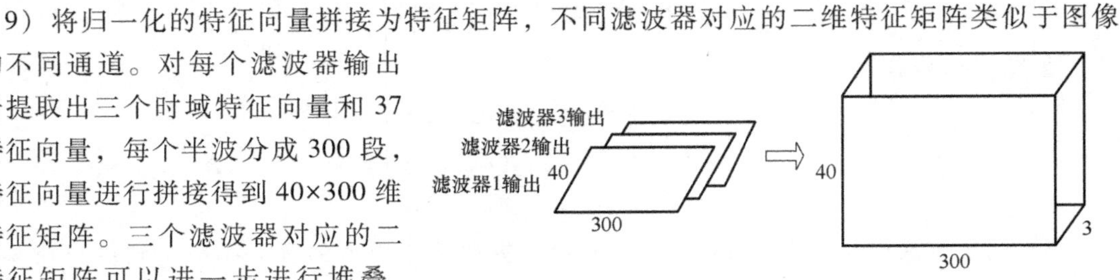

图4-103 不同滤波器提取的特征向量堆叠成三维矩阵的示意图

10）卷积神经网络的结构与计算流程图如图4-104所示。

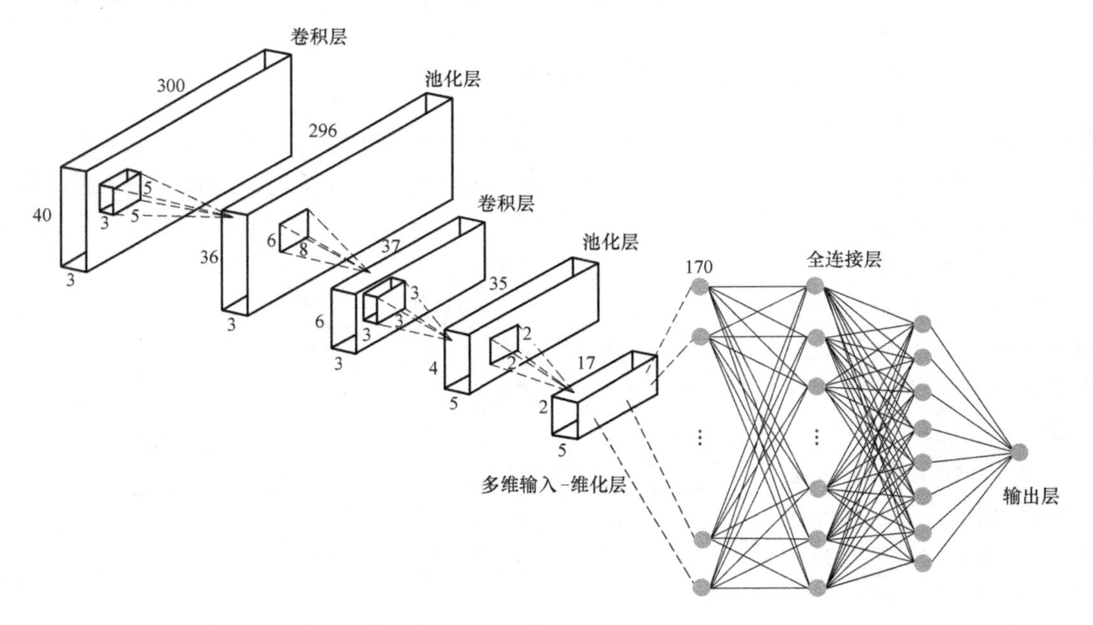

图4-104 卷积神经网络的结构与计算流程图

卷积运算采用的步幅为 1，如图 4-105 所示，当进行下一个卷积运算时，按照步幅在卷积层的输入矩阵上进行滑动，先固定行进行列滑动，滑动到行的末端后，在行方向上按照步幅进行滑动。假设原始矩阵大小为 A×B×K，其中 K 表示数据矩阵中的通道数，采用 M×N×K 的卷积和进行上述卷积运算后，输出的结果大小为（A−M+1）×（B−N+1），卷积核的个数决定卷积运算结果的通道数。

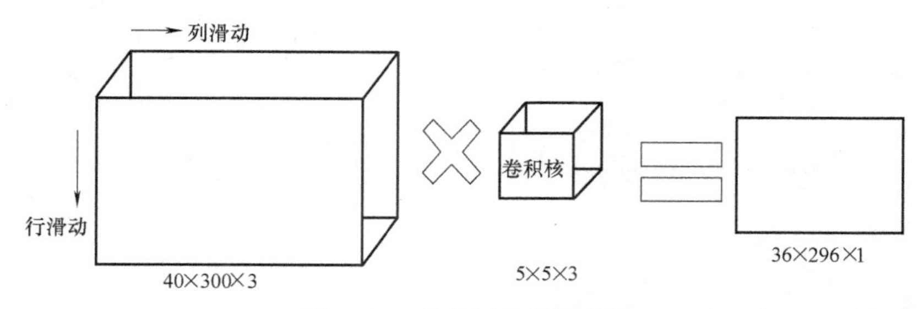

图 4-105　卷积运算的原理图

11）输出层采用了 Sigmoid 函数，可按下式计算

$$\mathrm{Sigmoid}(x)=\frac{1}{1+\mathrm{e}^{-x}} \tag{4-10}$$

其中，x 是最后一个全连接层加权相加的结果，输出层的输出结果为 0~1，其数值大小可以表示分类结果为 0 或者为 1 的概率。0 表示本路无故障电弧工况，不脱扣/不报警；1 表示本路发生故障电弧工况，脱扣/报警。

（2）算法验证　图 4-106、图 4-107、图 4-108 所示分别为阻性负载、吸尘器、空压机在大电弧及不大电弧情况下低频电流信号波形和第 K 通道的时频特征值波形。可以看出，电器负载工作的情况下，从低频电流波形上很难直观地区分大电弧与不大电弧情况。而通过该

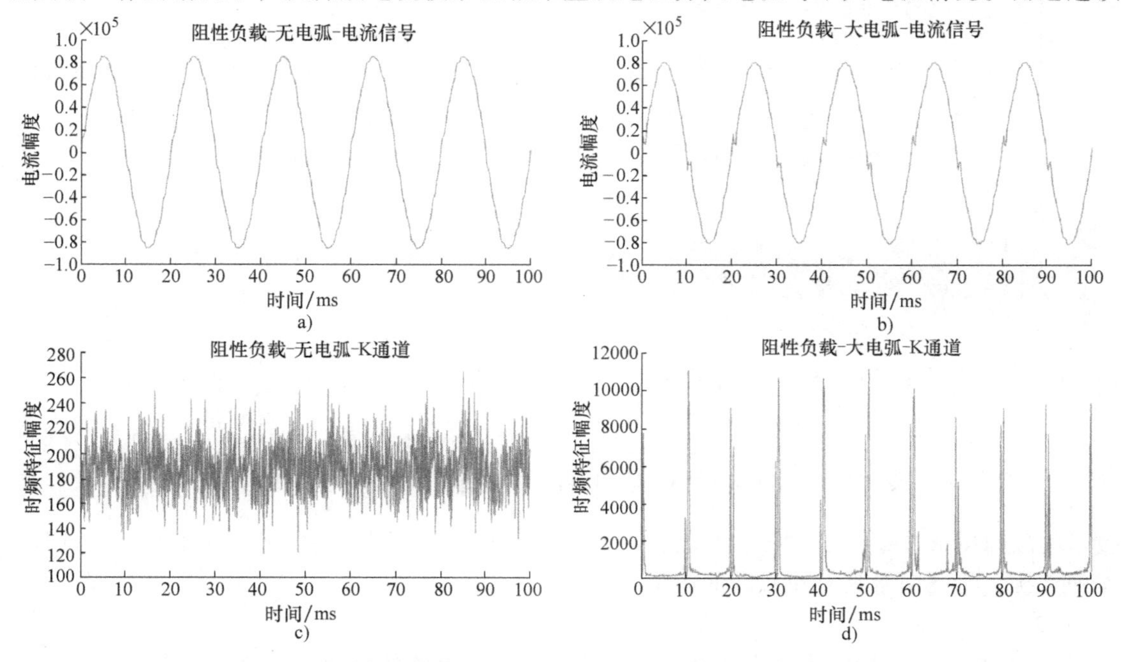

图 4-106　阻性负载低频电流信号和第 K 通道的时频特征值的波形图

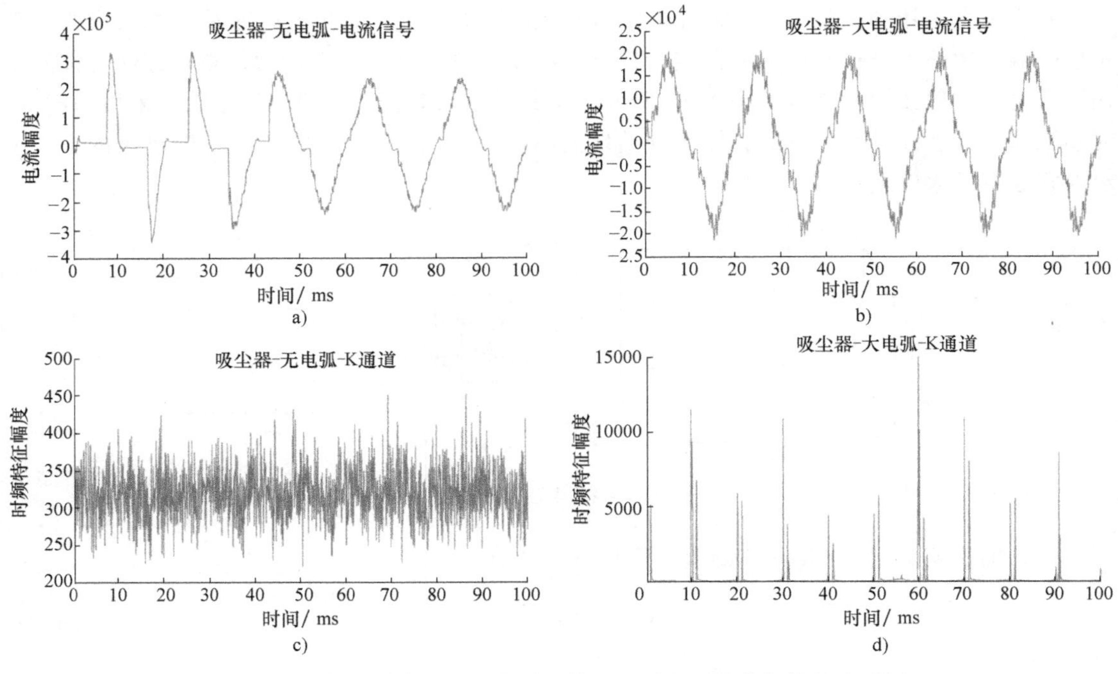

图 4-107　吸尘器低频电流信号和第 K 通道的时频特征值的波形图

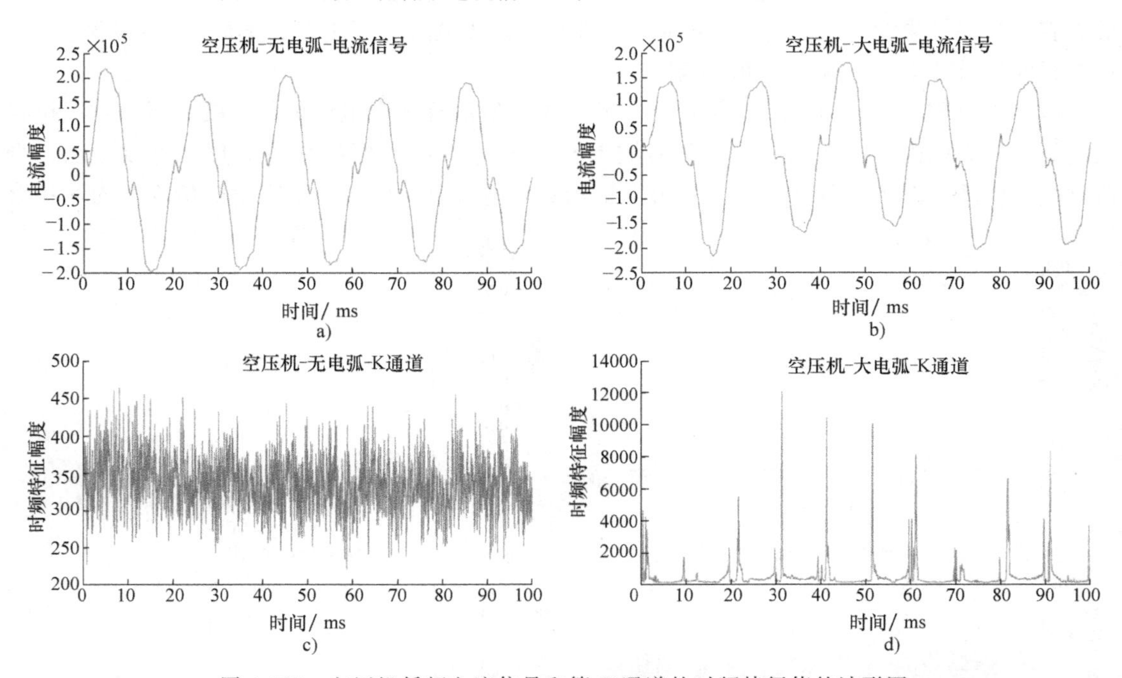

图 4-108　空压机低频电流信号和第 K 通道的时频特征值的波形图

技术的故障电弧特征提取方法，大电弧与不大电弧的时频波形差别明显，且不受电器负载工作的干扰，特征向量具有非常高的辨识度。

（3）技术优势

1）传统电弧检测技术受电子技术的发展所限，对电流信号的频谱分析集中在数 MHz 以下，无法准确区分特殊电器负载工作引入电路的干扰成分。此算法基于 ASIC 技术实现对电流信号的 400MHz 高速采样，ADC 采样位宽达 12bit，保证了非常高的数据精度。实时监测信号在 500kHz~200MHz 超宽频域范围内的信号特征，克服电器负载对电弧信号检测的干扰问题，从根本上避免误监测情况的发生。

2）对高速采样后的数据信号进行预处理，可针对不同频段分别进行增益控制。增益控制模块可灵活调整各频段信号幅值，放大微弱电弧信号，且防止数字信号发生溢出。对信号加汉宁窗，有效抑制频谱泄漏，保证不同频率特征向量的准确提取。

3）对各通道上幅频响应做中值滤波处理，能够在复杂的用电环境中平滑和抑制电器负载工作引入的干扰，保留并识别电弧信号的能量。

4）传统电弧检测方法通常设定阈值进行比对，实际生活中线路复杂，接入不同类别的电器负载后，阈值设定难度较大，很难保证判决效果。此技术利用神经网络训练后进行分类决策，能充分利用特征信号在时频域的变化趋势，快速准确地检测到电弧特征，保证线路中各类负载设备安全可靠的运行。

示例 4-38：基于磁心工作状态切换的交直流 B+型剩余电流监测技术。

变频器整流过程中产生的矩形方波和逆变过程中经 PWM 调制形成的脉冲方波除含有基波外还含有高次谐波，因此输出线路中也就含有基波和高次谐波。由于电缆对地电容的存在，以及电机机壳间、绕组对地间的寄生电容，加之机器内部本身有 Y 电容，高次谐波会在电容中产生电流，即零序电流，从而使得漏电保护器系统出现误判。从防火角度看，高频漏电更多是由奇次谐波构成，其能量不弱，在一定条件下可以引发火灾。变频器中的高频、高脉冲比常规信号还要高，频率高达几十至几百 kHz，这种剩余电流类型被称为 B+型剩余电流。B+型剩余电流不仅会对人体造成损伤，还会给电源系统本身和用电设备带来不良影响，并会对并网电流的谐波产生放大效应，从而产生电能质量问题，如增加电网电缆的腐蚀；导致较高的瞬时电流峰值，可能烧毁熔断器，引起断电。对电力系统外部，谐波对通信设备和电子设备会产生严重干扰。

国内目前暂无成熟的 B+型剩余电流保护产品，国外同类产品采用双线圈方案，占用空间大、成本高、售价高，难以在国内应用。通过研究，如果采取基于磁心工作状态切换的适于交直流漏电检测的复杂波形信号处理方法，可以实现对交流漏电、直流漏电、高频漏电（B+型，150kHz）的检测。该方法包含直流漏电检测和交流漏电检测两大功能模块，各功能模块间的大部分电路复用，故电路结构简单，采用一个漏电检测线圈即可实现上述两大功能，应用成本低。

4.6.4.3　电弧故障断路器

1. 定义

电弧故障断路器又称电弧故障检测装置（Arc Fault Detection Device，AFDD）。在美国，其又被称为 Arc Fault Circuit Interrupter（AFCI）。

电弧故障产生的电流可能低于线路的额定电流值，或发生的过程是间断的，因此，采取过电流保护装置可能检测不到这种故障。剩余电流保护装置能对接地的故障电弧起很好的保护作用，但对非接地的故障电弧起不到保护作用，所以其对故障电弧的保护作用有限。

AFDD 在传统断路器具有的过载、短路保护功能的基础上，增加了防范电弧引发火灾的故障电弧保护功能，是一款集 MCB/RCCB/电弧保护等功能于一身、以检测电弧故障并立即断开保护电路的智能型断路器。AFDD具有检测识别线路串联电弧、并联电弧、相地间漏电流、剩余电流高频分量，以及检测区别电器启停或设备开关时产生的正常电弧和故障电弧，并能在发现故障电弧时及时切断电源的能力。

2. 结构

电弧故障断路器有整体式结构和模块式结构，详见表4-22。

表4-22　电弧故障断路器的不同结构

形式	构成	主要功能
整体式	操作机构、触头系统、脱扣机构、测试按钮、接线端子、壳架，以及电弧检测电路、电弧故障电子识别电路（含微处理器）等	基于PCB硬件及预设的保护算法，实现智能化的电弧检测、故障电弧识别 终端线路用电弧故障断路器的检测单元、信号处理单元、开关装置以及其他保护功能单元等集中组装在一个或几个外壳中
模块式	电源模块、信号调理模块、通信接口模块、断路器模块、脱扣器模块、漏电模块等	电源模块向相关器件供电。主回路电流信号由电流互感器输入信号调理模块，经放大、整流、滤波后送至单片机处理。脱扣器模块的电磁结构采用新型节能技术并增加了缓冲装置，操作机构接收主控芯片MCU检测的故障信号，控制触点切断线圈回路，分断主电路。通信接口模块把电流、电压、电流相位、电弧信号等数据实时传送到终端计算机，实现远程监控 出现串联故障电弧时，MCU将电流数据信息发给上位机。数据处理模块利用专用上位机开发平台进行数据分析及特征参数提取

3. 原理

电弧故障断路器的工作，简单地说，就是检测电弧故障信号、进行信号处理、实施故障保护。其工作流程为：电弧检测→电弧特性识别→保护特性匹配分析→切断电路。具体说是：①采用先进的光电技术检测电路中出现的电弧。②分析检测电弧的特性，识别是否为故障电弧。AFDD制造中，需测试数以百计可能的运行状态并编程存入电弧特性筛选器，用以识别“正常”电弧和“危险”电弧。③对检测到的故障电弧进行保护算法分析，当满足电弧故障保护特性时，发出脱扣信号，切断电路。对保护特性满足UL1699标准规定，即在交流供电线路上，0.5s内检测到8个半周波的故障电弧时执行脱扣，切断电路，且脱扣时间应小于0.2s。

电弧故障断路器弥补了过电流保护装置和剩余电流保护装置的不足，与现有的过电流保护装置和剩余电流保护装置一起，构成一个完善的电气火灾保护系统，在电气火灾防护中发挥巨大的作用。

4. 分类

当使用场合和结构形式不同时，电弧故障断路器具有不同的保护目标和作用，可分为不同的类型，具体分类情况详见表4-23。

表4-23　电弧故障断路器的分类

分类原则	名称		检测原理	使用范围
使用场合不同	配电柜保护用电弧故障断路器		基于物理现象检测的电弧检测系统	中高压开关柜、配电柜和母线的故障电弧保护
	终端线路用电弧故障断路器[①]	支路/馈线用电弧故障断路器	基于电压电流波形检测的电弧故障检测装置	安装在终端线路的分支电路或馈线的进线端进行电弧故障保护，也可为分支线路延伸线路提供有限防护
		输出电路电弧故障断路器		安装在分支电路输出口，用于为与它相连的电缆组件和电源线（当具有插座输出口时）提供保护，亦可为连接到下游的电源组件和电源线提供馈电保护

（续）

分类原则	名称		检测原理	使用范围
使用场合不同	终端线路用电弧故障断路器[①]	组合式电弧故障断路器	基于电压电流波形检测的电弧故障检测装置	符合支路/馈线要求和输出电路要求的电弧故障断路器，可为下游的分支电路、电缆装置和供电导线提供保护
		电缆式电弧故障断路器		插入到电源插座中的插入式电弧故障断路器，用于为与它相连的电源线提供保护，以防止电弧产生有害的后果。电缆可以是装置的整体部分，也可采用连线的方式连接。此类装置没有另外的输出口
		便携式电弧故障断路器		安装在终端线路的分支电路或馈线的进线端进行电弧故障保护，也可为分支线路延伸线路提供有限防护
结构形式不同	配电柜保护用的电弧故障保护装置[②]		基于弧光检测的分布式电弧监视系统	中高压开关柜、配电柜和母线的故障电弧保护。由弧光探测头、信号传输线或光缆和电弧监视装置组成
	终端线路用整体式电弧故障断路器	仅具有电弧故障保护的整体式电弧故障断路器		由电弧故障检测单元和断开电路的开关器件构成单一装置。除电弧故障保护外，无过载和短路保护功能，体积小，使用时，前级串联符合相关标准的过电流保护电器
		具有过电流保护和电弧故障保护的整体式电弧故障断路器		由电弧故障检测单元和符合相关标准的过电流保护电器和/或剩余电流保护电器组合为单一装置。除电弧故障保护外，还可具有过载和/或剩余电流保护功能。体积小、安装方便
	终端线路用模块式电弧故障断路器	组合式电弧故障断路器		由电弧故障检测单元与符合相关标准的其他保护电器（家用或类似用途的过电流保护断路器、剩余电流断路器等）在制造厂或现场组装而成。除电弧故障保护外，还可具有过载和/或剩余电流保护等功能。体积较大，但拼装灵活、制造方便，特别适用于需增加电弧保护功能的原有配电箱

① 依据 UL1699 标准进行分类。

② 依据国家标准 GB/T 31143—2014 和国际标准 IEC 62606—2017 进行分类。

5. 相关标准和试验方法

（1）AFDD 标准　现有的国际标准、国家标准和机械行业标准只针对终端线路用电弧故障断路器，其主要性能要求和技术指标详见表 4-24。配电柜用电弧故障保护装置只有企业标准。

表 4-24　终端线路用电弧故障断路器相关试验的主要性能要求和技术指标

试验对象	主要性能要求和技术指标
结构	电弧电流的检测单元和脱扣单元应位于电弧故障断路器的进、出线端之间。应不可能通过外部工具改变 AFDD 的动作特性，也不可能通过任何方式屏蔽或抑制 AFDD 的检测功能
电弧故障动作特性	应能检测接地故障电弧、并联电弧和串联电弧故障。额定电压 230V、小电弧电流（A）分别为 3、6、13、20、40 和 63 时的 AFDD 最大分断时间（s）分别为 1、0.5、0.25、0.15、0.12 和 0.12。额定电压 230V、试验电路中发生燃弧前的预期电流（A）分别为 75、100、150、200、300 和 500 时 0.5s 内额定频率下允许的最大电弧半波数分别为 12、10、8、8、8 和 8
电气寿命和机械寿命	电气寿命试验，是在额定电压、额定电流下进行 2000 次通电循环试验。其中，前 1000 次利用手动方式断开。如有自动循环操作装置，接下来的 500 次断开采取自动循环方式，最后 500 次断开利用手动方式；如果没有自动循环操作装置，接下来的 1000 次仍然采取手动方式断开。机械寿命试验，当 $I_n \leqslant 25A$ 时用手动操作件进行 2000 次无载合分，当 $I_n > 25A$ 时进行 1000 次循环手动操作
电磁兼容性能（EMC）	包括射频场感应的传导骚扰抗扰度试验、电快速瞬变脉冲群抗扰度试验、浪涌（冲击）抗扰度试验（一）、浪涌（冲击）抗扰度试验（二）、射频电磁场辐射抗扰度试验、0～150Hz 共模传导骚扰抗扰度试验和静电放电抗扰度试验。相关试验的要求详见 GB/T 17626—2008

（续）

试验对象	主要性能要求和技术指标
AFDD与其他电气器具的连接	在负载侧连接各种负载时，不能因负载的屏蔽作用而失去判别能力，应能够继续检测电弧故障
检测电弧故障装置	应有手动或自动触发或两者皆有的用来检查电弧故障的检测电路
复测电弧故障功能	在短路、电气寿命、可靠性等试验后，电弧故障检测功能应该不受到影响，复测AFDD的电弧故障检测功能仍应符合规定要求

（2）AFDD试验方法

1）受实际运行工况影响，故障电弧具有随机性和混沌特性，其电压、电流波形信号复杂且非单一，因此，AFDD试验主要是与故障电弧检测有关的试验。

2）主要试验方法：电弧故障检测通常采用具有碳化通道的电缆或电弧发生器来产生电弧。将两根截面积为1.5mm^2的平行导线紧密地捆绑在一起（如用胶带）。可采用符合GB/T 5023.1—2008附录A的60227 IEC 41分类的扁形铜皮软线或其他类似的导线。电弧发生器由一个固定电极和一个移动电极构成。当接入电路时，两个电极分开至一个合适的距离，应在电极间产生稳定的燃弧。

（3）AFDD常见试验　包括串联电弧故障试验、并联电弧故障试验、屏蔽试验和误脱扣试验，现分述如下。

1）串联电弧故障试验。串联电弧故障试验电路如图4-109所示，将电缆试品和AFDD串联进行试验。每次试验时都应使用新的电缆试品。试验应在AFDD的额定电压及规定的每个电弧电流等级下进行。AFDD应在试验的电弧电流规定的时间内断开电弧故障。

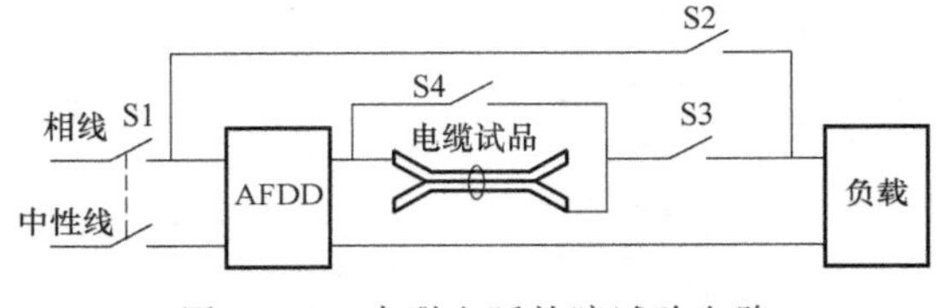

图4-109　串联电弧故障试验电路

串联电弧故障检测试验的方式分以下几种：①验证电路中突然出现串联电弧故障时的正确动作。②验证接入带串联电弧故障负载的正确动作。③验证闭合串联电弧故障时的正确动作。④极限温度下的试验。在极限温度下，AFDD依次在下列条件下验证电路中突然出现串联电弧故障时的正确动作：a. 周围温度为-5℃，仅在最小电流值和额定电压85%下进行；b. 周围温度为+40℃，AFDD先在合适电压下通以额定电流至热稳定状态，仅在AFDD额定电流和额定电压1.1倍下试验，达到稳态之后断开负载电流，进行脱扣试验。

2）并联电弧故障试验。并联电弧故障试验包括以下内容：

① 验证限流并联电弧时的正确动作。当0.5s内电弧半波数量达到要求时，AFDD应能断开电弧故障。一个电弧半波是指10ms（额定频率50Hz）期间产生的所有电流波形。在此期间可能部分时间但不是所有时间有电流流过。一个完整正弦半波电流不可视为一个电弧半波。在故障电流为75A、100A的情况下进行试验，试验电路图如图4-110所示。

如果燃弧半波在0.5s内达到规定的数量，AFDD应断开电弧故障。如果燃弧少于规定的半波数且AFDD没有脱扣，则用新的电缆试品重复进行试验。

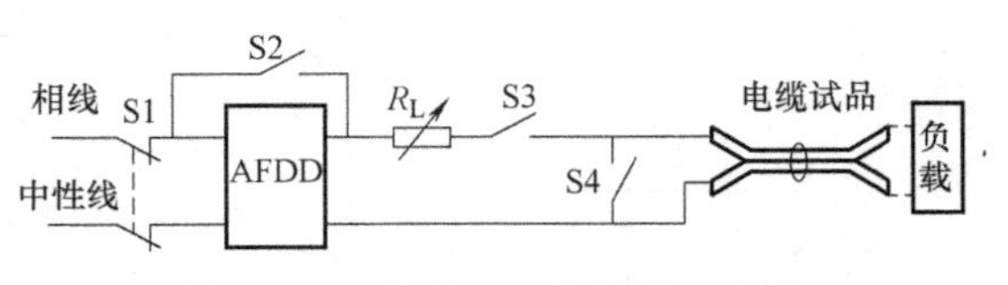

图4-110　并联电弧故障试验电路

② 验证切割电缆并联电弧试验时的正

确动作。试验电路仍采用图 4-110，但电缆试品用图 4-111 所示的切割电缆试验装置或等效装置替代。钢制刀片厚度应为 3mm，外形尺寸约为 32mm×140mm。刀片固定在非导电的杠杆臂上，以保持一定的切割角来达到效果。试验时刀片应定位，使其与第一根导线可靠接触，而与另外一根导线产生电弧接触。被试电缆样品应为常用的两根导线并紧密地扎在一起（如用胶带）。电缆样品最大长度应为 1.2m，且应置于刀片下面。

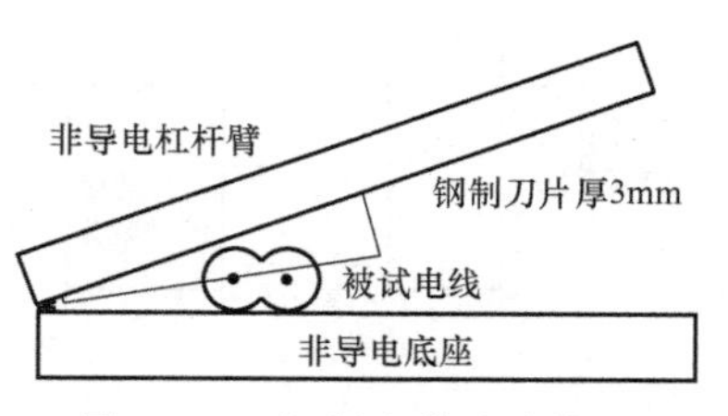

图 4-111　切割电缆试验装置

试验应在 AFDD 的额定电压和预期电弧电流下进行，通过改变阻抗 R_L 调整试验电弧电流。每个电流等级采用三个样品进行试验。每个电缆试品应仅用于一次试验。如果燃弧半波在 0.5s 内达到规定的数量，AFDD 应断开电弧故障。如果燃弧半波少于规定的半波数且 AFDD 没有脱扣，则用新的电缆试品重新进行试验。

③ 验证接地电弧故障时的正确动作。以产生接地并联电弧故障的方式，在 5A、75A 的电流下进行试验，试验电路如图 4-112 所示。按照 5A、75A 的规定时间，AFDD 应断开。如果电弧故障在 0.5s 内出现规定的半波数，AFDD 应断开电弧故障。如果燃弧半波少于规定的半波数且 AFDD 没有脱扣，则用新的电缆试品重新进行试验。

3）屏蔽试验。屏蔽试验是用来检验 AFDD 在各种类似电弧负载的屏蔽下仍能正确地检测电弧故障。本试验应在不同的抑制配置下检查 AFDD 的正确动作。屏蔽试验以并联电弧故障的试验方法为基础。当采用电弧发生器产生电弧时，动作时间为规定值的 2.5 倍。

① 抑制性负载屏蔽试验。第一组试验在不带抑制性负载的情况下进行。AFDD 和电弧发生器或电缆试品屏蔽试验电路如图 4-113 所示。电流由一个阻性负载来调节。试验时 S1 断开，试验电压应是 AFDD 的额定电压。对额定电压为 230V 的 AFDD，在电流 3A 时进行试验，每个 AFDD 应测试三次。

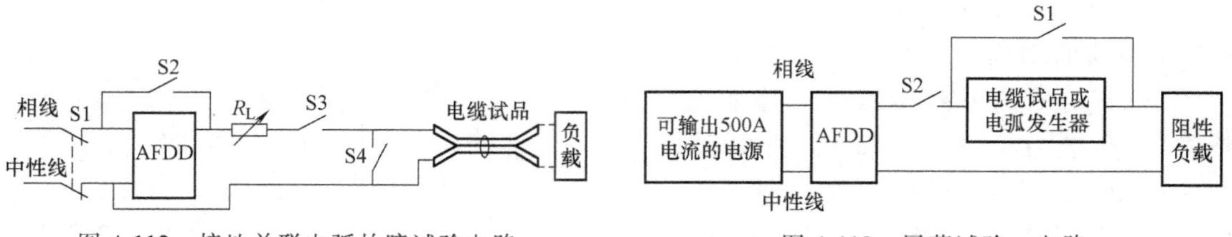

图 4-112　接地并联电弧故障试验电路　　图 4-113　屏蔽试验一电路

第二组试验在施加抑制性负载的情况下进行，采用同样的阻性负载。AFDD、阻性负载（如有）、电弧发生器或电缆试品被接入如图 4-114 所示配置的各种屏蔽试验电路。

AFDD 应在下述每种屏蔽负载下进行试验：a. 起动和运行一个带通用电动机的真空吸尘器，对 230V 的 AFDD，其满载额定电流为 5.4~6.0A。b. 电子式开关电源或开关电源组在额定电压 230V 下总负载电流至少为 2.5A，最小总谐波畸变率（THD）为 100%，单独 3 次谐波最小 THD 为 75%，5 次谐波最小 THD 为 50%，7 次谐波最小 THD 为 25%。接通开关电源或开关电源组。c. 额定电压 230V 下，最大起动电流峰值为 65A±10%的电容起动电动机（空压机型）带载起动（在压缩机气缸无任何气压条件下操作）并运行。d. 对 230V 的 AFDD，用一个带滤波线圈的 600W 电子灯光调节器（晶闸管型）控制 600W 钨灯负载（由

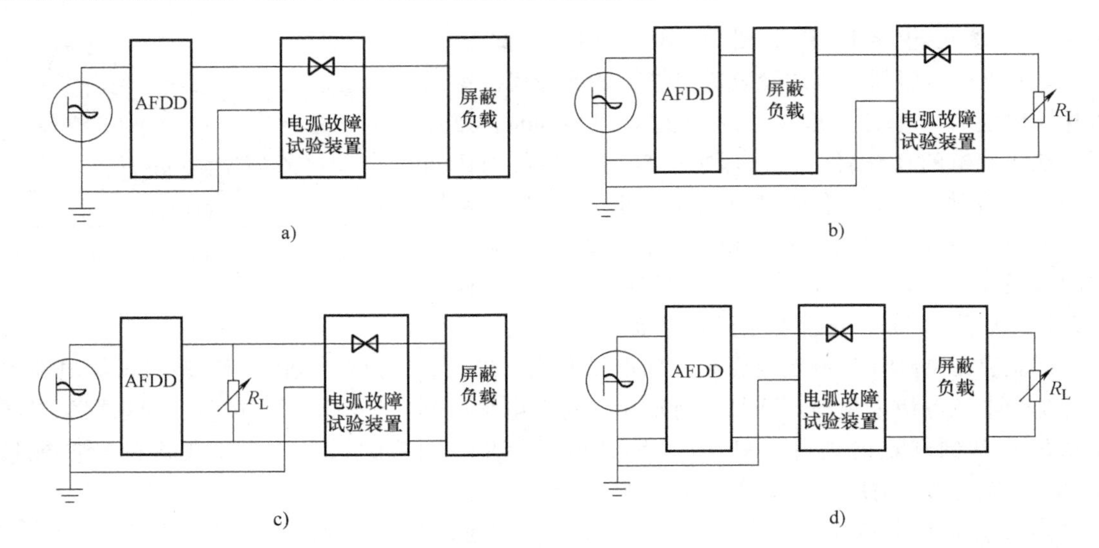

图 4-114 屏蔽试验二电路

a) 配置1 b) 配置2 c) 配置3 d) 配置4

2个150W灯泡和3个100W灯泡组成），调节器预先分别设定至满载，导通角60°、90°、120°以及刚使灯点亮的最小设定值，接通调节器。e. 2个40W荧光灯外加一个5A的阻性负载。f. 总功率至少为300W、由电子变压器供电的12V卤素灯，再加上一个5A的阻性负载。g. 手持式电动工具，如功率至少为600W的电钻。

每个屏蔽负载在每种配置下应进行三次试验，AFDD应在规定的时间内断开电路。对图4-114a、c的配置电路，当屏蔽负载的工作电流小于3A时，不进行试验。

② EMI滤波器屏蔽试验。AFDD安装在如图4-114b所示的电路中。对额定电压为230V的AFDD，采用3A的负载电流进行电弧试验。当采用碳化电缆试品时，AFDD应在规定的时间内断开电弧故障；当采用电弧发生器时，AFDD应在2.5倍规定时间内断开电弧故障。EMI滤波器的结构如下：a. 滤波器1安装2个0.22μF的EMI滤波器。每个滤波器应安装在两根长15m、截面积2.5mm² 的阻性负载电缆的一端。滤波器应位于大约长2.0m、截面积1.5mm² 的软电缆的末端。b. 滤波器2在长15m、截面积2.5mm² 电缆的末端安装EMI滤波器，如图4-115所示，滤波器应位于长2m、截面积1.5mm² 的软线末端。

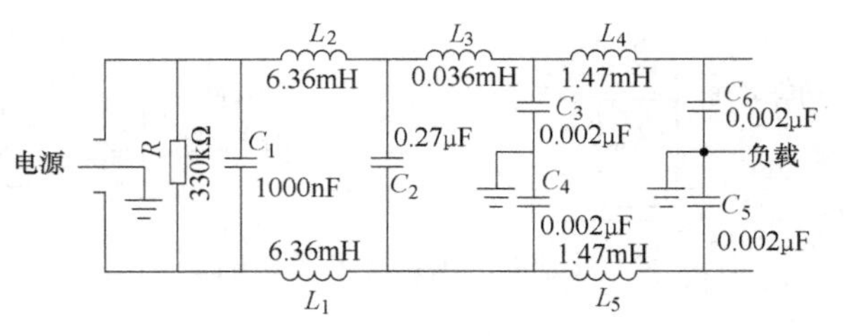

图 4-115 试验电路中滤波器的结构

屏蔽试验电缆可采用GB/T 5023.1—2008附录A的60227 IEC 41或60227 IEC 02分类的导线。

③ 线路阻抗的屏蔽试验。AFDD按预期要求接入分支线路，在线路阻抗条件下，AFDD应按规定的分断时间动作。分支线路由长30m、截面积2.5mm² 的钢铠装电缆（带钢制套管的2根导线）组成。额定电压240V的AFDD电弧故障与3A的负载串联电路如图4-116所示。

4）误脱扣试验。误脱扣试验包括以下内容：

① 串扰试验。两个分支电路由同样的相线和中性线供电，串扰试验电路如图 4-117 所示，安装时尽可能靠近。一个带 AFDD 保护，另一个不带 AFDD 保护（带有传统的过电流保护），两个电路中连接的都是 5A 的阻性负载。在不带 AFDD 保护的电路中由电弧发生器产生电弧，按验证闭合串联电弧时的试验条件进行试验，电弧应持续 0.5s；另一路中的 AFDD 不应脱扣。

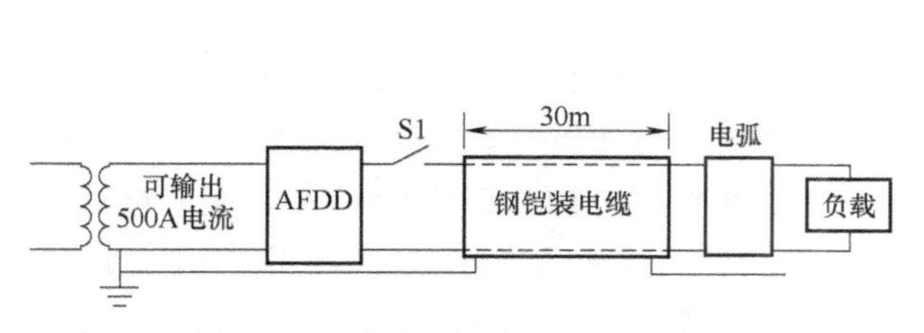

图 4-116　线路阻抗的屏蔽试验电路

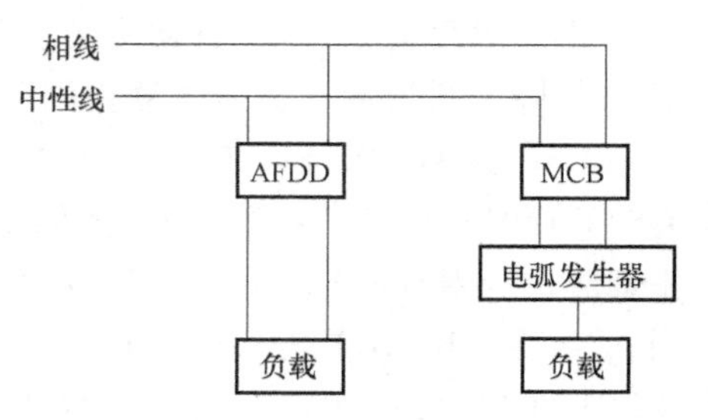

图 4-117　串扰试验电路

② 带各种干扰负载试验。AFDD 按抑制性负载屏蔽的方法进行试验，但不使用图 4-113 中所示的电弧发生器（图中开关 S1 闭合）。手持式电动工具应在试验前运转 24h。负载通电至少 15s，至少应进行 10 次起动/停止操作。在试验过程中，AFDD 不应脱扣。

6. AFDD 产品的检测评估

AFDD 产品的性能检测和效果评估需要进行一套完整的试验，需要做数百次电弧点火试验，且电弧的产生随机性大，试验的数据几乎不能重复，工作量巨大。例如，电弧发生装置，无论是手动电弧发生器还是切割电缆试验装置，都是手动操作，各种影响因素很多；用碳化路径产生故障电弧，深受环境（气压、湿度、温度）、材料等的影响，产生的故障电弧波形也有很大的随机性，加之人为因素的影响，检测结果易出现误判漏判。

为公平、公正地评估 AFDD 产品性能，科研工作者提出了利用波形变化的解决方式。该方式使用的故障电弧模拟装置的结构框图如图 4-118 所示。

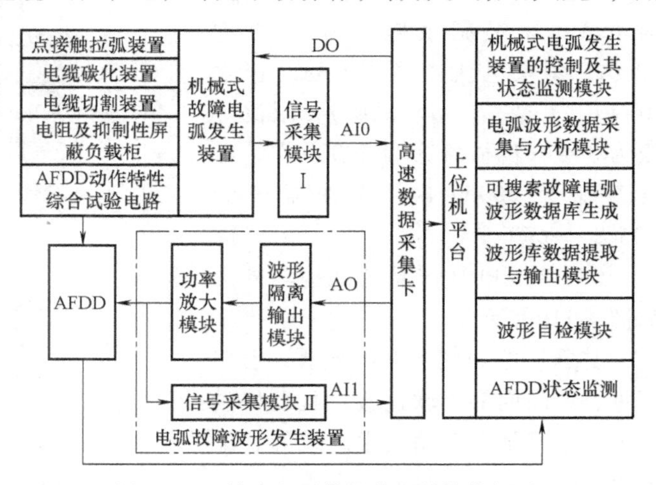

图 4-118　故障电弧模拟装置的结构框图

该装置由机械式故障电弧发生装置和电弧故障波形发生装置组成。其中，前者用于构建电弧故障波形数据库，后者用于调用并输出还原的电弧故障波形。

该方式通过建立涵盖串/并联电弧故障及不同类型负载下故障电弧波形数据库，利用信号隔离模块、功率放大模块、上位机平台对数据库中的电弧故障波形进行还原输出，从而实现对电弧故障保护电器动作特性的验证。一个完整的电弧波形应包含燃弧前 0.5s、燃弧时间 N_s 和熄弧后 0.5s 的波形，其中 N 值根据电弧发生装置的不同、依据国标 GB/T 31143—

2014规定AFDD产品允许的最大脱扣时间确定。

示例4-39：鼎信通信的C32型AFDD。

C32型AFDD属于DXAF1BL-32系列，是B+型带电弧故障保护的剩余电流动作断路器。

传统小型断路器仅对断路器后端电气故障进行防护且功能较少，但鼎信通信的C32型AFDD可为小型断路器的前、中、后端提供全方位的电气防护，其在产品进线端、开关侧和出线端分别具有“过/欠电压保护、超宽电压输入、LN互易检测”前端保护、“电流过零分闸、端子温度监控、手/自动检测、湿度检测”自身保护以及“过载短路保护、B+型漏电检测、故障电弧检测、劣质电器检测”后端保护的功能。

C32型AFDD符合GB/T 31143—2014《电弧故障保护电器（AFDD）的一般要求》、GB/T 16917.1—2014《家用和类似用途的带过电流保护的剩余电流动作断路器（RCBO）第1部分：一般规则》、GB/T 16917.22—2008《家用和类似用途的带过电流保护的剩余电流动作断路器（RCBO）第22部分：一般规则对动作功能与线路电压有关的RCBO的适用性》和GB/T 22794—2017《家用和类似用途的不带和带过电流保护的F型和B型剩余电流动作断路器》的标准要求。

C32型AFDD具有故障电弧、剩余电流、过/欠电压、过载瞬动等防护功能，适宜在家庭、学校、养老院、酒店、文物古建筑等人员密集、易燃材料集中的场合使用。其主要技术参数为：额定工作电压（U_n）为AC 230V，额定工作频率为50Hz±2%，额定绝缘电压（U_i）为440V，额定冲击耐受电压（U_{imp}）为4kV，额定电流（I_n）为6A、10A、16A、20A、25A、32A，常态功耗<0.4W，瞬时脱扣类型C型，运行短路能力（I_{cs}）为6kA，额定短路能力（I_{cn}）为6kA，额定剩余电流动作值为30mA，剩余电流类型B+型（包含AC型、A型、F型、B型），限流等级为3级，机械寿命为20000次，电气寿命为10000次，工作温度为-25℃~+65℃。

C32型AFDD产品的结构与外形如图4-119所示。

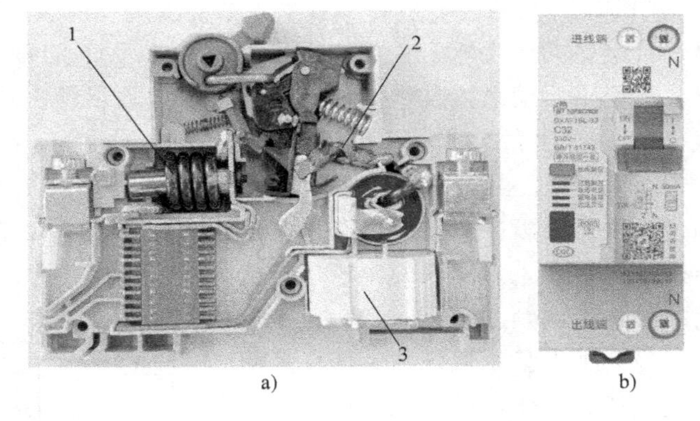

图4-119 DXAF1BL-32系列AFDD产品的结构（无电子部分）与外形

a）结构示意图 b）外形（断开状态）

1—电磁脱扣器（瞬动及短路保护，故障电弧及计量电流采集） 2—零序电流互感器（B+型剩余电流检测） 3—取能互感器（大电流给电子部分供电，满足电子式过载检测需求）

其爆炸图如图4-120所示，由图可见，产品内部无软连接，且硬件设计上完全满足全自动化生产线的装配要求。

C32型AFDD的故障电弧探测器的面板构造和功能组成如图4-121所示，包括智能显示（故障电弧个数、剩余电流数值、进出线端子温度和电压/电流值）、智能报警（电弧漏电报警、端子温度超标报警、电压电流超限报警和设备故障报警）和智能通信（RS485/PDC总线、NB-IoT/4G无线）的功能。为方便客户了解相关信息，它通过NB-IoT/4G通信方式，将探测的各类信息上传至电信/移动等云平台，通过云平台将信息推送到鼎信IoT服务器，最后通过APP向用户展示。

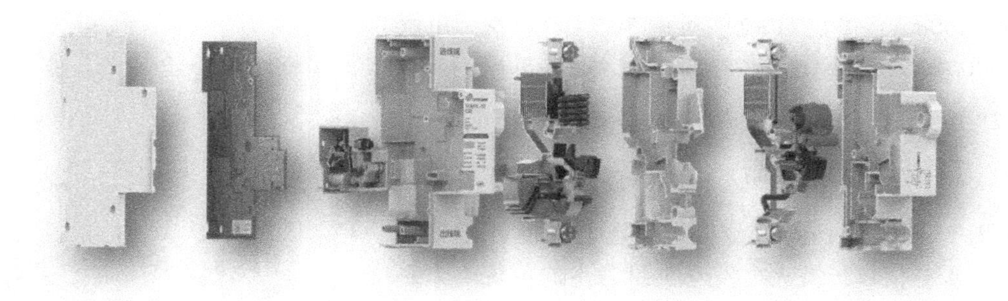

图 4-120　TCAF1L-32 C32 型 AFDD 产品的爆炸图（有电子部分）

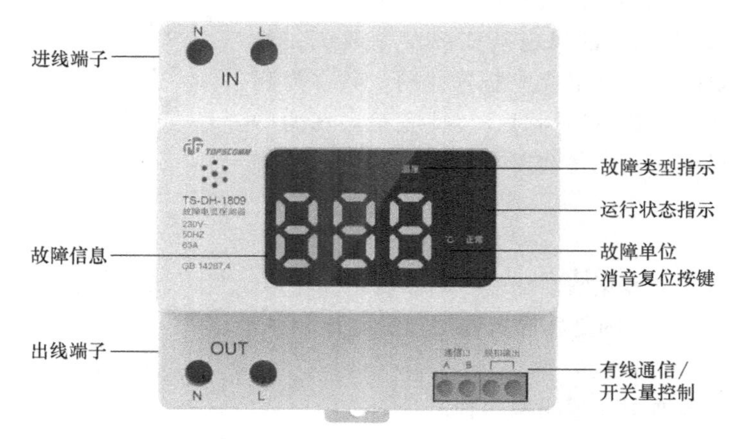

图 4-121　C32 型 AFDD 的故障电弧探测器的面板构造和功能组成

C32 型 AFDD 的电子器件如图 4-122 所示。其中，图 4-122a 为电弧核心板，引脚 1 和引脚 2 是电弧互感器的两个接口，引脚 3~7 分别表示+5V、GND、TRIP、L 和 N。图 4-122b 是 AFDD 产品整个的电子部分，负责实现电弧、漏电数据采集及处理部分功能。核心检测及控制芯片的型号为 TC8501。

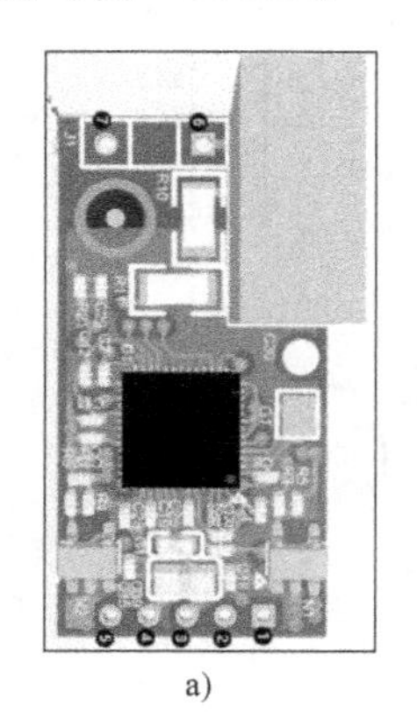

a)

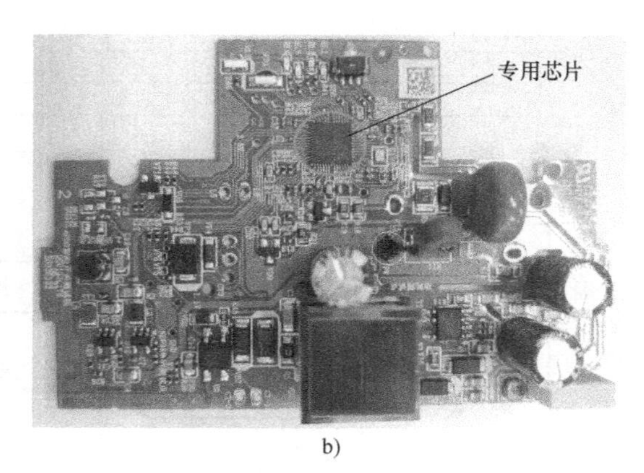

b)

图 4-122　DXAFB 电弧核心板及整个电子部分的构成

a）电弧核心板　b）整个电子部分

示例 4-40： 美高电气 AFDD。其 C40 的外形图如图 4-123 所示。额定电压 230/240V，额定频率 50/60Hz，额定电流 6~40A，分断能力 6kA/10kA，额定灵敏电流 10mA、30mA、

100mA、300mA，极数1P+N。机械寿命10000次，电气寿命4000次。机身宽度由71.2mm减到17.8mm，减小了53.4mm，有效释放箱体空间。

图4-123　美高电气AFDD之C40产品外形图

4.6.5　风电保护断路器

进入21世纪，拥有大量风电发电能源的新型电力系统正逐步替代以传统火力发电机组为主的传统电力系统。随着风电等高比重电力电子的设备使用，引发了电力系统的新型电磁振荡现象，振荡频率广泛分布在几Hz至几kHz之间。大规模的风电新能源发电系统一般使用较高输出功率的电力电子换流装置并网，其在提高电力系统的灵活性和可靠性的同时，也使宽频振荡的产生原因等问题变得更加多样化和复杂化，给电力系统带来了新的挑战。

1. 定义

风电保护断路器也称宽频断路器，是一种适用于风力发电场合的低压断路器，其主要技术参数中的10~200Hz指的是发电机侧的交流电流频率。

2. 分类

宽频断路器有普通型和智能型两种。

3. 构成

智能型宽频断路器除断路器本体外，还有一个智能控制器。

智能控制器的组成如图4-124所示。由数据采集、智能控制以及调节装置构成。其中，数据采集部分利用传感器以及电压调节、滤波等环节，将电网模拟信号经A/D转换成数字信号后提供给处理器进行分析计算。

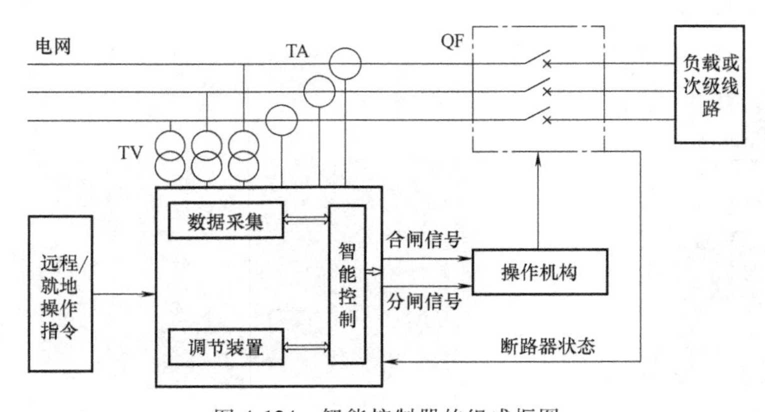

图4-124　智能控制器的组成框图

智能控制部分将采集的信号和预先设置好的整定参数进行分析、判断、对比后，对当前线路的运行状态进行监控，对发现的不严重故障进行报警并记录。当出现严重故障、需要断电时，处理器发出分闸信号，驱动操作机构使断路器动作，切断故障线路，防止故障进一步恶化。

调节装置主要由人机交互模块和远程通信接口两大部分组成，其中，人机交互模块由 OLED 液晶显示、按键、报警电路等组成，通过调节界面可以预设和修改断路器的整定参数；远程通信接口可以将各电网线路的运行状态和故障数据进行上传和保存，并可以修改保护动作触发条件的整定参数，实现电力系统的集中管理监控。

4. 技术难点

宽频断路器设计要解决的一个技术难点是电流过零点问题。由于低频下，交流电流接近过零点时会拉长。所以，运用于永磁直驱型风力发电机侧的断路器，ABB 公司主推宽频断路器，而施耐德公司给出的方案是采用负荷开关，另外，国内风电变流器厂商也有用接触器的方案。

示例 4-41：常熟开关 CW3F 宽频型智能万能式低压断路器。

CW3 系列智能型万能式断路器以及根据市场需要派生的各种开关电器（包括 CW3X 限流型万能式低压智能断路器、CW3V 低压真空万能式断路器、CW3R 增强型智能万能式断路器、CW3F 宽频型智能万能式断路器、CW3DC 直流万能式断路器、CW3G 交直流隔离开关），它们既能满足配电系统对电能日益增长的需求，也能促进智能配电网络高可靠性的技术进步。

CW3F 宽频型智能万能式断路器适用于交流 10~200Hz、额定工作电压 1000V 及以下、额定电流 630~2500A 的高、中、低速永磁风力发电系统。其中，CW3F-2500 的主要技术参数见表 4-25，有固定式和抽屉式两种，极数 3P，脱扣采取智能控制。

表 4-25　CW3F-2500 宽频型智能万能式断路器主要技术参数

参数		数值
额定电流 I_n/A(10~60Hz,40℃)		630、800、1000、1250、1600、2000、2500
$I_{cu}=I_{cs}=I_{cw}$/kA(1s,有效值)	AC 690V(10~200Hz)	20
	AC 900V(10~200Hz)	8
	AC 1000V(50/60Hz)	8
电气寿命/次(AC 690V,50/60Hz)		4000
机械寿命/次		12500
工作温度/℃		-40~+70
智能控制器功能	保护/报警	过载长延时,短路瞬时
	测量	电流、频率
	维护	自诊断、历史最大值/最小值、脱扣记录(通信输出)
	远程复位	可选用

CW3F-2500 宽频型智能万能式断路器额定工作电压在 10~200Hz 时可达 900V，完全适合风力发电过程需要。需注意的是，用于频率大于 60Hz 时的断路器额定电流应进行适当修正，因此该产品的开发满足全功率直驱型风力发电机的过电流保护。

CW3F 具有以下特点：新结构设计降低了短路电动斥力，提高了分断能力和动热稳定性；利用互感器屏蔽，提高了电流采集精度；主轴使用了多个半圆形轴承，克服了主轴变形的问题；触头材料采用 $AgNi_{30}C_3$，确保了断路器具有良好的分断能力和触头的耐磨性能；在轴两边设置了拖动装置，解决了抽屉摇进摇出不平衡的问题。

4.6.6　低压真空断路器

1. 定义

低压断路器用真空灭弧室是指额定电压 1200V 及以下、额定电流和额定短路分断能力最高分别为6300A和120kA的真空开关管，其广泛应用于化工、矿山、通信、地产、电力、能源和国防等几乎所有电气领域，目前我国低压真空开关管的年产量约百万只。

真空开关管以真空作为绝缘和灭弧介质，位于真空中的触头一旦分离，触头间将产生真空电弧。真空电弧依靠触头上蒸发出来的金属蒸气来维持，直到工频电流过零时，真空电弧的等离子体很快向四周扩散，电弧被熄灭，于是电流被分断。由于熄弧过程是在密封的真空容器中完成的，电弧和炽热的气体不会向外界喷溅，无火灾和爆炸的危险，安全可靠，不污染环境。因真空开关管是以真空作为灭弧和绝缘介质的，触头开距小，绝缘强度高，燃弧时间短，熄弧能力强，所以开断性能稳定可靠，触头磨损小，使用寿命长，体积小，重量轻。

2. 标准

低压断路器用真空开关管现有四项行业标准，其中的SJ/T 10581—2023《低压断路器用真空开关管总规范》规定了低压断路器用真空开关管的工作条件、产品分类、技术要求、检验规则、标志、包装、运输和储存等，SJ/T 10582—2023《低压断路器用真空开关管总测试方法》规定了低压断路器用真空开关管性能参数的通用测试方法。

示例4-42：TANK1万能式低压真空断路器。

TANK1万能式低压真空断路器是在DW45（TANW1）万能式框架断路器基础上进行了优化设计并具有自主知识产权的新一代低压断路器。采用DW45（TANW1）万能式框架断路器中的控制部分、电动操作机构，以及面板、二次触头等部件，以优化设计的小型化真空灭弧室替换空气磁吹灭弧室，通过拐臂将操作机构与真空灭弧室导电杆连接，实现真空灭弧室的分合闸操作。采用成熟、可靠的结构和通用性零部件，提高了产品的整体可靠性。其内部结构及主要零部件如图4-125所示。

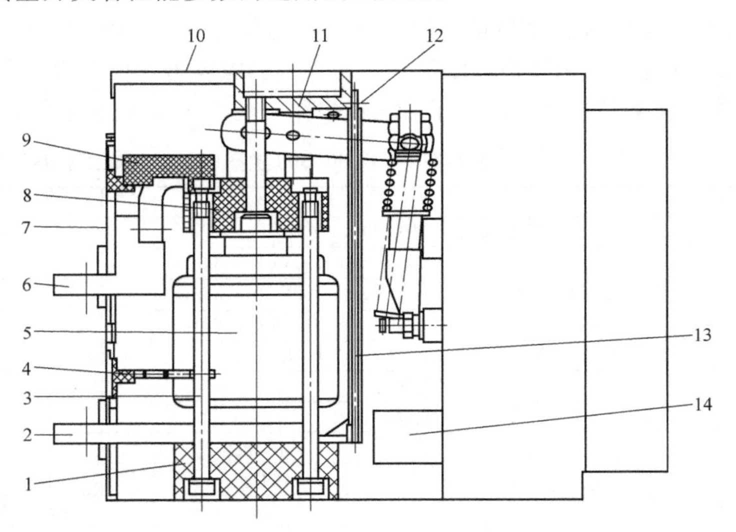

图4-125　TANK1万能式低压真空断路器内部结构及主要零部件

1—固定主板　2—下母排　3—拉杆　4—下卡板　5—真空灭弧室　6—上母排　7—前封板　8—拉块　9—上卡板　10—盖板　11—上支架　12—螺钉　13—绝缘隔板　14—操作机构

TANK1万能式低压真空断路器的主要技术参数见表4-26。

表4-26　TANK1万能式低压真空断路器的主要技术参数

额定工作电压/V	400	
壳架电流/A	2000	3200
额定电流/A	630、800、1000、1250、1600、2000	2000、2500、2900、3200
额定极限短路分断能力 I_{cu}/kA	65(75)	80
额定运行短路分断能力 I_{cs}/kA	65(75)	100

该产品符合国家产业政策，符合低压产品的结构简单、小型化、零飞弧、智能化、高可靠性的市场发展方向，是低压成套柜的主要部件。

4.6.7　智能量测开关

1. 定义

量测开关是一种用于电能计量箱，实现节点电压、电流、电能等监测的低压断路器。它作为新型电力系统配电组成部分的数字化供用电台区的关键设备，已广泛分布在变压器侧、线路侧和表箱侧的各重要节点，担负节点电压、电流、功率等关键电参量的感知和异常用电监控。

智能量测开关是具备高精度电流传感器和量测单元的低压开关电器，包括塑料外壳式断路器和隔离开关，用来实现对配用电线路的正常接通、分断，以及过载、短路保护等功能，并能实现量测数据的本地或远程交互，适用于交流50Hz，工作电压不超过440V，额定电流不大于800A的配用电线路。

智能量测开关安装于低压计量箱进线处，用以替代现有普通进线开关，是一种高集成度的智能量测设备。它在塑壳断路器已有的保护功能基础上，将三相智能电能表、用电信息采集器、计量箱智能监测终端等功能扩展集成于一身。其量测单元应具有可插拔结构，在不断电情况下，可安全地从智能量测开关本体结构中取出，且不损坏智能量测开关本体和量测单元，不影响智能量测开关功能特性。

2. 类型

1）量测开关分交流量测开关和直流量测开关两种。

2）根据所含断路器本体不同，智能量测开关有热磁式塑壳式断路器和电子式塑壳式断路器两类。

3）根据壳架额定电流不同，智能量测开关有1P+N（其量测单元为通用）、3P、4P、3P+N四种结构形式。

3. 功能

量测开关的常见功能见表4-27。

表4-27　量测开关常见功能

保护功能	短路保护	判断并迅速切除三相短路、两相短路、三相接地短路、两相接地短路、单相接地短路等短路故障
	过载保护	预设过负荷电流值，当回路电流值超过预设值时，按照预定设置告警或延时切断故障
基础支撑功能	通信接口	具备HPLC通信功能，符合Q/GDW 11612—2018《低压电力线高速载波通信互联互通技术规范》要求，满足《HPLC技术应用手册V2.7》技术要求 具备蓝牙（BLE2及以上）通信功能，通信距离10米及以上，可实现本地维护功能 具备两路独立的RS485通信接口，RS485-Ⅰ具备抄表功能，RS485-Ⅱ具备现场维护功能，可切换为抄表功能（当接入电能表时，自动切换为抄表功能）
	数据转发	支持集中器透抄RS485电能表或内置交采单元
	档案管理	具备电能表自动搜表功能，除第1次上电的搜表外，其他情况下的搜表不影响其他功能 具备电能表类型（单相、三相）的识别功能 具备电能表通信协议的识别功能 具备拆换电能表的识别上报功能，识别周期不大于1天
	分钟采集	满足低压集中抄表终端（支持分钟级数据采集）补充技术要求

（续）

<table>
<tr><td rowspan="6">基础支撑功能</td><td>交采计量</td><td>①电能计量；②需量测量；③费率和时段；④电压合格率统计；⑤谐波测量；⑥数据存储</td></tr>
<tr><td>电能表相位识别</td><td>具备电能表的实际（以配变出线为准）供电相位识别功能</td></tr>
<tr><td>数据召测与响应</td><td>支持集中器通过 DL/T 698.45 规约对开关自身交采及采集的电能表日、月冻结数据、分钟级曲线数据读取。开关应答的每一帧报文都是可独立解析的，并且每帧报文总长度不超过 480 字节</td></tr>
<tr><td>参数设置和查询</td><td>支持主站或集中器查询和设置开关的数据与事件主动上报开启与关闭参数</td></tr>
<tr><td>事件召测与主动上报</td><td>支持集中器或主站查询新增事件记录与监测数据
支持按设置的新增事件及数据上报标识，主动上报新增事件记录与数据</td></tr>
<tr><td>量测单元热插拔</td><td>量测单元可热插拔，热插拔更换时，开关不发生任何误动作
量测单元未插入时，开关可正常运行</td></tr>
<tr><td rowspan="3">计量箱电量平衡监测</td><td>计量箱分时线损</td><td>根据开关交采与计量箱内用户电能表的小时或 15 分钟级电能数据，分时统计计量箱线损数据。支持线损统计数据的主动上报功能，可配置上报方式，默认开启上报</td></tr>
<tr><td>计量箱电量平衡</td><td>可判断计量箱电量平衡异常事件。支持计量箱电量平衡异常事件的主动上报功能，可配置上报方式，默认开启上报</td></tr>
<tr><td>表外用电</td><td>根据开关交采与计量箱内用户电能表的分钟级数据，实时监测计量箱是否存在表外用电情况发生。支持表外用电发生/恢复事件的主动上报功能，可配置上报方式，默认开启上报</td></tr>
<tr><td rowspan="5">供电回路异常监测</td><td>用户电压</td><td>具备计量箱、用户电能表的供电电压合格率的统计功能，支持该数据的主动上报功能，可配置上报方式，默认开启上报
具备计量箱进线到用户电能表的压差异常监测功能，并产生监测统计数据；支持该数据的主动上报功能，可配置上报方式，默认开启上报</td></tr>
<tr><td>供电回路阻抗</td><td>具备实时监测台区配变到开关之间的线路阻抗功能
具备实时监测台区配变到计量箱内部各用户电能表之间的线路阻抗功能
支持供电线路阻抗监测数据的主动上报功能，可配置上报方式，默认开启上报</td></tr>
<tr><td>开关状态</td><td>实时监测开关腔内温度与脱扣器状态，开关腔内温度测量误差不大于 1℃，脱扣器状态采集准确率 100%
当脱扣器状态发生变化时开关具备即时上报功能。可配置上报方式，默认开启上报
每日过后，统计上 1 日开关腔内温度的极大值及其发生时间，以及开关当前脱扣器的状态。支持该统计数据的主动上报功能，可配置上报方式，默认不开启上报
具备开关腔内温度超限监测功能，并产生相应事件，支持主动上报功能，可配置上报方式，默认不开启上报</td></tr>
<tr><td>谐波</td><td>实时监测计量箱电压的 2~21 次谐波含有率，可产生总畸变率超限事件，支持主动上报功能，可配置上报方式，默认不开启上报
实时监测计量箱电流的 2~21 次谐波含有率，可产生总畸变率超限事件，支持主动上报功能，可配置上报方式，默认不开启上报</td></tr>
<tr><td>计量箱环境</td><td>具备读取连接到 RS485 端口的智能设备（如外部温、湿度以及 TVOC 气体传感器、智能底座）</td></tr>
<tr><td rowspan="6">电能表异常在线监测</td><td>电能表时钟超差</td><td>根据分钟级采集数据，实时监测电能表是否存在时钟超差情况，若发生异常，产生对应事件，并支持主动上报功能，可配置上报方式，默认开启上报</td></tr>
<tr><td>电能表计量差错（失准）</td><td>根据开关交采与计量箱内用户电能表的分钟级数据，在线监测电能表计量差错。抓取在一段时间内计量箱中仅有一只电能表的负荷发生变化，计算该用户计量精度误差
支持计量差错在线监测数据的主动上报功能，可配置上报方式，默认开启上报</td></tr>
<tr><td>电能表停走</td><td>根据分钟级采集数据，实时监测电能表是否存在停走情况，若发生异常，产生对应事件，并支持主动上报功能，可配置上报方式，默认开启上报</td></tr>
<tr><td>电能表飞走</td><td>根据分钟级采集数据，实时监测电能表是否存在飞走情况，若发生异常，产生对应事件，并支持主动上报功能，可配置上报方式，默认开启上报</td></tr>
<tr><td>电能表示度下降</td><td>根据分钟级采集数据，实时监测电能表是否存在示度下降情况，若发生异常，产生对应事件，并支持主动上报功能，可配置上报方式，默认开启上报</td></tr>
<tr><td>电能表开盖</td><td>按设定周期（默认 1 天）抄读电能表开盖事件发生总次数，当事件发生总次数有变化时，抄读对应的事件记录，对于 DL/T 645—2007 规约的电能表，将事件记录转换为 DL/T 698.45—2017 规约格式，对于 DL/T 698.45—2017 电能表则不需要转换，保留原有格式。支持各类事件的主动上报功能，可配置上报方式，默认开启上报</td></tr>
</table>

（续）

电能表异常在线监测	电能表恒定磁场干扰	按设定周期（默认为 1 天）抄读电能表恒定磁场干扰事件发生总次数，当事件发生总次数有变化时，抄读对应的事件记录，对于 DL/T 645—2007 规约的电能表，将事件记录转换为 DL/T 698.45—2017 规约格式，对于 DL/T 698.45—2017 电能表则不需要转换，保留原有格式。支持各类事件的主动上报功能，可配置上报方式，默认开启上报
	电能表失压	按设定周期（默认 1 天）抄读电能表失压事件发生总次数，当事件发生总次数有变化时，抄读对应的事件记录，对于 DL/T 645—2007 规约的电能表，将事件记录转换为 DL/T 698.45—2017 规约格式，对于 DL/T 698.45—2017 电能表则不需要转换，保留原有格式。支持各类事件的主动上报功能，可配置上报方式，默认开启上报
	电能表断相	按设定周期（默认 1 天）抄读电能表断相事件发生总次数，当事件发生总次数有变化时，抄读对应的事件记录，对于 DL/T 645—2007 规约的电能表，将事件记录转换为 DL/T 698.45—2017 规约格式，对于 DL/T 698.45—2017 电能表则不需要转换，保留原有格式。支持各类事件的主动上报功能，可配置上报方式，默认开启上报
停电监测	计量箱停/复电	监测开关跳闸/合闸（含发生时间、跳闸原因）动作，并产生对应的计量箱停/复电事件，支持该事件的主动上报功能，可配置上报方式，默认开启上报
	用户停/复电	根据计量箱内用户分钟级数据采集通信的变化情况，识别用户疑似停电，并上报。待通信恢复正常后，通过抄读电能表最近的掉电事件记录，用以复核上一次该用户疑似停电的有效性。确认用户停电后，生成用户停电事件，支持该事件的主动上报功能，可配置上报方式，默认开启上报

4. 主要技术参数

以壳架电流 250A 为例，量测开关的主要技术参数见表 4-28。

表 4-28　壳架电流 250A 的量测开关的主要技术参数

序号	主要参数	要求值
1	工作温度	−40～+70℃
2	相对湿度	+23℃不应高于 83%；+40℃不应高于 93%
3	极数	3P
4	壳架电流	250A
5	额定电压	AC 400V，50Hz
6	额定电流	默认 250A（可配置为 250A、200A、160A、125A）
7	脱扣器型式	电子式脱扣器
8	额定运行短路分断能力 I_{cs}	35kA
9	额定极限短路分断能力 I_{cu}	50kA
10	额定冲击耐受电压 U_{imp}	8kV
11	额定绝缘电压 U_i	800V
12	过电流脱扣特性	$1.05I_n$，2h 内不脱扣；$1.30I_n$，2h 内脱扣
13	短路保护特性	$10I_n$，脱扣时间<0.2s
14	机械寿命	≥20000 次
15	电气寿命	≥8000 次
16	防护等级	IP20
17	接线方式	板前接线
18	使用寿命	15 年
19	外形尺寸	宽（145mm），高（165mm），厚（116mm）
20	量测单元热插拔	量测单元插拔不可影响开关的保护控制功能 量测单元不插入时，接口的接插件不可裸露在外 量测单元与其接线端子都应具有防拆封印
21	取电方式	电子部分电源从开关上端取电
22	后备电源	超级电容，停电后维持通信不小于 60s
23	功耗	在施加参比电压、参比频率条件下，开关处于非通信状态时，整机有功功率和视在功率平均消耗不应大于 3W、5V·A
24	准确度等级	有功 D 级，无功 2 级

（续）

序号	主要参数	要求值
25	参比电压	3×220/380V
26	转折电流 I_{tr}	2.5A
27	最小电流 I_{min}	1A
28	参比频率	50Hz
29	脉冲常数	100(imp/kWh)100(imp/kvarh)
30	上行通信	HPLC 通信，支持 band 切换，默认 band2
31	本地维护蓝牙接口	BLE4.2，连接范围 10m 及以上
32	守时精度	在工作温度范围内，日计时误差不应超过 1s/d
33	开关状态采集准确率	100%
34	电能表失准识别准确率	≥95%
35	电能表相位自动识别准确率	≥95%
36	用户侧数据采集频度	1min
37	分钟级数据采集完整率	>99%
38	计量箱停电事件上报时间	≤15s
39	疑似停复电事件上报时间	≤5min
40	线损计算间隔	计量箱总电能≥5kWh 且计算周期≥15min

5. 图形符号

量测开关具有隔离功能，其图形符号如图 4-126 所示。

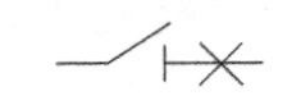

图 4-126 量测开关的电气符号

示例 4-43：法国溯高美电气的智能量测开关。

图 4-127 为智能量测开关及组件的外形图。

a) b)

图 4-127 溯高美电气的智能量测开关及组件的外形图

a）智能交流量测开关 b）智能直流量测开关

其中，智能交流量测开关的型号为 DIRIS Digiware U-x0/I-xx/IO-x0，其符合 IEC 61557—12，有计量、监测、分析功能。装有 5～6000A 开口/闭口式电流传感器。精度高，2%～120%全局测量链，精度等级为 0.5 级（含传感器）。热插拔，即插即用，结构紧凑。

智能直流量测开关的型号为 DIRIS Digiware U-3xdc/I-3xdc，其符合 IEC 61557—12，可以分析 RMS 值、纹波等电能质量。装有 50～6000A 开口/闭口电流传感器，可记录监测历史数据，结构紧凑。

示例 4-44：瑞睿电气的 ARM6Z 智能量测开关。

ARM6Z 智能量测开关适用于交流 50Hz（或 60Hz），其额定绝缘电压为 1000V、额定工作电压为 400V。250A 壳架等级电流的 ARM6Z 智能量测开关产品外形如图 4-128 所示。

其具有以下功能：①具有三段电流保护、电压、缺相保护功能；②可实现母线电流、电压、功率、功率因数等的高精度实时测量功能；③具备三相回路的总有功电量和分相电量计量；④具有远程遥控、遥测、遥信和遥调功能；⑤支持 RS485 通信及载波、微功率无线等多种通信方式；⑥可实时监测开关分合状态，有效支持故障隔离和定位研判；⑦可监测进出线的接头温度，提前预警接线故障，开关具有极强的抗干扰能力，可靠性高；⑧量测单元可热插拔并支持互换，为低压配电台区线损分析和负荷分析提供数据支持，满足用电精细化管理的要求。

图 4-128　250A 壳架等级电流的 ARM6Z 智能量测开关产品外形

4.6.8　光伏并网断路器

1. 背景

2009 年，我国启动“金太阳”工程和光电建筑示范项目，随后国家陆续发布了一系列分布式光伏优惠政策。2013 年，国家电网公司 333 号文件《国家电网公司关于印发分布式电源并网相关意见和规范的通知》及《分布式光伏发电项目接入系统典型设计》提出：低压并网专用断路器需具备失压脱扣，兼有重合闸功能要求。光伏并网断路器由此应运而生。

2. 定义

光伏并网断路器也称光伏欠压自动重合闸断路器、光伏重合闸断路器，是一种具有欠电压延时脱扣、电源电压恢复后自动重合闸功能的智能电器。

3. 组成

光伏并网断路器通常由欠压电磁脱扣器、控制板和电动操作机构组成。其中，欠压电磁脱扣器可用单片机控制。电压检测采样真有效值，检测电压恢复即发出合闸指令。欠压产生时具有延时跳闸功能，抗干扰好。

控制板通常包括三相电压监测、失压储能、脱扣线圈驱动、延时设定和 CPU 处理器共五个模块。电动操作机构采用单片机控制，具有稳定性好、直流电动机传动、功耗低、电动机过电流保护等优点。

示例 4-45：三相光伏并网断路器的结构框图如图 4-129 所示。

工作原理：三相光伏并网断路器中的电磁脱扣器专用于欠压脱扣。当其控制小型断路器时，采用自吸式脱扣器结构；当其控制塑壳式断路器时，则采用助吸式脱扣器结构。控制板用于实时监测三相电源电压。当电压下降至 35%～70%额定电压时开始延时；若延时时间到了预设值时电压仍不正常，则发出脱扣信号，断路器脱扣；若在延时时间内电压恢复至 85%，则断路器不脱扣。当断路器欠压脱扣后，电压恢复至 85%以上，控制板先发出欠压脱扣器吸合指令，然后控制电动操作机构再扣、合闸。

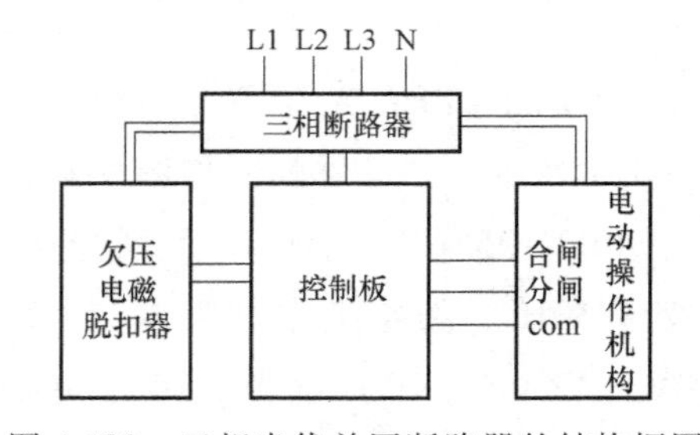

图 4-129　三相光伏并网断路器的结构框图

示例 4-46：德力西电气 CDBNE-100GQF 型光伏并网断路器。

该产品具有过载、短路、过/欠电压、失压等保护和自动重合闸以及隔离功能。可以采取自动和手动两种操作方式，即在自动操作模式下，停电自动分闸，来电自动合闸；在手动操作模式下，停电自动分闸，来电手动合闸。其额定电流为6A、10A、16A、20A、25A、32A、40A、50A、63A、80A和100A；极数有2P、4P；脱扣类型为C型；额定分断能力为6kA；过压动作范围是295±5V，延时3～5s脱扣；欠压动作范围为161±5V，延时3～5s脱扣；失压动作范围为46±5V，延时0～1s脱扣；自动合闸时间为7～10s；电气寿命4000次。能够满足电磁兼容要求，在强电磁干扰情况下可以正常工作。

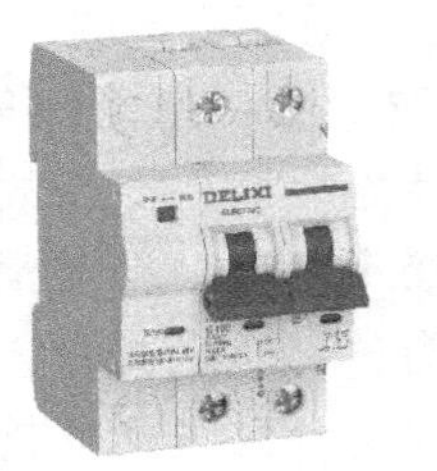
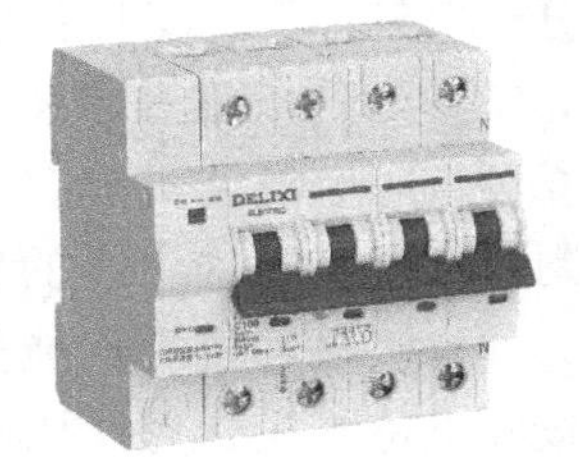

图4-130　CDBNE-100GQF型光伏并网断路器的产品外形

CDBNE-100GQF型光伏并网断路器的产品外形如图4-130所示。

示例4-47：圣普电气SPB7-125（TS）ARDP系列光伏预付费断路器。

该产品具有过载保护、短路保护、过/欠电压保护、欠费分闸付费合闸、费控状态指示、欠费脱扣保持等功能，可根据电能表信号对断路器自动分合闸（手动状态时为手动合闸、自动分闸）。产品符合国家电网Q/GDW 11421—2020《电能表外置断路器技术规范》和GB/T 10963.1—2020《电气附件　家用及类似场所用过电流保护断路器　第1部分：用于交流的断路器》的标准要求。

产品型号说明如下：

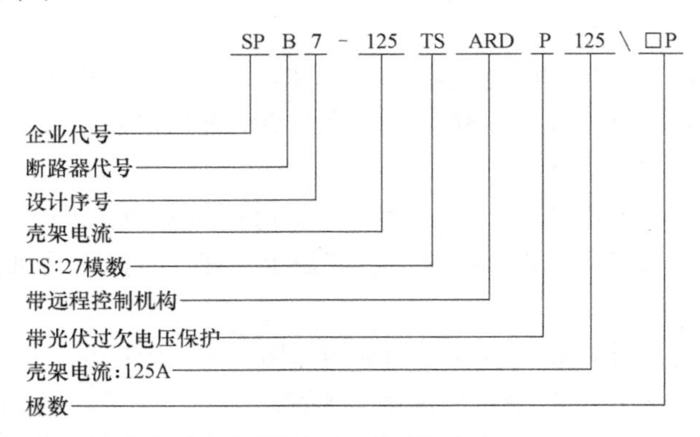

125A的SPB7光伏预付费断路器产品的外形如图4-131所示，产品爆炸图如图4-132所示。

SPB7-125（TS）ARDP系列光伏预付费断路器适用于交流50Hz、额定工作电压U_n为230V（1P+N、2P）、400V（3P+N、4P）电路，额定电流I_n为63A、80A、100A和125A。其自动分闸时间$t_d \leqslant 2s$；机械寿命1万次，电气寿命6000次；分断能力I_{cs}>6000A；冲击耐压（U_{imp}）为6kV。过/欠电压保护特性：>280±10V，分闸；≤280±10V且≥160±10V，合闸；<160±10V，分闸。

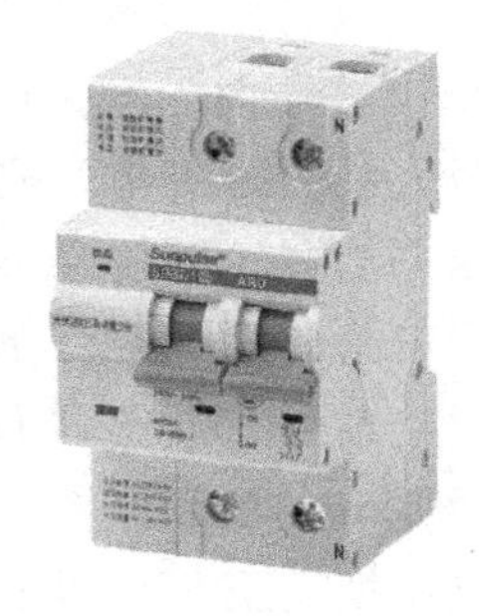

图4-131　125A的SPB7光伏预付费断路器产品的外形图

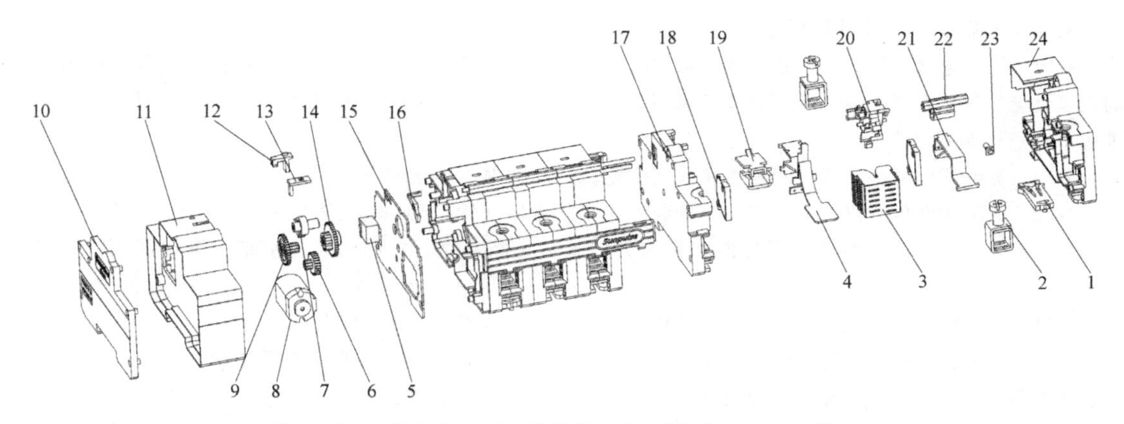

图 4-132　125A 的 SPB7 光伏预付费断路器产品的爆炸图

1—卡板　2—接线端子　3—灭弧室　4—双金属组件　5—信号控制端口　6—蜗杆　7—一级齿轮　8—电动机　9—三级齿轮　10—动力盖　11—动力中盖　12—导光柱　13—手/自动拨片　14—二级齿轮　15—PCBA 组件　16—脱扣杆　17—断路器基座　18—导磁组件　19—衔铁组件　20—冲花组件　21—静触杆接线板　22—手柄　23—调节螺钉组件　24—断路器盖

思考题与习题

4-1　何谓低压配电网的选择性保护？如何实现？请以图示。

4-2　为保证完全选择性保护，应如何确定低压配电系统中的上、下级断路器的特性参数？对它们的开断性能，又有什么要求？

4-3　为何保护电器应具有反时限保护特性？

4-4　哪些低压电器可以对线路进行短路保护？

4-5　为何要将隔离开关单独作为逆变器直流侧的开关或者汇流箱的主开关？此时是否需要考虑短路电流对系统的影响？

4-6　直流回路短路保护方案中，采用隔离开关+熔断器和采用断路器，哪种更好？为什么？

4-7　DW15 系列断路器分励脱扣器电气原理图中，为何要串联断路器动合辅助触头？如何实现？

4-8　用 DW45 系列的框 2（3200A）四极断路器设计的 4000A 三极断路器有何特点？框 3 断路器又有何特点？

4-9　低压断路器栅片灭弧室栅片上下错开的目的是什么？栅片表面加镀层的原因是什么？

4-10　采取哪些措施，可以提高低压断路器的分断能力？

4-11　何谓低压断路器的限流作用？它对被保护电器及电气设备有何好处？

4-12　不限流式低压断路器有过电流脱扣器。当电路电流发生异常增大时，可能是短路故障，也可能是过载故障，它们的值相差几倍到几十倍，能共用一个脱扣器吗？

4-13　什么是零序电流？什么是零序电流互感器？哪种电器使用了零序电流互感器？

4-14　什么是剩余电流？它分几种类型？各适用于什么电器设备的保护？

4-15　由于 B 型 RCD 价格相对较高的原因，国内大部分交流充电桩内部安装的是 A 型 RCD。请问 A 型 RCD 能满足充电桩的漏电保护要求吗？

4-16　同型号的低压断路器中的双金属片的加热方式都会一样吗？对热双金属片材料的主要要求是什么？

4-17　低压断路器设计一般要考虑哪些因素？

4-18　低压断路器的触头弹簧是安装在静触头上，还是动触头上？其好处是什么？为减小触头闭合时弹跳对触头的影响，可采用哪些措施？

4-19 低压电器的触头灭弧系统常常采用栅片灭弧方式。请问采取哪些措施可以优化和改进此类电器的灭弧性能？栅片的长短配合及层数对灭弧性能有何影响？设计时应从哪些方面入手，去确定触头系统是采用单断点还是双断点？

4-20 听说低压断路器能判断是否有人在偷电，是真的吗？其原理是什么？

4-21 框架式低压断路器（ACB）与塑料外壳式断路器（MCCB）的区别和各自的优点是什么？

4-22 采用双断点的塑壳式低压断路器与万能式低压断路器，它们的灭弧室结构有何区别？原因是什么？

4-23 相比普通的低压断路器，智能断路器增加了哪些功能？其有何特点？

4-24 随着新型电力系统建设，直流负载得到大量应用，请问在低压直流电路中可以用交流断路器代替直流断路器使用吗？由交流断路器派生的直流断路器采取的灭弧方式是什么？

4-25 实现直流断路器无极性开断的方案有哪些？与有极性开断的原理有何不同？

4-26 由交流断路器派生的直流断路器，需要对哪些结构进行优化设计？

4-27 何谓熔断器的“冶金效应”？其作用是什么？它对熔断器的熔断特性有何影响？

4-28 利用绝缘产气材料可以帮助熄灭电弧。请问，产气材料分解的氢气是如何帮助熄灭电弧的？电弧熄灭后，氢气需要采取措施去除吗？

4-29 为什么国外光伏系统的汇流箱里面装的都是负荷隔离开关，而不是断路器？

4-30 低压断路器为什么常常和低压熔断器一起串联使用？

4-31 熔断器式隔离开关区别于其他的熔断器组合电器的特点有哪些？

第 5 章　低压控制电器

5.1　定义与分类

1. 定义

低压控制电器是指能够根据外界要求或所施加的信号，自动或手动接通或断开电路的低压电器。工作时，要求其准确可靠、操作频率高、使用寿命长、体积质量小。

低压控制电器应能够根据控制对象的工作要求频繁接通与分断电路，部分低压控制电器还可用于控制对象的各种故障保护。它常用于低压电力拖动系统或控制系统中，用于对电动机或被控电路进行控制、调节、保护，可通断过载电流，但不能分断短路电流。

低压控制电器与低压配电电器的不同之处主要表现在：

1）低压控制电器常用于频繁接通或分断正常工作电流，所以需具有很长的机械寿命和电寿命，但其更换额度一般高于低压配电电器。

2）低压控制电器一般不需分断短路电流，故产品的结构较简单，一般没有复杂的机械操作机构，其触头的开距较低压配电电器的要小一些，灭弧系统也简单一些，但其须具有与短路保护电器协调配合的能力。

3）低压控制电器一般有机械信号和电气信号两种驱动方式。用机械信号驱动的控制电器（如按钮、转换开关），结构十分简单，驱动信号通过连杆直接带动触头运动；驱动信号消除后，利用反力弹簧使触头复位。用电气信号驱动的控制电器（如接触器、继电器），其操作机构一般为电磁系统，驱动信号使电磁系统动作并通过连杆带动触头运动；驱动信号消除后，通过反力弹簧使电磁系统和触头复位。

2. 类型、主要技术要求和用途

低压控制电器品种和规格繁多，结构与性能各异，广泛用于各行各业的低压控制系统中。按控制方式不同，低压控制电器可分为手动控制与自动控制两种，包括主令电器（如按钮）、接触器、起动器、继电器、控制器、变阻器、电磁铁、调整器及其他电器（信号灯、剩余电流断路器）八大类产品，见表 5-1。

表 5-1　低压控制电器的类型、主要技术要求及其用途

电器名称	类型	主要技术要求	用途
接触器	交流接触器 直流接触器 真空接触器 半导体接触器	额定电流 控制线圈电压 辅助触点要求	用于远距离频繁地起动或控制交、直流电动机，以及接通、分断正常工作的主电路和控制电路
控制继电器	电流继电器 电压继电器 时间继电器 中间继电器 热过敏继电器 温度继电器	保护功能要求，如过电流、欠电压、延时等	主要用于控制系统中，作系统其他电器或作主电路的保护之用

（续）

电器名称	类型	主要技术要求	用途
起动器	电磁起动器 手动起动器 直接（全压）起动器 自耦变压器起动器 星—三角起动器 真空起动器 软起动器 变频器	额定电压 额定功率 额定电流 保护功能要求	用于交流电动机的起动或正反向控制
控制器	凸轮控制器 平面控制器 鼓形控制器	接点控制图	用于电器控制设备中转换主电路或励磁电路的接法，以达到电动机起动、换向和调速的目的
主令电器	按钮	形状、尺寸、颜色、额定电压、辅助触点要求	主要用于接通、分断控制电路，以发布命令或用作程序控制（主要使用在工业自动控制过程，作为指令开关用）
	限位开关 微动开关 万能转换开关 脚踏开关 接近开关 程序开关	形状、尺寸、触点输出、电源电压	—
电阻器	铁基合金电阻器	—	用于改变电路参数或变电能为热能
变阻器	励磁变阻器 起动变阻器 频繁变阻器	—	主要用于发电机调压以及电动机的起动和调速
电磁铁	起重电磁铁 牵引电磁铁 制动电磁铁	—	用于起重、操纵或牵引机械装置

低压控制电器重点发展的是电动机保护与控制类电器，包括电动机保护用塑壳断路器、交流接触器、过载继电器（热双金属片式、电子式）、控制与保护开关电器，其中，前三类电器开发时要从系统角度考虑，同电流等级的产品宽度与相间距离应保持一致，以便于拼装各类组合电器。目前，电动机的控制与保护普遍采用MCC（Motor Control Center，电动机控制中心）控制柜。随着智能电网的发展与应用，低压配电与控制系统网络化将是发展的必然趋势。为简化低压控制系统中的主电路、控制系统和通信系统，需要研发智能化、可通信控制单元系列产品，将其安装于电动机旁，通过现场总线与控制室上位机和网络相连，以求达到系统远程集中控制、负载各类状态数据实时采集与监控、故障预警、寿命显示等功能，从而使线路简洁、安装调试方便、操作方式多样。

除此之外，还有KBO（国际上称为CPS，即“控制与保护开关电器”的英文缩写）。它是一种改进型控制与保护开关电器。产品采用模块化的单一产品结构型式，集成了传统的低压断路器（熔断器）、继电器、接触器、过载（或过电流、断相）保护继电器、起动器、隔离器等的主要功能，具有远距离自动控制和就地直接人力控制、面板指示及机电信号报警、过/欠电压保护、断相保护等功能，具有协调配合的时间-电流保护特性（具有反时限、定时限和瞬时三段保护特性）。根据需要选配功能模块或附件，即可实现对各类电动机负载、配电负载的控制与保护。

5.2 接触器

接触器曾经是低压电器中产量最大、使用最广的产品。与整个低压电器发展相同，我国接触器产品的发展也是经历了仿苏联和自行开发的阶段。以交流接触器为例，各阶段的典型产品及技术特征见表5-2。交流接触器现正朝着小型化、模块化、智能化、可通信、长寿命等方面发展。

表5-2　我国交流接触器的四个发展阶段

发展阶段	仿苏联（20世纪50年代）	第一代（20世纪50年代中期~70年代初）	第二代（20世纪70年代中期~80年代前期）	第三代（20世纪90年代及以后）
直动式接触器	QC1	CJ10	CJ20、B、3TB、LC1-d	CJ45、3TF、LC1
转动式接触器	CJ1，CJ2	CJ2	CJ2	CJ2
技术来源	仿苏联	统一设计	统一设计，技术引进	自行开发
技术水平	20世纪30~40年代	20世纪50年代	20世纪70年代	20世纪80年代末~90年代初
产品特点	体积大、耗材多、弧距大、寿命低	体积、自重、耗材比仿苏联时减少1/3~1/2，寿命提高2~3倍，灭弧技术有大改进（采用磁吹灭弧）	体积、自重、耗材比第一代降低一个机型；机械寿命达300~1000万次；采用AgCdO触头	体积、自重进一步减小，节能；部件出现模块化结构；机械寿命达千万次；附件较齐全，功能扩展方便

相比于断路器而言，接触器的智能化进程稍显滞后，其既有技术的原因，更有成本的考虑，但为了提升接触器性能、加快接触器的智能化，需要提高产品的可靠性、寿命、节能和网络化通信水平。

5.2.1 定义

接触器是一种能够频繁接通、承载和分断正常电路和过载电流的机械开关电器，常与热继电器或电子式过载继电器（电动机保护器）组合使用。在工业电气中，接触器的型号很多，电流在5~1000A不等，其用处相当广泛。

交流接触器主要用于频繁接通、分断交流电路或大容量控制电路的自动转换，配合继电器可实现定时操作、联锁控制、各种定量控制和过电压、欠电压保护。主要控制对象是电动机，也可用于控制其他电力负载（如电热器、照明、电焊机、电容器组等），具有高频率操作（作为电源开启与切断控制时，最高操作频率可达每小时1200次）、使用寿命很长（通常机械寿命为数百万次至一千万次，电寿命一般则为数十万次至数百万次）、控制容量大、可远距离操作的特点。

5.2.2 分类

1）按被控主电路电流种类不同，接触器分为交流接触器（电压AC）和直流接触器（电压DC）。其中，直流接触器主要由触点系统、灭弧系统、电磁系统及传动机构等组成，用于直流动力回路中，接触器铭牌上的额定电流是指主触点的额定电流。

本章5.2.6节将针对新能源汽车用的高电压直流接触器进行专门介绍。

常用直流接触器的电流等级有25A、40A、60A、100A、250A、400A和600A。

常用交流接触器的电流等级有5A、10A、20A、40A、60A、100A、150A、250A、400A和600A。

2）按触点个数（极数）不同，接触器分为单极、二极、三极、四极和五极，五极仅为转动式所有。

示例5-1：CJX1型交流接触器主要用于交流50Hz（或60Hz）、额定工作电压至1000V，在AC-3（指用于笼型异步电动机的起动、运转中分断）使用类别下，额定工作电压为380V、额定工作电流至475A的电路中，供远距离接通和分断电路或频繁起动和控制交流电动机，并可与适当的热继电器组成电磁起动器，以保护可能发生过载的电路。

CJX1系列接触器的型号含义如下：

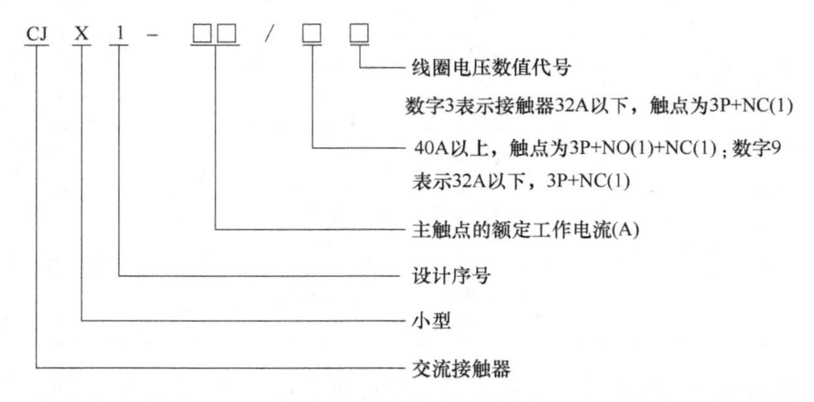

3P表示3个动合主触点；NO表示1个动合辅助触点；NC表示1个动断辅助触点。

3）按电磁系统的励磁电流种类不同，接触器分为交流磁系统和直流磁系统两种，前者取电方便，后者具有无噪声和节能的优点。

4）按灭弧介质（触头所处介质）不同，接触器有空气式和真空式。其中，真空接触器利用真空作为绝缘和灭弧介质，常用于冶金、矿山、石化、建筑等部门和厂矿企业配电系统。其额定工作电压<1140V，额定工作电流<1000A，可供远距离接通和分断电路及频繁起动和控制的交流电动机，并适宜与各种保护装置组成电磁起动器。

5）按部件的安装排列形式不同，接触器可分为直动式和转动式两大类。其中，直动式为上下立体布置，下层为电磁系统，上层是触头系统和灭弧系统，其动触头通常为桥形双断点，辅助触头一般位于侧面或上方，如CJ20的结构。转动式为条架式平面结构，在金属条架上依次排列电磁系统触头、灭弧系统及辅助触头等，主触头通常为指形单断点（如CJ12或其换代产品CJ24）。由于直动式接触器有利于小型化，广泛用于中小电流接触器中；而CJ12大电流（100A及以上）接触器采用转动式结构。

6）按通断电路的元器件不同，接触器有触点通断式接触器和半导体式接触器（利用半导体器件改变电路回路的导通状态和断路状态而完成电流的操作）。

7）按操作机构不同，接触器有电磁式接触器和永磁式接触器（利用磁极的同性相斥、异性相吸的原理，用永磁驱动机构取代传统的电磁铁驱动机构而形成的一种微功耗接触器，国内成熟的产品型号有 CJ40J、NSFC 系列等)。

5.2.3　结构

1. 空气式接触器

空气式接触器有直动式、转动式和螺管式三种结构形式，均由电磁系统、触头系统、灭弧系统，以及绝缘外壳、弹簧、短路环（用于交流接触器）、传动机构等组成。其中，电磁系统由线圈、铁心、衔铁和反力弹簧等组成。触头系统一般包括 3 个主触点、2 个辅助动合触点和 2 个动断触点。交流接触器触头可由银钨合金制成，具有良好的导电性和耐高温烧蚀性。

图 5-1 为某型号空气式交流接触器的结构。

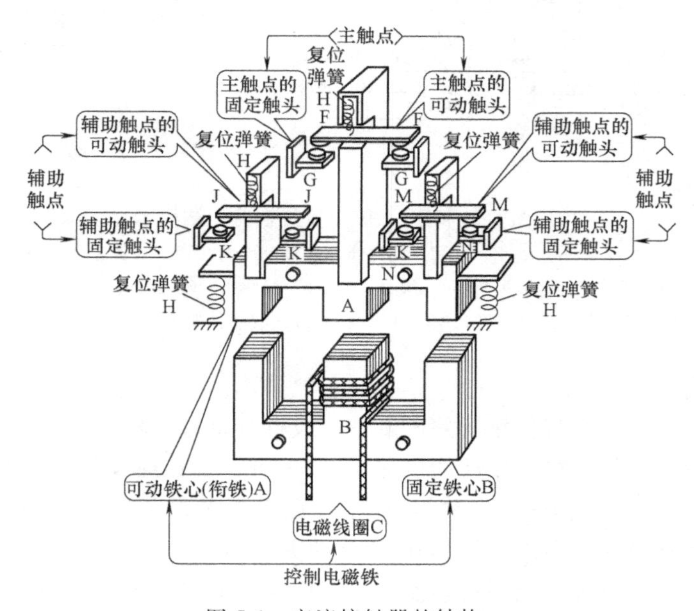

图 5-1　交流接触器的结构

对于小容量的接触器，常采用双断口触点灭弧、电动力灭弧、相间弧板隔弧及陶土灭弧罩灭弧。对于大容量的接触器，采用纵缝灭弧罩及栅片灭弧。

交流接触器的栅片灭弧原理是利用触点上方铁质栅片磁阻很小，电弧上部的磁通大都进入栅片，使电弧周围空气中的磁场分布形式为上疏下密，将电弧拉入灭弧栅。电弧被栅片分割成若干短弧，使起弧电压高于电源电压，并产生近阴极效应，同时，栅片又能大量吸收电弧的热量，所以电弧容易被熄灭。

与传统的低压断路器将灭弧室的灭弧栅片横着放不同，交流接触器的灭弧栅片是竖着放的，原因是低压断路器主要注重短时电流的分断，为开断短路故障，需快速将电弧引入栅片中，而交流接触器主要要求能频繁通断负荷电流且电寿命长，竖着放时能达到上述要求。

示例 5-2：CJX2s-38 交流接触器。CJX2s-38 交流接触器的结构如图 5-2 所示。

CJX2s-38 交流接触器可远距离频繁地接通和断开交流主电路及大容量控制电路，具有电气寿命长、接线灵活方便、安装可用螺钉也可用导轨、拆装方便迅速、安全性能好、外形美观等优点。其额定工作电流为 38A，额定工作电压为 AC 220/230V、380/400V、660/

690V，额定控制电源电压有 AC 24V、36V、48V、110V、127V、220/230V、240V、380/400V、415V、440V。

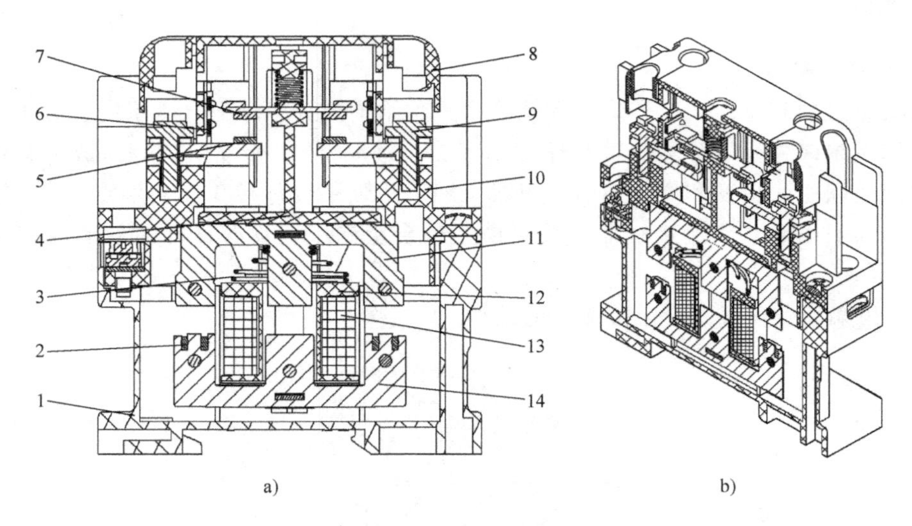

图 5-2 CJX2s-38 交流接触器的结构

a）剖面图 b）实体剖面图

1—基座 2—短路环 3—塔形弹簧 4—触头支持 5—静触头 6—灭弧片 7—动触头 8—边罩 9—接线端子 10—壳体 11—可动铁心（衔铁） 12—线圈骨架 13—励磁线圈 14—静铁心

2. 永磁式接触器

虽然我国大、中容量交流接触器的电磁系统吸持时每台消耗的有功功率仅在 50W 左右，但数以百万计的使用量，使得每年耗能以亿 kW · h 计。为改善交流接触器的电磁系统消耗的有功功率及无功功率，我国在 20 世纪 70 年代提出了多种节能实施方案。1988 年公布实施了我国交流接触器节能器标准，于 2000 年修改并公布。

永磁式接触器作为一种节能型接触器，其结构与普通空气式基本相同，不同之处是用永磁驱动机构取代了传统的电磁铁驱动机构。永磁式交流接触器的合闸保持依靠的是永磁力，仅有电子模块需 0.8~1.5mA 工作电流，故节电率达 99.8%以上，属于微功耗的节能状态。

要想使交流接触器在运行时具有节能功效，还可以使用锁扣式接触器，或通过对交流接触器进行改装，做到“交流控制、直流运行”来实现，改装方式多样。

3. 低压真空接触器

低压真空接触器是 20 世纪 60 年代发展起来的一种电器。它主要由真空灭弧室和操作机构组成。励磁线圈一般有直流和交流两种形式。真空灭弧室的外壳用玻璃或陶瓷（绝缘性能更佳）制成，内部的真空度通常在 0.01Pa 以上。因壳内空气少，触头开距很小。触头材料一般用铜、锑、铋等合金制成。动触头与外壳下端用波纹管连接，动触头可以上下运动又不会漏气。当分断电流时，灭弧室内的屏蔽罩可以凝结触头间隙中扩散出来的金属蒸气，有助于熄弧，还可以防止金属蒸气溅落到绝缘外壳上降低其绝缘强度。

传统的电磁-弹簧操作机构如图 5-3 所示，由带铁心线圈、衔铁和弹簧构成。当低压真空接触器的直流线圈通电、衔铁吸合时，产生的磁通经过铁心与衔铁间的气隙、衔铁、轭铁形成闭合回路，气隙间的电磁引力吸动衔铁，带动转臂绕轴转动，从而使真空开关管触头闭合，同时压缩反力弹簧使之储能；释放时切断线圈电源，转臂在反力弹簧作用下反方向转动，拉开真空管触头。

新型操作机构示意图如图 5-4 所示。其工作原理是：吸合时直流线圈通电，产生的磁通经过静铁心与衔铁间的气隙、衔铁、铁轭形成闭合回路，气隙间的电磁引力吸动衔铁，带动传动件向下做直线运动，通过接触副带动杠杆件绕转轴转动，从而使真空开关管触点闭合，同时压缩反作用力弹簧使之储能；释放时切断线圈电源，杠杆件在反作用力弹簧作用下反方向转动，拉开真空管触头。

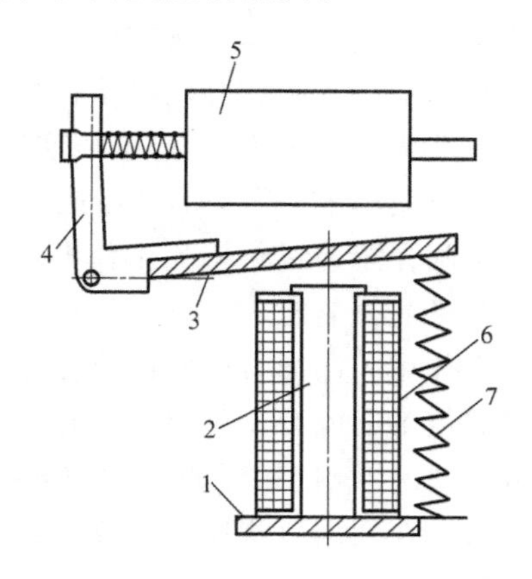

图 5-3　低压真空接触器的结构
（采用传统的摇臂式电磁-弹簧操作机构）
1—铁轭　2—静铁心　3—可动铁心（衔铁）　4—转臂
5—真空开关管　6—励磁线圈　7—反作用力弹簧

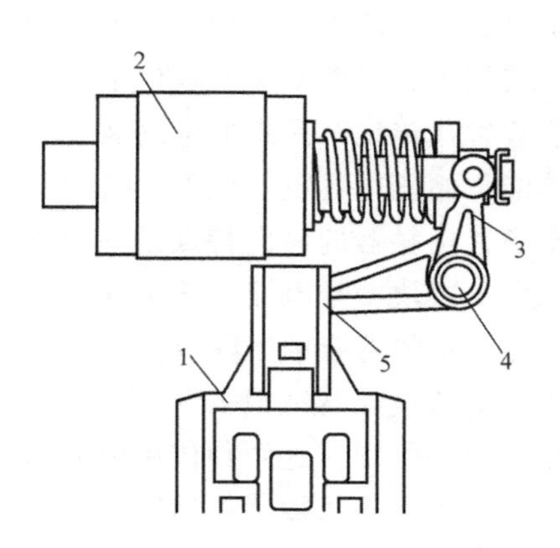

图 5-4　新型杠杆式操作机构示意图
1—传动件　2—真空开关管　3—杠杆件
4—转轴　5—接触副

对比两种操作机构，各有优缺点：传统摇臂式结构只在单侧设置 2 根反作用力弹簧，存在稳定性差和安装不便的问题，国内产品的摇臂还存在使真空管触头带角度分断，从而影响触头性能的弊端；新型杠杆式结构设置 4 根反作用力弹簧，稳定性好且安装方便，但对接触副杠杆的设计和工艺要求较高，且增加了整机高度。

5.2.4　工作原理

1. 空气式接触器

接触器电磁铁的结构型式很多，结构特点见表 5-3。

表 5-3　接触器电磁铁的结构型式

<table>
<tr><th>序号</th><th>结构型式</th><th>结构特点</th><th>特点分析</th></tr>
<tr><td>1</td><td>直动螺管式</td><td>工艺较复杂，机械寿命不高</td><td>起始吸力大，吸力特性较平坦</td></tr>
<tr><td>2</td><td>棱角转动拍合式</td><td rowspan="3">工艺性好，可获得不同的杠杆比，机械寿命不长</td><td>起始吸力小，吸力特性较陡</td></tr>
<tr><td>3</td><td>轴转动拍合式</td><td rowspan="2">起始吸力小，吸力特性较平坦</td></tr>
<tr><td>4</td><td>双拍式</td></tr>
</table>

当接触器电磁机构中的励磁线圈通电后，励磁线圈电流会产生磁场，在铁心中产生电磁吸力，将动铁心或衔铁吸合；由于接触器的触点系统是与动铁心或衔铁联动的，接触器的多对动合触点将闭合、多个动断触点将断开。当线圈断电时，电磁吸力消失，动铁心或衔铁在

复位弹簧的作用下复位，带动所有的触头复位，即所有的动合触点重新断开、所有的动断触点重新闭合。接触器具有遥控功能，同时还具有欠电压、失电压保护的功能。

电磁系统性能的好坏直接影响到接触器产品的性能和可靠性，对它的要求主要有：①励磁线圈应具有足够的绝缘强度和耐热性能；②导磁材料的剩磁应尽量小，并具有良好的导磁性能和一定的机械强度；③非磁性材料垫片应有足够的机械强度和去磁性能；④衔铁闭合可靠；⑤加工简单、维修方便。

2. 永磁式接触器

永磁式接触器是一种利用电磁操动、永磁保持的低压开关电器。和传统的电磁式接触器不同，其用永磁式驱动机构取代了传统的电磁铁驱动机构，即用永磁铁与微电子模块组成的控制装置替代传统产品中的电磁装置。微电子模块由“电源整流、控制电源电压实时检测、释放储能、储能电容电压检测、抗干扰门槛电压检测和释放逻辑电路”6部分组成。

永磁式接触器的最大特点是利用永磁力使接触器的合闸保持，运行中无工作电流，仅有微弱的电子模块信号电流（0.8~1.5mA），可节约99.8%以上的电能。

永磁式接触器合闸时除有电磁力作用外，还有永磁力作用，因而合闸时间（少于20ms）较传统的交流接触器短很多（约60ms）。分闸时，永磁式接触器除分闸弹簧的作用外，还有磁极相斥力的作用，这两种作用使分闸时间（少于25ms）较传统接触器的（约80ms）短很多。此外，永磁式接触器使用的永磁体磁路是完全密封的，在使用过程中不会受到外界电磁干扰，也不会对外界进行电磁干扰。

3. 锁扣式接触器

锁扣式接触器也是节能型接触器，其工作原理如图5-5所示。图中，虚线部分及元件需用户自行连接和购置。图中，接线端子编号为1~6，供用户接线，主要用于远距离接通和分断电路，并与适当的热继电器或电子保护装置组合成电动机起动器，以保护可能发生过载的电路。

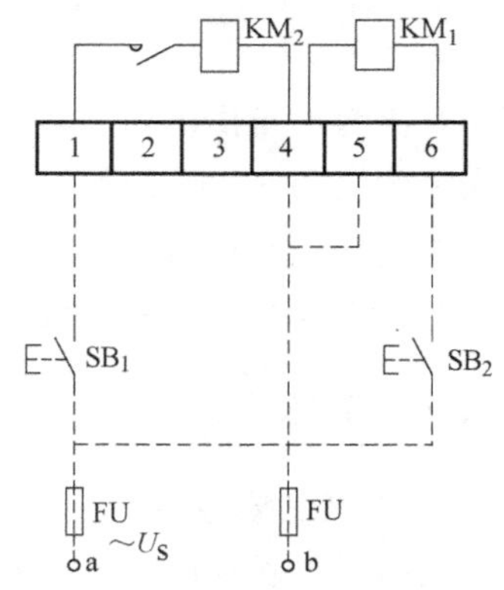

图5-5　锁扣式接触器工作原理图

U_S—接额定控制电源电压　KM_1—吸引线圈　KM_2—脱扣线圈　FU—熔断器　SB_1、SB_2—起动按钮和停止按钮（需用户自备）

锁扣式接触器的锁扣机构位于电磁系统的下方。当按下起动按钮SB_1时，吸引线圈KM_1通电，锁扣式接触器由吸引线圈通电闭合；当SB_1恢复到原来位置时，吸引线圈断电，锁扣机构将接触器保持在吸合位置。脱扣时，按下停止按钮SB_2，脱扣线圈KM_2接通，锁扣装置工作，锁扣杠杆打开，接触器即断开；SB_2恢复到原来位置，线圈KM_2断电，接触器恢复到原始状态，准备下一次通断操作。

由于锁扣式接触器消除了带电造成的铁心损耗和铜损耗，吸引线圈处于无电压运行状态，比有电压运行延长了使用寿命，且不受电压波动影响，也避免了带电运行时电压降低造成的跳闸和烧坏，故节电效果明显，也消除了运行中的噪声。

4. 低压真空接触器

1893年，美国人里顿豪斯设计出世界上首个真空灭弧室并以专利形式发表。1965年，批量生产的真空接触器的额定电压为3000V（后又研发了660V和1120V）、工作电流为

300A。英国也是世界上最早用真空接触器取代空气式接触器的国家，1968 年英国将真空接触器用于控制煤炭开采矿井中的大功率采煤机械。

低压真空接触器的结构示意图如图 5-6 所示。

其工作原理是：用户的控制系统发出指令，即给真空接触器控制电路组件输入一个交流电源信号，该信号传到整流器组件，然后经整流器输出一个直流信号到电磁操作机构，使其立即动作，将真空灭弧室中的主触点闭合，接通电动机主电路，电动机开始运转；反之，则电动机停转。

真空灭弧室的典型结构如图 5-7 所示。

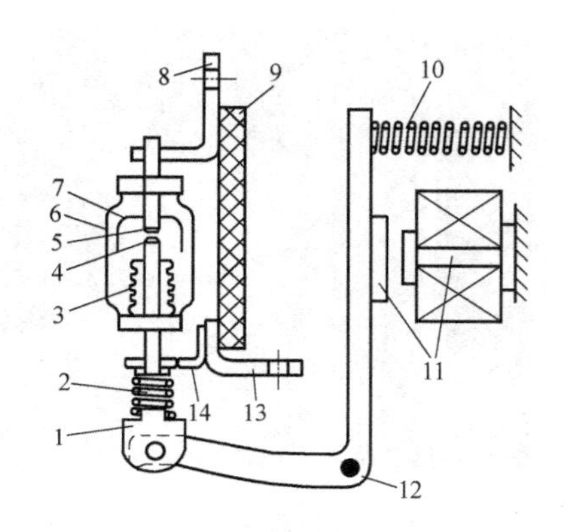

图 5-6　低压真空接触器的结构示意图

1—绝缘件　2—触头弹簧　3—波纹管　4—动触头
5—静触头　6—玻璃外壳　7—屏蔽罩　8—上引出铜排
9—绝缘板　10—分闸弹簧　11—合闸电磁铁
12—转轴　13—下引出铜排　14—导线

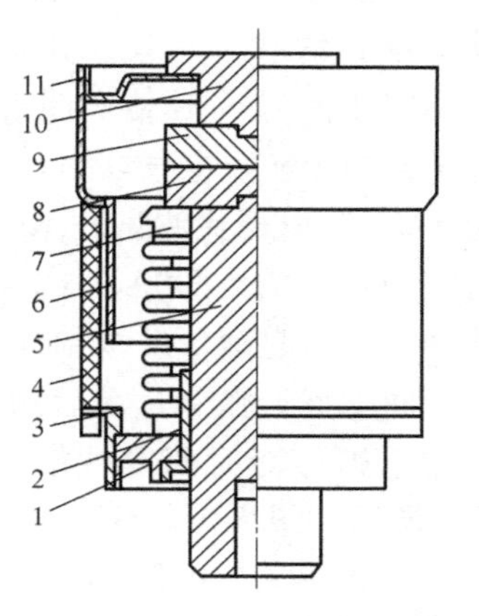

图 5-7　真空灭弧室的结构示意图

1—下端盖板　2—导向套　3—封接圈　4—绝缘外壳（玻璃或陶瓷）　5—动导电杆　6—屏蔽罩　7—波纹管
8、9—动触头、静触头（低截流铜碳化钨）
10—静导电杆　11—上端盖板

真空灭弧室按照功能不同，分为四个部件：起密封与绝缘作用的气密绝缘系统（绝缘外壳、封接圈和上、下端盖板），导电回路（动触头、静触头），防止金属蒸气喷溅到绝缘外壳内壁导致内绝缘破坏的屏蔽系统（屏蔽罩和封接圈），以及使动触头在真空下运动并保证真空灭弧室机械寿命的波纹管（不锈钢材料）。

低压真空接触器具有体积小、分断能力高、寿命长、防火防爆、运行可靠等优点。

5.2.5　技术现状

1）注重系统的协调配合。更注重并完善与系统中其他产品的配合，向上可与断路器、向下可与过载继电器协调配合；在结构上实现模块化，并与系统中其他产品一体化，结构紧凑，组合方案多样、灵活，组装简便。

2）机/电寿命明显提升。以 500A 规格为例，其 AC-3/400V 电寿命由原先普遍不足 100 万次提高到 150 万次。

3）发展直流接触器。随着风能、太阳能、潮汐能、地热能等分布式发电的发展，对低压真空接触器等直流电器的需求增长迅猛。为此，要通过优化设计低压真空接触器的双线圈控制电路，选择更高可靠性的元器件（如灭弧电容辅助触点等），保证线圈切换能长期正常工作；要大力研究全电子智能控制，研制自主控制芯片，研制高端产品；要积极开发 AC-3

使用类别下1000A以上的真空接触器。

4）发展大容量真空接触器。随着风电的不断发展，大容量真空接触器以容量大、无飞弧、寿命长、电压等级高等特点适应风电系统的并网需要，并能适应恶劣环境。

5）附件的品种更加丰富，功能更加完善（新功能大多在附件中实现）。①寿命指示功能模块：将产品的使用寿命（主要是触头磨损情况）告知用户，预先计划维护或更换，增加系统的安全性和可靠性；②电源与控制方式多样化：电源和控制输入分离，只有内部控制电源和控制输入，具有多个外部控制电源，通过总线接口进行控制等；③增加PLC控制模块：如电流监控器使得电动机远程监控更简便，还可通过AS-i和I/O与自动化系统连接，实现电动机组合的状态反馈及诊断；④增加镜像触头：不能与主触点同时处于闭合位置的分断辅助触点，常被用于实现电气联锁。

示例5-3：采取现代测试技术，测量某系列交流接触器在660V、$I_p=600A$、AC-4使用类别（即笼型异步电动机的起动、反接制动、反转和点动）条件下，不同类型灭弧室过零后的介质恢复强度、重燃概率与电弧停滞时间等性能。相关的试验设备如图5-8所示，图5-9为不同类型的接触器灭弧室结构，图5-10是$I_p=600A$下不同类型灭弧室的介质恢复强度。

图5-8　交流接触器灭弧室特性试验设备

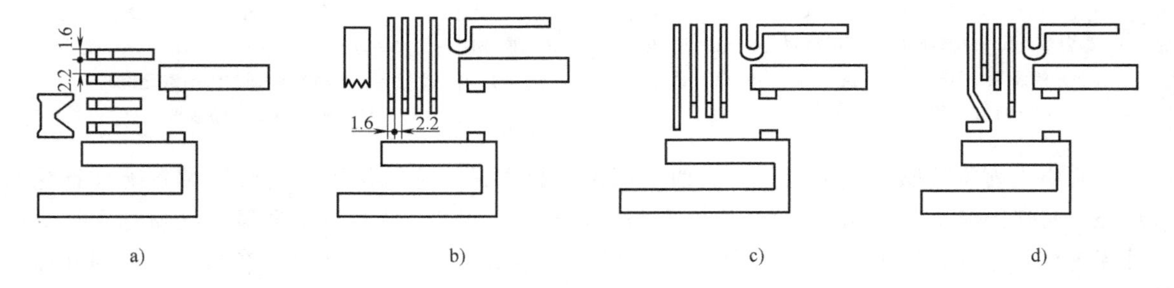

图5-9　不同类型的接触器灭弧室结构

a）4片栅片水平放置　b）4片栅片垂直放置　c）3片等长栅片垂直放置　d）3片不等长栅片垂直放置

试验数据的采集统计结果如图5-11所示。结果表明：①K值描述了电弧进入栅片的情况，K值越大，电弧进入栅片情况越好；②$I_p=600A$下，结构c和d的电弧能进入栅片并使其拉长，并且d的介质恢复最好。

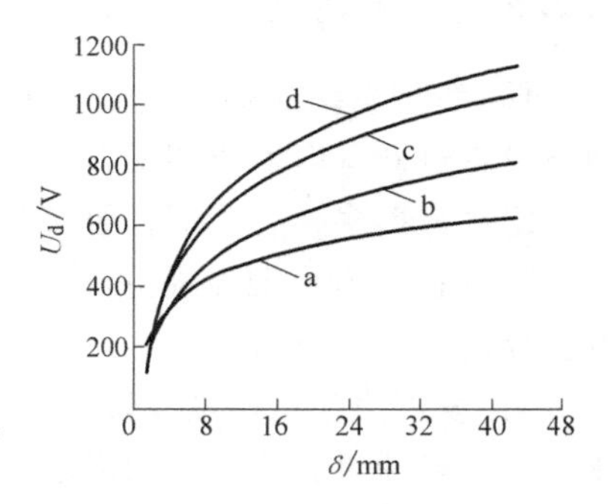

图5-10　$I_p=600A$下不同类型灭弧室的介质恢复强度

5.2.6　高电压直流接触器

随着航空航天、新能源汽车、充电桩、光伏发电、风力发电、储能系统、大型机械动力设备、国防军工等领域中直流电源使用环境的增加，可用于相关电路的通断、控制与故障保护，具有耐高电压、大电流、体积小、

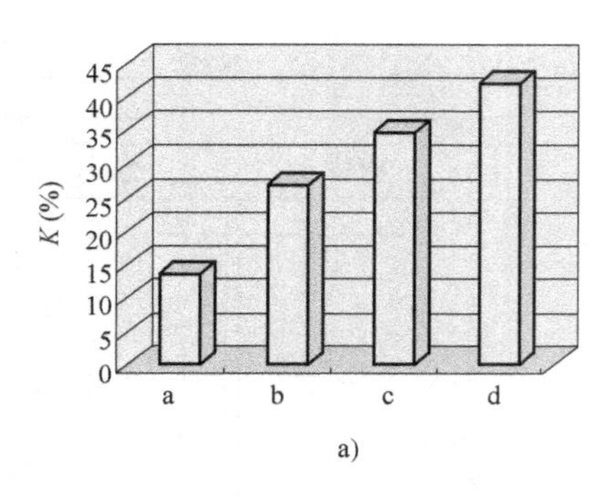

a)

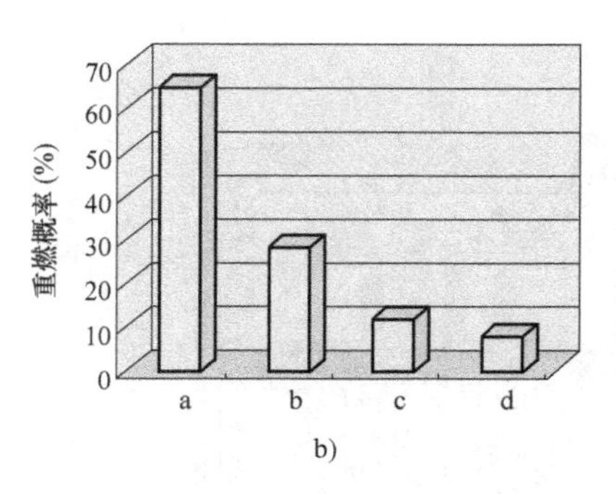

b)

图 5-11 试验数据的采集统计结果

a) K 值 b) 重燃概率值

质量小、长寿命、可靠性高、安装方便等特点的高压直流接触器的市场需求急剧增加。

众所周知，新能源汽车主回路电源电压一般都高于 DC 200V，远高于传统汽车的 DC 12~48V。由于新能源汽车主回路的直流电流大小不变且为高电压，所产生的电弧较难熄灭，如果没有及时、干脆地熄灭电弧，可能导致漏电、着火、爆炸等极端情况的发生，因此，在新能源汽车电源主回路都需要安装一个灭弧能力强、安全可靠的高电压直流接触器，在汽车动力电池包与整车用电系统安全连接方面发挥重要的通断与保护作用。

一辆新能源汽车电气系统需配备 8 个左右的高电压直流接触器，而充电桩需配备 3 个。

1. 定义

高电压直流接触器，是一种具有高功率处理能力的控制电器，被广泛应用于新能源领域。特别说明：

1）电力系统与电动汽车对直流高低压电压的数值范围规定有所不同。①对电力系统而言，额定电压 DC 1500V 及以下的电器，实质都属于低压电器，如目前被称为高电压直流接触器，因额定电压没有超过 1500V，仍然是低压电器，只是电压值较高而已；如果额定电压在 DC 1500~3000V 时，其属于中压电器。②对电动汽车而言，高压直流接触器中的“高压”是指额定电压属于 B 级电压（GB 18348—2020《电动汽车安全要求》中关于人员触电防护的规定，其组件或电路的最高直流工作电压高于 DC 60V 但低于或等于 DC 1500V，而 A 级电压的最高直流工作电压低于或等于 DC 60V）。

2）电力系统规定：继电器必须具有继电保护特性，且开断正常电路时因电流很小而不必装设灭弧系统；反之，接触器开断正常电路时会出现电弧，需要使用灭弧系统进行灭弧。因此，本书从电力系统行业角度出发，将新能源汽车行业称为继电器的电气设备，都称之为接触器。

2. 结构

图 5-12 为高电压直流接触器结构剖视图，包括电磁系统、触点系统、直流灭弧装置及密封腔体、驱动机构和安装机构等部分。电磁系统和触点系统通过推动杆进行机械连接。

图 5-13 为高电压直流接触器的触点系统与推动机构。图中，动铁心的行程为 y_x，动、静触头的开距为 y_k（通常在 5mm 以下）、超程为 y_c。当动铁心的运动位移小于触点的开距 y_k 时，仅复位弹簧起作用；当动铁心运动位移大于触点的开距 y_k 时，复位弹簧与超程弹簧共同起作用。

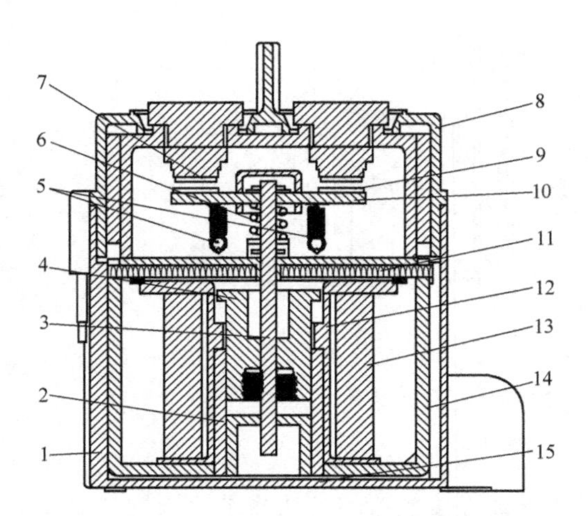

图 5-12 高电压直流接触器结构剖视图

1—下外壳 2—导磁筒 3—推动杆 4—动铁心 5—反作用力弹簧 6—主弹簧（超程弹簧） 7—静触头 8—上外壳 9—动触头 10—动簧片组 11—轭铁板 12—线圈骨架 13—励磁线圈 14—U型轭铁 15—减振片

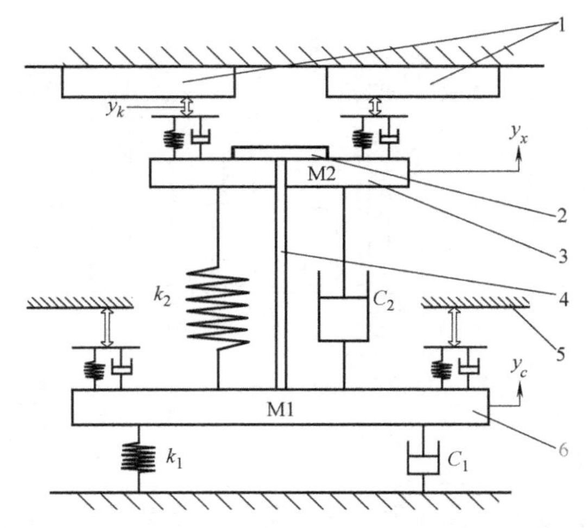

图 5-13 高电压直流接触器的触点系统与推动机构

1—静触头 2—U型支架 3—动触头 4—连杆 5—轭铁板 6—动铁心

y_k—触点开距 k_1、k_2—复位弹簧和超程弹簧的刚度 C_1、C_2—复位弹簧和超程弹簧的等效阻尼

高电压直流接触器的触点系统具有多对动合触点，其中，静触头固定在密封的陶瓷罩上，动触头可以沿接触方向移动，两触点的闭合与分离控制电路中的电流。触头间的接触包括桥式双断点和指式单断点。相较指式单断点，桥式双断点接触方式的高电压直流接触器使用寿命略长，但也存在材料成本较高、接触点压力大等缺点，因此，在工况电流较大时，指式单断点更具有优势。研究表明：触头所用材料系列、非对称配对的触头对、环境气氛、横向磁场及触点的分断速度，对触点的分断燃弧时间、抗电弧侵蚀等性能都会有重要影响。

3. 工作原理

高电压直流接触器的电磁系统利用电磁原理使动铁心产生一定动能，实现触头间的闭合与开断。具体为：当电磁系统的线圈通电产生磁场，动铁心磁化并受到电磁吸力作用向上运动，带动推动机构向上运动，期间返回弹簧被压缩；随着动触头与静触头的接触，动铁心继续向上运动，此时超程弹簧开始压缩，直到动铁心与轭铁板完全吸合，高电压直流接触器完成闭合动作；当电磁系统线圈断电后，磁场消失，电磁力也随之消失，动铁心失去动力，此时推动机构受到超程弹簧和复位弹簧的共同作用，系统内储存的弹性势能转化为动能，使动铁心向下运动、动静触头分离，高电压直流接触器完成拉断动作。

高电压直流接触器动作过程中，触头弹跳、电弧侵蚀、机械磨损等与弹簧系统的力学特性和工作状态密不可分。

高电压直流接触器分断大电流时，有可能导致系统振动、产生电弧，甚至出现粘连现象，影响产品工作的稳定性，导致电寿命缩短，严重时会使其失效。

4. 直流灭弧装置

高电压直流接触器的直流灭弧装置可以有栅片式、真空式、纵缝式等多种类型，灭弧原理是依靠自身或者外加磁场使电弧受力拉长被带入电弧室并最终熄灭。其中：

1）栅片式高电压直流接触器由于结构紧凑，横向栅片放置存在较大局限性，因此常采用纵向栅片灭弧方式。结果表明，增设纵向栅片可以提高电弧电压，有效加速灭弧；纵向栅片的存在还阻碍了电弧向器壁运动，可以有效防止电弧对灭弧室器壁的烧蚀。

2）真空式高电压直流接触器，其真空灭弧室由“气密绝缘外壳、导电回路系统、屏蔽系统、触点组和波纹管”五部分组成。其中，①气密绝缘外壳一般由玻璃或陶瓷材料制成，为保证气密绝缘系统良好的气密性，设计时需要考虑材料的透气性和内部释气量，即材料的透气性和内部释气量尽量小。②导电回路系统由导电杆、跑弧面、动/静触头组成，当高电压直流接触器切断电流时，动、静触头分离并在两触头之间产生电弧，电弧快速熄灭，完成对电路的切断。在设计导电回路系列时，要充分考虑两触头间接触电阻，接触电阻越小越好。③屏蔽系统由屏蔽筒和屏蔽罩组成，屏蔽系统的主要作用是防止灭弧室由于污染导致绝缘能力下降，同时改善灭弧室内电场的分布以及提供高电压直流接触器动、静触头的介质耐压强度。④触点组由动、静触头组成，是灭弧室的主要部件之一。触点组一般采用铜铬合金（铜铬各占 50%），在零件设计中，要对触头工作面进行光洁度控制；在零件加工工艺中，要严格控制触头毛刺、触头氧化等。⑤波纹管是一种由不锈钢材料加工的薄壁零件，主要功能是为灭弧室机械寿命提供保障。

5. 技术路线

新能源汽车用高电压接触器灭弧室的安装布置有密封和不密封两类。其中，密封式高电压直流接触器与不密封的普通接触器的最大区别，在于其采用特殊密封保护技术，将触头系统密封在一个与外界空气隔离的腔体中，以获得更高的耐电压。

新能源汽车用高电压接触器灭弧室的安装布置采取了以下三种技术路线：

1）环氧树脂密封式。典型产品是 TE（特斯拉）的 K1L0VAC EVC500。

2）金属陶瓷充气密封式。典型产品是 TE 的航空系列产品，Gigavac 的 H 系列产品，松下的 AEV 系列产品。

3）塑料敞开不密封式。典型产品是 TE 的 EVC250，其主要电气指标低于前两类产品。但面对客户的安全可靠、体积紧凑、价格友好要求，敞开不密封式有可能替代环氧树脂和陶瓷密封两种封装式产品。

另外，非加压式设计正在外壳释压、弧根转移、燃弧气体循环冷却、提升腔体洁净度等方面进行努力攻关。

6. 设计技术

高电压直流接触器常用的设计技术有：

1）直流抗短路结构设计技术。通过桥式接触结构设计方案及独特的电接触设计方案，可以提高产品的分断能力，进一步降低接触压降，实现高可靠接触；再辅以双重绝缘设计技术，可使产品强、弱电之间的耐电压达到 4000V，大大提升产品的安全性及反向负载分断能力。

2）真空灭弧技术。原理是当高电压直流接触器切换一定数值的电流时，伴随着真空灭弧室中动、静触头金属的蒸发，产生真空电弧；当工作电流接近零时，动、静触头之间的间隙增大，真空电弧的等离子体向四周迅速扩散；当电弧电流到达零后，动、静触头间隙的介质由导体快速变为绝缘体，电流被分断。其对抑制电弧效果明显。

对不同大小的电流采取的灭弧方式不尽相同：对小电流，采取永磁吹弧方式；对大电流，采取磁吹灭弧方式。后者的代表性产品为沙尔特宝的 CT1215、1130（典型能力 $L/R=$

1ms)。

3) 金属陶瓷高性能封装技术。将绝缘等级最高的陶瓷材料引入设计，通过陶瓷钎焊将高电压直流接触器触点密封，使触点可以工作在一个高压密闭、环境稳定的陶瓷腔体内，从而提高触点通断直流高压大负载的能力，保证触头在高温、电弧的侵蚀下不易氧化，具有良好的载流、导电能力，并提高继电器的使用寿命。

金属陶瓷高性能封装技术的工艺难点包括把静触头、过渡框片与陶瓷进行钎焊和陶瓷金属化两方面。陶瓷钎焊工艺复杂，生产的好坏直接决定产品的质量等级。陶瓷钎焊需要高温真空钎焊炉、激光焊接机、氦质谱分析仪和抽真空充气装置等专用工艺设备。为确保高温钎焊后整个高电压直流接触器产品具有良好的机、电性能和灭弧室密封性能，金属陶瓷高性能封装技术对产品各元件的材料也有很高的性能要求。

4) 磁吹灭弧技术。直流接触器由于灭弧系统结构紧凑，难以通过添加产气材料和利用栅片等方式帮助熄弧。直流接触器不能像交流接触器那样利用电弧电流过零时电弧自行熄灭的原理帮助熄弧。直流接触器如果在动、静触头之间增加一对永磁磁钢，就可以利用外加磁场使电弧快速运动到触头边缘，拉长电弧，减少电弧的燃弧时间；通过降低电弧的停滞时间，减小触头的烧蚀；外加磁场还可以提高电弧的伏安特性，加快电弧熄灭速度。

5) 节能技术。以优异的节能板设计电路加上螺管式电磁铁设计方案，可以有效降低产品待机时的功耗，提高产品驱动的电磁吸力。

7. 主要技术参数

高电压直流接触器的主要技术参数包括：

1) 线圈的额定电压、吸合电压、释放电压、线圈电阻、线圈功耗。

2) 触点的形式（常用桥式直动式双断点结构）、材料（具有高电导率和分断能力）、直径（较大的触头直径可提供较大的液滴喷溅沉积面积，降低触头表面温升，减小电弧侵蚀）、电阻、额定电流、额定电压、机械寿命、电气寿命（关键影响参数包括磁场吹弧、环境气压、机械参数等，用不同电流下的电气寿命曲线反映）、最大分断电流（能正常切断的最大电流）、吸合/释放时间、电流耐受能力（是在一定电流条件下能正常通电的时间，用继电器电流耐受曲线反映）。

3) 高电压直流接触器动作特性参数包括开距、超程、触头压力、运动速度及加速度、动作时间等。

4) 高电压直流接触器的外观尺寸、布置方式、密封性（具有良好的介质绝缘恢复速度和熄弧能力）、使用温度、湿度、压力范围、力学条件等结构及使用环境参数。

8. 选型

随着航空航天、新能源及电动汽车以及军工领域对高电压直流接触器需求的飞速增长，许多公司都竞相开展高电压直流接触器的研发生产。主要生产企业有国外的 Gigavac、TE、松下、欧姆龙、LS 等，日本产品增加了辅助触点、实时监控、漏电保护等功能，在智能化方面具有一定优势。国外高电压直流接触器企业典型产品的性能指标见表 5-4。

国内企业有宏发、国立、比亚迪等。目前，厦门宏发是国内较大、世界第五的汽车接触器制造和提供商，2022 年在国内和全球的市场占有率分别为 50%和 31%左右。

表 5-4 国外高电压直流接触器企业典型产品的性能指标

企业	Gigavac		TE(特斯拉)		松下	欧姆龙	LS
型号	GV350	HX241	EVC250-800	EVC500	AEV300	G9EH-1	GER400
电流等级/A	500	400	250	500	300	300	400
电压等级(DC)/V	1000	1500	800	900	450	400	450
电气寿命/次	1000 DC 450V,350A	3000 DC 450V,350A	—	2000 DC 400V,250A	1000 DC 450V,300A	1000 DC 400V,300A	1000 DC 400V,300A
	700 DC 800V,350A	600 DC 800V,350A	50000 DC 800V,50A 5000 DC 800V,100A	10000 DC 900V,65A	—	—	—
极限分断能力	3000A/400V,900A/800V	3000A/400V,900A/800V	3000A/400V,900A/800V	2000A/320V,900A/800V	2500A/300V	2500A/300V	3200A/450V
短路分断性能	4000A/20ms	4000A/20ms	6000A/20ms 5000A/100ms 4000A/500ms 3000A/1000ms	6000A/15ms 4500A/20ms	—	—	—
短时过载电流	1000A/100s 2000A/10s 4000A/1s	900A/100s 2000A/15s	400A/300s 600A/60s	2000A/10s 1000A/60s	400A/600s	450A/600s	600A/900s 900A/120s
极性	有	有	有	有	有	有	有
充气密封	有/氮气	有/氢气	无	有/氮气	有/氢气	有/氢气	有/氢气
重量/kg	0.39	0.38	0.58	0.43	0.75	0.65	0.7

示例 5-4：美国 Gigavac 研发生产的 G18、G50、G52、HX241 系列高电压直流接触器。其中，G52WF-12VDC 为一款单刀双掷接触器，型号中的 W 指螺钉、F 指法兰、12VDC 是 12V 直流电。它能提供一个动合触点和一个动断触点。当线圈通电或断电时，可动触头从一个固定触头转移到另一个固定触头；然后，在相对固定的触头和可移动触头之间形成电压隔离。与其他高压接触器一样，Gigavac 公司可提供多种设计风格的真空和充气式高压接触器。根据应用的不同，真空或气体作为电介质具有各自的优势。

示例 5-5：厦门宏发从 2006 年开始研发高电压直流接触器，2011 年批量生产。目前产品有新能源汽车和充电桩及储能两大类系列产品，型号较多，详见表 5-5。

表 5-5 厦门宏发研发的高电压直流接触器的类型及型号

分类			型号
第一类	新能源汽车用	主接触器	HF E82V-150D,-200B,-250C,-300C,-400M
		预充接触器	HF E80V-20B,-20C
		普通充电接触器	HF E82V-20,-40,-60B;E80V-20C,-40
		快速充电接触器	HF E82V-150B,-200W,-250C,-300C,-400M,-600
		辅助功能用接触器	HF E82V-40,-100D,-20C
第二类	充电桩用	快速充电接触器	HF E82P-150D,-200B,-300C;E85P-150,-250
	储能用	直流接触器	HF E85P-150/250/300,HFE88P-150/250/350,HFE82P-20

注：1. 第一类：新能源汽车系列产品，包括 E80V 系列（覆盖 10~300A 电流规格、DC 48/200/450V 电压等级、结构简单、成本低）；E82V 系列（陶瓷钎焊密封，方形结构；以氢气为保护气体，利用磁吹灭弧原理实现了快速熄弧和高压安全分断；负载范围覆盖 60~1000A；高抗短路性能；小体积、可替换性高、对国外主要品牌可实现完全替换）；E85、86V 系列（陶瓷钎焊密封，圆形结构）。
2. 第二类：充电桩及储能系列产品，有 E82P、E85P 和 E88P（采用陶瓷钎焊密封，负载范围覆盖 10~400A、电压最高可达 DC 1500V）。

典型产品有 E80V、E82V、E85P、E86V 等系列。下面以 HF E80V 系列高电压直流接触器为例，对产品的组成结构、设计特点、分析方法、技术路线以及产品特性做一简介。

（1）组成结构　由触点系统、灭弧系统、电磁机构和弹簧系统组成，其结构示意图如图 5-14 所示。

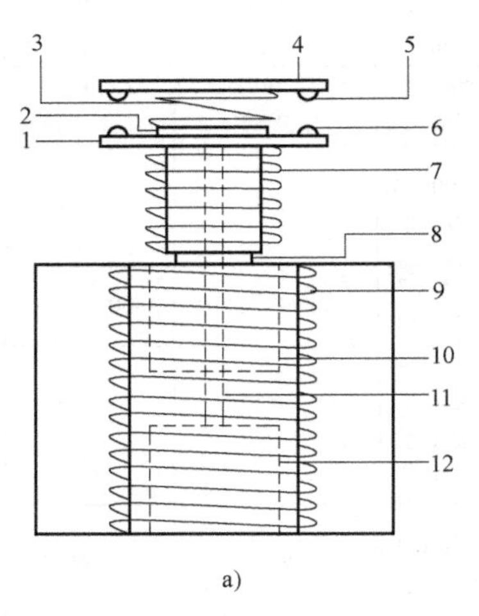

a)

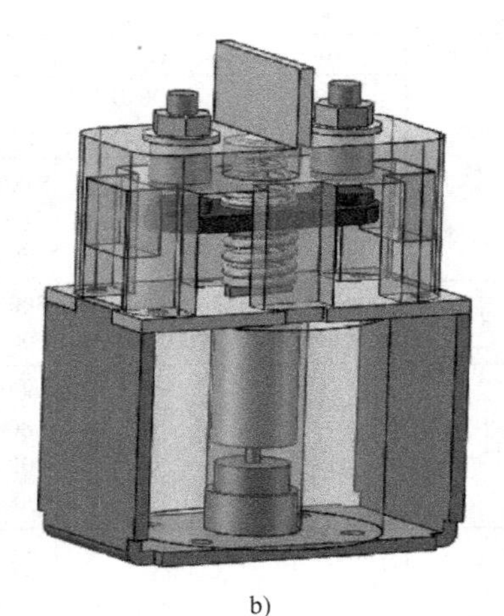

b)

图 5-14　HF E80V 系列高电压直流接触器的结构示意图

a）组成零部件　b）三维结构视图

1—动触桥　2—弹簧托盘　3—反作用力弹簧　4—静触桥　5—静触头　6—动触头　7—触头弹簧　8—塑料件　9—励磁线圈　10—静铁心　11—推杆　12—动铁心

1）触点系统：HF E80V 系列高电压直流接触器多应用于大功率场合，触点系统常用桥式双断点结构，其优点是分断能力高，但由于自身结构和弹簧作用力等原因，在接触器的动作过程中可能出现左右两边的触头接触和燃弧不平衡现象，加剧对一边触头的损伤，减少电器的使用寿命。

2）灭弧系统：HF E80V 系列高电压直流接触器结构紧凑、触头周围空间狭小，在触头两侧的塑封壳里嵌入永磁铁，采用磁吹灭弧。当有电弧产生时，利用永磁铁产生的磁力将电弧强行拉长，加快电弧的熄灭。

3）电磁机构和弹簧系统：电磁机构为平头螺管式。电磁机构由动/静铁心、励磁线圈、推杆等零件组成。弹簧系统由圆柱螺旋触头弹簧和截锥螺旋反作用力弹簧组成。吸合时，励磁线圈通电产生磁场，使得线圈骨架内的铁心被磁化，产生了电磁吸力，推动动铁心克服弹簧反力运动，带动动触头动作，最终使得动、静触头闭合，实现电路转换；当线圈失电时，电磁吸力消失，动铁心依靠弹簧和重力反作用实现释放和复位，完成分断。

（2）设计特点　磁吹+H_2/N_2 灭弧+密封腔体；陶瓷钎焊密封的电弧隔离室，确保不起火、不爆炸；磁吹灭弧；灌封 H_2 为主的气体，灭弧迅速，且触头不易氧化；独特的绝缘套结构设计，高低压间双重绝缘保护；独特的抗短路环结构，满足高抗短路要求。

（3）分析方法　包括磁场分析，优化灭弧性能；吸力曲线分析；磁路分析；模流分析；材料应力分析。

（4）技术路线　①采用直流无极性吹弧设计技术，电弧在磁场作用下被拉长。②采用直流高抗短路电流设计技术：利用电磁原理设计开环双回磁路结构，短路电流电磁力抵抗触头间短路电动斥力，具有磁效率高，磁路不易饱和的特点，提高了产品的电动稳定性。技术效果：该技术取得了短路电流作用下触点压降不突变的效果，实现了小体积、低功耗，抗短路电流 14~16kA 不烧不炸。

（5）产品特性　①轻量化、小型化、低成本。②高抗粘、短路能力强。③低阻抗、高容量化。④安全保护集成化。

5.3 继电器

5.3.1 概况

1. 定义

继电器是一种具有继电保护特性的自动动作电器。它的功能是：当给予一个输入量，如电、磁、光或热等信号时，就能自动切换被控制的电路。控制继电器的输入量通常是电流、电压等电量，也可以是温度、液位、时间等非电量，输出量则是触点动作时发出的电信号或输出电路的参数变化。

2. 用途

继电器常用于自动化控制电路中，以发布控制命令或用作程序控制，起自动调节、安全保护、转换电路等作用。它适用于远距离接通和分断交、直流小容量控制电路，并在电力驱动系统中供控制、保护及信号转换用。

3. 组成

继电器是一种具有跳跃输出特性传递信号的电器，由感测部分和执行部分（触点）组成，广泛应用于控制和通信领域，它的品种众多，堪称电器之王，以电磁式继电器最典型。

继电器的触点是研究继电器工作可靠性的主要对象。在触点的接触电阻、弱电流低电压下的可靠接触、触头的磨损、触头的熔焊等方面都有不少理论和实际课题要研究。在保证触点工作可靠性的前提下，为了降低电磁继电器的动作功率，提高其动作灵敏度和缩小磁系统的尺寸，以达到继电器的小型和微型化，需要研究电磁机构工作的物理过程和开展电磁机构的设计计算。

4. 分类

根据感测信号的不同，继电器分为：①电压继电器（根据电路电压的变化而动作的电器），包括欠电压继电器、失电压继电器，分别起欠电压和失电压保护作用；②电流继电器[根据电路电流的变化而动作的电器，包括欠电流继电器（起失磁保护作用）和过电流继电器（起过载保护作用）]；③中间继电器（实质上也是电压继电器，作用是增大控制电路中的触点数量或容量，通常用于传递信号和同时控制多个电路，也可以直接用它控制小容量的电动机或其他电气执行元件）；④时间继电器（从接收信号到执行元件动作有一定时间间隔的继电器）；⑤热继电器（供交流电动机过载及断相保护用的继电器）；⑥温度继电器。前两者为电磁式继电器。

采用电力电子器件设计的继电器包括功率继电器、电力继电器、信号继电器、高频继电器、汽车继电器、工业继电器、强制导向继电器以及继电器插座。

5. 继电特性

继电特性即继电器的输入-输出特性。图 5-15 给出了继电器的输入-输出特性（以动合触点为例）。

图中，当继电器的输入信号 x 从零连续增加达到衔铁开始吸合时的动作值 X_x，继电器的输出信号立刻从 $y=0$ 或 $y=Y_{min}$ 跳跃到 $y=Y_{max}$，即动合触点从“断”到“通”或者说从“低电平”输出到“高电平”输出。一旦触点闭合，如输入量 x 继续增大，输出信号量 y 将不再起变化。当输入量 x 从某一大于 X_x 的值下降到 X_f 时，继电器开始释放，动合触点断开（动断触点闭合）。动作值 X_x 和 X_f 称为继电器的动作值和返回值，两者的比值，称为继电器的返回系数（或称恢复系数），即

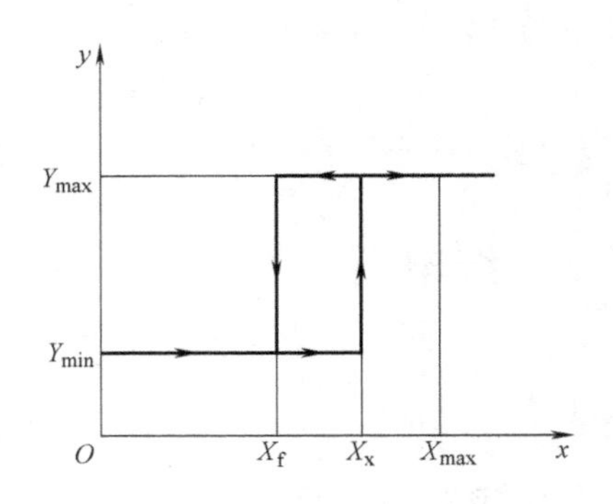

图 5-15　继电器的输入-输出特性（动合触头）

$$K_f = X_f / X_x \tag{5-1}$$

或者写成

$$K_f = (X_x - \Delta X) / X_x = 1 - \Delta X / X_x \tag{5-2}$$

继电器触点上输出的控制功率 P_c（即触头工作电压乘以允许的最大通断电流）和线圈吸取的最小动作功率 P_0 之比，称为继电器的控制系数，即

$$K_c = P_c / P_0 \tag{5-3}$$

继电器在规定负载条件下的最小动作功率 P_0，称作继电器的灵敏度。

吸合动作时间是指继电器从获得输入信号起，到触头完成动作止的时间；释放时间是指从断开输入信号到触点完成动作停止的时间。

以上叙述的动作值、返回系数、控制系数、灵敏度和动作时间，都是继电器的主要参数。此外，继电器的特性必须保证动作值的可调性和重复使用的精度，还必须保证执行机构的可靠性。现代控制和通信用继电器还要求有高的电气和机械寿命。

5.3.2　中间继电器

中间继电器用于继电保护和自动控制系统中，以增加触点的数量及容量。它用于在控制电路中传递中间信号。中间继电器的结构和原理与交流接触器基本相同，主要区别在于：接触器的主触点可以通过大电流，而中间继电器的触点只能通过小电流。

示例 5-6：JZX-22F 中间继电器。图 5-16 为 JZX-22F 中间继电器的外形与接线图。

a)

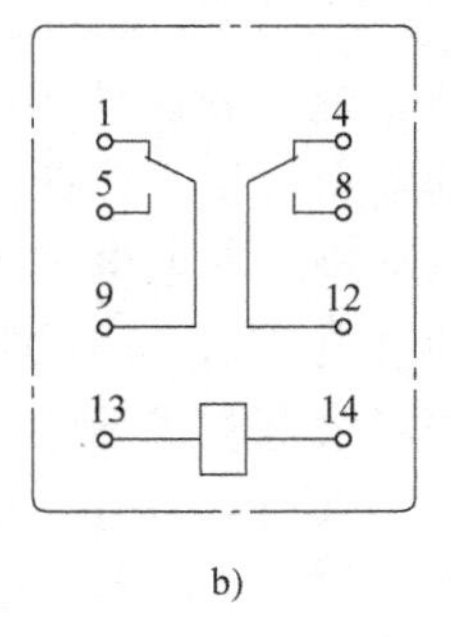

b)

图 5-16　JZX-22F 中间继电器的外形与接线图
a）产品外形　b）仰视接线图

主要技术参数：最大开关电流 3A/5A，最大开关电压 AC 250V/DC

125V，安装方式：插拔式、顶法兰、侧法兰，动作时间/释放时间：≤25ms，触点数量：2 组、3 组、4 组。

5.3.3　时间继电器

时间继电器是从接收信号到执行元件动作有一定时间间隔的继电器，用于需要时间控制的电路，有通电延时型和断电延时型两种，它们的线圈、延时闭合的动合触点与动断触点、延时断开的动合触点与动断触点以及辅助动合触点与辅助动断触点的图形符号和文字符号如图 5-17 所示。

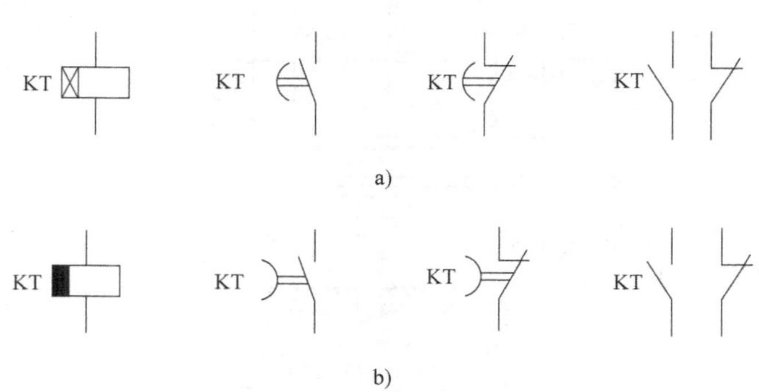

图 5-17　时间继电器的触点图形符号
a）通电延时型　b）断电延时型

时间继电器按延时方式不同，有空气阻尼式（也称气囊式，由电磁系统、气室和触点系统组成）、电子式（原理框图见图 5-18）和单结晶体管时间继电器（原理图见图 5-19）。

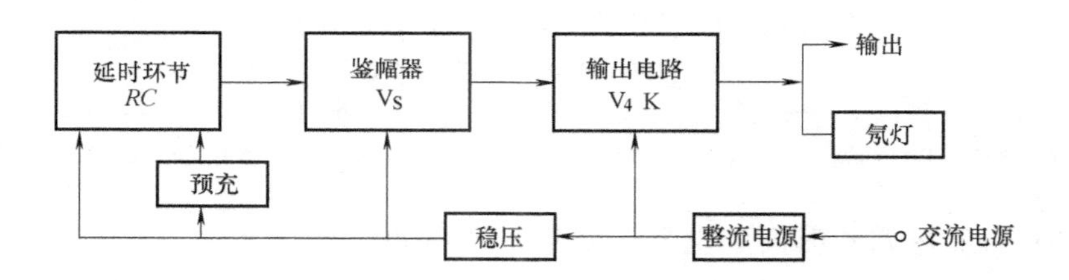

图 5-18　电子式时间继电器的原理框图

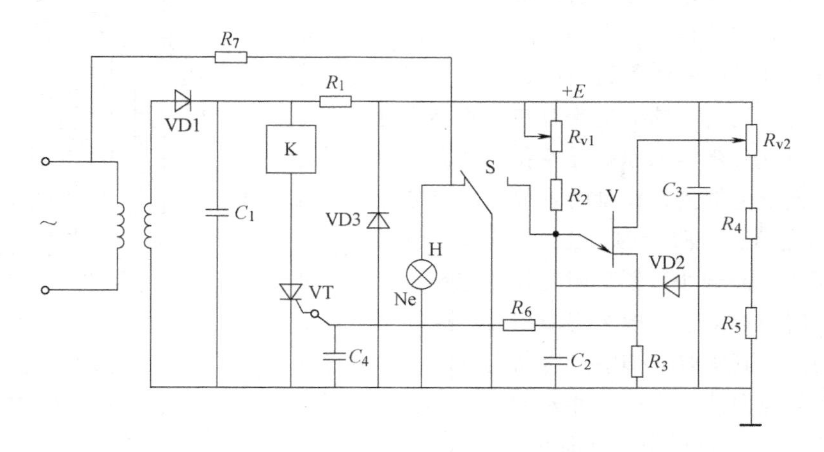

图 5-19　单结晶体管时间继电器的原理图

示例 5-7：JS7-A 空气阻尼式时间继电器。

该型号继电器利用空气阻尼的原理来获得延时。它主要由电磁系统、气室和触点系统组成。有通电延时型和断电延时型两种，它们的原理图如图5-20a、b所示。注意：当通电延时型时间继电器的电磁系统断电时，其触头的动作是瞬动的；当断电延时型时间继电器的电磁系统通电时，其触头的动作是瞬动的。

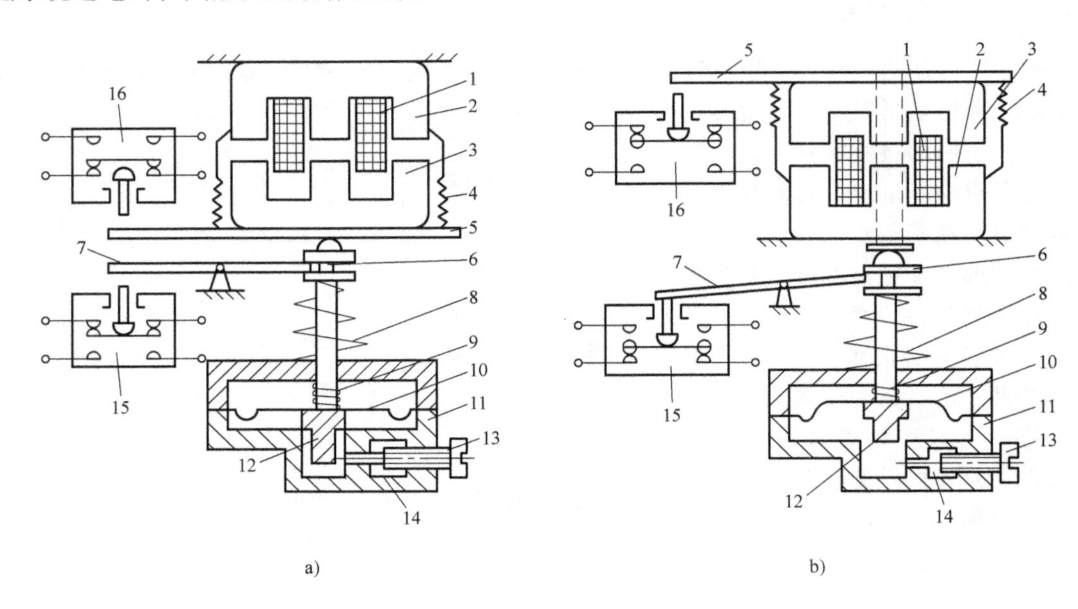

图5-20 气囊式时间继电器的结构示意图

a）通电延时型 b）断电延时型

1—线圈 2—静铁心 3—动铁心 4、8、9—弹簧 5—推板 6—顶杆 7—杠杆 10—橡皮膜 11—气囊外壳 12—活塞 13—进气调节螺钉 14—进气孔 15—延时微动开关 16—瞬动微动开关

示例5-8：直流电磁式时间继电器。结构示意图如图5-21所示。

该低压电器之所以被称为“直流电磁式时间继电器”，是因为其直流电磁铁的铁心上有一个阻尼铝套筒。由电磁感应定律可知，在继电器线圈通断电过程中，铝套筒内将产生感应电动势，同时有感应电流存在，此感应电流产生的磁通阻碍穿过铝套筒内的原磁通变化，因而对原磁通起了阻尼作用，使继电器的衔铁延时释放，继电器起到了延时作用。当继电器通电吸合时，由于衔铁处于释放位置，气隙大、磁阻大、磁通小，铝套阻尼作用也小，因此，铁心吸合时的延时不显著，一般可忽略不计。这种继电器仅作为断电延时用，其延时动作触点有断电延时动合触点和断电延时动断触点两种。这种时间继电器的延时时间较短，而且准确度较低，一般只用于延时精度要求不高的场合。此继电器延时动作时间的调节方法包括增减非磁性垫片的数量和调节反力弹簧的松紧。

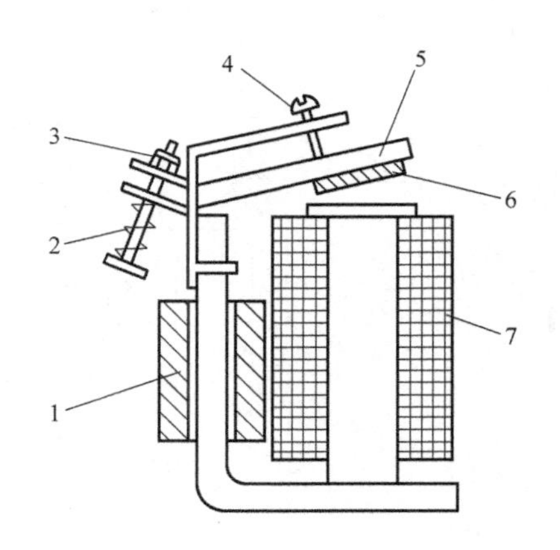

图5-21 直流电磁式时间继电器的结构示意图

1—铝套筒 2—反力弹簧 3—反作用力调节螺母 4—开距调节螺钉 5—衔铁 6—非磁性垫片 7—线圈

直流电磁式时间继电器参数测量时，主要是测量动作值、吸合时间和断电延时时间。

5.3.4　热继电器

热继电器是利用流入热继电器热元件的电流所产生的热量，使双金属片发生弯曲形变，延时后推动连杆机构动作，使辅助触点断开，从而产生反时限动作的自动保护电器。它主要用于电动机的过载保护、断相保护及电流不平衡运行保护。

双金属片式热继电器的工作原理如图 5-22 所示。

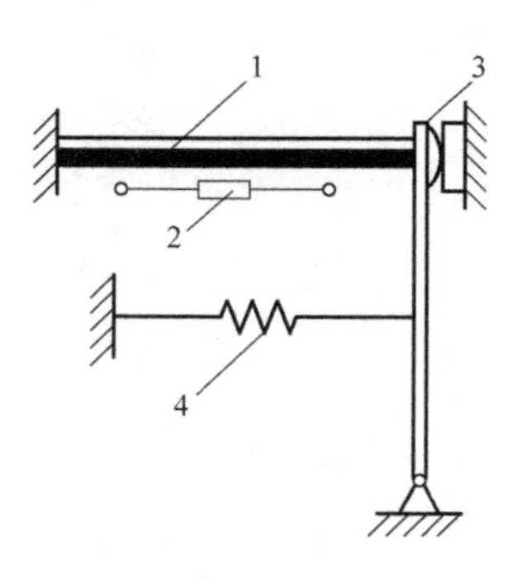

图 5-22　双金属片式热继电器的工作原理图

1—双金属片　2—加热元件　3—动触头　4—弹簧

热元件是由两层或多层具有不同热膨胀系数的金属或合金作为组元层牢固结合而成的双金属片，有的热元件还有加热元件。双金属片的载流部件材料通常用纯铜，一般企业用 T3，中型企业用 T2，有的跨国企业用磷脱氧铜。根据电动机的电流大小不同，热继电器热元件的加热方式有直接加热式、复合加热式、间接加热式和电流互感器加热式四种。图 5-23 为热继电器热元件不同加热方式的接线图。

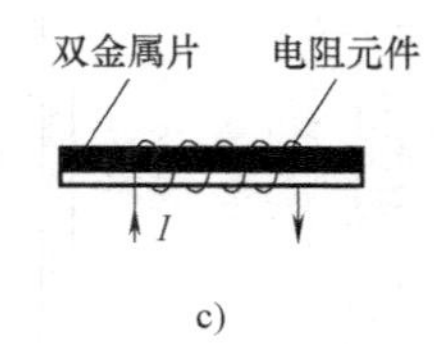

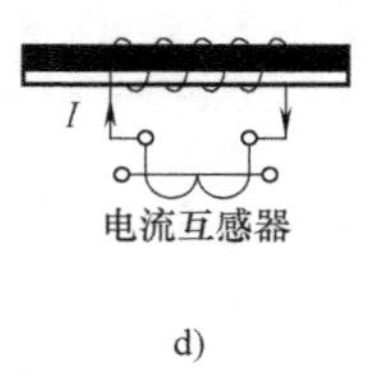

图 5-23　热继电器热元件不同加热方式的接线图

a）直接加热式　b）复合加热式　c）间接加热式　d）电流互感器加热式

示例 5-9：JR16 型热继电器，其结构原理图如图 5-24 所示。跳跃机构的工作原理图如图 5-25 所示。

JR16 型热继电器断相保护机构的工作原理如图 5-26 所示。

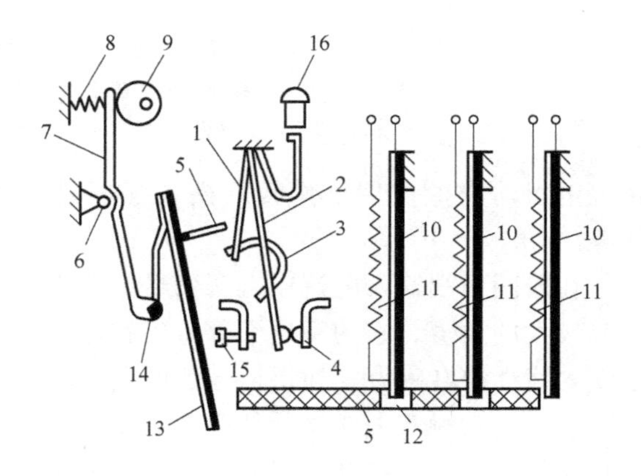

图 5-24　JR16 型热继电器的结构原理图

1、2—片簧　3—弓簧　4—动断触点　5—推杆　6—轴　7—杠杆　8—压簧　9—调节凸轮　10—双金属片　11—加热元件　12—导板　13—补偿双金属片　14—轴　15—调节螺钉　16—手动复位按钮

5.3.5　电流继电器和电压继电器

电流继电器是根据电路电流变化而动作的继电器，一般用于过载及短路保护、直流电动机的磁场控制或失磁保护等。电压继电器是根据电路电压变化而动作的继电器，一般用于过/欠电压保护、电动机反转、制动控制等。两种继电器都属于电磁式继电器。

1. 工作原理

电磁式继电器的感测部分是电磁铁（由铁心柱、轭铁、衔铁和线圈组成）和弹簧，执行部分是触点。弹簧是电磁系统的一个组成部分，它既可作为衔铁释放之用，也可作为测

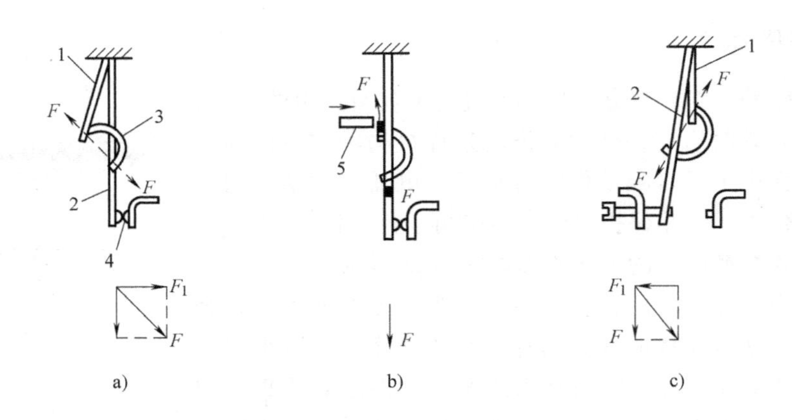

图 5-25　JR16 型热继电器跳跃机构的工作原理图

a）动作前的位置　b）动作过程中的一个位置　c）动作后的位置

1、2—片簧　3—弓簧　4—动断触点　5—推杆

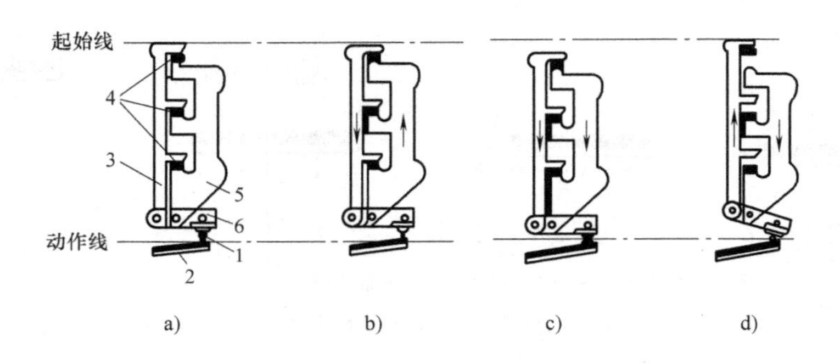

图 5-26　JR16 型热继电器断相保护机构的工作原理图

a）未通电　b）三相通电但电流不大于整定电流　c）三相同时过载　d）一相断路

1—顶头　2—补偿双金属片　3—上导板　4—主双金属片　5—下导板　6—杠杆

量继电器动作值之用。弹簧的松紧强弱是可以调整的，它和电磁铁一起完成信号感测的任务。

在线圈两端输入电流或电压信号，线圈的励磁电流产生磁场，磁感应强度在铁磁介质中具有较大的数值，它的磁通大部分沿铁心柱、轭铁、衔铁和工作气隙 δ 闭合，在衔铁端面产生使 δ 缩小的电磁力。如果信号强度达到动作值，衔铁的电磁吸力克服弹簧的阻力，衔铁开始转动，带动触头完成执行任务。衔铁一旦闭合，磁通的状态发生变化，如果此时磁通降低到相应的数值，衔铁开始释放，带动动触头向上运动，已闭合的动合触点重新打开。在实际控制电路中，继电器触点通常用来控制接触器的线圈或其他电器的线圈。

2. 触头状态

尽管线圈的输入信号可以连续地变化（它的稳定工作点可以很多），但是触点输出的稳定状态只有两个，即“通”与“断”，不可能既是“断开”又是“闭合”，即既是“断”又是“闭”。所有继电器的输出都是按照“通—断”或者“是—否”循环工作。

3. 主要参数

电压继电器的动作参数是动作电压，电流继电器的动作参数为动作电流。根据使用要求，电压继电器的动作参数应能整定。

继电器的返回系数（返回参数/动作参数）为

$$K_f = I_f / I_c \quad K_f = U_f / U_c$$

继电器的动作时间=触动时间+运动时间。其正常动作的动作时间是 $0.05s \leqslant t \leqslant 0.2s$，快速动作的动作时间是 $t<0.05s$，延时动作的动作时间是 $t>0.2s$。

4. 故障诊断

电磁式继电器衔铁不能完全吸合或者吸合不牢的原因有：①电源电压过低；②触头弹簧和释放弹簧力过大；③触头超程过大；④运动部件被卡住；⑤交流铁心极面不平或严重锈蚀；⑥交流铁心分磁环（短路环）断裂。

各故障对应的排除方法是：①调整电源电压；②调整弹簧力或更换弹簧；③调整触头超程（重新调参数）；④查出卡住部位加以调整；⑤修整极面，去锈或更换铁心；⑥更换。

5.3.6 磁保持继电器

1. 概述

在“双碳”目标背景下，磁保持继电器此类低功耗产品的研发生产有着重要的战略意义。

磁保持继电器是一种依靠永久磁钢的电磁力实现触点合、断的继电器，其励磁线圈仅需一定脉冲即可改变触点接触状态，无须持续通电。

磁保持继电器是双稳态继电器，与电磁继电器相比，具有自保持、低功耗（接通后，零功耗）、小体积、负载能力大、性能稳定、安全可靠、寿命较长等特点，适用于需要进行功耗控制、长期通电的电器设备，如工业控制、智能送电、汽车充电桩、智能电表、智能配电、智能家居、5G 设备等领域。缺点是生产过程中消耗材料较多、成本较高、抗振性较差，目前尚无法满足 JB/T 10923—2020 的一些技术要求，如 5.5mm 的电气间隙、短路电流承载能力等。

磁保持继电器有单相和三相两种。作为智能电表控制系统关键元件，三相磁保持继电器对短路下的短时耐受能力和可靠性要求很高，否则可能发生触头意外斥开、触头熔焊等现象，出现继电器失效的严重后果。

目前，市场上的磁保持继电器触点的转换电流可达 150A，接触压降<100mV。其控制线圈电压有 DC 9V、DC 12V 等。电寿命一般为 1 万次，机械寿命为 100 万次。

2. 结构

磁保持继电器通常由电磁铁、触头、工字型衔铁（为永磁体）、线圈、磁轭以及外围件等组成，内部结构如图 5-27 所示。

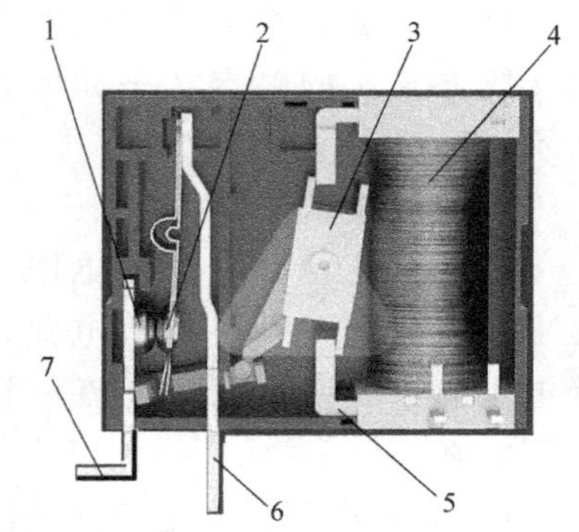

图 5-27　磁保持继电器内部结构示意图
1—静触头　2—动触头　3—工字型衔铁　4—线圈　5—磁轭　6、7—外围件

磁保持继电器中工字型衔铁的状态保持和磁轭的极性变化，都与线圈的工作情况有关。磁保持继电器工字型衔铁及磁轭的极性变化如图 5-28 所示。

磁保持继电器的外形如图 5-29 所示，其外壳上一般标注有最大切换电流、最大切换电压以及线圈电压。

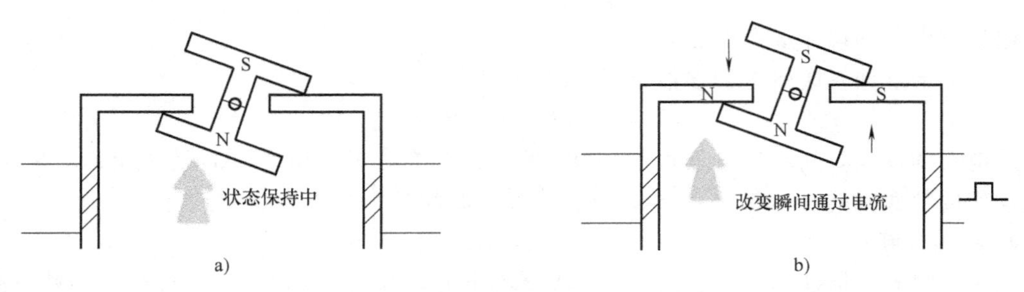

图 5-28 磁保持继电器工字型衔铁及磁轭的极性变化

a）状态保持 b）线圈加脉冲电流后磁轭的极性

3. 工作原理

和其他电磁式继电器一样，磁保持继电器对电路起自动接通和切断作用。所不同的是，磁保持继电器所带触头的合或断的状态完全依赖于其内部的工字型衔铁的位置，开关状态的转换是靠一定宽度的脉冲电信号触发而完成的。

图 5-29 磁保持继电器的外形

磁保持继电器平时触点的开或合的状态由工字型衔铁永磁体产生的磁力保持。当继电器的触点需要开或合时，只需用正（反）直流脉冲加到电压激励线圈上，继电器瞬间就可以完成开与合的状态转换。

磁保持继电器有单线圈和双线圈两种。对单线圈磁保持继电器，在励磁线圈断电后，在剩磁的作用下，继电器依然保持吸合状态；如果给励磁线圈加上适当的反向直流脉冲电流，消除剩磁作用，继电器方可释放。而双线圈磁保持继电器的工作原理有所不同，其一个线圈用于吸合、另一个线圈用于释放。

动作过程为：当继电器触点需要置位时，只需要用正向直流脉冲电压激励一下线圈，线圈被励磁后产生的磁极与永磁铁的磁极相互作用，同极性相互排斥、异极性相互吸引，使得继电器瞬间完成从复位到置位的状态转换。磁保持继电器由置位状态转换为复位状态的过程相同。

磁保持继电器中的双线圈在不同接线方式时的触点状态如图 5-30 所示。

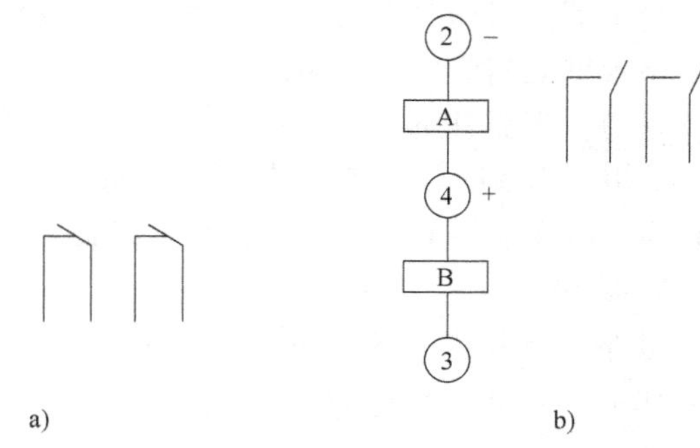

图 5-30 磁保持继电器的双线圈在不同接线方式时的触点状态

a）线圈 B 通电，触点闭合 b）线圈 A 通电，触点断开

4. 主要技术参数

包括额定电压、直流电阻、触点电阻、吸合电流、释放电流、切换电压电流、吸合电压电流和释放电压电流。

1）额定电压：是指磁保持继电器正常工作时线圈所需要的电压。根据型号不同，可以是交流电压，也可以是直流电压。

2）直流电阻：是指磁保持继电器中线圈的直流电阻，可以通过万用表 R×10Ω 档测量，从而判断该线圈是否存在开路或短路现象。

3）触点电阻：用万能表的电阻 R×1 档，测量动断触点两个出线端之间的电阻值，正常时应为 0Ω 或非常接近 0Ω（用更加精确方式可测得触点阻值在 100mΩ 以内）；而动合触点两出线端之间的阻值正常时应为无穷大。

4）吸合电流：是指磁保持继电器能够产生吸合动作的最小电流。在正常使用时，给定的电流必须略大于吸合电流，这样磁保持继电器才能稳定地工作。而对于线圈所加的工作电压，一般不要超过额定工作电压的 1.5 倍，否则会产生较大的电流而把线圈烧毁。

5）释放电流：是指磁保持继电器产生释放动作的最大电流。当磁保持继电器吸合状态的电流减小到一定程度时，就会恢复到未通电的释放状态，这时的电流远远小于吸合电流。

6）切换电压电流：是指磁保持继电器允许加载的电压和电流。它决定了磁保持继电器能控制电压和电流的大小，使用时不能超过此值，否则很容易损坏磁保持继电器的触点。

7）吸合电压电流：用可调稳压电源和电流表给磁保持继电器输入一组电压，且在供电回路中串入电流表进行监测。慢慢调高电源电压，听到磁保持继电器吸合声时，记下该吸合电压和吸合电流。为求准确，可以多试几次而求平均值。

8）释放电压电流：用可调稳压电源和电流表给磁保持继电器输入一组电压，当磁保持继电器发生吸合后，再逐渐降低供电电压，当听到磁保持继电器再次出现释放声音时，记下此时的电压和电流，亦可多尝试几次而取得平均的释放电压和释放电流。一般情况下，磁保持继电器的释放电压约在吸合电压的 10%～50%。如果释放电压太低（低于 1/10 的吸合电压），则不能正常使用，这样会对电路的稳定性造成威胁，工作不可靠。

5. 分类

磁保持继电器包括计量磁保持继电器和功率磁保持继电器两类。

（1）计量磁保持继电器　也叫电能表用磁保持继电器，用于智能收费电表、智能电容器等领域。要求抗短路电流能力强，有全新防爆功能。

计量磁保持继电器分单线圈和双线圈两种。其中，单线圈计量磁保持继电器通过改变直流电源极性，使继电器触头断开或闭合，并由永磁体机构保持；双线圈计量磁保持继电器是双稳态继电器，具有自保持、低功耗（接通后零功耗）、小体积、大负载能力等特点，符合 IEC、ANSI 标准。

图 5-31 为一种计量磁保持继电器的驱动电路。

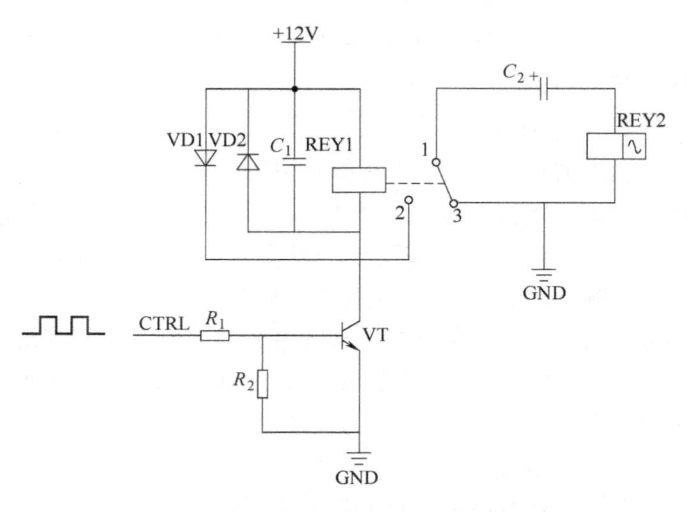

图 5-31　一种计量磁保持继电器的驱动电路

VD1、VD2—二极管　REY1—单刀双掷继电器　REY2—磁保持继电器
CTRL—控制信号（可输入高低电平）　VT—晶体管（控制开关）
R_1—电阻（起限流作用，降低 VT 功耗）　R_2—电阻（使 VT 可靠截止）

示例 5-10：厦门宏发开发了多款计量磁保持继电器，部分产品的性能见表 5-6。

（2）功率磁保持继电器　这是针对大电流、高负载的电路电源控制等情况所采用的高功率磁保持继电器。主要应用于灯光控制、新能源汽车充电桩、智能家居、智能电容器、复合开关、换相开关、继电保护、智能电表、工业控制等领域。

表 5-6 厦门宏发计量磁保持继电器产品的规格与性能

规格	名称	额定负载/A	抗短路能力	电寿命/次	微动开关
单相	HF E69/E19	80	UC2	10000	无
	HF E50	100	UC2	10000	无
	HF E76	120	UC3	10000	有
双相	HF E25	200	ANS1C12.1	6000	有
	HF E63	80	UC2	10000	无
	HF E68	120	UC3	10000	无
三相	HF E16	120	UC3	10000	有
	HF E45	80	UC2	10000	有
	HF E75	120	UC3	10000	有
五相	HF E55	120	UC3	10000	有

示例 5-11：应用于新能源汽车充电桩中的功率磁保持继电器。

当充电桩充电时，磁保持继电器闭合，接通电源从而进行充电；当新能源汽车充满电拔掉充电插头后，汽车充电站检测到负载拔出，磁保持继电器就会断开电源，停止输出。如果功能磁保持继电器的触点经常合分，产生的电弧导致触头出现烧损，会导致功率磁保持继电器故障，影响充电桩的使用。

5.3.7 速度继电器

速度继电器也叫转速继电器或反接制动继电器，主要用于三相异步电动机的反接制动。

1. 组成结构

如图 5-32 所示，速度继电器由定子、转子和触点三部分组成，速度继电器的转轴与电动机转轴连在一起。在速度继电器的转轴上固定着一个圆柱形的永久磁铁；磁铁的外面套有一个可以按正、反方向偏转一定角度的外环；在外环的圆周上嵌有笼型绕组。

2. 工作原理

当电动机转动时，外环的笼型绕组切割永久磁铁的磁力线而产生感应电流，并产生转矩，使外环随着电动机的旋转方向转过一个角度。这时，固定在外环支架上的顶块顶着动触头，使其一组触头动作。若电动机反转，则顶块拨动另一组触头动作。当电动机的转速下降到 100r/min 左右时，由于笼型绕组的电磁力不足，顶块返回，触头复位。为了实现反接制动，速度继电器的触头串联在控制电路中，与接触器、中间继电器配合。

3. 常见类型

常用的速度继电器有 JY1 型和 JFZ0 型两种。其中，JY1 型可在 700～3600r/min 范围内可靠地工作；JFZ0-1 型适用于 300～1000r/min；JFZ0-2 型适用于 1000～3600r/min。它们具有两个动合触头、两个动断触头，触头额定电压为 380V，额定电

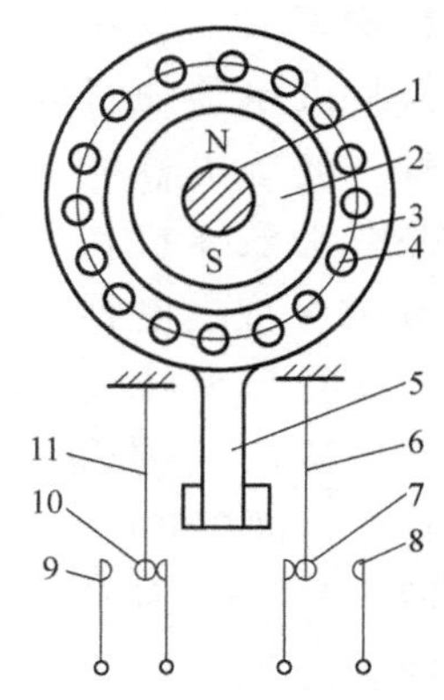

图 5-32 速度继电器的结构示意图
1—转轴 2—转子 3—定子 4—绕组 5—摆锤 6、11—簧片 7、10—动触头 8、9—静触头

流为 2A。一般速度继电器的转轴在 130r/min 左右即能动作，在 100r/min 时触头即能恢复到正常位置。可以通过螺钉的调节来改变速度继电器动作的转速，以适应控制电路的要求。

4. 电气符号

速度继电器的电气符号如图 5-33 所示。

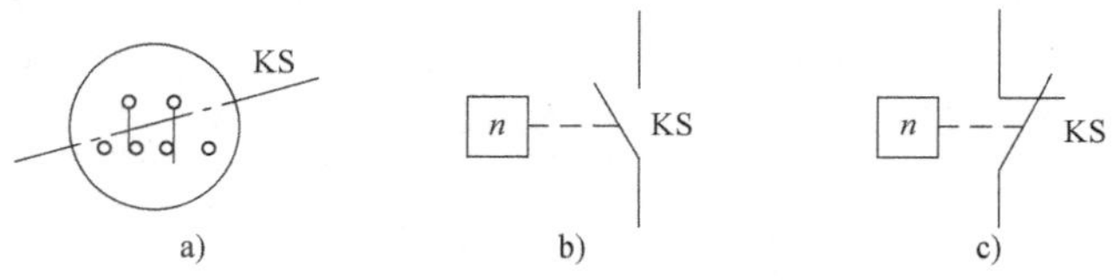

图 5-33　速度继电器的电气符号

a）电动机与速度继电器的连接　b）动合触头　c）动断触头

5.4　起动器

1. 定义及分类

起动器是指起动、停止电动机和正反向控制所需的所有开关电器与适当的过载保护电器组合的电器。包括全电压直接起动器、星-三角起动器、自耦变压器减压起动器、变阻式转子起动器和半导体起动器（含软起动器）。

2. 技术现状

1）控制性能更高，可实现远程通信与控制。电压、力矩控制使软起动控制更好地适应复杂工业现场环境使用的需要；通过工业现场总线或工业以太网，实现远程监控。

2）高可靠性。采用板间防呆插设计；提高整机高低温运行能力及抗电磁干扰能力，延长电动机拖动系统整体的平均无故障运行时间。

3）安装、维护、接线更加简便。优化产品结构设计，使安装、接线、维护更加简便。

5.5　主令电器

主令电器是用作接通或断开控制电路，以发出指令或做程序控制的开关电器。它包括按钮、凸轮开关、行程开关、指示灯、指示塔等。另外，还有踏脚开关、接近开关、倒顺开关、紧急开关、钮子开关等。

1. 按钮

按钮是一种由人力操作并具有弹簧储能复位的控制开关，其结构与符号如图 5-34 所示。

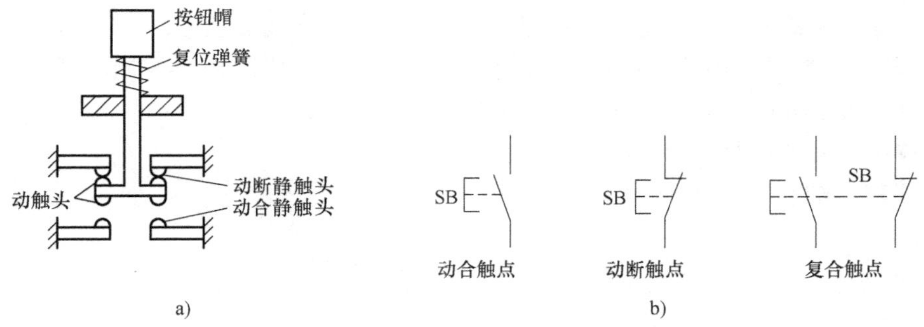

图 5-34　按钮的结构与符号

a）结构示意图　b）图形符号和文字符号

按钮的型号及含义如下：

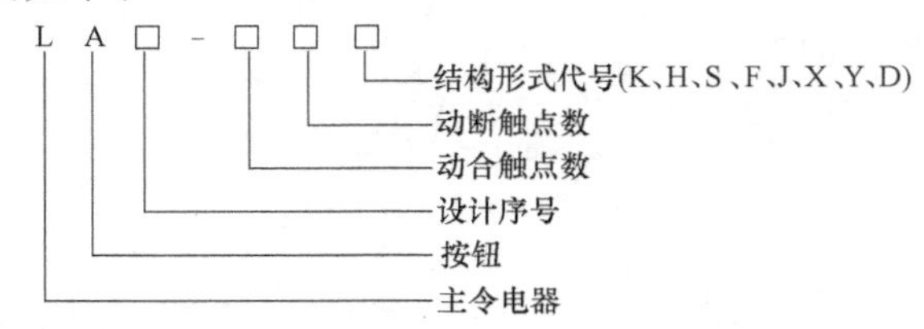

2. 控制器

控制器的主要有主令控制器和凸轮控制器两类。

1）主令控制器主要用于电气控制设备中按照预定程序转换主电路或发电机励磁回路的接法，以达到电动机起动、换向和调速的目的。

主令控制器的结构如图5-35所示。

a)

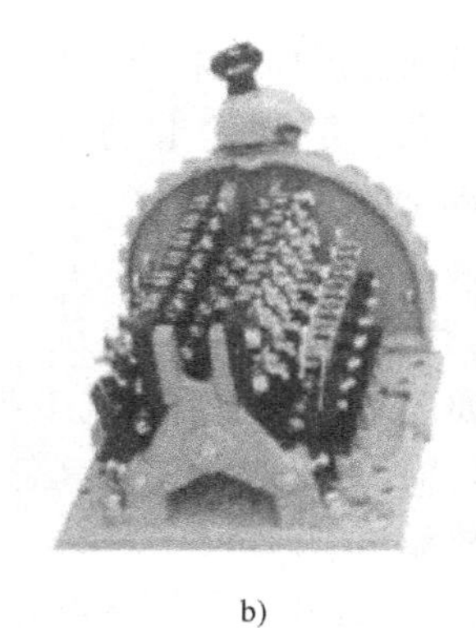
b)

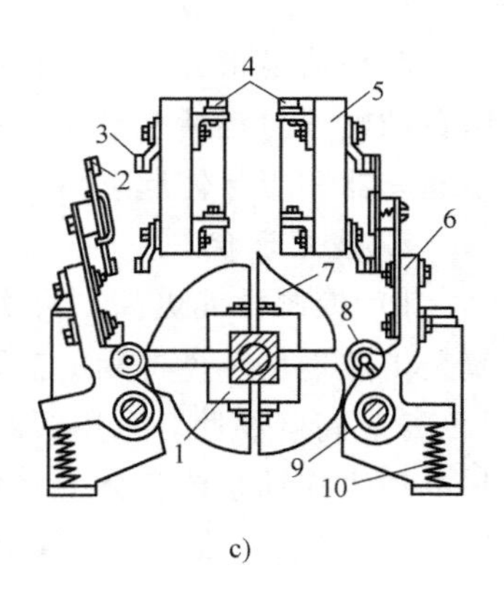

c)

图5-35　主令控制器的结构

a）外形图　b）结构图　c）结构示意图

1—方形转轴　2—动触头　3—静触头　4—接线柱　5—绝缘板　6—支架　7—凸轮块　8—小轮　9—转动轴　10—复位弹簧

主令控制器的产品型号如下：

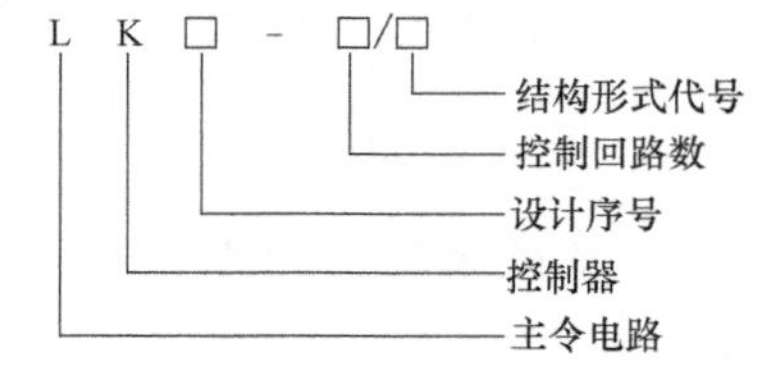

选择主令控制器时，要注意使用环境、控制路数和触点闭合顺序。

2）凸轮控制器是利用凸轮操作动触点动作的控制器，主要用于控制容量不大于30kW的中小型绕线转子异步电动机的起动、换向和调速。

凸轮控制器的外形及结构如图5-36所示。

示例5-12：KTJ1产品型号如下：

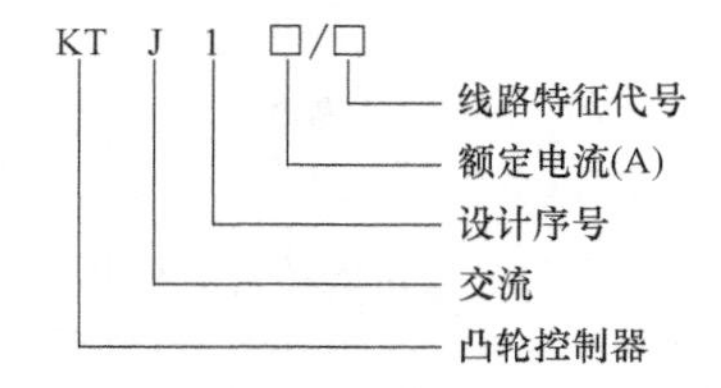

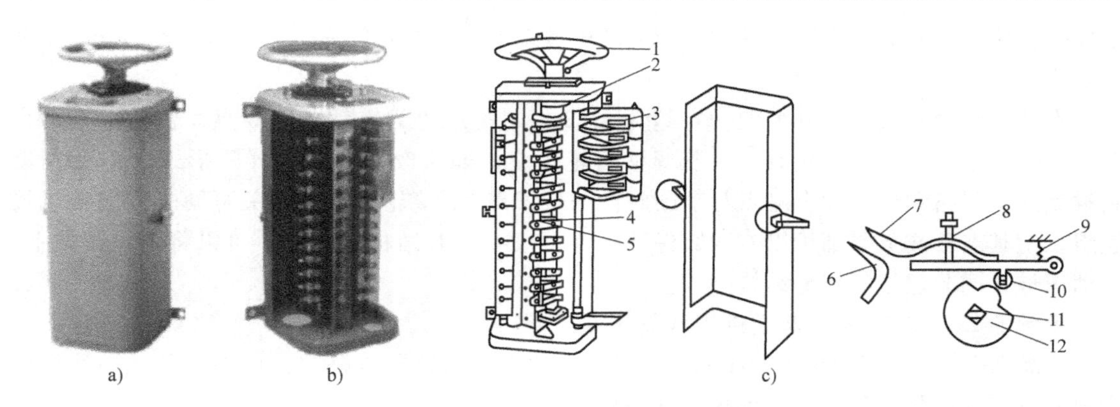

图 5-36　凸轮控制器的外形及结构

a）外形图　b）结构图　c）结构示意图

1—手轮　2、11—转轴　3—灭弧罩　4、7—动触头　5、6—静触头　8—触头弹簧　9—弹簧　10—滚轮　12—凸轮

选择凸轮控制器时，要注意控制的电动机的容量、额定电压、额定电流、工作制和控制位置数目等。

3. 行程开关

行程开关又称限位开关，是一种能够根据物体的位置变化发出信号，利用生产机械运动部件的碰撞使其触头动作，实现控制电路的接通或分断，用来限制机械运动的位置或行程，使其按一定的位置或行程自动停止、反向运动、变速运动或自动往返，以达到一定控制目的的主令电器。

行程开关根据操作头不同，分为直动式、滚轮式和微动式三种，其中，滚轮式又有左摇臂式、右摇臂式、双摇臂式等形式。为满足有爆炸性气体环境危险场所的特殊行业要求，还开发了隔爆型的防爆行程开关。

行程开关主要由接触组、凸轮轴、壳体等组成。触头的分断靠操作机构带动凸轮轴的转动实现。行程开关的结构如图 5-37 所示。图中，直动式行程开关的动作原理与按钮相同，其触点的分合速度取决于生产机械的运行速度，不宜用于速度低于 0.4m/min 的场所。滚轮式行程开关当被控机械上的撞块撞击带有滚轮的撞杆时，撞杆转向右边，带动凸轮转动，顶

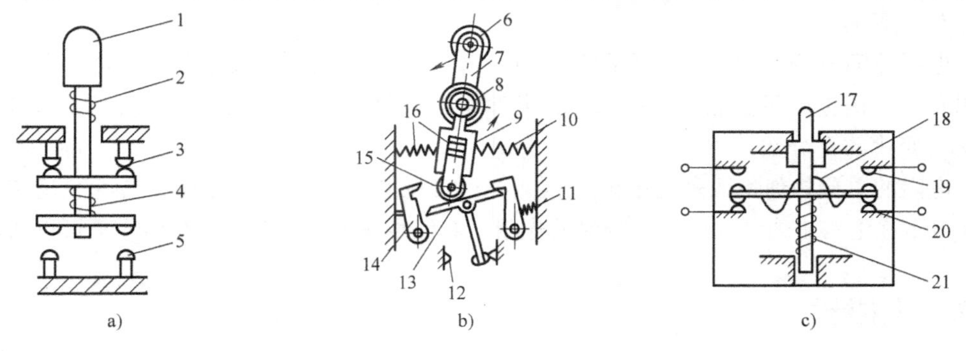

图 5-37　行程开关的结构

a）直动式（初始位置）　b）滚轮式　c）微动式（动作位置）

1、17—推杆　2—反力弹簧　3、20—动断触头　4—触头弹簧　5、19—动合触头　6、8—滚轮　7—上转臂　9—套架　10、11、16—弹簧　12—静触头　13—横板　14—压板　15—滑轮　18—金属簧片　21—压缩弹簧

下推杆，使微动开关触点迅速动作；当运动机械返回时，在复位弹簧的作用下各部分动作部件复位。

直动式和微动式行程开关的触点组为1~2组，每组均为转动式双断点，包括一个动合触点和一个动断触点。使用时，只要调整凸轮角度，即可改变触点的开闭形式（有使用动断触点的单回路和使用动合触点与动断触点的双回路）。滚轮式行程开关可同时安装四组接触组，使其上升或下降都可以有两级保护。为了改变起升结构的升程，可以将定位销拔下，转动螺母，调节丝杠的螺母结构完成。

示例 5-13：LX33 系列起重机用行程开关。

产品适用于交流 50Hz，380V 或直流 220V 的交直流控制电路中，作为起重机平移机构或起升机构的行程限制及终端保护。其型号如下：

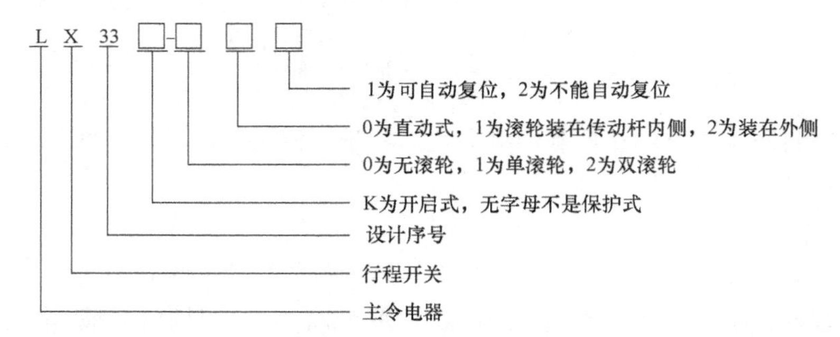

产品分类：LX33-1 是杆形操动臂自动复位式，简称杆式；LX33-2 是叉形操动臂非自动复位式，简称叉式；LX33-3 为重锤式；LX33-4 为旋转式。

5.6 变阻器和电阻器

1. 变阻器

变阻器是通过改变电路中的电阻线长度来改变电阻值的器件。主要品种：励磁变阻器、起动变阻器、频敏变阻器、铁基合金电阻。它们主要用作发电机调压及电动机平滑起动和调速或改变电路参数，变电能为热能之用。

2. 电阻器

电阻器简称为电阻，为一个限流元件。该元件的电阻值一般与温度、材料、长度和横截面积有关。衡量电阻受温度影响大小的物理量是温度系数，其定义为温度每升高 1℃时电阻值发生变化的百分数。

电阻的主要物理特征是变电能为热能，也可说它是一个耗能元件，电流经过它就产生电能。电阻在电路中通常起分压、分流的作用。对信号来说，交流与直流信号都可以通过电阻。

5.7 电磁铁

5.7.1 概况

电磁铁（Electromagnet）是一种将电能转换为机械能的电磁元件，它既可作为低压开关电器的部件（如接触器产生吸力的电磁系统，低压断路器触点分断用的电磁脱扣器等），亦可单独成为一类电器，用于起重、操纵或牵引机械装置（如牵引电磁铁、制动电磁铁、起重电磁铁）。

示例 5-14：MW42 系列吊运方坯、型钢用起重电磁铁的外观如图 5-38 所示。

电磁铁的动作时间由触动时间和衔铁运动时间组成。其中，触动时间决定于电磁铁的时间常数、触动电流和电流的稳定值；时间常数又决定于线圈的电阻和电感，也就是和线圈的匝数、导体中的涡流大小等因素有关。所以，要缩短触动时间，必须减小时间常数和触动电流，同时，要尽量减少铁心中的涡流。

图 5-38　MW42 系列吊运方坯、型钢用起重电磁铁的外观

衔铁运动时间决定于电磁吸力、衔铁的重量和衔铁的行程。若要缩短运动时间，必须增加电磁吸力、减小衔铁重量和缩短衔铁行程。

电磁铁的释放时间决定于磁通衰减的快慢、衔铁的重量和衔铁的行程。增大铁心中的涡流或者在铁心柱上加装短路线圈，都能使磁通衰减得更慢，延长释放时间。当衔铁重量越重时，行程越长，衔铁的返回运动时间也会相应延长，从而延长释放时间。

5.7.2　电磁铁的设计与优化

5.7.2.1　设计步骤

电磁铁的设计步骤为：①根据负载反力特性，选择电磁铁的结构形式；②初步设计确定电磁铁的尺寸结构参数和所用材料；③按确定的尺寸和数据，验算线圈的温升；④计算电磁铁的静态吸力特性及其他特性，评价电磁铁的经济技术指标。

以下分别介绍直流电磁铁和交流电磁铁的设计步骤。

1. 直流电磁铁的设计

（1）设计任务　已知直流电磁铁的工作条件，要确定其结构形式、几何尺寸和线圈参数。

（2）设计步骤

1）确定设计点。所谓反力，是指作用于电磁铁衔铁上与电磁吸力相反的力。所谓反力特性，是指反力与电磁铁衔铁行程 δ 的关系，包括：①反力不随工作气隙变化的常值负载（起重电磁铁的重力负载，见图 5-39 中的水平直线 1）；②反力随工作气隙直线变化（反作用力弹簧、制动电磁铁、电磁阀，见图 5-39 中的斜线 2）；③反力随工作气隙值做折线变化（接触器、继电器等有触点的负载，见图 5-39 中的折线 3 和 4）。

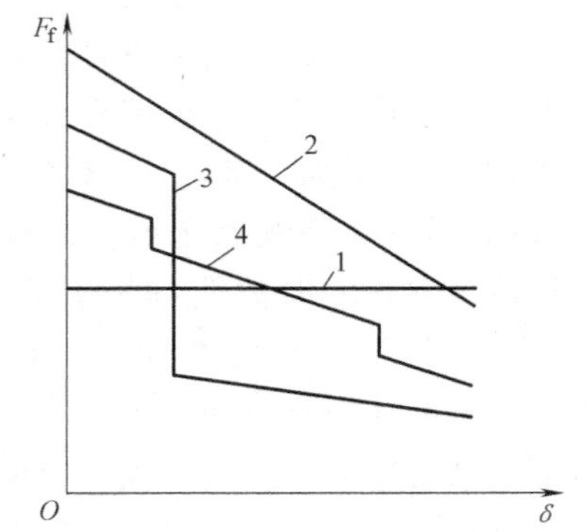

图 5-39　负载的反力特性种类

直流接触器的反力由释放弹簧力、触头压力及运动

部分的重力组成。计算电磁铁的反力特性时，转动式电磁铁要按力矩不变的原则，将这些反力都归化到铁心的中心轴线上。

直流接触器电磁铁的吸力特性与反力特性如图5-40所示。

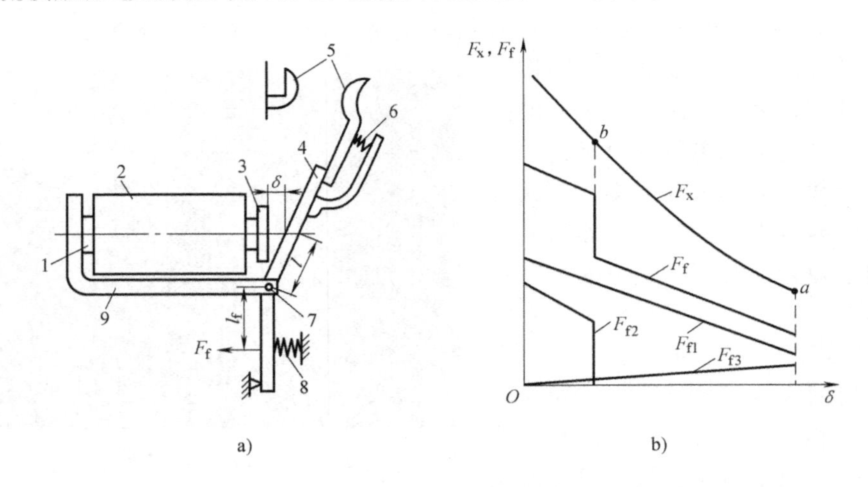

图5-40　直流接触器电磁铁的吸力特性与反力特性

a）结构示意图　b）吸力与反力特性

1—铁心　2—线圈　3—极靴　4—衔铁　5—触头　6—触头弹簧　7—转轴　8—反作用力弹簧　9—磁轭

分别求出衔铁在动作过程中各位置的气隙与反力值，并计算各自的 $F_f\delta$ 值，其称为拟定功，则拟定功最大值（$F_f\delta$）$_{max}$ 所对应的气隙，称为电磁铁的设计点，设计点的反力用 F_{f0} 表示。考虑到电磁铁运动过程中存在摩擦力以及计算和制造中产生的偏差等，为安全起见，给反力引入一个大于1的安全系数 k_0，则设计点的吸力 $F_0=k_0F_{f0}$。

2）选择结构形式。电磁铁有拍合式、盘式、E形、螺管式和转动式等结构形式。几种直流电磁铁的吸力特性如图5-41所示。设计时，应从电磁铁特性配合关系，初步选择电磁铁的结构形式；然后再计算电磁铁的结构因数，由结构因数最终确定直流电磁铁的结构形式。

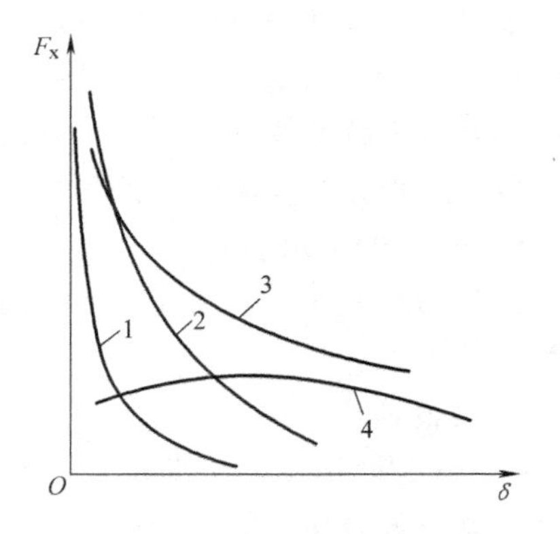

图5-41　几种直流电磁铁的吸力特性

1—盘式电磁铁　2—拍合式电磁铁　3—带挡铁螺管式电磁铁　4—无挡铁螺管式电磁铁

图5-42a表示从静态观点出发，只要动作值下的吸力特性处处高于反力特性和释放值下的吸力特性处处低于反力特性，就能保证电磁系统在吸合和释放过程中正常工作，而不致中途被卡住。图5-42b表示从动态观点来看，则只要吸力特性与反力特性呈现正差时的能量大于呈现负差时的能量，而且动作值下的吸力特性在设计点处大于反作用力，电磁系统即能正常工作，同时还能减小撞击。对不要求快速动作的电磁铁，应使吸力特性与反力特性形状尽量一致。

直流拍合式电磁铁的吸力特性通常比较陡峭，为使其变得较平坦，可以采取：①在铁心上装极靴（见图5-43）；②采用磁分路（见图5-44）。

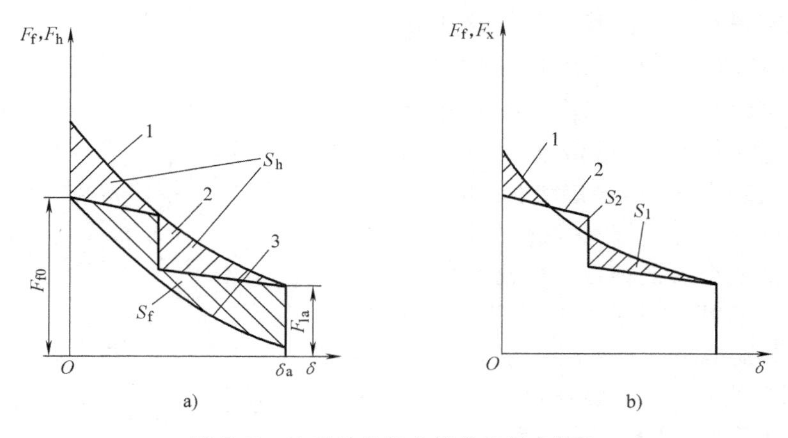

图 5-42　电磁铁的吸力特性和反力特性

a）静态观点下的吸力与反力特性　b）动态观点下的吸力与反力特性

1—衔铁吸合时的吸力特性　2—反力特性　3—衔铁释放时的吸力特性

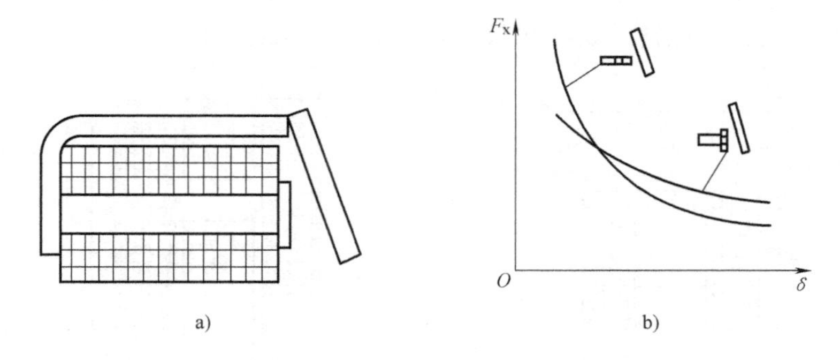

图 5-43　加极靴和不加极靴时的电磁铁吸力特性比较

a）加极靴的直流电磁铁　b）两种情况下的吸力特性

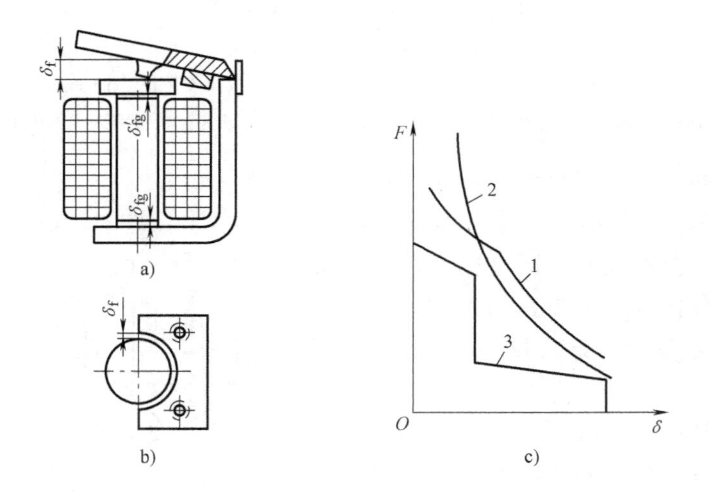

图 5-44　带磁分路的直流拍合式电磁铁

a）结构　b）极靴进入磁分路内时　c）吸力特性与反力特性的配合

1—带磁分路的电磁铁吸力特性　2—未带磁分路的电磁铁吸力特性　3—反力特性

对螺管式电磁铁，为使其也变得较平坦，可以采取改变铁心的极面形状的方法（见图5-45）。

计算结构因数 k_j 为 $\sqrt{F_0}/\delta_0$。各种结构形式电磁铁都有一个最适宜的结构因数值范围，在此范围内，经济质量 m（电磁铁质量与拟定功的比值）最小。

如图5-46所示，在直流电磁铁的初步设计中，首先需要计算出四个关键参数，极靴半径等电磁铁的其他结构尺寸可用公式代入这些关键参数求得。四个关键参数分别是铁心半径 r_c、线圈高度 h、线圈匝数 N 和线圈导线直径 d。因篇幅所限，计算公式可查阅相关设计手册，本章不一一列出。

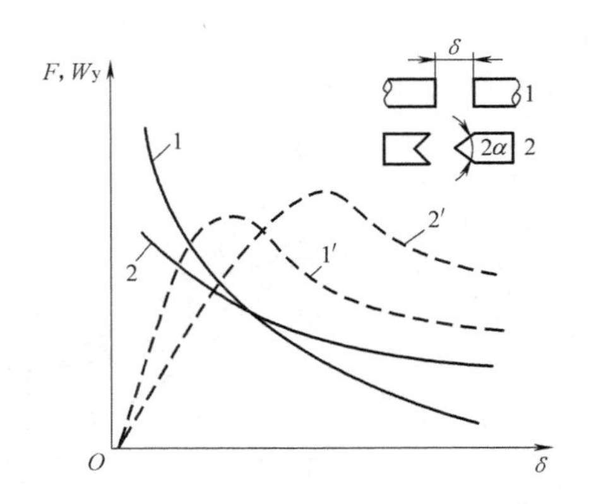

图5-45　不同极面形状的电磁铁吸力特性
1、2—平面与圆锥面磁极端面的吸力特性
1′、2′—相应电磁铁的拟定功

2. 交流电磁铁的设计

1）结构特点。交流电磁铁的线圈通电产生的交变磁通将在电磁铁导磁体中产生磁滞损耗和涡流损耗。为减小损耗、减轻发热，导磁体常采用薄硅钢片叠成。交流电磁铁的铁心截面一般为矩形，线圈为矮胖形。

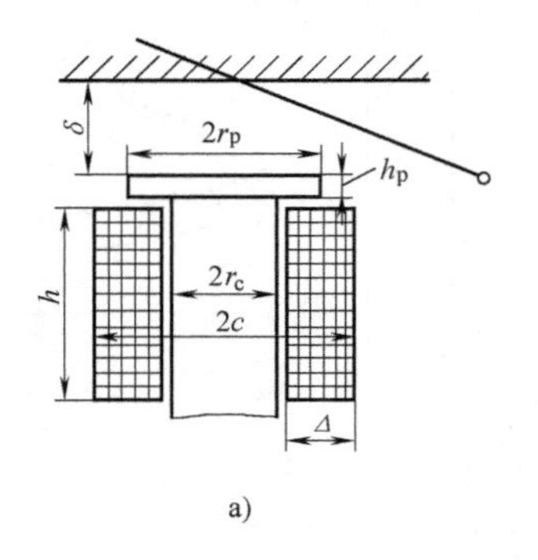

a)

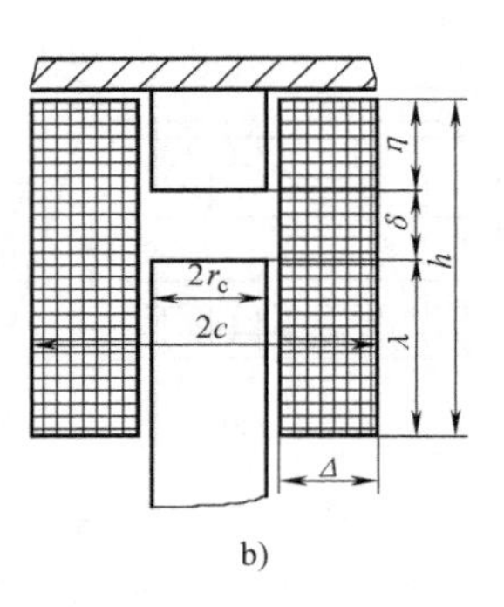

b)

图5-46　直流电磁铁的核心部分
a）U型拍合式　b）螺管式
r_c—铁心半径　r_p—极靴半径　h_p—极靴高度　c—线圈外半径　Δ—线圈厚度
h—线圈高度　δ—工作气隙长度　η—挡铁高度　λ—铁心于起始位置伸入线圈内部的长度

交流并联电磁铁为恒磁链电磁铁（电压线圈）。线圈电流随行程减小而减小，在衔铁打开位置与衔铁闭合位置的线圈电流之比为几倍至十几倍。在衔铁闭合位置，为防止剩磁的影响，引入一个非磁性间隙——去磁间隙，如图5-47所示。

2）选择结构形式。与直流电磁铁不同，交流电磁铁设计点的选择不能利用结构因数，因为不同结构形式的结构因数相差不大，因此要按吸力特性与反力特性的配合关系来确定。

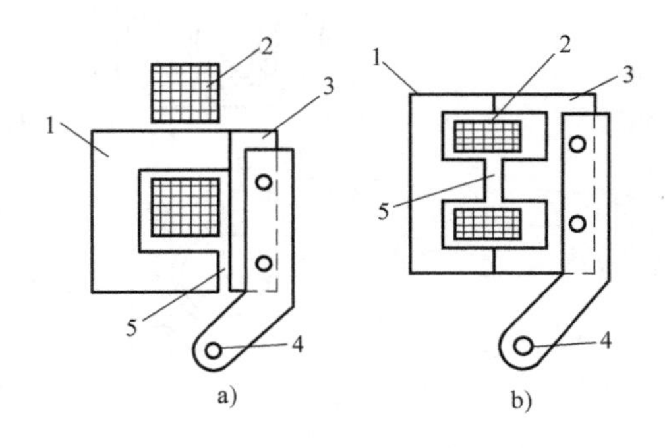

图5-47　交流电磁铁的去磁间隙
a）在非工作气隙上　b）在中心柱极面上
1—静铁心　2—线圈　3—衔铁　4—轴　5—去磁间隙

交流电磁铁的初步设计与直流电磁铁相似，

首先也需要求出四个关键参数，即铁心宽度 a、线圈高度 h、线圈匝数 N 和线圈导线直径 d，如图 5-48 所示。其他结构尺寸可用公式代入这些关键参数求得。交流电磁铁线圈的散热面积 S 只计线圈外表面积，用 $S=(2a+2b+2\pi\Delta)h=(2+2\varepsilon+2\pi n)ah$ 计算。因篇幅所限，计算公式可查阅相关设计手册，本章不一一列出。

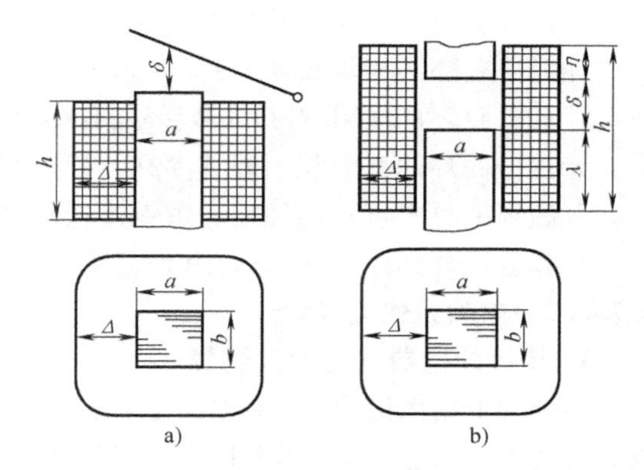

图 5-48　交流电磁铁的核心部分

a）U 形拍合式　b）螺管式

a、b—铁心宽度和厚度　Δ—线圈厚度　h—线圈高度　δ—工作气隙长度　η—挡铁高度　λ—铁心于起始位置伸入线圈内部的长度

3）分磁环的设计。交流电磁铁为减小在闭合位置的吸力脉动，均在磁极面上装置分磁短路环，分磁环的布置如图 5-49 所示。

安装后的交流电磁铁的吸力按两倍电源频率变化，可很大程度上消除衔铁在吸合位置的振动和噪声。

由图 5-49 可知：加装了分磁环的铁心极面被分成环内和环外两个部分。线圈通电后产生的磁通也被分为分磁环内的磁通与分磁环外的磁通两部分。

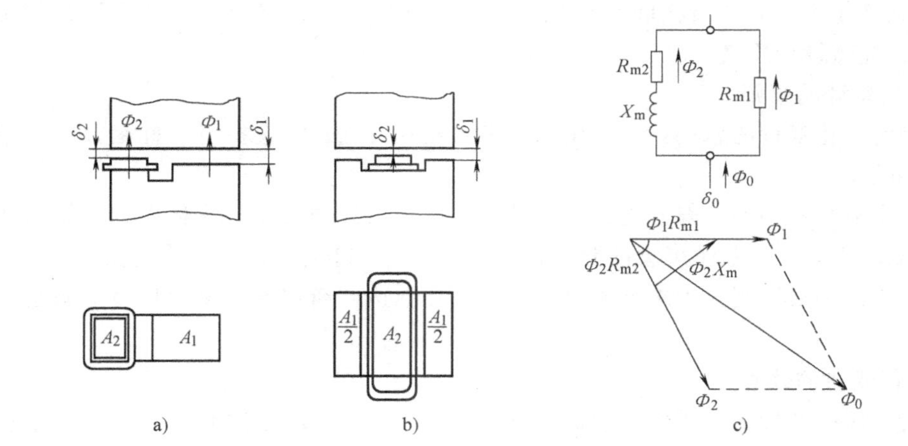

图 5-49　分磁环的布置

a）极面有一个槽　b）极面有两个槽　c）等效磁路与相量图

两个磁通产生的合成吸力 F 为

$$F=F_{pj1}+F_{pj2}-\sqrt{F_{pj1}^2+F_{pj2}^2+2F_{pj1}2F_{pj2}\cos2\Psi\sin(2\omega t+\theta)}$$

合成吸力的最小值 F_{min} 为

$$F_{min}=F_{pj1}+F_{pj2}-\sqrt{F_{pj1}^2+F_{pj2}^2+2F_{pj1}F_{pj2}\cos2\Psi}$$

衔铁在吸合位置时，消除振动和噪声的充分条件为 $F_{min}>F_f$。

分磁环的外面积与内面积之和与铁心极面开槽的数量有关。只开有一个槽时，$(A_1+A_2)=(a-t)b$；开有两个槽时，$(A_1+A_2)=(a-2t)b$。槽宽 t 一般在 2~4mm。当确定槽数后，可用比值系数 γ_1 和 γ_2 体现分磁环外面积与内面积的占比情况，即 $\gamma_1=A_1/(A_1+A_2)$；$\gamma_2=A_2/(A_1+A_2)$，$\gamma_1+\gamma_2=1$。为获得较大的 F_{min}，并考虑结构的合理性，常取 $\gamma_2=0.7$~0.85。

衔铁吸合时，工作气隙长度 $\delta_2=0.04\sim0.05\text{mm}$，内外磁通相位差为 $\Psi=60°\sim80°$。

计算分磁环的平均长度 l_d：$l_d=2b+2A_2/b+\pi t$；

计算分磁环的电阻 R'_d：$\tan\psi=\omega\mu_0 A_2/R'_d\delta_2 \Rightarrow R'_d=\omega\mu_0 A_2/\delta_2\tan\psi$；

计算分磁环的截面积，即 $A_d=\rho l_d/R'_d$。

分磁环的材料可选用纯铜、黄铜或低碳钢。

计算分磁环的厚度 b_d 时，因其宽度与槽宽 t 相等，故有 $b_d=A_d/t$。

5.7.2.2　电磁铁优化设计

1. 传统的电器优化设计过程

传统的电路优化设计过程基本上属于经验设计或模仿设计，它是按给定的设计要求，根据现有的技术和工艺条件，参照国内外同类先进产品及经验，用经验公式和图表确定结构参数、尺寸，制造样机，经过试验，分析试验数据后修改设计，然后再做样机……直到满足要求为止。

缺点：设计周期长，费用高，且得到的只是一个可行方案。

2. 优化设计的特点

1）设计思想是最优设计，而不是只要可行设计。

2）计算工具是计算机，因此，在设计中可以使用更精确的数字模型和分析方法，分析范围（包括变量个数和变量区间）可以扩大，因此优化设计可以大大减少设计费用，缩短设计周期，提高设计质量。

3. 优化设计的原则

1）确定优化变量的原则：①优化变量必须相互独立；②选择对目标函数和约束条件影响大的变量。

2）确定数学模型的一般原则：数学模型是优化设计的关键，优化设计的结果能否用于实际主要取决于它。对数学模型的要求是：①真实性；②简洁性；③适应性。

3）使用的一般原则：力求真实性，在此基础上达到简洁性，最后尽可能满足适应性的要求。

4. 优化变量的处理

1）变量区间的确定：①由经验估计；②由设计要求、现有技术及工艺条件确定。

2）变量的处理：在优化设计中的优化变量的数量可能相差很大，这时要把它们化为相同数量级，主要目的是便于计算。

5. 结果分析与整理

经过给出设计要求→确定数学模型→选择计算方法→编程调试→输出设计结果这样的设计过程，优化设计基本完成，还要对设计结果进行分析，其目的和意义是为生产和今后设计提供有价值的依据。

1）研究优化变量偏离 X^* 后对目标函数的影响。依次改变 X^* 中的某一分量，看目标函数 f 如何变化，目的在于观察变量偏离 X^* 时造成的后果，为生产时控制误差并为修改设计提供参考。

2）改变设计要求（约束条件或性能指标），研究当某约束条件或目标函数改变后，最优方案有何变化。可以从中得知，什么参数对设计对象的什么性能影响大，可以掌握设计的主动性。

5.8 低压电器用银基触头材料

目前，低压电器应用最普遍的是细晶银（FAg）、银镍（AgNi）、银氧化镉（AgCdO）、银石墨（AgC）、银镍石墨（AgNiC）、银钨（AgW）等银基材料，其中，AgCdO 因其独特的“灭弧”机理而成为通用性最好的低压触头材料，广泛应用于继电器、接触器及中小容量断路器中，曾被称为“万能型”低压触头材料，在国内低压触头材料中一直占据主导地位。

据估算，直到 2015 年，AgCdO 材料仍占据国内低压触头材料总需求量的 25%左右（约 375t）。然而，这种“万能型”材料却有一个致命的弱点，就是在 AgCdO 材料的制造和使用中，其中的镉（Cd）对人体健康和环境有害。2002 年，欧洲议会和欧盟理事会颁布了第 2002/95/EC 号“关于在电子电气设备中限制使用某些有害物质的指令”（简称“RoHS”指令），要求从 2006 年 7 月 1 日起投放市场的电子电气设备不包含铅（Pb）、汞（Hg）、镉（Cd）、六价铬（Cr）、多溴二苯醚、多溴联苯六种有害物质。这就意味着 AgCdO 触头材料将在 2006 年 7 月 1 日后退出欧洲市场。后来尽管由于多方面原因，该指令中关于 Cd 的使用限制暂时得到了豁免，但日本、欧盟等发达国家仍然自觉抵制含 Cd 材料在电子电气设备中的使用以及含 Cd 电子电气设备的进口，这对我国目前使用 AgCdO 触头材料的各种低压电器的出口及应用此类低压电器的工业与民用产品的出口产生巨大的负面影响。据初步统计，受影响的出口额超过 300 亿元人民币。因此，在 AgCdO 材料逐步退出低压电器市场的过程中，亟需环境友好型（或称“环保型”）的触头材料来填补空白。

早在“RoHS”指令颁布之前的 20 世纪 70 年代，考虑到 Cd 的有害性，日本、欧洲就开始研发 AgCdO 触头材料的替代物。研究结果表明，$AgSnO_2$ 是最有可能替代 AgCdO 的环保型低压电器触头材料。自 20 世纪 90 年代开始，$AgSnO_2$ 触头材料在日本、欧洲被逐步推广使用并不断完善和系列化，目前已生产并成功应用于低压接触器和继电器领域，日本的松下、欧姆龙以及欧洲的施耐德、西门子、ABB 等著名低压电器制造企业已经在其大部分低压电器产品中完成了 AgCdO 触头材料向 $AgSnO_2$ 触头材料的过渡。相比之下，我国从 20 世纪 90 年代才开始进行 $AgSnO_2$ 触头材料的研究，2000 年以后受国际大环境和“RoHS”指令影响，国内相关企业、科研院所掀起了研究 $AgSnO_2$ 材料的热潮，对 $AgSnO_2$ 材料制备工艺的技术进步和机理研究的深入开展起到了较大的促进作用。目前，国内尽管有多家研究院所和企业开发出了多种 $AgSnO_2$ 制造工艺，但真正形成批量生产的仅有少数几家企业，还无法从根本上解决 $AgSnO_2$ 触头材料存在的接触电阻大而导致温升较高、材料的脆性较大而使得加工困难及成本较高、交流接触器 AC-3 电寿命较低、继电器在直流灯负载下抗熔焊性能不足等关键问题，产品主要用于中低端及中小电流继电器的铆钉触头，质量稳定性较差，综合性能尚不能完全满足高端及中大电流低压电器的使用要求，与发达国家相比还存在一定差距。

思考题与习题

5-1 影响直流接触器和交流接触器的机械寿命和电寿命的因素分别有哪些？如何提高两类不同的接触器的电寿命？

5-2 何为断相保护？哪些低压电器具有断相保护功能？

5-3 继电器的种类及各自的特点是什么？

5-4　什么是过电压、欠电压和失电压？它们有何区别？可以分别利用何种电器进行保护？

5-5　接触器和继电器的主要区别是什么？电力系统和新能源汽车两个行业对产品名称的定义有何不同？

5-6　应用于新能源汽车的高压直流接触器分为几种类型？各自的工作原理是什么？

5-7　为什么陶瓷密封式高压直流接触器的密封材料要采用特殊的金属陶瓷材料？

5-8　过电流继电器和欠电流继电器的触点分别在何时开始动作？

5-9　计量磁保持继电器和功率磁保持继电器的设计基本要求有何不同？

5-10　当交流电磁线圈误接到额定电压相等的直流电源上，或直流电磁线圈误接到额定电压相等的交流电源上时，分别有什么后果？为什么？

5-11　接触器触头一般采用复合材料而不用纯金属，为什么？

5-12　何为电磁铁的拟定功？其有何作用？

5-13　接触器采用双断点桥式触头有何优缺点？

5-14　交流电磁铁设计与直流电磁铁设计相比有什么差别？设计交流电磁铁时，如何确定设计点？

5-15　对电磁铁、触头和灭弧室而言，交流接触器和直流接触器有哪些差异？设计时可采取哪些方法？

5-16　若要减少直流电磁铁的吸合时间，在电磁铁结构方面可采取哪些措施？为什么？

5-17　试述不可逆电磁起动器的电气原理。

5-18　如何抑制交流接触器控制线圈过电压的产生？

5-19　接触器电磁铁的反力由哪些部分组成？

5-20　电磁铁的结构形式应如何选择？交流电磁铁的选择方法与直流电磁铁有何不同？

5-21　决定直流电磁铁铁心半径 r_c 的根据是什么？

5-22　交流电磁铁的短路环可否不加？为什么？

5-23　采取哪些技术措施可提高接触器电寿命？

5-24　如何减小电磁铁通电后的发热问题？若要延长和缩短电磁铁动作时间，可分别采取哪些方法？

5-25　电磁铁工作气隙大小对交流电磁铁和直流电磁铁的影响各有何不同？

5-26　电器铁心上装阻尼筒以延长电磁铁动作时间的方法，对直流电磁铁和交流电磁铁都有效吗？为什么？

5-27　按钮和行程开关有什么不同？各起什么作用？

5-28　交流接触器与低压断路器常采用栅片灭弧室，请问两者在灭弧室结构与栅片数量上有何差异？当栅片多时，会有什么危害？

5-29　银氧化镉被称为“万能触点材料”，而欧盟立法制定了一项强制性标准“RoHS”，目的在于消除电机电子产品中的铅、汞、镉、六价铬、多溴联苯和多溴二苯醚。这对出口企业会带来什么影响？国内企业有什么应对措施？代替材料有哪些？

5-30　已知一直流并联电磁铁，在工作气隙值 $\delta=0.01\text{m}$ 时，其工作气隙磁通 Φ_δ 为 $3\times10^{-4}\text{Wb}$，而工作气隙磁导 λ_δ 按下式计算：

$$\lambda_\delta=1.7\times10^{-4}\times\mu_0/\delta+0.3\mu_0\delta+1.4\times10^{-7}\mu_0$$

而且漏磁导不随工作气隙值变化，试求电磁吸力 F。($\mu_0=4\pi\times10^{-7}\text{H/m}$)

5-31　已知一个条形双金属片的长度 $l=80\text{mm}$，宽度 $b=10\text{mm}$，厚度 $\delta=0.8\text{mm}$，动作温升 $\zeta_d=120℃$，材料的比弯曲 $K=14\times10^{-6}/℃$，弹性模数 $E=160\times10^9\text{Pa}$，求自由挠度 $f_m=$？当动作行程 $f'=0$ 时，推力 $F_{推m}=$？并做 $F_{推}=f(f')$ 曲线和求 $x=1/3$ 时的 $F_{推}$。

第6章 低压电器试验技术

6.1 概述

1. 低压电器试验的目的

低压电器试验是验证产品性能是否符合相关标准的规定，检查产品是否存在影响运行的各种制造缺陷。低压电器的设计和生产离不开产品试验，作为检验产品技术性能和质量的保证，通过对试验结果的分析，低压电器产品试验也是改进设计和提高工艺性的重要手段。

为确保低压电器正常工作，我国制定了一系列低压电器的试验标准。如GB/T 14048.1—2023规定了包括断路器、接触器、按钮等在内的低压电器产品的基本要求和测试方法。GB/T 14048.2—2020和GB/T 10963.1—2020针对低压断路器的温升、寿命、短路等的试验标准，各项试验要求在规定数量的试品上按照规定次序进行。

2. 低压电器试验的类型

低压电器试验包括型式试验（包括特殊试验）、定期试验和出厂试验（包括常规试验和抽样试验）三种类型。

（1）型式试验　它是指对按某一设计而制造的一个或多个电器产品进行的试验，其目的是全面考核给定型式的产品的技术性能和质量是否符合基本标准及产品标准的要求。它是新产品研制单位或新产品的试制和投产单位必须进行的试验。当产品出现可能影响其工作性能的设计或制造工艺、使用原材料及零部件结构等的更改时，需要重新进行有关项目的型式试验。

低压电器产品型式试验的项目一般有：①绝缘件的着火危险试验；②绝缘材料的相比漏电起痕指数（CTI）的测定试验；③接线端子的机械性能试验；④外壳防护等级的验证试验；⑤动作范围的验证试验；⑥温升试验；⑦介电性能试验；⑧接通和分断能力试验；⑨过载电流试验；⑩操作性能试验；⑪机械寿命试验；⑫电气寿命试验；⑬短路接通和分断能力试验；⑭额定短时耐受电流试验；⑮额定限制短路电流试验；⑯额定极限和运行短路电流试验；⑰和短路保护电器（SCPD）的协调配合试验；⑱电磁兼容性试验；⑲湿热试验；⑳低温和（或）高温试验；㉑其他（运输、储存）试验。

在型式试验的项目中，凡涉及安全等重大性能指标的试验项目，必须合格；如有不合格，必须找出原因，改进产品并经试验校验合格。对型式试验中不构成威胁安全或严重降低性能指标的缺陷，只要制造厂能够提供充分证据，说明该缺陷不是设计的固有缺陷，而是由于个别试品的缺陷所致，则允许复试，复试合格仍认为型式试验合格。

（2）定期试验　当产品型式试验合格并进入稳定生产后，为检查产品的质量，应每隔一定年限进行一次定期抽查试验，试验项目可以从型式试验项目中选择。对于生产批量大、试验周期耗资少的产品来说，通常每隔1~2年进行一次；对于生产批量小、试验周期长、耗资大的产品来说，至少每3年试验一次。

(3) 出厂试验　它是对批量生产的产品在出厂前的一种质量鉴定工作，是辨别产品质量好坏的一个重要手段。出厂试验保证产品的工艺装配水平、材料质量水平及产品的安全性能、工作特性、质量指标符合规定要求，使产品在用户使用时运行可靠，性能良好。

(4) 常规试验　它是出厂试验中的一种，是指产品出制造厂前必须在每台产品进行的试验项目和检查项目。其目的是检验材料、装配上的缺陷，以判断其是否符合相关标准的规定。常规试验可在与型式试验相同的条件下进行，也可以在经过验证认为是等效的条件下进行。也就是说，常规试验可以采用等效试验方法或者快速试验方法。

对于低压电器来说，常规试验项目一般有：①动作范围的验证试验；②介电能力试验。

(5) 抽样试验　它是指产品正式出厂前，制造厂从一批电器产品中随机抽取若干个电器产品所进行的试验，原因是某些试验项目的工作量很大或有破坏性，因此要采用抽样试验，如交流接触器的抽样。根据 GB/T 14048.4—2020 的规定，交流接触器的抽样试验项目有：①动作条件及动作范围的验证试验；②介电性能试验；③特殊试验中的机械寿命试验与电寿命试验。产品出厂抽样试验项目及抽样方案，应在产品标准或技术文件中规定清楚。

(6) 特殊试验　它是指除型式试验和常规试验外，由制造厂确定的或根据制造厂和用户的协议所确定的试验。根据 GB/T 14048.4—2020 的规定，接触器和电动机起动器的特殊试验项目有：①机械寿命试验；②电寿命试验；③起动器和 SCPD 在交点电流处的协调配合试验。

低压电器的主要试验项目包括一般检查、动作范围试验、温升试验、绝缘介电性能试验、额定接通与分断能力试验、寿命试验等。分述如下。

6.2 一般检查

电器在常规试验和型式试验时都要进行一般检查。一般检查项目包括外观检查，安装检查，外形尺寸和安装尺寸检查，操动力检查，电气间隙和爬电距离检查，触头参数及要求部件接触良好的检查，接触电阻检查。

1. 外观检查

外观检查是通过目力观察和手动的方法来检查电器零件及产品装配质量，包括外观和装配质量；铭牌、标志；零部件镀层处理及正确性；接地要求；开关电器触头位置分合情况及指示的正确可靠性等检查。

2. 安装检查

安装检查是按实际工作条件对电器产品进行试安装。如导轨式的小型断路器是否能方便嵌入卡轨，并能自由地在卡轨内移动；装置式的交流接触器能否方便地紧、松安装螺钉。

3. 外形尺寸和安装尺寸检查

外形尺寸是表示电器大小的轮廓尺寸，如长、宽、高。安装尺寸是确定电器安装位置的尺寸，如底座的大小、安装孔的直径和距离及导轨的尺寸等。电器产品的外形尺寸和安装尺寸应符合图样或有关标准的规定。一般使用游标卡尺、孔用止通塞规、螺纹塞规，也可以做一些专用测量器具直接测量。

4. 操动力检查

操动力是指为完成预定操作而需施加到操动器上的力（或力矩）。操动力一般施加在操作部件（如电器的手柄、手轮、杠杆、踏板和按钮等）上。一般使用的测量工具有：弹簧测力计、力矩测量仪和数字式电子测力仪等。如塑壳断路器的触头压力可以用弹簧测力计直接测量。

5. 电气间隙与爬电距离检查

为使电器具有可靠的绝缘能力，在电器的绝缘结构中任何带电部件的电气间隙和爬电距离，均应符合有关标准的规定。这两个指标在电器中是很重要的。

（1）电气间隙检查　电气间隙是指具有电位差的两个导电部件间的最短直线距离。在电器绝缘结构中，电气间隙有三种：①极间电气间隙：相邻极间的任何导电部件间的电气间隙；②极对地电气间隙：任何导电部件与任何接地部件或用作接地的部件之间的电气间隙；③断开触头间的电气间隙（触头开距）：开关电器在断开位置时，一个极的触头间或与这些触头相连的任何导电部件间的电气间隙。

电器在空气中的最小电气间隙见表 6-1。

表 6-1　电器在空气中的最小电气间隙

额定冲击耐受电压 U_{imp}/kV	最小电气间隙/mm							
	情况 A 非均匀电场条件				情况 B 均匀电场条件			
	污染等级				污染等级			
	1	2	3	4	1	2	3	4
0.33	0.01	—	—	—	0.01	—	—	—
0.5	0.04	0.04	0.8	—	0.04	0.2	—	—
0.8	0.1	—	—	1.6	0.1	—	0.8	1.6
1.5	0.5	0.5	—	—	0.3	0.3	—	—
2.5	1.5	1.5	1.5	—	0.6	0.6	—	—
4	3	3	3	3	1.2	1.2	1.2	—
6	5.5	5.5	5.5	5.5	2	2	2	2
8	8	8	8	8	3	3	3	3
12	14	14	14	14	4.5	4.5	4.5	4.5

注：空气中的最小电气间隙是以 1.2μs/50μs 冲击电压为基础，其气压为 80kPa，相当于 2000m 海拔处的正常大气压值。

由表 6-1 可见，最小电气间隙与额定冲击耐受电压、电场条件及污染等级有关。其中，污染等级是根据导电的或吸湿的尘埃、游离气体或盐类和相对湿度的大小，以及由于吸湿或凝露导致表面介电强度和（或）电阻率下降事件发生的频度，而对环境条件做出的分级。按其所处的周围环境可分为 4 个污染等级，工业用电器一般适用于污染等级 3 的环境。

电器应采用大于表 6-1 中“情况 B”规定的最小电气间隙。若采用小于“情况 A”规定的最小电气间隙，则必须进行规定的冲击耐受电压试验。若采用大于或等于“情况 A”规定的最小电气间隙，可不必进行冲击耐受电压试验而用测量来验证。

（2）爬电距离检查　爬电距离是指具有电位差的两个导电部件间沿绝缘材料表面的最短距离。两个绝缘材料部件之间的接缝应认为是表面的一部分。

电器在空气中的最小爬电距离见表 6-2。由表 6-2 可见，最小爬电距离与电器的额定绝缘电压（或实际工作电压）、污染等级及绝缘材料组别有关。绝缘材料按其相比漏电起痕指数（CTI 值）划分为 4 个组别。安装在污染等级 1 和 2 的电器，其最小爬电距离应不小于按表 6-1 确定的最小电气间隙。安装在污染等级 3 和 4 的电器，虽然最小电气间隙允许按表 6-1 选定为小于情况 A 的规定值，但为了减少过电压引起击穿的危险性，电器的最小爬电距离应不小于情况 A 规定的最小电气间隙。

表 6-2 电器的最小爬电距离

电器的额定绝缘电压或实际工作电压,交流有效值或直流/V	承受长期电压的电器最小爬电距离/mm												
	污染等级			污染等级			污染等级			污染等级			
	1⑤	2⑤	1	2			3			4			
	材料组别			材料组别			材料组别			材料组别			
	①	②	①	Ⅰ	Ⅱ	Ⅲa Ⅲb	Ⅰ	Ⅱ	Ⅲa Ⅲb	Ⅰ	Ⅱ	Ⅲa	Ⅲb
10	0.025	0.04	0.08	0.4	0.4	0.4	1	1	1	1.6	1.6	1.6	
12.5	0.025	0.04	0.09	0.42	0.42	0.42	1.05	1.05	1.05	1.6	1.6	1.6	
16	0.025	0.04	0.1	0.45	0.45	0.45	1.1	1.1	1.1	1.6	1.6	1.6	
20	0.025	0.04	0.1	0.48	0.48	0.48	1.2	1.2	1.2	1.6	1.6	1.6	
25	0.025	0.04	0.125	0.5	0.5	0.5	1.25	1.25	1.25	1.7	1.7	1.7	
32	0.025	0.04	0.14	0.53	0.53	0.53	1.3	1.3	1.3	1.8	1.8	1.8	
40	0.025	0.04	0.16	0.5	0.8	1.1	1.4	1.6	1.8	1.9	2.4	3	
50	0.025	0.04	0.18	0.6	0.85	1.2	1.5	1.7	1.9	2	2.5	3.2	
63	0.04	0.063	0.2	0.63	0.9	1.25	1.6	1.8	2	2.1	2.6	3.4	
80	0.063	0.1	0.25	0.67	0.95	1.3	1.7	1.9	2.1	2.2	2.8	3.6	③
100	0.1	0.16	0.28	0.71	1	1.4	1.8	2	2.2	2.4	3.0	3.8	
125	0.16	0.25	0.32	0.75	1.05	1.5	1.9	2.1	2.4	2.5	3.2	4	
160	0.25	0.4	0.42	0.8	1.1	1.6	2	2.2	2.5	3.2	4	5	
200	0.4	0.63	0.56	1	1.4	2	2.5	2.8	3.2	4	5	6	
250	0.56	1	0.75	1.25	1.8	2.5	3.2	3.6	4	5	6.3	6.3	
320	0.75	1.6	1	1.6	2.2	3.2	4	4.5	5	6.3	8	8	
400	1	2	1.3	2	2.8	4	5	5.6	6.3	8	10	10	
500	1.3	2.5	1.8	2.5	3.6	5	6.3	7.1	8	10	12.5	12.5	
630	1.8	3.2	2.4	3.2	4.5	6.3	8	9	10	12.5	16	16	
800④	2.4	4	3.2	4	5.6	8	10	11		16	20	20	
1000	3.2	5	4.2	5	7.1	10	12.5	14	12.5	20	25	25	
1250			5.6	6.3	9	12.5	16	18	16	25	32	32	
1600			7.5	8	11	16	20	22	20	32	40	40	
2000			10	10	14	20	25	28	25	40	50	50	
2500			12.5	12.5	18	25	32	36	32	50	63	63	
3200			16	16	22	32	40	45	40	63	80	80	③
4000			20	20	28	40	50	56	50 ③	80	100	100	
5000			25	25	36	50	63	71	63	100	125	125	
6300			32	32	45	63	80	90	80	125	160	160	
8000			40	40	56	80	100	110	100	160	200	200	
10000					71	100	125	140	125	200	250	250	
									160			320	

注：1. 绝缘在实际工作电压 32V 及以下不会产生漏电起痕，但必须考虑电解腐蚀的可能性，因此规定最小爬电距离。
2. 表中电压值按 R10 数系选定。
① 材料组别Ⅰ、Ⅱ、Ⅲa、Ⅲb。
② 材料组别Ⅰ、Ⅱ、Ⅲa。
③ 该区域的爬电距离尚未确定。因此材料组别Ⅲb 一般不推荐用在污染等级 3、电压 630V 以上和污染等级 4。
④ 作为例外，额定绝缘电压 127V、208V、415/440V、660/690V 和 830V 的爬电距离可采用相应的较低的电压值 125V、200V、400V、630V 和 800V 的爬电距离。
⑤ 印刷线路材料专用的最小爬电距离可以在此两列数据中选定。

测量电气间隙和爬电距离时，应测量电器的极与极之间、不同电压的电路导体之间及带电导体部件与外露电部件之间的最小电气间隙和爬电距离。测量时采用的工具一般是分度值为 0.02mm 的游标卡尺。电器按规定的方法测得的电气间隙和爬电距离的最小值 X 应满足有关标准规定的要求，见表 6-3。电气间隙和爬电距离的测量及计算方法按 GB/T 14048.1—2023 附录 G 进行。

表 6-3　槽宽 X 的最小值

污染等级	槽宽度的最小值/mm	污染等级	槽宽度的最小值/mm
1	0.25	3	1.5
2	1.0	4	2.5

6. 触头参数检查

触头是低压电器的执行部件，担负着接通和分断电路的任务，也是电器最薄弱和容易出故障的部件之一。各类电器的工作性能、总体结构和尺寸、接通和分断能力、电寿命、接触可靠性等关键性能，都取决于触头的工作性能和质量。

触头的主要参数包括触头的开距、超程、初压力和终压力。这些参数直接影响电器使用的可靠性，如果这些参数不符合要求，轻则会使电器寿命降低、触头温度过高，重则会引起触头熔焊、烧毁等，因此要对触头参数进行严格检查。

（1）触头的开距和超程的测量　触头的开距是指触头处于完全断开位置时，动、静触头之间的最短距离。开距的大小应保证触头能可靠分断电弧，并能保证动、静触对之间的绝缘间隙。

触头的超程是指触头处于完全闭合状态后，将静触头移去时动触头在接触处发生的位移。超程的大小应保证在寿命期内触头磨损到 1/2～1/3 厚度以前，触头仍能可靠接触。

低压电器的触头主要有单断点指式触头和双断点桥式触头两种典型结构，如图 6-1 和图 6-2 所示。

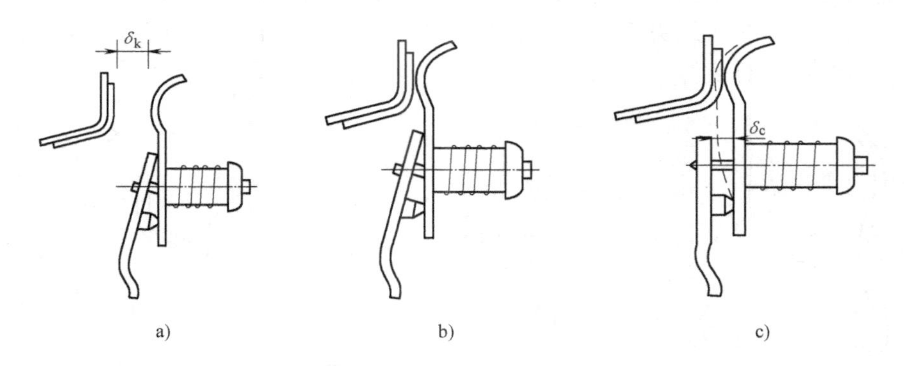

图 6-1　单断点指式触头示意图

a）完全断开位置　b）刚闭合位置　c）完全闭合位置

δ_k—触头开距　δ_c—触头超程

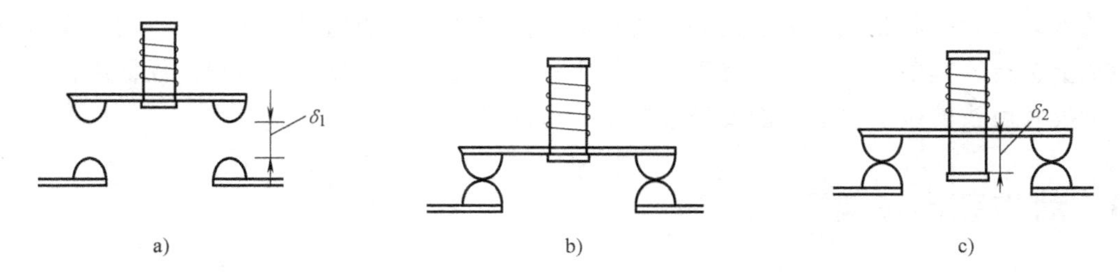

图 6-2　双断点桥式触头示意图

a）完全断开位置　b）刚闭合位置　c）完全闭合位置

δ_1—触头开距　δ_2—触头超程

触头开距和超程的测量，可用卡尺、内卡钳或标准板块等量具测量，也可用触头开距超程测试仪器进行测量。特别地，对指形触头，可以测量动触头与支架之间的空隙，然后再进行换算。对结构复杂的电器，需根据实际情况确定测量方法。

（2）触头初压力和终压力的测量　触头初压力是指动触头与静触头刚接触时，每个触头（对双断点是指每个触头）上的压力。在触头闭合时，由于机械冲击而发生弹跳，此时触头间会产生电弧，从而引起触头磨损加剧甚至发生熔焊。触头具有一定的初压力可使弹跳时间减少，减小触头的磨损并提高抗熔焊能力，大大提高产品使用寿命。

触头终压力是指动触头与静触头完全闭合时，每个触头（对双断点是指每个触头）上的压力。触头具有一定的终压力可限制触头间的接触电阻，降低触头接触压降，避免触头过分发热，并保证触头在通过最大短路电流时不致因电动力的作用而斥开。

初压力的测量要求在触头处于完全断开的位置进行。原理是在动触头及其支架之间夹有很光滑的小纸条，不断增加砝码的重量；当小纸条能轻轻地用手拉出来时，砝码重量就是触头的初压力。如采取此方法有困难，也可以先测出触头弹簧的变形量，再测出在此变形量下触头弹簧的弹力，然后通过杠杆比折算成触头压力。指式触头初压力的测量原理图如图6-3所示。

桥式触头和指式触头终压力的测量原理图如图6-4和图6-5所示。测量触头终压力时，触头处于完全闭合位置。通过图示的悬重产生拉力，逐渐增加砝码质量。当与触头串联的指示灯刚刚熄灭时，砝码重量就是触头的终压力。此外，还可以采用夹、拉薄的光滑小纸条的方式完成。注意：在测量触头压力时，要使拉力的作用方向与触头的压力方向一致，且在同一直线上，否则应进行换算。

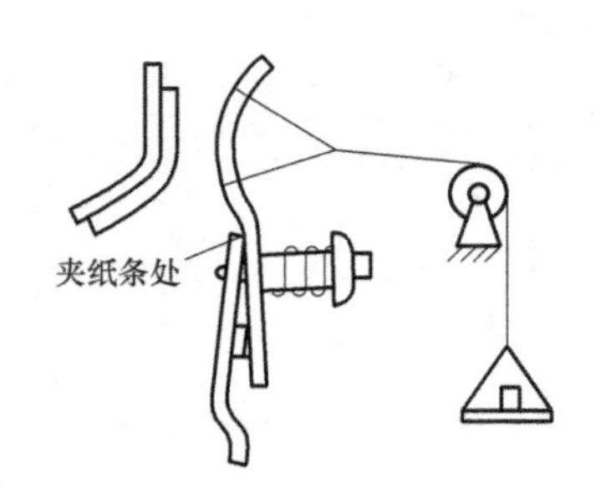

图6-3　指式触头初压力的测量原理图

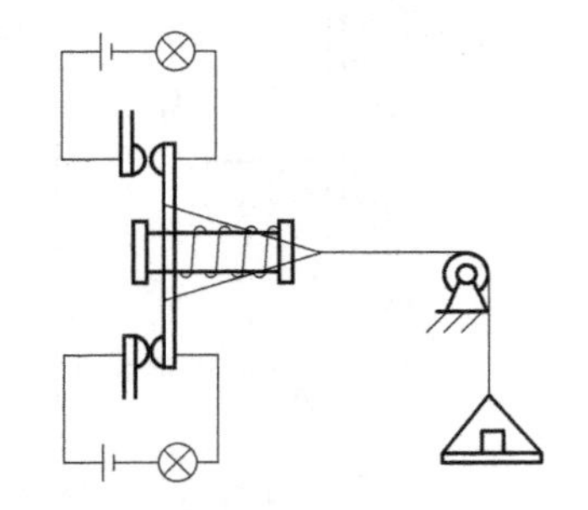
图6-4　桥式触头终压力的测量原理图

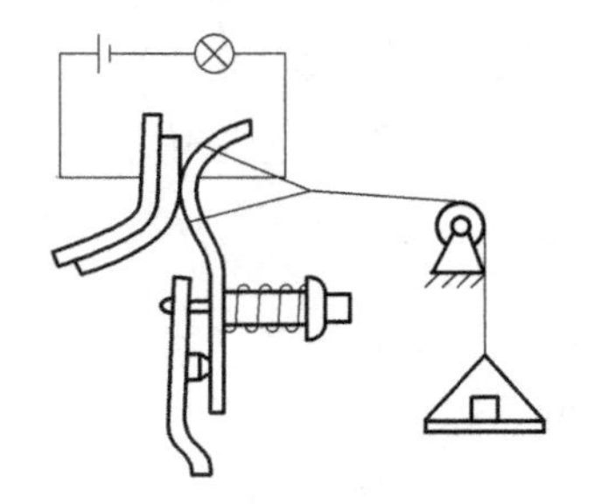
图6-5　指式触头终压力的测量原理图

随着测试设备和测试技术的发展，桥式触头的四种参数的测量也可以在手动弹簧拉压力试验机上进行，其中，初压力和终压力由测力计表盘读出，而开距和超程由仪器游标卡尺测量。为反映触头的接触状态，需要外接一个带灯光显示的电路。

6.3　动作范围试验

6.3.1　概述

电器的动作范围试验包括电器电磁机构的动作特性试验和保护元件的保护特性试验。对于电磁式接触器、继电器以及断路器的电磁脱扣器等来说，动作特性试验是最基本的试验。

6.3.2　动作特性试验

电器的电磁机构有电压线圈和电流线圈两种，前者的动作参数是电压，后者的动作参数是电流。

低压电器的动作特性试验是测量低压电器电磁机构的动作值。对带电压线圈的电磁机构，其动作值就是吸合动作电压和释放动作电压，其中，吸合动作电压是指能使其电磁系统的衔铁可靠吸合到最终位置的最小电压，也是指使衔铁能吸合而不致在中途停留的电器线圈所加电压的最小值；而释放动作电压是指能使其电磁系统的衔铁可靠释放至起始位置的最高电压，也是指使衔铁能释放而不致在中途停留的电器线圈所加电压的最大值。

1. 试验依据

国家标准对动力操作电器、欠电压继电器、脱扣器及分励脱扣器等的动作范围分别提出了要求。释放的极限值是在周围空气温度-5℃时确定的，此值可由在正常室温下获得的数值换算求得；闭合的极限值是在周围空气温度 40℃、线圈在 100%U_s 下持续通电达到稳定温升后确定的。

以接触器为例，产品标准规定：单独使用或装在起动器中使用的电磁式接触器，在其额定控制电源电压 U_s 的 85%~110%（交、直流）范围内均应可靠闭合。接触器释放和完全断开的极限值是 U_s 的 20%~75%（交流）和 10%~75%（直流），其中，20%U_s（交流）或 10%U_s（直流）是适用于完全断开的上限值，75%U_s（交、直流）适用于保持闭合的下限值。

2. 试验条件

进行电器动作值测定时，被试电器、试验电源及测试时的周围空气温度等应满足如下要求：

（1）被试电器

1）试验应在完好的电器上进行。

2）被试电器按正常工作条件和位置安装在其固有支架或等效的支架上。若电器可在各种位置下工作，则应在最不利的位置下测定动作值（此位置可在试验时分析确定，应考虑可动部分质量、导轨摩擦等因素动作值的影响）。例如，CJT1 系列交流接触器在测定吸合电压时应前倾 5°，而在测定释放电压时应后倾 5°。

3）允许不带外壳测定电器动作值。如已经试验证明取去外壳并不影响动作值，则在测定动作值时为便于观察允许不带外壳。

4）调整参数。在型式试验时，对实际运行中需要调整参数（可导致动作值有明显变化）的电器，应将这些参数调至产品标准中所规定的极限值（考核为最严）进行试验。被试电器的极数、动合辅助触点数或动断辅助触点数等的选择必须使动作值的考核为最严。例如，在测定带动合主触点的接触器的吸合电压时，触头压力和超程如可调，则应调至产品标准规定之最大允许值，同时被试电器应选本类型中极数和动合辅助触点数最多、动断辅助触点数最少之产品。

（2）试验电源

1）直流电源应采用直流发电机电源或三相全波整流电源，要求电源电压在接入被试电器的负载条件下，纹波系数不大于5%。

2）交流电源的电压波形为正弦波形，失真度不大于5%。一般应使用接触式自耦调压器，避免使用感应调压器，因为感应调压器输出的电压波形常有畸变，且内阻抗也较大，这些都将影响试品动作的正确性。

3）电源电压值应足够稳定，即电源的容量足够大或电源的内阻抗尽量小，以保证在测定吸合电压的过程中，线圈端电压的波动对电源空载电压而言不超过±5%。

（3）周围空气温度和试品状态　电器吸合电压的测定应在产品标准规定的最高周围空气温度、于热态下进行，释放电压的测定应在产品标准中所规定的最低周围空气温度、于冷态下进行。

冷态是指在不通电情况下，电器或电器零部件的温度与周围空气温度之差不超过3℃的状态。当试品在测量室内放置的时间不少于8h时或用电阻法测量线圈的温度，每1h测一次，前后两次测得的线圈温度之差不超过1℃，则可认为已处于冷态。

热态是指被试电器线圈按额定工作制通以规定的电压发热至稳态。对于不间断工作制或8h工作制的电器线圈的热态，是指其通以规定电压发热至稳态，即1h内温升的变化不超过1℃。

3. 试验方法

（1）一般规定

1）测定吸合电压时，应先将电压调到电磁线圈的预期动作值，再瞬时接通电路进行试验，并以空载电源电压作为吸合电压；测定释放电压时，应将电压从额定值起连续降低，以开始释放时的电压值作为释放电压值。

2）交流电器吸合电压测定的试验次数推荐为6~20次，释放电压的试验次数推荐为2~6次。

（2）试验电路　交流电压线圈的吸合电压和释放电压的试验电路如图6-6所示。

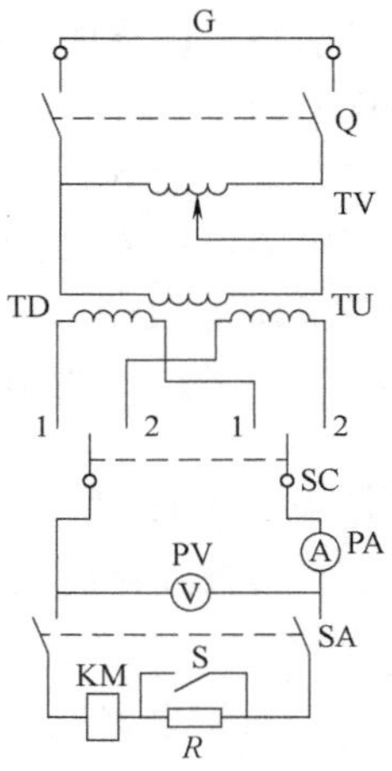

G
Q
TV
TD
TU
1
2
2
1
SC
PV
PA
SA
KM
S
R

图6-6　动作值测定试验电路

4. 试验结果的判定

（1）吸合电压试验结果的判定　在最高周围空气温度下，线圈电阻为热态时，试验进行6~20次，每一次的吸合电压值都不超过规定的下限值85% U_s；在相同条件下，对试品施加110% U_s 电压，进行6~20次，每一次试验试品均能可靠吸合。再在最低周围空气温度下，线圈电阻为冷态时，对试品施加110% U_s 电压，进行6~20次试验，每次试验试品都能可靠吸合，则试验合格。

（2）释放电压试验结果的判定　在最低周围空气温度下，线圈电阻为冷态时，对试品进行2~6次释放电压试验，每一次的释放电压值应不低于20% U_s（交流）或10% U_s（直流）且不高于75% U_s，每次试验试品都能可靠释放，则试验合格。

6.3.3　保护特性试验

低压电器的保护特性试验是指当低压供电线路中发生过载或短路等故障时，在供电线路中起保护作用的电器（如低压断路器、熔断器及热过载继电器等）就会动作，将电路切断，以保护供电线路、电源设备及用电设备不因过载或短路等故障而烧毁。

低压断路器、热继电器的保护特性是指动作时间 t 与通过的电流 I 的函数关系，即 $t=f(I)$。图 6-7 是保护电器与被保护电器的特性配合曲线，图 6-8 和图 6-9 分别是低压断路器的两段保护和三段保护的特性曲线。

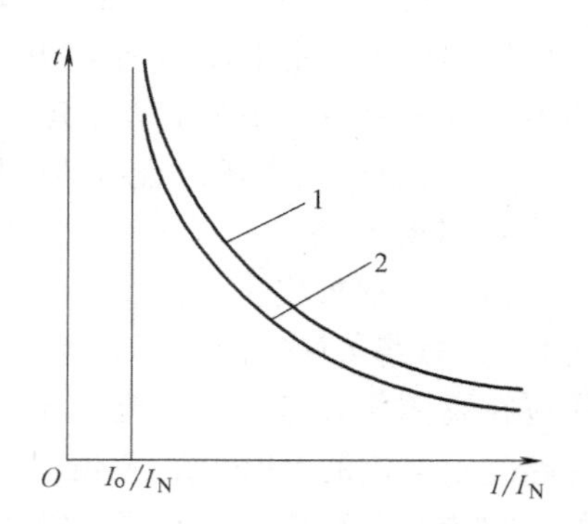

图 6-7　保护电器与被保护电器的特性配合曲线
1—电动机的允许过载特性
2—热过载继电器的保护特性

1. 试验依据

国家标准对电流动作继电器和低压断路器各类脱扣器的动作范围提出了要求。

（1）短路情况下的断开　对所有的电流整定值，短路脱扣器应使断路器脱扣，准确度为电流整定值的±20%。

（2）过载情况下的断开

1）瞬时或定时限动作：对所有的电流整定值，过载脱扣器应使低压断路器脱扣，准确度为电流整定值的±10%。

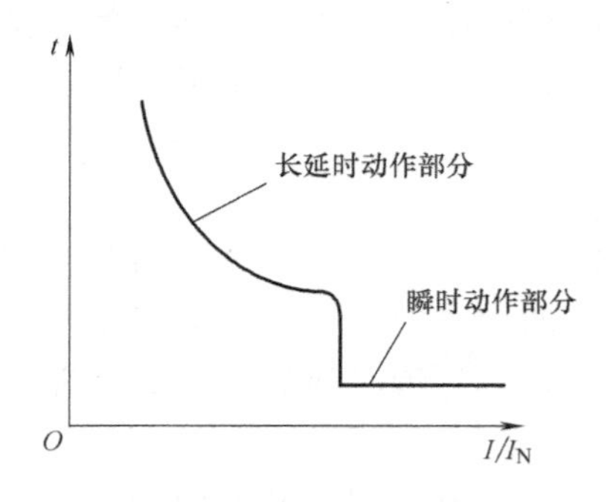

图 6-8　低压断路器的两段保护特性曲线

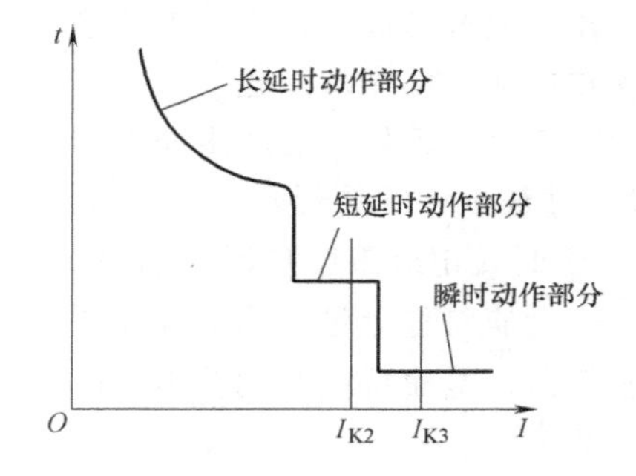

图 6-9　低压断路器的三段保护特性曲线

2）反时限动作：反时限动作的约定值见表 6-4。

表 6-4　反时限过电流脱扣器在基准温度下的断开动作特性

所有相极通电		约定时间
约定不脱扣电流	约定脱扣电流	
1.05 倍整定电流	1.30 倍整定电流	2h（当 $I_N \leqslant 63A$ 时，为 1h）

在基准温度（规定为 30℃±2℃）、1.05 倍整定电流值（即约定不脱扣电流）下，低压断路器各相同时通电，从冷态开始，在少于约定时间内低压断路器不应脱扣；然后，立即使电流上升至整定电流值的 1.30 倍（即约定脱扣电流），低压断路器应在小于约定时间内脱扣。

2. 试验条件

低压断路器进行脱扣极限和特性试验时，被试电器和试验电源等应满足如下要求：

1）每一个试验程序应在完好的电器上进行。

2）当过电流脱扣器为低压断路器内部部件时，应装入低压断路器进行验证。

3）单独的脱扣器应在接近于正常使用条件下安装。整台低压断路器应完整安装在其固有支架上或等效的支架上，被试电器应有防止外界过热或过冷的防护。

4）单独的脱扣器或整台低压断路器应按正常使用情况连接，其连接导线截面积和长度应根据相应的额定电流 I_N 按温升试验的规定选取；对于具有可调式过电流脱扣器的低压断路器，试验应在最小和最大整定电流下进行，导线截面积按相应的额定电流 I_N 选择。

5）试验可以在任何合适的电压下进行。

3. 试验方法

（1）一般规定

1）短路条件下的断开。低压断路器进行脱扣极限和特性动作试验时，短路脱扣器的动作应在脱扣器短路整定电流的80%和120%下进行验证。试验电流应对称。当试验电流等于短路整定电流的80%时，脱扣器应不动作，对瞬时脱扣器，电流持续时间为0.2s。对定时限脱扣器，电流持续时间等于制造厂规定的延时时间的2倍。当试验电流等于短路整定电流的120%时，脱扣器应动作，对于瞬时脱扣器，动作时间应在0.2s内动作；对于定时限脱扣器，动作时间应在等于制造厂规定的延时时间的2倍时间内动作。

多极短路脱扣器的动作应对任意两极串联并通以试验电流进行验证，但要对每个具有短路脱扣器的极做各种可能的组合进行验证。其次，短路脱扣器的动作应对每一相极单独验证，脱扣电流按制造厂提出的数值进行验证，脱扣器在此值时应按照如下规定时间动作：对瞬时脱扣情况，动作时间在0.2s内；对于定时限脱扣情况，动作时间等于制造厂规定的延时时间的2倍。此外，定时限脱扣器应符合附加试验的要求。

2）过载条件下的断开。

① 瞬时或定时限脱扣器。动作应在脱扣器过载整定电流的90%和110%下进行验证。试验电流应无非对称分量。当试验电流等于过载整定电流的90%时，脱扣器应不动作，对于瞬时脱扣器，电流持续时间为0.2s；对定时限脱扣器，电流持续时间等于制造厂规定的延时时间的2倍。

当试验电流等于过载整定电流的110%时，脱扣器应不动作，对于瞬时脱扣器，电流持续时间应在0.2s内动作；对定时限脱扣器，电流持续时间应在等于制造厂规定的延时时间的2倍时间内动作。

多极过载脱扣器的动作应在所有相极上进行，同时通以试验电流。此外，定时限脱扣器应符合附加试验的要求。

② 反时限脱扣器。对于与周围空气温度有关的脱扣器，其动作特性应在基准温度下进行验证，脱扣器所有相极都通电。如果本试验是在不同的周围空气温度下进行的，则应按制造厂的温度/电流数据进行校正。对于制造厂声明与周围空气温度无关的脱扣器，其动作特性应用两种方法进行验证，除在30℃±2℃下验证外，还必须验证20℃±2℃或40℃±2℃下周围空气温度对动作特性的影响，脱扣器的所有相极都通电。

3）定时限脱扣器的附加试验。

① 延时。试验应在1.5倍整定电流下进行。对过载脱扣器，所有相极都要求通电；对短路脱扣器，应对具有短路脱扣器的各极依次做各种可能的组合，将两极串联通以试验电流。测得的延时值应在制造厂规定的范围内。

② 不脱扣持续时间。试验条件应与上述过载和短路脱扣器的试验条件相同。首先，试验电流等于1.5倍整定电流，使其保持等于制造厂规定的不脱扣时间；然后电流降到额定电流，并使该值持续到2倍制造厂规定的延时时间，低压断路器不应脱扣。

（2）试验要求　低压断路器进行脱扣极限和特性动作试验时，主要测量电流 I（通过被试电器的电流）和时间 t（脱扣器动作时间）两个参数。其中，电流 I 一般用电流表测量，当电流较大时，常采用分流器或电流互感器配合电流表测量。

1）交流过电流脱扣器脱扣试验。

① 单相单极低压断路器过电流脱扣器的试验电路如图 6-10 所示。其中，图 6-10a 适用于脱扣电流较小时，图 6-10b 适用于脱扣电流较大时。图中，用升流变压器 T 提供大电流，通过单相调压器 TV 调整试验电流，电流值由电流互感器 TA 与电流表 A 配合测量。

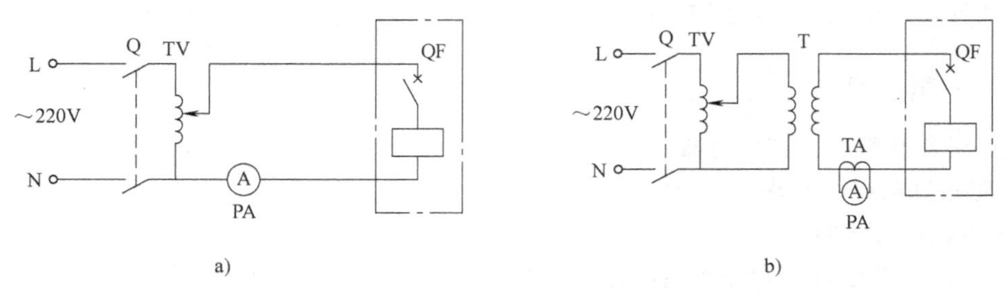

图 6-10　单相单极低压断路器的过电流脱扣器试验电路

a）低压断路器脱扣电流较小时　b）低压断路器脱扣电流较大时

Q—合闸开关　TV—单相调压器　PA—电流表　QF—被试电器　T—升流变压器　TA—电流互感器

② 多极低压断路器各极串联后进行单相脱扣试验的电路如图 6-11 所示。其中，图 6-11a 为两极低压断路器脱扣试验电路，图 6-11 中电源是两相，但对试品来说试验电流是单相的。

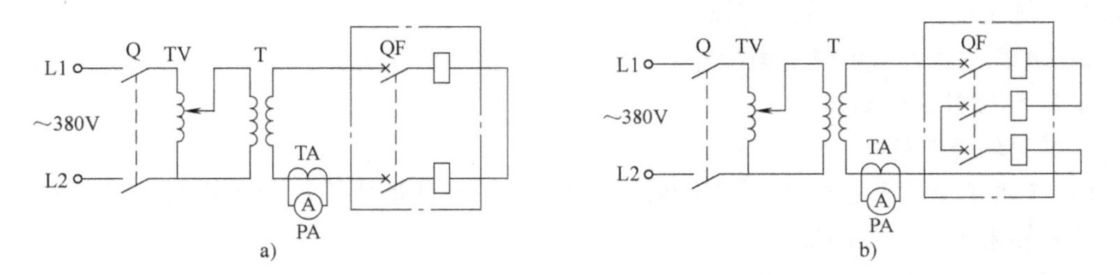

图 6-11　多极低压断路器各极串联后进行单相脱扣试验电路

a）两极低压断路器脱扣试验电路　b）三极低压断路器脱扣试验电路

Q—合闸开关　TV—单相调压器　T—升流变压器　TA—电流互感器　PA—电流表　QF—被试电器

2）定时限脱扣器可返回时间试验。所谓可返回时间试验就是带有延时的过电流脱扣器在过电流作用下开始延时，但延时还未达到延时整定值前过电流又突然消失，这时脱扣器如没有脱扣断开，就称此脱扣器具有可返回特性。对装有定时限延时脱扣器的低压断路器，必须进行可返回时间（不脱扣持续时间）试验。

6.4　温升试验

6.4.1　概述

电器在工作时产生的电阻损耗（交直流）、铁磁体的涡流损耗和磁滞损耗以及绝缘体的介质损耗（交流）几乎都转变为热能，一部分散热出去，另一部分使电器加热。为了保证电器工作的可靠性和使用寿命，最高工作温度（电器温升加上最高环境温度）应不超过材料允许的极限值，这是因为金属材料在温度高达一定数值以后，其机械强度会显著降低，而绝缘材料的绝缘强度随温度的升高而逐渐降低，因此必须限制电器工作时的温度不能过高。为保证电器工作的可靠性和使用寿命，根据材料的机械和绝缘等性能条件，在相关国家标准中对电器发热部件的温升允许极限值有明确的规定。

温升是指电器部件的工作温度与周围空气温度之差。电器的温升试验，就是测量电器的一些零部件在规定的工作条件下的温升值。下面以交流接触器为例讲解温升试验。

6.4.2 试验条件

进行温升试验时，被试电器、环境条件、连接导体以及试验电源等应满足相应要求。

1. 对被试电器的要求

1）试验应在完好的电器上进行。

2）被试电器应按正常使用情况接线，并完整安装在固有支架或等效支架上。

3）施加到电器接线端子螺钉的拧紧力矩应按制造厂的规定，没有明确规定的，按GB/T 14048.1—2023中的要求施加力矩。

4）具有整体外壳（构成装置一部分的外壳）的电器应完整地安装在外壳中，正常工作时关闭的外壳，试验时也应关闭。

5）预期使用的单独外壳（仅为容纳一台电器而设计和确定尺寸的外壳）中的电器，应在制造厂规定的最小外壳中进行试验。

6）电器在试验前可以空载操作几次，使触头接触正常化。

2. 对环境条件的要求

对试验环境条件：

1）应防止受外来非正常的加热和冷却的影响，其环境应不受阳光照射或其他热辐射影响，且无外来气流的关闭房间。

2）在不通电的条件下，离试品1m的范围内风速不大于0.1m/s。

3）试验房间容积一般不小于3m×3.5m×2.5m。

对周围空气的温度：

1）电器的发热功率随周围空气温度的不同改变。温升试验中，周围空气温度应在10~40℃之间，其变化不超过10K。如果周围空气温度的变化超过3K，应按电器的热时间常数T用适当的修正系数对测量的部件温升需要进行修正，但如果制造厂同意也可以免于修正。

2）周围空气温度至少用两只温度检测器（温度计或热电偶）测量，应将它们均匀放置在距试品约1m和试品高度的一半处。温度检测器应不受外来气流和热辐射的影响，还应避免受墙壁热惯性的影响，所以它们与墙壁间应有一定的间隙。周围空气温度在试验周期最后1/4时间内测量，取各测量点的平均值。

3. 对连接导体的要求

温升试验时，不可避免地有一部分热量由连接导体传出，根据试验结果，通过连接导体传出的热量可以高到电器总发热量的50%，对温升值的影响达20K以上。

温升试验所采用的连接导体的规格、长度、布置和接线方式，以及铜排的颜色和粗糙度对试验结果均有重要影响。因此，为保证试验的严密性和可比性，GB/T 14048.1—2023规定，电器主电路温升试验的连接导体应根据试验电流按规定选取，见表6-5。

表6-5 根据试验电流选择的连接导体

试验电流值	连接导体
不大于400A	(1)连接导线应采用单芯聚氯乙烯(PVC)绝缘铜导线，其截面积按规定值选取 (2)连接导线应置于大气中，导线之间的间隔距离约等于电器端子间的距离 (3)单相或多相温升试验，从电器的一个端子至另一个端子或至试验电源或至星形接点的连接导线长度规定为：导线截面积小于或等于35mm^{2}时为1m；截面积大于35mm^{2}时为2m
大于400A，但不超过800A	(1)连接导线应采用单芯聚氯乙烯(PVC)绝缘铜导线，其截面积按规定值选取，或采用等效的铜排 (2)连接导线之间的间隔距离约等于电器端子间的距离，每个端子接多根并联导线时，应捆扎在一起，并使导线之间约有10mm的空气间隙。每个端子接多根并联铜排时，铜排间距应近似等于铜排的厚度。如果规定的铜排尺寸不适合于接线端子或难于获得，则可采用截面积和冷却面积近似相同或较小的铜排。铜导线或铜排不允许用叠加方式组成规定的尺寸 (3)单相或多相温升试验，从电器的一个端子至另一个端子或至试验电源的连接导体的最小长度为2m，而至星形接点的最小长度可减小到1.2m
大于800A，但不超过3150A	(1)连接导线应是铜排，其尺寸按规定值选取。如果电器的设计规定仅用电缆连接，则电缆的截面积和尺寸应由制造厂规定 (2)连接铜排之间的间隔距离约等于电器端子间的距离，铜排应涂黑色无光漆。每个端子接多根并联导线时，铜排间距应近似等于铜排的厚度。如果规定的铜排尺寸不适合于接线端子或难于获得，则可采用截面积和冷却面积近似相同或较小的铜排。铜排不允许用叠加方式组成规定的尺寸 (3)单相或多相温升试验，从电器的一个端子至另一个端子或至试验电源的连接导体的最小长度为3m，但如果连接导体在电源端的温升低于连接导体长度中间(约为长度的1/2)的温升，且温升不超过5K，则连接导体的长度允许减少到2m，而端子至星形接点的最小长度为2m
大于3150A	温升试验的所有有关项目，如电源的类型、相数和频率(如果有的话)、试验连接导体的尺寸和根数及其布置等，都应由制造厂和用户双方商定

4. 对试验电源的要求

温升试验时，要求：①试验电流应保持稳定，误差不超过±5%；②单相试验，试验电流应不小于约定发热电流I_{th}；③多相试验，各相电流应平衡，每相电流误差在±5%范围内，各相电流平均值应不小于约定发热电流I_{th}；④交流波形为基本正弦波，无明显畸变，失真度不大于5%；⑤试验频率为额定频率，误差不超过±5Hz；⑥直流的纹波系数应不大于5%。

6.4.3 试验依据

GB/T 14048.1—2023对电器的发热部件（主电路、控制电路、线圈和电磁铁、辅助电路）规定了温升极限值。根据规定的试验方法进行试验，所测得的电器各部件温升应不超过以下有关规定。对不同的试验条件或小尺寸（容积）的器件可以规定不同的温升极限值，但不得超过规定温升极限值的10K。

1. 接线端子的温升极限值

接线端子与易接部件的温升极限值仅适用于周围空气温度不超过40℃，且其24h内的平均温度不超过35℃，下限为-5℃的范围内。

接线端子的温升极限值：是用来与外部电路进行电连接的电器部件的温升极限值。

接线端子的温升极限值应不超过表6-6的规定值。

表 6-6 接线端子的温升极限值

接线端子材料	温升极限值①/K
裸 铜	60
裸黄铜	65
铜(或黄铜)镀锡	65
铜(或黄铜)镀银或镀镍	70
其他金属	②

① 在实际使用中，外接导体电阻不应过小。否则会使接线端子和电器内部部件温度较高，并导致电器损坏。
② 其他金属的温升极限值按使用经验或寿命试验来确定，但应不超过 65K。

2. 易接近部件的温升极限值

易接近部件是人体易接近的电器部件。易接近部件的温升应不超过表 6-7 的规定值。

表 6-7 易接近部件的温升极限值

易接近部分	温升极限值/K	易接近部分	温升极限值/K
人力操作部件		非常操作是不触及的部件①	
金属的	15	外壳接近电缆进口外表面	
非金属的	25	金属的	40
可触及但不能握住的部件		非金属的	50
金属的	30	电阻器外壳的外表面	200①
非金属的	40	电阻器外壳通风口的气流	200①

① 电器应有保护措施，防止其与易燃材料接触或被人身偶然触及。如果有此项规定，则可以超过 200K 的温升极限值。

3. 线圈的温升极限值

线圈的温升极限值应不危及电器的载流部件和邻近部件。线圈的温升极限值应不超过表 6-8 的规定值。

表 6-8 线圈的温升极限值

绝缘材料耐热等级	电阻法测得的温升极限值/K	
	线圈在空气中	线圈在油中
A	85	60
E	100	60
B	110	60
F	135	—
H	160	—

注：1. 本表中绝缘分类的规定见 GB/T 11021—2014《电气绝缘 耐热性和表示方法》。
2. 线圈在空气中的温升极限值是按周围空气年平均温度为 20℃条件下推荐的，对年平均温度超过 20℃时应由供需双方协商确定。

4. 其他部件的温升极限值

电器的其他部件（触头、弹簧及产品内部导体连接处等）的温升应不超过危及电器的截流部件的邻近部件。特别是涉及绝缘材料时，应参与绝缘材料耐热分级确定其温升极限值。

6.4.4 试验方法

1. 热电偶法

用于主电路、控制电路、辅助电路的电器部件表面温升的测量广泛采用热电偶法，其优点是尺寸小、便于放置、热惯性小、对被测点温升影响小、制造和使用方便、测温范围很广。

（1）热电偶的制作 电器温升试验采用热电偶的两种材料多为铜-康铜，其测温范围在-200～200℃，在-30～100℃时误差为±0.5℃，在100～200℃时误差≤0.5%。铜丝和康铜丝的线径一般为0.2～0.4mm，是专用热电偶丝，不能用漆包铜线和做电阻用的康铜丝。两金属丝之间要有良好的绝缘。制作时，先将两根偶丝绞合（一般1m内绞合100圈），然后将一工作端焊接（用电弧焊或锡焊，金属熔点高于160℃时用电弧焊，低于160℃时用锡焊）。焊接时，先将焊头清理干净并绞1～2圈，用电弧焊将焊头焊成球形，其直径为线径的3～4倍；锡焊时，绞2～3圈，焊成圆柱形，长为2～3mm。

（2）热电偶的固定 热电偶的工作端应与被测部件的表面之间有良好的热传导，且尽可能不影响被测点的温升。通常有三种固定方法：①钻孔埋入法：测量范围一般在200℃以下；②锡焊固定法：测量范围一般在160℃以下；③胶粘固定法：测量范围一般在80℃以下。用钻孔埋入法和锡焊固定法测量的结果十分接近，用胶粘固定法（502胶）测量的结果需要进行修正，一般乘以系数1.025。

电阻法利用金属导体电阻随温度变化的现象，在分别测量电器线圈的冷态电阻和热态电阻的基础上，求出温升冷却曲线，再用外推法（即依据线圈断电后温升随时间按指数规律下降的特点，推算出起始温升的方法）确定线圈的稳定温升。电阻法获得的是电器的线圈内部的平均温升，其间接反映了线圈内部的发热情况。

电器的线圈电阻一般用开尔文电桥（又称双臂电桥，适用于测量1Ω以下的低值电阻）或数字微欧计测量。线圈冷态电阻在温升试验开始前测量，线圈温度与周围空气温度的差异不应超过3K。温升试验时，如果周围空气温度变化超过3K，应对测得的温度加以修正，这是因为周围空气温度保持不变时要比升高变化时测得的温度要低，所以一般在试验时，试验房间尽量保持在恒温状态下。

线圈热态电阻应在温升试验结束后立即测量，测量准确度与测量速度有很大关系，若不能立即测量，则应在分断电源后按相等时间间隔测量，用电阻法求出温升冷却曲线，再用外推法确定线圈的稳定温升。用低电阻测试仪测量时，测量热态电阻时测量速度应尽可能快，第一次热态电阻值必须在切断电源后30s内测出。如不能实现，可用外推法进行推算。由于各种测量方法和各种仪表都有不同程度的测量误差，线圈的冷态与热态电阻应当用同样方法和同一仪表测量，导线的连接点也应相同。目前，已有带电绕组温升测试仪，在带电的情况下能直接测量热态电阻，并自动计算出温升。

2. 不同工作制下的温升试验方法

1）低压电器在8小时（8h）工作制和不间断工作制下，温升试验可以从冷态开始，也可以从热态开始，通以I_{th}或I_{the}，等被试电器的温升达到稳定状态后再结束试验。稳定状态指每小时的温升变化不超过1K。为缩短试验时间，可以在试验起始阶段（一般不超过2h）将试验电流提高，一般不超过25%，然后再降低到规定值。

2）低压电器在短时工作制下，温升试验从冷态开始至规定的通电时间后立即断电，测量相应的温升。

3）低压电器在断续周期工作制，温升试验从冷态开始，按照规定的负载系数和通电时间断续地通电，待达到稳定温升后才能结束试验。如果一个通电周期的时间与被试电器的热时间常数之比小于1/10，允许进行等效试验，等效恒定试验电流I_e为

$$I_e=\sqrt{\frac{t}{t_d}I^2}=\sqrt{\frac{t}{t_d}}I$$

式中，t 为每次通电的时间；t_d 为一个操作循环周期的时间；I 为断续周期工作电流。

6.4.5 试验类型

1. 主电路的温升试验

主电路的温升：指在开关电器的主触点电路中用作闭合和断开电路的所有导电部件的温升。

主电路的温升试验应通以约定自由空气发热电流 I_{th} 或约定封闭发热电流 I_{the}，在任何合适的电压下进行。当电器的主电路、控制电路、辅助电路及电磁铁线圈间的发热相互影响明显时，应同时通电一起进行试验。

具有各极相同的多极电器用交流电流进行试验时，如果电磁效应能忽略，经制造厂同意后，可以将所有极串联起来用单相交流电流进行试验。具有中性极与其他各极不同的四极电器，先在3个相同的极上通以三相电流进行试验；然后中性极与邻近极串联通以单相电流进行试验，试验电流按中性极的约定发热电流（自由空气或封闭）确定。

2. 控制电路的温升试验

控制电路的温升：指接入电路中用作闭合和断开操作的开关电器所有导电部件的温升。

控制电路的温升试验应采用规定的电流种类，并在其额定电压下进行试验。交流情况下应在其额定频率下进行。试验在额定工作制下进行。预定持续运行的控制电路，温升试验应进行足够长的时间直至温升达到稳定值。断续周期工作制的控制电路，应按有关标准规定进行试验。

3. 辅助电路的温升试验

辅助电路的温升：指接入辅助电路中使用的开关电器的所有导电部件的温升。

辅助电路的温升试验应按控制电路温升试验规定的同样条件进行，但可以在任何合适的电路下进行。

4. 电磁铁线圈的温升试验

在主电路通电的同时，电磁铁线圈应在其额定电压下进行试验。试验应进行足够长的时间，直至主电路和电磁铁线圈的温升都达到稳定值。预定用于断续周期工作制的电器，其电磁铁和线圈应按有关标准规定进行试验。

6.4.6 试验电路

温升试验时，按照被试电器的部件、极数和试验电流的相数可以采用不同的试验电路。以交流接触器为例，其温升试验电路如图6-12所示。

6.4.7 试验结果的判定

进行温升试验时，对测量电器各部件的温升规定如下：

1）主电路、控制电路、辅助电路在规定条件下进行试验，温升不应超过规定值。

2）线圈和电磁铁绕组在规定条件下进行试验，温升不应超过规定值。

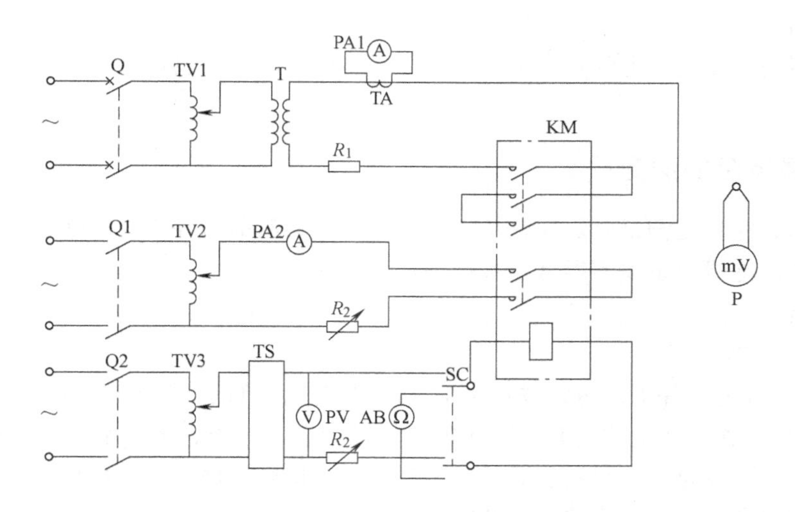

图 6-12　交流接触器温升试验电路

Q—电源断路器　Q1、Q2—电源开关　TV1～TV3—自耦调压器　T—升流变压器
TA—电流互感器　PA1、PA2—电流表　KM—被试电器　R_1、R_2—电阻器
TS—稳压器　PV—电压表　AB—电桥　SC—转向开关　P—电位差计

6.5　绝缘介电性能试验

6.5.1　概述

绝缘介电性能试验是检查低压电器绝缘结构的绝缘性能，验证其对工作电压、操作过电压和雷击电压的耐受能力。试验目的是保证导电部件之间及导电部件对地之间的绝缘，保护人员的操作安全。主要有绝缘电阻的测量、冲击耐受电压试验和工频耐受电压试验三种。

1. 绝缘电阻

绝缘材料在电压作用下所通过的泄漏电流的大小，能反映其电阻的大小，这个电阻就是绝缘电阻。绝缘电阻与材料和杂质的本性，以及外界温度、湿度有关。由于绝缘电阻随温度和湿度的升高而下降，因此测量绝缘电阻时，必须规定温度和湿度的范围。

绝缘电阻的大小并不是在所有情况下都能反映绝缘结构绝缘性能的好坏。如绝缘结构经烘烤、老化后在不受潮时仍能保持相当高的绝缘电阻值，可是在较高的电压作用下却很容易击穿。另外，绝缘结构表面受到潮湿或沾污后，其绝缘电阻值会显著下降，但它能承受的电压却未必降低。因此，为可靠地断定绝缘结构的绝缘性能，还应对绝缘结构进行电气强度试验。

2. 电气强度

绝缘材料承受电压的能力有限，当外施电压超过一定值时，绝缘材料发生剧烈放电现象，这种现象称为击穿。固体绝缘材料的击穿有两种可能：一种是电击穿；另一种是热击穿。

固体绝缘材料的击穿电压很高，通常在发生击穿之前，会出现沿绝缘材料表面的放电现象，称为闪络。

低压电器绝缘结构的电气强度是通过耐压试验获知的，它包括工频耐受电压试验和冲击耐受电压试验。

6.5.2 绝缘电阻的测量

绝缘电阻的测量是测量电器在正常工作中属于电隔离的部件之间的绝缘强度。试验结果要求被测电器的绝缘电阻值不得低于标准规定值。

1. 测量条件

（1）被试电器

1）在正常环境条件下测量，按正常工作位置安装，被试品要干燥、清洁。

2）将正常工作中接地的所有外裸导体部件（如金属外壳、金属手柄等）连接到金属支架上；若外壳、手柄是绝缘材料制成的，则应覆盖一层金属箔，并连接到金属支架上。对于带有绝缘底的电器，应按规定位置安装在金属支架上。

3）不带外壳但准备在外壳中使用的电器，应在规定的最小外壳中进行试验。当电器的绝缘性能与引线、抽头或所有特殊绝缘材料有关时，在试验时应使用这种引线、抽头或特殊材料。

（2）环境条件 环境温度、湿度按规定要求（如正常条件或湿热条件等）。

2. 测量方法

1）常用测量仪器：绝缘电阻表（常称为兆欧表，对手摇发电的又俗称摇表）。

2）绝缘电阻表的使用：测量很简单，在表头上直接显示绝缘电阻值，以 MΩ 表示。①正确选择绝缘电阻表电压等级（见表 6-9，其中 500V 为常用电压等级）；②测量时要放平稳，避免摇动手柄时指针摆动；③保持一定的转速（约 120r/min）；④施加的时间一般为 1min。

表 6-9 绝缘电阻表的电压等级

电器的额定工作电压/V	绝缘电阻表额定电压等级/V
$U_n \leqslant 60$	250
$60 < U_n \leqslant 600$	500
$600 < U_n \leqslant 1200$	1000

3）测量部位：①主触点在断开位置时，同极的进线端子与出线端子之间；②主触点在闭合位置时，不同极的带电部件之间；触点与线圈之间；主电路与控制电路和辅助电路之间；③所有带电部件（包括主电路、控制电路和辅助电路）与金属支架之间。对于额定工作电压，不同的电路应分别进行测量。

6.5.3 冲击耐受电压试验

冲击耐受电压试验是对电器在正常工作中要求隔离的部件之间施加一波形标准化了的冲击电压波，以考核其耐受瞬时高频过电压的能力。此试验主要用来验证电器的电气间隙的介电性能。试验结果由被试电器应无非故意的破坏性放电来评定。

额定冲击耐受电压 U_{imp} 是在规定的条件下，电器能够耐受而不击穿的具有规定形状和极性的冲击电压峰值。

1. 试验条件

进行冲击耐受电压试验时，被试电器和冲击电压波形等应满足如下要求。

（1）被试电器

1）试验应在完好的电器上进行。

2）被试电器应按正常使用情况接线并完整安装在其固有支架或等效支架上。

3）具有整体外壳（构成装置一部分的外壳）的电器应完整地安装在外壳中。

4）预期使用在单独外壳（仅为容纳一台电器而设计和确定尺寸的外壳）中的电器，应在制造厂规定的最小外壳中进行试验。

5）如果电器不使用在外壳中，试验时应把电器安装在金属安装板上，并应将正常工作中连接至保护接地的所有外露导电部件（如框架等）接至金属安装板。

6）当电器的基座为绝缘材料时，电器的金属部件应连接到电器正常安装条件规定的固定连接点上，这些部件应被看作电器框架的一部分。

7）由绝缘材料制成的电器的操动器和构成电器整体所需的非金属外壳（不附加另外的外壳）应包以金属箔，并应接至框架或安装板上，金属箔包覆在可能被标准试指触及的电器所有表面上。

8）当电器的介电性能与电器的连接头和特殊的绝缘使用有关，则在进行介电性能试验时，应使用这些连接头和特殊绝缘。

9）正常工作中接地的部件连接到金属支架上，绝缘材料制成的外露部件，则应覆盖一层金属箔，并连接到金属支架上。

（2）冲击电压波形　以全波形式模拟大气雷电波，标准冲击电压波形如图 6-13 所示。

标准冲击电压波形的特征是：脉冲前沿（指电压从零上升到峰值的时间）为 1.2μs×(1±30%)，脉冲宽度（指电压从零到峰值再降到 50% 峰值的时间）为 50μs×(1±20%)，脉冲峰值的允许误差为±3%，电器的额定冲击耐受电压 U_{imp}，即相应的冲击电压的脉冲峰值。冲击电压试验仪都能符合以上要求。

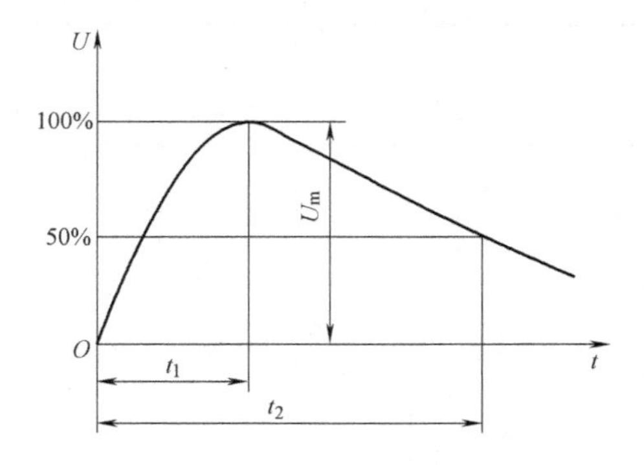

图 6-13　标准冲击电压波形（1.2μs/50μs）

t_1—脉冲前沿　t_2—脉冲宽度　U_m—脉冲峰值

（3）电压施加方式　电器冲击耐受电压试验应施加 1.2μs/50μs 的冲击电压正负极性各 5 次（共 10 次），每次试验间隔时间应不超过 1s。

（4）电压施加部位

1）触头处于所有正常工作位置时，连接在一起的主电路所有接线端子（包括所有接至主电路的控制电路和辅助电路）与外壳或金属安装板之间。

2）触头处于所有正常工作位置时，主电路每极与连接在一起并接至外壳或金属安装板的其他极之间。

3）不接至主电路的每个控制电路和辅助电路与主电路、其他电路、外露导体部件、外壳或金属安装板之间（以上部位合适者可连接在一起，以便简化试验）。

4）对隔离电器触头处于断开位置时，连接在一起的所有电源端的接线端子与负载端的接线端子之间。

2. 试验依据

额定冲击耐受电压按GB/T 14048.1—2023附录后面相应的表格确定。适用于多种电源系统和过电压类别的电器，应按预期使用多种电源系统中最高的名义电压和最高的过电压类别来确定。

（1）主电路的冲击耐受电压

1）带电部件至接地部件和极与极之间的电气间隙应能承受表6-10规定的试验电压。

表6-10 冲击耐受电压

额定冲击耐受电压 U_{imp}/kV	试验电压和相应的海拔 U（1.2μs/50μs）/kV				
	海平面	200m	500m	1000m	2000m
0.33	0.35	0.35	0.35	0.34	0.33
0.5	0.55	0.54	0.53	0.52	0.5
0.8	0.91	0.9	0.9	0.85	0.8
1.5	1.75	1.7	1.7	1.6	1.5
2.5	2.95	2.8	2.8	2.7	2.5
4	4.8	4.8	4.7	4.4	4
6	7.3	7.2	7	6.7	6
8	9.8	9.6	9.3	9	8
12	14.8	14.5	14	13.3	12

注：表6-10适用于均匀电场。

2）具有隔离功能的电器断开触点间的电气间隙应能承受表6-11规定的试验电压。

表6-11 隔离电器断开触点间的试验电压

额定冲击耐受电压 U_{imp}/kV	试验电压和相应的海拔 U（1.2μs/50μs）/kV				
	海平面	200m	500m	1000m	2000m
0.33	1.8	1.7	1.7	1.6	1.5
0.5	1.8	1.7	1.7	1.6	1.5
0.8	1.8	1.7	1.7	1.6	1.5
1.5	2.3	2.3	2.2	2.2	2
2.5	3.5	3.5	3.4	3.2	3
4	6.2	5.8	5.8	5.6	5
6	9.8	9.6	9.3	9	8
8	12.3	12.1	11.7	11.1	10
12	18.5	18.1	17.5	16.7	15

（2）辅助电路和控制电路的冲击耐受电压

1）直接从主电路接入额定工作电压的辅助电路和控制电路，应能承受表6-12规定的试验电压。

2）不直接从主电路接入额定工作电压的辅助电路和控制电路，其过电压能力不同于主电路，应按GB/T 14048.1—2023附录H中表H.1确定的适当电压进行试验。

3. 试验方法

1）试验设备的原理：主要部分是充放电电路，利用电容的并联充电和串联放电得到高电压冲击波。

表 6-12 冲击耐受电压

额定冲击耐受电压 U_{imp}/kV	试验电压和相应的海拔 $U(1.2\mu s/50\mu s)$/kV				
	海平面	200m	500m	1000m	2000m
0.33	0.35	0.35	0.35	0.34	0.33
0.5	0.55	0.54	0.53	0.52	0.5
0.8	0.91	0.9	0.9	0.85	0.8
1.5	1.75	1.7	1.7	1.6	1.5
2.5	2.95	2.8	2.8	2.7	2.5
4	4.8	4.8	4.7	4.4	4
6	7.3	7.2	7	6.7	6
8	9.8	9.6	9.3	9	8
12	14.8	14.5	14	13.3	12

注：表 6-12 适用于均匀电场。

2）电压施加方式：施加 1.2μs/50μs 的冲击电压正负极各 5 次（共 10 次），每次试验间隔时间应不少于 1s。

3）电压施加部位：①触点处于所有正常工作位置时，连接在一起的主电路所有接线端子与外壳或金属安装板之间；②触点处于所有正常工作位置时，主电路每极与连接在一起并接至外壳或金属安装板的其他极之间；③不接至主电路的每个控制电路和辅助电路与主电路、外露导体部件、外壳或金属安装板之间；④触点处于断开位置时，连接在一起的所有电源端的接线端子与负载端的接线端子之间。

4. 试验结果的判定

在试验过程中，被试电器应无非故意的破坏性放电（故意破坏性放电是一个例外情况，如瞬态过电压抑制措施所产生的放电）。

6.5.4 工频耐受电压试验

工频耐受电压试验是对电器在正常工作中要求电隔离的部件之间施加一定的高电压，并持续一定时间，以验证固体绝缘耐受暂态过电压的能力。试验结果由被试电器应无内部或外部的绝缘闪烁、击穿或任何破坏性放电现象发生来评定。

低压电器应能耐受工频耐受电压，其值与额定绝缘电压有关。电器额定绝缘电压 U_i 是一个与介电试验电压和爬电距离有关的电压值。在任何情况下，最大的额定工作电压值不应超过额定绝缘电压值。

工频耐压试验应在下列情况下采用：①作为型式试验项目，用于验证固体绝缘；②分断试验和短路试验，以及耐湿性能试验后介电性能验证；③常规试验。

这里以固体绝缘的工频耐受电压验证为例，介绍工频耐受电压试验方法。

1. 试验条件

进行工频耐压试验时，被试电器和试验电源等应满足如下要求。

（1）被试电器　与冲击耐压试验相同。当电器线路包含电机、仪表、瞬动开关、电容器及固态电子器件等元件，且这些元件的相关规范规定的介电试验电压低于工频试验电压值时，则在进行电器规定的介电性能试验之前，将这些器件与电器分开，具有保护功能的电路在试验时不应拆除。

（2）试验电源

1）试验电源频率为45~65Hz。

2）试验电源的电压应是正弦波。

3）试验电源的容量：输出电压调整到相应的试验电压后，将输出端子短路，其输出电流至少为200mA。

4）当输出电流小于100mA时，过电流继电器应不脱扣。

2. 试验依据

工频耐受电压试验的试验电压值与电器的额定绝缘电压 U_i 有关。相关国家标准做出如下规定。

1）电器的主电路和接至主电路的控制电路和辅助电路，工频试验电压值为规定值。

2）不接至主电路的控制电路和辅助电路，工频试验电压值如下：①当额定绝缘电压 U_i 小于60V时，为1000V（有效值）；②当额定绝缘电压 U_i 大于60V时，为 $2U_i+1000V$，但不小于1500V（有效值）。所施加的电压有效值应在规定值的±3%范围内。

主电路、控制电路和辅助电路的工频试验电压值为GB/T 14048.1—2023的规定值。试验电压的不准确度不应超过规定值的±3%。

3. 试验方法

1）电压施加部位：与冲击耐压试验相同。

2）电压施加时间：试验电压施加5s。试验时防止电压冲击，应从小于试验电压值的1/2开始，5s内升至规定值。施压时间从开始达到规定电压开始算起，至开始降低电压为止。

4. 试验结果

在试验过程中，被试电器应无内部或外部的绝缘闪络、击穿或任何破坏性的放电现象发生，但辉光放电是允许的。

6.6 额定接通与分断能力试验

6.6.1 概述

低压电器额定接通能力是在规定的接通条件下，电器能接通的电流值。低压电器额定分断能力是在规定的分断条件下电器能分断的电流值。

低压电器接通和分断能力试验是用来考核开关电器在非正常工作条件下接通和分断电器的能力。试验分为两种：①额定接通和分断能力试验；②短路接通和分断能力试验。

额定接通与分断能力试验考核被试电器在规定条件下，接通与分断额定电流、过载电流及临界分断电流的能力。试验要求：①被试电器进线端的电压不低于试验电源空载电压的90%，以符合电器实际使用时情况；②负载中性点及电源中性点，只允许一点接地，以从严考核。

6.6.2 接触器的额定接通与分断能力试验

1. 主要设备

（1）试验电源

1）交流高压电网经过冲击试验变压器转换为相应的交流电源，如图6-14a所示。

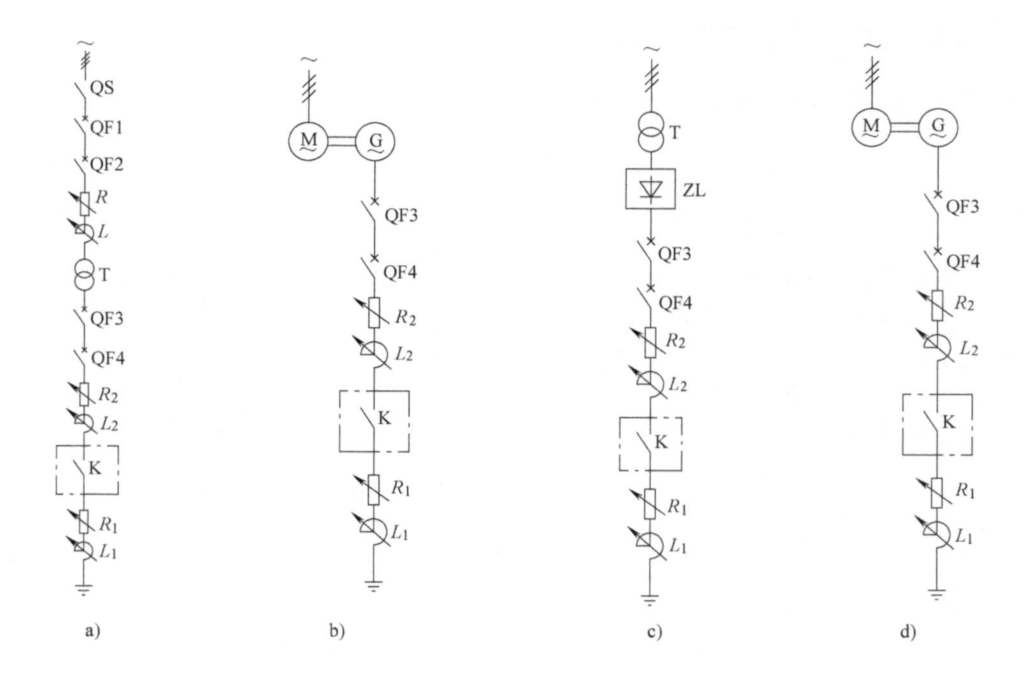

图 6-14　通断能力试验的主电路原理图

a）电网供电　b）交流冲击发电机供电　c）经硅整流装置的交流电源电网供电　d）直流发电机供电
QS—隔离开关　QF1、QF2—高压断路器　QF3、QF4—低压断路器　T—冲击试验变压器
L、R—高压侧电抗器、电阻器　R_1、R_2—可调负载电阻器
L_1、L_2—可调负载电抗器　M—电动机　G—发电机　ZL—整流装置　K—被试电器

2）交流冲击发电机，发出交流试验所需电源，对电网冲击较小，可以连续输出电压和频率，设备费用较高，如图 6-14b 所示。

3）交流电源电网经硅整流装置转换为直流试验电压和电流，如图 6-14c 所示。

4）大功率直流发电机，发出直流试验电压及电流，如图 6-14d 所示。

（2）试验阻抗

1）R_1、L_1 接在被试电器后，模拟被试电器在实际使用中的负载，其均可调，以使试验电流和功率符合要求。

2）R_2、L_2 接在被试电器前，以限制在试验过程中可能出现的故障电流，但 R_2、L_2 和电源内阻抗之和不能大于试验电路总阻抗的 10%，以保证被试电器进线端的电压不低于试验电源电压的 90%。

（3）检测飞弧装置　用于检测被试电器触头与金属外壳间是否产生飞弧。

2. 试验步骤

1）调整试验参数。

2）试验程序。①接通与分断试验参数不同时，应分开进行，试验次数、通电时间和间隔时间由技术条件规定；②接通与分断试验参数相同时，可同时进行；③通断试验循环操作一般采用可编程序控制器控制。

6.6.3 低压断路器的额定接通与分断能力试验

额定接通与分断能力试验电路如图 6-15 所示。

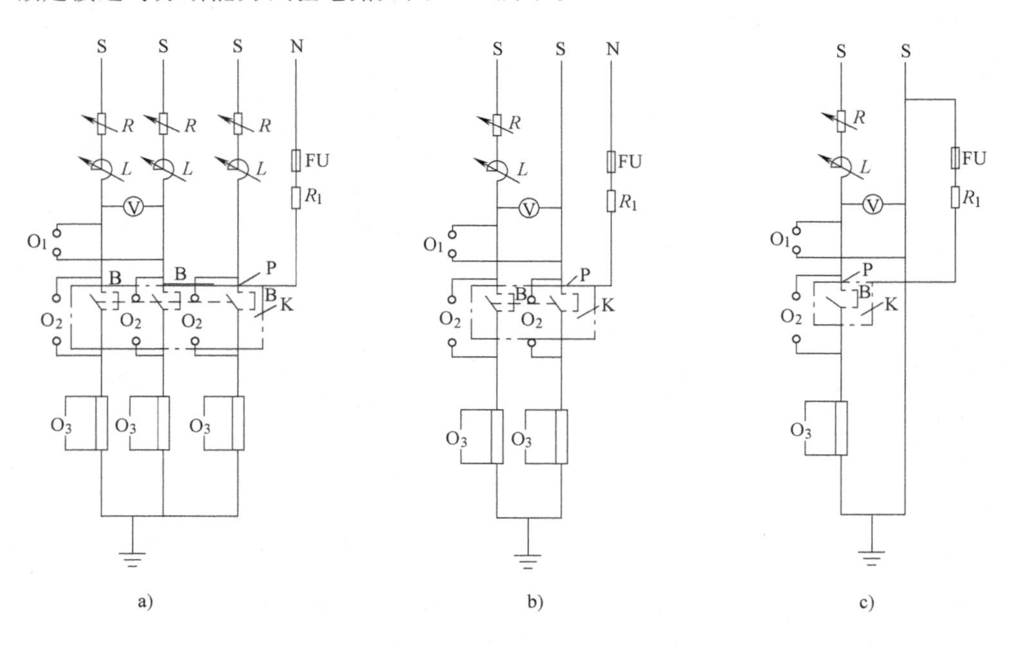

图 6-15 额定接通与分断能力试验电路

a）交流三相三极电器的额定接通与分断能力试验电路 b）交流单相或直流两极电器的额定接通与分断能力试验电路 c）交流单相或直流单相电器的额定接通与分断能力试验电路

S—电源 N—电源或人工中心点 R—可调负载电阻器 L—可调负载电抗器 R_1—测飞弧的限流电阻器 FU—检测飞弧的熔丝 P—外壳或挡飞弧用钢板 K—被试电器 B—调整整流波电流用的临时的连接 O_1—至光线示波器记录电流的振子 O_2、O_3—至光线示波器记录电压的振子 V—电压表

6.7 短路接通与分断能力试验

1. 定义

电器的额定短路接通能力是在额定工作电压、额定频率、规定的功率因数下，由制造厂对电器所规定的短路接通能力电流值；电器的额定短路分断能力是在额定工作电压、额定频率、规定的功率因数下，由制造厂对电器所规定的短路分断能力电流值。

短路接通与分断能力试验的目的是考核被试电器在出线端短路情况下，接通与分断短路电流的能力。

低压断路器开断短路电流的试验是检验断路器开断能力的必要试验手段，而合成试验则是一种有效而经济的试验方法，能有效检测断路器对短路故障电流的开断能力。短路接通与分断能力试验的试验参数：①低压断路器的额定短路接通能力是在规定条件下，能接通的预期短路电流峰值；②低压断路器的额定极限短路分断能力是在规定条件下，能分断的极限预期短路电流值；③低压断路器的额定运行短路分断能力是在规定条件下，比额定极限短路电流小的分断电流值。试验后，要求断路器仍能在额定电流下继续运行。

低压熔断器的试验参数：低压熔断器额定分断能力是在规定条件下，能分断的预期短路电流值。

2. 试验电路及主要设备

短路接通与分断能力试验电路如图 6-16 所示。与上同，只是容量均较大。

试验程序：额定运行短路分断能力试验程序为 O-t-CO-t-CO，额定极限短路分断能力试验程序为 O-t-CO。

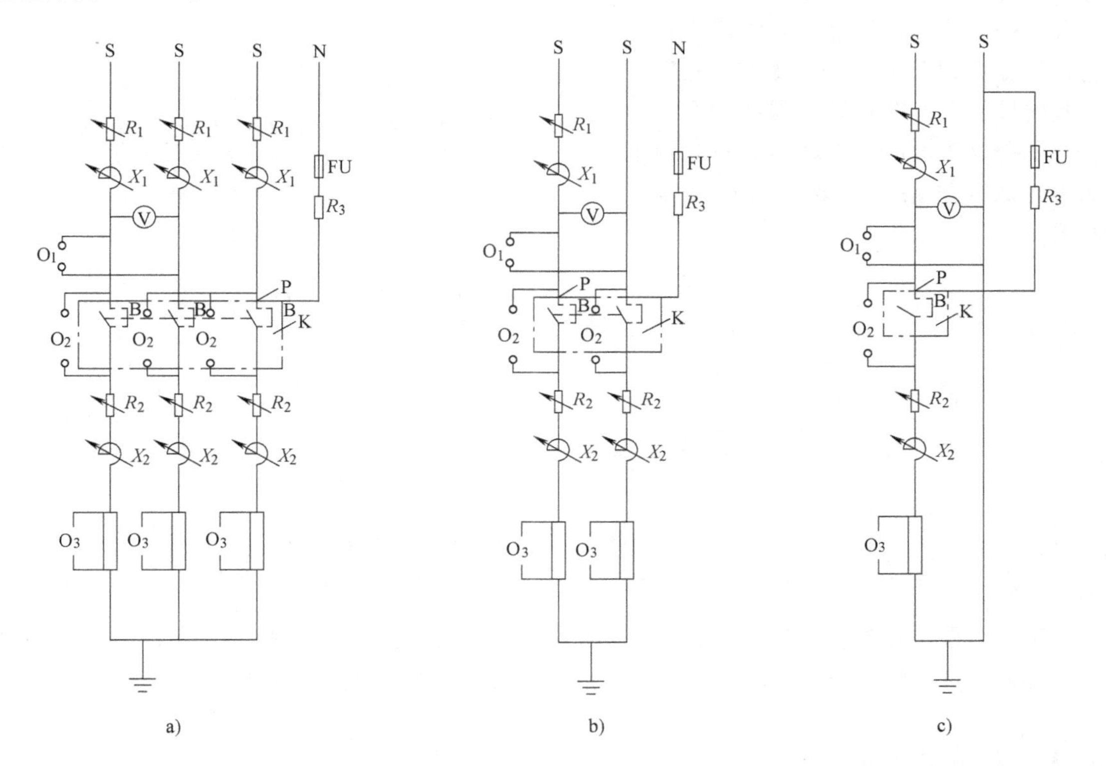

图 6-16　短路接通与分断能力试验电路

a）交流三相三极电器的短路接通与分断能力试验电路　b）交流单相或直流两极电器的短路接通与分断能力试验电路　c）交流单相或直流单相电器的短路接通与分断能力试验电路

S—电源　N—电源或人工中心点　R_1、X_1—模拟电路的可调电阻与可调电抗　R_2、X_2—模拟负载的可调电阻与可调电抗　R_3—测飞弧的限流电阻器　FU—检测飞弧的熔丝　P—外壳或挡飞弧用钢板　K—被试电器　B—调整整流波电流用的临时的连接　O_1—至示波器记录电流的振子　O_2、O_3—至示波器记录电压的振子　V—电压表

6.8　短时耐受电流能力试验

额定短时耐受电流的承载能力试验是模拟电器在实际运行中，当电路发生短时电路故障时是否能耐受此电流的一种试验。其用来考核开关电器在发生过载和短路故障的情况下，并不分断电路但应能承受短时间、大电流所形成的电动力和热效应的作用而不致破坏的能力，是对电器的电动稳定性和热稳定性一种综合考核。

试验过程中，电器只承载试验电流，而不接通也不分断此试验电流 I_{cw}。

短时耐受电流能力试验可分为两种：①额定短时耐受电流的承载能力试验；②耐受过载电流能力试验。

耐受过载电流能力试验是考核控制电动机的电器，当起动和加速电动机过程中出现过电流时是否能耐受此电流的一种模拟试验。耐受过载电流能力试验电路如图6-17所示。短时耐受电流能力试验的目的是考核被试电器在闭合位置上，承受故障电流的电动力和热效应的能力，试验电路及主要设备如图6-18所示。

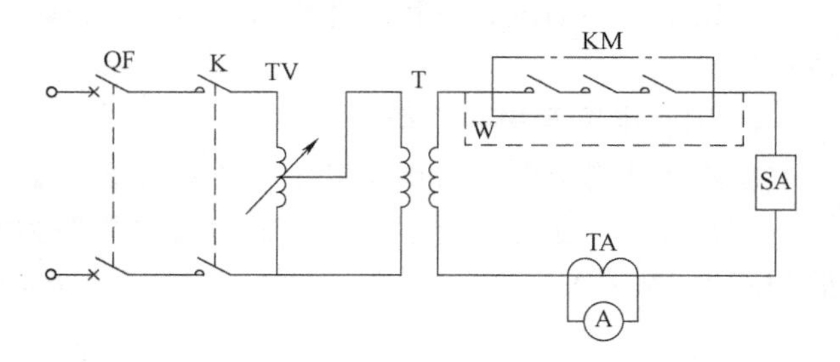

图6-17 耐受过载电流能力试验电路

QF—低压断路器 K—被试电器 TV—电压互感器 T—试验变压器 KM—接触器 SA—负载 TA—电流互感器 A—电流表

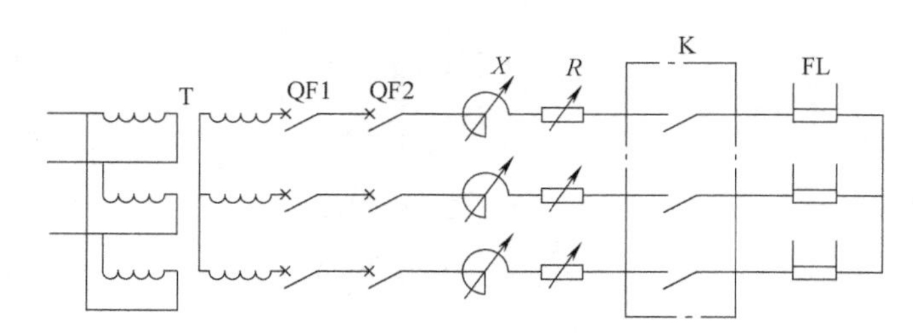

图6-18 短时耐受电流能力试验主电路

T—试验变压器 QF1—分闸开关 QF2—合闸开关 R、X—负载电阻与电抗 K—被试电器 FL—测量分流器

试验结果的判定：试验后的试品应与试前基本相同，触头无熔焊；绝缘部件无损伤；弹性部件无不可恢复的变形；动作特性、工频耐压试验应能满足产品标准规定要求。

6.9 寿命试验

电器寿命包括机械寿命和电寿命。

6.9.1 机械寿命试验

机械寿命（机械耐久性）是指机械开关电器在需要修理或更换机械零件前所能承受的无载操作循环次数，其取决于电器机械结构的牢固程度，以及零部件的机械强度。

试验结果的判断有双三制和单八制两种评定方式。其中，双三制判别法是指三台被试器试验到规定次数时正常，认为试验通过，如果有一台以上不合格，认为试验失败；但是若有一台不合格后再试三台，三台均合格，则认为试验通过。

单八制判别法是当八台被试器试验到指定次数时，如果不合格的台数不超过两台，则认为试验通过。

机械寿命试验的目的是考核被试电器的机械强度。试验参数：被试电器规定的机械寿命次数；被试电器的数量。

示例 6-1：按钮进行机械寿命试验的装置如图 6-19 所示。

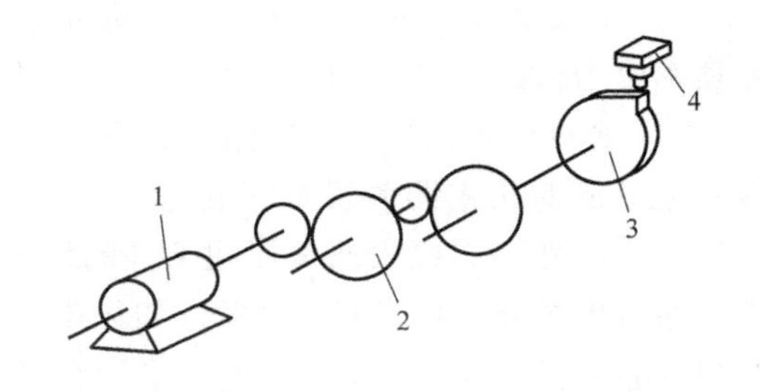

图 6-19　按钮进行机械寿命试验的装置

1—电动机　2—减速齿轮箱　3—凸轮　4—被试按钮

6.9.2　电寿命试验

电器的电寿命是指在规定的接通和分断条件下，电器不需修理和不更换任何零部件所能承受的有载操作次数。此试验主要考核电器在闭合和断开过程中触头的电气耐磨性。触头磨损前后的接触情况如图 6-20 所示。

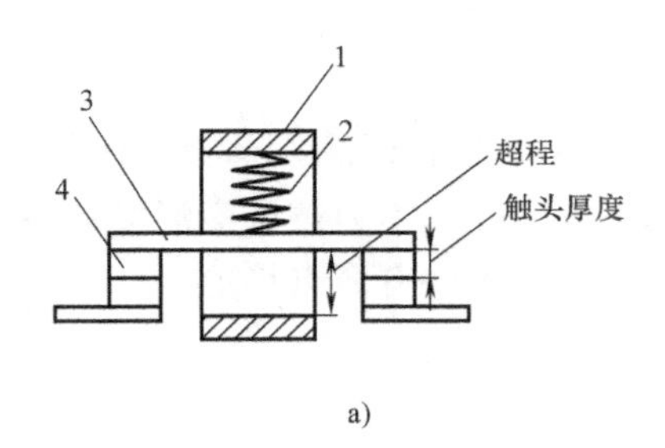

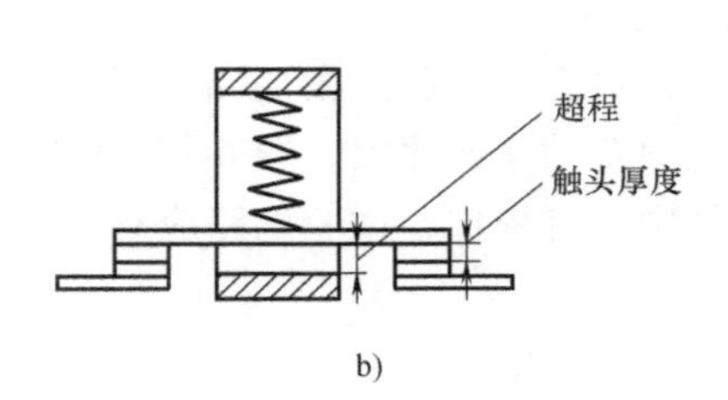

图 6-20　触头磨损前后的接触情况

a）磨损前　b）磨损后

1—触头支架　2—触头弹簧　3—动触桥　4—动触头

下面介绍交流接触器电寿命试验。

交流接触器的电寿命是指在规定的正常工作条件下，交流接触器不需要修理或更换零件而能承受的负载操作循环次数。电寿命试验的目的就是考核交流接触器在规定的试验条件下能否达到规定的电寿命次数。

见表 6-13，交流接触器电寿命试验的接通条件和分断条件不同，如工作于 AC-3 使用类别的电寿命试验，其接通条件为 $I/I_N=6$、$U/U_N=1$，分断条件为 $I/I_N=1$、$U/U_N=1/6$。

表 6-13　交流接触器在不同使用类别下的电寿命试验条件

使用类别	额定工作电流	接通			分断			控制负载
		I/I_e	U/U_e	$\cos\varphi$	I/I_e	U_r/U_e	$\cos\varphi$	
AC-1	全部值	1	1	0.95	1	1	0.95	无感或低感负载、电阻炉
AC-2	全部值	2.5	1	0.65	2.5	1	0.65	绕线转子异步电动机的起动、分断
AC-3	$I_e \leq 17$	6	1	0.65	1	0.17	0.65	笼型异步电动机的起动、运转中分断
	$I_e > 17$	6	1	0.35	1	0.17	0.35	
AC-4	$I_e \leq 17$	6	1	0.65	6	1	0.65	笼型异步电动机的起动、反接制动或反向运转、点动
	$I_e > 17$	6	1	0.35	6	1	0.35	

对于交流接触器来说，电寿命是影响交流接触器寿命的关键因素，其一般为机械寿命的 5%～20%。交流接触器电寿命的一个操作循环包括闭合一次和断开一次。

1. 试验要求

进行交流接触器电寿命试验时，试验电源、试验负载及试验电路等应满足的一般要求如下：

1）试验电源：可以是冲击发电机或电源变压器，电源控制电压波形基本上为正弦，电源频率应为试品之额定频率，其波动应不大于±5%。

2）试验负载：①负载电路由空心电抗器和电阻器互相串联以及与它们并联的电阻、电容（在分断时用来调节瞬态恢复电压用）组成；②当包括大型空心电抗器试验电路的瞬态恢复电压特性不能代表通常使用条件的情况下，每相空心电抗器应并联电阻，电阻分流大小应取通过电抗器的电流的0.6%，如果电抗器接在变压器的一次侧，则无须接入分流电阻；③当试验电流小于100A时，可以采用有气隙的铁心电抗器；④多个电抗器的并联连接，如果各个电抗器的时间常数之差与平均值之比不大于5%，则允许并联。

3）试验电路：①根据产品或技术条件的规定，连接电源、试品及负载；②除产品标准或技术条件中另有规定，试验电路应有一点接地，但不许有两点接地。

2. 试验主电路

交流接触器电寿命试验的主电路包括电源、模拟负载和试品三部分。图6-21为其电寿命试验的原理图及动作次序图，图6-22为接线图，其中，KM为被试交流接触器。除产品标准或技术条件中另有规定，试验电路应有一点接地，但不许有两点接地。

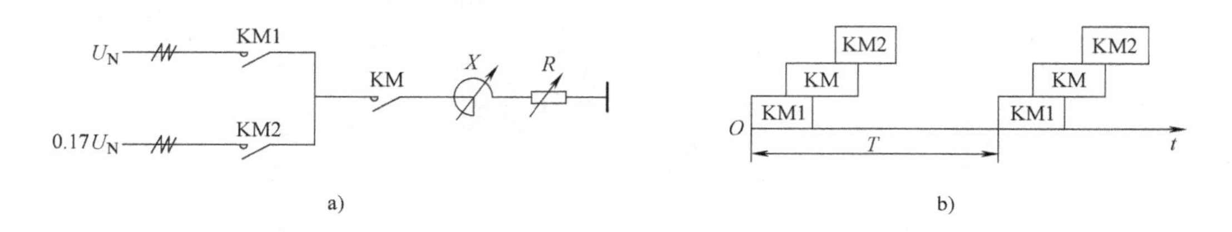

图6-21　AC-3类交流接触器电寿命试验电路

a）原理图（单线图）　b）动作次序图

KM1、KM2—控制用接触器　KM—被试接触器　R、X—负载电阻和电抗　T—1个工作循环时间

主电路电源为三相电源，为了满足分断试验的电压条件，电源每一相都引出了1/6电源电压，利用控制接触器KM1和KM2的切换，使被试品上加入额定电压或1/6额定电压。由电阻和电感组成的模拟负载是可调的，用来调节功率因数和负载电流，通过KM3的切换得到不同的接通和分断电流；通过控制接触器KM1、KM2和KM3不同的动作次序，实现不同的试验方式、试验频率等试验参数。控制接触器作为陪试品，本身也存在寿命问题，因此要定期更换。再有，设计控制时序时，要考虑控制接触器本身存在吸合和分断时间。

3. 试验参数的测定及允许误差

1）试验过程中，每隔一定时间应测量一次电源的空载电压，以各次测量值的平均值作为试验电压记入试验报告，电压的允差为±5%。试验电流可通过电流互感器（或分流器）用电流表（或毫伏表）直接测量，以换算至平均电压下的电流值为准并记入试验报告，电流的允差为±5%。

2）应根据示波图或用其他方法对电流、电压波形的正弦性以及通电时间进行一次性测定。测量电流波形的仪器不应该对瞬态过程造成不能允许的失真。

3）功率因数可以用取自电源的电压信号和取自互感器的电流信号，通过仪表进行测量。其允差由产品标准或技术条件规定。

4. 试验测控方式

电寿命试验计算机测控系统由硬件和软件组成。它以工控机为中心，配合控制电路和监测电路，控制试验按照一定的时序进行。该方式不但解决了试验的自动化问题，还能够检测触点间的电压、电流、吸合、释放时间、被监测的越限情况、故障类型及发生的时间等。

图 6-23 为接触器电寿命试验计算机测控装置硬件原理框图。其中，计算机用于逻辑控制、数据检测与处理，总线接口板作为 A-D 采样板、数字输入和数字输出板，采样点包括三个样品断口的电压测试点、三个三相电源电压测试点和三个电流通道测试点。电压通道可以选择 380V、660V、1140V 三档，电流通道采用高精度电流互感器采集三相试验电流。

交流接触器在不同使用类别下的电寿命试验条件见表 6-14。计算机测控系统电寿命试验顺序控制的流程图如图 6-24 所示。

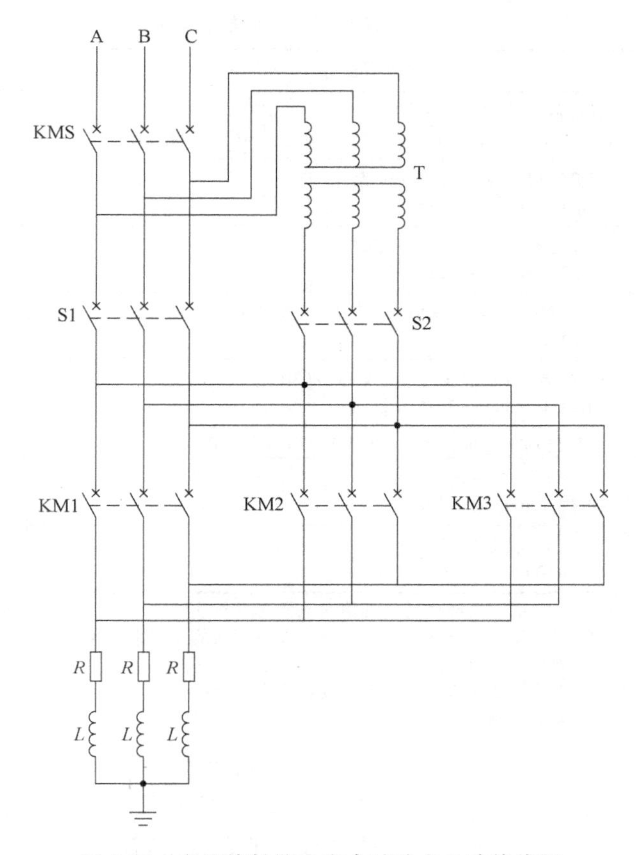

图 6-22　交流接触器电寿命试验主电路接线图

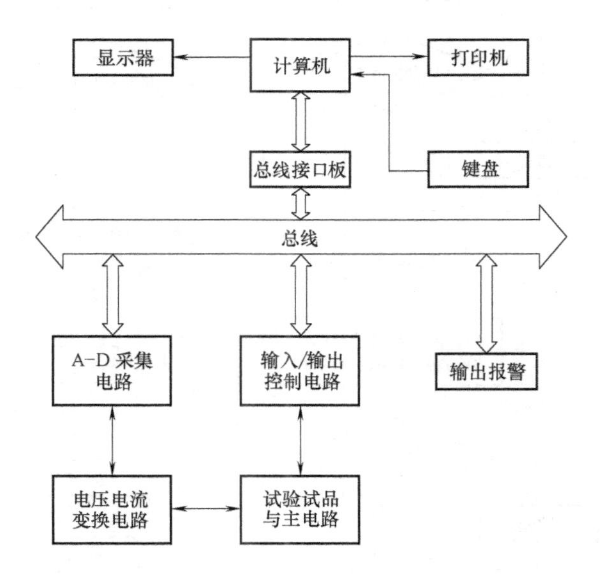

图 6-23　接触器电寿命试验计算机测控装置硬件原理框图

表 6-14 交流接触器在不同使用类别下的电寿命试验条件

试验项目/试验标准	试验参数
静电放电抗扰度试验 GB/T 17626.2—2018 8kV/空气放电或4kV/接触放电	8kV/空气放电或4kV/接触放电
射频电磁场辐射抗扰度试验 GB/T 17626.3—2016	10V/m
电快速瞬变脉冲群抗扰度试验 GB/T 17626.4—2018	2kV对电源端①，1kV对信号端②
1.25/50μs~8/20μs浪涌（冲击）抗扰度试验 GB/T 17626.5③—2019	2kV（线对地），1kV（线对线）
射频传导抗扰度试验（150kHz~80MHz） GB/T 17626.6—2017	10V
工频磁场抗扰度试验 GB/T 17626.8④—2006	30A/m
电压暂停、中断抗扰度试验 GB/T 17626.11—2023	半个周波下降30%，5~50个周波下降60%，250个周波下降100%
电源谐波抗扰度试验 IEC 61000—4—13：2015	⑤

① 电源端：由导体或电缆输送电器与其相连的并联设备运行所需要电能的端口。
② 信号端：由导体或电缆传送与设备相加的数据或信号的端口。可应用端口在产品标准中规定。
③ 额定直流电压24V及以下不适用。
④ 仅适用于含有易受工频磁场影响元件的电器。
⑤ 要求待制定。

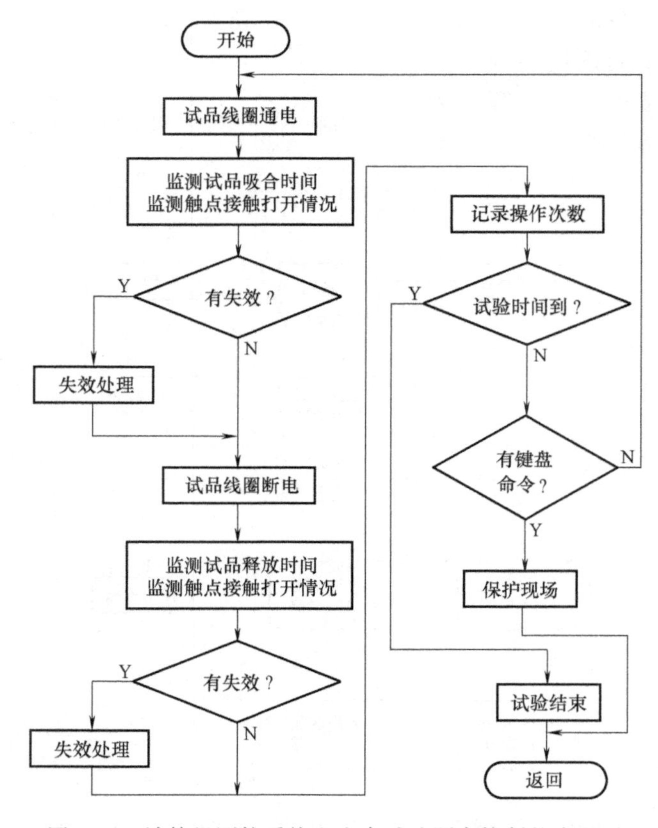

图 6-24 计算机测控系统电寿命试验顺序控制的流程图

思考题与习题

6-1　电器产品进行工频耐压试验有何要求？目的是什么？需要使用哪些设备？合格判据是什么？

6-2　为何电器的接通和分断能力要规定功率因数或时间常数？

6-3　影响接触器机械寿命和电寿命试验的因素有哪些？

6-4　为何低压电器的通断能力要规定功率因数或时间常数？进行通断能力试验时，主要设备有哪些？

6-5　为什么交流配电电器的极限通断能力（也称短路通断能力）试验规定负载阻抗要接在被试电器的前面，而交流控制电器的极限通断能力试验规定90%以上的负载阻抗要接在被试电器的后面？

6-6　为什么进行交流控制电器电寿命试验时，负载阻抗可以共用一套？

第3篇　高压电器

第7章　高压电器概述

高压电器能够使电力系统按一定要求安全可靠地运行，并可根据需要灵活变更运行方式，以方便实现维护和检修。随着我国经济的不断发展，电力需求也不断增长，作为电力行业重要装备制造业，高压电器行业的发展前景良好。

7.1　高压电器的定义

高压电器是指运行于电压3kV及以上，频率50Hz或60Hz及以下的电力系统中，起控制、保护、安全隔离和测量作用的电器。

高压电器有四种工作组合方式，各组合方式的电气接线和工作原理如图1-5所示。

1）高压侧接高压跌落式熔断器：常用于变压器装在户外或杆上，变压器容量在320kV·A以下的情况。高压跌落式熔断器不能带负载操作，只能通断一定容量的变压器的空载电流。当发生过载或短路故障时，熔管中的熔体熔断，熔管的一端绕轴旋转下坠，电弧被气吹熄灭。

2）高压隔离开关与高压熔断器串联使用：常用于变压器装在户内，变压器容量在320kV·A以下的情况。其中，高压隔离开关不能带负载操作。

3）高压负荷开关与高压熔断器串联使用：常用于变压器容量在500~1000kV·A的范围，或变压器需要经常通断的情况下。此时，高压负荷开关只能开断和闭合额定负载电流和一定过载电流，不能切断短路电流。为了能在电力系统发生短路故障时及时切除故障线路，必须使用高压熔断器。此组合方式只适用于容量不大、电压较低的电力系统。

4）高压断路器、高压互感器和继电器的联合应用：常用于变压器容量在1000kV·A及以上的范围。这种组合方式广泛应用于现代大容量的电力系统。

该组合方式的组成电器有：

① 高压断路器：一种具有很强灭弧能力的高压开关电器。它除了能开断正常的负载电流外，还能开断高达数百千安的短路电流。

② 为使高压断路器能选择性地自动切除各种故障，必须附设其他能反映线路工作状态的电器——高压电流互感器和高压电压互感器。高压电流互感器：串联在线路中，其作用是把处于高电位的大电流按比例地变换成处于低电位的小电流。高压电压互感器：跨接在线路上，能把高电压按比例地变换成低电压。两者除可提供继电器所需的信号外，也能够提供测

量所需的信号。

③ 继电器：属低压控制电器。它将由高压互感器交换得到的电流和电压信号经过逻辑判断后，向高压断路器发出动作与否的命令。

7.2　高压电器的作用和特点

高压电器能够根据电力系统安全、可靠和经济运行的需要，开断和关合正常线路和故障线路，隔离高压电源，起控制（使电力线路、设备投入或退出运行）、保护（切除故障线路或设备，建立可靠的绝缘断口，将停运的电力线路或设备可靠接地）和安全隔离的作用。

高压电器通常要具有以下性能特点：①可靠性高。高压电器作为电力系统中的控制和保护装置，若可靠性不高，在线路发生故障时不能正常控制，则影响范围会迅速扩大，造成大面积停电。②能承受很大的瞬时功率。电力系统中的故障电流往往几倍、几十倍于额定电流，持续时间达几秒钟，因此要求高压电器能承受、断开和关合这类故障电流。③动作时间快。因为高压电器开断故障电流的时间快慢，将影响电力系统传输功率的大小和运行的稳定性。

7.3　电力系统对高压电器的要求及高压电器的工作条件

7.3.1　电力系统的两类工作状态

1）长期正常工作状态：指电力系统的电压不超过工频最高工作电压，电流不超过最大负载电流的状态。

2）短时过电压和过电流的异常工作状态：指因雷击或误操作导致短时电压升高，以及因短路引起短时电流增大的异常工作状态。

7.3.2　电力系统对高压电器的要求

由于电力系统的运行状态和负载性质多种多样，要保证电力系统的安全运行，对高压电器的要求也是多方面的，具体如下：

1）绝缘方面：对地、断口间、相间应能够长期承受电力系统的最高工作电压，短时应能够承受工频、雷电冲击电压及操作过电压。

2）承载及切合性能：应能够承载及切合负荷电流；短时能够承载及切合短路故障电流；能够切合电容电流；能够切合小电感电流。

3）开断短路电流的能力：随着电力系统的电压等级、电网容量、设备单机容量、变电站容量、短路开断电流的不断增大，要求开断短路电流的能力越来越高。

4）可靠性：由于高压开关设备如果出现拒动、误动、开断失败，将对电力系统的安全运行构成严重影响，因此，电力系统要求高压开关设备可靠性高、寿命长、免维护。

5）限流能力：由于短路故障出现时，将对电力系统的稳定运行构成严重干扰；会造成电压跌落，影响电源质量；短路电流还会损坏电力设备机械结构。因此，电力系统常利用高压限制器限制短路电流，利用高压快速开关切除短路电流，使短路电流在 4、5 个工频半波被切除。

6）选相投切：高压开关电器在操作过程中产生的暂态电量将对电力系统构成干扰。为减小暂态电量的干扰，可在选定相位，采取选相方式完成投切操作。目前该操作仍存在一定的困难。

7）自然适应性：应满足温度、海拔、湿度、地震、污秽、风力、覆冰等方面的要求。

8）其他：应具有一定的机械寿命、电寿命、密封性能，使用时不能对环境产生污染。

7.3.3 高压电器的工作条件

为适应电力系统不同的工作状态，实现电力系统的控制和保护，高压电器必须满足以下基本要求：

1）能在工频最大工作电压下长期工作，即在此情况下，电器绝缘的老化过程不应太快，以致显著降低使用寿命。

2）高压电器既要承受工频最高工作电压的长期作用，又要承受内部过电压及外部（大气）过电压的短时作用，因此对绝缘要求很高。电器绝缘应能承受标准规定的短时过电压而不击穿，安全可靠。①电器绝缘材料本身的耐热性决定了电器载流导体的允许温度。②表征电器绝缘强度的参数中，“破坏性放电”和“击穿”是不可恢复的；而“火花放电”和“闪络”是可恢复的。“击穿电压”有交流的操作过电压和雷电过电压。③所谓“内部过电压”是指由于电力系统的参数突然变化在暂态过程中产生的电压，而“外部过电压”是指雷电冲击电压。

3）在最大负载电流下长期工作时，各部分的温升不超过标准规定的值，且有一定的短时过载能力。

4）有足够的热稳定性和电动稳定性，即能承受短路电流的热效应和电动力效应而不损坏。

5）能安全可靠地关合和开断规定的电流；另外，对提供继电保护和测量用信号的高压电器，还要求符合规定的测量精度。

6）能迅速可靠地切断其额定开断电流。

7.4 高压电器的工作环境

高压开关电器所处场所的自然环境变化会对其工作性能产生影响。在电器设计时，应该全面考虑这些要求。

1. 周围空气温度

当电器设备使用在周围空气温度高于40℃（但不高于60℃）时，允许降低负荷长期工作。推荐周围空气温度每增高1K，额定电流减小1.8%；反之，周围空气温度低于40℃时，每降低1K，额定电流增加0.5%。但其最大过负荷不得超过额定电流的20%。

温度过低会使高压电器内部的变压器油、润滑油、液压油的黏度增加，影响电器的分合闸速度；温度过低还可能使密封材料的性能劣化，造成电器漏气、漏油。反之，温度过高可能造成导电部分过热等；温度过高，空气的绝缘强度也会降低。

2. 海拔

海拔会对高压电器的外绝缘产生影响。海拔高的地区，大气压力低，空气稀薄，空气的绝缘强度也低。因此，有关标准规定，对用于海拔高于 1000m 但不超过 4000m 处的高压电器，海拔每升高 100m，其外绝缘的绝缘强度大约降低 1%。

高海拔地区空气稀薄、散热差，电器各部分的温升随之升高。因此，在高海拔地区工作的高压断路器在 1000m 处进行温升试验时，温升的允许值必须降低。标准规定，高压电器在海拔高于 1000m 但不超过 4000m 处且周围空气温度为 40℃ 工作时，每超过 100m（以海拔 1000m 为起点），允许温升降低 0.3%。

3. 湿度

我国长江以南地区湿度很大，全年很长时间的湿度在 90%以上，器件表面甚至会出现凝露。这样大的湿度，容易引起电器的金属件锈蚀、绝缘件受潮、油漆层脱落，甚至影响机构的可靠动作和出现绝缘件表面的闪络事故。我国标准中规定，高压电器应能在日平均相对湿度不大于 95%，月平均相对湿度不大于 90%的环境下工作。

4. 地震

地震烈度不超过 8 度。在多地震地区选用高压和超高压断路器时，应选用抗地震性能好、结构比较稳定的接地箱壳（落地罐式）断路器及 SF_6 气体绝缘全封闭开关设备（GIS）。

5. 污秽

沿海地区和重工业集中地区，尤其是火电厂、炼油厂、水泥厂、化工厂和沿海的油田等地区，空气中污秽严重，经常发生电器外绝缘的污闪事故。特别是秋末冬初和冬末春初之际，以及天气久晴之后，绝缘件上积秽较多，碰到毛毛雨天气就更为严重。

户内使用的电器的污秽问题也不容忽视。对于污秽地区，门窗不严的断路器室，如果清扫不及时，又不像户外电器有雨的自然清扫作用，污秽积累程度并不亚于户外电器。加上南方地区户内湿度高，对于环氧玻璃钢一类的有机绝缘材料来说，其沿面闪络电压将显著降低。

对于污秽引起的污闪事故除加强清扫、改善室内环境（密封、空调）外，还可以通过增加爬电比距（外绝缘爬电距离与电器额定电压之比）和选用合适的绝缘材料（如硅橡胶）等来解决。

6. 风力

过大的风力很可能使结构细长的高压电器变形甚至断裂，其结构设计中应考虑这种风力载荷。使用时，户外风速不超过 35m/s。

7.5 高压电器的分类

广义的“高压电器”，若按照额定电压高低的不同，又可细分为中压级、高压级、超高压级和特高压级四类电器。

高压电器的额定电压等于电器正常工作所在的电力系统的最高电压上限，为线电压值。其中，35kV 及以下者，称为中压级电器；66kV、110kV、220kV 者，称为高压级电器；330~750kV 者，称为超高压级电器；1000kV 及以上者，称为特高压级电器。

高压电器按照用途和功能的不同，分为高压开关电器（High Voltage Switching Device）、高压限制电器、高压保护电器、高压变换电器、高压开关设备五大类。

1. 高压开关电器

（1）定义 高压开关电器是指在电压3kV及以上，频率50Hz或60Hz及以下的电力系统中的户内和户外交流开关设备。

（2）结构 高压开关电器由导电回路、可分触头、灭弧装置、绝缘部件、底座、传动机构、操动机构等组成。导电回路用来承载电流；可分触头是使电路接通或分断的执行元件；灭弧装置则用来迅速、可靠地熄灭电弧，使电路最终断开。与其他开关相比，高压断路器的灭弧装置的熄弧能力最强，结构也比较复杂。触头的分合运动是靠操动机构做功并经传动机构传递力来带动的。其操作方式可分为手动、电动、气动和液压等。有些断路器（如油断路器、SF_6 断路器等）的操动机构并不包括在断路器的本体内，而是作为一种独立的产品提供断路器选配使用。

图7-1为五种典型高压开关电器的结构。

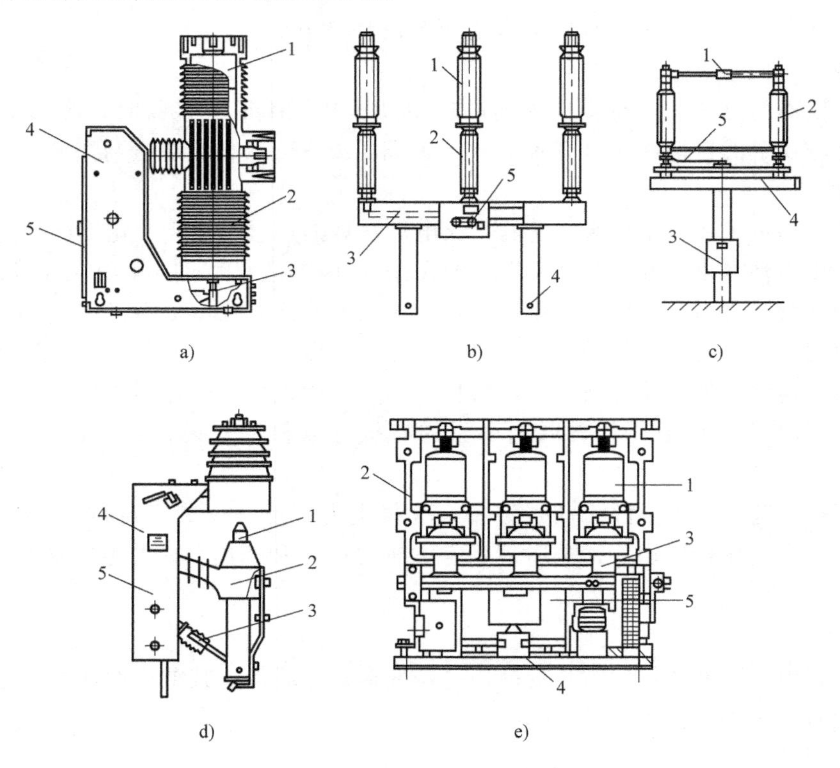

图7-1 典型高压开关电器的结构

a）真空断路器 b）SF_6 断路器 c）隔离开关 d）负荷开关 e）高压真空接触器

1—合分单元 2—绝缘支撑单元 3—传动单元 4—基座 5—操动机构

（3）分类 高压开关电器按其功能和作用的不同，可以分为：①元件及其组合：包括高压断路器、高压隔离开关、高压接地开关、重合器、分断器、高压负荷开关、高压接触器、高压熔断器以及上述元件组合而成的高压负荷开关-高压熔断器组合电器、高压接触器-高压熔断器（F-C）组合电器，隔离负荷开关、熔断器式开关、敞开式组合电器等。②成套设备：将上述元件及其组合与其他电器产品（如变压器、电流互感器、电压互感器、电容器、电抗器、避雷器、母线、进出线套管、电缆终端和二次元件等）进行合理配置，有机地组合在金属封闭外壳内，具有相对完整使用功能的产品。如金属封闭开关设备（开关柜）、气体绝缘金属封闭开关设备（GIS）和高/低压预装式变电站等。

高压开关电器按电路控制器件不同，有利用触头来合分电路的机械开关电器和利用半导体可控导电性来关合电路的半导体开关电器。两类开关电器的元件性能参数对比见表 7-1，两者五个基本单元的功能及主要部件对比见表 7-2。后续为介绍方便，机械开关电器省略“机械”前缀。

表 7-1　机械开关电器和半导体开关电器的元件性能参数对比

序号	比较项目	机械开关电器	半导体开关电器
1	阻抗转换比(断开时与导通时的阻抗比)	$10^{10} \sim 10^{14}$	$10^{4} \sim 10^{7}$
2	耐电压程度	单断口可达 550kV	每个元件只达 15kV
3	承受过载能力	强	弱
4	元件本身的功率损耗	小	大

表 7-2　高压开关电器五个基本单元的功能及组成部件

单元	合分单元	绝缘支撑单元	传动单元	基座	操动机构
功能	1. 承载、关合和开断正常工作电流及故障电流 2. 故障或电源隔离 3. 使设备或线路可靠接地	1. 用来支撑合分单元，使其能长期承受导线拉力、电动力、操作力等作用 2. 保证设备具有可靠的对地、相间及断口绝缘	合分单元与操动机构间的连接部分，它使合分单元能够按照指令正确动作	产品装配及安装基础	接收并执行操作指令，为合分单元提供工作所需的能量和机械特性
主要部件	有灭弧室、导电部件、并联电容、并联电阻等	各种材料制成的各形状的绝缘件如绝缘子、环氧浇注绝缘子、套管等	连杆、拐臂、拉杆等	底座、支架、壳体	电动机、储能器件、减速传动器件、凸轮、辅助开关等

高压开关电器中的高压断路器又称高压开关，是能接通、分断承载线路正常电流，也能在规定的异常电路条件下（如短路）和一定时间内接通、分断承载电流的机械式开关电器。

（4）用途　高压开关电器主要用于电力系统（包括发电厂、变电站、输配电线路和工矿企业、农业、居民等用户）的控制和保护，既可根据电网运行需要将一部分电力设备或线路投入或退出运行，也可在电力设备或线路发生故障时将故障部分从电网快速切除，故而保证电网中无故障部分的正常运行及设备、运行维护人员的安全。因此，高压开关电器是非常重要的输配电设备，其安全、可靠运行对电力系统的安全、有效运行具有十分重要的意义。

2. 高压限制电器

高压限制电器主要有电抗器、电阻器、电力电容器、高压避雷器。

（1）电抗器　它是指依靠线圈的感抗起阻碍电流变化作用以达到限制短路电流的电器，常用在母线的分段断路器回路以及电缆的出线中。它还可在故障发生时维持一定的母线电压，使接在非故障线路上的用户能继续用电。

根据“用途、有无铁心和绝缘结构”不同，电抗器分类如下：

1）电抗器按用途不同，分为三种：①限流电抗器：串联在电力电路中，用来限制短路电流的数值；②并联电抗器：一般接在超高压输电线的末端和地之间，用来防止输电线由于距离很长而引起的工频电压过分升高，还涉及系统稳定、无功平衡、潜供电流、调相电压、自励磁及非全相运行下的谐振状态等方面；③消弧电抗器：又称消弧线圈，接在三相变压器的中性点和地之间，用以在三相电网一相接地时供给电感性电流，以补偿流过接地点的电容性电流，使电弧不易持续起燃，从而消除由于电弧多次重燃引起的过电压。

2）电抗器按有无铁心，分为两种：①空心式电抗器：线圈中无铁心，其磁通全部经空气闭合；②铁心式电抗器：其磁通全部或大部分经铁心闭合，铁心式电抗器工作在铁心饱和状态时，其电感值大大减小，利用这一特性制成的电抗器叫作饱和式电抗器。

3）电抗器按绝缘结构的不同，分为两种：①干式电抗器：其线圈敞露在空气中，以纸板、木材、层压绝缘板、水泥等固体绝缘材料作为对地绝缘和匝间绝缘；②油浸式电抗器：其线圈装在油箱中，以纸、纸板和变压器油作为对地绝缘和匝间绝缘。

（2）电阻器 只用在某些电压互感器回路中。其工作原理和结构都较简单，本书不做专门介绍。

（3）电力电容器 目的是调节无功功率。内容属“高压绝缘”课程范畴。

（4）高压避雷器 它是一种防止过电压损坏电力设备的限压保护装备，实质是一个能释放雷电或兼顾释放电力系统操作过电压能量的放电器。它既可以使保护电工设备免受瞬时过电压危害，又能截断、续流，不致引起系统接地短路。当雷电入侵或操作过电压超过某一电压值后，高压避雷器将优先于与其并联的被保护电力设备放电，从而限制过电压，保护与其并联的设备；当电压值正常后，避雷器又迅速恢复原状，以保证系统正常供电。

3. 高压保护电器

如高压熔断器、高压避雷器以及负荷开关-熔断器组合电器、接触器-熔断器（F-C）组合电器、隔离负荷开关、熔断器式开关等电器。

4. 高压变换电器

高压变换电器又称高压互感器，用来把电路中的大电量信号按比例变换成小信号，并将相关电量信息传递给测量仪器、仪表和控制装置，以便提供测量和继电保护所需信号。

高压互感器的功能是：将高电压或大电流按比例变换成标准低电压（100V）或标准小电流（5A或1A，均指额定值），以便实现测量仪表、保护设备和自动控制设备的标准化、小型化，为测量和保护设备生产带来很大的经济性。此外，高压互感器还可用于隔离高电压系统，以保证人身和设备的安全。

高压互感器包括高压电压互感器和高压电流互感器两大类。

（1）高压电压互感器 在高压电路中按比例变换电压信号的互感器，叫作（高压）电压互感器。它是发电厂、变电所等输电和供电系统不可缺少的一种电器，实质上是一种降压变压器。高压互感器的二次额定电压都是制造成100V（$100/\sqrt{3}$V），但为了读数方便起见，仪表的表面刻度按一次侧额定值刻度，这样就可以直接从仪表上读出被测数值。

（2）高压电流互感器 在高压电路中按比例变换电流信号的互感器，称为（高压）电流互感器，又叫变流器。它的作用是把电路中的大电流变小，供给测量仪表和继电器的电流线圈；同时使测量仪表和工作人员与高压隔离，以保证安全。电流互感器的二次额定电流为5A（少数为1A或0.5A）。

5. 高压开关设备

由高压开关与控制、测量、保护、调节装置以及辅件、外壳和支持件等部件及其电气和机械连接组成的设备，总称为高压开关设备。其包括空气绝缘敞开式高压开关设备（AIS）、气体绝缘金属封闭式高压开关设备（GIS）及混合技术高压开关设备（MTS）。

1）空气绝缘敞开式高压开关设备（AIS），主要是瓷柱式高压断路器、罐式高压断路器及与它安装在一起的瓷柱式高压隔离开关。

2）气体绝缘金属封闭式高压开关设备（GIS），简称封闭式高压组合电器，是将两种或两种以上的电器，按接线要求组成一个整体而各电器仍保持原性能的装置。此设备能够节约电气设备占地面积，提高供电可靠性，具有结构紧凑、外形及安装尺寸小、使用方便且各电器的性能可更好地协调配合的特点。

SF_6 全封闭组合电器由高压断路器、高压隔离开关、负荷开关、接地开关、避雷器、高压互感器、套管或电缆终端以及母线等元件直接连接在一起，用压缩气体（如 SF_6 气体）进行绝缘，其外形如图 7-2 所示。

图 7-2　SF_6 全封闭组合电器外形

SF_6 全封闭组合电器的分类：按结构形式不同，分为单极式和三极式；按使用场所不同，分为户内式和户外式。其中，户内式（in door）被设计成安装在建筑物内或遮蔽物内使用的电器，这些地方可保护它们免遭风、雨、雪、尘埃、凝露、冰和浓霜等侵袭。户外式（out door）适合安装于露天使用的电器，它们能耐受风、雨、雪、积尘、露、冰及浓霜等侵袭。

3）混合技术高压开关设备（MTS），指利用敞开式开关设备组合及气体绝缘金属封闭开关设备组合而成的高压开关设备。分以下两种：①敞开式组合电器（C-AIS），其以瓷柱式高压断路器为基础，基本型号为 ZCW；②复合式组合电器（H-GIS），其以罐式高压断路器为基础，是相间空气绝缘、单极金属封闭、SF_6 气体绝缘的组合电器，基本型号为 ZHW。

在温升试验规定的条件下，当周围空气温度不超过 40℃时，高压开关设备和控制设备任何部分的温升不应该超过表 7-3 规定的温升极限。

表 7-3　高压开关设备和控制设备的各种部件、材料和绝缘介质的温度和温升极限

部件、材料和绝缘介质的类别 （见注 1、2 和 3）	最大值	
	温度/℃	周围空气温度不超过 40℃时的温升/K
1. 触头（见注 4）		
裸铜或裸铜合金		
——在空气中	75	35
——在 SF_6 中（见注 5）	105	65
——在油中	80	40
镀银或镀镍（见注 6）		
——在空气中	105	65
——在 SF_6 中（见注 5）	105	65
——在油中	80	40
镀锡（见注 6）		
——在空气中	90	50
——在 SF_6 中（见注 5）	90	50
——在油中	90	50

（续）

部件、材料和绝缘介质的类别（见注1、2和3）	最大值	
	温度/℃	周围空气温度不超过40℃时的温升/K
2. 用螺栓的或与其等效的连接（见注4）		
裸铜或裸铜合金		
——在空气中	90	50
——在 SF_6 中（见注5）	105	75
——在油中	100	60
镀银或镀镍（见注6）		
——在空气中	115	75
——在 SF_6 中（见注5）	115	75
——在油中	100	60
镀锡（见注6）		
——在空气中	105	65
——在 SF_6 中（见注5）	105	65
——在油中	100	60

注：1. 按其功能，同一部件可以属于表中列出的几种类别。在这种情况下，允许的最高温度和温升值是相关类别中的最低值。

2. 对真空开关装置，温度和温升的极限值不适用于处在真空中的部件。其余部件不应该超过表中给出的温度和温升值。

3. 应注意保证周围的绝缘材料不遭到损坏。

4. 当接合的零件具有不同的镀层或一个零件由裸露材料制成时，允许的温度和温升应该是：a）对触头，表中项1中有最低允许值的表面材料的值；b）对连接，表中项2中有最高允许值的表面材料的值。

5. SF_6 是指纯 SF_6 或 SF_6 与其他无氧气体的混合物。由于不存在氧气，把 SF_6 开关设备中各种触头和连接的湿度极限加以协调看来是合适的。按照 IEC 60943［1］关于规定允许温度的导则，在 SF_6 环境下，裸铜和裸铜合金零件的允许温度极限可以等于镀银或镀镍零件的值。在镀锡零件的特殊情况下，由于摩擦腐蚀效应（参见 IEC 60943），即使在 SF_6 的无氧条件下，提高其允许温度也是不合适的。因此镀锡零件仍取原来的值。

6. 按照设备有关的技术条件：a）关合和开断试验（如果有的话）后；b）短时耐受电流试验后；c）机械寿命试验后；有镀层的触头的质量应该在接触区有连续的镀层，不然，触头应该被看作“裸露”的。

7. 当使用表中没有给出的材料时，应该考虑它们的性能，以便确定最高的允许温升。

8. 即使和端子连接的是裸导体，这些温度和温升值仍是有效的。

9. 在油的上层。

10. 当采用低闪点的油时，应当特别注意油的汽化和氧化。

11. 温度不应该达到使材料弹性受损的数值。

12. 绝缘材料的分级在 IEC 60085 中给出。

13. 仅以不损害周围的零部件为限。

7.6 高压电器的基本技术参数

高压开关设备和控制设备及其操动机构的铭牌上均标有与 IEC 标准相同的规定信息，如产品的型号、技术参数等。由于它们中的许多是各种高压开关设备和控制设备通用的，所以这些参数采用相同符号表示。这些参数和符号如下：

——额定电压，U_N；

——额定雷电冲击耐受电压，U_P；

——额定操作冲击耐受电压，U_s；

——额定工频耐受电压，U_d；

——额定电流，I_N；

——额定短时耐受电流，I_t；

——额定峰值耐受电流，I_F；

——额定频率，f_r；
——额定短路持续时间，t_k；
——额定辅助电压，U_a；
——绝缘介质的额定充入压力（密度），P_{re}（ρ_{re}）；
——操作介质的额定充入压力（密度），P_{rm}（ρ_{rm}）；
——绝缘介质的报警压力（密度），P_{ae}（ρ_{ae}）；
——操作介质的报警压力（密度），P_{am}（ρ_{am}）；
——绝缘介质的最低功能压力（密度），P_{me}（ρ_{me}）；
——操作介质的最低功能压力（密度），P_{mm}（ρ_{mm}）。

其他专用的参数（如气体的种类或温度等级）应该用相关标准中使用的符号来表示。

7.6.1 电压

高压开关电器长期在电网中使用时，就应与其他电力设备一样，能够耐受各种电压、电流的作用而不致损坏。

1）要求分清 IEC 和国家标准中的两个电工名词：标称值和额定值。

① 标称值（nominal value）：用以标识一个元件、器件或设备的合适的近似量值。

② 额定值（rated value）：是由制造厂对一个元件、器件或设备在规定工作条件下所规定的一个量值。

2）要求分清标称电压和系统最高电压。

① 标称电压是系统被指定的电压。

② 系统最高电压是指运行中所出现的电压最高值，不包括异常和暂态、瞬态的电压。电气设备的额定电压：根据规定的工作条件，由制造厂确定的电压。设备最高电压：考虑到设备绝缘性能所确定的最高运行电压，其数值等于所在系统的系统最高电压。有关标准规定，电气设备额定电压的数值应按设备所在系统的最高电压确定，表示设备用于电网的“最高系统电压”的最大值（见 IEC 60038 的第 9 章）。

③ 最高（大）工作电压 U_m（有效值，kV）：电器可以长期使用的最高工作线电压。高压电器应适应系统的最高工作电压，因此，我国规定在 220kV 及以下的电压等级，最高工作电压为 1.15 倍的系统额定电压，330kV 及以上的电压等级为 1.1 倍的系统额定电压。因此，高压电器的最高工作电压即为额定电压，相关数值见表 7-4。

表 7-4　高压电器的标称电压和额定电压（以额定电压在 800kV 及以下为例）

（单位：kV）

标称电压	3	6	10	20	35	66	110	220	330	500	750
额定电压	3.6	7.2	12	24	40.5	72.5	126	252	363	550	800

高压电器工作时还应耐受高于额定电压的各种过电压作用，而不会导致绝缘的损坏。标志这方面性能的参数有 1min 工频耐受电压、雷电冲击耐受电压和操作冲击耐受电压。具体数据与高压断路器的额定电压有关，详见相关国家标准。

7.6.2 电流

高压电器长期通过工作电流时，各部分的温度不得超过允许值，以保证电器的工作可靠。关于电器各种情况下的允许温度在有关标准中都有规定。

高压电器在关合位置通过短路电流时，不应因电动力受到损坏，各部分温度也不应超过短时工作的允许值，触头不应发生熔焊和损坏。标志这些功能的参数有额定电流、额定短时耐受电流、额定短路持续时间和额定峰值耐受电流。

1. 额定电流（I_N，A）

额定电流指高压电器在规定使用和性能条件下能长期通过的电流有效值，要求电器的各金属和绝缘部分的温升不超过长期工作时的极限允许温升值。额定电流值应从R10优先数系中选取。

额定电流的大小确定了电器导电部分和触头的尺寸、结构以及散热结构。这是因为允许的发热温度有规定，当额定电流增大时，就要求导电部分的截面增大，以减小损耗和增大散热面积。

2. 额定短时耐受（热稳定）**电流**（I_t，有效值，kA）

额定短时耐受电流指在规定的使用和性能条件下，在规定的短时间（1s、2s或4s）内，高压电器在合闸位置所能承受短路电流的热效应的电流有效值。

额定短时耐受电流的标准值应从IEC 60059中规定的R10系列中选取，且应与电器的任何其他短路额定值不矛盾。

3. 额定短路持续时间（s）

额定短路持续时间是指高压电器在合闸位置能承载额定短时耐受电流的时间。

4. 额定峰值耐受（动稳定）**电流**（I_F，峰值，kA）

额定峰值耐受电流也称额定动稳定电流，是指在规定的使用和性能条件下，高压电器在合闸位置承受电动力作用而不发生机械损坏的额定短时耐受电流第一个大半波的电流峰值。

额定峰值耐受电流应当按照系统特征的直流时间常数来确定。45ms的直流时间常数覆盖了大多数工况且当额定频率为50Hz时，它等于2.5倍额定短时耐受电流，而当额定频率为60Hz时，它等于2.55倍额定短时耐受电流。按照电力系统特性和高压开关设备的操作特点，可能要求高于2.55倍额定短时耐受电流的值，例如，当系统直流分量的衰减时间常数大于45ms，或发电机、开关等，其倍数由产品的技术条件做出规定。

5. 额定短路关合电流（I_{Ng}，峰值，kA）

额定短路关合电流指在额定电压以及规定的使用和性能条件下，高压断路器所能闭合而不造成触头熔焊（或其他妨碍继续正常工作）的电流。它的大小通常等于动稳定电流。

6. 额定短路开断电流（I_{NK}，交流有效值或直流分量的百分数，kA）

额定短路开断电流是指高压电器在规定的使用和性能条件下能开断的最大短路电流，波形如图7-3所示。额定短路开断电流是标志高压开关电器开断短路故障能力的参数。它由交流分量有效值（额定短路开

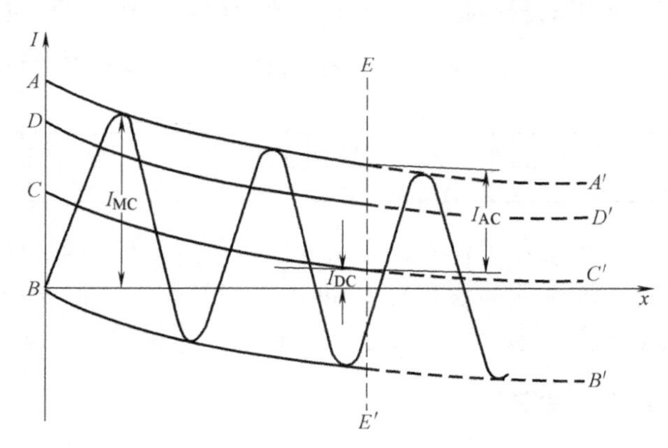

图7-3 额定短路开断电流的波形图

断电流的交流分量有效值为 6.3kA、8kA、10kA、12.5kA、16kA、20kA、25kA、31.5kA、40kA、50kA、63kA、80kA 和 100kA）和直流分量百分数（如果直流分量不超过 20%，额定短路开断电流仅由交流分量有效值来表征）两个值来表征。

以上四种短路电流均为同一短路电流在不同操作情况或不同时刻出现的电流有效值或者峰值，它们的关系为 $I_t = I_{NK}$ 和 $I_F = I_{Ng}$。例如，设 I_t 为 31.5kA 时，$I_{NK} = I_t = 31.5\text{kA}$。由于一般高压断路器的 $I_F = 1.8\times\sqrt{2}I_t = 2.55I_t$，故有 $I_F = I_{Ng} = 2.55I_t = 80\text{kA}$。

7.6.3 开断时间

电力系统发生短路故障后，要求继电保护系统尽快动作，开关电器开断得越快越好。这样可以缩短电力系统故障存在的时间，减轻短路电流对电力设备造成的危害，更重要的是，在超高压电力系统中，缩短开关电器开断短路故障的时间可以增加电力系统的稳定性，从而保证输电线路的输送容量。高压开关电器的分闸过程及动作时间如图 7-4 所示。

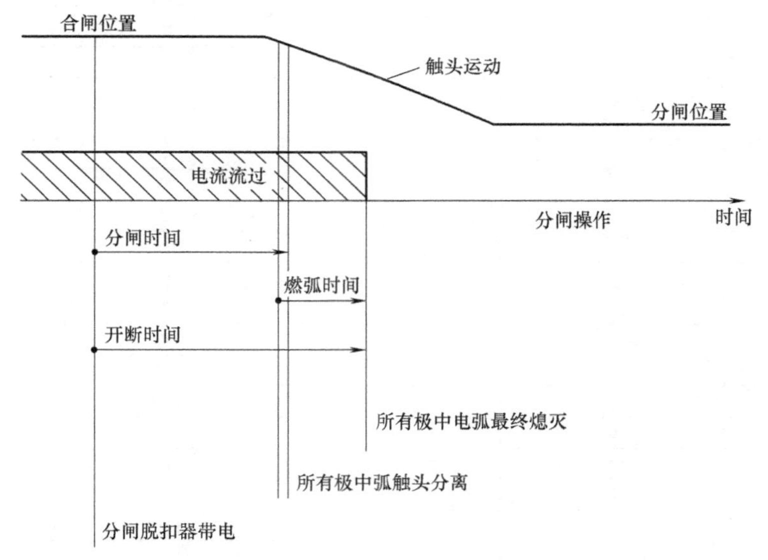

图 7-4　高压开关电器的分闸过程及动作时间

1. 开断时间

开断时间是指开关电器接到分闸指令起，到所有极中电弧都熄灭的时间间隔。开断时间由分闸时间和燃弧时间两部分组成。开断时间是标志开关电器开断过程快慢的参数。

2. 分闸时间

分闸时间是指开关电器接到分闸指令起，到所有极的弧触头分离瞬间的时间间隔。

3. 燃弧时间

燃弧时间是指开关电器从首开极的触头开始分离起，到所有极电弧最终熄灭的时间间隔。

对于高压开关电器，分闸时间和燃弧时间都必须尽量缩短。

7.6.4 额定绝缘水平

高压开关设备和控制设备的额定绝缘水平用电压值反映，可从表 7-5 中选取。表中，耐受电压适用于 IEC 60071-1 中规定的标准参考大气温度（20℃）、压力（101.3kPa）和湿度（11g/m^3）条件。这些耐受电压包括了正常运作条件下规定的最大海拔 1000m 时的海拔修正。雷电冲击电压（U_P）、操作冲击电压（U_s）（适用时）和工频电压（U_d）的额定耐受电压值应该在不跨越有水平标志线的行中选取，额定绝缘水平用相对地额定雷电冲击耐受电压来表示。

大多数额定电压都有几个额定绝缘水平，以便应用于不同的性能指标或过电压特征。选取时，应当考虑受快波前和缓波前过电压作用的程度、系统中性点接地的方式和过电压限制装置的型式（见 IEC 60071—2）。若在本标准中无其他规定，表中的“通用值”适用于相对地、相间和开关断口。“隔离断口”的耐受电压值仅对某些开关装置有效，这些开关装置的触头开距是按满足隔离开关规定的功能要求设计的。

表 7-5　额定电压范围Ⅰ、系列Ⅰ的额定绝缘水平

额定电压 U_N/kV（有效值）	额定短时工频耐受电压 U_d/kV（有效值）		额定雷电冲击耐受电压 U_P/kV（峰值）	
	通用值	隔离断口	通用值	隔离断口
(1)	(2)	(3)	(4)	(5)
3.6	10	12	20	23
			40	46
7.2	20	23	40	46
			60	70
12	28	32	60	70
			75	85
17.5	38	45	75	85
			95	110
24	50	60	95	110
			125	145
36	70	80	145	165
			170	195
52	95	110	250	290
72.5	140	160	325	375
100	150	175	380	440
	185	210	450	520
123	185	210	450	520
	230	265	550	630
145	230	265	550	630
	275	315	650	750
170	275	315	650	750
	325	375	750	860
245	360	415	850	950
	395	460	950	1050
	460	530	1050	1200

注：1. 关于 10kV 与 20kV 配电电压的应用情况。1956 年 1 月，我国电力工业部开始在全国推行 10kV 配电。约 65%的供电量通过 10kV 等级输出。2007 年国网公司下达“关于推广 20kV 电压等级的通知”，由于 20kV 配电电压可以提高供电能力、减少土地占用量、减少建设投资、降低损耗和提高电压质量，还可取消 10kV 和 35kV 电压等级，简化电压等级（如简化为 220/20/0.4kV）。欧洲国家 80%的中压电网采用 20～25kV 电压等级。美国、法国、德国、日本等国的实践均证明，采用 20kV 供电能取得很好的经济效益。

2. 20kV 电压等级的推广，使 24kV 开关设备应运而生，包括户内真空断路器、限流熔断器、负荷开关、空气绝缘开关柜、箱式气体绝缘柜（C-GIS）、环网柜、箱式变电站及电缆分接箱，以及户外的柱上断路器、重合器、分段器、负荷开关及跌落式熔断器等。

3. 本表与表 7-4 中的额定电压只有五个相同，其余是为考核绝缘水平的电压值。

7.7　高压电器设备的发展

1）将一次设备和控制测量设备一体化，包含保护、计量和在线检测功能。该发展趋势是传统机电技术和现代信息技术的结合，是传统行业划分的重新组合。

2）电力电子开关容易实现快速和选相控制。随着电力电子技术的发展，电力电子开关可望得到广泛应用。待解决的问题有：正常运行时管压降引起的损耗；电力电子器件承受短路电流的能力较低。

3）限流技术。无论是机械开关还是电力电子开关，都需要在工频过零时开断（否则需解决线路电感能量问题），因此，第一个短路电流峰值的出现不可避免，其危害也不可避免。限流装置提供串联阻抗，限制短路电流幅值，从而减小对系统稳定和电力设备的危害，减小电压跌落，减小对开断能力的要求。待解决的问题有：串联阻抗在正常情况下也产生电压降和损耗，影响电网运行质量。

4）超导故障电流限制器。有电阻式、电感式、磁屏蔽式、饱和电抗器式、整流式和综合式等。在正常工作电流下不呈现电阻或电抗；在出现短路电流时，呈现电阻或电抗。待解决的问题有：材料、制造和运行费用较高。

5）发展快速开关和同步开关。传统开关开断的速度大概 1m/s，快速开关的开断速度为 5~10m/s，甚至达到 15m/s。这是开关行业智能电网、智能开关的发展方向，也可通过同步控制，实现三相过零熄灭电弧。而快速机械开关具有可靠性高、无损耗、低成本的优点，将机械开关和其他装置结合使用，可呈现更大优点：①为其他设备提供快速保护，如超导限流器的保护。②和电力电子开关并联使用，实现快速准确投切，如电源快速切换。由于分合闸时间短，可通过串并联实现低电压、小容量开关进行高电压或大容量开断。③和限流器并联使用，实现电流转移和限流。

6）绿色环保开关设备。西安交通大学—平高研究院联合研发的 126kV 无氟环保型气体绝缘金属封闭开关设备，实现了我国在输电等级环保型开关产品上的突破。

7）利用先进电子控制技术实现高压断路器选相分、合闸。随着高电压、大容量电网发展，系统过高的合闸过电压和大短路电流对电力系统安全性和可靠性是不利的。选相合闸空载线可以最低限度地限制合闸过电压，这对特高压电网降低绝缘水平、提高技术经济水平十分重要。开断大短路电流（特别是 50kA 以上及较大非对称电流场合）对高压断路器开断负担较重，如果能自动选择有利相位（即较短燃弧时间及小半波）开断，可以改善高压断路器开断能力，提高电力系统的安全性、可靠性。

8）高压电器智能化。由于计算机、传感器技术的发展及电网自动化的提高，对高压电器智能化功能的需求更为迫切。强电设备与先进弱电技术结合，可显著扩展高压电器功能，为电网自动化、远动化、在线检测提供更好的条件。体积大、质量大、功能单一的传统电磁式继电保护装置、电工仪表、控制装置将被多功能的计算机、传感器所取代。

思考题与习题

7-1　何谓高压电器？它与低压电器的主要差异有哪些？

7-2　列表简述高压电器和低压电器各自的分类方式及相关电器的名称。

7-3　简述高压隔离开关、高压负荷开关与高压断路器三类电器各有何作用。

第 8 章　高压断路器及其操动机构

高压断路器是高压开关设备众多品种中的主导产品，也是一系列高压成套装置中的主要元件。它能在系统故障与非故障情况下实现多种操作，是电力系统中最主要的操作与保护装置。

1977 年，世界上确立了无油断路器的地位，其在 12~45.5kV 的产量超过了油断路器。从而断路器由多油和少油断路器进入了无油断路器的时代。20 世纪 80 年代中期，高压真空断路器的分断能力已达 100kA。从 1977—1988 年的 10 多年间，人们对作为无油断路器两大支柱的高压真空断路器和 SF_6 断路器开展了旷日持久的争论，争论的核心是高压真空断路器优越，还是 SF_6 断路器优越；是应发展高压真空断路器，还是 SF_6 断路器。当时专门生产 SF_6 断路器的大公司有法国 MG 公司、Alstom 公司及瑞士 BBC 公司，专门生产高压真空断路器的大公司有英国 GEC、美国西屋公司及日本的东芝、三菱、日立、明电舍等。争论的结果是两者都得到了发展。但从争论中，双方都看到了对方的长处，原来单一生产 SF_6 断路器的厂家，接受了高压真空断路器技术，才有了后来的产品转型，BBC 公司（现 ABB 公司）接收了专门生产高压真空断路器的德国 Calor Emag 公司，使 ABB 公司既有 SF_6 断路器产品又有高压真空断路器产品，而且到 1999 年，高压真空断路器产量赶上并超过了 SF_6 断路器。ABB 公司在我国设立的厦门 ABB 开关有限公司，其真空断路器产量多年位居我国高压真空断路器产量之首，如 2006 年生产 VD4 高压真空断路器 31239 台，2007 年生产 34592 台，2008 年生产 36108 台，2009 年生产 37188 台，到 2022 年 VD4 的产量达到 10 万台。

在我国，20 世纪 70~80 年代，一直生产少油断路器，其中 SN10 型少油断路器为主导产品，到 1983 年，研制出 SN10-35 型少油断路器，使 SN10 少油断路器从 12kV 到 40.5kV 构成一个完整的系列。但针对国外已进入无油化断路器时代，中压断路器无油化的呼声在国内日渐高涨。1983 年，高压电器技术情报网在国内掀起中压断路器无油化浪潮，引入国外无油化进程，大量介绍无油化最新产品——SF_6 断路器和高压真空断路器。1992 年，电力部门开始推广使用高压真空断路器。1997 年，我国 12kV 和 40.5kV 无油断路器（包括 SF_6 断路器和高压真空断路器）产量之和均超过油断路器，至此，我国基本上实现了无油化，确立了中压无油断路器的主导地位。但作为无油断路器两大支柱的高压真空断路器和 SF_6 断路器在从 20 世纪 90 年代至今的发展中，高压真空断路器越来越占上风，其发展远远超过 SF_6 断路器。高压真空断路器产量大，生产厂家多，如 2007 年 12kV 高压真空断路器产量高达 412881 台，生产厂家 140 家，而 12kV SF_6 断路器产量仅 5750 台，生产厂家仅 12 家。又如 2009 年 12kV 高压真空断路器产量达 464190 台，生产厂家 148 家，而 12kV SF_6 断路器减为 2828 台，生产厂家减为 6 家。

不同电压等级所需高压开关数量不同，电压等级越高，所需开关数量越少。这里以所需中压下的高压断路器为对象，得到的估算数据为：电力每增加 1 万 kW，约需 550kV 断路器 0.1 台，252kV 断路器 0.72 台，126kV 断路器 2.49 台，12kV 断路器 100~150 台。由此可知，在配电领域，如 12kV 级断路器用量很大。其他配电类型开关数量也会相应大幅增加，如断路器∶隔离开关为 1∶4~1∶3，断路器∶负荷开关为 1∶6~1∶5。作为成套装置的配电网开关柜、

C-GIS、环网柜、F-C回路柜、负荷开关-熔断器组合电器及箱式变电站也会大幅增加。因此，随着配电网建设的加大，对中压开关设备的需求将大大增加，这对开关制造业非常有利。

8.1　高压断路器的定义和组成

8.1.1　定义

高压断路器是能关合、承载、开断正常运行电路的正常工作电流，也能在规定时间内关合、承载及开断规定的过载电流（包括短路电流）的机械开关电器。

8.1.2　组成

高压断路器包括开断、操动和传动以及绝缘三部分。

1）开断部分：导电和触头系统以及灭弧室，其中，灭弧室为其核心。

2）操动和传动部分：包括操动能源和把操动能源传动到触头系统的各种传动机构。

3）绝缘部分：包括绝缘元件、绝缘连接件等。

外绝缘（External Insulation）是指空气间隙及设备固体绝缘的外露表面，它承受着电应力作用和大气条件以及其他外部条件如污秽、潮湿、虫害等的影响。

内绝缘（Internal Insulation）是指设备内部的固体、液体或气体绝缘，它不受大气及其他外部条件的影响。

8.2　电力系统对高压断路器的基本要求

1. 高压断路器的地位

高压断路器在电力系统中起两个方面的作用：一是控制作用，即把一部分电力线路或设备投入或退出运行；二是保护作用，即在电力线路或设备发生故障时将故障部分从电网中快速切除，工作中要承受电的、热的、机械力的作用，还要受大气环境的影响，其性能好坏和工作可靠程度决定了电力系统安全供电，是最重要的高压电器。

2. 电力系统对高压断路器的要求

详见GB/T 11022—2020《高压交流开关设备和控制设备标准的共用技术要求》。

1）基本要求：满足绝缘、发热和电动力等要求。

2）特殊要求：要满足电力系统在关合和开断方面的以下要求。

① 正常情况下能开断和关合负载电流电路，必要时还需考虑开断和关合空载长线或电容器组等电容负荷（克服合闸过电压），以及开断空载变压器或高压电动机等小电感负荷（克服操作过电压）。

② 电力系统出现各种短路故障时，能将故障部分从电力系统中切除。

a. 关合短路故障。

当开关电器关合有预伏故障的电路时，在关合过程中，常在动、静触头尚未接触前，在电源电压作用下，触头间隙击穿（通常称为预击穿），随即出现短路电流。在关合过程中出现短路电流，会对开关电器的关合造成很大的阻力，这是由于短路电流产生的电动力造成的。有的情况下，甚至出现动触头合不到底的情况。此时在触头间形成持续电弧，造成开关电器的严重损坏甚至爆炸。为了避免出现上述情况，开关电器应具有足够的关合短路故障的能力。标志这一能力的参数是开关电器的额定短路关合电流。

额定短路关合电流是指开关电器在额定电压以及规定的使用和性能条件下，能保证正常关合的最大短路峰值电流。

b. 开合各种空载、负载电路。

高压开关电器在电力线路中工作时，除关合、开断（简称开合）一般负荷外，有时需要开合空载架空线路、电缆线路和电容器组以及空载变压器、并联电抗器、高压电动机等负载电路。开合这些电路的主要问题是可能产生过电压。这时，对高压开关电器的要求是在开合过程中，不应产生危及绝缘的过电压，即过电压必须限制在规定的范围内。标志这方面开合能力的主要参数是额定电压和各种开合电流，如额定线路充电开断电流、额定电缆充电开断电流、额定单个电容器组开断电流、额定背对背电容器组开断电流、额定单个电容器组关合涌流、额定背对背电容器组关合涌流和感性开断电流等。

额定线路充电开断电流，是在额定电压和规定的使用和性能条件下，应能开断的最大线路充电电流，开断时不得重击穿，且过电压不得大于规定的数值。额定线路充电开断电流的规定，局限于指定使用在开合三相架空线，且额定电压等于或大于40.5kV的开关电器。

额定电缆充电开断电流，是在额定电压和规定的使用和性能条件下，应能开断的最大电缆充电电流，开断时不得重击穿，且过电压不得大于规定的数值。

额定单个电容器组开断电流，是在额定电压和规定的使用和性能条件下，应能开断的最大电容电流，开断时不得出现重击穿，且操作过电压不得大于规定的数值。此开断电流系指开合一组并联电容器的电流，开关电器的电源侧并没有连接多个并联电容器。单个电容器组开断电流的额定值详见相关标准。

额定背对背电容器组开断电流，是在额定电压和规定的使用和性能条件下，应能开断的最大电容电流，开断时不得出现重击穿，在运行中操作过电压未超过规定的最大允许值。此开断电流系指开合一组并联电容器的电流，开关电器电源侧连接有一组或几组并联电容器，其关合涌流等于额定电容器组关合涌流。背对背电容器组开断电流的额定值详见相关标准。

额定背对背电容器组关合涌流，是在额定电压及相应使用条件的涌流频率下，应能关合的电流峰值。电容器组关合涌流的额定值详见相关标准。在运行中，涌流的频率通常在2~5kHz范围内。

③ 要尽可能缩短断路器的故障切除时间，以减轻短路电流对电力设备的损害，提高电力系统的稳定性。电力系统出现短路故障时，为缩短短路故障的时间常常要求高压断路器能够尽快开断，以减小短路电流对负载的影响，保证电力系统运行的稳定。由此可见，开断时间是高压断路器的一类重要参数。

a. 合闸：

关合时间（t_{pm}，s）：指断路器接到合闸指令瞬间起，到任意一相中首先通过电流瞬间的时间间隔，如图8-1所示。它等于合闸时间减去预击穿时间和三相不同期时间，也是高压断路器的一个重要参数。

预击穿时间（t_{pw}，s）：指关合时，从任一相中首先出现电流到各相触头都接触瞬间的时间间隔。

合闸时间（t_{hz}，s）：指从高压断路器的操动机构接到合闸指令（通常是指合闸电磁铁的线圈接通）起、到各相触头均接触时止的时间。它由关合时间、预击穿时间和三相不同期时间组成。

合闸时间的长短主要取决于高压断路器的操动机构及中间传动机构的机械特性。合闸时间一般在 0.1~0.2s 的范围内。当高压断路器采用自动重合闸时，过长的合闸时间将会影响到自动重合闸的无电流间歇时间。

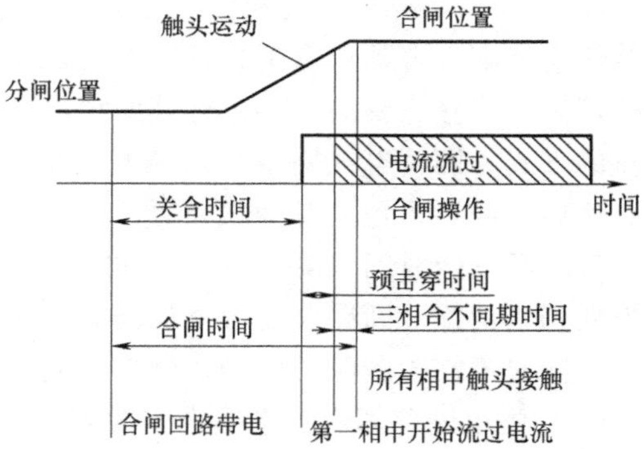

图 8-1　断路器的关合时间

b. 运行中出现短路：

额定短时持续时间（t_{sw}，s）：又称额定热稳定时间，是指断路器在合闸位置所能承载其额定短时耐受电流的时间间隔，通常为 1~4s。

c. 分断：

燃弧时间 t_{rh}：从某相首先起弧瞬间起，到所有相中的电弧最终熄灭止的时间间隔。

分闸时间 t_{gf}：从电器接到分闸指令起（即从断路器操动机构分闸线圈电路接通时起），到所有相的弧触头都分离瞬间为止的时间间隔。

开断时间 t_{kd}：从电器接到分闸命令起，到所有极中的电弧都熄灭为止的时间，它是固有分闸时间与燃弧时间和三相分不同期时间之和。

高压断路器开断短路故障时的各个时间如图 8-2 所示，其相互关系示意图如图 8-3 所示。

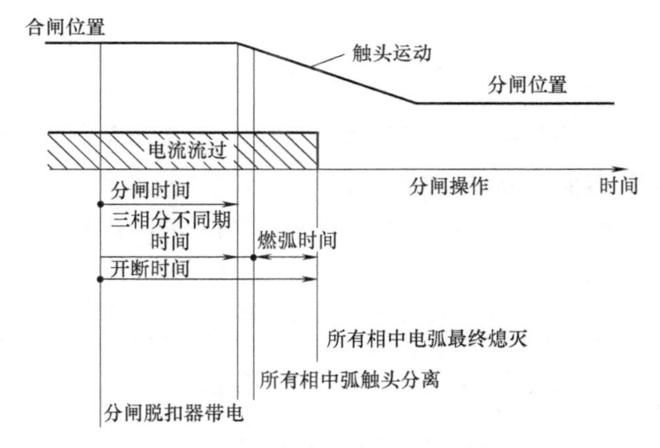

图 8-2　开断高压断路器的时间

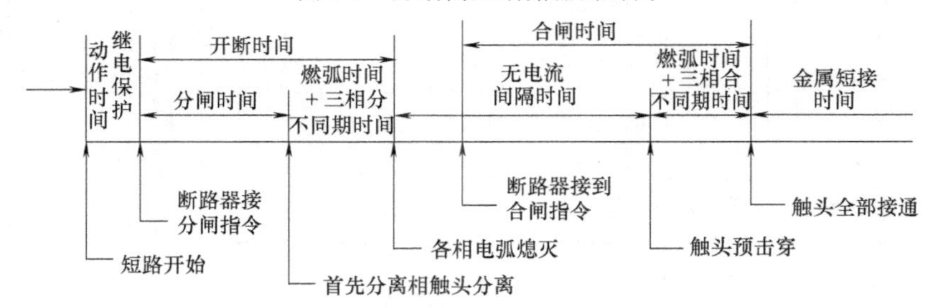

图 8-3　表示各个时间术语间关系的示意图

④ 为提高系统稳定性和供电可靠性，电力系统线路保护一般都设有自动重合闸，高压断路器应能配合自动重合闸进行多次关合和开断。据统计，电力系统中的线路故障多为临时性故障。为确保系统的正常运行，增加电力系统的稳定性，线路保护多采用快速自动重合闸操作的方式，即输电线路发生短路故障时，根据继电保护发出的信号，断路器开断短路故障；然后，经过很短的时间又重新自动关合线路。如故障仍然存在，断路器再次开断。此后，有时经一定时间（如180s）后再用断路器关合一次，称为“强送电”。强送电后的线路故障如仍未消除，断路器需第三次开断线路。

不同对象高压断路器的操作略有不同，相应的额定操作顺序如下：

a. 输配电断路器有自动重合闸要求，其额定操作顺序按国家标准规定为

$$\mathrm{O}(\text{分})\rightarrow\theta\rightarrow\mathrm{CO}(\text{合分})\rightarrow t\rightarrow\mathrm{CO}(\text{合分})$$

b. 保护发电机、电动机、变压器、电容器组以及电缆线路等的断路器无自动重合闸，操作为

$$\mathrm{O}(\text{分})\rightarrow t\rightarrow\mathrm{CO}(\text{合分})\rightarrow t\rightarrow\mathrm{CO}(\text{合分})$$

其中，O指分闸操作；C指合闸操作；θ是指断路器各极中的电弧完全熄灭起到任意极电流重新通过时止的无电流间隔时间，为0.3s或0.5s；t为相邻两次操作之间的时间间隔，规定为3min，即180s。

注意：操作中，动、静触头直接接触的时间称为金属短接时间，其值不做规定。此外，断路器在重合闸后再次开断时，开断电流不允许有任何降低。

8.3　高压断路器的分类与主要技术参数

8.3.1　分类

1）按灭弧介质不同，高压断路器可分为油断路器、高压压缩空气断路器、高压SF_6断路器、高压真空断路器、高压磁吹断路器和高压固体产气断路器。现在中压领域SF_6断路器和真空断路器已成为两大支柱，其余产品已被淘汰。在高压领域，以高压SF_6断路器为主导。高压断路器的分类及其主要特点见表8-1。

表8-1　高压断路器的分类及其主要特点

类别	灭弧方法或特征	参数范围			优缺点
		额定电压/kV	额定电流/A	额定开断电流/kA	
油	多油型	40.5	630~2000	6.3~31.5	结构简单，制造方便，成本低廉，自能灭弧，开断小电流燃弧时间偏长，检修时间偏短，油易燃
	少油型	12 20① 40.5 72.5~363	630~3000 6000~12000 1250~2000 3150	40 58 16~25 40	
压缩空气	分闸充气式	35 110~220	2000 1500	20 21	已基本淘汰，目前仅有少量使用
	常充气式	24~36① 110~750	11000~30000 1200~1500	225 21~126	

（续）

类别	灭弧方法或特征	参数范围			优缺点
		额定电压/kV	额定电流/A	额定开断电流/kA	
真空	横磁场	12 40.5	630~4000 630~4000	20~40 20~40	开断能力大，操作功率小，寿命长，开断小电感电流有过电压
	纵磁场	12 12~15[①] 40.5 126	630~4000 6300 630~4000 1600	20~100 80 20~31.5 40	
SF_6	压气式	12 24[①] 40.5 72.5~800 1100	1250~3150 12500 2000 1250~4000 4000	20~50 80 25~40 31.5~80 50	通流能力和开断能力强，断口电压高，电寿命较长，工艺要求高，检修时需要充放气装置
	自能式	12 24~30[①] 40.5 126~252	1250 13000~28000 2500 4000	25 160~200 25~31.5 40~50	

注：1. 油断路器——液体介质：利用变压器油作灭弧介质的断路器。吹弧气体靠电弧能量产生，气流大小与电弧能量有关，属自能灭弧方式。

2. 气吹断路器——气体介质：包括空气断路器、压缩空气断路器和 SF_6 断路器。
压缩空气断路器是利用高压力的空气来吹弧的断路器，属外能灭弧；而 SF_6 断路器是利用高压力的 SF_6 吹弧的断路器。SF_6 断路器比压缩空气断路器熄弧能力强的原因是：①电弧电流过零时，介质强度恢复率远高于油断路器及压缩空气断路器；②气体被冻结在单原子状态，使电弧能量不能全部被释放等。

3. 真空断路器：触头在真空中开断，利用真空作为绝缘介质和灭弧介质的断路器。

4. 磁吹断路器：指在空气中由电磁力将电弧吹入灭弧栅中使之拉长、冷却而熄灭的断路器。

5. 固体产气断路器：利用灭弧室主体——产气绝缘管中固体产气物质在电弧高温作用下分解出的气体来熄灭电弧的断路器。

① 表示该项为发电机断路器参数。

2）根据控制和保护的对象不同，高压断路器分为高压发电机断路器、高压输电断路器、高压控制断路器三种。下面结合图 8-4 做一简介。

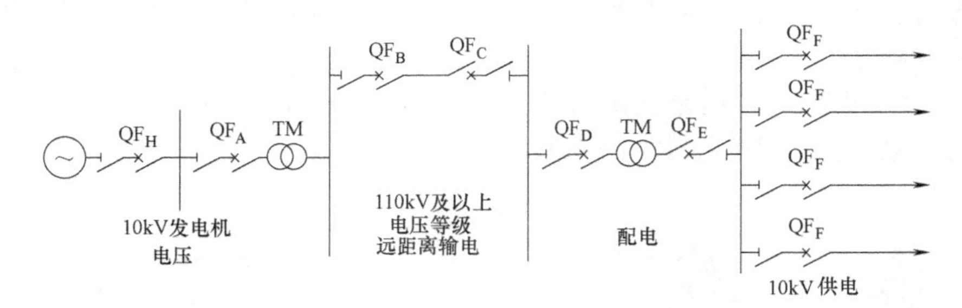

图 8-4　高压断路器在电力系统中的应用

① 高压发电机断路器（40.5kV 以下）。

发电机保护用断路器（QF_H）：用来切断发电机母线的短路故障。其额定电压一般只有 6~24kV，但额定电流较大，在 5000~24000A 内，甚至更高。由于发电机母线短路电流很大，因此发电机断路器应具有较大的额定开断电流和相应的动、热稳定电流。其动作快慢不影响系统稳定性，分闸时间允许加长，且不需自动重合闸。

② 线路用高压断路器，分高压输电断路器（QF_A、QF_B、QF_C、QF_D）和高压配电断路

器（QF_E）。

a. 高压输电断路器：工作于126~750kV的输电系统中。其额定电流和额定开断电流可在较大幅度中变化，但一般比发电机高压断路器低，其结构复杂。要求：能快速自动重合闸，开断时间和自动重合闸无电流间隔时间较短；有切断近区故障和空载长线的能力。作联络断路器用时还需考虑失步开断。

b. 高压配电断路器：额定电压12~72.5kV，有的可达126~256kV。额定电流200~1250A，额定开断电流较小，其结构简单。要求：能快速自动重合闸，由于它对系统稳定性影响较小，自动重合闸的无电流间隔时间可以取大些，开断时间的要求可适当放宽；有开断和闭合电容器组和开断空载变压器等的能力。

③ 高压控制断路器（QF_F，12kV以下）。

在工矿企业中控制和保护如高压电动机和电弧炉等设备。这种高压断路器的额定电压等级在3~10kV的范围内，其额定电流由被控对象的容量决定，对开断电流的要求也不高，但往往有一些特殊的要求，如需要频繁操作或防爆等。电力系统中切断电容器组的高压断路器也属于这一类型。

3）按安装地点不同，分户内式（N）和户外式（W）高压断路器。

4）按总体结构形式与对地绝缘方式不同，高压断路器分为：

① 接地箱壳（如罐式）断路器（Dead Tank Circuit Breaker）。

接地箱壳（如罐式）断路器的结构如图8-5所示，特点是触头和灭弧室装在一个接地金属箱壳（不带电）中，导电回路靠绝缘套管引入。

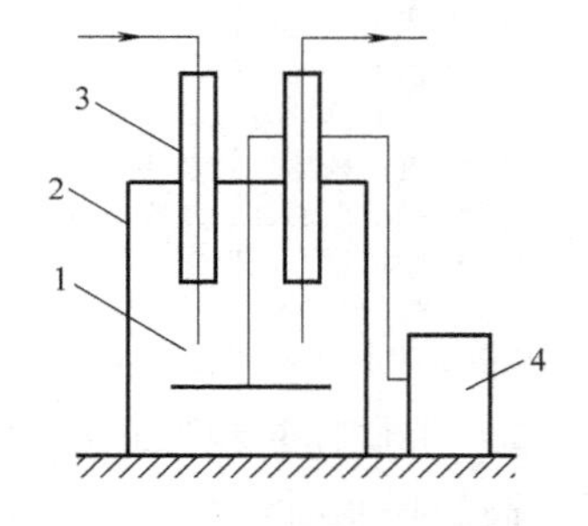

图8-5 接地箱壳断路器
1—断口 2—箱 3—绝缘套管 4—操动机构

接地箱壳（如罐式）断路器的主要优点是可以装设互感器。如图8-6所示，它在进、出线套管上可以装设电流互感器以提供电流信号；利用出线套管的电容制成电容式分压器以提供电压信号；这样，该高压断路器使用时不需再配专用的电流和电压互感器。

② 瓷绝缘子支持的带电箱壳断路器（Live Tank Circuit Breaker，如瓷绝缘子支持式），如图8-7所示。

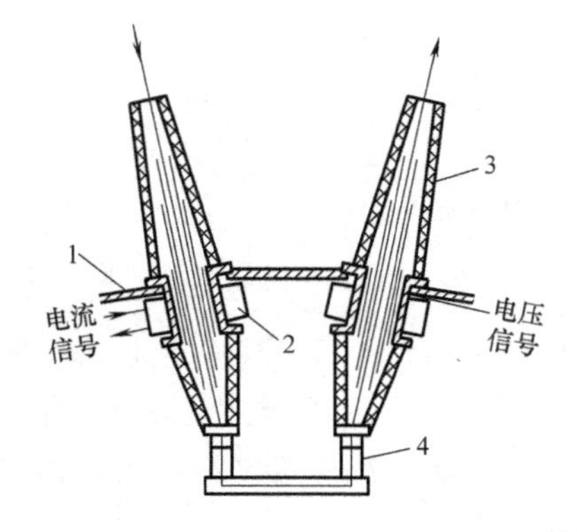

图8-6 在套管上装设电流互感器及电容式分压器
1—箱盖 2—电流互感器 3—电容套管 4—触头系统

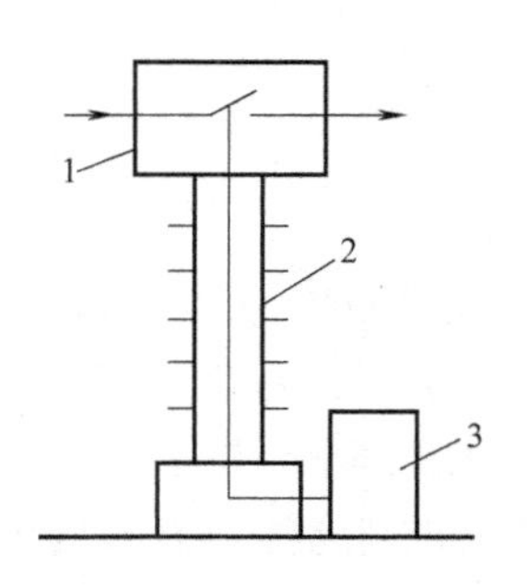

图8-7 瓷绝缘子支持式断路器的结构示意图
1—开断元件 2—支持瓷绝缘子 3—操动机构

a. 结构特点：安置触头和灭弧室的容器（金属筒或绝缘筒）处于高电位，靠支持瓷绝缘子对地绝缘。

b. 优点：可用串联若干个开断元件和加高对地绝缘的方法组成更高电压等级的高压断路器，如图 8-8 所示。这种总体布置方式可以给高压断路器向高电压等级的发展带来很多方便，也称积木组合方式。

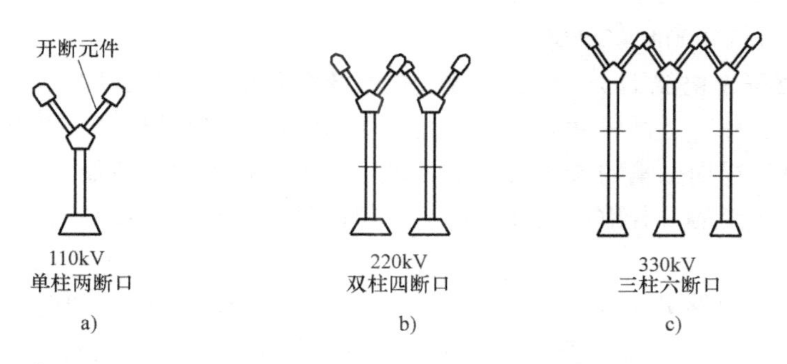

图 8-8 高压断路器的积木组合方式

5）在中压领域（3.6~40.5kV），按布置方式不同，又分固定式和手车式两类断路器。

6）根据控制的回路电流性质不同，分为高压交流断路器和高压直流断路器。其中高压直流断路器又包括机械式和混合式两类。

① 1972 年，美国通用公司研制了开断能力 80kV/30kA 的有源型高压机械型直流断路器样机。20 世纪 80 年代，东芝公司 250kV/1.2kA 有源型高压机械型直流断路器首次实现产品商用化。20 世纪 90 年代，东芝公司的 500kV/3.5kA 高压机械型直流断路器应用于实际工程。

国外对机械型直流断路器的研究主要在于提高开断能力，但对分断速度考虑相对较少。国内虽然对机械型直流断路器的研究和应用起步较晚，但进步很快。2017 年底由华中科技大学牵头研制的 160kV 机械型高压直流断路器解决了传统机械型高压断路器在预储能、快速触发、快速分断等方面存在的技术难题，在世界上首次将机械型高压直流断路器用于多端柔性直流输电工程。

② 2012 年，ABB 公司研制了基于高速隔离开关与 IGBTs 并联的高压混合式直流断路器，其额定电压 80kV、额定电流 2kA、开断电流 9kA、开断时间 5ms。2014 年，Alstom 公司研制了 120kV/5ms/7.5kA 混合式高压直流断路器样机。2015 年，国家电网智能电网研究院研制了 200kV/3ms/12kA 混合式高压直流断路器样机。

高压混合式直流断路器具有结构简单、开断能力强等优势，但在高压领域受串并联全控器件、通流能力等因素影响，存在成本高、控制复杂的缺点。研究表明，高压混合式直流断路器第一阶段的电流转移过程对其开断起着关键作用，目前对真空电弧电流转移特性，尤其是其电流转移判据，还有待深入细致研究。

8.3.2 主要技术参数

1. 额定电压 U_N（有效值，kV）

高压断路器的额定电压值见表 8-1，为标称电压，是有效值，单位为 kV，需标在设备铭牌上。它决定了高压断路器各部分的绝缘距离，也决定了高压断路器的外形尺寸。

2. 额定电流 I_N（有效值，A）

它是指高压断路器在额定频率下能长期连续工作的电流值，要求高压断路器各金属和绝缘部分的温升不超过长期工作时的极限允许温升值。它也需标在设备铭牌上。

我国高压断路器的额定电流等级标准（括号内数值尽量少用）为200A、400A、630（1000）A、1250（1500）A、1600A、2000A、3150A、4000A、5000A、6300A、8000A、10000A、12500A、16000A、20000A等。

3. 额定短路开断电流 I_{NK}（交流有效值或直流分量的百分数，kA）

它是在规定条件下，高压断路器保证能开断而不致妨碍其继续正常工作的最大短路电流。它用短路电流周期分量的有效值表示，表示高压断路器的开断能力。开断时，电路的功率因数、非周期分量的百分数以及开断后的工频恢复电压和瞬态恢复电压应满足相关标准的规定。

我国标准额定短路开断电流有1.6kA、3.15kA、6.3kA、8kA、10kA、12.5kA、16kA、20kA、25kA、31.5kA、40kA、50kA、63kA、80kA、100kA，当额定电流超出100kA时，按R10系列延伸。

4. 极限短路开断电流

它是指高压断路器所能开断的最大电流。该极限值最终要受灭弧室机械强度的限制。

5. 额定短时耐受电流（额定热稳定电流）I_t（有效值，kA）

它是指在规定的使用和性能条件下，在某一规定的短时间（1s、2s或4s）内，高压断路器在合闸位置所能承受的短路电流热效应的最大短路电流。断路器热稳定性常用 I_t^2t 表示。

额定短时耐受电流在数值上和高压断路器的额定开断电流相等。

I_t 值的大小也将影响到高压断路器触头和导电部分的结构和尺寸。

6. 额定峰值耐受电流（额定动稳定电流）I_F（峰值，kA）

它是指在规定的使用和性能条件下，高压断路器在关合位置时能耐受电流电动力作用而不发生机械损坏的最大短路峰值电流。该值决定了高压断路器导电部分和支持部分所需的机械强度以及触头的结构形式。

GB/T 1984—2014规定，高压断路器的峰值耐受电流为其额定开断电流的2.5倍。

7. 额定短路接通电流（额定短路关合电流）I_{NG}（峰值，kA）

它是指在额定电压以及规定的使用和性能条件下，高压断路器能正常接通（关合）而不造成触头熔焊（或其他妨碍继续正常工作）的最大短路电流的峰值。高压断路器在关合此电流时，不应发生触头的熔焊或严重烧损。

高压断路器的关合是靠操动机构来实现的，因此，高压断路器开合短路电流的能力在很大程度上取决于所用的操动机构，也和导电回路的形状和触头结构有关。

8. 合闸与分闸装置的额定操作电压

操作电压指操作时加在操动机构线圈两端上的电压，不包括电源连接的导线压降。

额定操作电压在下列数值中选取：直流为24V、48V、110V、220V；交流为110（100、127）V、220V、380V。

9. 额定操作顺序

1）有自动重合闸要求的断路器的额定操作顺序，按GB/T 1984—2014规定为：分→

θ→合分→t→合分。其中，θ是指从高压断路器各相电弧完全熄灭起到任意相因预击穿而再次通过电流止的一段时间，为自动重合闸的无电流间隔时间，指自断路器各相中的电弧完全熄灭起到任意相因预击穿而再次通过电流止的一段时间，其值规定为 0.3s 或 0.5s；t 是间隔时间，规定为 180s。

“合分”操作指高压断路器合闸后，无任何有意延时立即进行分闸的操作。

2）没有自动重合闸要求的高压断路器的额定操作顺序，按 GB/T 1984—2014 规定为：O（分）→θ→CO（合分）→t→CO（合分）。其中，O 为分闸操作；C 为合闸操作；θ是指断路器各极中的电弧完全熄灭起到任意极电流重新通过时止的无电流间隔时间，为 0.3s 或 0.5s；t 为相邻两次操作之间的时间间隔，规定为 3min，即 180s。

3）手动操作的高压断路器的额定操作顺序，按 GB/T 1984—2014 规定为：O（分）→t→CO（合分）。

10. 快速自动重合闸

为确保系统的正常运行，增加电力系统的稳定性，线路保护多采用快速自动重合闸操作的方式。

高压断路器自动重合闸操作中的有关时间的关系如图 8-9 所示。

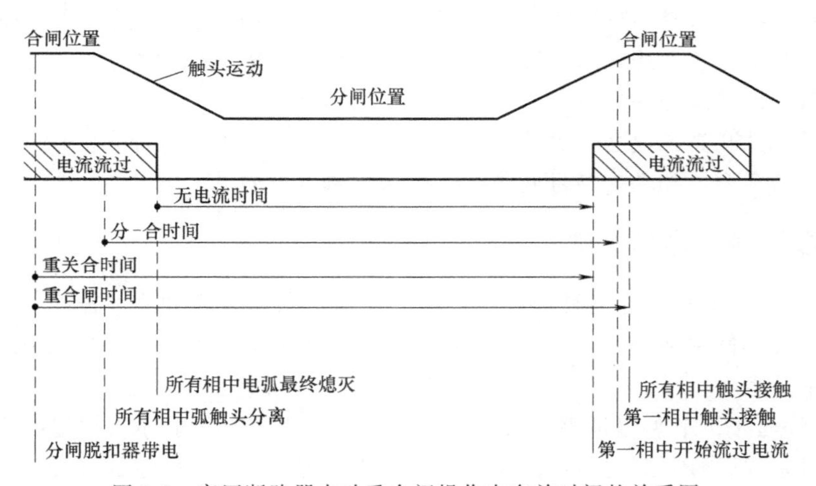

图 8-9 高压断路器自动重合闸操作中有关时间的关系图

8.3.3 参数的选择

1. 额定短路开断电流的选择

一般来说，550kV 级应限制在 63kA 及以下，363kV 级应限制在 50kA 或 63kA 以下，252kV 级应限制在 50kA 以下，126kV 级应限制在 40kA 以下。

2. 额定电流的选择

高压断路器额定电流的水平为 550kV，4000A，363kV，4000A，252kV，4000A，126kV，3150A。

3. 额定绝缘水平的确定

典型规范中，各电压等级开关设备的额定绝缘水平均引自 2016 年颁布的 DL/T 593—2016 标准中所确定的数值，其中，有些数值较老标准的数值有所提高。如 550kV 绝缘水平无论工频、操作冲击和雷电冲击耐压水平均比老标准提高1档。典型规范在额定绝缘水平一栏中均列出2档，供工程设计时选用。

4. 合-分时间的要求

典型规范对550kV和363kV高压断路器的合-分时间要求≤50ms，对252kV和126kV高压断路器的合-分时间要求≤60ms。

5. 时间常数的选择

典型规范所给出的时间常数为45ms。时间常数决定着高压断路器非对称开断电流中直流分量的数值。直流分量越大，即时间常数越大，对断路器的开断越不利。

6. 合闸电阻的选择

典型规范给出的合闸阻值为400Ω，预投入时间为8~11ms，可满足大部分工程的要求。

8.4 高压电器产品型号的编制

8.4.1 产品型号的内容

高压电器产品型号是根据国家标准或行业产品型号编制标准命名的，它表征的内容涵盖产品名称、结构特征、使用场所、灭弧介质、派生标志、操动机构类别、安装方式、使用类别、外壳材料、设计序号等方面。

高压电器元件和高压成套开关设备及控制设备均有各自的型号命名办法。根据表示方法不同，分为产品全型号和基本型号两种，一般采用基本型号。

8.4.2 产品型号的命名原则

1）产品型号中表征产品名称、结构特征、使用场所、灭弧介质、派生标志、操动机构类别、安装方式、使用类别或功能、外壳材料等的字母，按GB/T 2900标准规定，用汉语拼音首位大写字母表示。

2）设计序号按产品型号证书发放的先后顺序用阿拉伯数字表示，由型号颁发单位统一编排。自行研制或联合研制的新产品颁发“产品型号颁发证书”；非自行设计的则颁发“产品型号使用证书”。

3）规格、特征参数用阿拉伯数字表示，如额定电流、额定短路开断电流等。

4）额定电压用阿拉伯数字表示，单位千伏（kV），对预装式（箱式）变电站应标出高、低压侧的额定电压。

5）派生产品，加派生标志，用特定的符号表示。

6）改进产品，在原型号的设计序号之后，按改进先后顺序用A、B、C、…符号表示，由型号颁发单位统一编排。

7）产品型号组成形式中，所有符号在书写时均采用正体、大小等高。

8）引进国外技术制造的产品，其型号应按我国型号编排，如需注明原产品型号，可在产品型号之后加括号标注。如ZN63A-12（VS1）型户内高压真空断路器。

9）对于单一使用场所的小类产品，如接触器、预装式变电站等，一般在型号中不标注使用场所。

8.4.3　产品型号的组成

高压电器元件产品的全型号如下，全型号的符号及其组成见表 8-2。

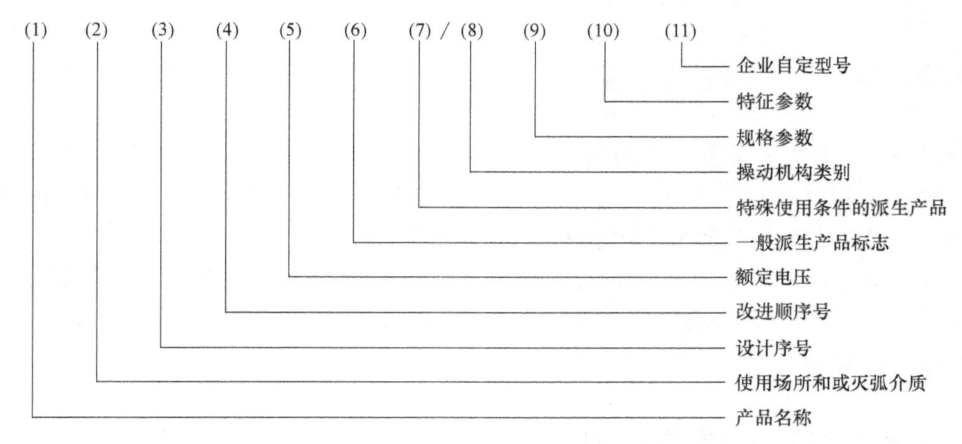

说明如下：

1）产品全型号组成中的第（1）、（2）位的内容，按表 8-2 确定。

2）第（6）位为一般派生产品标志，规定符号如下：D—带接地开关的隔离开关、负荷开关；R—带熔断器的负荷开关；C—带穿墙套管的隔离开关；X—带快分装置的隔离开关。

3）第（7）位是特殊使用条件的派生产品标志，用加括号的大写字母表示。如有两种以上标志时，中间用圆点分隔。其中，(TH)—湿热带地区；(TA)—干热带地区；(N)—凝露地区；(W)—污秽地区；(G)—高海拔地区；(H)—严寒地区；(F)—化学腐蚀地区。

表 8-2　高压电器元件全型号第（1）、（2）位的符号及其组成

产品名称		灭弧介质				使用场所		备注
		油	空气	六氟化硫	真空	户内用	户外用	
		组　成						
六氟化硫断路器	L					LN	LW	
真空断路器	Z					ZN	ZW	
少油断路器	S					SN	SW	
多油断路器	D					DN	DW	
空气断路器	K					KN	KW	
产气断路器	Q					QN	QW	
磁吹断路器	C					CN	CW	
负荷开关	F	FY	FK	FL	FZ	FYN FKN FLN FZN	FYW FKW FLW FZW	
隔离开关	G					GN	GW	
接地开关	J					JN	JW	
接触器	JC		JCK	JCL	JCZ			仅户内用
重合器	CH	CHY		CHL	CHZ			仅户外用
分段器	FD	FDY	FDK	FDL	FDZ			仅户外用
负荷开关-熔断器组合电器[①]	F□R[②]	FYR	FKR	FLR	FZR	FYRN FKRN FLRN FZRN	FYRW FKRW FLRW FZRW	

（续）

产品名称		灭弧介质				使用场所		备注
		油	空气	六氟化硫	真空	户内用	户外用	
		组 成						
接触器-熔断器组合电器[①]	JC□R[②]		JCKR	JCLR	JCZR			仅户内用

① 该产品型号按高压开关元件编制方法缩制。
②“□”指负荷开关和接触器灭弧介质符号的位置。

示例 8-1：部分电器元件产品的型号。

1）ZN63A-12/1250-31.5 户内交流高压真空断路器：设计序号为 63，A 为改型，额定电压为 12kV，额定电流为 1250A，额定短路开断电流为 31.5kA。

2）FZRN21-12D/T125-31.5 户内交流高压真空负荷开关-熔断器组合电器：设计序号为 21，带接地装置，配弹簧操动机构，额定电压为 12kV，负荷开关额定电流为 125A，额定短时耐受电流为 31.5kA。

8.5 高压断路器的操动机构

8.5.1 定义和工作原理

高压断路器的操动机构是指高压断路器本体以外的机械操动装置。高压断路器操动机构与高压断路器触头之间连接的传动部分，称为传动机构和提升机构。

高压断路器和操动机构的连接关系如图 8-10 所示。

由于操动机构与提升机构之间常常相隔一定距离，而且它们的运动方向往往不一致，因此，需要增设传动机构；但有些情况下也可不要传动机构。传动机构是连接操动机构和提升机构的中间环节。提升机构与传动机构通常由连杆机构组成。

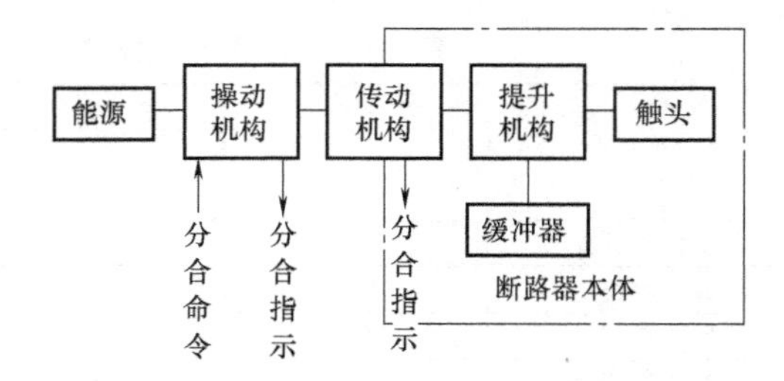

图 8-10 高压断路器和操动机构的连接关系

提升机构是高压断路器的一个部分，是带动高压断路器动触头运动的机构，它能使动触头按照一定的轨迹运动，通常为直线运动或近似直线运动。

高压断路器操动机构一般做成独立产品，但压缩空气高压断路器等的操动机构已经与高压断路器结为一体，不能再作为一个独立产品出现。

8.5.2 基本要求

1）应有足够的能力带动高压断路器进行合闸操作。

2）应保证在合闸命令和操作力消失以后，高压断路器仍能可靠地保持合闸状态。

3）应能可靠地保持分闸状态。

4）应能正确地执行各种规定的动作程序，发出各类切换信号（包括指示信号、控制信号和联锁信号等）。

5）应有自由脱扣功能。所谓“自由脱扣”是指高压断路器在合闸过程中，如果操动机构又接到分闸命令，则高压断路器的操动机构不应继续执行合闸命令，而应立即分闸。高压断路器的手动操动机构必须具有自由脱扣装置，以保障操作人员的安全。对某些小容量高压断路器的电磁操动机构，在失去合闸电源而又迫切需要恢复供电时，工作人员往往不得不违反正常操作规定，利用检修调整用的杠杆应急性地用人力直接合闸。对于这类操动机构，也应装上自由脱扣装置。

6）应具有防跳跃功能。当操动机构出现“跳跃”时，高压断路器将多次合、分短路电流，造成高压断路器触头严重烧损，甚至引起爆炸事故。因此，对于非手力操作的操动机构，必须具有防止“跳跃”的能力。

7）应有复位功能。要求在高压断路器分闸后，操动机构中的各个部件应能自动地恢复到准备合闸的位置。

8）应有连锁。通过各种联锁方式，保证操动机构的动作可靠。

8.5.3　分类方式

高压断路器的操动机构根据操作能源能量形式的不同，分为：

1）手动操动机构（CS）：指用人力合闸的机构，主要用来操动电压等级较低、额定开断电流很小的高压断路器；除工矿企业用户外，电力部门中手动机构已很少采用。手动操动机构结构简单，不要求配备复杂的辅助设备及操作电源，缺点是不能自动重合闸，只能就地操作，不够安全。因此，手动操动机构逐渐被手动储能的弹簧操动机构所代替。

2）电磁操动机构（CD）：靠电磁力合闸的操动机构，其优点是结构简单、工作可靠、制作成本较低，缺点是合闸线圈消耗的功率太大，因而用户需配备价格昂贵的蓄电池组。其结构笨重，合闸时间长，所以超高压断路器中很少采用，主要用来操作 110kV 及以下的高压断路器。

图 8-11 为电磁操动机构的工作原理图，图中机构处于合闸位置。其动作过程如下：①分闸。分闸机构 3 的电磁铁通电，铁心向上运动，撞击保持机构搭钩，使转杆 5 被释放，高压断路器在分闸弹簧作用下分闸。②合闸。合闸机构 1 的电磁铁通电，铁心向上运动，推动转杆顺时针方向旋转，拉杆向下运动使断路器合闸。达到一定位置后，转杆被保持机构 2 扣住，使高压断路器处在合闸位置。

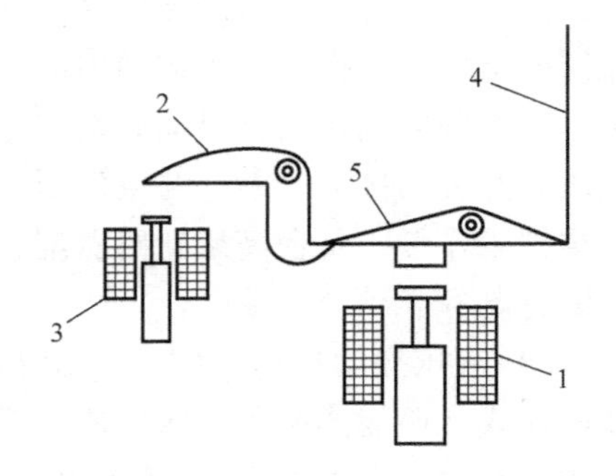

图 8-11　电磁操动机构的工作原理图
1—合闸机构　2—保持机构　3—分闸机构
4—连接断路器的拉杆　5—转杆

图 8-12 中，高压断路器在合闸位置。断路器通过接线端子串联地接入电力系统中，系统中的负载电流流经 1→2→3→4→5。当系统发生短路后，继电保护装置使分闸电磁铁动作，打动分闸机构 11，释放合闸机构 9，这时由于分闸弹簧 7 的作用，使拐臂 13、14 逆时针方向转动，带动动触头 3 向下运动，在静触头 2 及动触头 3 之间形成断口，切断系统中的短路电流。关合断路器时，使合闸电磁铁通电，推动合闸机构 9，使拐臂 13、14 顺时针方向旋转。这时一方面拉长分闸弹簧 7，使分闸弹簧储能，以备分闸时应用；另一方面带动动触头 3 向上运动，使动触头 3 与静触头 2 关合。当机

构达到一定位置时，分闸机构11将合闸机构9扣住，保持机构及动触头在合闸位置。然后合闸电磁铁10断电，它的铁心恢复到原来位置。

3）弹簧操动机构（CT）：指利用弹簧预先储存的能量作为合闸动力，进行高压断路器的分、合闸操作的机构。只需要小容量的低压交流电源或直流电源。此种机构成套性强，不需配备附加设备，弹簧储能时耗费功率小，但结构复杂，加工工艺及材料性能要求高且机构本身重量随操作功率的增加而急骤增大。目前，它只适用于所需操作能量少的高压真空断路器、高压少油断路器、110kV及以下电压等级的SF_6高压断路器和自能式灭弧室SF_6高压断路器。

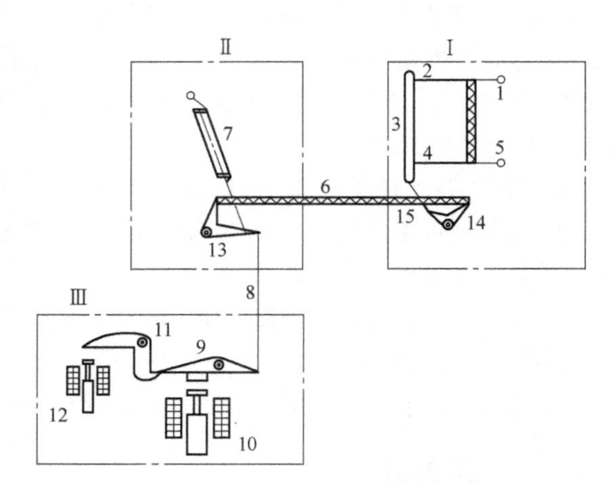

图8-12 采用电磁操动机构的高压断路器的工作原理

1、5—接线端子 2—静触头 3—动触头 4—中间触头 6—绝缘拉杆 7—分闸弹簧 8、15—杆 9—合闸机构 10—合闸电磁铁 11—分闸机构（搭钩） 12—分闸电磁铁 13、14—拐臂

4）气动操动机构（CQ）：指以压缩空气推动活塞使高压断路器分、合闸的机构。它同时使合闸弹簧储能，合闸时依靠合闸弹簧的释放能量，而不消耗压缩空气。操作其他高压断路器的气动操作机构，很多是将电磁操动机构中的合闸电磁铁部分换成气缸和活塞后制成的，因而保留了电磁操动机构的特点。其特点有：①结构简单，动作可靠，易损件少。②不存在慢分、慢合的问题，在分闸位置时由掣子锁死，在合闸位置时由合闸弹簧保持。③机械寿命长，其转动部分大都装有滚针轴承，减少了摩擦力，可单相操作一万次不更换零件。④机构缓冲性能好，配用的合闸缓冲器直接与机械活塞相连，有效地消除了分、合闸时的操作冲击。⑤防跳跃措施好，在机械内配有电气防跳回路，能可靠地防止跳跃，二次控制可不装防跳跃回路。⑥保证高压断路器机械特性的稳定。高压断路器的分闸是靠压缩空气作为操作开关的动力源。在机构箱二次控制回路中的空气回路内装有空气压力开关，来控制空气压缩机自动起动与停止、控制空气低气压闭锁与重合闸操作的指示信号。空气压力开关的接通、断开与空气压力有关，与当时所处的环境温度无关。⑦减少了设备投资和维护工作量，每台高压断路器配有一台小型空气压缩机，保证储气罐内的气体压力，不需另配备电源。

5）液压操动机构（CY）：指以高压油推动活塞实现合闸与分闸的机构。操动方式有直接驱动式和储能式两种。按储能方式不同，液压操动机构分非储能式和储能式。前者一般用于隔离开关，后者多用于35kV及以上的高压少油断路器及110kV及以上单压式SF_6高压断路器。按液压作用方式，液压操动机构分单向液压传动和双向液压传动。按传动方式，液压操动机构分间接（机械-液压混合）传动和直接（全液压）传动。按充压方式，液压操动机构分瞬时充压式、常高压保持式、瞬时失压-常高压保持式。由于液压操动机构利用液体的不可压缩原理，以液压油为传递介质，将高压油送入工作缸两侧来实现高压断路器分合闸，因此其具有如下特性：输出功率大，时延小，反应快，负荷特性配合较好，噪声小，速度易调变，可靠性高，维护简便。其主要不足是加工工艺要求高，如制造、装配不良易渗油等，另外，速度特性易受环境影响。

6）电动机操动机构（CJ）：利用电动机经减速装置带动高压断路器合闸的操动机构称为电动机操动机构。电动机所需的功率决定于操作功的大小以及合闸做功的时间，由于电动机做功的时间很短，因此要求电动机有较大的功率。电动机操动机构的结构比电磁操动机构复杂，造价也贵，但可用于交流操作。电动机操动机构在我国已很少生产，有些电动机操动机构则用来操动额定电压较高的隔离开关，对合闸时间没有严格要求。

8.5.4　分闸方式

大部分高压断路器的分闸操动依靠装在高压断路器上的分断弹簧提供能量，但有些气动操动机构与液压操动机构也可利用操动机构本身提供的能量来完成高压断路器的分闸操作。操动机构不仅要求能够电动分闸，在某些情况下，应该也能在操动机构上进行手动分闸，而且要求高压断路器的分断速度与操作人员的动作快慢和下达命令的时间长短无关。

8.5.5　技术要求

1）手动合闸操作一般仅允许使用于额定开断电流不超过 6.3kA 的场合。

2）动力合闸时，要求操动能源的电压在额定值的 85%～110%应能合上或断开额定电流而不产生异常现象。

3）分励脱扣器由独立的直流或交流供电给分闸电磁铁。当脱扣线圈的电压为其额定值的 65%～120%时，应可靠地分闸；当线圈电压小于额定值的 30%时，则不能分闸。

4）过电流脱扣器由电流互感器供电给过电流脱扣电磁铁，其脱扣电流为 2.5～10A（延时动作）和 2.5～15A（瞬时动作），脱扣电流的误差为±10%。

5）欠电压脱扣器由电压互感器直接供电，线圈电压为交流，当线圈电压达到额定电压的 85%时，应可靠地吸合；当线圈电压降低到额定电压的 40%时，应可靠地释放；当线圈电压大于 65%额定电压时，铁心不得释放。

6）防跳跃。高压断路器关合线路过程中，如果遇到故障，则在继电器保护作用下会立即分闸，此时可能合闸命令尚未撤除，操动机构又立即自动分闸，出现跳跃现象。这种现象是不允许的。因此要求操动机构具有防跳跃措施，避免再次或多次合、分故障线路。

7）操动机构一般做成独立产品，一种型号的操动机构可以操作几种不同型号的高压断路器；而一种型号的高压断路器也可配装不同型号的操动机构。但压缩空气高压断路器及部分高压真空断路器的操动机构常与高压断路器结为一体，不再作为一个独立产品。

8.6　高压断路器中的其他装置

高压断路器操作时的速度很高。为了减少撞击，避免零部件的损坏，需要装置分、合闸缓冲器。缓冲器大多装在提升机构的近旁。

操动机构按照分、合闸信号进行操作。根据运行与维护要求，操动机构除了应有分、合闸的电信号指示外，在操动机构及高压断路器上还应具有反映分、合闸位置的机械指示器。

8.7　高压断路器的发展方向

高压断路器的基本理论有电磁学、热学和力学理论，还涉及电工材料、绝缘、放电、试验等多项技术，并随着时代的发展，增加了计算机技术等新技术的应用。

近年，高压断路器（特别是SF_6断路器和真空断路器）技术性能和设计水平取得了重大进展，在高压断路器的优化设计、灭弧室形式、操动机构、新材料应用、智能控制等各方面均出现了显著的技术提升，从而使高压断路器的技术和产品日趋完善。围绕电弧放电和动热稳定两大难题，探索了高压断路器分断过程中燃弧熄弧两阶段电弧建模所需的基本物性参数的计算方法和电弧参数的光学测试手段，为高压开关电器电弧的计算结果提供了验证方法。

具体体现为：高压大容量、无油化、免维护、自能化、小型化、组合化和智能化。

1）高压大容量需重点研究“灭弧方式、灭弧室结构、灭弧介质、开断性能、绝缘性能、操动机构”等；目标是研制550kV、63kA甚至1100kV特高压输电系统中的单断口断路器。

2）无油化、免维护。我国在很长一段时间里一直使用高压油断路器，其具有结构简单、制造方便、价格低廉的特点，但开断性能差，维护成本较高，且具有易燃易爆的潜在危害。20世纪90年代后，随着高压断路器技术的迅速发展，无论是高压领域广泛应用的SF_6高压断路器还是中压领域应用的高压真空断路器，都具有开断能力强、电寿命长、机械可靠性高的技术优势。同时，随着对加工工艺、触头材料、密封、长效润滑、在线检测等技术的不断发展，SF_6高压断路器和高压真空断路器的整体性能不断提高，已能达到20年内少维护或免维护的使用要求，其综合性价比不断提高，从而大幅度地取代了高压油断路器，得到广泛应用。我国的新建变电站很快进入了“无油化”的运行状态。在今后一段时间里，对免维护技术的研究仍然是高压断路器需进一步完善的方向。

3）改进灭弧原理。使机械操作向轻量化、高可靠性发展，灭弧技术是高压断路器的核心技术，通过对高压断路器灭弧技术的不断丰富和完善，高压断路器具有了更大的开断能力、更小的每千安分闸功和更高的机械寿命。具体表现在：

①真空触头材料不断发展，使开断能力不断加强，截流值逐步减小，过电压不断降低。真空灭弧技术向高电压等级（126kV）发展。②SF_6自能灭弧技术日益完善和发展，配用轻型弹簧操动机构，大大提高机械可靠性。同时自能灭弧技术向高电压、大容量发展，目前产品已经做到245kV、63kA。③计算机仿真技术的发展，使断路器设计不断优化。开发费用降低，产品更经济，成本更低。④SF_6断路器向单断口大开断容量和特高压发展。国际上已有公司（日立、东芝及三菱）开发出550kV、63/50kA单断口SF_6断路器。我国目前也已经自主开发成功了550kV、50kA的单断口罐式断路器和800kV、50kA双断口的断路器，在单断口大容量开断技术方面已经达到世界先进水平。这些成果为开发1100kV双断口断路器打下了良好基础。

4）小型化。可减少对SF_6的使用，有利于减小温室效应，具有重要的社会意义。为此，需要得到高电压绝缘和高电压技术的支持。在此基础上，可以强化高压开关设备的组合化，目的是可以实现体积小、具成套性、可靠性高、少维护、易于安装、抗严酷环境等。

5）智能化。随着计算机技术、数据处理技术、控制理论、传感器技术、通信技术（网络技术）、电力电子技术的发展，通过采用数据采集与处理、故障诊断、自动控制与操作等技术，先后开发了罗氏线圈、光电传感器、光电传输互感器和电容式电压互感器等二次检测、控制设备和元件，从而提出了电器智能化的概念。智能化高压开关设备是指配有电子设备、传感器和执行器，不仅具有开关的基本功能，还具有附加功能，尤其是具有较高监测和诊断功能的高压开关设备。目前，在高压断路器上利用传感器、信息传输和通信技术，针对高压断路器的在线运行状态进行维护和处置的智能化高压断路器已经出现。

智能化高压断路器的特点是能够根据设备状态进行评估和处理。如断路器能对机械特性、气体压力、温度、触头状态及电寿命预期值、真空度等进行实时监测，对本身状态进行监测与故障诊断，对电网故障进行诊断和信息远传，对自动重合闸进行智能控制，利用选相合闸技术进行同步等。

6）应用 CAD 与现代数值计算技术，对灭弧室中电弧的整个开断过程进行数值仿真，使产品设计更科学与准确，大大减少了设计周期，减少了实验的盲目性和费用。

思考题与习题

8-1　什么是高压断路器的短时耐受电流和峰值耐受电流？已知高压断路器的额定短路开断电流为 40kA，该高压断路器的额定短时耐受电流和峰值耐受电流应为何值？

8-2　什么是高压断路器的分闸时间？它和开断时间有什么区别？比较不同用途的高压断路器对开断时间的要求。

8-3　为什么近代高压断路器中几乎毫无例外地采用对接式触头？

8-4　高压断路器的操动机构有手动操动机构（CS）、电磁操动机构（CD）、弹簧操动机构（CT）、电动机操动机构（CJ）、气动操动机构（CQ）和液压操动机构（CY）等。请问如何选择合适的高压断路器操动机构？选择条件主要是哪些？

8-5　简述高压断路器弹簧操动机构、液压操动机构和气动操动机构的优缺点。

第9章　SF_6高压断路器和全封闭组合电器

9.1　概况

9.1.1　SF_6气体

六氟化硫，化学式为SF_6，是1900年由法国两位化学家Moissan和Lebeau人工合成的惰性气体。目前，80%的SF_6气体被用在SF_6高压断路器、SF_6气体绝缘全封闭组合电器（简称GIS）、SF_6负荷开关、SF_6绝缘输电管线、SF_6气体绝缘变压器（简称GIT）和SF_6气体绝缘变电站中。SF_6对红外辐射吸收功率比其他气体要强，为温室效应气体，其全球变暖系数为CO_2的23900倍，对全球温室效应的影响约为0.1%。因此，电器制造商已在研究用于绝缘和开断目的的SF_6气体的替代物。

1. SF_6气体的性能

SF_6气体具有优异的物理、热化学、负电性和绝缘性能。

1）物理性能：SF_6气体本身是无色、无味、无臭、无毒的，被电弧分解后生成许多低氟化物，大多数在极短时间内复合，少量残存的主要是SOF_2、SO、CF_4、SO_2F_2和HF等。此外，SF_6气体分解后，还会与金属（铜、钨、铝等）生成金属氟化物，对人的皮肤会引起过敏反应。故检修开断过电流的产品时需要按照规程进行。此外，水分与SF_6气体的电弧分解物SF_4发生化学反应，生成氢氟酸（HF）腐蚀材料，特别是腐蚀含硅元素的绝缘材料（如环氧浇注类绝缘子），大大降低绝缘性能，甚至引起沿面闪络。故SF_6高压断路器中的水分，出厂时要求小于150×10^{-6}（质量分数），运行时要求小于300×10^{-6}。

2）热化学性能：①分解温度低，分解能量高，热导率好，有利熄弧；②温度相同时，SF_6游离度大，电弧电压小。

3）强负电性能：能吸附大量的自由电子或负离子，然后与正离子复合，去游离作用强，触头间隙不易被击穿，电弧不易重燃。

4）绝缘性能：在一个大气压（即0.1MPa）下，SF_6气体的绝缘强度是大气的3倍；当气压在3个大气压（即0.3MPa）时，其绝缘强度与变压器油相当，为良好的绝缘介质。

2. SF_6气体的充注

1）充SF_6气体前，要先抽真空，主要目的是降低气室中的水分和其他杂质含量。

2）SF_6气体充注时，对水分、分解物、含油量等杂质含量都有严格要求。一般地，要求纯度达到99.9%，部分用户要求99.99%。使用中，一般气室中的水分含量会增加，还会存在部分SF_6的分解物（如SO_2等），为此，大型SF_6充气装置一般还带有干燥设施和过滤设施。SF_6是可以回收的，通过专用装置，处理后纯度可以达到99.99%。

SF_6气体抽真空充气装置如图9-1所示，SF_6气体回收充气装置如图9-2所示。

图 9-1　SF_6 气体抽真空充气装置

图 9-2　SF_6 气体回收充气装置

3）SF_6 气体的充注要求：①充注前，充气设备及管路应洁净、无水分、无油污；管路连接部分应无渗漏。②气体充入前应按产品的技术规定对设备内部进行真空处理；抽真空时，应防止真空泵突然停止或因误操作而引起倒灌事故。③当气室已充有 SF_6 气体，且含水量检验合格时，可直接补气。

9.1.2　SF_6 高压断路器

1. 定义

SF_6 高压断路器，是一种利用 SF_6 气体作为灭弧介质和绝缘介质的高压断路器。自 20 世纪 50 年代第一台 SF_6 高压断路器问世以来，通过改进灭弧装置、突破密封结构及水分管理等技术问题，其成为主要的高压断路器品种之一。

有人会问：为什么已经有了高压真空断路器，还要研制 SF_6 高压断路器呢？原因是：真空间隙耐压存在饱和性，即间隙到一定程度后，耐压能力就不能再提高了，无法满足电力系统电压等级不断提高的要求。

2. 发展

SF_6 高压断路器的发展，经历了“双压式（20 世纪 60 年代）→单压式（20 世纪 70 年代）→热膨胀式（20 世纪 80 年代）→二次技术智能化（20 世纪 90 年代）”。目前，双压式已被淘汰；单压式（压气式）已用到 550kV 及 1100kV 级；热膨胀式发展方兴未艾，现做到 110~245kV 级，正向 420kV 级努力；二次智能化集微电子技术、传感技术、计算机技术等于一体，实现开关智能控制和保护，变“定期维护”为“状态维护”。

3. 原理

SF_6 高压断路器的发展与其灭弧原理的发展息息相关，图 9-3 为六种 SF_6 高压断路器灭弧室的灭弧原理。

图 9-3b 为压气式灭弧。灭弧室内的静压力一般为 0.3~0.6MPa。打开动、静触头 3、7 时，产生电弧。与此同时，动活塞缸 6 也向下运动压缩 SF_6 气体（3、6 连成一个整体），使 SF_6 向上运动、纵吹及冷却电弧；也有气流既向上又向下吹弧的双向吹弧结构，此类灭弧室灭弧能力很强，可开断 100kA 以上短路电流，断口电压也可做得很高，当前已做到 550kV 单断口。

图 9-3c 为自生压力气吹灭弧，它利用上部电弧自身的能量加热气体，使上室的压力升高去熄灭下室的电弧。由于这类灭弧室所需的操作功小，因而受到广泛重视，利用自能原理

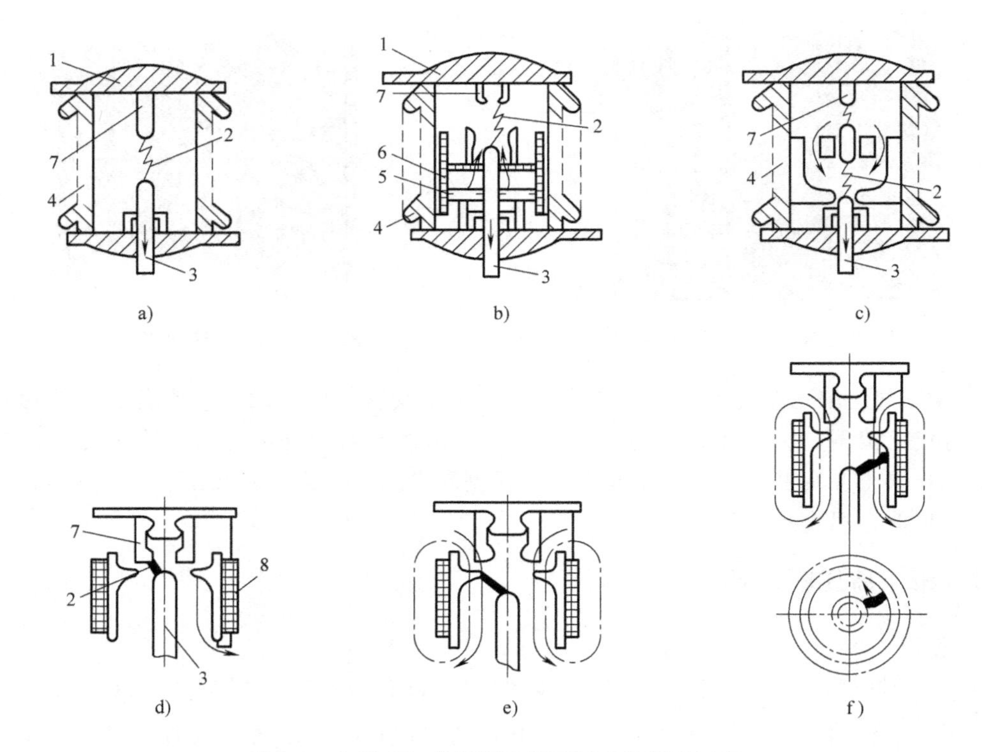

图 9-3 六种 SF_6 高压断路器灭弧室的灭弧原理

a）简单开断灭弧 b）压气式灭弧 c）自生压力气吹灭弧 d）、e）、f）旋弧式灭弧及电弧转移过程

1—圆筒电极 2—电弧 3—动触头 4—支持瓷套 5—静活塞缸 6—动活塞缸 7—静触头 8—旋弧线圈

做成各式各样的灭弧结构，断口电压越来越高，是一种很有前途的灭弧室。

图 9-3d、e、f 为旋弧式灭弧结构，电弧在熄灭时的转移过程中，旋弧线圈 8 的一端与静触头 7 相连，另一端与圆筒电极 1 相连。其中，图 9-3d 所示动、静触头打开后产生电弧。图 9-3e 所示电弧上端已从静触头转移到圆筒电极的上端。此时，旋弧线圈中已流过被开断的电流，它产生的磁场使电弧在中心电极及圆筒电极内部之间的空间以每秒数百米的速度做快速旋转，使电弧受到横向气流的吹拂，并将电弧从上部拉到圆筒电极的中部，电弧在电流过零时熄灭。它是利用电动力作用完成的。此原理在真空断路器旋弧瓣形触头已有应用，它使电弧环绕触头做圆周运动，旋转、冷却而熄灭。

图 9-3a、c、d 为自能灭弧室，其吹弧能力和电流大小有关，因此在熄灭小电感电流时，不会产生截流过电压。

为提高 SF_6 高压断路器的开断性能，我国开展了一系列的研究工作，如对喷口结构、界面和尺寸的再设计；利用喷嘴烧蚀的产气机理，改变喷嘴材料成分，增加气压，提高吹弧能力；充分利用断路器开断初期电弧对喷口喉部的堵塞效应，增加喷口上游的吹弧压力；采用双动机构，提高触头的分断速度等。

目前，在电网中，高压断路器的使用基本情况是：40.5kV 以下，主要是真空断路器；72.5~170kV 之间，主要是 SF_6 断路器，也有部分真空断路器；220kV 及以上，基本是 SF_6 断路器。当前，运行中的 SF_6 高压断路器的开断电流已达 100kA 以上，单断口电压高达

550kV（线电压）。

4. 特点

SF_6 高压断路器具有以下特点：

1）灭弧能力强，介质强度高，单断口的电压可以做得很高，与空气断路器相比，在同一额定电压等级下，SF_6 高压断路器所用的串联单元数较少。

2）介质恢复速度特别快，开断近区故障性能特别好，通常不加并联电阻就能可靠切断各种故障而不产生过电压。

3）由于 SF_6 气体的电弧分解物不含碳等影响绝缘能力的物质，在严格控制水分情况下，分解物没有腐蚀性，加之触头在 SF_6 中的烧损极轻微，因此，SF_6 高压断路器允许开断的次数多，检修周期长。

4）对密封、干燥、除水、监视、检验和测试方面有特殊要求。

9.1.3 SF_6 全封闭组合电器

SF_6 全封闭组合电器，国际上称为气体绝缘开关设备（Gas Insulated Switcher，GIS）。它将一座变电站中除变压器以外的所有一次设备（包括高压断路器、隔离开关、接地开关、电压互感器、电流互感器、避雷器、母线、电缆终端、进出线套管等）优化组合为一个整体后，采用 SF_6 气体作为整体的绝缘和灭弧介质，从而大幅缩小变电站体积，具有占地面积小、抗震性能好且运行可靠等优势。一般地，110kV GIS 设备占地面积为常规设备的 46%左右；220kV GIS 设备的占地面积为常规设备的 37%。

9.2 SF_6 高压断路器的分类

SF_6 高压断路器具有多种类型，工作原理也各有差异，现分述如下。

9.2.1 按结构型式不同的分类

SF_6 高压断路器按结构型式不同，分瓷柱式和罐式。两者均采用 SF_6 气体作为绝缘和灭弧介质，开断性能好。

1. 瓷柱式 SF_6 高压断路器

瓷柱式 SF_6 高压断路器是用多个相同的单元灭弧室和支柱瓷套组成不同电压等级的断路器。灭弧室置于高强度瓷套中，安装在适当高度的绝缘支柱上，用空心瓷柱支承和实现对地绝缘。穿过瓷柱的绝缘拉杆把灭弧室的动触头和操动机构的驱动杆连起来。灭弧室和绝缘瓷柱内腔相通，充有相同压力的 SF_6 气体。在控制柜中，有密度继电器和压力表进行控制和监视。

瓷柱式 SF_6 高压断路器具有机械强度高、维护工作量少、机械寿命长等优点，主要用于发电厂、变电站、大型厂矿等使用场所。瓷柱式 SF_6 高压断路器在每个支柱瓷套的顶部装有两个单元灭弧室，为 T 形或 120°夹角的 V 形布置。这种结构既考虑到结构的机械应力状态，又照顾到绝缘要求。

示例 9-1：LW15-550 瓷柱式 SF_6 高压断路器。每台断路器由三个单极组成。每台液压操动机构装在一个机构箱中，液压机构的控制和操作元件以及线路均设于控制柜内。单极断路器的下部装有一套液压机构的动力元件，如液压工作缸等，灭弧室由液压工作缸直接操动。支柱瓷套内装有绝缘操作杆，操作杆与液压工作缸相连接。每台断路器可以分极操作，也可由电气实现三极联动。

单极断路器根据用户需要，可以分为带合闸电阻型和不带合闸电阻型，它们的外形分别如图9-4a、b所示，500kV瓷柱式带合闸电阻型的结构示意图所图9-5所示。

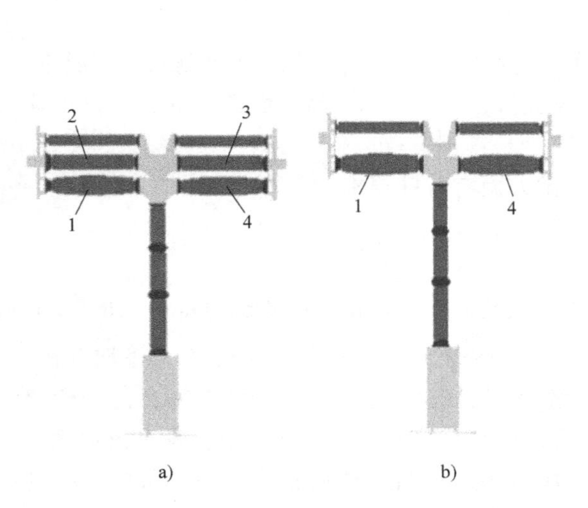

图9-4 LW15-550瓷柱式SF_6高压断路器外形

a）带合闸电阻型 b）不带合闸电阻型

1—断口1 2—合闸电阻1 3—合闸电阻2 4—断口2

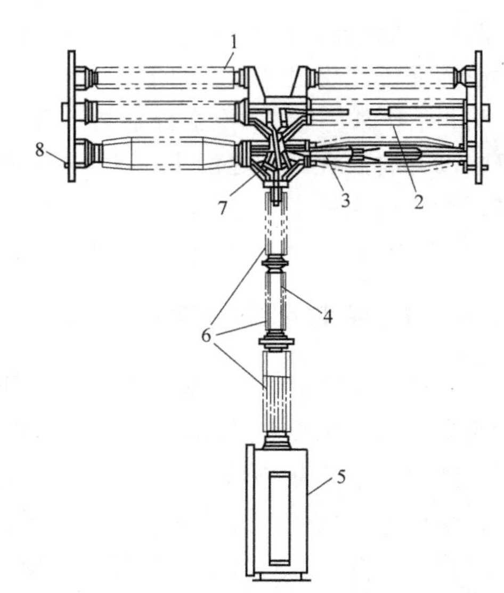

图9-5 500kV瓷柱式带合闸电阻型SF_6高压断路器

1—均压电容器 2—合闸电阻 3—灭弧室 4—绝缘拉杆 5—操动机构 6—支柱瓷套 7—联杆箱 8—接线端子

图9-4a中，单极断路器为单柱、双断口结构，包括两个灭弧室单元、两个合闸电阻单元、两个均压用电容器单元、一组五通（带合闸电阻型断路器用）或三通（不带合闸电阻型断路器用）躯壳、一组支柱瓷套和一台液压弹簧操动机构。机构箱兼作断路器基座。灭弧室、合闸电阻及支柱通过躯壳连通，形成一个气室，内充0.6MPa SF_6气体。并联电容为一独立单元，安装在五通躯壳上。

LW15-550瓷柱式SF_6高压断路器又分Ⅱ级防污型和Ⅲ级防污型；控制电压可为DC 220V和DC 110V；机构电动机用电源可为AC 220V和DC 220V。

2. 罐式SF_6高压断路器

罐式断路器的灭弧室安装在与地电位相连的金属壳体内。高压带电部分由绝缘子支持，对箱体的绝缘主要靠SF_6气体。如图9-6所示，罐式SF_6高压断路器将断

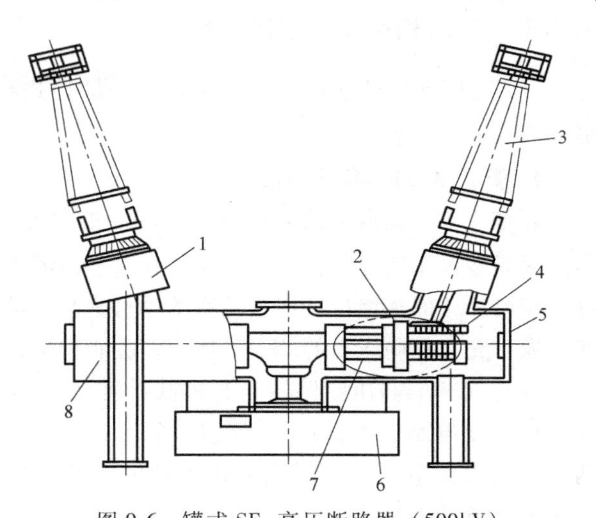

图9-6 罐式SF_6高压断路器（500kV）

1—套管式电流互感器 2—灭弧室 3—套管 4—合闸电阻 5—吸附剂 6—操动机构箱 7—并联电容器 8—罐体

路器与互感器装在一起。绝缘操作杆穿过支承绝缘子，把动触头与机构驱动轴连接起来，在两根出线套管的下部都可安装电流互感器。

罐式 SF_6 高压断路器属低位布置，重心低，结构紧凑，抗地震和防污能力强，灭弧断口间电场较好，断流容量大，可以加装电流互感器，还能与隔离开关、接地开关、避雷器等融为一体，组成复合式开关设备，特别适用于多地震、严重污秽地区和山区变电站、城网供电所。缺点是罐体耗用材料多、用气量大、制造难度较大、系列化较差，因而价格较高。

示例 9-2：LW-220 型罐式 SF_6 高压断路器。该类型为三相分装式。单相断路器由基座、绝缘瓷套管、电流互感器和装有单断口灭弧室的壳体组成。每相配有液压机构和一台控制柜，可以单独操作，并能通过电气控制进行三相操作。断路器采用双向纵吹式灭弧室，内充 SF_6 气体。分闸时，通过拐臂箱传动机构，带动气缸及动触头运动。

示例 9-3：550kV 单断口罐式 SF_6 高压断路器。该断路器的灭弧单元经历了“四断口→双断口→单断口”。相比双断口，单断口产品的整体结构得以简化，零部件数与用气量大幅减少，产品运行可靠性和技术经济指标得到大幅提高。我国也是继日本后第二个拥有 550kV 单断口 SF_6 高压断路器设计和制造技术的国家。

示例 9-4：LW-800 型罐式 SF_6 高压断路器。其灭弧室为双断口串联结构。为抑制操作过电压，断路器并联一定数量的合闸电阻；为保证电压在触头间的合理分配，在主触头的断口间并联一定数量的电容器。断路器配用一台大功率气动弹簧操动机构，该机构的操作功大，技术成熟。充气套管内部结构合理，电压沿套管轴向分布均匀，降低了套管的高度。灭弧室还具有良好的电场分布、气流场分布和温度场分布。LW-800 型罐式 SF_6 断路器的额定参数为：额定电压 800kV，额定电流 4000A，额定短路开断电流 50kA，额定雷电冲击耐受电压（2100+650）kV，额定工频耐受电压（960+320）kV。

3. 瓷柱式 SF_6 高压断路器与罐式 SF_6 高压断路器的比较

两类产品由于结构差异大，使之各具优势。

1）加装电流互感器。套管式电流互感器用铁心和能耐受 600V 的绝缘绕组制成，不会形成电流互感器的绝缘击穿通道，不会出现故障和爆炸。如果变电站对每台断路器都需要单独安装电流互感器的话，瓷柱式 SF_6 高压断路器将处于竞争劣势。这是因为：瓷柱式的灭弧室装于绝缘子内，安装在绝缘支柱顶上，故常用的套管式电流互感器没法装入断路器的本体，而必须单独装在绝缘支柱上，通过空气绝缘的连接线连于断路器上；而罐式 SF_6 高压断路器中的套管式电流互感器可装在罐式断路器的套管上，装在进线侧和母线侧，分别与线路继电器和母线继电器相连，通过触发这些继电器，达到排除故障的目的。

2）抗震能力。瓷柱式因重心高而抗震能力差，通过加设专门的抗震器，也只能抗震 0.5g；而罐式断路器可抗 0.7g 地震，并已研制抗震 1.0g 的产品。我国是多地震国家，40%以上国土处于 7 级以上地震烈度区，因此，罐式断路器在我国用量很大，特别在超高压领域。1976 年，我国唐山发生大地震，陡河发电厂的主变压器脱离主轨道 500mm，220kV 少油断路器和隔离开关均遭破坏，但装设的 6 台 220kV 罐式 SF_6 高压断路器却安然无恙。

3）耐压能力。瓷柱式灭弧室通过多个串联，能满足任一额定电压值，但受限于灭弧室的自身长度，外部绝缘耐受能力有限；而罐式断路器只要能开发出为减少断口数而必要的耐受能力，就可制造出绝缘套管。因此，罐式断路器已做到 550kV/63kA 单断口和 1100kV/50kA 双断口。

4）气体容积。瓷柱式断路器中 SF_6 气体的容积比罐式断路器的小得多，用气量少，从而降低了起始费用。

5）环境影响。SF_6 气体已被认定为一种温室效应气体，因此，要控制它的排放量。国际上规定，一般漏气量不超过1%，瓷柱式断路器因用气量少而优于罐式断路器。

6）适应环境。大容积罐式断路器可在罐内放入加热器，而瓷柱式的则不能。为能用于低温区，瓷柱式断路器可使用混合气体，如 SF_6+N_2 或 SF_6+CF_4 等。

9.2.2 按断口数量不同的分类

SF_6 高压断路器按断口数量不同，分单断口和双断口。

示例9-5：550kV/50kA 单断口 SF_6 高压断路器的开发利用了计算机解析技术，提高了 SF_6 气体的额定压力（0.6MPa）和分闸速度，改进了弧触头和喷口形状，优化了灭弧室结构，使 550kV GIS 进一步小型化成为可能，并为进一步研制 800kV 断路器奠定了技术基础。

550kV/50kA 单断口罐式断路器的主要参数为：额定电压 550kV，额定电流 4000A，额定短路开断电流 50kA，额定雷电冲击耐受电压（1675+450）kV，额定工频耐受电压（680+318）kV。该断路器为分相式，操动机构挂于罐体的一端，电流互感器线圈置于套座下方。灭弧室为单断口结构，其零部件相比双断口减少约一半。该断路器配用液压机构或液压弹簧机构，可实施分极操作，也可进行三极电气联动操作。

9.2.3 按使用场所不同的分类

SF_6 高压断路器按使用场所不同，分户外式和户内式。其中，户内式主要是应用在中压金属封闭开关设备内的手车式断路器。

9.2.4 按灭弧室壳体绝缘方式不同的分类

SF_6 高压断路器按灭弧室壳体绝缘方式不同，分带电箱壳型和接地箱壳型。

1. 带电箱壳型 SF_6 高压断路器

带电箱壳型 SF_6 高压断路器（如瓷柱支持式）的特点是开断单元置于灭弧室的瓷套中，有支持瓷套承担支撑和对地绝缘的作用；绝缘拉杆装于支持瓷套内，进行分合操作。该类型断路器的典型结构如图9-7所示，优点有：一是设计灭弧单元时，不用过多考虑开断时的对地绝缘；二是改变支持瓷套后，易于形成多断口系列产品；三是成本较低。

2. 接地箱壳型断路器

接地箱壳型断路器（如罐式）的主要特点是开断单元、导电回路等都安装在用绝缘件支撑的接地金属罐体内。采用绝缘套管作为进出线。这种结构的优点是抗震性好，便于加装电流互感器，易于改型为 GIS 产品。

9.2.5 按灭弧原理不同的分类

SF_6 高压断路器按灭弧原理不同，分双压力式、单压力式和自能式，其发展经历了“双压力式→单压力式（压气式）→自能式”变化。

1. 双压力式

这种 SF_6 高压断路器由于内部有两种不同的压力，故称为双压力式 SF_6 高压断路器，又

称为第一代 SF_6 高压断路器，在 20 世纪 60 年代得到应用。

双压力式 SF_6 高压断路器借鉴了压缩空气断路器的气吹灭弧原理。它采用全密封结构，将 0.3MPa（表压）的低压气体作为断路器内部的绝缘气体，用 1.5MPa（表压）的高压气体灭弧。开断电流时，打开高压储气罐的阀门后，高压气体通过设定的管道和喷口吹向电弧；开断过程结束后，通过一台在密封循环中工作的气体压缩机将气体压力提高后，把高压气体储存在高压储气罐中，以备重复使用。

双压力式 SF_6 高压断路器由于灭弧装置结构复杂、所需辅助设备多、价格昂贵，且压力高（1.5MPa，表压），使得工作温度必须保持在 8℃ 以上，因此很快被第二代 SF_6 高压断路器（即单压力式 SF_6 高压断路器）所取代。

2. 单压力式

（1）定义　单压力式 SF_6 高压断路器，简称压气式 SF_6 高压断路器。它的内部只有一种压力，一般为 0.4~0.6MPa（表压）。它依靠压气作用实现气吹灭弧，其核心是在分闸过程中，通过连杆操作压缩在压气室中的 SF_6 气体，使其压力升高，与灭弧室其他部分的气体间建立一定的压差；待电流过零时，压气室中的高压气体经喷口吹向电弧，使电弧熄灭。

（2）分类

1）从整体结构看，有瓷柱式和罐式之分；从灭弧室结构看，有变开距和定开距之分；从灭弧原理看，以压气为主，也有的加进热膨胀为辅的混合灭弧。

2）灭弧室基本结构中，有的向静弧触头一侧单向吹弧，也有双向吹弧（现多用双向吹弧）；在双向吹弧方式中，有的在开断操作初期动弧触头侧的排气通道便与外部空间相串通，也有的在开断操作初期气流封闭，然后再与外部相沟通。

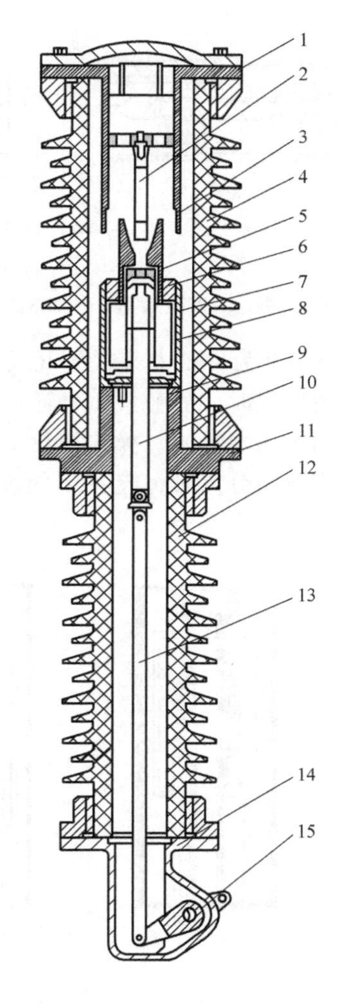

图 9-7　带电箱壳型 SF_6 高压断路器典型结构

1—上出线板　2—静弧触头　3—静主触头　4—灭弧室瓷套　5—喷口　6—动弧触头　7—活塞　8—气缸　9—下支撑座　10—拉杆　11—下出线板　12—支柱瓷套　13—绝缘拉杆　14—拐臂箱　15—操作轴

示例 9-6：252kV 以上电压等级的 SF_6 高压断路器目前主要是压气式。这种断路器的灭弧原理相同，但有柱式和罐式两种结构型式。在不同的电力系统中，瓷柱式和罐式断路器各有其优势。在欧洲，几乎专门使用瓷柱式断路器，而在美国，几乎普遍使用罐式断路器。我国和日本也大量使用罐式断路器。

（3）工作原理　单压力式（压气式）SF_6 高压断路器的动作原理如图 9-8 所示。图中，与动弧触头 7 连成一体的压气室 4，在外部驱动装置的推动下，机械地压缩压气室 4 内的 SF_6 气体。受压缩的高压力 SF_6 气体通过绝缘喷嘴 6，对动、静弧触头之间的电弧进行有效吹弧，开断电流。

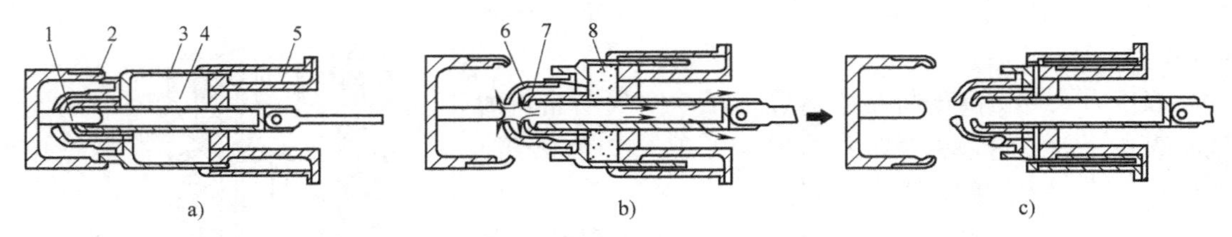

图 9-8 单压力式（压气式）SF_6 高压断路器的动作原理

a）合闸状态 b）分闸过程中 c）分闸状态

1—静弧触头 2—导电触头 3—压气缸 4—压气室 5—压气活塞 6—绝缘喷嘴 7—动弧触头 8—高压 SF_6 气体

图 9-9 为单压力式（压气式）SF_6 高压断路器双向吹弧灭弧室的动作原理。当断路器处于合闸位置时，静触头 2 由管状动触头 3 桥接。管状动触头 3 牢固地连接到压气缸 5 上。两者中间为固定活塞。操作杆拉动活动部件，压气缸 5 与压气活塞 6 相对运动，压缩 SF_6 气体。当触头分离时，起关闭阀作用的管状动触头 3 释放 SF_6 气体，形成双向吹弧，熄灭电弧。

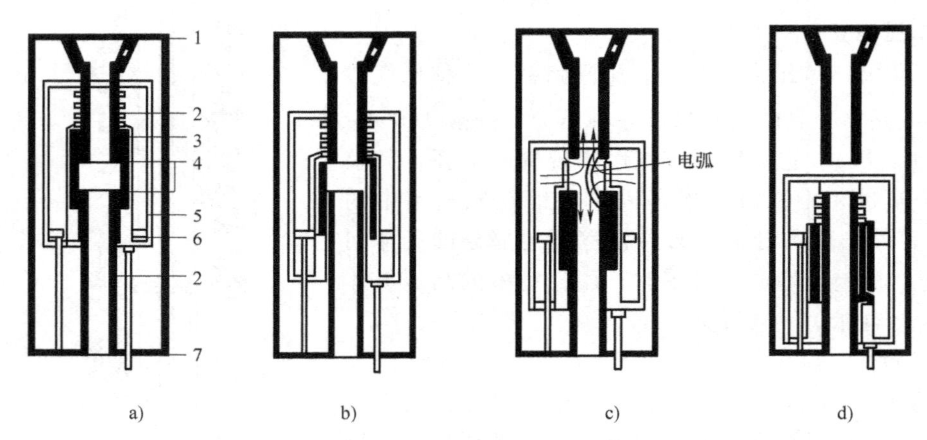

图 9-9 单压力式（压气式）SF_6 高压断路器双向吹弧灭弧室的动作原理

a）合闸位置 b）预压缩 c）灭弧期间的气流 d）分闸位置

1—上接线端 2—静触头 3—管状动触头 4—灭弧喷嘴 5—压气缸 6—压气活塞 7—下接线端

（4）灭弧室的工作特征 单压力式（压气式）SF_6 高压断路器的灭弧能力，与开断过程中压气室的气动过程密切相关。

1）灭弧室的气动过程包括预压缩和气吹两个阶段。

预压缩阶段：也称为超程阶段，是灭弧室为使触头分离、产生电弧时就能实行有效的气吹而先进行的一段预压缩过程。由于触头和喷口均没有打开，此阶段压气室内气体只受压缩而不排出，变化过程按绝热考虑。其主要作用是使压气室中的气体压力提高后再打开喷口，产生吹弧作用，同时可使触头分离时产生一定的初速度，使燃弧时间有效缩短。

气吹阶段：指触头或喷口打开后，气体开始从压气室向外气吹，同时带走电弧产生的热量，并在电流过零时建立足够的介质恢复阶段。

比较图 9-8 和图 9-9 中两种灭弧室可知，前者属于变开距，后者属于定开距。

2）影响灭弧室工作特性的主要参数。包括开距和行程、分闸速度、压气缸的直径和容积、喷口的形状和尺寸、喷口材料、断口间电极形状、缓冲特性等。

① 开距和行程。SF_6 高压断路器的开距主要是由电压等级确定的，也与各种开断方式下的熄弧时间有关；行程则为开距和超程的总和。近年来，在各种 SF_6 高压断路器的设计中，随着对开断特性的研究以及断口间的电场计算与屏蔽设计的优化，开距均较以往有所减少。

② 分闸速度。它主要取决于两个因素：一是开断容性电流时，要保证断口间有足够的介质恢复强度；二是在短路开断条件下、在最短燃弧时间内，断口间要有足够的介质恢复能力。因此，断路器分闸速度不能过低。但分闸速度也不能过高，因为那样会额外增加操作能量、降低机械可靠性、增加成本。一般地，断路器在最短燃弧时间后，分闸速度会在缓冲器的作用下逐渐平滑地降低。

③ 压气缸的直径和容积。它们的大小直接影响断路器的短路开断能力和操作功。额定短路电流越大，压气缸的直径和容积就越大。通常，在开断过程中，由压气缸的受压、建立高压力的气体、在电流过零时通过喷口的 SF_6 流量，可确定压气缸的直径和容积。

近年来，利用电弧自身能量灭弧的单压气式结构的灭弧室（也称自能式灭弧室或混压式灭弧室）得到有效发展。其原理类似传统的压气式灭弧室，通过更多地利用电弧热阻塞效应产生的能量建立压力源，使压气缸的直径和容积大幅度减小，从而达到降低操作功的作用。对单压力式（压气式）灭弧室，要求其寄生容积（即分闸到底后压气缸内剩余的容积）最小，以保证压气效率。

④ 喷口的形状和尺寸。它们对整个熄弧过程中的气吹压力特性、弧道状态都起着关键作用。气流通道设计主要指喷口的形状和尺寸设计，包括上游区、喉部和下游区三个部分的形状和尺寸设计。传统的压气室的气流通道设计是按拉伐尔喷口结构设计的。为提高开断能力，改良的设计方法采用了减少喉部直径以增大热阻塞效应、在喉部开槽以加强紊流效果等措施。

⑤ 喷口材料。由于 SF_6 高压断路器吹弧速度低，不能保护喷嘴免受电弧侵袭，因此，压气式灭弧室所用喷口材料不能采用金属材料，一般是以聚四氟乙烯为基体，通过添加三氧化二铝和氮化硼，以增强其耐烧蚀特性。聚四氟乙烯塑料树脂的特点是耐高温，在电弧直接作用下不会炭化，力学性能好、易加工。

（5）特点　与双压力式相比，单压力式断路器的开断电流大，最高参数单断口 550kV/63kA；采用液压或气动机构，具有很强的适用性；气压低，液化温度也低，在低温地区使用时不需装加热器，可省去压气泵等装置；结构简单，造价便宜，维护也较方便。目前，在电力系统（特别是超高压领域）得到广泛使用。

其缺点，一是为使触头分开、电弧刚产生时有较好的气吹条件，灭弧室的压气腔有一段预压缩过程，会增大断路器分闸时间；二是为满足压气的要求，需配置大功率的操动机构。

3. 自能式

（1）定义　自能式 SF_6 高压断路器，也叫第三代 SF_6 高压断路器，是利用电弧本身能量使 SF_6 气体膨胀、压力升高，产生压力差，或利用磁场使电弧运动。它于 20 世纪 90 年代中后期开始应用，常用来熄灭大电流，是高压断路器发展的必然趋势。目前，自能式 SF_6 高压断路器的最高参数为双断口 420kV/63kA。

自能式 SF_6 高压断路器由于是依靠电弧本身能量熄灭电弧，不需操动机构提供能量，操作功大为减小，因此，采用的是低操作功的弹簧操动机构，大幅提高了断路器机械可靠性，尤其是在126~258kV断路器上，通过使用轻量化的弹簧操动机构，回避了液压或气动机构的漏油、漏气问题，使维护工作量大大减少，深受用户欢迎。

自能式SF_6高压断路器灭弧结构不限于一种简单模式，往往是几种原理的混合，例如，与小活塞压气相配合；与带泄压装置的压气室相配合；与双动结构相配合等。这些混合技术的采用使SF_6高压断路器的机械操作能量大大减少，灭弧技术不断提升。

（2）原理　自能式SF_6高压断路器的灭弧原理是利用电弧能量加热膨胀室内的SF_6气体，提高气体压力，在喷口处形成高速气流，通过与电弧进行强烈的能量交换，在电流过零时熄灭电弧。自能式SF_6高压断路器的工作示意图如图9-10所示。

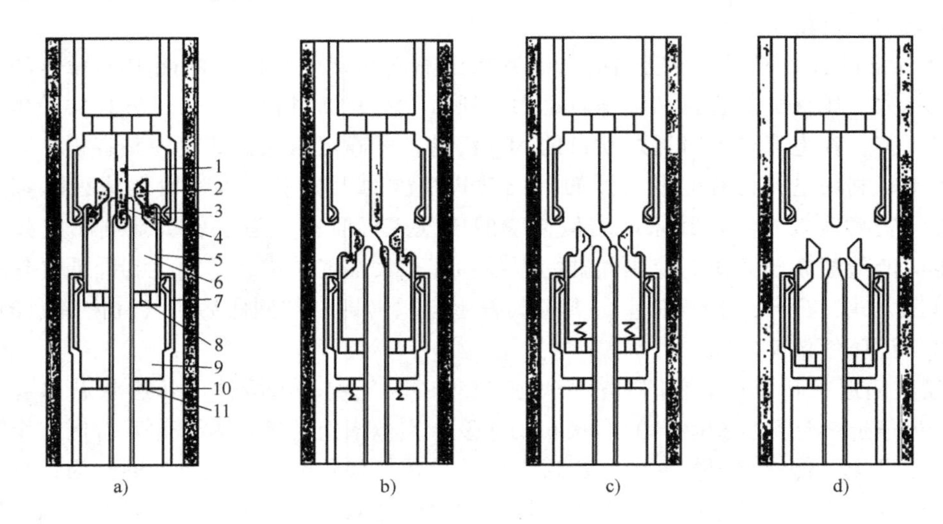

图9-10　自能式SF_6高压断路器工作示意图

a）合闸位置　b）开断大电流　c）开断小电流　d）分闸位置

1—弧静触头　2—绝缘喷嘴　3—主静触头　4—弧动触头　5—主动触头　6—储气室　7—滑动触头　8—上逆止阀门　9—辅助储气室　10—气缸　11—下逆止阀门

（3）分类　自能式SF_6高压断路器灭弧室（简称自能灭弧室）的结构不断推陈出新，既有双室（热膨胀室和压气室）-单动（仅动弧触头运动）、双室-双动（动、静弧触头相向运动）、双室-双活塞、双室-单活塞、单室-单活塞等多种形式，又新出现了旋弧式、热膨胀式和混合式、上下触头双向运动式等灭弧结构。自能灭弧室已从第一代发展到第二代，操动机构也相应地发展到新一代。

1）第一代自能灭弧室。为热膨胀式SF_6高压断路器采用，它使用弹簧操动机构，减小了操作功。

示例9-7：ABB公司1985年开发出热膨胀式断路器，做到170kV/40kA。热膨胀式SF_6高压断路器灭弧室的结构和开断原理如图9-11所示。

示例9-8：Alstom公司1988年开发出热膨胀式断路器。该热膨胀式灭弧室分两种：一种是“热膨胀+助吹”，它利用热膨胀开断大电流，而用助吹解决小电流的开断问题，助吹仅在开断电流30%以下起作用；另一种是“热膨胀+助吹+助推”，它利用后置活塞吸收SF_6压力作用在灭弧室下部的能量，用来加速运动件的运动，利用此能量吸收装置可减少操作能量

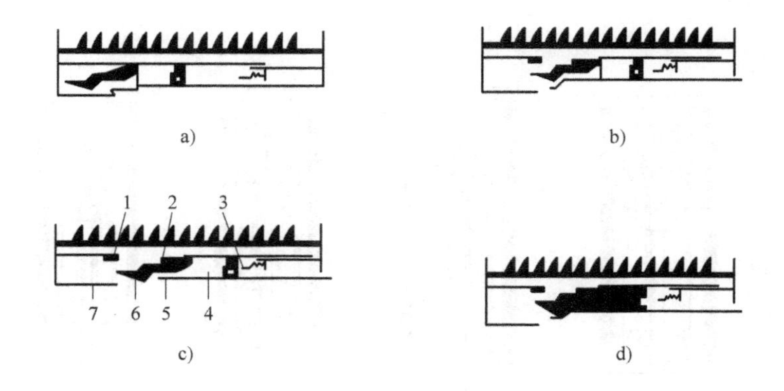

图 9-11　热膨胀式 SF_6 高压断路器的灭弧原理

a）合闸位置　b）分闸位置　c）小电流的开断（压气式）　d）大电流的开断（热膨胀式）

1—静主触头　2—动主触头　3—压气容积　4—热膨胀容积　5—动弧触头　6—灭弧喷嘴　7—静弧触头

30%。带助推活塞的热膨胀灭弧室的开断过程如图 9-12 所示。

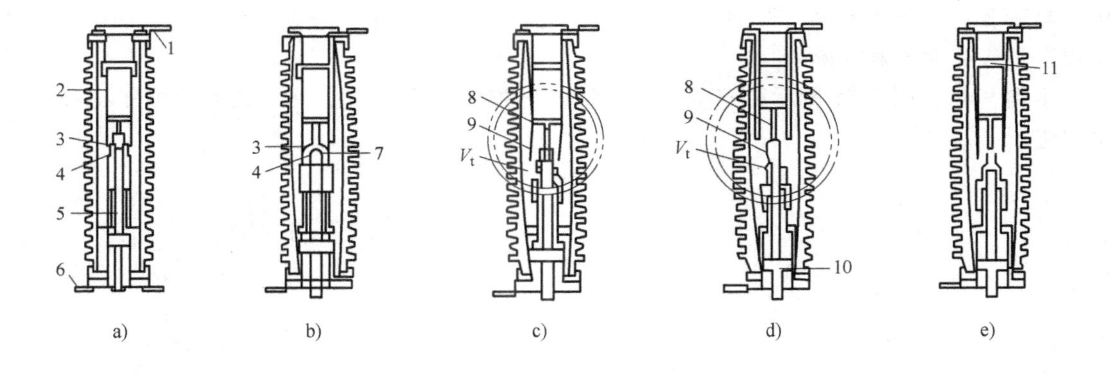

图 9-12　带助推活塞的热膨胀灭弧室的开断过程

a）合闸位置　b）分断位置　c）热膨胀效应　d）灭弧和助推打开　e）分闸位置

1—上接线端　2—静触头座　3—静主触头　4—动主触头　5—动触头座　6—下接线端

7—动弧触头　8—静弧触头　9—喷口　10—活塞　11—静触头座　V_t—热膨胀容器

示例 9-9：西门子公司的产品与一般的压气式断路器不同，它变压气为“热膨胀+助吹”，变定开距为变开距，变液压机构为弹簧操动机构。1998 年交付首批 3AP1-FG 型 245kV/50kA 产品；现已研制出 550kV 级产品。3AP1-FG 型变开距热膨胀灭弧室的开断过程如图 9-13 所示。

示例 9-10：东芝公司设计的 550kV 自能式断路器巧妙地利用了电弧能量，通过提高压气室的压力，使双向吹弧更加强烈。图 9-14 为混合式灭弧室的工作原理图。由图可见，开断初期（见图 9-14a），电弧加热气体的一部分返回到压力室，提高了压力室的压力；开断过程中，大气缸继续增大压力；开断终期（见图 9-14b），形成强烈的双向吹弧。用此装置可提高近区故障下断路器开断能力的 20%。

混合灭弧室工作时，压气和热膨胀同时发生在一个室内，而不像之前介绍的热膨胀原理

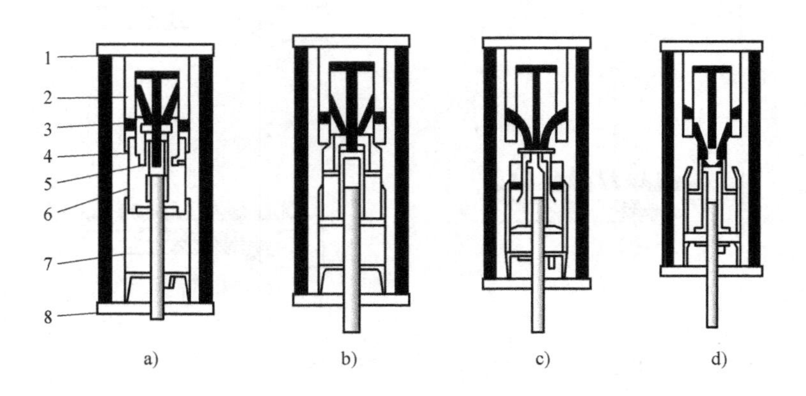

图 9-13　3AP1-FG 型变开距热膨胀灭弧室的开断过程

a）合闸位置　b）分闸中主触头打开　c）分闸中弧触头打开　d）分闸位置

1—上终端板　2—触头固定管　3—灭弧喷嘴　4—主触头　5—弧触头　6—触头管　7—底座管　8—下终端板

中，热膨胀室和压力室是分开的。混合灭弧室中，压气灭弧室的效力得到热膨胀而增强，从而提高了灭弧效能和开断能力。

示例 9-11：图 9-15 所示为三菱公司设计的一种混合灭弧室，其压气和热膨胀也在一个室内进行。

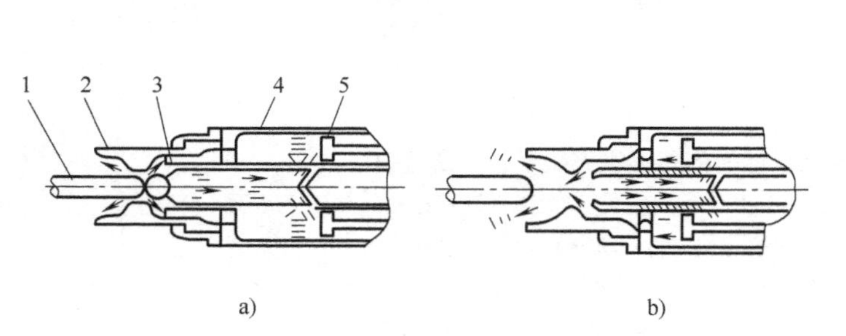

图 9-14　混合式灭弧室的工作原理图

a）开断初期　b）开断终期

1—静触头　2—喷嘴　3—导电杆　4—气缸　5—活塞

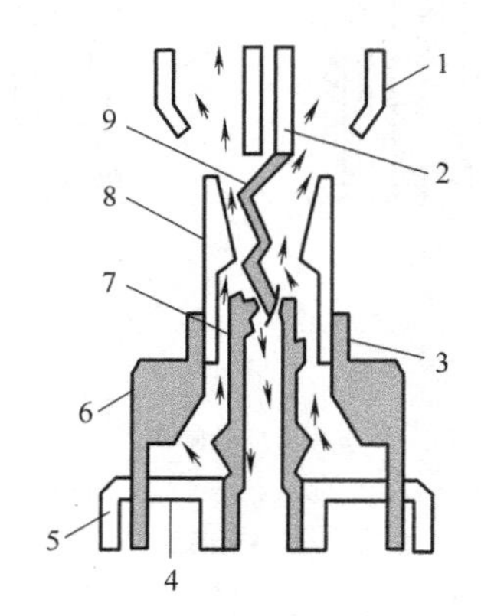

图 9-15　另一种混合灭弧室示意图

1—静主触头　2—静弧喷头　3—动主触头　4—活塞　5—中间触指　6—气缸　7—动弧触头　8—喷口　9—电弧

2）第二代自能灭弧室。第二代自能灭弧室更加完善了热膨胀效应，提高了开断性能，同时改善了 SF_6 高压断路器开断容性电流的特性，大幅度减少了操作功（约减为压气式的 1/9），已广泛应用于工业中。

按结构不同，第二代自能灭弧室的结构形式有双容积-单活塞灭弧室、双容积-双活塞灭弧室以及单容积-单活塞灭弧室。当前，双容积-单活塞灭弧室结构使用较多，其种类与特点见表 9-1。

表 9-1　双容积-单活塞灭弧室的种类与特点

结构形式	结构示意图	动作	效果
(1)减少行程	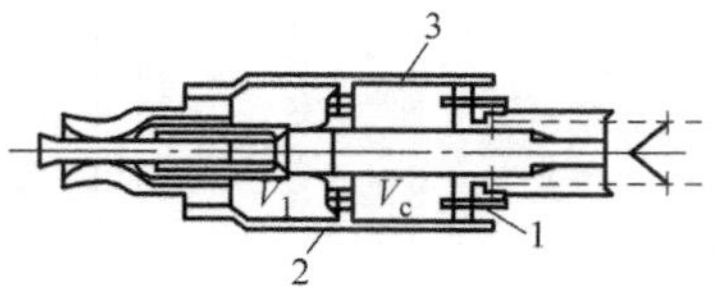 3 V_1 V_c 2 1 a) 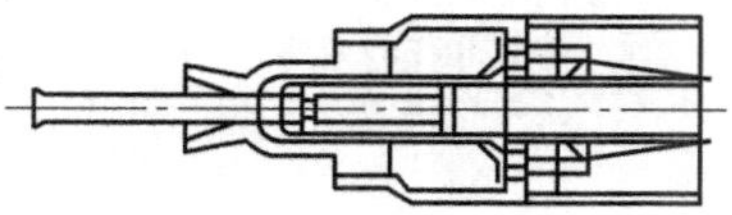 b) 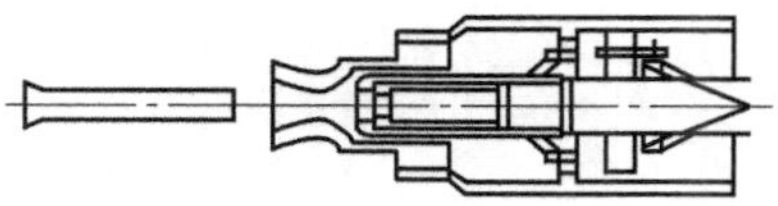 c) 减少行程的灭弧室 1—活塞　2—舌阀　3—气缸 V_c—压缩容积　V_1—膨胀容积	第一阶段:位置在图 a)、b)之间,利用活塞和气缸之间的相对运动来压缩容积 V_c 中的气体。产生的压力在舌阀打开后进入膨胀容积 V_1 中 第二阶段:位置在图 b)、c)之间,活塞和气缸实际上都移动到它们的脱离位置。活塞和气缸的相对运动靠机械联杆实现,也可以用其他机械或气动方式实现。与压气式相反,操作元件不必克服膨胀容积 V_1 中产生的高压力。反力仅来自压缩容积 V_c 中产生的降低了的过电压	1. 开断小电流时,压缩阶段产生的过压力足以保证燃弧时间内的开断 2. 开断大电流时,利用电弧能量提高容积 V_1 中的气体压力,为电流过零时熄灭电弧提供必要的熄弧能量
(2)后部排气(具有高的容性开断能力,非常适合满足IEC标准的未来要求)	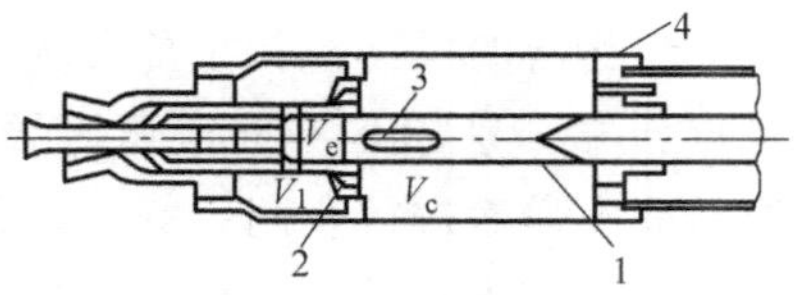 4 3 V_e V_1 V_c 2 1 a) 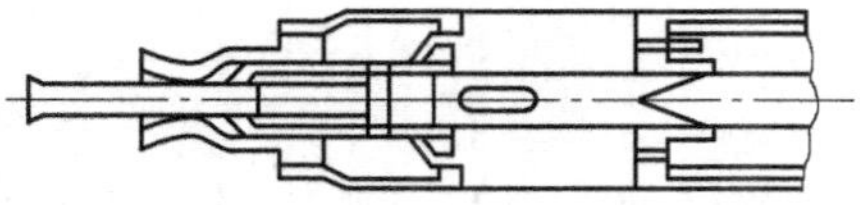 b) 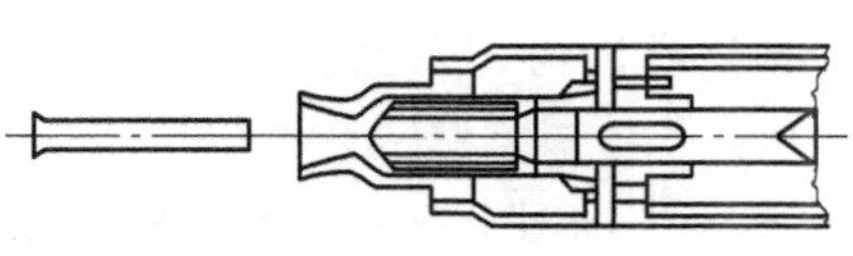 c) 后部排气的灭弧室 1、3—排气口　2—舌阀　4—气缸 V_c—压缩容积　V_1—热膨胀容积　V_e—死区	第一阶段:位置在图 a)、b)之间,压缩容积 V_c 中的气体,使容积 V_c、V_1 和 V_e 都处于过压力之下。这使得在触头分离瞬间燃弧触头附件(V_e)具有高的气体密度 第二阶段:位置在图 b)、c)之间,容积 V_c 和 V_e 通过开口 1、3 向后排气。容积中的压力降低,舌阀关闭,从而使容积 V_c 和 V_1 分离	1. 提高了开断小电流时触头之间的绝缘强度 2. 在 V_1 内的气体热膨胀提高了压力,保证了开断所需的灭弧能量

（续）

结构形式	结构示意图	动作	效果
(3)双触头双向运动	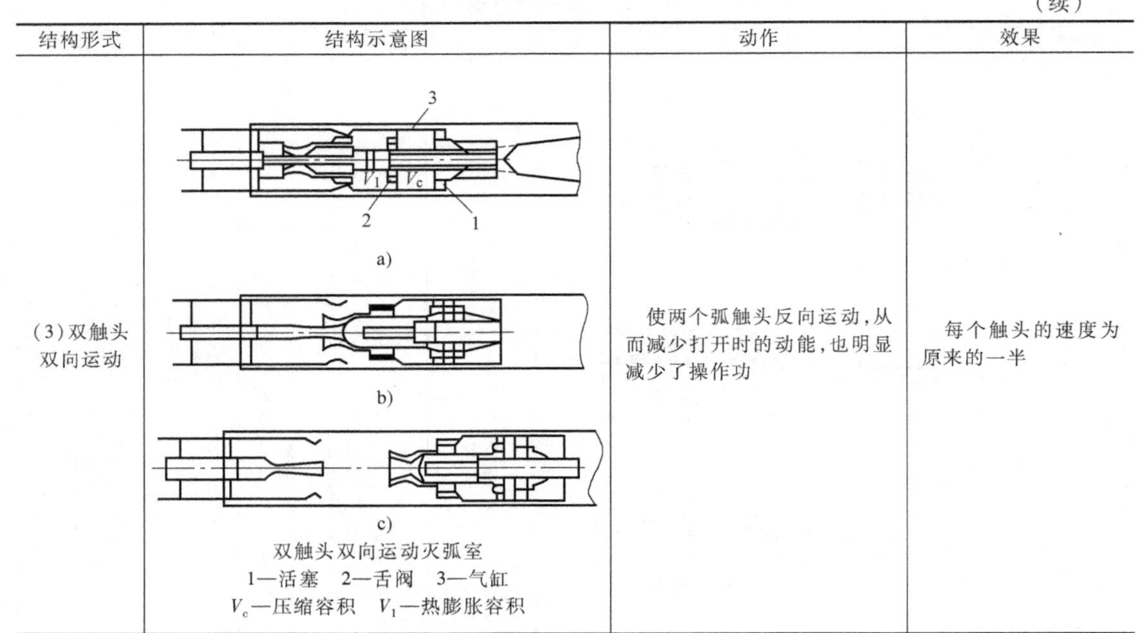 双触头双向运动灭弧室 1—活塞　2—舌阀　3—气缸 V_c—压缩容积　V_1—热膨胀容积	使两个弧触头反向运动,从而减少打开时的动能,也明显减少了操作功	每个触头的速度为原来的一半

9.3 SF_6 高压断路器的操动机构

开关电器触头的分、合动作必须依靠一定的机械操动机构才能完成。操动机构由储能单元、控制单元和力传递单元组成。

操动机构是高压断路器的重要组成部分。高压断路器的操动机构主要分为气动机构、弹簧机构和液压机构三种。三种操动机构各有其特点，并分别用于不同电压等级的断路器上。其中，气动机构采用压缩空气作为动力进行分闸，采用弹簧进行合闸；弹簧机构采用电动机使合闸弹簧储能，在合闸操作时使分闸弹簧储能；液压机构则是以碟形弹簧储能，代替了传统的压缩氮气储能，分合闸均靠液压传动。

9.3.1 功能要求

1）操动机构应有足够的能力（即关合短路故障的能力）克服短路电动力的阻碍作用，主要指标为操动机构输出的机械功（操作功）。

2）合闸后，操动机构必须有合闸保持的部分或机构，以保证合闸命令和操作力消失后，SF_6 高压断路器仍能保持在合闸位置。

3）分闸时，操动机构的操作应满足 SF_6 高压断路器对分闸时间和分闸速度的要求。

4）还要有自由脱扣、防弹跳、复位及联锁等功能。

9.3.2 原理和应用

1. 液压操动机构

1）液压操动机构是用液压油作为能源来进行操作的机构，其输出力特性与断路器的负载特性配合较为理想，有自行制动的作用，操作平稳，冲击振动小，操作力大，需要控制的能量小，较小的尺寸就能获得几吨或几十吨的操作力。除此之外，液压机构传动快、动作准确，是当前高压和超高压断路器操动机构的主要品种。近年来，通过采用高集成的液压技术和先进的密封技术，使液压传递回路达到几乎完全密封的状况。设计中，合闸一级、二级阀和供排油阀采用阀系统原理，避免了渗漏油现象；三级之间无管路连接，减少了漏油的环节，使产品结构更加紧凑，布置更趋合理。

2）液压操动机构按传动方式分为全液压和半液压。

① 全液压方式：液压油直接操纵动触头进行合闸，省去了联动拉杆，减少了机构静阻力，因而速度加快，但要求结构材质较高。

② 半液压方式：液压油只到工作缸侧，操动活塞将液压能转换成为机械功带动联动杆使断路器合、分操作。

3）图 9-16 为液压操动机构的原理示意图。

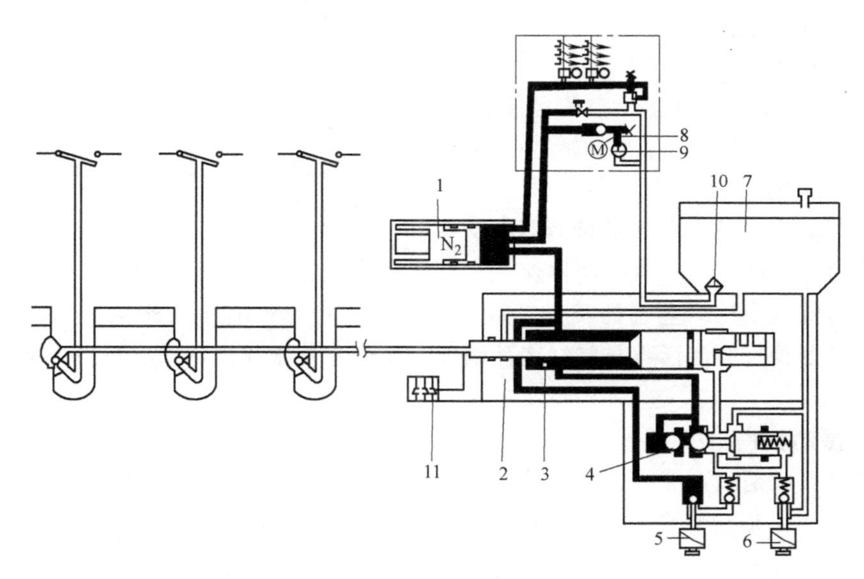

图 9-16　液压操动机构的原理示意图

1—储能缸　2—操作缸　3—活塞缸　4—主阀　5—合闸电磁铁　6—分闸电磁铁
7—油箱　8—电动机　9—油泵　10—过滤器　11—辅助开关

其工作原理如下：

① 合闸：液压阀通过电磁方式开启。液压储能缸的压强作用于两侧表面积不同的活塞杆。操作杆被活塞较大表面侧的力所推动，经传动机构使断路器合闸。操动机构的设计，应确保在压力发生下降时断路器仍能保持在特定的位置上。

② 分闸：液压阀通过电磁方式切换，释放活塞较大表面的压强，将活塞移动到断开位置。由于活塞较小表面侧处于恒定压强下，因此，断路器可随时立即操作。备有的两个独立的分闸回路，用于打开分闸用阀门。

4）液压操动机构具有能量强大、液压油自润滑无磨损、液压元件重量轻且反应速度快、噪声低、动作可靠等优势，但也不同程度地存在漏油、管路太多、元件分散等缺陷，故障率较高。

2. 气动操动机构

气动操动机构是利用压缩空气作为能源，产生推力的操动机构。由于以压缩空气作为能源，因此不需要大功率的直流电源，独立的储气罐能供气动机构多次操作。

图 9-17 为操动 SF_6 高压断路器的气动操动机构的原理图。

断路器的分合闸操作全部依靠压缩空气，并依靠压缩空气的推力将断路器维持在分闸或合闸位置，分合闸操作由控制阀 3 来完成。

1）合闸：通过控制阀 3 使差动活塞受压面 6 上方的压缩空气经控制阀 3 向外排至大气，压力下降，于是差动活塞受压面 5 在压缩空气推力作用下向上运动，完成断路器的合闸操作并使断路器保持在合闸位置，如图 9-17a 所示。

2）分闸：控制阀 3 使压缩空气经管道 7 进入差动活塞 1 上方，由于差动活塞受压面 6 大于受压面 5，因此压缩空气将推动差动活塞 1 向下运动，带动断路器的操作杆，完成断路器的分闸操作，并将断路器保持在分闸位置，如图 9-17b 所示。

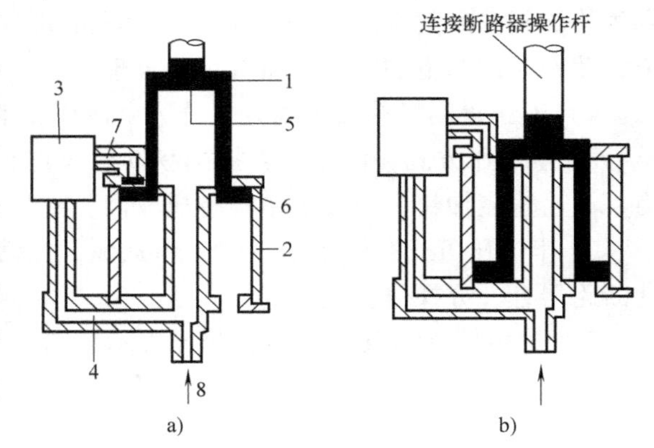

图 9-17 气动操动机构工作原理图

a）合闸位置 b）分闸位置

1—差动活塞 2—工作缸 3—控制阀 4、7—管道

5、6—差动活塞受压面 1 和 2 8—压缩空气入口

气动操动机构中压缩空气的质量对操动机构工作可靠性有重要影响。压缩空气应该干燥，否则潮气太大，会使活塞与气缸表面锈蚀，妨碍正常工作。活塞、气缸的表面处理也要特别注意。

3. 弹簧操动机构

弹簧操动机构是随自能式 SF_6 高压断路器的问世应运而生、以弹簧（压缩弹簧、盘簧、卷簧和扭簧等）作为储能元件的机械式操动机构。该操动机构的结构小巧、操作灵活、无漏油漏气之虑，可靠性高。

弹簧操动机构主要由储能及能量保持、合闸驱动、合闸保持及分闸脱扣、合分闸电磁铁及二次元件等部分组成。图 9-18 为弹簧操动机构的原理框图，图 9-19 为其结构图。

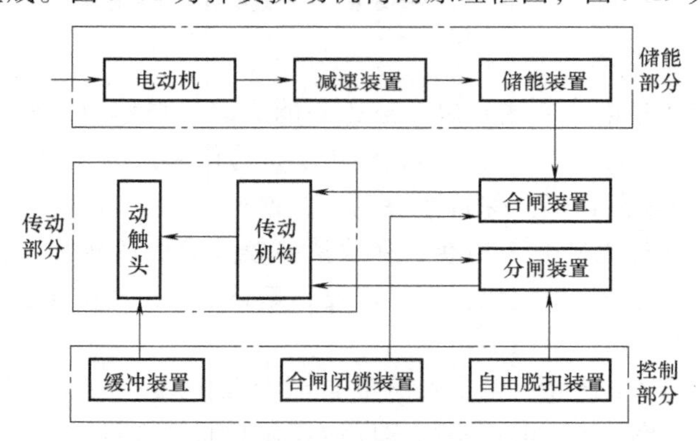

图 9-18 弹簧操动机构的原理框图

弹簧操动机构的工作原理是：①储能阶段：电动机通过减速装置和储能机构使合闸弹簧储存机械能；储存完毕，通过合闸闭锁装置使弹簧保持在储能状态，然后切断电动机电源。②合闸阶段：接到合闸信号，解脱合闸闭锁装置，释放合闸弹簧的储能。这些能量的一部分通过传动机构使断路器的动触头动作，进行合闸操作；另一部分通过传动机构使分闸弹簧储能，为分闸状态做准备。③当触头合闸动作完成后，电动机立即接通电源动作，通过储能机构使合闸弹簧重新储能，以便为下一次合闸做准备。④分闸阶段：接到分闸信号，解脱自由脱扣装置，释放分闸弹簧储存的能量，并使触头进行分闸动作。

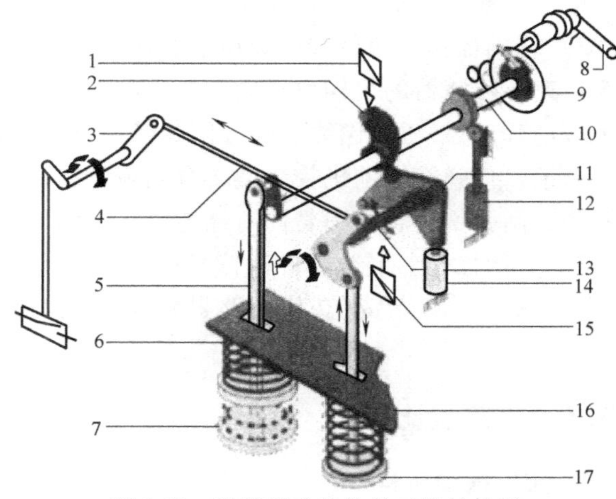

图 9-19 弹簧操动机构的三维结构图

1—合闸闭锁装置 2—凸轮 3—连杆 4—操作杆 5—合闸弹簧连杆 6—分闸弹簧连杆 7—合闸弹簧 8—手动储能柄 9—储能机构 10—储能轴 11—曲柄 12—合闸缓冲器 13—转轴 14—分闸缓冲器 15—分闸脱扣 16—操作机构箱体 17—分闸弹簧

国内外的弹簧操动机构可分为两类：一类为夹板式结构；另一类为整体铸铝壳体式结构。其中，夹板式结构为双夹板，结构扁平，机构本身不带分闸弹簧，弹簧装在断路器内；整体式结构紧凑且耐腐蚀，机构本身带分、合闸弹簧。

示例 9-12：Alstom 公司 1994 年推出的第三代 FK 系列弹簧操动机构。其特点有：①采用螺旋弹簧，动态操作冲击小，过剩的动能在合闸过程结束时被分闸弹簧充分吸收；②内部的转换能量很低，为低无功损耗；③较第二代，零件数减少 30%。

图 9-20 为 FK3-X 型弹簧操动机构的结构示意图。

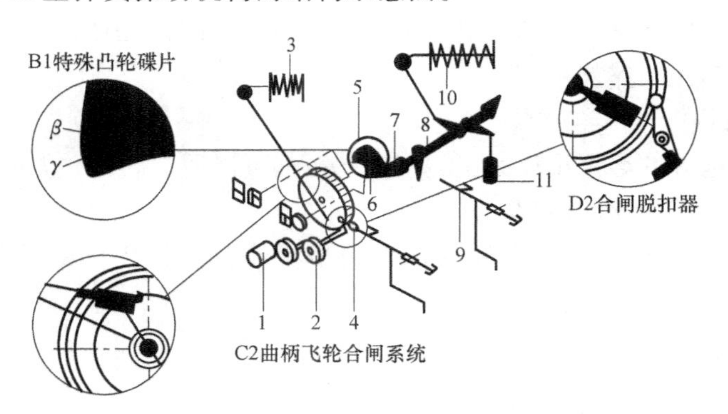

图 9-20 FK3-X 型弹簧操动机构的结构示意图

1—电动机 2—传动齿轮 3—合闸弹簧 4—合闸脱扣器 5—凸轮碟片 6—合闸轴杆 7—滑动杠杆 8—主轴 9—分闸脱扣器 10—分闸弹簧 11—分闸缓冲器

FK3-X 型弹簧操动机构的工作原理如下：

1）弹簧储能。首先，接通电动机 1 的控制电源，起动电动机并通过传动齿轮 2，使合闸弹簧 3 储能，以提供断路器的合闸功；储能完成后，凸轮上的滑轮被合闸脱扣器 4 挡住后，电动机断电，机构保持在储能状态。

2）合闸操作。合闸线圈通电、合闸脱扣器4动作。合闸弹簧3使合闸轴杆6和凸轮碟片5加速。断路器的机构由滑动杠杆7和主轴8推至闭合位置。与此同时，断路器的分闸弹簧10被储能。最后，储能后的分闸弹簧10被分闸脱扣器9固定在闭合位置。

与第二代弹簧操动机构一样，合闸弹簧在合闸过程中开始再次储能，因此合闸状态的断路器的分闸弹簧和合闸弹簧同时储能，正常情况下，其能量可以完成分-合闸操作。

3）分闸操作。当分闸脉冲信号通过分闸线圈时，分闸脱扣器9被释放。主轴8被转到“分”位置，分闸弹簧10使断路器快速分闸。分闸结束时，断路器动能被分闸缓冲器11吸收。

9.3.3 优缺点比较

1. 液压操动机构

优点：①操作平稳无噪声，体积小，冲击振动小，操作力大，需要控制的能量小，动作快，工作压力高，动作准确，在不大的机构尺寸下就可以获得操作力，而且控制比较方便；②不需要直流电源，暂时失去电源时仍能操作多次；③油具有润滑保护作用；④容易实现自动控制与各种保护，它特别适用于126kV及以上的高压和超高压断路器。

缺点：①结构比较复杂；②零部件加工精度要求高；③油系统工作压力高，因此运动部件维修技术的要求也高；④价格比较高。

2. 气动操动机构

优点：①结构相对较简单；②操作控制平稳，气动压力较高，因此动作速度快，作用力大；③由于以压缩空气作为能源，因此不需要大功率的直流电源；④独立的储气罐能供气动机构多次操作，比较适用于252kV及以上的高压和超高压断路器。

缺点：①体积较大，声响大、零部件加工精度要求高；②零部件的加工精度比电磁操动机构还高；③需要配备空压装置，而且还要有压缩空气罐，其他两种类型都没有；④对空气的气密性要求很高，因此活塞和气缸维护的要求也高。目前，国内气动操动机构主要用于220kV和550kV的高压断路器中。

3. 弹簧操动机构

优点：①要求电源的容量小；②交、直流电源都可以用；③暂时失去电源时仍能操作一次；④不受天气和电压变化的影响。

缺点：①结构比较复杂；②零部件加工精度要求高；③零件数量较多；④传动环节较多。

9.3.4 发展趋势

目前，这三种基本型式的操动机构都在不断改型，特别出现了不同原理的组合，如气动弹簧机构和液压弹簧机构。其中，液压弹簧操动机构是液压与弹簧机构的组合。

示例9-13：CY15型液压弹簧操动机构。为我国自行研制，率先用于双断口800kV断路器。2009年获中国机械工业科学技术奖二等奖。CY15型液压弹簧操动机构的液压系统传动原理图如图9-21所示。

CY15型液压弹簧机构工作原理图如图9-22所示。

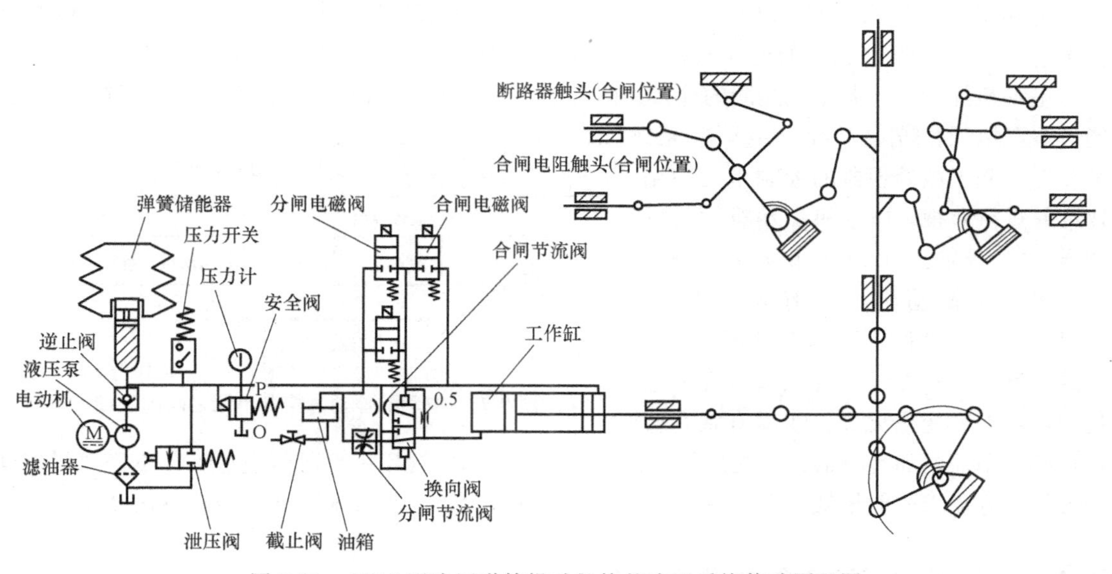

图 9-21　CY15 型液压弹簧操动机构的液压系统传动原理图

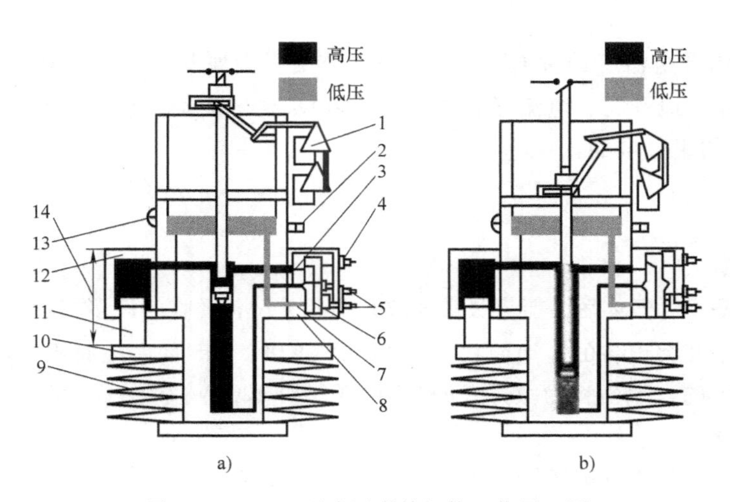

图 9-22　CY15 型液压弹簧机构工作原理图

a）合闸位置　b）分闸位置

1—辅助开关　2—低压接头　3—合闸节流螺杆　4—合闸控制阀　5—分闸控制阀　6—换向阀
7—分闸节流螺杆　8—控制模块　9—碟簧组　10—上支撑环　11—储能活塞
12—储能活塞缸　13—油位观察窗　14—储能活塞行程的测量位置

CY15 型液压弹簧机构采用碟簧作储能元件，工作缸采用常高压差动式回路（分、合闸缓冲油缸内带）。液压阀用两级放大（有自保持和防慢分功能）、液压泵采用双柱塞径向轴塞泵。

CY15 型液压弹簧机构与原气动机构具有互换性。它具有压力高、动作快、模块化设计、免运行维护、可靠性高、检修方便等特点，是目前操作功最大而体积最小的液压弹簧机构。

示例 9-14： 电动机操动机构。它用一台电子器件控制的电动机直接操动断路器的操作杆，主要由能量缓存单元、充电单元、交换器单元、控制单元、电动机与解算器单元及输入/输出单元组成。

电动机操动机构不同于液压、气动、弹簧及液压弹簧操动机构之处，是其将先进的数字技术与简单、可靠、成熟的电动机相结合，可满足断路器操动机构的所有核心要求。

电动机操动机构各单元之间的连接如图9-23所示，电动机由能量缓存单元经变换器供电，能量缓存单元由充电单元（电源单元）来充电。基于微处理器的控制单元控制速度并进行监视。电动机操动机构的操动通过输入/输出（I/O）单元来实现。

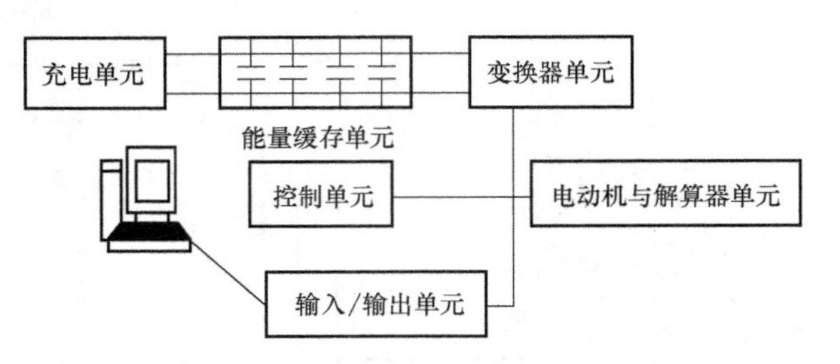

图9-23 电动机操动机构各单元之间的连接

电动机操动机构具有以下优点：①只有一个运动件，简单而可靠；②优化的预设定行程曲线；③触头行程与老化和环境温度变化无关；④固有状态监视功能，不需附加传感器；⑤先进的监视平台；⑥外部监视用串行通信通道；⑦不需要机械辅助触头；⑧需求的能量低，无高瞬态负荷；⑨机械应力小，噪声水平低；⑩模块化设计。

9.4 SF_6 全封闭组合电器（GIS）

SF_6 全封闭组合电器（简称GIS）是一种气体绝缘金属封闭开关设备，也是一种将如罐式断路器、隔离/接地开关、电流互感器、电压互感器、避雷器等封闭于充满压力的 SF_6 气体的金属外壳内的组合电器。

9.4.1 概况

1. 产品特点

GIS使用压缩 SF_6 气体后，能克服常规敞开式开关设备面临的许多困难，具备如下优势：

1）大大减小开关设备的占地面积。如126kV等级，GIS的占地面积为敞开式的45.8%；252kV等级，GIS的占地面积为敞开式的37.01%；对420kV变电站而言，GIS的占地面积为敞开式的26.87%。

2）完全不受大气条件的影响，如工业污秽、沿海地区盐雾等。

3）运行可靠性高，能保证人身安全。

4）可安装在现场易受限地方，如地面不牢固或地震活跃的地区。

5）SF_6 气体的耐压强度比空气高得多，且无嗅、不易燃。其缺点是：制造困难，价格贵。

2. 安装与布置方式

1）GIS分户外和户内两种类型，安装在户外的较多，且没有任何保护用建筑物。为适应户外环境，户外型一般需附加防气候措施。这两种型式的GIS在实际中已运行20多年，运行效果都令人满意。近年，英国出于技术经济等原因，有将GIS装于户内的倾向，以减少环境对它的影响。在我国，GIS户外、户内两种安装方式都有。

2）按变电站接线方式不同，GIS可分为单母线、双母线、单（双）母线分段、桥形接线、1½断路器接线等。GIS的所有带电部分均封闭于充气壳体内。壳体被分成许多独立隔室。这样可使需维护或检修的隔室隔离，而其他隔室仍处于气压状态之下。

图9-24和图9-25分别表示145kV以下及220~800kV两种不同GIS间隔的布置。

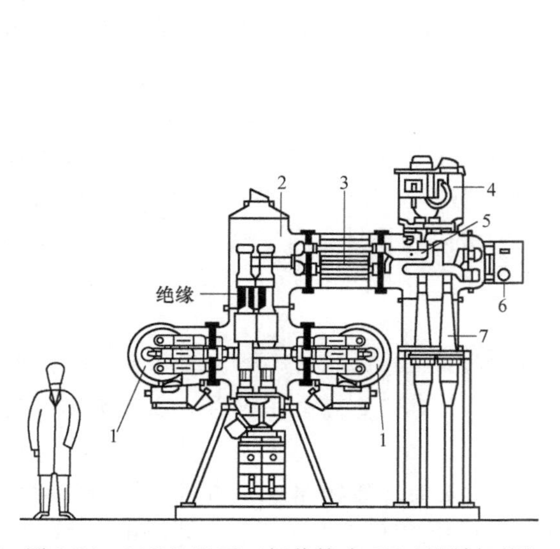

图 9-24　145kV 以下三相共筒式 GIS 间隔剖面图

1—母线及组合式隔离/接地开关　2—断路器　3—电流互感器　4—电压互感器　5—组合式隔离/接地开关　6—快速接地开关　7—电缆终端单元

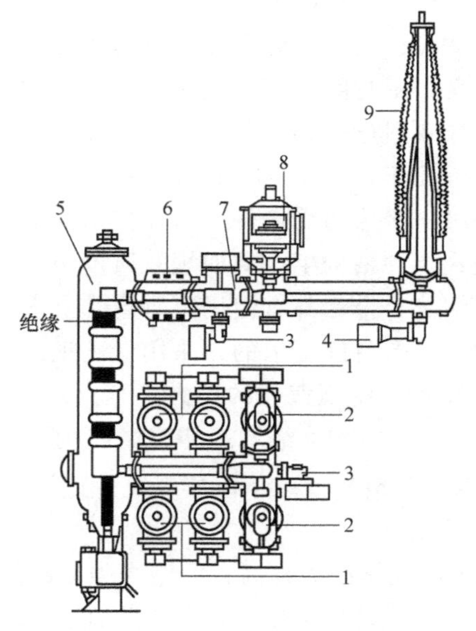

图 9-25　220~800kV 超高压单相式 GIS 间隔剖面图

1—母线　2—母线隔离开关　3—维修接地　4—快速接地开关　5—断路器　6—电流互感器　7—隔离开关　8—电压互感器　9—SF_6/空气套管

3. 壳体的形状与材料

GIS 的壳体对整个 GIS 构成电气上的集成和接地，既有三相共筒式，也有单相式。图 9-26 为三相母线共筒式排列的结构示意图。

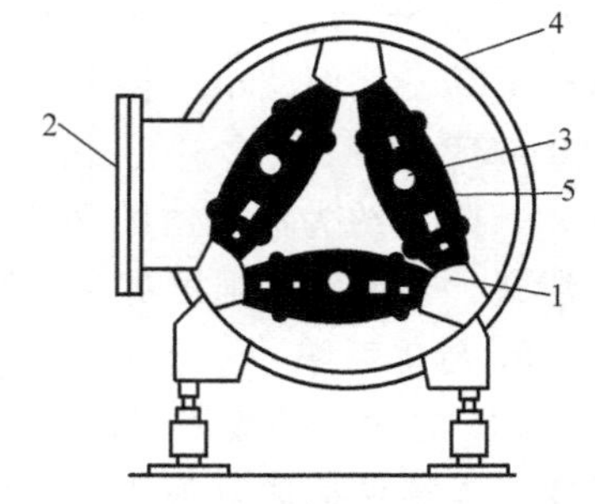

图 9-26　三相母线共筒式排列的结构示意图

1—屏蔽罩　2—盖　3—母线　4—外壳　5—绝缘体

三相共筒式壳体具有以下特点：

1）每个馈线需要的壳体数量少，约为 1/3。

2）三相共筒式结构中，相对地电弧在几毫秒内因导体间的间隙气体被电离而发展成相-相故障，同时相对地电弧熄灭，这样，壳体不会被烧穿。同时，罐体上基本无电磁感应电流流过，也几乎没有因涡流引起的能量损失。

3）对同一参数而言（电压水平、导体大小、相间距离和相-地距离），三相共筒式中电场强度比单相减小约 30%，因而不易发生故障。而且，由于 SF_6 气体密封面和结合面减小，仅为三相分相式的 1/3，故大大减小了漏气概率。

4）由于省去了断路器、隔离开关和接地开关的相间复杂的连杆和连接件，也就简化了操动系统。

三相共筒式壳体常用于 252kV 以下电压等级，而更高电压等级需用分相式结构。

GIS 的壳体材料有铝和钢两种。因环流和涡流会在壳体内产生电损耗和热损耗，故单相壳体的钢被限制使用于较小的电流系统中。另外，对高压力三相共筒式和单相式 GIS，钢因不易成形，难焊成相同的均匀形状；铝铸壳对给定的气压和导体结构，能保证最佳场强分布。因此，新一代 GIS 的外壳正朝向轻型铝合金外壳方向发展。

GIS筒体大部分是铸件或焊接件。为保证筒体自身密封可靠，一般需要进行密封试验和水压试验；同时，为保证不同筒体之间的对接面密封可靠，要求密封槽密封可靠，密封圈性能优良，密封圈压缩量适中。封闭性没有检测好的话，一般会导致漏气，严重会失压到零压，导致耐压击穿。漏气还会导致气室水分增多，影响绝缘性能。

近几年，在110kV以下等级，由于筒体尺寸相对较小，铸件采用比较多；在220kV以上等级，多采用焊接件。铸件技术要求比较高，对致密度、应力释放要求高，一般需要失效处理；焊件结构生产周期短，质量小，所需设备相对简单，改型快。焊接结构中，低碳钢、不锈钢、合金铝都有使用。对温升要求比较高时，一般采用铝材；高寒地区的，一般采用不锈钢，没有特殊要求的，采用低碳钢。

4. SF_6 绝缘气体的压力

GIS中的 SF_6 绝缘气体有高压力GIS（0.5~0.6MPa）和低压力GIS（约0.12MPa）两种。对72.5kV及以下电压等级，适用低压力GIS设计；对于更高电压等级，高压力GIS设计更具优势。

SF_6 气体压力越高，则绝缘强度越高。因而对于给定电压等级来说，可减小所需的导体间距，使设计更加紧凑；另一方面，绝缘强度的提高比压力提高速率缓慢。其理由是 SF_6 气体在高压力下对导体和壳体表面的粗糙度和污秽的敏感性增加，反而会降低产品的可靠性，而且增加维修工作量。随着气压增高，要使提高的压力得到充分利用，需要使电场分布均匀。因而，对于增高 SF_6 气压来说，必须确保导体、元件及壳体的形状均匀。由上可知，应限制 SF_6 气体的气压，使之不因高压力 SF_6 气体的缺点凸现而减小设计的经济性。

同样，对于126kV及以上电压等级来说，将压力限制太低，会使壳体变大，生产成本增加，材料消耗加大，以及建筑物扩大，从而也降低了设计的经济性。

选择 SF_6 气体压力的另一个重要因素是漏气对GIS性能的影响。漏气会使 SF_6 气体压力自行下降，从而减小了整个开关设备的绝缘强度。在高压力GIS中，当 SF_6 气体额定压力约为0.4MPa时，严重漏气时会使压力下降至0.1MPa，结果造成绝缘强度及BIL（基本冲击水平）下降到约为额定值的75%；另一方面，对低压力（额定压力为0.12MPa）来说，同样的泄漏，会使绝缘强度劣化15%。

5. 导体系统

GIS的导体一般采用铝管，其直径和壁厚取决于电压和额定电流。铜弹簧触指构成触头插座，铜插件构成触头插头。触头表面镀银，并将触头焊到铝导体上。导体系统连同支持绝缘子必须精心设计，使之能耐受正常工作和短路条件下的电、热和机械负荷。

6. 固体绝缘支撑件

固体绝缘支撑件在GIS中对高压导体起物理支持作用，并对GIS起操作作用。它们有盘形、锥形等各种形状。固体绝缘材料置于压缩的 SF_6 介质中，会使 SF_6 通道中的电场分布发生畸变。在GIS中用支撑件引起的严重问题如下：①支撑件因固体材料老化限制了系统的电压梯度（kV/m）；②支撑件影响GIS的短时特性（如绝缘强度），这里有许多因素。

9.4.2 GIS的组成元件

GIS的组成元件包括高压断路器、隔离开关和接地开关、电压和电流互感器、避雷器、套管（电缆终端）和母线、气体密度监视装置等元器件，简述如下。

1. 高压断路器

作为 GIS 的核心元件，高压断路器由灭弧室及操动机构等组成。封闭的灭弧室内充有一定压力的 SF_6 气体。高压断路器按灭弧原理不同，有压气式、热膨胀式和混合式。配备的操动机构，有液压、气动、弹簧及液压弹簧等机构形式。

2. 隔离开关和接地开关

如图 9-27 所示，GIS 隔离开关由绝缘子壳体和不同几何形状的导体构成。铜触头用弹簧加压，使隔离开关具有高的电性能和机械可靠性。GIS 隔离开关须精心设计和试验，使其在开断小的充电电流时不会产生过高的过电压，否则，会发生对地闪络。

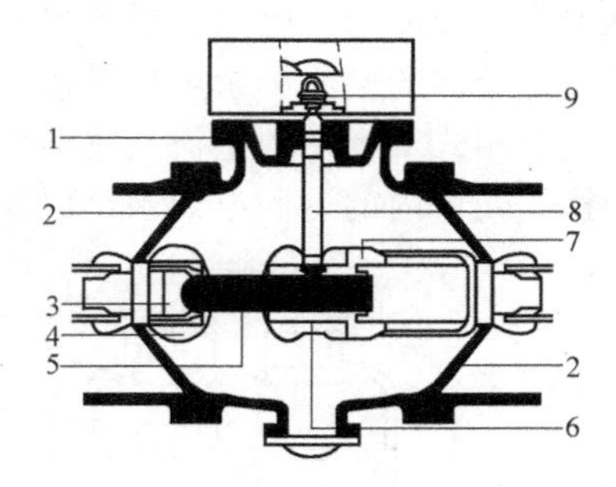

图 9-27　GIS 隔离开关的结构示意图
1—壳体　2—间隔绝缘子　3—静触头　4—静触头屏蔽　5—动触头　6—齿轮齿条传动装置　7—触头支架　8—绝缘操作杆　9—驱动电动机

大多数 GIS 的隔离开关和接地开关的操动机构为同一设计，主要是电动或手动操作；所加的电气联锁是为了防止误操作，终端位置可采用机械联锁保持。

GIS 常用的接地开关有故障检修用接地开关和快速关合接地开关两种型式。其中，故障检修用接地开关用于变电站内作业时保护，只有高压系统不带电情况下方可操作；而快速关合接地开关则可在全电压和短路条件下关合，其快速关合操作靠弹簧合闸装置实现。

示例 9-15：国外 126～252kV GIS 产品普遍采用了隔离/接地开关组合元件。由于其工作分别由隔离开关合闸-接地开关分闸、隔离开关分闸-接地开关分闸、隔离开关分闸-接地开关合闸三种位置组合而成，因此，该组合元件也被称为“三工位隔离/接地开关”。它有旋转式（见图 9-28）和插入式（见图 9-29）两种结构型式。

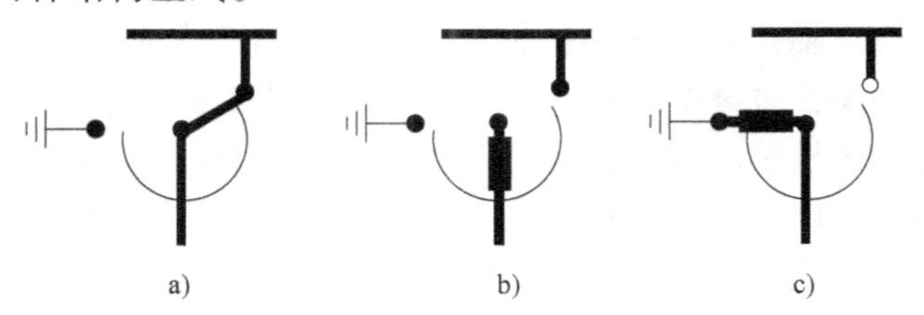

图 9-28　旋转式三工位隔离/接地开关的工作示意图
a）隔离开关闭合　b）中性点位置　c）接地开关闭合

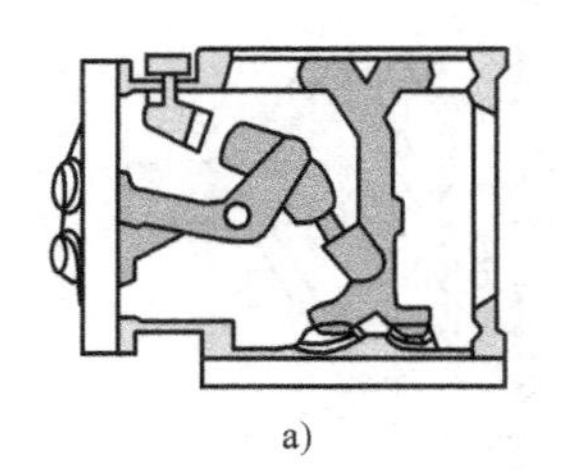

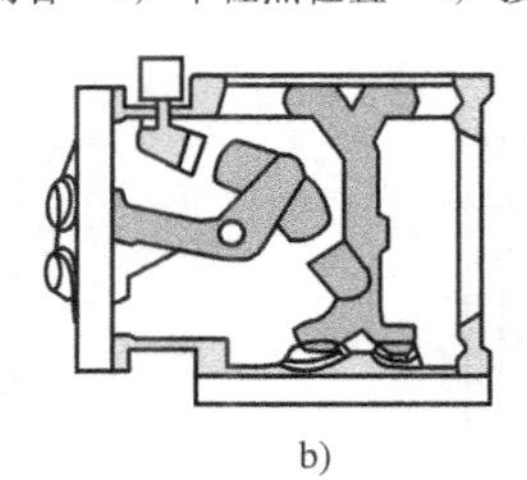

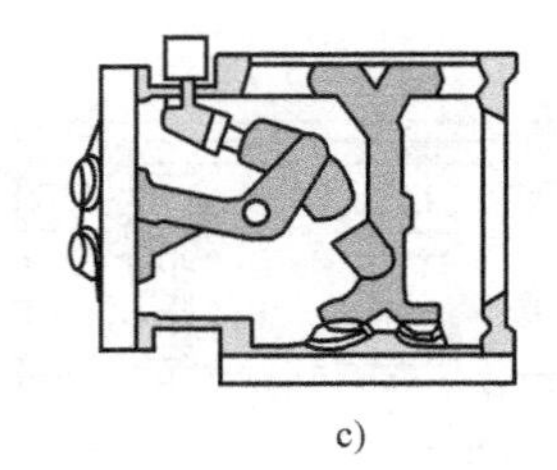

图 9-29　插入式三工位隔离/接地开关结构图
a）隔离开关闭合　b）中性点位置　c）接地开关闭合

综上所述，隔离/接地开关组合元件共用一个活动导电杆（片）和一个操动机构，具有如下优点：①两者组合在一个气室内，大大缩小了 GIS 尺寸，使之小型化；②减少了 GIS 操动机构数量，减少了操作和维护工作量，运行和检修方便；③从原理上解决了隔离开关与接地开关之间的联锁问题，取消了以往隔离开关与接地开关之间复杂的联锁回路，不会发生带地线闭合刀开关的事故，极大地提高了 GIS 的运行可靠性。

目前，126kV GIS 已全部采用三工位隔离/接地开关，252kV GIS 则部分采用。

3. 电压和电流互感器

GIS 中的电压互感器多为感应型（见图 9-30）。在三相共筒式 GIS 中，3 个电压互感器位于 1 个壳体内。电压互感器也可设计为 1 个与电子放大器连接的低电容分压器。内部导体和靠近壳体的同心测量电极被用作高压电容器。这种设计仅适用于超高压系统。

单相式 GIS 中的电流互感器的铁心位于壳体外侧，可确保壳体和导体间的电场完全不受干扰。壳体内的返回电流被绝缘层隔断。图 9-31 所示为单相壳体布置。

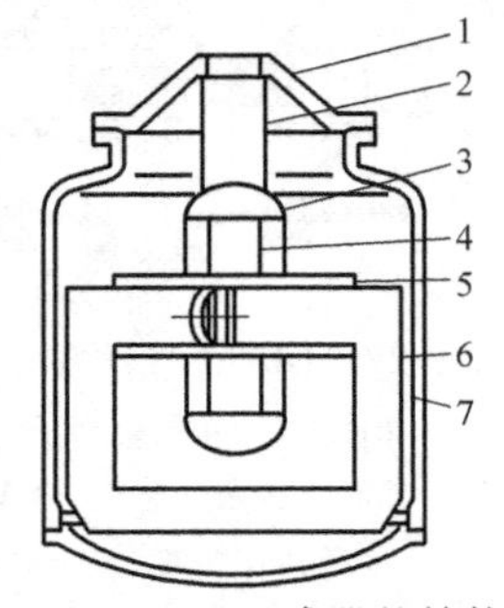

图 9-30 GIS 电压互感器的结构示意图

1—盆式绝缘子 2—高压连接 3—屏蔽罩 4—高压绕组 5—二次绕组 6—铁心 7—壳体

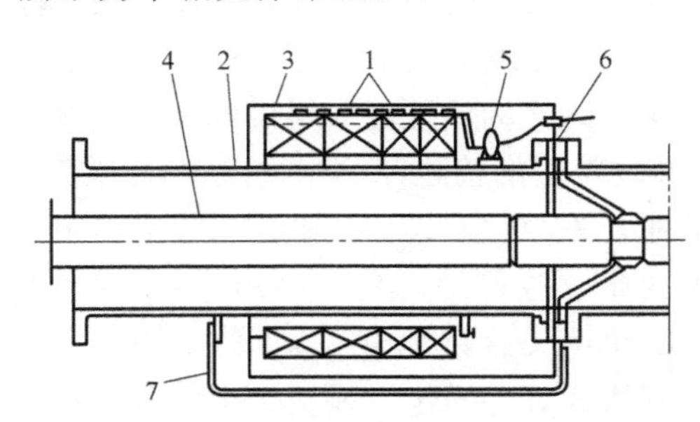

图 9-31 GIS 电流互感器的结构示意图

1—铁心单元 2—壳体 3—盖 4—高压导体 5—二次连接 6—绝缘层 7—短接棒

三相共筒式 GIS 中的电流互感器的铁心，一般在壳体内。

示例 9-16：近年来，高压互感器从电磁式走向光电电子式，变成了传感器。相比电磁式互感器，其尺寸小，数字输出，能满足保护和计量要求，不受温度、振动和电磁干扰的影响；无铁心，无磁饱和及铁磁谐振，暂态响应范围大、测量精度高，质量小，易于实现电子计量和保护的数字化、微机化和自动化，现已用于 GIS、AIS、GCBT 和 GCBP 中。

作为电压传感器，有电容分压器和波克电压传感器，图 9-32 所示为利用波克晶体的电压传感器，已被 ABB 公司用于 GIS 中。作为电流传感器，有罗柯夫斯基传感器、法拉第效应传感器，图 9-33 所示为 ABB 公司研制的法拉第效应电流传感器。

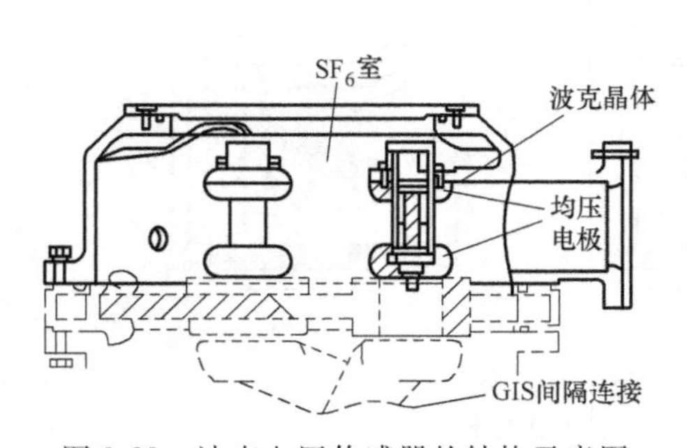

图 9-32 波克电压传感器的结构示意图

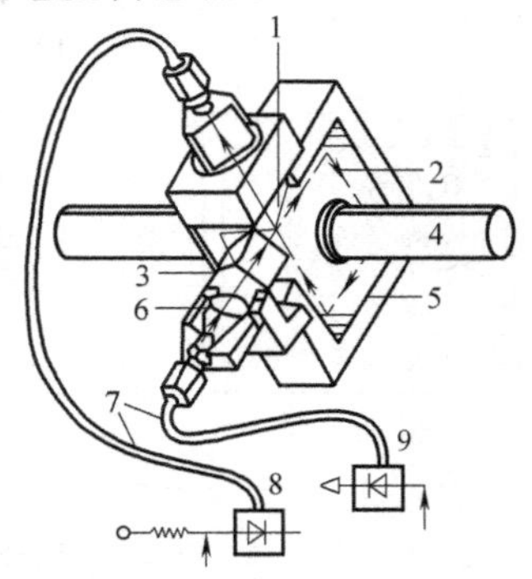

图 9-33 法拉第效应电流传感器的结构示意图

1—检偏器 2—传感器中的电流路径 3—起偏器 4—一次导体 5—法拉第效应传感器 6—透镜 7—光纤 8—检测器 9—光源

4. SF_6 绝缘避雷器

SF_6 绝缘避雷器的主要元件同普通避雷器，但其结构更紧凑，火花间隙元件密封，与大气隔绝。整个避雷器用干燥压缩气体绝缘，使性能高度稳定。因此，有可能使用配较低火花放电电压的避雷器，它对系统的保护提供了足够的裕度。

在 SF_6 绝缘避雷器中，金属接地部分与带电部分靠得很近，因此要特别注意补偿电压沿避雷器元件的非线性分布。这点在其设计中达到（如用金属罩）。图 9-34 所示为 1 台 GIS 用 120kV 封闭式避雷器。额定电压更高的避雷器，在金属罩的某些点上要附加多个均压环。当然，SF_6 避雷器可集成在 GIS 任何所需的部位，视其保护要求而定。

5. 套管、电缆终端和母线

架空线一般通过充入 SF_6 气体的套管连至 GIS。这些套管采用瓷套管或硅橡胶套管使用均压环改善电场条件，并被间隔绝缘子分成独立的隔室。被套管包围的间隙，充有一定压力的 SF_6 气体。即使瓷管受损，也可将风险减至最小。在间隔绝缘子开关设备侧的气隙中，也充有同样压力的 SF_6 气体。充油电容套管也可用于高压，即将 GIS 直接连至变压器。

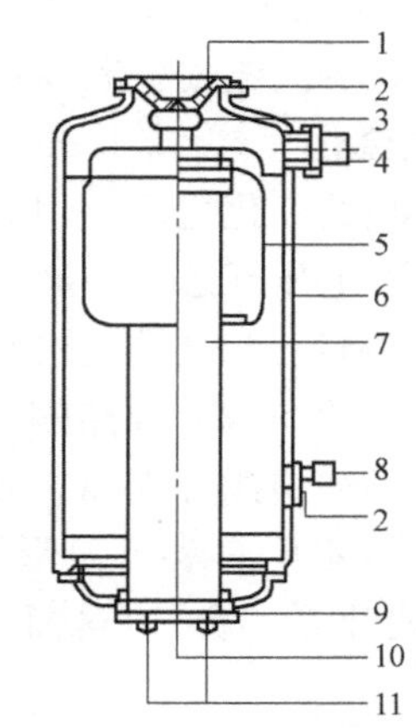

图 9-34　GIS 用 120kV 封闭式避雷器

1—支撑和间隔绝缘子　2—SF_6 气体接头　3—高压接头　4—防爆膜盒连接　5—电场控制罩　6—金属包盒　7—绝缘管　8—压力表　9—绝缘杆　10—接地　11—N_2 气体接头

各种类型的高压电缆，均可通过电缆终端盒连至 SF_6 开关设备。它包括带连接法兰的电缆终端套管、壳体及带有插接头的间隔绝缘子。气密套管将 SF_6 气室与电缆绝缘介质分开。连至 GIS 的一个完整 XLPE 电缆终端，具有尺寸小且热特性更好的优势。

各间隔通过各自封闭的母线直接连接或通过延伸模块连接。有的做成母线模块，包括 1 个三工位开关，也可以做成和 1 个母线侧的接地开关（插入式）的功能组合。封闭母线在结构上有单相式和三相式。三相共筒式结构，现已做到 550kV 电压级。

6. 气体密度监视装置

SF_6 气体绝缘开关设备的绝缘强度及 SF_6 高压断路器的开断能力，与气体密度有关。因为压力随温度而变，故要监视气体密度。为此，要使用密度监视装置。由间隔绝缘子分隔的每个独立气室，必须有各自的密度监视装置。

密度监视装置可按工作原理、结构形式、安装方式分类。按工作原理不同，分为有指针、有刻度或数字的密度表、带电触点或能实现控制功能的密度继电器；按结构形式不同，分为弹簧管式、波纹管式、数字式；按安装方式不同，分为径向安装、轴向安装、其他安装方式。

SF_6 气体密度监视装置用在 GIS 中，它本身也可能成为一个漏点，因此，要求 SF_6 气体密度监视装置的漏气率不大于 $10^{-9}Pa \cdot m^3/s$。密度的控制是通过监控 SF_6 气压来实现的。

9.4.3　GIS 的三相共筒化、复合化和小型化

GIS 在较低电压等级向三相共筒化和复合化方向发展。它使 GIS 更加小型化、轻量化、

智能化。这将带来更好的技术经济效益，因此受到用户的青睐。随着一次设备制造技术的进步、新型传感器和现代计算机的采用以及新的自能灭弧原理的应用，GIS 将进一步向三相共筒化、复合化方向发展。

根据世界各国的应用经验，实现三相共筒化和复合化的 72.5~300kV GIS 和减少高压断路器断口数的 550kV GIS，均能有效地使 GIS 小型化、轻量化。

1. 三相共筒化

所谓"三相共筒化结构"，是指将主电路元件的三相装在公用的接地外壳内，通过环氧树脂浇注绝缘子加以支撑和隔离。三相共筒化结构的特点是结构紧凑，一般可缩小占地面积40%以上。由于壳体数量减少，故可大大节省材料；又由于密封点数和长度减少，故漏气率低；还可减少涡流损失和现场安装工作量。

2. 复合化

继三相共筒化之后，GIS 又向更加小型化的复合化方向发展。所谓"复合化"，是指将电缆终端、电压互感器、避雷器、隔离开关、接地开关置于一个气罐内。

示例 9-17：东芝公司的复合化 GIS 使安装面积减小为原来的 42%，体积为原来的 31%，重量为原来的 50%。线路侧元件复合化后，充气罐的数量减少 50%，密封部位减少 50%以上。又由于采用混合灭弧，减少操作功 50%以上，故可采用电动弹簧操动机构，并使用盘簧储能。隔离开关采用刀形共用触头，随着刀开关旋转 90°，就可完成隔离开关"合"-"分"-接地开关"合"。这简化了结构，实现了小型化，同时做到了隔离开关和接地开关操作一体化。

复合化 GIS 的技术参数为额定电压 72/84kV，额定电流 800/1200/2000/3000A，额定短路开断电流 25/31.5kA，额定气压 0.5MPa。

3. 小型化

550kV 级 SF_6 高压断路器一般需要两个断口。若能做到单断口，则会带来更加巨大的技术经济效益。若单断口 SF_6 高压断路器被用于 550kV GIS，则可使 GIS 结构大为简化，零件数大为减少，使 GIS 小型化、轻量化。实践表明：若设双断口断路器的指标为 100%，则单断口的充气量将减至约 60%、重量减至约 70%、零件数减至约 70%。

示例 9-18：1971 年，日本的 550kV 级 SF_6 高压断路器为四断口，GIS 零件数为 10682 个（100%）；1982 年，减为两断口，GIS 零件数减为 5023 个（47%）；1994 年，再减为单断口，为落地罐式结构，额定电压 550kV，额定电流为 4000A、6000A、8000A，额定短路开断电流为 63/50kA，额定开断时间为 3 周波，采用液压机构，同步地，GIS 零件数减为 3355 个（31%）。

9.4.4 GIS 二次系统的现代化和智能化

调查统计表明，SF_6 高压断路器和 GIS 的二次回路（控制和辅助回路）的故障率，列机械故障之后，居第二位，为此，高压断路器二次系统制造厂家和用户将二次系统现代化列为优先发展方向之一，它以微处理器为中心，采用微电子技术、信息传输技术、计算机控制技术、伺服技术及精密机械技术等高科技技术，使 SF_6 高压断路器实现"智能化"，通过监视断路器和 GIS 的运行状态，变定期检修为状态检修，提高了运行可靠性，同时节省了检修费用，获得了巨大的技术经济效益。

思考题与习题

9-1　在 SF_6 全封闭组合电器（GIS）充气时，对 SF_6 气体的要求有哪些？如何完成充气操作？

9-2　SF_6 高压断路器能否和空气断路器一样直接用 SF_6 气体进行操作？为什么？

9-3　为何要严格控制 SF_6 高压断路器中水分的含量？水分超标的现场处理措施有哪些？如何对待和处理 SF_6 气体的分解物？

9-4　如何确保 GIS 中的高压断路器、隔离开关、接地开关等能够良好封闭？

第 10 章　高压真空开关电器

高压真空开关电器是指以真空作为关合和开断电路的绝缘和灭弧介质的开关设备，主要产品有高压真空断路器、高压真空接触器、高压真空负荷开关等。本章在介绍真空电弧的产生和真空灭弧室熄灭原理的基础上，分别对高压真空断路器、高压真空接触器进行介绍，对真空负荷开关的介绍将在第 11 章进行。

10.1　真空电弧的特性

真空电弧是指在内部压力低于 1.33×10^{-2}Pa 的真空灭弧室中燃烧的电弧，它是由触头材料的金属蒸气维持的电弧放电。如图 10-1 所示，燃烧时的真空电弧主要由阴极斑点与混合区、弧柱区和阳极区三部分组成。

真空电弧的电弧电流属于强的冲击电流，但电弧电压很低。后者很低的原因是由于金属电离电位比气体的低得多，达到一定电离度所需的温度也相应地低得多，因而由金属蒸气产生的等离子体在很低的温度下就能保持很高的导电性，所以真空电弧的一个较显著特性就是电弧电压很低。

10.1.1　真空间隙的击穿

真空电弧和真空绝缘是高压真空开关电器赖以生存的两个最基本的物理现象。在真空中放置一对电极，当两电极间施加足够高的电压时，会产生电击穿，这就是真空电击穿。

各种介质下绝缘间隙中电极的直流击穿电压如图 10-2 所示。

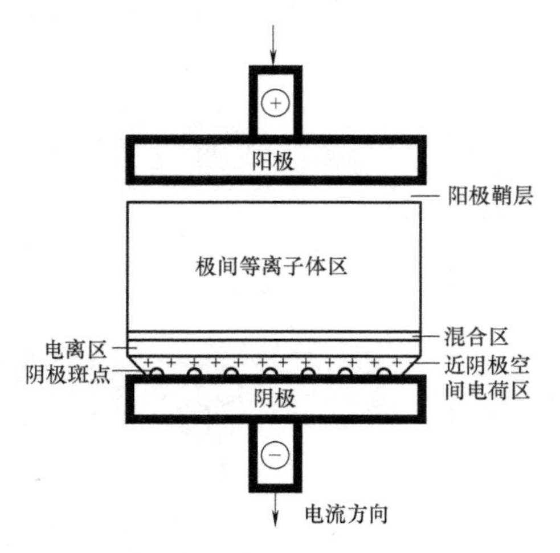

图 10-1　真空电弧示意图

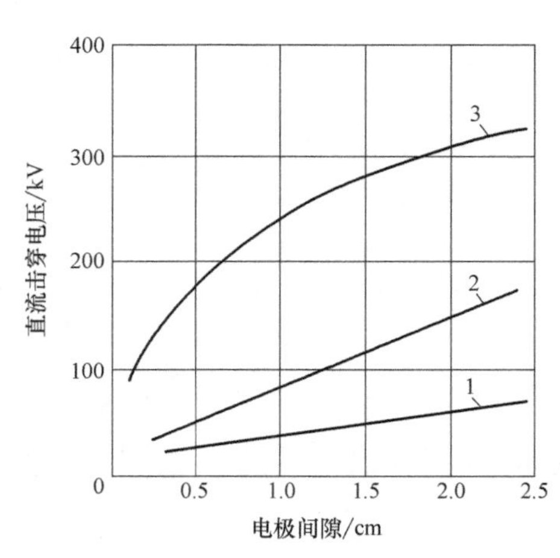

图 10-2　各种介质下绝缘间隙中电极的直流击穿电压

1—空气　2—SF_6　3—真空

气体中的击穿是由带电粒子与中性气体分子碰撞使中性气体分子电离而引起的。气体间隙的击穿有两个必不可少的条件：带电粒子在自由行程中获得足够高的电场能量和带电粒子与中性气体分子的相互碰撞。

在高真空中，气体极为稀薄，带电粒子和中性气体分子的平均自由行程很大。例如：真空度为 1.33×10^{-2}Pa 时电子的平均自由行程超过 2m，远远大于一般真空容器的几何尺寸。带电粒子穿越真空间隙时，几乎不可能与中性气体分子相碰撞，因而实际上不可能通过电离中性气体分子引起真空间隙的击穿。

真空间隙击穿主要是由电极过程引起的，而电极表面的场致发射在真空击穿中起主要作用。真空间隙击穿有三种假设原理，包括场致发射、团粒作用、电极的二次电子发射。

1）场致发射：指高电场强度集中在阴极表面的微小突端和尖端部分，引起电子发射，使该部分金属熔化蒸发而发展成电弧。

场致发射电子流密度随着表面电场强度的提高而迅速增大。金属表面存在大量的微小突起和尖端，这些微小的突起和尖端的顶部，电场强度比间隙中的平均电场强度高得多，金属表面的场致发射电流几乎完全是由表面的微小突起和尖端发射引起的。

场致发射电流可以通过两种方式导致真空间隙的击穿：①场致发射电流流过这些尖端和突起时产生焦耳热（电阻加热），使尖端发热、熔化和蒸发，产生大量金属蒸气，在尖端和突起附近形成金属蒸气云，场致发射电流穿过金属蒸气云使金属原子电离，引起真空间隙击穿；②场致发射的电子在电极间被电场加速，以很高速度轰击阳极，使阳极表面释放气体，阳极表面熔化和蒸发。电子电离阳极释放的气体和金属蒸气引起真空间隙击穿。

2）团粒作用：指附着在电极表面上的微小金属屑（统称为团粒）受到电场作用，从一极加速通过真空间隙达到另一极，团粒和电极碰撞，使团粒熔化和蒸发，金属蒸气被电子游离，导致绝缘击穿。

电极表面的金属微粒和介质微粒是引起真空间隙击穿的另一个重要原因。真空的电极表面上可能存在不同大小的金属微粒和介质微粒（团粒）。这些团粒可能是机械加工留下的金属屑、电弧生成物、外来的介质微粒，也可能是强电场拉出的金属须。团粒通常与电极本体的结合不十分牢固，在强电场所产生的静电力作用下，团粒可能离开电极表面并在电场的加速下穿越真空间隙。如果电场足够，团粒的大小又适当，当其落到对面的电极上时，团粒已有了足够的动能，团粒和电极表面碰撞时，动能转变为热能，使团粒本身熔化蒸发，形成金属蒸气。蒸气又被场致发射电子电离，引起真空间隙的击穿。

团粒还可能以另一种方式引起真空击穿：带有一定量电荷的团粒在穿越真空间隙时，团粒不断受场致发射电子的袭击，温度不断升高，电荷量也可能增加，这使团粒与相对的另一电极之间产生很高的电位差。当团粒接近相对电极时，这一电位差在团粒和相对电极之间产生极强的电场，强电场使团粒或电极产生强烈的场致发射。同时，高温的团粒又蒸发大量金属蒸气，场致发射电子电离这些金属蒸气，引起真空间隙的击穿。

3）电极的二次电子发射：指间隙中的正离子和光子等撞击阴极引起的二次发射，或加强了场致发射引起的绝缘击穿。

10.1.2　真空电弧的两种形态与熄灭原理

根据电弧电流的大小和触头结构的差异，电弧有两个明显不同的形态——扩散型和聚集型，两者的示意图如图 10-3 所示。

（1）扩散型 也称小电流真空电弧（单阴极模型）。电流过零后，新阴极不会产生阴极斑点，在真空容器中间隙只要距离足够，电弧就不会重燃。

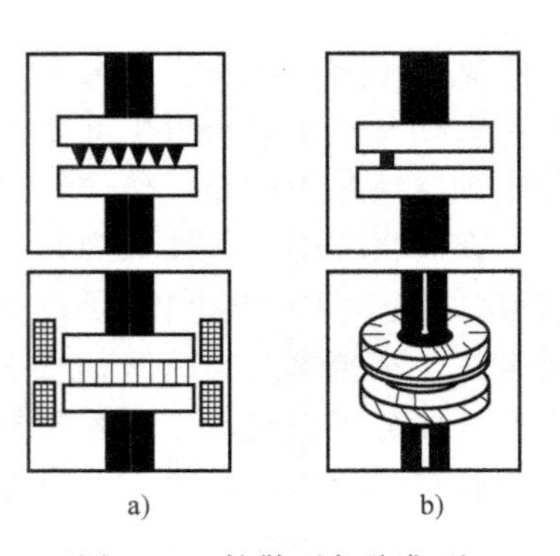

图 10-3 扩散型与聚集型电弧示意图

a）扩散型电弧 b）聚集型电弧

当触头为平板电极、交流电弧电流有效值小于 6kA 时，真空电弧由许多并联的分支电弧组成，阴极上有与其相应的明亮的阴极斑点。在铜电极中，每个支弧流过的电流约 100A，每个阴极斑点均在电极表面做无规律的、快速的随机运动，它们均匀分布在电极的表面。扩散型真空电弧只有阴极区和等离子区，没有阳极区。弧压降主要集中在阴极区，等离子区只有很小的电位梯度，等离子体中的金属蒸气、带电粒子的密度都很小。

由于扩散型电弧的阳极只有接收电子的作用，没有阳极斑点，其表面温度较低，阴极斑点在电极表面迅速运动，它经过的地点其加热时间很短，熔区厚度很浅。在电弧电流过零时，阴极表面基本上不再向弧区喷射金属蒸气和带电粒子。加上真空中金属蒸气和带电粒子的迅速扩散，当电弧电流过零后，在极短的时间内（微秒级）就可以建立起很高的介电强度，使电弧不再重燃。

（2）聚集型 也称大电流真空电弧。在恢复电压作用下，聚集型电弧由于原来阳极被熔融而来不及冷却，不可避免地要重燃。

当触头为平板电极、交流电弧电流有效值超过 6kA 时，真空电弧的各个分支电弧就相互吸引，最后形成一个或少数几个由众多小阴极斑点组成的大阴极斑点团。阴极斑点团以很小的速度随机运动或不运动，同时还会出现阳极斑点。聚集型电弧的阴极区和阳极斑点都向弧隙喷射等离子流、金属蒸气和金属液滴或微粒。弧区气压高，电弧电压也高，电极的电腐蚀速率大，聚集型真空电弧的外形和特征基本上与气体电弧相同。

为熄灭聚集型电弧，必须改进触头结构，使其流过电弧电流时产生横向磁场，磁场与电弧电流相互作用时，使电弧弧根在电极上快速运动，以降低电极温度及电极上的熔痕深度，最终使触头间隙中的金属蒸气及带电粒子大量减少。如处理恰当，开断电流仍可达 50kA。

帮助聚集型电弧熄灭的方法有：

1）提高聚集电流值，提高开断能力，措施是在弧隙上加纵向磁场。如磁通密度选择适当，电弧由扩散型向聚集型转变的电流显著增加，使开断电流增加到 100kA 以上。同时，电弧电压明显降低，电弧对触头的侵蚀大为减小，从而使触头和灭弧室的电寿命显著提高。

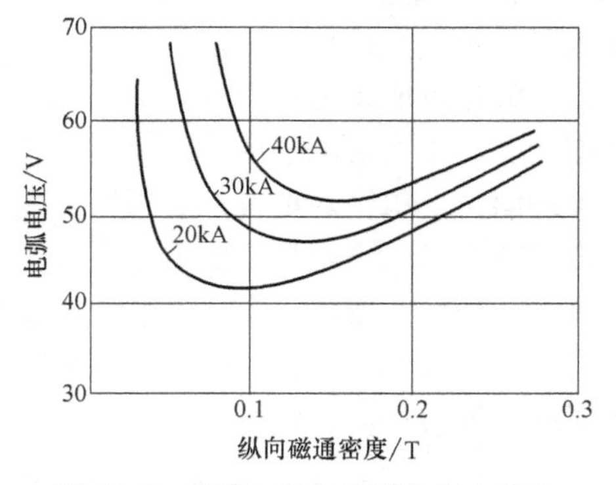

图 10-4 不同电弧电流时电弧电压和纵向磁通密度的关系

图 10-4 为不同电弧电流时电弧电压和纵向磁通密度的关系。由图可知，每一个短路电流都存在使电弧电压降到最低的磁通密度值。

2）加横向磁场，把聚集型变为扩散型电流，使电流过零后电弧不会再次重燃。

10.1.3　真空电弧的伏安（u-i）特性曲线

一般情况下的高气压电弧的伏安（u-i）特性是反时限的负特性，但真空电弧的伏安（u-i）特性却是随着电流的增加，电弧电压是上升的正特性。

示例 10-1：一种真空电弧 u-i 特性曲线的测试系统如图 10-5 所示，系统分别由真空系统、主电路、光学系统、电流和电压测试装置及电弧动态图像数据采集系统构成。

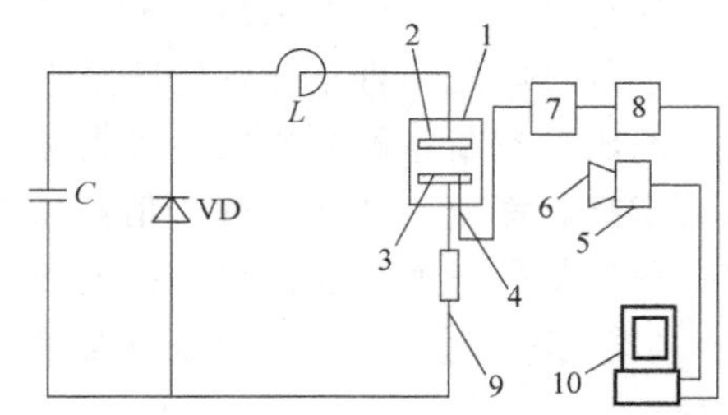

图 10-5　真空电弧 u-i 特性曲线的测试系统

1—真空灭弧室　2—阳极触头　3—阴极触头　4—触发极　5—CCD 摄像机　6—滤光片　7—点火回路　8—光耦合器　9—分流器　10—计算机

图 10-5 中，真空灭弧室的下触头电极为阴极触头，它经波纹管与瓷套相连后，固定在导电杆上，上下位置可调，以满足不同间隙开距的要求；上触头电极为阳极触头，经瓷套直接固定在可拆式灭弧室的上端盖上。阴极触头上的触发极直接接在灭弧室的绝缘接线柱上，该接线柱有 5 个相互绝缘的接线端，分别与点火电极等相连。在绝缘接线柱的旁边安装有真空计量装置的传感器，可始终对灭弧室的真空状态进行检测。灭弧室侧面上有两个方向互成直角的观察窗，可对真空电弧的形态直接进行观测。主电路中的二极管 VD 既可以防止电容器出现反向电流，保护电容器，同时为真空电弧电流提供一个续流回路。

图 10-6 为真空电弧开断过程中的电弧电流和电弧电压的示意图。图中，动、静触头在 t_0 时刻分离，之后经历燃弧阶段（$t_0 \sim t_1$）、电流过零点（t_1）、电流反向增大阶段（$t_1 \sim t_2$）和鞘层发展阶段（$t_2 \sim t_3$）。电流过零点和暂态恢复电压产生的时刻之间有 40~150ns 的时间差，这个现象被称作真空电弧开断的零区现象。

利用图 10-5 所示系统，测得在电极材料 $CuCr_5$、直径 40mm、四种间隙开距（g）下的真空电弧 u-i 特性如图 10-7 所示，g 越大，u-i 曲线越高。

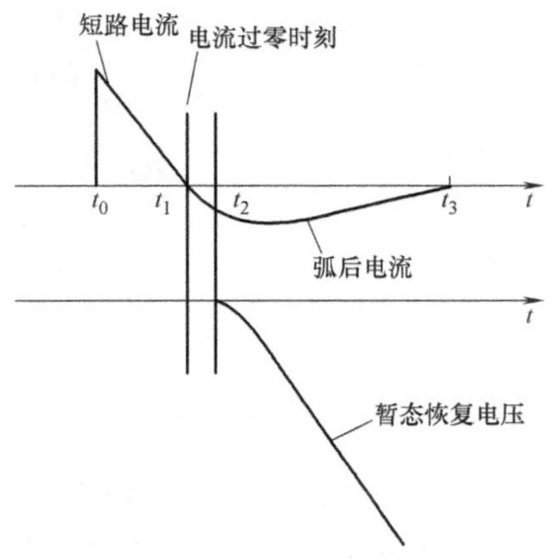

图 10-6　真空电弧开断过程中的电弧电流和电弧电压的示意图

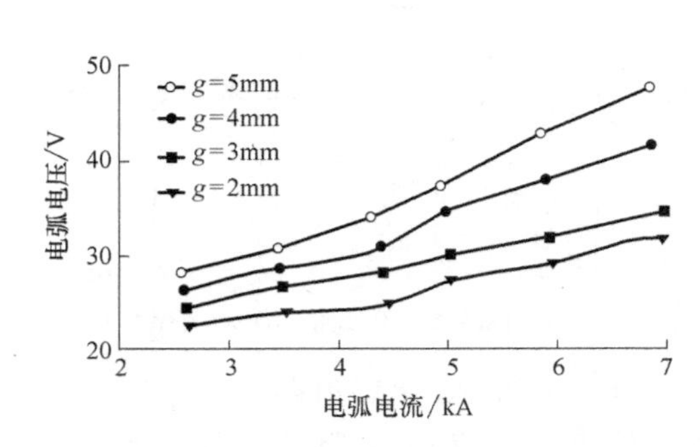

图 10-7　真空电弧 u-i 特性曲线

10.1.4　截断电流和过电压的限制

1. 截断电流和截流过电压

（1）截断电流　高压真空断路器具有硬的开断特性。它在开断较小电感电流时，由于熄弧能力强，会在电流过零前截断电流（简称截流），提前灭弧，引起截流过电压，特别是当电动机堵转和起动时开断，会引起相当高的过电压。

这种过电压如果不加以限制，会窜入电动机，击穿和烧毁绕组，其后果不堪设想。因此，限制过电压一直是开发高压真空断路器的一个重要方面。

高压真空断路器截流值主要受触头材料和开断电流的影响。其中，触头材料的饱和蒸气压力越高，截流值越低。截流值随着开断电流的增大而增大；当开断电流增加到某一数值时，截流值的增加将变得缓慢；当开断电流足够大时，截流将不再发生。

（2）截流过电压　真空断路器切断小电感电流时，截流过电压的最大值 V_m 为

$$V_m=\sqrt{\eta^2 I_1^2 \frac{L}{C}+V_0^2} \tag{10-1}$$

式中，η 为衰减系数（一般取0.5~0.7）；I_1 为截流值；L 为电感性负载的等效漏抗；C 为电感性负荷的等效电容；V_0 为截流瞬间的负荷侧电压。

其回路的振荡频率为

$$f_0=\frac{\omega_0}{2\pi}=\frac{1}{2\pi\sqrt{LC}}=\frac{1}{2\pi\sqrt{L(3C_1+C_0)}} \tag{10-2}$$

式中，C_1 和 C_0 为电感性负荷的相间和对地电容。

2. 限制过电压

目前，采用Cu/Cr触头材料后的截流值被限制在3~5A，故一般不需要采取限制过电压措施，但对一些小电流的电感电路，要采取限制过电压的措施。

限制过电压主要有两种办法：一是加装过电压吸收装置；二是采用低过电压触头材料。其中，加装过电压吸收装置的型式有多种，图10-8给出了四种，图中，QF为高压真空断路器，简介如下。

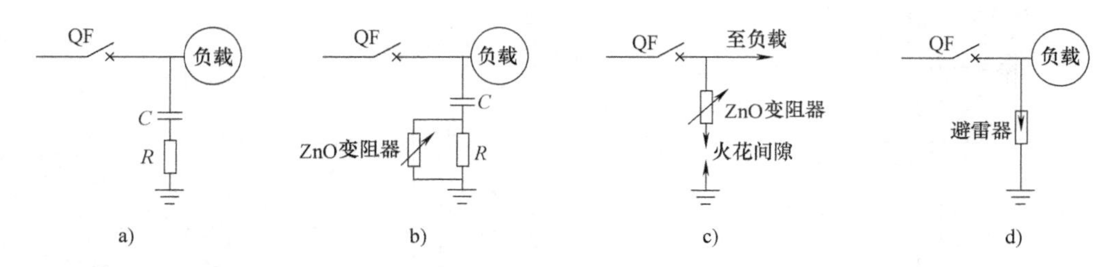

图10-8　限制过电压方法示例

a）负载侧加 RC 回路　b）负载侧加ZnO-RC　c）断路器上加过电压限制器　d）负载侧加避雷器

第一种为 RC 串联电路，用电容 C 削平过电压波，用 R 吸收能量；第二种为给 RC 回路中的 R 并联ZnO变阻器；第三种为ZnO变阻器+火花间隙；第四种为在负载侧加避雷器。

还有一种是电容过电压限制器，它由装在断路器负载侧的电容构成。此装置减小了负载

侧波阻抗，因而减小了过电压峰值和恢复电压上升率，但却增大了截流值，因为断路器上的有效电容增加了，使电弧变得不稳定。相反，用 RC 回路能减小复燃电流，抑制了电压的建立和三相同时截断。

用避雷器能有效地限制过电压的绝对值，因为它在火花放电电压下放电。但是传统的避雷器保护水平不高，故对于电动机及绝缘裕度不大的其他设备的保护不是总有效。近年来研制的 ZnO 限制器很有效，因为它对陡峭的过电压波具有高频响应特性。

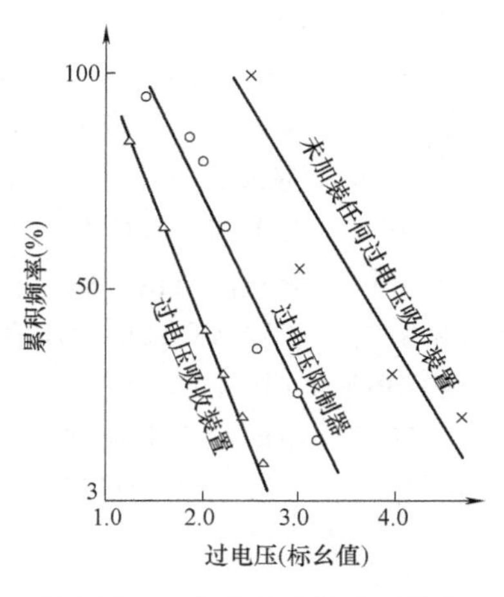

图 10-9　过电压保护装置的效果

图 10-9 为用普通高压真空断路器开断 3.3kV、45kW 感应电动机时，不同过电压保护装置的效果。由图可见，过电压吸收装置具有显著的效果。由于过电压吸收装置使高压真空断路器结构复杂化，电容体积大，又要按负载的性质和大小进行计算，增加了断路器本身的造价，而且降低了可靠性。因此，国外大力研究用低过电压触头材料来限制过电压，并已成功地研制出几种低过电压触头材料。

10.2　真空灭弧室

10.2.1　概况

真空灭弧室（国外又称真空开关管）广泛应用于高压真空断路器、真空接触器、真空负荷开关以及真空重合器和分段器。

1. 发展情况

(1) 我国真空灭弧室　我国真空灭弧室出现了 5 代产品，其中，第 1～3 代的特征见表 10-1。

表 10-1　我国第 1～3 代真空灭弧室的特征

产品次序	触头材料	外壳及其高度	电极结构	主要电气技术参数
第 1 代	CuBi 合金	145mm 玻璃外壳	阿基米德螺旋槽横磁电极结构	额定电压 12kV，额定电流 1250A，额定短路开断电流 20kA
第 2 代 引进技术	CuCr50 合金	陶瓷外壳	杯状横磁电极结构	额定电流 2500～3150A，额定短路开断电流 31.5～40kA
第 3 代 自行开发	CuCr50 合金	88～125mm 陶瓷外壳	杯状纵磁电极结构，屏蔽罩内置	额定电流 3150A，额定短路开断电流 40kA

第 4 代以一次封排技术为代表，整体质量有了很大提高。第 5 代为固封极柱真空灭弧室，即通过自动压力凝胶工艺，将真空灭弧室包封在环氧树脂壳体内，形成固封极柱，避免了外力和外界环境对真空灭弧室及其他导电件的影响，增强了外绝缘强度，大大减少了装配工作量，并使高压真空断路器小型化。

我国真空灭弧室的额定电压主要有12kV、24kV、40.5kV（12kV产量最大，40.5kV次之），72.5kV和126/145kV真空灭弧室也已研发出，在参数上能满足企业使用要求，在数量上能满足市场需求，今后的方向是开发专用化和多功能化真空灭弧室。

（2）国外真空灭弧室　发展方向是电压等级高、灭弧室容积小。

示例10-2：图10-10为日本三菱7.2kV、20kA通用型真空灭弧室小型化过程中容积的变迁。由图可见，最新研发的VF-20D型高压真空断路器用的真空灭弧室的容积，仅为第一代真空灭弧室的13%或VF-20C型用真空灭弧室的81%，充分实现了小型化。

示例10-3：如图10-11所示，韩国170kV单断口真空灭弧室采用纵磁场线圈型电极设计。由于静触头和动触头电极间间隙长，因此需要极强的纵向磁场来控制真空电弧。研发的线圈型纵磁场电极成功地控制了电弧，开断电流达到40kA。

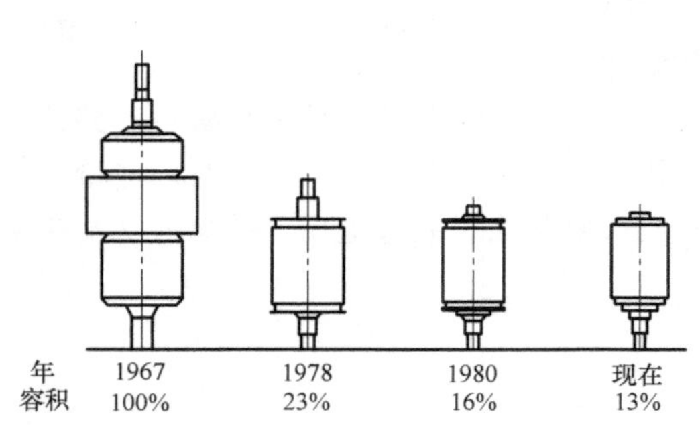

图10-10　三菱7.2kV、20kA通用型真空灭弧室小型化过程中容积的变迁

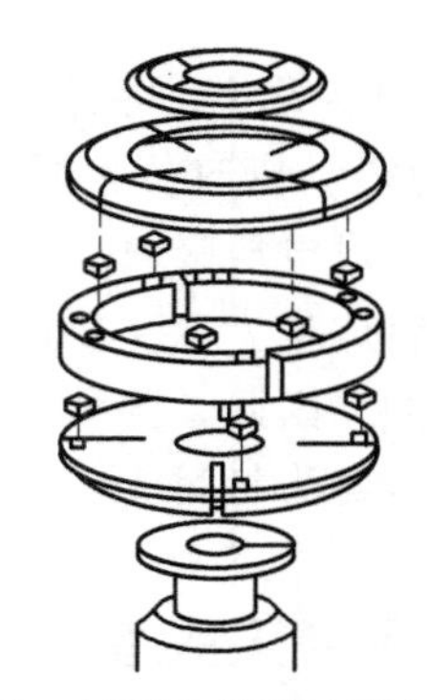
图10-11　170kV单断口真空灭弧室内新型线圈型触头

2. 技术

作为高压真空开关电器的心脏，真空灭弧室的技术先进性与可靠性很大程度上决定了高压真空断路器的技术水平与性能指标。

技术进步主要表现在触头材质、纵横磁场、新工艺和外绝缘改变。从初期的平板触头到后来发展的横磁场触头、纵磁场触头，从单元素触头材料到双元、多元触头材料，真空灭弧室技术的研究与发展始终围绕着大容量、小型化、高可靠、多用途的主题。

示例10-4：真空灭弧室的小型化表现在灭弧室管径不断缩小。如宇光公司将12kV、31.5kA真空灭弧室的管径缩小到88mm，锦州华光U系列小型化陶瓷灭弧室将12kV、31.5kA管径缩小至85mm。

10.2.2　结构

1. 概述

真空灭弧室的内部装有一对动、静触头，触头周围是屏蔽罩。真空灭弧室的外部密封壳体可以是玻璃或陶瓷。动触头的运动部件连接着波纹管，后者作为动密封。

图10-12和图10-13分别是玻璃外壳和陶瓷外壳的真空灭弧室的结构示意图。

按照开关型式不同，真空灭弧室有屏蔽外露式、中间封接式和整体瓷壳式三类，它们的简图和特点见表10-2。

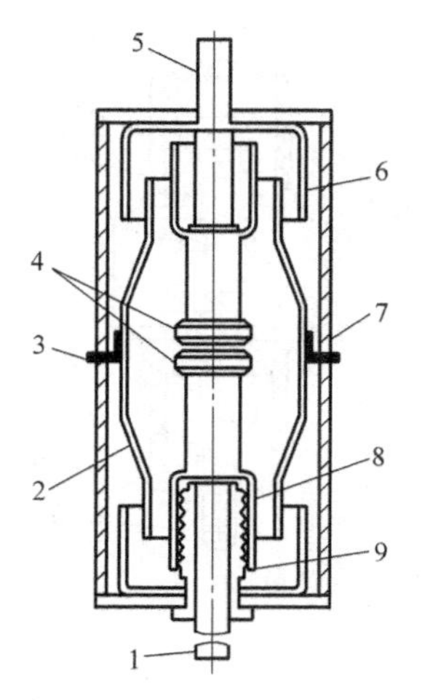

图 10-12　壳体为玻璃的真空灭弧室结构

1—动触头接线端　2—屏蔽罩　3—屏蔽罩法兰　4—触头　5—静触头接线端　6—屏蔽罩　7—玻璃外壳　8—波纹管屏蔽罩　9—波纹管

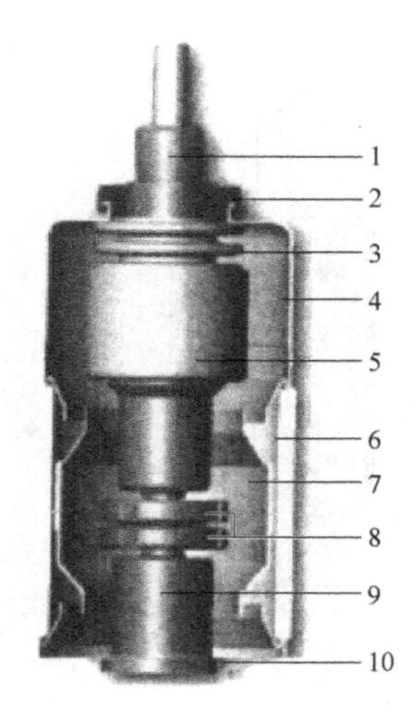

图 10-13　壳体为陶瓷的真空灭弧室结构

1—出线端　2—扭转保护环　3—波纹管　4、10—端盖　5、7—屏蔽罩　6—陶瓷外壳　8—触头　9—触头座

表 10-2　真空灭弧室的主要结构形式

名称	简图	特　点
屏蔽外露式		1. 屏蔽罩为外壳的一部分。两个氧化铝瓷管分别置于屏蔽罩的两端 2. 对同样大小的触头，所需的瓷外壳直径最小，真空灭弧室的高度最大，结构较复杂 3. 广泛用于 12～40.5kV 真空灭弧室
中间封接式		1. 外接中部封接着金属盘片或金属环。屏蔽罩固定在这些盘片或环上。外壳可以是玻璃或氧化铝瓷 2. 可利用屏蔽罩的均压作用提高真空灭弧室的绝缘强度 3. 广泛用于 12～126kV 真空灭弧室
整体瓷壳式		1. 外壳是整体氧化铝瓷圆筒。其内壁有凸缘，用以固定屏蔽罩 2. 结构较简单，可利用屏蔽罩的均压作用提高真空灭弧室的绝缘强度 3. 用于 3.6～40.5kV 真空灭弧室

示例 10-5： 图 10-14 为几种典型的中压开关电器的真空灭弧室的结构示意图。

2. 组成

(1) 外壳　真空灭弧室的绝缘外壳是用来密封的容器，由绝缘材料和金属组成。它不仅要容纳和支持真空灭弧室内的各种零件，当动、静触头在断开位置时也能起绝缘作用。

外壳可以用硬质玻璃、高铝陶瓷或微晶玻璃等无机绝缘材料制成，呈圆筒状，叫作绝缘

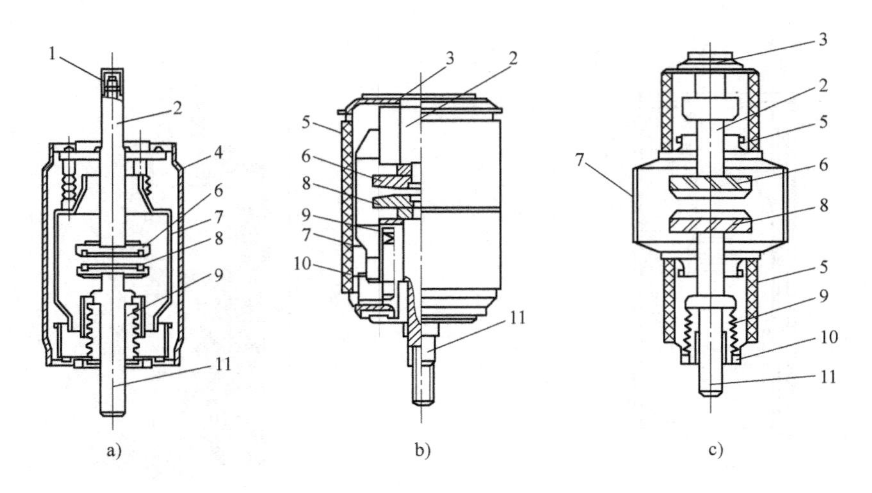

图 10-14 几种典型的中压开关电器的真空灭弧室的结构示意图

a）玻璃外壳 b）中间封接式陶瓷外壳 c）屏蔽外露式陶瓷外壳

1—排气口 2—导电杆 3—导电盘 4—玻璃外壳 5—陶瓷外壳 6—静触头 7—屏蔽罩 8—动触头 9—金属波纹管 10—导向管 11—触头磨损指示标记

筒，其两端用金属盖板封接组成封闭容器。

1）玻璃外壳封接可靠性高，几乎不会造成玻璃-金属封接漏气，玻璃外壳真空灭弧室装配精度也高于陶瓷外壳真空灭弧室，沿面爬距问题可通过两端真空模压硅橡胶得以解决。其缺点是不易于自动化大生产。

2）高铝陶瓷外壳可耐温1600℃，熔点2030℃，耐压强度高，沿面爬距大，易于自动化大生产，但受材料、设备及工艺影响，封接可靠性仍无法达到玻璃外壳水平。另外，受成本制约，装配精度也难以达到玻璃外壳真空灭弧室的同等水平。

3）采用微晶玻璃制作的绝缘外壳不透气、不吸水、机械强度高、绝缘性能好、软化温度高，外壳端盖常用不锈钢、无氧铜、可伐等金属制成。因价格昂贵，微晶玻璃外壳已不再使用。

对真空灭弧室绝缘外壳的要求：①气密性好，所有材料均不允许有任何漏孔存在；②有一定的机械强度；③绝缘体在真空和大气都须有良好的绝缘性能。

（2）触头

1）概况。触头是真空灭弧室内最为重要的元件，真空灭弧室的开断能力和电气寿命主要由它决定。就接触方式而言，真空灭弧室的触头系统都是对接式的，目的是产生自闭力（内外气体压力差），使动触头向上运动后动、静触头总是闭合的，为此必须挡住它，以免将波纹管拉长至死位。

真空灭弧室的导电系统由定导电杆、定跑弧面、静触头、动触头、动跑弧面、动导电杆构成。每个真空灭弧室只有一对触头。其中，静触头固定在静导电杆的端头，动触头固定在动导电杆的端头。动导电杆在中部与波纹管的一个端口焊在一起，波纹管的另一端口与动端盖的中孔焊接，动导电杆从中孔穿出外壳。

真空灭弧室触头有圆柱形触头、带有螺旋槽跑弧面的横向磁场触头和纵向磁场触头三种。目前采用纵磁场技术制作的纵向磁场触头具有强而稳定的电弧开断能力。

真空灭弧室的开断能力通常取决于触头直径。图 10-15 为触头尺寸与电流开断能力的关系。

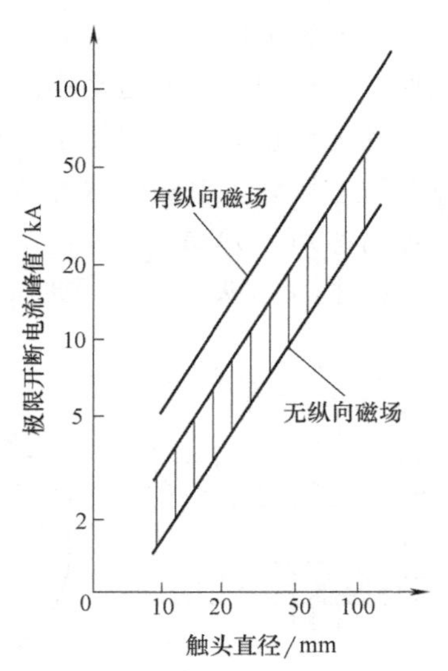

图 10-15　触头尺寸与电流开断能力的关系

2）触头分类。根据工作原理不同，真空灭弧室触头分为非磁吹触头和磁吹触头，而磁吹触头又分横向磁吹触头和纵向磁吹触头。

图 10-16 为各种触头的结构形状。

① 非磁吹型圆柱状触头。触头的圆柱端面作为电接触和燃弧的表面，真空电弧在触头间燃烧时不受磁场的作用。当开断电流增大使真空电弧发生集聚时，它就失去了开断电流的能力。在触头直径较小时，其极限开断电流和直径几乎呈线性关系，但当触头直径大于 50~60mm 后，继续加大直径，极限开断电流就很少增加了。该类触头具有结构简单、机械强度好、易加工的特点，缺点是开断电流较小（有效值在 6kA 以下），一般只适用于真空接触器和真空负荷开关。

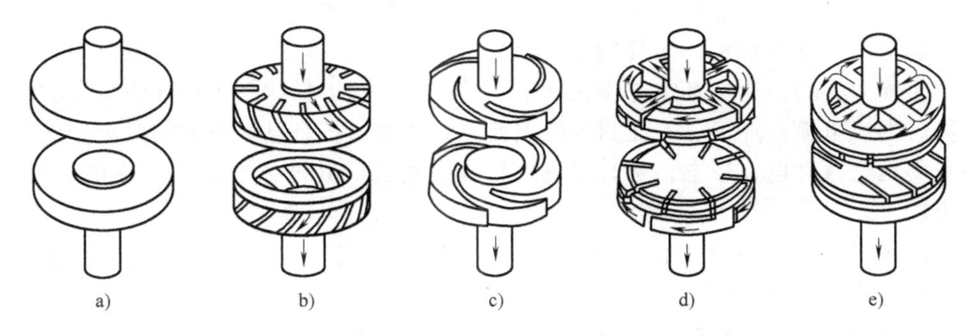

图 10-16　各种触头的结构形状

a）圆柱状平板触头　b）杯状横向磁场触头　c）螺旋槽横向磁场触头　d）、e）纵向磁场触头

② 横向磁吹触头。该类触头有螺旋槽和杯状形式。它们可进一步提高开断电流，使真空灭弧室体积大大减小，极大提高高压真空断路器的竞争能力。在相同触头直径下，杯状触头的开断能力比螺旋槽触头要大，且电寿命也较长一些。

a. 螺旋槽触头：图 10-17 为中接式螺旋槽横向磁吹触头的工作原理。触头圆盘的中部有一突起的圆环，圆盘上开有三条螺旋槽，从圆环的外周一直延伸到触头的外缘。触头闭合时，只有圆环部分接触。触头分离时，在圆环上产生电弧，由于电流线在圆盘处有拐弯，在弧柱部分会产生与弧柱垂直的横向磁场。如果电流足够大，真空电弧发生集聚的话，那么磁场会使电弧离开接触圆环，向触头的外缘运动，把电弧推向开有螺旋槽的触头表面（称为跑弧面）。一旦电弧转移到跑弧面上，触头上的电流就受到螺旋槽的限制，只能按规定的路径（见图 10-17b 虚线）流动，而垂直于触头表面的弧柱就受到一个作用力 F，它的径向分量 F_1 使电弧朝触头外缘运动，而切向分量 F_2 使电弧在触头上沿切线方向运动，使电弧在触头外缘上做圆周运动，从而使电弧熄灭。实验表明，电弧的运动分为三个阶段：电弧缓慢运动期、加速期、高速运动期。

螺旋型触头广泛应用于真空灭弧室。螺旋触头上流过的电流会产生磁场，磁场驱动电弧在触头上运动。电弧的这种运动会减少触头上金屑蒸气的产生，提高开断能力。它的开断能力可高达40~60kA。

b. 杯状触头：工作原理如图10-18所示。

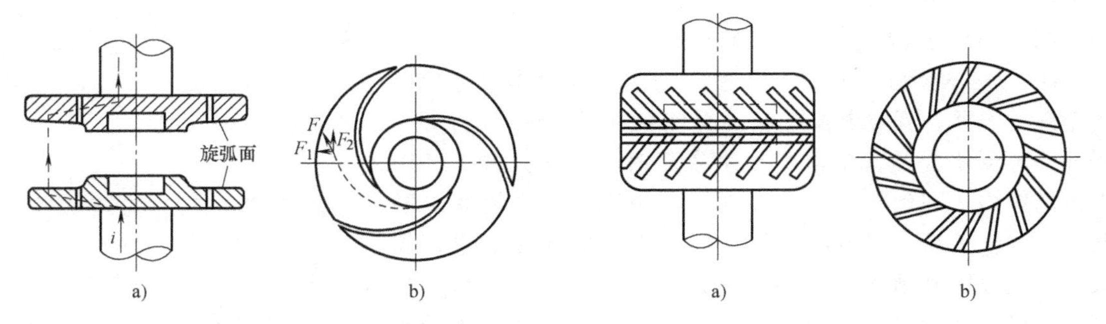

图10-17　中接式螺旋槽横向磁吹触头的工作原理　　图10-18　杯状触头的工作原理

触头形状似一个圆形广磐杯子。杯形端面须用抗熔焊材料制成。杯体一般采用铬铜，经高温焊接和烘烤后仍有良好的弹性。杯壁上开有一系列斜槽，且使动、静触头的斜槽方向相反。这些斜槽构成许多触指，用其端面接触。当触头分离、电弧产生时，电流经倾斜的触指流动，产生横向磁场，驱使真空电弧在杯壁的端面上运动。杯状触头在开断大电流时，各个触指上同时形成电弧，环形分布在圆壁的端面。每个电弧都是电流不大的集聚型电弧，且不再进一步集聚。这种电弧形态，称为半集聚型真空电弧。其电弧电压比螺旋槽触头的要低，电磨损也较小。

③ 纵向磁场触头。产生纵向磁场的线圈结构可以不同。图10-19a、b分别是由外加线圈和触头本身结构改变构成线圈、产生纵向磁场的触头结构示意图，两图中，纵向磁场的触头组都有一个共同特点，即在触头端面刻有径向槽，目的是减少涡流。涡流由线圈磁场交变感应产生，它会在一定程度上削弱施加的磁场，且会在实际磁场和电弧电流之间产生相位移。图10-19c为其电流线及纵向磁场。

图10-19a所示为第一种结构形式。此时，在灭弧室的外部装有线圈，它被流过开关的电流所激励。线圈在触头间隙中形成一个相当均匀的磁场，但是灭弧室屏蔽内相当大的涡流会在内部磁场和外部电流之间产生大的相位移。这种结构形式，需耗用大量的导体材料，而且绝缘也有问题。因此，需要相当完善的绝缘系统，才能保证在寿命期间线圈与相邻结构之间不发生闪络。

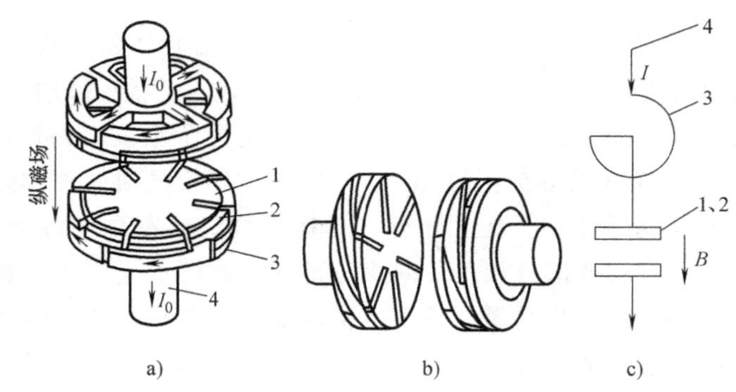

图10-19　由不同线圈产生纵向磁场的触头结构

a）外加线圈　b）触头结构改变构成的线圈　c）电流线及纵向磁场

1—触头　2—电极　3—线圈　4—导电杆　B—纵向磁感应强度

图 10-19b 产生磁场的元件是触头结构的一部分，该方法不用外加线圈。其缺点是触头的结构相当复杂，且制作相当烦琐。此外，在合闸位置的触头要承受相当大的作用力。

示例 10-6：图 10-20 是一纵向磁场触头的结构示意图，在触头背面设置的特殊形状线圈串联在触头和导电杆之间。

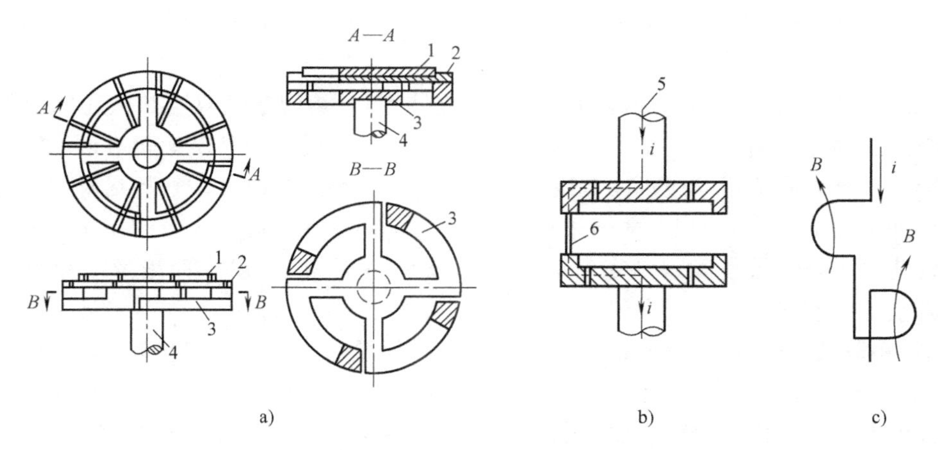

图 10-20　纵向磁场触头的结构示意图

a）外形　b）纵剖面图　c）电流线及纵向磁场

1—触头　2—触头座　3—线圈　4—导电杆　5—电流线　6—磁场

纵向磁场触头的动、静触头的结构完全一样。当触头通电时，导电杆中的电流分成四路流过线圈的径向导体，并进入线圈的圆周部分，然后流入触头。开断电流时由于流过线圈的电流在弧区产生一定的纵向磁场，可使电弧电压降低和集聚电流值提高，从而极大地提高触头的开断能力和电气寿命。

3）触头开距。真空间隙的耐压特性受真空度、触头材料与表面状况、屏蔽罩的电场分布以及零部件的洁净度等多种因素影响，分散性较大，在选取真空灭弧室的触头开距时，要考虑一定的裕度。开断电流大的灭弧室，开距宜取大值。

示例 10-7：10kV 高压真空断路器产品的开距常取 12~16mm，35kV 高压真空断路器产品的开距常取 35~40mm。

4）触头材料。对灭弧室触头材料的主要性能要求是：开断能力高，抗熔焊性能好，导电能力好，击穿耐压性能好，截流值小，含气量低。由于单一金属材料一般不能同时满足上述要求，故需采用多元合金制成。在开断电流小于 4kA 的真空灭弧室时，较广泛采用铜-钨-铋-锆（Cu-W-Bi-Zr）合金或钨-镍-铜-锑（W-Ni-Cu-Sb）合金作触头，其性能较好，截流水平比钨也有降低。当用于大容量的真空灭弧室时，可选用铜-铋合金、铜-铋-铈（Ce）、铜-铋-银、铜-铋-铝以及铜-碲（Te）-硒（Se）等三元合金，它们的导电性能良好，提高了抗熔焊性能，降低了截流水平，电弧电压也低。目前，国内使用最普遍的一种是铜铋（Cu/Bi）材料，另一种为铜铬（Cu/Cr）材料。铜铋（Cu/Bi）合金中的铜具有高韧性，加入少量 Bi 可减少熔焊，材料的韧性也大大降低。

以下重点介绍一下铜铬（Cu/Cr）合金。

① 铜铬（Cu/Cr）材料具有耐电压高、分断容量大、耐损蚀特性好、有很强的吸气能力及寿命长等综合优点，目前已成为公认的最佳中压真空断路器触头材料。由铜铋触头发展

到铜铬（Cu/Cr）合金，不仅大大提高了开断能力、抗电弧烧蚀能力和抗熔焊性能，而且大大减小了截流值。

② 铜铬（Cu/Cr）材料具有很强的吸气能力，能吸收 CO、N_2 和 H_2 等气体。Cu/Cr 的吸气效应比气体释放过程更为有效，这样可确保灭弧室具有恒定的真空度和较长的工作寿命。根据此特性，Cu/Cr 允许含气量为万分之几，不必像 Cu/Bi 要求低含气量，这有利于触头材料的制造。

③ 铜铬（Cu/Cr）材料可用混粉法（粉末烧结法）、熔渗法（真空热碳还原熔浸法）和自耗电极法三种方法制备。其中，熔渗法是目前采用最广泛、产品质量相对最稳定的生产工艺。近年来，许多制造厂家通过改变组分和工艺，对材料进行改性，趋势是采用更细的颗粒结构和增加 Cu 的含量，如现在普遍采用的 60%Cu、40%Cr（均为成分的质量分数）。Cr 含量高，性能会更好，最新发展是在 Cu/Cr 中加入 5%V（钒），以降低绝缘击穿数据的分散性，使真空灭弧室向高压方向发展。

示例 10-8：国外对触头材料的研究从未停止。如西门子采用铜铬材料+纵磁场，将开断电流从 10kA 提高至 70kA；东芝公司采用铜铬材料，将真空灭弧室推向高电压大容量；三菱公司研究的 Cu-Ta-α 和 Cu-Mo-α 触头材料（α 代表某种微量成分）的性能优越于 Cu/Bi 和 Cu/Cr，并开发出大容量、小型化的第五代真空灭弧室。

5）高压老炼。为显著提高真空间隙的绝缘强度和电极表面的清洁度，需要对电极进行高压老炼。其原理是利用真空中的新电极击穿电压较低，通过在间隙间施加逐渐升高的工频电压，使间隙产生多次击穿或长期流过预放电电流，蒸发除去触头表面细丝或针状物，提高真空间隙的耐压水平。这一通过施加电压提高真空间隙耐压水平的过程，称为高压老炼。一般老炼电压为 30~100V，电流为几百安。

合分电流、空载操作以及长期存放，都会使老炼的效果部分或全部失去，使绝缘强度重新回到低水平。所以，高压老炼对提高真空灭弧室的绝缘水平作用不大，但对提高开断性能的稳定性作用很明显。

（3）屏蔽罩

1）分类。屏蔽罩作为真空灭弧室中不可缺少的元件，有多种类型。其中，围绕动、静触头的屏蔽罩，称为主屏蔽罩，其由瓷柱支撑；在波纹管周围的屏蔽罩，称为波纹管屏蔽罩或辅助屏蔽罩。此外，还有均压用屏蔽罩。

主屏蔽罩的作用：①防止燃弧过程中电弧生成物喷溅到绝缘外壳的内壁，导致外壳的绝缘强度降低；②改善灭弧室内部电场分布的均匀性，降低局部场强，促进真空灭弧室小型化；③冷凝电弧生成物，吸收一部分电弧能量，有助于弧后间隙介质强度的恢复。

屏蔽罩根据保护作用不同，可分为内屏蔽罩和外屏蔽罩两种，其结构如图 10-21 所示。

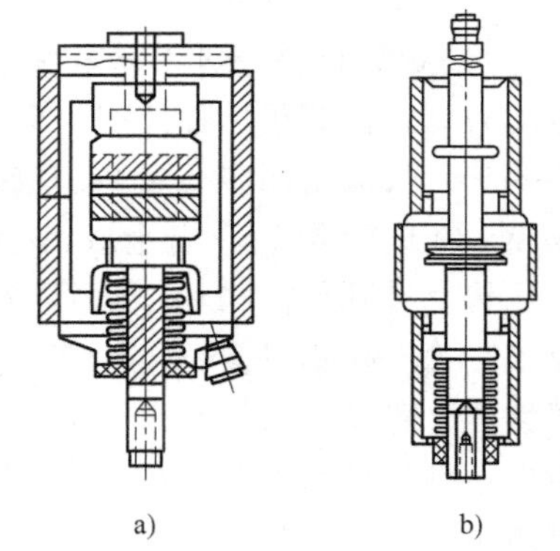

图 10-21 真空灭弧室屏蔽罩的基本结构
a）内屏蔽罩 b）外屏蔽罩

图 10-21a 所示为内屏蔽罩。在这种灭弧室中，陶壳（或玻壳）承担两端之间的绝缘，并用金属屏蔽罩加以保护，防止金属蒸气抵达和凝结在绝缘壳体的主绝缘上。内

屏蔽结构使灭弧室尺寸可以小型化。

图 10-21b 所示为外屏蔽罩。屏蔽罩装在灭弧室外部的称为屏蔽罩外露式，这种结构增大了灭弧室的径向尺寸，占据了真空开关相间的部分空间。但它的优点是弧腔周围尺寸大，电弧热量容易向外散发，这对介质的绝缘强度恢复和提高灭弧室的开断容量有利。

屏蔽罩是真空壳体的主要部分，两端陶瓷承担绝缘，中间部分是金属，不需另加屏蔽，使灭弧室轴向变长，便于在触头燃弧区到外壳内绝缘表面间设置屏障。

屏蔽罩的作用是吸收弧腔中在开断电流时真空电弧的金属蒸气，使之沉淀并附着在罩内，而不致溅落在绝缘罩的内壁上，避免由此降低灭弧室的绝缘强度。

屏蔽罩的合理布置能够改善断口的电场分布，提高断口耐压和恢复强度。在高压真空灭弧室中，为使断口具有足够的耐压，必须装多个屏蔽罩。屏蔽罩固定在两个氧化铝瓷绝缘筒中间接缝处时，称为中间封接式内屏蔽结构。纵观所有真空灭弧室的结构，绝大多数为内屏蔽结构。

2）保护屏蔽罩。装在波纹管上方，或靠近波纹管，其目的在于防护波纹管免受从触头而来的熔化物的损伤。从绝缘角度看，屏蔽罩的表面状态至为重要。通常的做法是用电解抛光，或用其他方法加以处理。

3）屏蔽的固定。方法很重要，以免对灭弧室的整体绝缘产生有害影响。一个办法是在两个陶壳之间钎焊中间法兰。另一个办法是将屏蔽罩的支撑浇注在外壳上，然后将屏蔽罩的法兰定位焊到支撑上。

4）屏蔽罩形式。一般采用中封式，其改善了电场分布，提高了绝缘强度。

触头周围设置的全屏蔽罩的作用：①支撑与绝缘。可以挡住电弧生成物的去路，防止绝缘外壳因电弧生成物所污染而引起绝缘强度降低和绝缘破坏。②有利于提高开断能力。电弧生成物在屏蔽罩表面会凝结，不容易返回电弧间隙，有利于熄弧后弧隙介质强度的迅速恢复。③均匀内部电场。屏蔽罩还能起到使灭弧室内部电压均匀分布的作用。在波纹管外面用屏蔽罩保护，可使波纹管免遭电弧生成物的烧损。

5）屏蔽罩的材料。触头在真空开断过程中，电弧能量很大一部分消耗在屏蔽罩，使屏蔽罩的温度升得相当高；温度越高，屏蔽罩表面冷凝电弧生成物的能力越差，为此应尽量采用导热性能好的材料来制造屏蔽罩。

屏蔽罩常用的材料为无氧铜、镍、镍钴铁合金、不锈钢和玻璃，无氧铜最常用。对不锈钢，可镀几微米厚的镍。在设计铜屏蔽罩时，应减小从悬浮屏蔽到触头的距离，以限制真空灭弧室的总直径。在一定范围内，增加金属屏蔽罩厚度可以提高灭弧室的开断能力，但通常不超过 2mm。

（4）波纹管

1）波纹管的构造。波纹管通常用作动触头运动的真空密封，是一个非常重要的部件，它必须满足各类灭弧室的机械寿命和气密可靠性的要求。制造时，波纹管的一端需固定在灭弧室的一个端面板上；另一运动端与动触头的导电杆相连。波纹管的侧壁可在轴向上伸缩，其允许伸缩量决定灭弧室触头的最大开距。由于波纹管是轴向伸缩，该结构既能实现在灭弧室外带动动触头进行分合，又能保证真空外壳的密封性。

真空灭弧室中金属波纹管的运动是冲击式，一端通过开关电器的行程突然运动，然后又突然止动。这种动作在合、分操作中快速反复。这时，波纹管的寿命很关键，特别是应有相当大的疲劳强度。

示例 10-9：高压真空断路器的机械寿命一般在 1 万次以上，真空接触器的机械寿命可达 100 万~200 万次。

2）波纹管的类型。波纹管的常用形式有液压成形和膜片焊接两种，如图 10-22 所示。

3）波纹管的制造。波纹管的制造技术对灭弧室的寿命很重要。波纹管的制造工艺有两种：一是用冷拔薄壁不锈钢管直接经液压成波纹管（无缝波纹管）；二是用不锈钢薄板先用微弧焊接成薄壁管坯，然后经液压成形制成波纹管（直焊波纹管）。

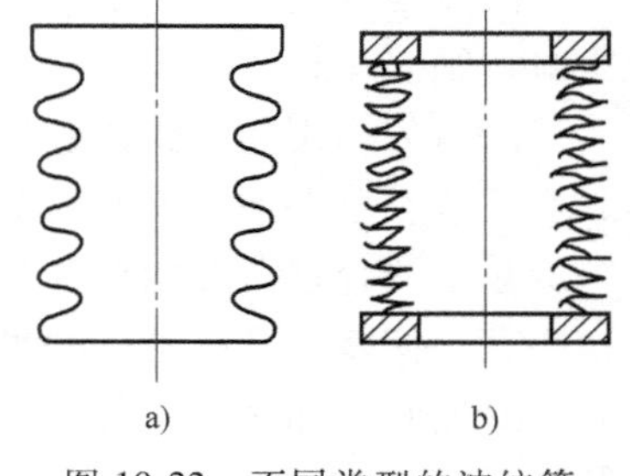

图 10-22　不同类型的波纹管
a）液压成形　b）膜片焊接

波纹管使用前要进行寿命试验、波纹管管壁厚度检查等环节。我国现在既能生产无缝波纹管，也能生产直焊波纹管，均可保证一万次的机械寿命。

4）波纹管的材料。波纹管常用材料有不锈钢、磷青铜、铍（皮）青铜等，以不锈钢性能最好。

5）波纹管的寿命。真空灭弧室的机械寿命由波纹管疲劳寿命决定。近年来，由于工艺改进，制作的波纹管能满足真空灭弧室的要求。

（5）绝缘外壳

1）作用。真空灭弧室的外绝缘经历了空气绝缘→复合绝缘→固封绝缘的变化。真空灭弧室绝缘外壳对外部作用具有良好的保护性，其壳体主要由氧化铝瓷制作。因为是密封钎焊，避免了任何氧化，灭弧室内的所有材料均洁净地保持在整个寿命期间。

绝缘外壳支持动静触头、上下端盖和屏蔽罩等金属部件。由于玻璃、氧化铝瓷的线膨胀系数比金属大，所以它必须用具有和玻璃、氧化铝瓷线膨胀系数接近的铁钴镍合金与这些部件气密地焊接在一起，以确保灭弧室内的高真空度。

2）材料。制造绝缘外壳的材料有硼硅玻璃、微晶玻璃和氧化铝瓷（含 Al_2O_3 不低于 94%的高铝瓷）。

① 早期的玻壳灭弧室容易制造，成本低，便于用高频放电法检测管内真空度。缺点是机械强度差，玻璃熔点低，不能进行一次封排大批量生产，所以工业化国家的制造厂已不再使用，而我国现在仍生产一定量的玻壳灭弧室。

② 氧化铝瓷制造的圆筒形外壳两端面经研磨后在高温下进行金属化处理，便于在真空封接炉中用银铜合金进行气密性钎焊。

3）特点。陶瓷外壳是经受高温预处理的陶壳，不受温度变化影响，在灭弧室内不产生分解物，开断时只产生金属蒸气。它具有高强度和耐冲击力的优点，可确保灭弧室在长达几万次甚至几百万次的机械操作中始终维持管内的高真空度。

3. 封装与排气

近年来，真空灭弧室质量有了很大提高，得益于采用新技术、新工艺、新材料。

（1）新工艺　一次封排工艺是指真空灭弧室的封口和排气同时进行、一次完成。20 世纪 80 年代初，美、英等国已将一次封排工艺用于真空灭弧室的生产。现在，真空灭弧室的排气和封装采用大型一次封排真空炉，采用一次封排工艺、用低碳量的不锈钢制造波纹管、用铜-陶瓷封接取代可伐-陶瓷封接，尽量少用或不用可伐等。

可伐为含镍29%、含钴17%的硬玻璃铁基封接合金，在20~450℃范围内具有与硬玻璃相近的线膨胀系数，能和相应的硬玻璃进行有效封接匹配。缺点是热处理容易造成晶粒变粗，冲压加工容易引起微小的裂纹，同时焊料容易渗入可伐的晶界中，渗入晶界的焊料可能将晶界涨开，造成慢性漏气。

用铜-陶瓷封接取代可伐-陶瓷封接，可大大减少慢性漏气率。而铜不会有类似现象，因而铜-陶瓷封接的灭弧室杜绝了慢性漏气，大幅度提高了真空灭弧室的可靠性。

一次封排工艺具有如下优点：①提高真空灭弧室的真空度，有效激活吸气剂；②内部零件的除气更彻底，有利于真空度的长期维持，也有利于用储存检漏法查出慢漏的真空灭弧室；③大大简化真空灭弧室的结构，减少真空密封焊缝，降低漏气的可能性；④很大程度排除了人为因素的影响，提高了产品质量的一致性。因此，一次封排工艺不仅提高了灭弧室质量，同时大幅度提高了生产效率，降低了生产成本。

（2）新材料　真空灭弧室采用不锈钢波纹管。以前常用的不锈钢牌号为1Cr18Ni9Ti，现常用的牌号为OCr18Ni9Ti、10OCr18Ni9Ti。不锈钢的含碳量低于0.03%，此时的碳含量接近碳在奥氏体中的溶解度，因而加热不会引起铬的碳化物析出，从而可免除晶间腐蚀和点腐蚀，这大大减少了漏气的可能性。

由于采用了以上新工艺、新材料，使真空灭弧室因漏气或真空度下降造成的失效率从原来的0.3%下降到0.1%，甚至降至0.03%，这是我国真空灭弧室制造技术的巨大进步。

10.3 高压真空断路器

10.3.1 概述

1. 国外

1893年，美国人里顿豪斯提出了结构简单的真空灭弧室，并获得了设计专利。1920年，瑞典佛加公司第一次制成了真空开关。1926年，美国人索伦森等公布的研究成果显示在真空中分断电流的可能性，但因分断能力小，又受到真空技术和真空材料发展水平的限制，尚不能投入实际使用。20世纪50年代，随着真空技术的发展，美国制成第一批适用于切断电容器组等特殊要求的真空开关，分断电流为4kA。20世纪60年代初，真空材料冶炼技术和真空开关触头结构研究取得了突破，高压真空断路器获得了新的发展。美国通用电气就此开始生产15kV、分断电流为12.5kA的高压真空断路器，之后又制成了15kV、26.5kA和31.55kA的高压真空断路器。又经过了几年的运行、研究、改进，高压真空断路器的开断电流达到了40kA，从而使高压真空断路器进入了高电压、大容量的领域。

由于高压真空断路器具有一系列明显的优点，从20世纪70年代开始，在国际上得到了迅速的发展，尤其在35kV以下更处于优势地位。近年来，在世界范围内，高压真空断路器有了长足的发展，取得了骄人的业绩，特别表现在中压领域的12kV高压真空断路器量大、面广，前景广阔。目前，高压真空断路器做到了145kV单断口、168kV双断口，正在研制252kV等级产品。

从世界市场看，高压真空断路器在中压市场已占65%以上，其中，日本占到90%以上，德国占95%以上。

2. 国内

1958年，由西安交通大学电器教研室王季梅副教授和原西安高压开关整流器厂童永潮总工程师负责的厂校联合研制小组研制出我国第一只真空灭弧室，并通过了50Hz、4kV、5kA的电流开断试验；1968年在原华光电子管厂诞生了我国第一只商用真空灭弧室。20世纪70年代以后，我国已能独立研制和生产各种规格的真空开关。

我国高压真空断路器已有几十年的发展史，以中压户内产品为主，已形成一个庞大的型号体系，有上百个型号，年产量4万台左右。真空灭弧室的制造厂家有10余家。据统计，2020年我国40.5kV及以下电压等级高压真空断路器产量达95.28万台，同年专利申请量为历年之最，共计952件。现在，我国已经成为世界上生产中压真空断路器和真空灭弧室产量最多的国家。

目前，中压真空断路器从空气绝缘→复合绝缘→固封绝缘，已经实现小型化。真空灭弧室制造上推行的一次封排工艺不仅提高了产量，而且提高了质量。在灭弧方面，从横磁场发展到纵磁场，大大提高了开断能力等。

10.3.2 现状

高压真空断路器一般由导电及灭弧系统、本体、传动系统及操动机构组成。其中真空灭弧室是高压真空断路器的心脏，操动机构是神经中枢，两者至为重要。

目前，我国高压真空断路器为通用型，力求一台断路器能够满足各方面性能参数要求。由于断路器面临的开断任务不同，新的专用断路器及灭弧室在国外应运而生。为此，今后应在如下方面做出努力：

1）高电压型。如72/84kV和126kV真空灭弧室。

2）大电流型。如发电机保护用高压真空断路器，额定电流6300~12000A，短路开断电流80~160kA。

示例10-10：西安交通大学荣命哲教授团队研究揭示了大容量发电机出口短路电流主动调控机理，首创电流转移与零点控制相结合的大容量快速开断原理和拓扑结构，解决了真空多断口并联均流与开断关键技术，研制的环保型大容量发电机快速断路器通过了有效值超过210kA、峰值达576kA的短路开断电流试验，产品故障切除时间较ABB公司的SF_6断路器缩短50%以上，基本解决了我国百万千瓦及以上大型水电、核电机组建设的环保和快速动作要求。

3）频繁操作型。如电炉炼钢需要频繁操作断路器，操作次数达6万次、10万次，甚至达15万次。

4）低过电压型。有了低过电压高压真空断路器就不需要另外的过电压吸收装置，而且可将过电压降到常规值的1/10。我国应加紧研制低过电压触头材料，从而早日开发出低过电压高压真空断路器。解决过电压一般加装过电压吸收装置，如SiC、*RC*回路、ZnO避雷器等。

示例10-11：研制低过电压的高压真空断路器触头材料。日立公司以银为主的Co-Ag-Se，东芝公司的AgWC，三菱公司的Cu-Cr-Bi-α多元触头材料以及富士公司的CuCr+高蒸气材料。低过电压高压真空断路器现做到7.2kV、40kA水平。

5）多功能型。一般来说，高压真空断路器的功能是执行分-合任务。但国外已赋予断路器更多的功能，如完成合-分-隔离-接地等功能。这样的做法省去了单独的隔离开关和接地开关，简化了开关柜的结构，缩小了柜体尺寸。综合国外情况，为使高压真空断路器多功能化，现有两种做法：一是使高压真空断路器的相柱在开断后移动或旋转，从而形成隔离和接地；二是真空灭弧室开断后通过触头旋转完成隔离和接地。

示例 10-12：西门子公司开发的 NXAct 型模块式开关柜的高压真空断路器为开断后相柱移动，完成隔离与接地。

示例 10-13：Alstom 公司的 VISAX 型开关柜的高压真空断路器为开断后相柱旋转，完成隔离任务。日本日立公司独辟蹊径，在灭弧室内通过触头旋转完成合-分-隔离-接地四工位。三菱公司也开发出类似的 24kV 多功能高压真空断路器。

示例 10-14：ABB 公司最新也开发出 eVM1 型多功能高压真空断路器。该产品集开断、保护和测量于一体。

10.3.3　应用

真空断路器广泛用于电力系统中的三相交流户内配电装置中，对工矿企业、发电厂、变电站中的高压电动机、电容器组、大型硅整流装置等高压电气设备进行保护和控制，特别适用于要求无油化、少检修及频繁操作的使用场所，可配置在中置柜、双层柜、固定柜中。

如果将统称“高压”的电压等级细分为“中压（12kV、24kV、40.5kV）、高压（72kV、126kV、252kV）、超高压和特高压”的话，高压真空断路器已在中压领域占绝对优势，而在高电压领域，为大幅度减少 SF_6 气体的使用，保护环境，减少温室效应，研发的高压真空断路器已崭露头角，其发展前景较好。

1. 中压真空断路器（电压等级为 3~40.5kV）

中压真空断路器的发展状况如下：

1）品种逐渐集中。如 12kV 真空断路器的主流品种，首先是混合绝缘一体化型结构类型的 ZN63 系列（包括 VD4、VS1 型），其占据户内产品的 56%；其次是分布组合式的 ZN28 型，占 14%。

2）生产厂家集中，目前只有 20 家形成规模生产，占到产量 64%。

3）以 12kV 为代表的中压真空断路器的发展动向是缩小灭弧室管径，采用固封极柱绝缘，以进一步实现小型化和高可靠性。

4）电磁操动机构（尤其是分体式）已趋于淘汰。弹簧机构和中压真空断路器组成一体式成为主流品种。永磁操动机构的零部件较少，能与灭弧室直接传动（如 PSM 系列），但在磁铁制造和线路控制方面还有待进一步发展。

示例 10-15：从世界上公认中立的 KEMA 试验站的产品论证试验看，12kV 高压真空断路器占主导地位。该试验站于 1991—1996 年期间，按 IEC 标准和 ANSI 标准对不同电压等级和不同介质的开关产品进行了试验认证。其中，进行的 450 次 3.6~145kV 电压等级产品认证试验，57%为真空开关（主要为高压真空断路器），29%为 SF_6 开关设备（主要是 SF_6 断路器），14%为空气和油开关设备（包括隔离开关和接地开关）。

2. 高压真空断路器（电压等级为72.5~126kV）

真空介质较SF_6气体环保性好，近年来在高压领域技术上不断有所突破。国内72.5kV和126kV（国外145kV）都已有产品进入电力系统运行。但是，在高压领域，由于真空灭弧室制造成本成倍地高于SF_6断路器，市场竞争暂处劣势。

3. 大电流真空断路器

由于纵向磁场技术的进步，目前国内外均有大电流真空断路器品种出现，其参数为15kV、120kA和12kV、6.3/80kA，可供发电机保护开关或特殊大电流场合使用。

10.3.4　构成

真空断路器一般由导电及灭弧系统、本体、传动系统及操动机构组成。其中，真空灭弧室为真空断路器的心脏，操动机构为其神经中枢，两者对高压真空断路器至为重要。真空断路器的结构框图如图10-23所示。

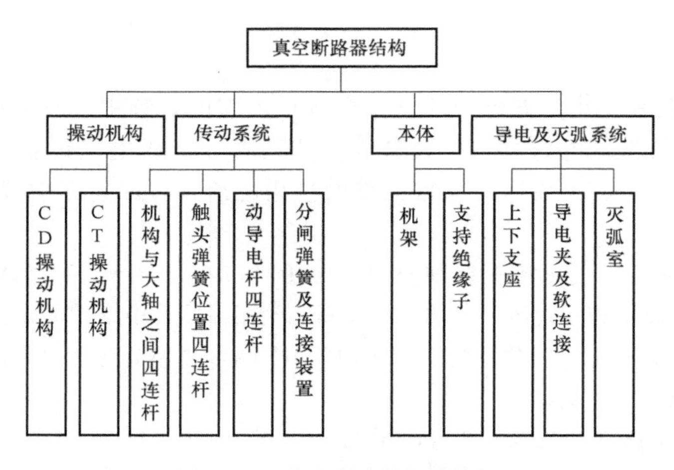

图10-23　真空断路器的结构框图

高压真空断路器将动、静触头封闭在由玻璃或陶瓷制成的真空泡内，利用操动机构和传动机构进行触头的分、合操作。灭弧室的真空度应在1.33×10^{-7}~1.3×10^{-3}Pa范围。在高真空度状态下，触头间具有很高的绝缘强度和很高的开断能力。

10.3.5　特点

高压真空断路器与其他断路器相比，具有结构简单、运行安全可靠、使用寿命长、能频繁操作、噪声小、真空熄弧效果好、电弧不外露、无火灾爆炸危险、维护工作量少等优势。具体表现如下：

1）真空的绝缘强度高，熄弧能力强，燃弧时间短，全分断时间也短。

2）燃弧时间短，且与开关电流大小无关，一般只有半周波。

3）熄弧时间短，触头电磨损较小，因此，触头分断次数多，电寿命长，满容量开断达30~50次，额定电流开断达5000次以上，噪声小，适于频繁操作，特别适合于切断电容性负载电路；熄弧后触头间隙介质恢复速度快，对开断近区故障性能较好。

4）触头开距小，10kV高压真空断路器的触头开距仅10mm左右。

5）操动机构的操作功小，机械部分行程小，机械寿命长。

6）在使用期限内，触头部分不需维修、检查，操动机构如需维修检查也十分简便快捷。

7）体积小，质量小，无低温地区液化问题，对环境友好。

8）开断在密闭容器内进行，电弧生成物不会污染周围环境，操作时也没有严重噪声，没有易燃易爆介质，无爆炸和火灾危险。

9）适合于频繁操作和快速切断。

10.3.6　型号

型号主要有 ZN12 型、ZN28 型、ZN65 型、VS1 型、ZN30 型等。其中，ZN28 型高压真空断路器是我国于 20 世纪 80 年代从国外引进技术进行生产的主流产品。国外的先进产品有西门子的 3AG 和 3AH 系列、ABB 公司的 VD4 型。

10.3.7　设计

1. 目标

设计目标是大容量、高电压、低过电压和小型化。而触头材料是关键，要求开断容量大、耐压强度高、载流水平低、电磨损率小、抗熔性能好。目前，铜铬合金材料仍是最好的真空灭弧室触头材料。

2. 问题

设计高电压高压真空断路器时，需要解决以下问题：①高电压真空绝缘问题。②大电流真空开断问题。③额定电流与温升问题。④机械特性问题。⑤真空灭弧室外壳绝缘问题。⑥容性电流开断问题。⑦小感性电流开断问题。⑧非保持破坏性放电（简称 NSDD，指真空灭弧室在开断电流后，在工频电压恢复阶段出现暂时击穿，其后立即恢复绝缘的现象）的产生和由其可能引起的绝缘开断故障。⑨温升问题（由于真空灭弧室内只存在热传导而无对流散热，故散热不佳，额定电流基本上不超过 2000A，而短路开断用纵磁场较容易提高。为提高额定电流，采取的措施有增设散热器、选用重力热管等）。⑩截流问题（导致出现操作过电压，特别在开断小的感性电流时。CuCr 触头材料的截流水平为 3～5A）。⑪重击穿问题（是高压真空断路器切断电容性电流出现的固有问题）。重击穿会产生操作过电压，多次重击穿有可能导致很高的过电压，会对系统的绝缘造成破坏。⑫真空灭弧室长期可靠问题（随着制造技术的进步和真空泄漏检测技术的发展，可降低真空泄漏事故，对高电压真空灭弧室可进行真空度在线监测）。

3. 阶段

户内高压真空断路器的研发经历了以下四个阶段。

（1）第一阶段——初始阶段　国内以 ZN3、ZN5 型为典型产品。使用铜铋等触头材料，开断、抗击穿等性能均较差，性能也不够稳定，断流水平在 20kA 以下。与少油断路器相比，无明显优越性。所用操动机构（无论是电磁机构还是弹簧机构），寿命要达到 10000 次都很难。

（2）第二阶段——发展阶段　以 ZN28、ZT12 等同类产品为典型代表。此类产品无论是开断性能，还是使用寿命，均得到大幅度提高。特别是 ZN28 产品代表了我国当时高压真空断路器的最高水平，其生命期延续多年，产量几乎占到同类产品的2/3左右，目前仍是国内市场主导产品。此阶段产品性能的提高主要表现在以下几个方面：

1）灭弧室。

① 使用的铜铬触头材料具有良好的开断能力、耐击穿、导电等综合性能。

② 纵磁场触头结构的使用，使开断时产生的聚集型电弧变为扩散型电弧，极大地提高了灭弧室的开断能力。

③ 使用中封式结构，使灭弧室内电场更加均匀。

④ 在原有玻璃外壳的基础上，又发展了陶瓷外壳，使工业化流水线方式生产成为可能，易于降低成本。

⑤ 灭弧室体积大大减小，同等容量甚至比同期国外的更小，即同样尺寸具有更大的开断能力。

2）操动机构。

① 重新设计了电磁机构、弹簧机构，如CD17、CT17、CT19型，突破了原CD10、CT8型等机构2000次的寿命极限，达到10000次，弹簧机构得到大量使用，与国外使用方式趋于一致。

② ZN28断路器设计又可配用原CD10、CT8型机构，适应了原有的少油断路器改造——无油化的要求。

3）整体结构。

① 一次导电回路与机构箱体构成前后布置，便于调试检修。

② 可配原有国产的各种型号开关柜，适应面广。

示例10-16：ZN28断路器。使高压真空断路器的性能大大提高，12kV等级与第一阶段产品相比较，开断容量增加2~3倍，最大达到63kA；短路电流开断寿命成十倍增加，如31.5kA产品开断30次、50次甚至75次。

（3）第三阶段——提高阶段　由于受国外产品影响，国内此阶段的产品开始追求加工精度、外观质量、产品一致性和免维修等。代表产品是ZN63系列产品。

与ZN28相比，ZN63具有以下特点：

1）使用专门设计的一体化弹簧机构，最大限度地保证了灭弧室要求的机械性能，且不易变化，使断路器的工作可靠性大大提高。

2）加工水平向世界水平靠拢，开始使用专业化方式生产断路器。如：使用加工中心等高精度加工设备加工零部件，使用焊接机器手焊接机箱，关键部位采用特殊材料与工艺，产品装配大量使用装配夹具及定力矩扳手等工具，尽可能少调整或不调整来保证参数，使用流水线方式批量生产。

3）导电部位采用复合绝缘方式，使断路器整体结构更紧凑，体积更小，特别适用于对体积要求较小的场所和中置式开关柜。

4）外观质量大大提高。

（4）第四阶段——模块智能化阶段　目前，国内外高压真空断路器正走向智能化、模块化和多功能化。

1）智能化。可提高运行可靠性。当灭弧室真空度、分合闸线圈、过流线圈工作状况、断路器分合闸速度、开距、接触行程及触头磨损状况、电动机储能状况，辅助开关转换情况和操作次数计数、欠电压、过电流保护，机构电气闭锁保护、断路器的机械振动等出现异常或明显故障时，高压真空断路器可自动处理或提醒人们去处理，并可实现将定期检修改为状态检修，减少维修费用和停电时间，实现电力系统自动化，无人值守，提高工作效率和质量趋势。

2）模块化。可将断路器分为框架、绝缘、手车、操动机构、灭弧室等模块，以便于制造、安装、提高整机性能。

3）多功能化。高压真空断路器通常只起关合和开断功能，而国外已在模块化、智能化和一机多功能化方面迈出了坚定的步伐，出现了相关产品。

示例 10-17：西门子的 NXAct 超高压真空断路器采用关合、开断、隔离、接地、联锁于一体，使用 Siprotec4 型数字监控装置，将保护、控制、测量、通信、操作、监视及整个程序控制集成于一体。

示例 10-18：Alstom 公司的 VISAX 型中置柜中的高压真空断路器，也起到了关合、开断和隔离功能。

示例 10-19：日立公司开发的复合式真空灭弧室集关合、开断、隔离、接地于一体，大大简化了 24kV 开关柜的结构。

10.3.8　技术进步

主要表现如下：

1）电压等级达到 72.5kV 和 126kV，其中，72.5kV 高压真空断路器已有几十台在东北地区投运。

2）向大容量方向发展，已有 15kV、120kA 产品和 12kV、6300A、80kA 产品。

3）极柱绝缘经历了“空气绝缘→复合绝缘→固封绝缘”的变化，形成了第三代高压真空断路器。

ABB 公司真空灭弧室及固封极柱如图 10-24 所示。

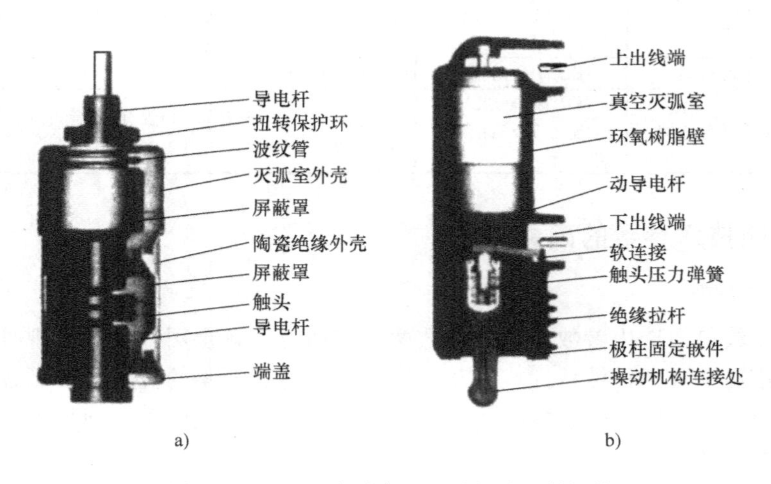

图 10-24　ABB 公司真空灭弧室及固封极柱

a）真空灭弧室　b）固封极柱

固封极柱有别于绝缘筒式复合绝缘。它是将真空灭弧室及导电连接件用环氧树脂通过自动压力凝胶工艺固封成极柱。这样只需把固封极柱固定在开关架上，中间通过螺杆与机构连接即可，减少了很多装配调整环节，提高了装配质量和机械可靠性。

固封极柱的制造工艺包括环氧树脂自动压力凝胶成形工艺（APG）、热塑性塑料固封极柱。后者的代表产品是 ABB 公司的 PT1。PT1 有以下优势：①从生态角度来看，PT1 极柱的生产不仅体现了环境友好的优势，而且相对于传统的环氧树脂类极柱大大提高了可回收性。②热塑性材料可准确地控制生产工艺，从而减少了极柱自身和材料特性上的偏差。由于出色的喷注技术，使 PT1 极柱可完全自动化生产，同时可将所有相关工艺参数进行详细的记录和完整控制。这不仅有利于跟踪，而且通过工艺控制（SPS）获得最佳的质量保证，使得固封极柱的质量水平在实际中再一次得到提升。③从技术方面来看，PT1 极柱的效能相对于 P1 环氧树脂有了更进一步提高。为此，通过改善机械强度和低温性能进一步扩大了使用范围。PT1 极柱的可燃性较低，且极柱件的质量减少了约 35%，方便人工搬运和运输。利用环氧树脂绝缘的固封极柱，有以下两个优势：一是模块化设计，结构简单，可拆卸零件少，可靠性高；二是极高的绝缘杆能力。它将表面绝缘变成体积绝缘，相比空气绝缘，减少了环境的影响，大大提高了绝缘强度。它可使断路器尺寸缩小，有利于开关柜小型化。

10.3.9　标准

我国高压真空断路器的标准是 JP 3855—2008《高压交流真空断路器》和 DL 403—2017《高压交流真空断路器》。IEC 标准没有与我国 JB 3855—2008 相对应的专用标准，只是套用《IEC56 交流高压断路器》。因此，我国高压真空断路器标准至少在以下几方面高于或严于 IEC 标准，详见表 10-3。

表 10-3　高压真空断路器标准对比

序号	比较对象		IEC 标准	中国标准
1	绝缘耐压	1min 工频耐压	28kV	42kV(极间、极对地),48kV(断口间)
		1.2/50μs 冲击耐压	75kV	75kV(极间、极对地),84kV(断口间)
2	电寿命试验后真空灭弧室断口的耐压水平		IEC 标准无规定	JB 3855—2008 规定高压真空断路器完成电寿命次数试验后,断口间绝缘能力应不低于初始绝缘水平的 80%,即工频 1min 的 33.6kV 和冲击的 60kV
3	触头合闸弹跳时间		IEC 标准无规定	我国规定要求不大于 2ms
4	温升试验的试验电流		IEC 标准中,试验电流等于产品的额定电流	我国 DL 403—2017 中规定试验电流为产品额定电流的 110%

10.3.10　影响技术参数的因素

1. 主要技术参数

主要技术参数包括选用参数和运行参数两个方面。前者供用户设计选型时使用，后者则是高压真空断路器本身的机械特性或运动特性，为运行、调整的技术指标。各项参数均须按 JB 3855—2008 和 DL 403—2017 标准的要求，在产品的型式试验中逐项加以验证，最终数据以型式试验报告为准。

2. 影响因素

高压真空断路器特性影响因素包括触头系统、开距、接触行程、接触压力、合闸速度、分闸速度、弹跳时间和回路电阻等。

（1）触头系统　高压真空断路器的触头常采取对接式触头，原因有两个：一是在分闸状态，断路器触头开距（动触头由分闸位置到动、静触头刚接触的行程）最大仅几十毫米，如此小的距离很难制作出其他形状的接触面，且平直的接触面瞬间动作电弧的损伤也较小；二是断路器体积小，动、静触头要在一个绝对真空的空间内动作，如果制作成其他的对接方式，会增加断路器自身的体积。

（2）开距　触头的开距主要取决于高压真空断路器的额定电压和耐压要求。当额定电压低时，触头的开距可以选得小些；但开距太小，会影响分断能力和耐压水平。如果开距太大，虽然可以提高耐压水平，但会使真空灭弧室的波纹管寿命下降。设计时，在满足运行的耐压要求下，触头开距应尽量选得小一些。

示例 10-20：10kV 高压真空断路器的开距常在 8～12mm 间，35kV 的则在 30～40mm 之间。

（3）接触行程　接触行程又称压缩行程，也称触头弹簧压缩距离，是指断路器对接式触头的动触头与静触头碰触并不再前行开始，至每极触头压缩弹簧（也称合闸缓冲弹簧）施力端继续运动至终止位置的距离。其作用有两个：一是为对接式触头提供接触压力；二是保证触头在运行磨损后仍保持一定的接触压力，使之可靠接触，确保有足够的电寿命。接触行程一般为开距的 20%～30%，如 10kV 高压真空断路器的接触行程为 3～4mm。

高压真空断路器的实际结构中，触头合闸弹簧设计成即使处于分闸位置，也有相当的预压缩量，即有预压力，其目的是使合闸过程中，当动触头尚未碰到静触头而发生预击穿时，动触头有相当力量抵抗电动斥力，使其不至于向后退缩；当触头碰接瞬间，接触压力陡然跃增至预压力数值，防止合闸弹跳，足以抵抗电动斥力，并使接触的初始就有良好状态；随着触头弹簧的继续压缩，触头间的接触压力逐步增大，接触行程终结时，接触压力达到设计值。接触行程不包括合闸弹簧的预压缩量程，它实际上是合闸弹簧的第二次受压行程。

（4）接触压力　自闭力是指在无外力作用时，高压真空断路器动触头在大气压作用下，对内腔产生的使其与静触头闭合的力，其大小取决于波纹管的端口直径。灭弧室在工作状态时，自闭力很小，不能保证动、静触头间良好的电接触，为此必须施加一个外加压力。

外加压力和自闭力之和，称为触头的接触压力。触头接触压力作为一个很重要的参数，其理想值需在产品初始设计中经反复的试验验证才能获得。若触头压力选得太小，满足不了上述各方面的要求；但触头压力太大，需要增大合闸操作功，同时还需要提高灭弧室和整机的机械强度，技术经济性差。

接触压力的作用包括：①保证动、静触头接触良好，使接触电阻小于规定值；②满足动稳定要求，使触头压力大于额定短路状态时触头间的斥力，确保触头完全闭合和不受损坏；③把触头碰撞的动能转为弹簧的势能，使触头在闭合碰撞时得以缓冲，抑制触头弹跳；④为分闸提供一个加速力，提高分闸时的初始加速度，减少燃弧时间，提高分断能力。

（5）合闸速度　高压真空断路器合闸速度的大小影响触头寿命的长短。如果合闸速度太低，则预击穿时间长，电弧存在的时间长，触头表面电磨损大，甚至使触头熔焊而粘住，降低灭弧室的电寿命。如果速度太高，容易产生合闸弹跳，操动机构输出功也要增大，对灭弧室和整机机械冲击大，影响产品的使用可靠性与机械寿命。设计时，合闸速度常取 0.6m/s。

（6）分闸速度 高压真空断路器分闸速度一般是希望越快越好，因为这样通常可使首开相在电流趋近于零的2~3ms将故障电流开断；否则，如果首开相无法开断而延续至下一相，原来的首开相将变为后开相，燃弧时间将加长，开断的难度也将增加，甚至使开断失败。但实际上，分闸速度太快，分闸反弹也大，振动过剧，易产生重燃。

分闸速度的快慢，主要取决于合闸时动触头弹簧和分闸弹簧的储能大小。为提高分闸速度，可以增加分闸弹簧的储能量或合闸弹簧的压缩量，这都需要提高操动机构输出功和整机的机械强度，使技术经济指标降低。设计10kV高压真空断路器时，分闸速度取0.95~1.2m/s较合适。

（7）弹跳与弹跳时间 弹跳是指断路器动、静触头从第一次合上（或分开）开始，到最后稳定地合上（或分开）为止的过程，包括合闸弹跳和分闸弹跳。

合闸弹跳，通常是因断路器的动、静触头发生碰撞后分离产生分开、在合闸力作用下不断接触直至闭合的过程。

分闸弹跳，对高压真空断路器而言是指其在接到分闸指令时，动触头在操动机构提供的动力作用下离开静触头后又被机构反力使其回到合闸状态，然后再拉开、再合上，如此反复的现象，其对触头所造成损伤的原理及危害程度与合闸弹跳相似；但对GIS中的SF_6高压断路器，其分闸弹跳是指动主触头和静主触头分开后，动弧触头和静弧触头还没有完全分开之前，因电阻值剧烈变化，引起的动弧触头和静弧触头分开、接触又分开的过程。

弹跳时间是指断路器的动、静触头从第一次合上（或分开）开始，到最后稳定地合上（或分开）为止的时间，期间可能出现触头反复地接触与分离，它包括合闸弹跳时间和分闸弹跳时间。

示例10-21：高压真空断路器的合闸弹跳时间在国外标准中都没有明确规定。我国于1989年底，由能源部电力司提出高压真空断路器的合闸弹跳时间必须小于2ms。为什么要规定呢？主要原因是合闸弹跳的瞬间会引起电力系统或设备产生*LC*高频振荡，振荡产生的过电压对电气设备的绝缘可能造成伤害，甚至损坏。当合闸弹跳时间小于2ms时，不会产生较大的过电压，设备绝缘不会受损，在关合时动、静触头之间也不会产生熔焊。

高压真空断路器设计中，为减小合闸弹跳，可采取：①减少动触头的刚合分瞬时速度；②适当提高运动系统的刚性系数；③合理改善断路器动力传动系统的轴与孔的配合因素。

（8）分、合闸时间 分、合闸时间是指从断路器操动线圈的端子得电时刻计起，至三极触头全部合上或分离止的时间间隔。

高压真空断路器电磁操动机构的合、分闸线圈是按短时工作制工作，它一般在断路器出厂时已调好，无须再动。

设计电磁操动机构时，合闸线圈的通电时间应不超过100ms，分闸线圈的应不超过60ms。因为当电源近端短路时，故障电流衰减得较慢。当然，若发电系统中断路器的分闸时间很短，故障电流可能含有较大的直流分量，开断条件变得恶劣，对断路器开断不利，因此，设计发电系统中的高压真空断路器时，其分闸时间应尽可能设计得长些。

（9）合、分不同期 高压真空断路器的合闸不同期太大，易引起合闸的弹跳，因为机构输出的运动冲量仅由首合闸相触头承受。而分闸不同期太大，可能使后开相管子的燃弧时间加长，降低开断能力。

合闸与分闸的不同期一般是同时存在的，所以，调好了合闸的不同期性，分闸的不同期性也就有了保证。产品设计时，要求合闸与分闸的不同期小于 2ms。

（10）回路电阻 回路电阻是表征导电回路连接是否良好的一个参数，各类型产品都规定了一定范围内的值。若回路电阻超过规定值，很可能是导电回路某一连接处接触不良。在大电流运行时，接触不良处的局部温升增高，严重时甚至引起恶性循环造成氧化烧损，对用于大电流运行的断路器尤需加倍注意。回路电阻测量，不允许采用电桥法测量，须采用国家标准规定的直流压降法。

10.3.11 分类

1）按用途不同，分为标准型和专用型。

① 标准型：具备并能实现断路器的基本功能，能够开断短路电流。

示例 10-22：126kV/40kA 高压真空断路器。如图 10-25 所示，它由真空灭弧室、支柱绝缘子、框架、支架、弹簧操动机构以及传动系统和管路系统等部分组成。它的操动机构是一个可以完成三相断路器分合闸动作的三相机械联动结构。三相断路器和操动机构安装在框架上，并通过两个支架支撑整个断路器。

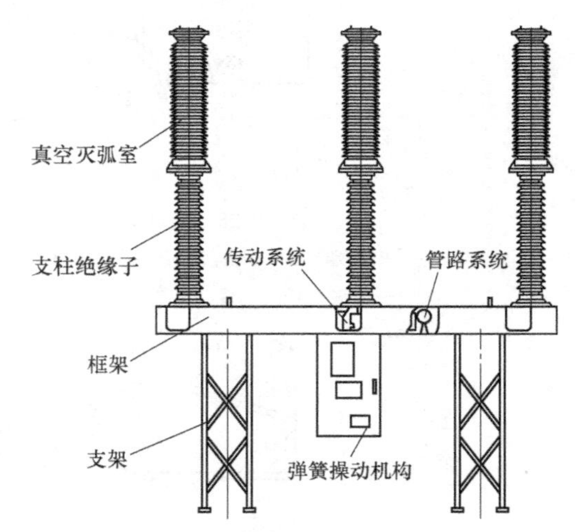

图 10-25 126kV/40kA 高压真空断路器结构示意图

② 专用型：主要用于频繁操作次数较高的场合，要求操作寿命很高，如适用于切合变压器、电抗器、电缆、电动机、电炉、电容器和滤波器等。其中，发电机保护用高压断路器以往主要是采用空气和磁吹断路器。20 世纪 80 年代，第一台 SF_6 发电机断路器进入市场，大量的运行经验验证了这种断路器适用于发电机保护。近年来，将高压真空断路器用于发电机保护，特别对于发电机容量在 100MW 以下的场所越来越普遍。

示例 10-23：ZN28-12/4000-63 型和 ZN105-12 型发电机高压真空断路器。它的开断能力和恢复电压要求远高于常规断路器的发电机断路器。图 10-26 和图 10-27 为这两种真空断路器的外形。

图 10-26 ZN28-12/4000-63 型发电机高压真空断路器

a)

b)

图 10-27 ZN105-12 型发电机高压真空断路器

a）产品外形 b）产品做短路开合试验

2）按控制电弧的方式不同，分为横磁场型和纵磁场型。

① 横磁场型：指控制电弧时，电弧受与电弧垂直的横向磁场的驱动。

② 纵磁场型：指控制电弧时，电弧受与电弧平行的纵向磁场的驱动。

3）按外绝缘不同，分为空气绝缘、复合绝缘和气体绝缘。

① 空气绝缘。图10-28和图10-29分别为空气绝缘的ZN12和ZN28A-10型高压真空断路器的总体结构。

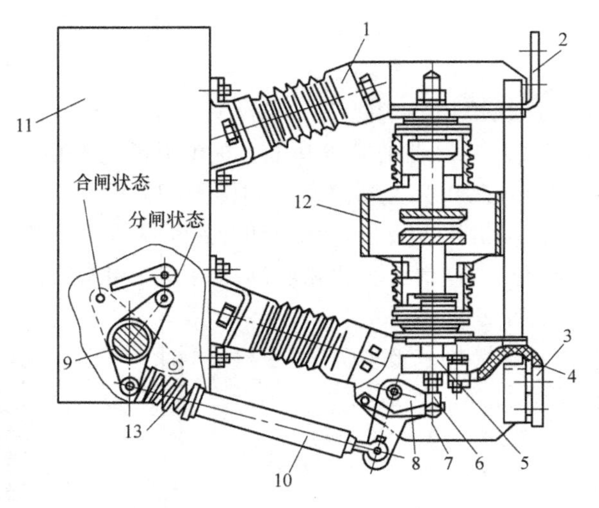

图10-28　ZN12型高压真空断路器的总体结构

1—绝缘子　2—上出线端　3—下出线端　4—软连接　5—导电夹　6—万向杆端轴承　7—轴销　8—杠杆　9—主轴　10—绝缘拉杆　11—机构箱　12—真空灭弧室　13—触头弹簧

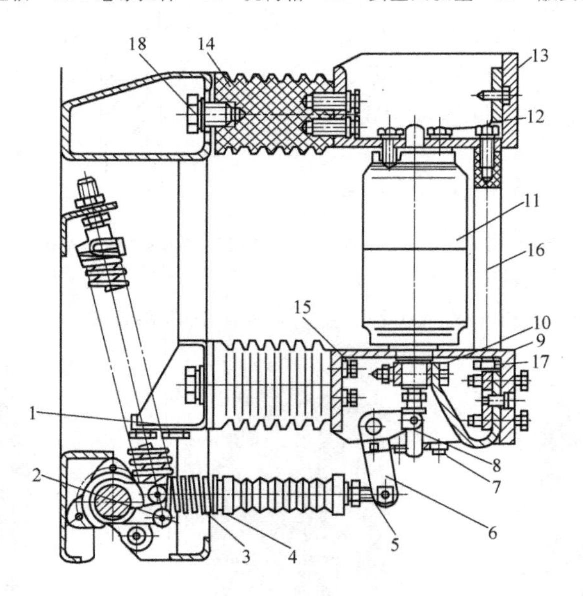

图10-29　ZN28A-10型高压真空断路器的总体结构

1—开距调整垫　2—主轴　3—触头压力弹簧　4—弹簧座　5—接触行程调整螺栓　6—拐臂　7—导板　8—导杆　9—动支架　10—导电夹紧固螺栓　11—真空灭弧室　12—真空灭弧室紧固螺栓　13—静支架　14—绝缘子　15—绝缘子紧固螺钉　16—绝缘杆　17、18—螺钉

我国自行研制的这两种高压真空断路器主要用于开关柜，其采用综合式总体布置，具有结构简单、造价较低的特点。其中，ZN28 型高压真空断路器是为手车柜设计的，ZN28A 型专用高压真空断路器由 ZN28 派生，属分装式，用于固定式开关柜。

② 复合绝缘。复合绝缘是指真空灭弧室外的绝缘介质由空气与其他共同组成，制造采用整体固封环氧树脂工艺。采用该工艺可大大提高真空灭弧室的外绝缘水平，减少断路器的相间绝缘距离和体积。环氧树脂用作绝缘材料时，具有良好的加工工艺性、绝缘性能，以及非常高的耐压强度和机械强度等特点。

复合绝缘高压真空断路器的主要产品有国外配永磁操动机构的 VM1 型和国内配永磁操动机构的 VSm 型。

我们将真空灭弧室的绝缘外壳与封装用绝缘材料，称为极柱。极柱的内表面为真空灭弧室绝缘外壳的内表面，处于真空环境；外表面为固体绝缘材料的外表面，它既容易实现大爬距，又便于进行清洁处理。固封极柱是把真空灭弧室与导电部分用固体绝缘材料完全或部分封装为一个整体。

图 10-30　固封极柱的复合绝缘高压真空断路器的外形图

真空灭弧室被环氧树脂固封后，可避免其外表面和绝缘筒内表面因吸附和积尘产生的绝缘隐患，提高了真空灭弧室的环境适应性，因此真空灭弧室和高压真空断路器的尺寸都大大减小。同时，高度集成化的固封极柱结构，避免了安装调试过程中人为原因造成的产品性能分散性，并使产品外观更加美观。固封极柱的复合绝缘高压真空断路器的外形如图 10-30 所示。

示例 10-24：综合布置的复合绝缘高压真空断路器。

ZN63A-12 系列高压真空断路器是典型的综合布置复合绝缘高压真空断路器，其动端安装于绝缘筒内，外形美观，结构如图 10-31 所示。

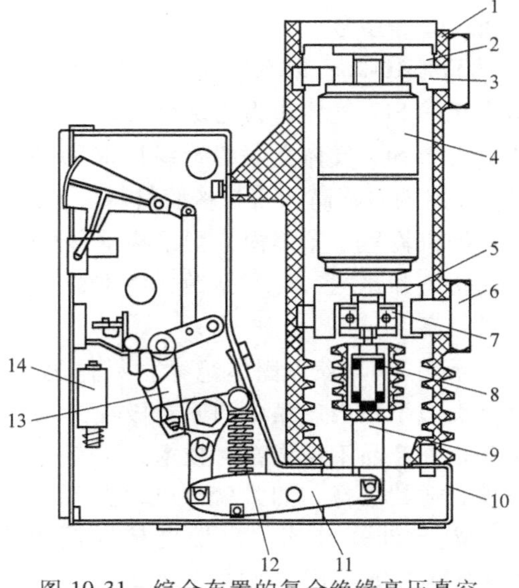

图 10-31　综合布置的复合绝缘高压真空断路器的结构

1—绝缘筒　2—上支架　3—上出线座　4—真空灭弧室　5—下支架　6—下出线座　7—软连接　8—碟簧　9—绝缘拉杆　10—壳体　11、13—四连杆机构　12—分闸弹簧　14—分闸电磁铁

③ 气体绝缘。气体绝缘是指真空灭弧室外的绝缘以非空气作为绝缘介质。

气体绝缘高压真空断路器，又称 C-GIS 用高压真空断路器，就是用 SF_6 气体或其他绝缘气体作为真空灭弧室和高压真空断路器的外绝缘。城网改造（特别是各大城市相继进行地铁建设）需要小尺寸的户内高压交流开关设备。由于受空气绝缘距离限制，户内交流金属封闭开关设备柜体尺寸通常比较大，特别是 40.5kV 户内交流金属封闭开关设备柜体庞大，占用空间大，建设成本高。为此，在结合高压真空断路器优异的电性能和 SF_6 优异的绝缘性能的基础上，研制了 C-GIS 用高压真空断路器，实现了 40.5kV

级高压真空断路器小型化。C-GIS 用高压真空断路器生产现场如图 10-32 所示。

a)

b)

c)

图 10-32　C-GIS 用高压真空断路器生产现场

考虑到用于 SF_6 气体绝缘开关设备的特殊使用条件，C-GIS 产品的真空灭弧室多采用水平放置，以有效利用空间，并使母线进出方便，整机尺寸减小。在其他布置方式（如悬挂式）的高压真空断路器中，也可以用绝缘筒或特殊形状的绝缘框架作绝缘支撑。

4）按工作场所不同，分户内式和户外式。以下介绍户外式。户外式有户外柱上式和户外瓷柱式两种。

① 户外柱上式。户外柱上式高压真空断路器有箱式和柱式两种结构。其中，箱式结构为防止凝露，箱体内充油或其他绝缘介质，操动机构安装在箱外，进出线由磁套管引出箱外，典型产品如 ZW8、ZW33 等型号；而柱式结构则主要以固封极柱为代表产品，如 ZW32、ZW51-12 等型号。

示例 10-25：以 SF_6 气体作为绝缘介质的气体绝缘户外柱上高压真空断路器。以 0～0.5 倍表压的 SF_6 气体作为绝缘介质，以真空作为灭弧介质，使用中不会产生 SF_6 气体电弧分解物。由于 SF_6 气体良好的绝缘性能和导热性，产品可以做到体积小、质量小。由于箱体内 SF_6 气体压力不高，密封橡胶材料、密封脂和密封结构可有效地防止漏气及潮气进入。如果将永磁机构置于箱体内，则结构的各个零部件均可免受外界大气的污染和锈蚀，使产品做到免维护。此类产品对生产工艺的要求较高。

示例 10-26：以固体绝缘材料作为绝缘介质的高压真空断路器类似于户内产品中的固封极柱高压真空断路器。固封技术用于户外产品不需要密封技术，不存在泄漏和爆炸的危险，是一种合适的选择，如 ZW51-122 型产品。

② 户外瓷柱式。户外瓷柱式高压真空断路器的外形如图 10-33 所示。它的绝缘部分主要有套管，包括瓷套管、复合绝缘套管（内芯为环氧树脂，外表为硅橡胶或 EPDM 橡胶）和户外环氧树脂套管等。

图 10-33　户外瓷柱式高压真空断路器的外形

它的特点是具有高可靠性、低维护成本以及良好的电气性能；直接处于恶劣的户外运行环境，有防雨雪的能力，且能承受紫外线照射而其绝缘强度和机械强度不发生有损开关性能的改变；同时，还应具有有效的防凝露以及防腐、防锈、防机构卡死措施。因此，户外开关直接暴露在外界环境条件下。对此类产品，真空技术主要用于开断和断口绝缘，不能经济地用作对地、相间绝缘。

示例 10-27：ZW7-40.5 高压真空断路器。其具有复合绝缘结构的户外柱式断路器的真空灭弧室安装在绝缘套管（瓷、户外环氧或外包硅橡胶的复合套管）内，再用硅脂或硅橡胶填充间隙。

5）按每极所串联的真空灭弧室数量不同，分为单断口、双断口和多断口。

单断口指每极用一个真空灭弧室；双断口指每极由两个真空灭弧室串联；多断口指每极由多个真空灭弧室串联。

6）按真空灭弧室的布置方式不同，分为落地式、悬挂式和综合式。

① 落地式。断路器的真空灭弧室主要由与其轴线平行的绝缘体（如绝缘杆、绝缘筒等）固定在机架上，操动机构通常置于真空灭弧室的下方或后方。真空灭弧室内部气体的压力必须小于 1.33×10^{-7}Pa。

落地式高压真空断路器的组成部分示意图如图 10-34 所示，包括真空灭弧室、绝缘支撑、传动机构、基座及操动机构等。真空灭弧室安装在上方，用绝缘支撑支持，而将操动机构设置在基座上。上下两部分由传动机构通过绝缘杆连接起来。

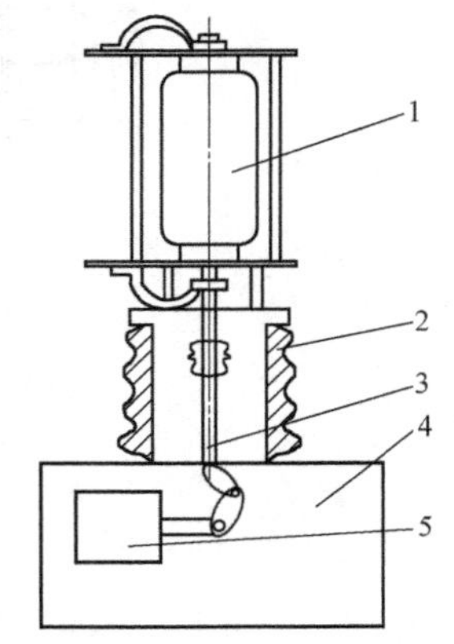

图 10-34 落地式高压真空断路器的组成部分示意图
1—真空灭弧室 2—绝缘支撑 3—传动机构 4—基座 5—操动机构

该断路器的优点是：便于操作人员观察和更换灭弧室；分合闸操作时直上直下，传动环节少，传动摩擦小，传动效率高；整个真空断路器的重心较低，稳定性好，操作时振动小；真空断路器深度尺寸小，质量小，进开关柜方便；产品系列性强，且户内户外产品的相互交换容易实现。缺点是产品总体高度较高，检修操动机构较困难，尤其是带电检修时。

示例 10-28：VD4-12 系列和 ZN85-40.5 系列。如图 10-35 所示，它们均是典型的落地式高压真空断路器。真空灭弧室及其对地支撑均为绝缘筒。

这两个系列均为断路器本体和操动机构一体化设计，有上下或前后两种布置形式。上下布置方式有利于充分利用高度方向的空间，前后布置方式可以减小高度，便于发展中置结构成套装置。早期发展的落地式高压真空断路器多把操动机构放在真空灭弧室的下方，由于这种上下布置方式不便于操动机构调试、维护，在开关柜中使用也不方便，所以新发展的 12kV 落地式高压真空断路器多把操动机构放在真空灭弧室的后方。

② 悬挂式。断路器的真空灭弧室主要由垂直于其轴线的绝缘件固定在机架上，操动机构和真空灭弧室常为前后布置。图 10-36 为悬挂式高压真空断路器的结构示意图。它将真空灭弧室用绝缘子悬挂在底座框架的前方，操动机构设置在后方，即框架内部，前后两部分用传动绝缘杆连接起来。

示例 10-29：ZN65-12 系列高压真空断路器。图 10-37 所示为悬挂式布置的高压真空断路器，特点为结构简洁，装配调试与维修方便，外形美观。

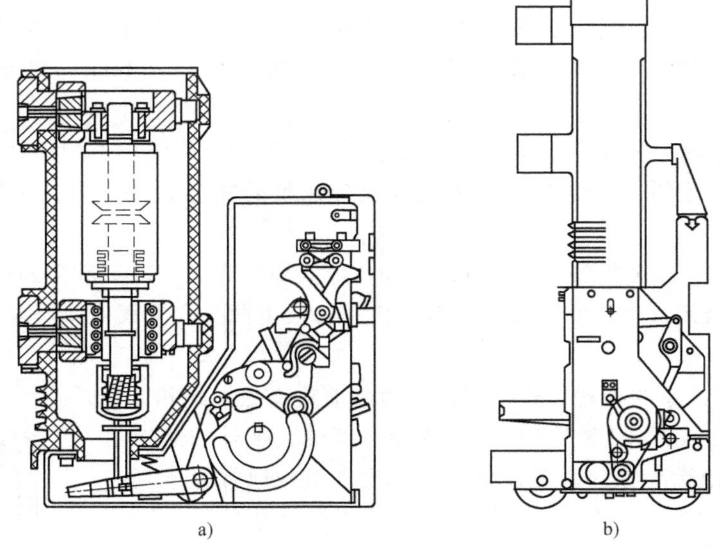

图 10-35　落地式布置的高压真空断路器

a）VD4-12 高压真空断路器　b）ZN85-40.5 高压真空断路器

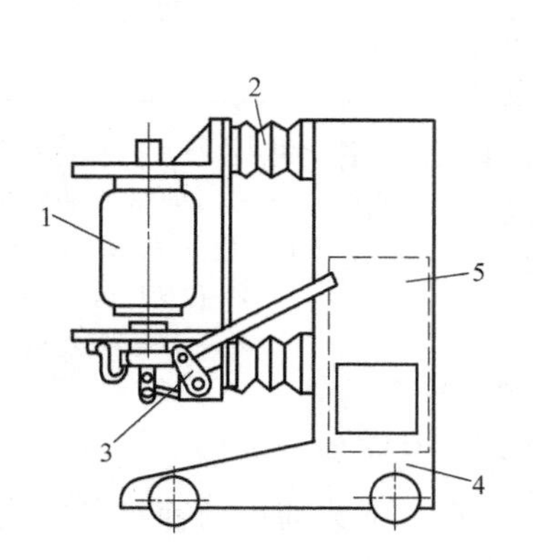

图 10-36　悬挂式高压真空断路器的结构示意图

1—真空灭弧室　2—绝缘子　3—传动机构　4—基座　5—操动机构

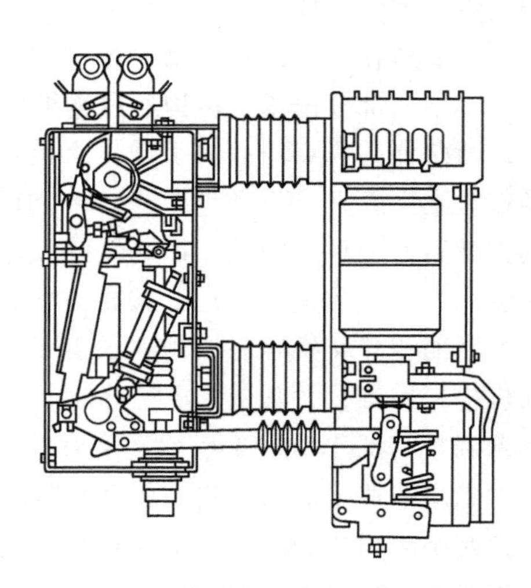

图 10-37　悬挂式布置的高压真空断路器

与传统的少油断路器的结构相似，悬挂式高压真空断路器宜作手推车式开关柜用，其操动机构与高电压隔离，便于检修。缺点是：总体深度尺寸大，用铁多，质量大；绝缘子受弯曲力作用；操作时灭弧室振动大；传动效率不高，一般只适用于户内中压情况。

③ 综合式。这种方式是介于悬挂式和落地式之间的一种布置方式，真空灭弧室同时在水平和垂直方向上为绝缘体所固定。

示例 10-30：ZN28-12 系列。如图 10-38 所示，该系列断路器的动导电杆、导电夹、软连接等发热最严重的零部件被置于散热条件最好的部位，即高压真空断路器的上部，此布置方式有利于散热，便于装配、调整和维修。

7）按布置方式不同，分为分体式、整体式和整体式复合绝缘或全绝缘式。

① 分体式：也称组合式，常采用悬挂或综合布置方式。断路器的灭弧室和操动机构部分为分体式。断路器操动机构与真空灭弧室为前后布置，常用机构为 CD17 电磁操动机构，CT17、CT19 弹簧操动机构等。此类高压真空断路器由于机构独立，易于生产配套。

示例 10-31：ZN28A 系列的操动机构配用 CD17、CD19 等，如图 10-39 所示。

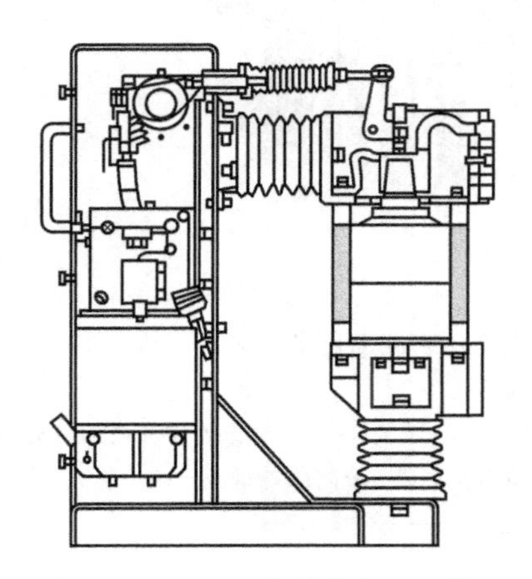

图 10-38　综合布置的空气绝缘高压真空断路器

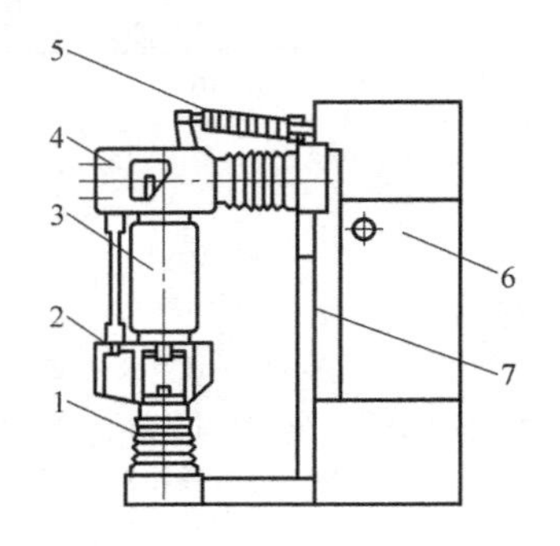

图 10-39　ZN28A 高压真空断路器结构布置图

1—绝缘子　2—下支座　3—真空灭弧室　4—上支座　5—绝缘拉杆　6—操动机构　7—基架

② 整体式：也称一体化。这种布置的断路器的灭弧室和操动机构设置在一个几何尺寸尽量小的共同框架上。操动机构作为断路器的固有组成部分，无独立型号。这种布局，一方面减少了中间传动环节，结构简单、紧凑，降低了能耗和噪声，同时也使断路器机械操作可靠性大为提高；另一方面，这种布置方式给用户带来方便，用户可以不经调试直接投入运行。

弹簧操动机构采用平面布置，操动机构的零部件固定在高压真空断路器的机架上。断路器位置配合精度、整体刚度大为提高，很容易实现断路器功能单元的模块化设计，同时安装、调试、检修均非常方便。

这种结构设计大大减少了粉尘在真空灭弧室表面聚积，不仅可以防止真空灭弧室受到外部因素的影响，而且可以确保即使在湿热及严重污秽环境下也可以对电压效应呈现出高阻态。

示例 10-32：ZN63A（VSI）型断路器的真空灭弧室被纵向安装在一个管状的绝缘筒内，绝缘筒由环氧树脂采用 APG 工艺浇注而成，因而它特别耐爬电。

ZN63A（VSI）型的结构布置如图 10-40 所示，其弹簧操动机构如图 10-41 所示。该产品具有固定式方案和手车式方案。它的操动机构布置在绝缘筒后的机箱内，机箱被四块中间隔板分成五个装配空间，其间分别装有储能部分、传动部分、缓冲部分、脱扣部分等。

ZN63A（VSI）型的技术参数见表 10-4。

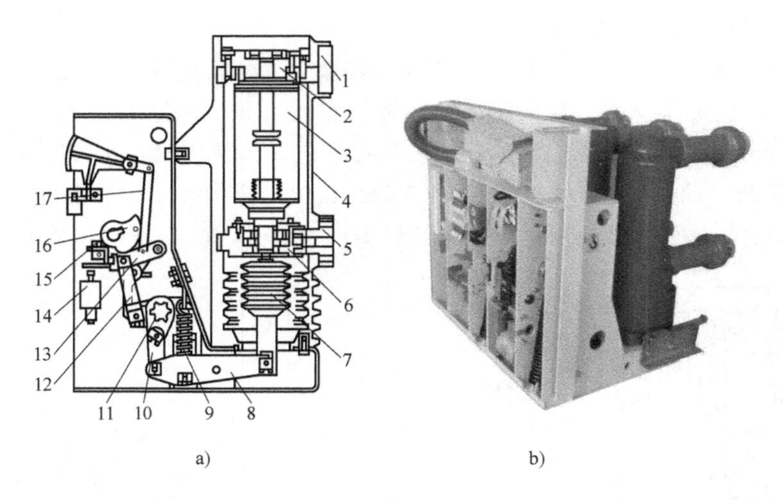

图 10-40　ZN63A（VSI）固封极柱式高压真空断路器

a）总体结构　b）外貌

1—上出线座　2—上支架　3—真空灭弧室　4—绝缘筒　5—下出线座　6—下支架　7—绝缘连杆（内加触头弹簧）　8—传动拐臂　9—分闸弹簧　10—传动连板　11—主轴传动拐臂　12—分闸保持擎子　13—连板　14—分闸脱扣器　15—手动分闸顶杆　16—凸轮　17—分合指示牌连杆

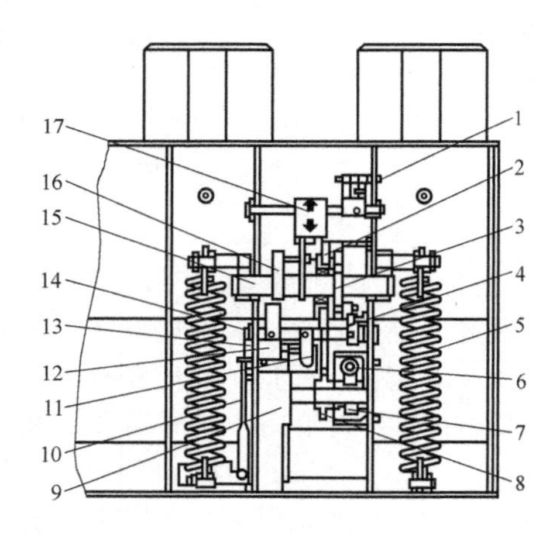

图 10-41　ZN63A（VSI）的弹簧操动机构

1—储能到位切换用微动开关　2—储能传动链轮　3—储能传动轮　4—储能保持擎子　5—储能弹簧　6—手动传动蜗杆　7—手动储能传动蜗杆　8—电动机传动链轮　9—储能电动机　10—联锁传动弯板　11—传动链条　12—闭锁电磁铁　13—闭锁电磁铁闭锁铁心　14—储能保持轴　15—传动凸轮轴　16—凸轮　17—储能指示牌

表 10-4　ZN63A（VSI）型的技术参数

额定电压		kV	12
额定绝缘水平	额定工频耐受电压	kV	42(相间、相对地)、48(断口)
	额定雷电冲击耐受电压		75(相间、相对地)、85(断口)
额定频率		Hz	50
额定电流		A	630,1250,1600,2000,2500,3150,4000
额定短路开断电流(有效值)		kA	20,25,31.5,40

（续）

<table>
<tr><td colspan="2">额定峰值耐受电流</td><td>kA</td><td>50,63,80,100</td></tr>
<tr><td colspan="2">额定短路关合电流</td><td>kA</td><td>50,63,80,100</td></tr>
<tr><td colspan="2">额定短时耐受电流</td><td>kA</td><td>20,25,31.5,40</td></tr>
<tr><td colspan="2">额定短路持续时间</td><td>s</td><td>4</td></tr>
<tr><td colspan="2">额定单个/背对背电容器组开断电流</td><td>A</td><td>630/400</td></tr>
<tr><td colspan="2">额定操作顺序</td><td></td><td>分-0.3s-合分-150s-合分</td></tr>
<tr><td colspan="2">额定短路电流开断次数</td><td rowspan="2">次</td><td>50</td></tr>
<tr><td>机械寿命</td><td>永磁操动机构断路器</td><td>60000,100000</td></tr>
<tr><td colspan="2">动、静触头允许磨损累积厚度</td><td>mm</td><td>3</td></tr>
<tr><td colspan="2">额定工作电压</td><td>V</td><td>DC/AC 220</td></tr>
<tr><td colspan="2">电容器充电时间</td><td>s</td><td>≤10</td></tr>
<tr><td colspan="2">触头开距</td><td rowspan="4">mm</td><td>9.5±1</td></tr>
<tr><td colspan="2">超行程</td><td>4±0.5</td></tr>
<tr><td rowspan="2">相间中心距</td><td>额定电流≤1600A</td><td>150/210±0.5</td></tr>
<tr><td>额定电流≥2000A</td><td>275±0.5</td></tr>
<tr><td colspan="2">合闸触头弹跳时间</td><td rowspan="4">ms</td><td>≤2(40kA≤3)</td></tr>
<tr><td colspan="2">三相分闸不同期性</td><td>≤2</td></tr>
<tr><td colspan="2">分闸时间</td><td>30~60</td></tr>
<tr><td colspan="2">合闸时间</td><td>30~60</td></tr>
<tr><td colspan="2">分闸速度</td><td rowspan="2">m/s</td><td>0.8~1.2</td></tr>
<tr><td colspan="2">合闸速度</td><td>0.4~0.8</td></tr>
<tr><td colspan="2">主导电回路电阻</td><td>μΩ</td><td>≤50(630A),≤45(1250A),≤35(1600A,2000A)
≤25(2500A,3150A),≤18(4000A)</td></tr>
<tr><td colspan="2">触头压力</td><td>N</td><td>2200±100(20kA),2500±100(25kA),3200±100
(31.5kA),4200±100(40kA)</td></tr>
<tr><td colspan="2">分闸触头反弹幅值</td><td>mm</td><td>≤2.5</td></tr>
</table>

示例 10-33：ZN12 系列。它是引进西门子公司技术制造的产品，机构为弹簧储能式。结构布置图如图 10-42 所示。

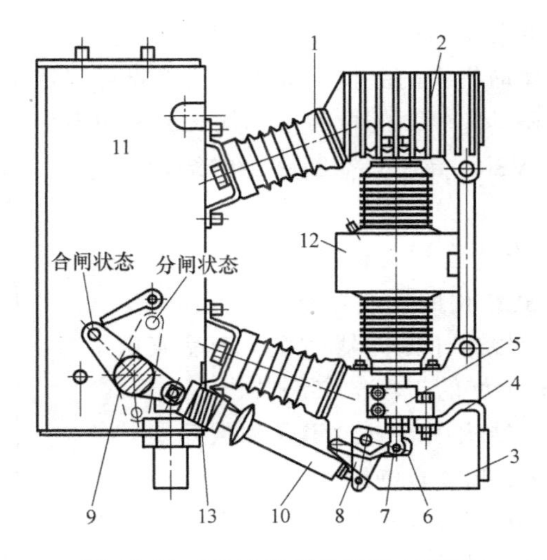

图 10-42　ZN12 系列的结构布置图

1—绝缘子　2—上出线端　3—下出线端　4—软连接　5—导电夹　6—万向杆端轴承　7—轴销　8—杠杆　9—主轴　10—绝缘拉杆　11—机构箱　12—真空灭弧室　13—触头弹簧

断路器主要由真空灭弧室12、操动机构及支撑部分组成。在用钢板焊接而成的机构箱11上固定六只环氧树脂浇注的绝缘子1。三只灭弧室通过铸铝的上、下出线端2、3固定在绝缘子上。下出线端上装有软连接，软连接4与真空灭弧室动导电杆上的导电夹5相连。在动导电杆的底部装有万向杆端轴承6，该杆端轴承通过一轴销7与下出线端3上的杠杆8相连，开关主轴9通过三根绝缘拉杆10把力传递给动导电杆，使断路器实现合、分闸动作。断路器总重量为130kg。

断路器的灭弧室由两个金属圆筒屏蔽罩和两只瓷管封在一起作为外壳，上、下两只瓷管分别封在上、下法兰盘上。动、静触头分别焊在动、静导电杆上；静导电杆在上法兰盘上，动导电杆上焊一波纹管，波纹管的另一端焊在下法兰盘上，由此而形成一个密封的腔体。该腔体经过抽真空，灭弧室气体压力不大于1.33×10^{-3}Pa。当合、分闸操作时，动导电杆上、下运动，波纹管被压缩或拉伸，使真空灭弧室内的真空度得到保持（见图10-43）。

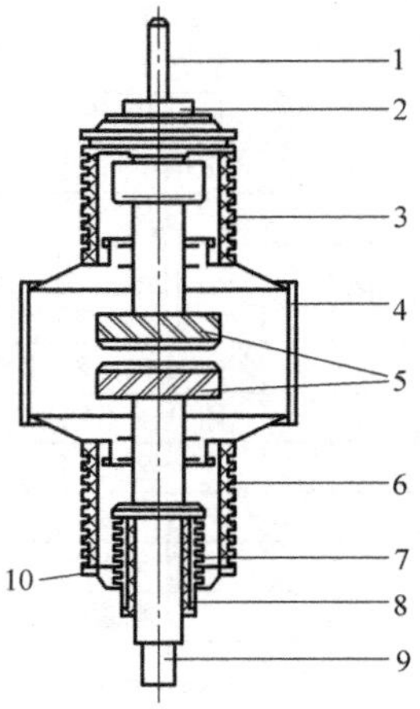

断路器的合闸速度指合闸过程中的触头间距为6mm时的平均速度，分闸速度指触头刚分开至6mm时的平均速度。进口灭弧室的触头开距值，西门子公司为（8±1）mm（31.5kA；40kA）；美国西屋公司为（8±2）mm（31.5kA）、（8±1）mm（40kA）。

图10-43　ZN12系列灭弧室的剖面图

1—静导电杆　2—上法兰盘　3、6—瓷管　4—屏蔽罩　5—触头　7—波纹管　8—导向套　9—动导电杆　10—下法兰盘

③ 整体式复合绝缘或全绝缘式：断路器的灭弧室和操动机构被设置在一个几何尺寸尽量小的共同框架上，真空灭弧室由一浇注的绝缘框架或管状绝缘体支撑，可有效防止真空灭弧室受到机械或电气的损害，同时改善了电场分布，使相与地的绝缘可满足湿热及严重污秽环境要求。

此类断路器最大的优点在于其结构紧凑、体积小巧，用较小的功即可操动，因而操动机构的磨损也极小。这些特点决定了该类断路器不但具有优良的电气、绝缘性能，而且还具有较高的可靠性、较长的使用寿命。

示例10-34：ZN63A（VSI）高压真空断路器的结构布置如图10-44所示。

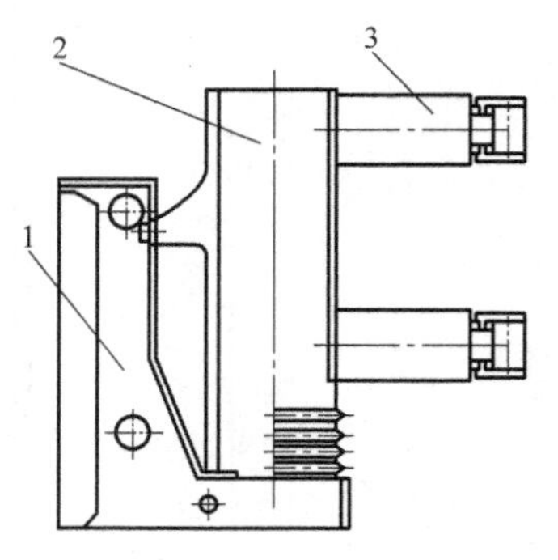

图10-44　ZN63A（VSI）高压真空断路器的结构布置

1—机构箱　2—绝缘筒　3—出线

8）按结构方式不同，分为瓷柱式和罐式。

① 瓷柱式结构。瓷柱式结构的特点是使用低气压SF_6气体作为真空灭弧室外绝缘，以减小断路器体积。产品兼用了SF_6气体和真空的优点，有很好的市场推广前景。

柱上高压真空断路器的结构主要有封闭式和敞开式，外绝缘一般采用空气、油、SF_6和复合绝缘。

示例10-35：126kV户外高压真空断路器的整体结构如图10-45所示，为一种瓷柱式结构。高压真空断路器三相极柱安装在共同基础上，操动控制柜吊装在基座下，柜内装有弹簧操动机构和控制单元。高压真空断路器的核心元件——

真空灭弧室装在极柱瓷套内，内充 0.12MPa 的 SF_6 气体作为外绝缘。

高压真空断路器极柱内部结构如图 10-46 所示，图 10-47 所示为配套开发的 126kV 真空灭弧室（VI）结构。通过上出线板、真空灭弧室、动端导电连接（弹簧触指）和下出线板构成了电流回路，采用绝缘拉杆将真空灭弧室的动端与机构相连，形成断路器的电气和力学性能。该断路器是我国研制的 126kV 高压真空断路器，其主要技术参数见表 10-5。

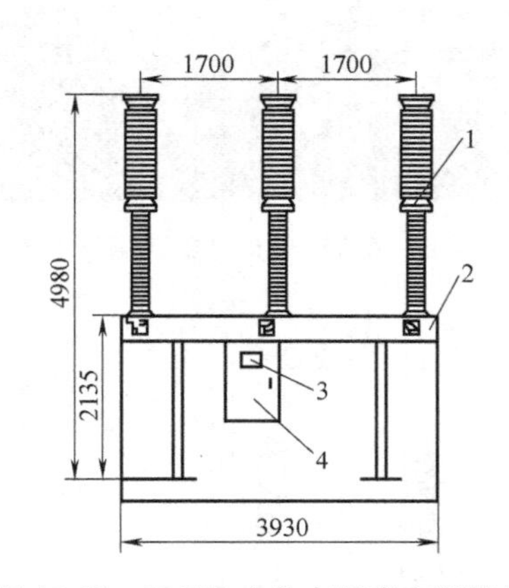

图 10-45　126kV 户外高压真空断路器整体结构图（正面）

1—极柱　2—基座　3—铭牌　4—机构箱

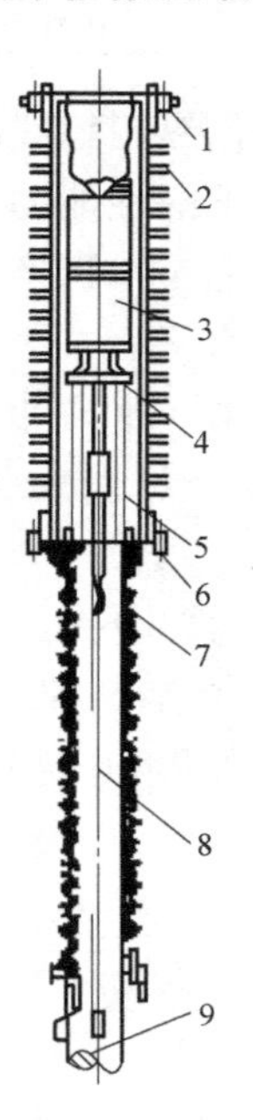

图 10-46　极柱内部结构

1—上出线板　2—灭弧室瓷套　3—灭弧室　4—下支架　5—触头弹簧　6—下出线板　7—支柱瓷套　8—绝缘杆　9—拐臂箱

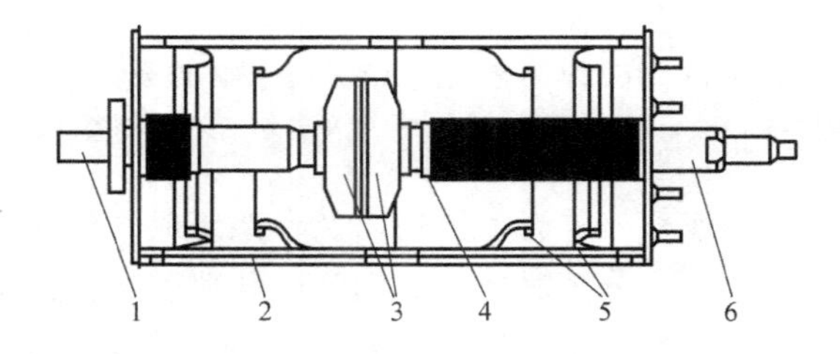

图 10-47　真空灭弧室结构

1—静导电杆　2—玻璃外壳　3—触头　4—波纹管　5—屏蔽罩　6—动导电杆

表 10-5　126kV 高压真空断路器的主要技术参数

序号	额定参数	额定值
1	额定电压	126kV
2	额定电流	2000A
3	额定短时工频耐受电压(1min)	230kV
4	额定雷电冲击耐受电压	550kV

（续）

序号	额定参数	额定值
5	额定短路开断电流	40kA
6	额定短时耐受电流	40kA
7	额定短时耐受电流时间	4s
8	额定峰值耐受电流	100kA
9	机械寿命	6000 次

该灭弧室采用纵磁场线圈结构，使用具有高开断能力和良好抗熔焊性能的铜铬触头材料，是国内首家完成的具有完全知识产权的产品，技术水平目前处于国际先进水平。

② 罐式结构。罐式相比瓷柱式，具有重心低、抗震性能好、可以安装套管式电流互感器等优点。

示例 10-36：图 10-48 为一种国外生产的 168kV 双断口罐式高压真空断路器，图 10-49 和图 10-50 分别为该产品的外形和内部结构。

图 10-48 168kV 双断口罐式高压真空断路器

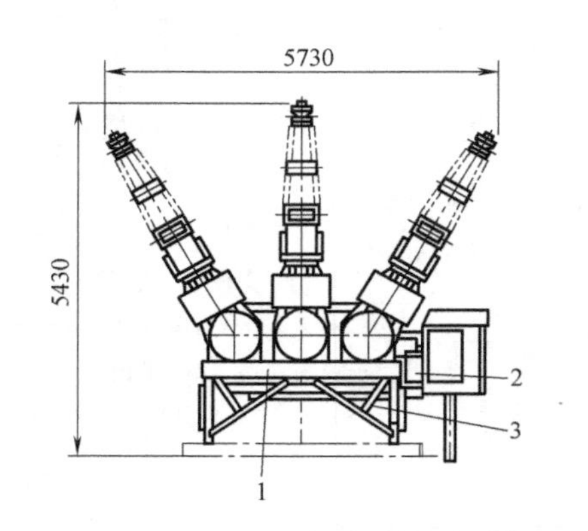

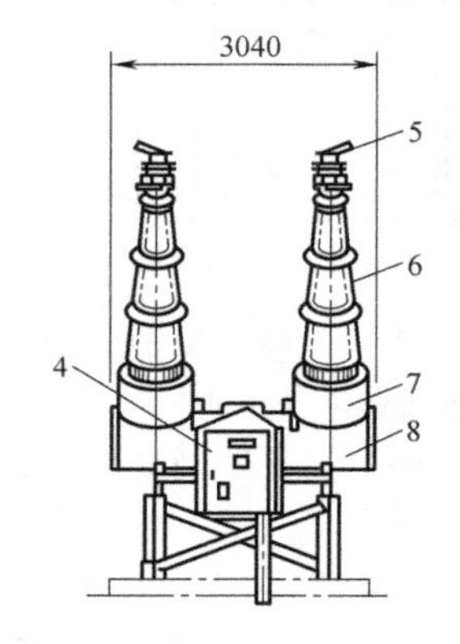

图 10-49 168kV 双断口罐式高压真空断路器外形

1—三相连杆 2—连接箱 3—台架 4—操作箱 5—主电路端子 6—套管 7—套管 CT 8—外壳

该产品由操动机构、三相连杆、外壳、极柱以及台架组成，绝缘介质采用 SF_6 气体。为了获得最大限度的触头分断能力，分闸时通过分闸弹簧和速度调整器来调整分闸速度，合闸时通过优化合闸弹簧和合闸凸轮形状来控制合闸速度。因外壳为接地面，故电位分布不均，可能会影响绝缘性能造成开断性能下降，因此，双断口断路器还必须考虑开断部分的电源侧和接地侧的电压均衡。通过优化均压电容器的电容和配置，断路器实现了良好的绝缘性能和开断性能。

168kV 双断口罐式高压真空断路器的额定值见表 10-6。

该产品具有额定短路开断能力 40kA，全开断时间 60ms 和 2000A 的通流能力，并通过采取纵磁场电极真空灭弧室和优化均压电容器，实现了 VI 的小型化。该罐式高压真空断路器所需的操作功较同电压等级的瓷柱式断路器降低了 40%。

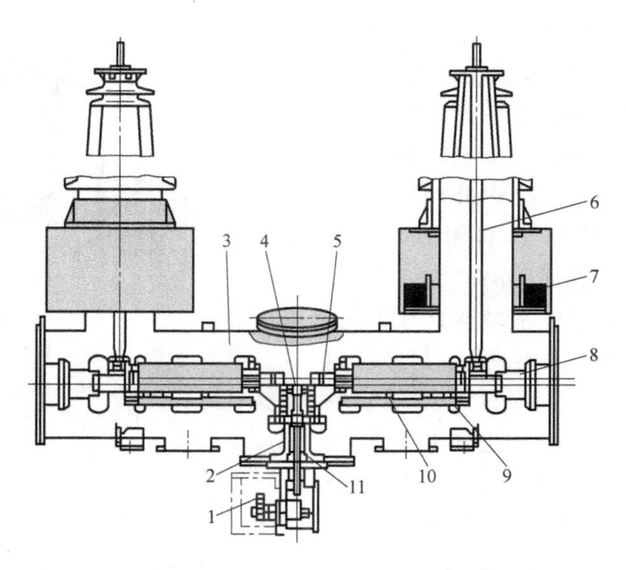

图 10-50　168kV 双断口罐式高压真空断路器内部结构

1—三相连接外壳机构　2—中央部位支撑套管　3—SF_6 气体　4—Y 形外壳机构　5—压接机构　6—套管导体　7—套管 CT　8—端部支撑套管　9—均压电容器　10—真空灭弧室　11—绝缘操作棒

表 10-6　168kV 双断口罐式高压真空断路器的额定值

序号	额定参数	额定值	序号	额定参数	额定值
1	额定电压	168kV	5	额定气体压力	0.15MPa
2	额定电流	1200/2000A	6	开断断口数	双断口
3	额定短路开断电流	31.5/40kA	7	绝缘介质	SF_6(开断部分为真空)
4	额定开断时间	60ms	8	操作方式	电动弹簧

瓷柱式和罐式两种断路器的真空灭弧室的外绝缘一般都采用少量低压力 SF_6 气体绝缘，但最新的也有采用干燥空气绝缘的产品（如日本 AE 帕瓦公司完成的分相型 72/84kV 等级干燥空气绝缘罐式高压真空断路器和 72kV 干燥空气绝缘 GIS），还有用硅油作真空灭弧室外绝缘的产品。

③ 干燥空气绝缘结构。表 10-7 所示为日本 AE 帕瓦公司开发的 72/84kV 新型干燥空气绝缘罐式高压真空断路器的额定参数，图 10-51 所示为新型干燥空气绝缘罐式高压真空断路器结构。

表 10-7　干燥空气绝缘罐式高压真空断路器额定参数

序号	额定参数	额定值	序号	额定参数	额定值
1	额定电压	72/84kV	5	额定气体压力	0.15MPa(表压)
2	额定电流	1200/2000A	6	绝缘介质	干燥空气(灭弧室内为真空)
3	额定短路开断电流	31.5/40kA,2s	7	操作方式	弹簧分、合闸
4	额定开断时间	60ms/3 周波			

它具有的特点如下：

a. 铝外壳的采用。普通产品的罐体采用钢铁材料，该产品通过改用铝外壳，实现了产品轻量化，降低了通流时外壳上流过的涡流，降低了运输、安装、基础工程的成本及电能损耗。

b. 双气室结构的采用。普通产品施加在真空灭弧室（VI）波纹管上的气体压力与罐体内其他部分相同，为高气体压力。这样，VI内外的压力差就有一个使VI触头闭合的力（简称VI自闭力），因此必须增大操作功，且波纹管要能耐受高的气体压力。为解决这些问题，该产品采用双气室结构，即将动导电杆和VI波纹管内腔做成一个气体隔室，双气室结构（分别为0MPa-表压和0.5MPa-表压），优化的电场并在支柱绝缘子端部和大气相通，使该气室压力成为大气压压力。而罐体内的其他气体隔室为0.5MPa（表压）的高压力，如果超过该气体压力，就必须加强VI外壳的强度，从而会变得不经济。这样，波纹管部分因VI内外的压力差为0.1MPa（现有产品为0.55MPa），降低了VI的自闭力，从而实现了低操作功。并且，波纹管可以采用常规的低压力形式。其结果是，在实现操动机构小型化、低操作功的同时，还可以实现波纹管的小型化。

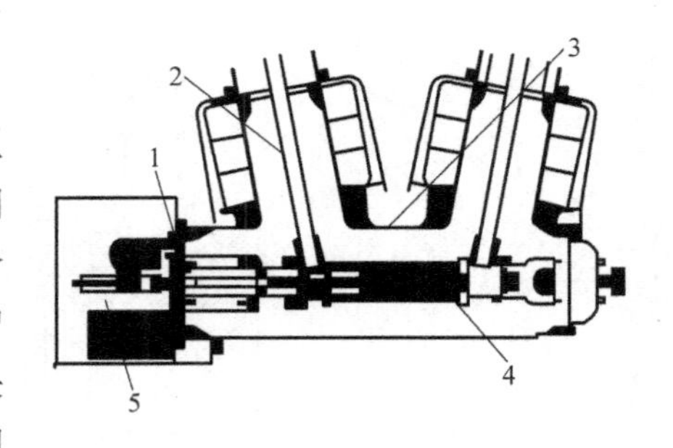

图10-51 新型干燥空气绝缘罐式高压真空断路器结构
1—直动密封 2—套管导体 3—铝外壳 4—优化的磁场 5—双气室结构（分别为0MPa-表压和0.5MPa-表压）

c. 罐体的小型化。普通产品在VI静端以及可动端带电部位，作为个别零部件，分别设置有将其屏蔽起来以改善电场用的屏蔽。通过电场分析，将该带电部位和屏蔽做成一体型结构。并且，通过上述的VI波纹管的小型化，使得罐体长度变短，可以大幅度地缩小罐体容积。

d. 直动密封结构的采用。普通产品操动部分的气体密封结构采用了转动密封。该产品通过采用直动密封结构，削减了连杆机构的零部件个数，简化了连杆机构。

现将以上分类方式做一简要总结，见表10-8。

表10-8 真空断路器的基本类型与特点

分类方式	基本类型	特　点
被控制电弧的方式分类	横磁场型	电弧受与电弧垂直的横磁场的驱动
	纵磁场型	电弧受与电弧平行的纵磁场的驱动
按灭弧室的外绝缘分类	空气绝缘	真空灭弧室外绝缘以空气作为绝缘介质
	复合绝缘	真空灭弧室外绝缘以其他绝缘材料与空气共同作为绝缘介质
	气体绝缘	真空灭弧室外绝缘以非空气的绝缘气体作为绝缘介质
按工作场所分类	户内式	—
	户外式	—
按每极所串联的真空灭弧室数量分类	单断口	每极使用一个真空灭弧室
	双断口	每极两个真空灭弧室串联
	多断口	每极多个真空灭弧室串联

10.3.12 常见产品及问题

1. 国企产品

国企产品有三类：

1）引进技术并国产化类型的产品：如 ZN12 型（引进西门子 3AF 系列）、ZN51 型（引进西门子 3AG 型）、ZN18 型（引进东芝 VK 系列）、ZN20 型（引进西屋同类产品）和 ZN21 型（引进比利时 EIB 公司 VB-5 型）等。

2）自行设计的产品：如 ZN28-12 型、ZN15-12 型、ZN30-12 型等。其中，ZN28-12 型产量大、用量广，可配电磁和弹簧操动机构，如 CD17、CT17 和 CT19 等。

3）借鉴国外同类产品基础自行研发的产品：如 ZN63A-12 型（VSI 型）参照 VD4 型，ZN65-12 型参照 3AH 型等。这些产品保留了国外产品的特点，同时根据我国国情做了结构上的创新，如 ZN63A-12 型根据我国国情、在绝缘件选择上保证了国内要求达到的绝缘水平（即沿面爬距为 230mm）。此外，在以下方面采用了新结构：①虽然使用弹簧操动机构，但没有使用 VD4 型的涡卷弹簧，而改用传统的螺旋弹簧；②使用液压缓冲器，而 VD4 型无专门缓冲器，它使用凸轮防止反弹。

2000 年 6 月，继 ZN63A 型产品之后，国内又开发出 ZN63M（VSm 型）型高压真空断路器。该产品的最大特点是相柱固封并配用永磁操动机构，参数为 12kV/1250A/31.5kA、额定短路电流开断次数为 50 次、断路器机械寿命为 6 万次、机构寿命为 10 万次。

断路器相柱的绝缘从空气绝缘→复合绝缘→固封绝缘，使之小型化，且提高了耐环境性。在固封相柱中，巧妙的设计形成一个风道，以加强散热效果。相柱的固封采用一种特殊的环氧树脂配方和工艺获得成功。

永磁操动机构不同于电磁和弹簧机构，是一种崭新的操动技术，它利用电磁铁操动，用永久磁铁锁扣，用电容器储能并用电子控制。其特点是结构简单，大大减少了机械零件数，同时大大提高了机械寿命，如机构寿命可达 10 万次，还有永磁机构提供的力-行程特性能与高压真空断路器要求的特性很好地匹配。这种永磁机构为双稳态。该产品已投入生产和使用。

继户内永磁高压真空断路器之后，又开发出 VS2a 型、VS2b 型 12kV/1250A/20kA 户外永磁高压真空断路器。

西高院最新研发出 12kV ZN96-12 型固体绝缘高压真空断路器和 40.5kV C-GIS 充气柜，使高压真空断路器体积大为缩小，灭弧室不受使用环境影响。12kV 开关柜的柜宽从 800mm 可减为 650mm。C-GIS（40.5kV）柜宽仅为 600~800mm（配 ZN46 型高压真空断路器）。

2. 合资产品及国外产品

合资企业越来越多，它们利用国外先进技术，易地生产，直接进入我国市场。如上海西门子的 3AF 和 3AH 系列，厦门 ABB 的 VM1 型及 VD4 型，西菱公司的 VPR 型，上海富士电机的 HS 型，上海通用电气的 Power/Vac VB2 型，广州东芝白云和宁波京芝华通的 VK 型等。

1993 年，ABB 公司推出 VD4 型，之后又进行改型，其相关产品在我国中压开关市场一直名列第一位。2009 年，施耐德公司推出 EV12s 型，其采取环保设计，更适合我国市场需求。东芝公司 1965 年开始制造高压真空断路器，至今已生产 300 万只以上真空灭弧室，因其对灭弧室不断创新，使断路器性能更加先进。

高压真空断路器的常见问题见表 10-9。

表 10-9 高压真空断路器的常见问题

序号	问题	故障危害与故障现象	主要原因	处理办法	预防措施
1	真空泡真空度降低	严重影响高压真空断路器开断过电流的能力，并导致断路器的使用寿命急剧下降，严重时会引起开关爆炸	(1)真空泡的材质或制作工艺存在问题，真空泡本身存在微小漏点 (2)真空泡内波纹管的材质或制作工艺存在问题，多次操作后出现漏点 (3)分体式高压真空断路器如使用电磁式操动机构的高压真空断路器，在操作时，由于操动连杆的距离比较大，直接影响开关的同期、弹跳、超行程等特性，使真空度降低的速度加快	(1)运行人员巡视时，应注意断路器真空泡外部是否有放电现象，如存在放电现象，则真空泡的真空度测试结果基本上为不合格，应及时停电更换 (2)在进行断路器定期停电检修时，必须使用真空测试仪对真空泡进行真空度的定性测试，确保真空泡具有一定的真空度 (3)当真空度降低时，必须更换真空泡，并做好行程、同期、弹跳等特性试验 (4)选用本体与操动机构一体化的高压真空断路器 (5)检修人员进行停电检修工作时，必须进行同期、弹跳、行程、超行程等特性测试，以确保断路器处于良好的工作状态	选用质量可靠的产品；按规定的时间间隔进行真空度检测与评估；减少不必要的频繁开合；采取措施限制过电压；控制温度，减少高、低温对真空度的影响；操作和维护方法正确，避免误操作
2	分闸失灵	如果分闸失灵发生事故时，将会导致事故越级，扩大事故范围 (1)断路器远方遥控分闸分不下来 (2)就地手动分闸分不下来 (3)事故时继电保护动作，但断路器分不下来	(1)分闸操作回路断线 (2)分闸线圈断线 (3)操作电源电压降低 (4)分闸线圈电阻增加，分闸力降低 (5)分闸顶杆变形，分闸时存在卡涩现象，分闸力降低 (6)分闸顶杆变形严重，分闸时卡死	(1)检查分闸回路是否断线 (2)检查分闸线圈是否断线 (3)测量分闸线圈电阻值是否合格 (4)检查分闸顶杆是否变形 (5)检查操作电压是否正常 (6)改铜质分闸顶杆为钢质，以避免变形	运行人员若发现分合闸指示灯不亮，应及时检查分合闸回路是否断线；检修人员在停电检修时应注意测量分闸线圈的电阻，检查分闸顶杆是否变形；如果分闸顶杆的材质为铜质，应更换为钢质；必须进行低电压分合闸试验，以保证断路器性能可靠
3	弹簧操动机构合闸储能回路故障	在合闸储能不到位的情况下，若线路发生事故，而断路器拒分闸，将会导致事故越级，扩大事故范围；如储能电动机损坏，则真空开关无法实现分合闸 (1)合闸后无法实现分闸操作 (2)储能电动机运转不停止，甚至导致电动机线圈过热损坏	(1)行程开关安装位置偏下，致使合闸弹簧尚未储能完毕，行程开关触点已经转换完毕，切断了电动机电源，弹簧所储能量不够分闸操作 (2)行程开关安装位置偏上，致使合闸弹簧储能完毕，行程开关触点还没有得到转换，储能电动机仍处于工作状态 (3)行程开关损坏，储能电动机不能停止运转	(1)调整行程开关位置，实现电动机准确断电 (2)如行程开关损坏，应及时更换	运行人员在倒闸操作时，应注意观察合闸储能指示灯，以判断合闸储能情况；检修人员在检修工作结束后，应就地进行2次分合闸操作，以确定断路器处于良好状态

（续）

序号	问题	故障危害与故障现象	主要原因	处理办法	预防措施
4	断路器本体的机械特性故障	如果不同期或弹跳大，都会严重影响高压真空断路器开断过电流的能力，影响断路器的寿命，严重时能引起断路器爆炸。由于此故障为隐性故障，所以危险程度更大。此故障为隐性故障，必须通过特性测试仪的测量才能得出有关数据	(1)断路器本体机械性能较差，多次操作后，由于机械原因导致不同期、弹跳数值偏大 (2)分体式断路器由于操作杆距离较大，分闸力传到触头时，各相之间存在偏差，导致不同期、弹跳数值偏大	(1)在保证行程、超行程的前提下，通过调整三相绝缘拉杆的长度使同期、弹跳测试数据在合格范围内 (2)如果通过调整无法实现，则必须更换数据不合格相的真空泡，并重新调整到数据合格	由于分体式高压真空断路器存在诸多故障隐患，在更换断路器时应使用一体式高压真空断路器；定期检修工作时必须使用特性测试仪进行有关特性测试，及时发现问题解决问题

10.3.13　操动机构

高压真空断路器有两大部件：一为真空灭弧室；二为操动机构（相当于神经中枢）。

高压真空断路器的操动机构的作用是帮助断路器完成合、分操作，它对断路器的操作特性影响很大。作为高压真空断路器中机械结构最为复杂、维护工作量最大的部件，其工作可靠性至为重要。国内外的统计表明，操动机构的故障（包括辅助电器和控制装置的故障），占高压真空断路器总故障的 89.4%。

结构型式不同的高压真空断路器，采用的操动机构也不同。常用的操动机构有电磁操动机构、弹簧操动机构、永磁操动机构。

1. 电磁操动机构

电磁操动机构以电能作为操作动力，采用直流螺管式电磁铁的形式，电磁铁的吸力特性容易满足高压真空断路器合闸时的吸力特性要求。

常用的电磁操动机构有 CD10、CD17 和 CD19 型。其中，CD10 型电磁操动机构原配用于 SN10-10 型少油断路器，在高压真空断路器发展初期，因无专用操动机构而被采用。CD17 型电磁操动机构是专门为高压真空断路器设计的操动机构，其体积和质量都比 CD10 型小得多。改进型 CD17Ⅰ、CD17Ⅱ、CD17Ⅲ型分别配开断能力为 20kA、31.5kA、40kA 的高压真空断路器。

电磁操动机构的优点是结构简单、零件数少（约为 120 个）、工作可靠、制造成本低。其缺点是合闸线圈消耗的功率太大，要求配用大容量直流电源（如大容量蓄电池），因而辅助设施投资大，维护费用高，加之机构本身笨重，动作时间较长，故在真空断路器中的使用已逐渐减少。

2. 弹簧操动机构

弹簧操动机构主要由储能及能量保持部分、合闸驱动部分、合闸保持及分闸脱扣部分、合分电磁铁及二次元件部分构成，图 10-52 为弹簧操动机构原理框图。

(1) 操作　弹簧操动机构由弹簧储存合闸所需的所有能量，并通过凸轮机构和四连杆机构推动真空灭弧室触头动作。其分合闸速度不受电源电压波动的影响，相当稳定。通过调

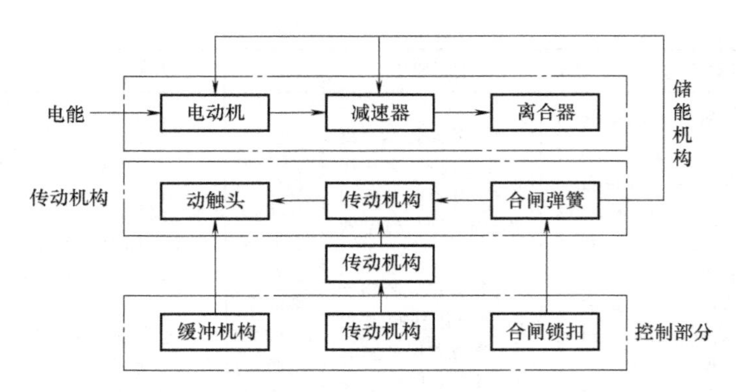

图10-52 弹簧操动机构原理框图

整弹簧的压力能够获得满足要求的分合闸速度。其缺点是机械零件多（达160多个），零件的材质、加工精度和装配精度直接影响机构的可靠性。弹簧机构的储能特性，基本上就是储能弹簧的释能下降特性。为改善匹配，设计中采用四连杆机构和凸轮机构来进行特性改变。目前，弹簧操动机构技术已经成熟，因此用量较大。弹簧操动机构的设计现有很大进步，以不同功能单元为分界线，实现全模块化设计，减少功能单元的中间环节，大大减少零件数，如整体机构零件现仅有70多个，达到整体功能结构清晰，操作维护简便，运行可靠。

1）合闸操作。弹簧操动机构的储能保持挚子扣板在凸轮滚子力的作用下有向解扣方向运动的趋势，此时若将合闸脱扣轴转动至脱扣位置，储能保持状态即被解除，合闸弹簧快速释放能量，就能带动凸轮转动。同时，连杆机构在凸轮的驱动下运动至合闸位置，从而完成机构的合闸动作。

2）分闸操作。弹簧操动机构的合闸状态是由连杆机构的扣板和半轴来保持的，扣板在机构分闸弹簧的作用下有向解扣方向运动的趋势，此时若将分闸半轴转动至脱扣位置，连杆的平衡状态被解除，断路器在分闸弹簧的作用下运动至分闸位置，从而完成机构的分闸动作。

（2）特点　弹簧操动机构的优点是只需要小功率的操作电源。电动机功率小，交、直流两用，适宜交流操作，且弹簧本身容易制造。其缺点是结构复杂，完全依靠机构传动，零件数多（约200个），而且要求加工精度高，制造工艺复杂，成本高，故障多。

（3）故障

1）型式试验表明，弹簧机构的故障多半是由辅助开关、微动开关及储能电动机的损坏引起的。此外，因紧固件松动或损坏引起的故障也不少。

2）为使弹簧机构减少故障，少维护，需在以下方面做出努力：

① 提高微动开关、辅助开关的电寿命和机械寿命。

② 提高储能电动机的寿命和可靠性。

③ 提高零部件的表面质量，做到在严酷环境中运行时零件表面不锈蚀。

④ 采用长效润滑脂进行润滑。

⑤ 改进设计，降低操动机构的合闸撞击，降低零部件机械负荷。

⑥ 进一步提高零部件的精度，提高材料质量、热处理水平和零部件的一致性。

（4）类型　弹簧操动机构主要有螺旋弹簧操动机构和盘簧（涡卷）弹簧操动机构，国内外目前使用的弹簧机构主要是螺旋弹簧操动机构。

1）螺旋弹簧操动机构。螺旋弹簧操动机构有配装式和一体式两种形式。其中，配装式弹簧机构有单独的型号，可配不同型号的断路器，如CT17、CT19型等。我国一般使用配装式弹簧操动机构，而且有专门厂家生产，而一体式一般由高压真空断路器厂家一起生产。一体式指弹簧机构与高压真空断路器本体构成一体，机构本身一般没有单独型号。一体式减少了中间传动环节，使结构变得简单紧凑，降低了能耗和噪声。这种机构一经装配完成，应做到免调试。

配装式弹簧机构目前用得最多的是CT17型和CT19型，这两种结构基本相同。前者为直推式输出，后者为转动式输出。两种机构体积和质量比电磁机构小得多，如CT17型质量仅为CD17型的2/3。

目前，配弹簧机构的高压真空断路器很多，如ZN12、ZN28、ZN36A（VSI）、3AH、VD4、NXAct和V2000等型，其中VD4型、ZN36A（VSI）型和V2000型（ZN56型）等为一体式弹簧操动机构。

示例10-37：CT17型弹簧操动机构。

① 整体结构。它采用夹板式结构，储能系统、驱动系统置于两侧板之间，合闸弹簧、接线端子、微动开关、储能电动机、分合过电流脱扣电磁铁置于外侧。

② 储能系统。它采用直流永磁电动机。由于它的特性比较硬，故储能时间比较稳定，外加桥式整流，可用于交流操作。电动机通过滑块联轴器与齿轮输入轴相连，通过二级圆柱齿轮减速，驱动储能轴转动，拉紧合闸弹簧进行储能。

实际上，弹簧操动机构可靠性得以提高，主要是储能系统原理的飞跃，即采用机械传动系统中最简洁的齿轮传动。它传动平稳、噪声小、效率高，但需解决三个难点：

a. 储能到位时的机构离合。CT17型采用棘爪驱动，如发生脱离，电动机将空转。

b. 手动储能的离合。即手动储能时，不能带动电动机轴转动（由于电动机轴有电刷及四级减速齿轮，比较沉重）。CT17型巧妙地设计一套装置，承载能力很大，故从配20kA高压真空断路器增至配XGN2-10/3150-40kA固定柜，仅仅改变了输出拐臂的角度和半径及合闸弹簧的钢丝直径，内部无任何变化。

c. 在扇形板轴上装有用于手动储能的棘轮机构和防止逆转的止动棘爪。

③ 驱动系统。它采用凸轮摆动与四连杆组合而成的机构，所有连杆都采用对称铰接。考虑到高压真空断路器的负载特点，使四连杆运动到断路器的超行程阶段接近死区，机械利益大增，增力效果明显。另外，针对不同真空断路器设计不同的凸轮轮廓，做到负载特性匹配，合闸功大幅度降低，合闸速度一般在0.6m/s以上，有的甚至高达0.77m/s。在驱动系统中，有个设计难点，即合闸联锁，既要不增加任何传动环节，又要联锁可靠，CT17型通过在输出拐臂上装一个销轴，合闸时，顶住合闸掣子，很好地解决了这个问题，解决方法简单、可靠。

④ 脱扣系统。合分闸都采用平面半轴锁闩。在分闸脱扣系统，采用两级减力机构，使脱扣力可以较小，与分励脱扣及过电流脱扣的电磁吸力相匹配。

2）盘簧（涡卷弹簧）操动机构。盘簧（涡卷弹簧）操动机构是以盘簧（涡卷弹簧）为动力源的凸轮驱动方式。其不仅实现了操动机构的单元化、小型化，而且提高了可靠性。特点是弹簧各部分在储能过程中受力始终是均匀的，而且摩擦力极小，效率高。它能与真空灭弧室实现最佳匹配。

3. 永磁操动机构

永磁操动机构是一种全新的操动机构。它利用永磁体实现合闸保持和分闸保持（有时只用永磁体做合闸保持而不做分闸保持）的受电子控制的电磁操动机构，是继电磁操动机构和弹簧操动机构后的一种崭新的操动机构，可用于中压真空断路器。永磁操动机构的控制采用现代电力电子技术，构成电子控制单元。一般采用接近开关检测分、合闸状态。

20世纪60年代，国外有人试图发展永磁操动机构，但是由于当时没有合适的永磁材料，因此没有制造出具有商业价值的永磁操动机构。

20世纪80年代，钕铁硼稀土永磁材料的出现为永磁机构的发展创造了必要条件。稀土永磁材料既有高的剩磁，又有较强的矫顽力，即有最大的磁积能。目前制造永久磁体最理想的合金为稀土材料钕铁硼，该材料的剩磁可达1.2T，能满足永磁机构所需的磁力及长期工作稳定性。

20世纪90年代初，我国发展了接触器用的永磁机构，现已研制成功高压真空断路器用的永磁机构。目前，永磁操动机构主要用于中小容量的高压真空断路器，并更多地用于重合器和接触器。由于永磁机构尚需解决好电容器的寿命问题、永久磁体的保持力问题及电子器件的可靠性等问题，目前用量还不大。

示例10-38：ABB公司开发的17.5kV、38kV重合器和12kV接触器均配永磁机构。这一方面是永磁机构适用重合器和接触器的频繁操作，另一方面是永磁机构体积小，可装在重合器壳体内，免受外界环境的影响。把永磁机构用于重合器的还有TEL和Wipp & Bourne、Areva等公司。TEL公司的永磁机构主要用于12kV、12.5~3.15kA中等容量户内高压真空断路器。

（1）结构型式

1）根据线圈数目，永磁操动机构分为两种：一种为单稳态结构；另一种为双稳态结构。其中，单稳态永磁操动机构是指开关在合闸位置，其保持力由永久磁体提供，而在分闸位置则由分闸弹簧提供。而双稳态永磁操动机构是指开关无论在分闸位置还是合闸位置，其保持力都由永久磁体提供，分为对称式结构（双线圈式）和非对称式结构（单线圈式）。不论是双线圈式还是单线圈式，双稳态结构的分、合闸锁扣都由永久磁体完成；而单稳态的合闸锁扣靠永久磁体，分闸锁扣靠弹簧。

2）根据操动机构在分闸时驱动零件不同，永磁操动机构可以分为电磁操动（俗称双稳态）和弹簧操动（俗称单稳态）两种形式。其中，双稳态机构的分闸、合闸和保持都靠永磁吸力；单稳态永磁机构的分闸是在分闸弹簧和触头压力弹簧作用下进行，并保持在分闸位置，只有合闸和保持靠永久磁体吸力。对比现今各种永磁机构可以看出，单稳态比双稳态好。

3）根据外形结构不同，永磁操动机构分为方形结构和圆形结构。对比现今各种永磁机构可以看出，圆形结构比方形结构好。一般情况下，双线圈式结构的特点是分、合闸能量来自分、合闸线圈的电能，因此，当需要进行手动分闸时，就必须依靠人力直接分闸或者给一个弹簧储能（即安装分闸操作装置）进行分闸，不易实现快速脱扣分闸。单线圈结构的特点是合闸能量来自电源，合闸的同时给分闸弹簧储能。由于开关在合闸状态下分闸弹簧已完成储能，故可以采用脱扣的方式进行分闸。但是，单线圈式结构所需合闸能量较大，合闸保持力也大，给产品的设计和调试带来一定困难。

（2）产品生产　从世界范围看，永磁操动机构制造厂家可分为三类：①专门生产永磁高压真空断路器。其厂家很少，最典型的是德国特瑞德（TEL）公司。该公司生产的 ISM 型高压真空断路器和 DSM 型真空重合器均配有永磁机构。②永磁和弹簧两种操动机构均生产。典型厂家如 ABB 和 Areva 公司。ABB 公司曾是永磁机构的推手，它在最新包装推出的新型 VD4 型高压真空断路器中，配用了重新设计的新型模块式弹簧操动机构。③单一生产弹簧操动机构的厂家很多，最典型的是西门子公司，该公司一直坚持生产弹簧操动机构。

（3）工作原理　永磁操动机构共由七个主要零件组成，如图 10-53 所示。图中，静铁心 1 为机构提供磁路通道，对于方形结构一般采用硅钢片叠形结构，圆形结构则采用电工纯铁或低碳钢；动铁心 2 是整个机构中最主要的运动部件，一般采用电工纯铁或低碳钢结构；永久磁体 3、4 为机构提供保持时所需要的动力；驱动杆 7 是操动机构与断路器传动机构之间的连接纽带。

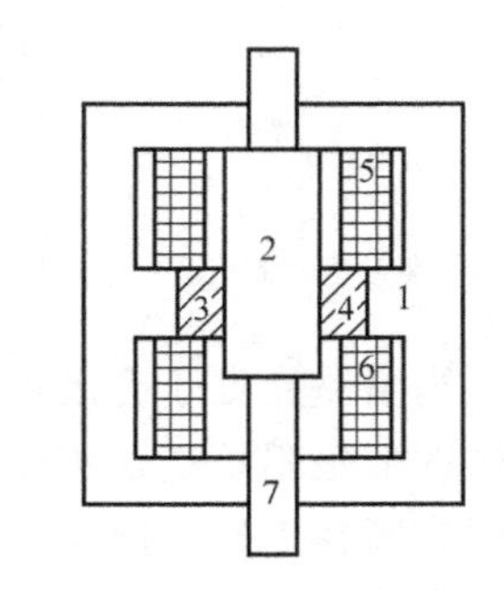

图 10-53　永磁操动机构剖面简图

1—静铁心　2—动铁心　3、4—永久磁体　5—合闸线圈　6—分闸线圈　7—驱动杆

永磁机构利用电磁铁操动，永久磁体锁扣，电容器储能，电子器件控制。合闸都采用电磁操动。工作时，主要运动部件只有一个，无须机械脱、锁扣装置，故障源少，具有较高的可靠性。

永磁机构的工作原理是：当高压真空断路器处于合闸或分闸位置时，线圈中无电流通过，永久磁体利用动静铁心提供的低磁阻抗通道将动铁心保持在上、下极限位置，而不需要任何机械联锁。当有动作信号时，合闸或分闸线圈中的电流产生磁动势，动、静铁心中的磁场由线圈产生的磁场与永磁体产生的磁场叠加合成，动铁心连同固定在上面的驱动杆，在合成磁场力的作用下，在规定的时间内以规定的速度驱动开关本体完成分合闸动作。此机构所以被称为两位式双稳态原理结构，是由于动铁心在行程终止的两个位置，不需要消耗任何能量即可保持。在传统的电磁机构，动铁心式通过弹簧的作用被保持在行程的一端，而在行程的另一端，靠机械锁扣或电磁能量进行保持。

由上述可知，永磁机构是通过将电磁铁与永久磁体特殊结合，来实现传统断路器操动机构的全部功能：由永久磁体代替传统的脱、锁扣机构来实现极限位置的保持功能，由分合闸线圈来提供操作时所需要的能量。可以看出，由于工作原理的改变，整个机构的零部件总数大幅减少，使机构的整体可靠性得到大幅提高。

在永磁操动机构中，驱使动铁心运动的能量来自电容器。电容器事先被充电，储存电场能；操作时，电容器以放电的方式，向励磁线圈释放能量，这样，电场能被转换成磁场能，磁场能再转换成动铁心运动的机械能。电容器提供巨大的脉冲能量，够一次重合闸之用，如可提供 3000W 脉冲能量，在完成一个完整的操作顺序之后，可在 10s 之内充好电。

示例 10-39：双线圈双稳态永磁机构。

双线圈式永磁机构的特点是采用永久磁体使高压真空断路器分别保持在分闸和合闸的极限位置上，使用一个励磁线圈将机构的铁心从分闸位置推动到合闸位置，使用另一励磁线圈将机构的铁心从合闸位置推动到分闸位置。双线圈式永磁机构无论在合闸还是在分闸过程中，线圈电流所产生的外磁场在永磁体上总是与永磁体自身磁场的方向相同。这就是说，永磁体不受反向磁场作用，没有退磁的危险。其结构简图如图 10-54 所示。

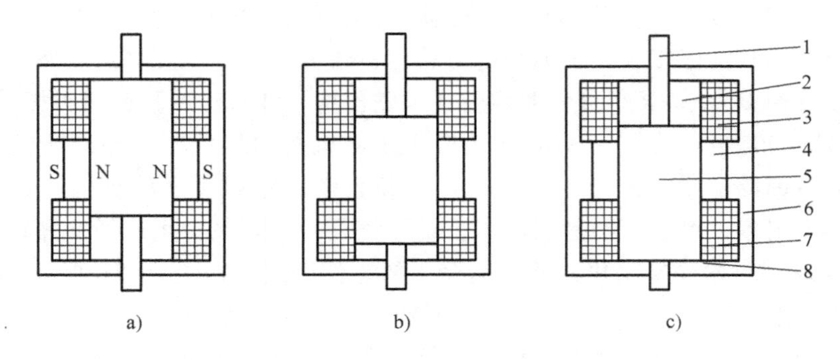

图 10-54 双线圈式永磁机构的结构简图

a）合闸位置 b）中间位置 c）分闸位置

1—驱动杆 2—工作气隙Ⅰ 3—合闸线圈 4—永磁体 5—动铁心 6—静铁心 7—分闸线圈 8—工作气隙Ⅱ

当断路器处于合闸位置时，如图 10-54a 所示，永久磁体利用动、静铁心及工作气隙Ⅰ提供的低磁阻抗通道将动铁心保持在合闸位置。当机构接到分闸命令时，分闸线圈 7 通电。分闸线圈在工作气隙Ⅰ产生的磁感应强度的方向与永磁材料所产生的磁感应强度的方向相反。当分闸线圈的电流达到某一值时，使动铁心在工作气隙Ⅱ处产生的向下的吸力大于在工作气隙Ⅰ处向上的吸力时，动铁心开始向下运动，并且随着位移的增加，工作气隙Ⅱ的磁阻逐渐减小，磁感应强度越来越大，动铁心向下呈加速运动。当动铁心运动至超过运动行程一半以后，如图 10-54b 所示，永磁体在工作气隙Ⅱ处产生的磁感应强度大于在工作气隙Ⅰ处的磁感应强度，于是进一步加速了动铁心的运动速度，直到分闸到位，如图 10-54c 所示。当切断分闸线圈中的电流后，动铁心在永磁体的单独作用下将自动保持在分闸位置上。双线圈永磁机构在合、分过程中的四种状态如图 10-55 所示。

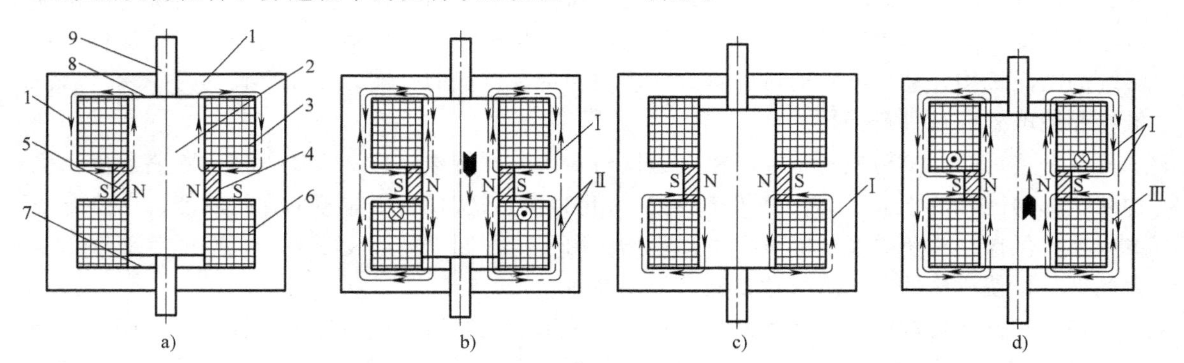

图 10-55 双稳态永磁机构

a）合闸状态 b）分闸过程 c）分闸状态 d）合闸过程

1—静铁心 2—动铁心 3—合闸线圈 4、5—永磁体 6—分闸线圈 7—下磁极 8—上磁极 9—驱动杆

合闸状态下（见图 10-55a）：永磁体通过上部磁路的磁阻很小，而通过下部磁路的磁阻因空气隙很大而很大。永磁体的磁通绝大部分通过上部磁路，将动铁心牢固地吸在静铁心的上磁极 8 上。

分闸状态下（见图 10-55c）：与合闸状态相反，永磁体通过下部磁路的磁阻很小，磁通集中在下部磁路，动铁心被吸在下磁极 7 上。

合闸过程和分闸过程：合闸过程中，线圈通电（见图 10-55d），线圈电流在下部间隙中产生反向磁场，动铁心上受到的总吸力减小，当吸力小于动铁心上的机械负荷时动铁心向上运动，最后达到合闸位置（见图 10-55a），动铁心重新为永磁体吸合。切断合闸线圈电流后，动铁心仍然保持在合闸位置，合闸过程结束。分闸过程正好相反。

注意：当永磁体通过上下部空气隙的磁阻完全相等时，静铁心的上端和下端受静铁心的吸力完全相等时，动铁心处于平衡状态。它是一种不稳定平衡状态，只要上下气隙有微小变化就会破坏这种平衡，过渡到第一种或第二种平衡。所以，动铁心实际上只存在两种平衡状态，即分闸状态和合闸状态，因此，双线圈永磁机构又称作双稳态永磁机构。

双线圈式永磁机构的优点表现在：①由于机构在进行合闸时，不需给分闸提供能量，因此与单线圈相比，合闸时所需能量较小。②机构在合闸位置时，永久磁体只需提供克服触头弹簧的力，而不包括分闸弹簧的力。它需要的改进之处是在断路器的分闸过程中，因断路器对操动机构要求有较高的刚分速度，这就需要在行程一开始就通以较大的电流。分闸过程中，由于工作气隙越来越小，励磁电流所产生的力越来越大，永久磁体对分闸速度由原来的阻碍作用转变为推动作用，进一步加快断路器的分闸速度，导致行程终止时运动速度过高，形成很大的冲击。

VM1 所配的永磁机构是一种双稳态线圈结构，采用电容器作为充放电组件，可以实现分合闸操作。采用微电子逻辑电子线路组成的控制单元及传感智能单元，微电子逻辑电子线路控制单元具有强的电磁干扰抑制能力，并具有自诊断及可通信功能。

示例 10-40：单稳态永磁机构。单线圈永磁机构也是采用永久磁体使高压真空断路器分别保持在分闸和合闸极限位置上，但分合闸共用一个励磁线圈。合闸的能量主要来自励磁线圈，分闸的能量主要来自分闸弹簧。

图 10-56 为单稳态永磁机构的工作状态示意图。

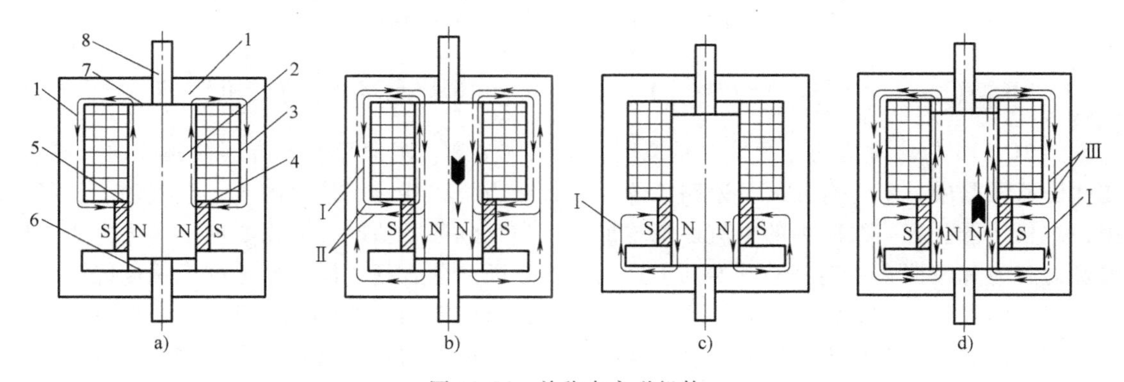

图 10-56　单稳态永磁机构

a）合闸状态　b）分闸过程　c）分闸状态　d）合闸过程

1—静铁心　2—动铁心　3—操作线圈　4、5—永磁体　6—下磁极　7—上磁极　8—驱动杆

1）操动机构处于合闸位置，如图 10-56a 所示。线圈中无电流通过，由于永久磁体的作用，动铁心保持在上端。分闸时，在操作线圈中通以正向电流，该电流在动铁心上端产生与永磁体磁场相反方向的磁场，使动铁心受到的磁吸力减小，当动铁心受到的向上的合力小于弹簧的拉力时，动铁心向下运动，实现永磁机构的分闸。

2）操动机构处于分闸位置，如图10-56c所示，在操作线圈中通与分闸操作方向相反的电流。这一电流在静铁心上部产生与永磁体磁场方向相同的磁场，在动铁心下部产生与永磁体磁场方向相反的磁场，使动铁心所受磁吸力减小。当操作电流增大到一定值时，向上的电磁合力大于下端吸力与弹簧反力，动铁心便向上运动，实现合闸，并给分闸弹簧储能。

单线圈式永磁机构的优点在于：①分闸时是靠分闸弹簧和触头弹簧释放的能量动作，分闸弹簧的输出特性可与断路器所要求的速度特性一致，因此，可以通过调整分闸弹簧来调整分闸特性。②分、合闸共用一个操作线圈，结构较简单，体积较小，更适合户外封闭式箱体内安装。

需要改进之处主要表现在：①该结构下永磁会受到反向磁场的作用，如果永磁材料长期受到反向磁场的作用，其磁性能将受到影响。一些学者对此加入分磁环进行改进。②断路器在合闸位置时，反力为触头弹簧与分闸弹簧的力之和，所需的合闸保持力较大。

示例10-41：分离磁路式永磁机构。

分离磁路式永磁机构就是把合闸、分闸和保持磁路分开，使用这种方法能优化磁路，永久磁体只用于保持合闸位置。采用分离磁路式永磁机构的断路器结构简图如图10-57所示，采用分离磁路式永磁机构的断路器结构示意图如图10-58所示。

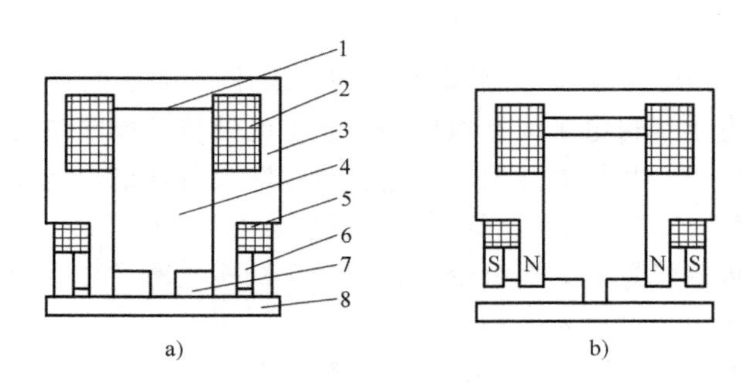

图10-57 采用分离磁路式永磁机构的断路器结构简图

a）合闸位置 b）分闸位置

1—工作气隙Ⅰ 2—合闸线圈 3—静铁心 4—动铁心 5—分闸线圈 6—永磁体 7—工作气隙Ⅱ 8—衔铁

图10-57b为该机构的分闸位置示意图，当机构接到合闸命令时，合闸线圈2通以电流。在此磁通回路中，不含有任何分磁路，绝大部分磁力线将穿过工作气隙Ⅰ，空气隙总长度较小，磁阻较低。合闸线圈中的电流逐渐增加，当增大到某一值时，动铁心向上的力大于分闸弹簧的阻力和摩擦力，动铁心开始向上运动，驱动断路器合闸，同时给分闸弹簧储能。

当合闸到位时，如图10-57a所示，此时永久磁体产生的磁场磁路较短，磁阻较小，可获得相当大的合闸保持力。因此，该结构可以用较小体积的永磁材料而产生较大的吸力，从而克服触头弹簧的反力，使断路器保持在合闸位置。

分离磁路式永磁机构的优点在于：①两个励磁线圈和永磁体有各自的磁路，有利于分别对各个磁路进行结构优化。②由于永磁体采用独立的磁路，并且导磁回路较短，因此该机构能用较少的永磁材料提供较大的合闸保持力。需要改进之处为该式永磁机构的结构较复杂，要求加工精度较高，加工和装配难度较大。

（4）特点 与电磁操动机构和弹簧操动机构相比，永磁操动机构具有如下优点：

1）结构简单，零部件数量少，没有机械锁扣，运动部件通常只有一个，这是所有永磁机构的共同特点，也是共同的优点。

2）机械寿命长、可靠性高是永磁机构最为突出的优点。由于结构简单，运动部件通常只有一个，这使永磁机构的机械寿命特别长，容易达到十万次或更高。

3）永磁机构的机械传动十分简单，分合闸线圈励磁电流产生的磁场直接驱动动铁心，动铁心直接推动高压真空断路器的主轴做合分闸运动。

4）钕铁硼永磁体可产生极强的磁场，因而永磁机构可产生很大的吸合力。这对于需要很大触头压力的高压真空断路器是非常重要的。

5）永磁机构保持了弹簧操动机构可用小功率交流电源操作的优点，又没有其结构复杂的缺点。传统的电磁操动机构合闸操作需要 220V、100A 甚至更大的直流电流，因而通常需要大功率的蓄电池作为操作电源，投资大，维护工作量大，维护费用高。这点是影响电磁操动机构使用的主要原因。永磁机构采用储能电容或电池作为操作电源或用小功率交流电源即可进行操作，在很大程度上克服了电磁操动机构的这一严重缺点，进一步发挥了电磁操动机构结构简单的优点。

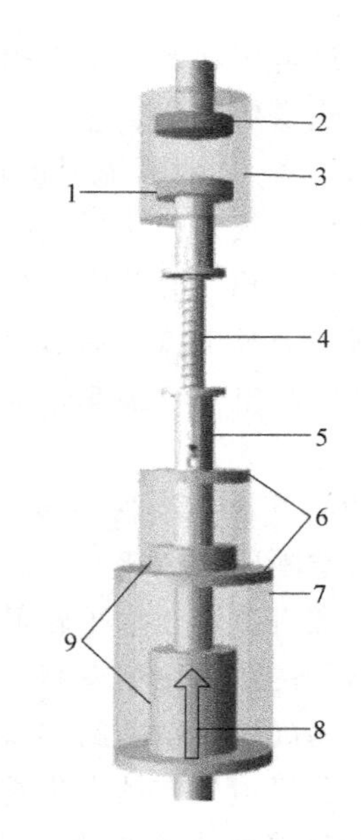

图 10-58　采用分离磁路式永磁机构的断路器结构示意图

1—动触头　2—静触头　3—真空灭弧室　4—触头弹簧　5—绝缘拉杆　6—端盖　7—永磁机构　8—电磁力　9—动铁心

6）在永磁机构中，通常使用感应式接近开关作为分合闸状态检测。感应式接近开关是一种无触点开关，它的动作无接触、无磨损、无弹跳，可精确地确定动作时刻，运行不受外界环境条件的影响。接近开关具有很高的寿命和很高的可靠性。

7）使用储能电容器作为操作电源。储能电容用一个小功率的交流电源经整流后给电容充电。用门极关断（GTO）晶闸管控制其对合分闸线圈的放电。电容储存的电能应足以进行 O-CO 操作，并在交流电源停电后相当长时间（如 24h）内仍能进行分闸操作。有时也用电池作为操作电源。

依据 ABB 公司提供的资料，一台弹簧机构的零件数为 159 个，而永磁机构仅 66 个，减少近 60%；永磁机构的机械寿命长，从弹簧机构的 1 万次提高到 3 万~5 万次，甚至 10 万次以上。永磁机构的运动件只有一个铁心，而且它与相关部件之间的运动摩擦极小，非常适合频繁操作。永磁机构的力-行程特性非常接近高压真空断路器的要求，也就是说，永磁机构的出力特性与断路器的负载特性很吻合。采用永磁作为保持力，不会产生传统机构的操作失误，方便实现免维护运行。传动机构十分简单，由分合闸线圈的励磁电流产生的磁场直接驱动动铁心，动铁心又直接和主轴相连。由于动作部件少，它具有更好的可控性。

10.3.14　操作过电压

1. 种类

（1）截流过电压　因灭弧能力太强而产生，减小截流值是解决和杜绝截流过电压的关键。

1）单相截流过电压：由于采用了新型触头材料，真空灭弧室的截流值已大大降低，单相截流过电压问题已不必担心。只是在用高压真空断路器控制电动机时，因电动机绝缘强度较低，仍需要考虑。

2）三相同时截流时的过电压：对一般的三相工频电路开断过程，首开相触头将此相电流开断后，其余两相要延时1/4周期后电流过零而被开断。但在用高压真空断路器开断时，可能出现三相同时开断的情况。这是因为当首开相因截流过电压而发生重燃时，在该相负载中将流过高频电流，通过电磁耦合在其他两相同时感应出一个高频电流叠加到工频电流上，使其他两相电流也强制过零，造成电路的三相“同时”发生截流的现象，从而出现更大的过电压。

（2）切断电容性负载时，重击穿产生的过电压　这是因熄弧后间隙发生重击穿而引起。高压真空断路器虽比其他断路器有较好的开断容性负载的性能，但是由于真空间隙耐压强度不稳定和直流耐压水平较低，仍会有一定的重击穿概率，从而出现过电压。因此要求高压真空断路器的重击穿概率越小越好，最好不发生重击穿。

因为高压真空断路器偶尔发生重击穿后能很快自动恢复其耐压强度，不会产生不断地在电源电压峰值处连续发生重击穿的情况，所以过电压并不高。

（3）高频多次重燃过电压　由于高压真空断路器的高频多次重燃，在开断感性电流（如电动机起动电流）时，即使没有截流也会发生过电压，导致电动机匝间绝缘击穿而损坏。

当三相高压真空断路器在开断时，如果一极触头正好在其相电流零点前分离，电流很快就过零，电弧首先在这一相熄灭，也没有发生截流过电压。但此时触头间距很小，介质恢复强度不高，它不能承受恢复电压的作用，间隙被击穿而又产生电弧。

由于线路参数的影响，击穿后电流中含有高频分量。如果高频分量的幅值大于工频电流瞬时值，就会出现高频电流零点，此时又可使电弧熄灭而开断电流。

高频电流过零电弧熄灭时，负载电容上的电压将达反相最大值，电容和电感再次发生高频振荡时可以产生更高的电压。这一电压又可再次使触头间隙击穿，再一次在高频电流零点时开断电流，产生更高的电压。击穿反复产生，使负载侧的电压不断升高，从而产生较高的过电压，其波形如图10-59所示。

这种过电压由于上升陡度很高，对电动机绕组绝缘的危害特别大，因此往往在过电压倍数不高时就能使绕组的匝间绝缘损坏。

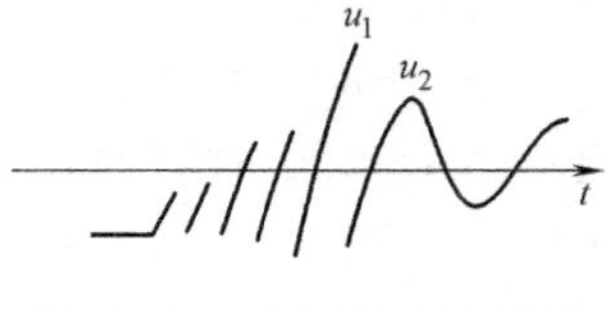

图10-59　首开相多次重燃的过电压波形

2. 抑制方法

抑制操作过电压的方法如下：

1）采用低电涌真空灭弧室。采用低截流值的触头材料与纵向磁场触头组成的灭弧室，既可降低截流过电压，又可提高开断能力。

2）负载端并联电容。这既可降低截流过电压，也可减缓恢复电压的上升陡度。保护变压器时，一般可在高压端并联0.1~0.2μF的电容器。

3）负载端并联“电阻-电容”。不仅能降低截流过电压及其上升陡度，而且在高频重燃时可使振荡过程强烈衰减，对抑制多次重燃过电压有较好的效果。电阻一般选为100~200Ω，电容为0.1~0.2μF。

4）安装避雷器。只能限制过电压的幅值。近年来除碳化硅外，又发展了氧化锌（ZnO）

非线性电阻，用它构成无间隙避雷器。如将氧化锌电阻与火花间隙串联，可减轻氧化锌电阻的工作条件。氧化锌避雷器的火花间隙比碳化硅避雷器的要小，且工频续流也很小。

5）串联电感。用它可降低过电压的上升陡度和幅值。

10.4 高压混合式直流真空断路器

运行于高压直流输电线路的高压混合式直流真空断路器，需求分析应从开断速度、损耗、价格和体积等方面进行，在满足开断时间的要求下，实现紧凑化、低成本的目标。

1. 组成

高压混合式直流真空断路器的内部构成如图 10-60 所示，组成设备见表 10-10。

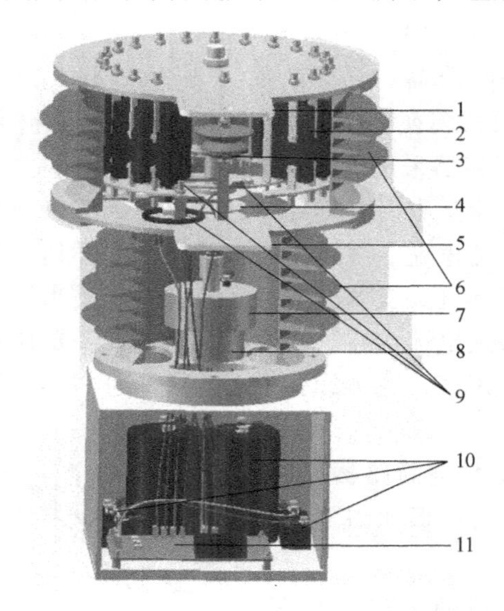

图 10-60 高压混合式直流真空断路器的内部构成

1—进线端 2—IGBTs 3—ZnO 避雷器 4—绝缘拉杆 5—出线端 6—绝缘套管 7—斥力线圈 8—永磁机构 9—检测单元 10—驱动单元 11—控制器

表 10-10 高压混合式直流真空断路器的组成设备

序号	构成设备	简称	元器件	作用
1	高速斥力真空开关	HSVCB	真空灭弧室	灭弧
			绝缘拉杆	使动、静触头合分
			超程连接件	控制超程
			高速操作机构	斥力线圈与永磁机构组成，斥力线圈实现快速分闸，永磁机构负责位置保持和合闸
2	电力电子开断单元	PEIU	IGBTs 与缓冲电路构成	为降低成本，采用多组并联，对称布置在进出线端盖上，并依据其脉冲裕量进行控制
3	避雷器	—	ZnO 避雷器	实现系统电感储存能量的泄放，并对 IGBTs 实现过电压保护

2. 工作原理

高压混合式直流真空断路器的工作原理图如图 10-61 所示。

高压混合式直流真空断路器工作时，机械开关负责稳态过程、电力电子开关负责动态过程，即分闸的断口绝缘和合闸过程的长时间稳态导通由机械开关承担，而合闸过程由电力电子开关快速响应合闸，稳态后电流几乎完全由机械开关承担，分闸过程电流先由机械开关转移到电力电子开关，转移完成后主电流由电力电子开关实现开断过程。

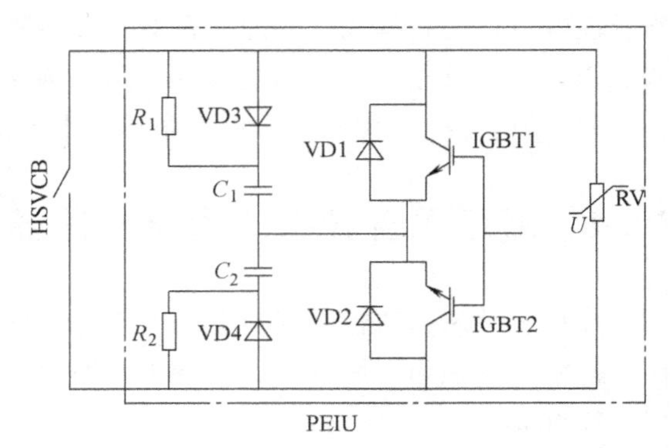

图 10-61　高压混合式直流真空断路器的工作原理图

示例 10-42：ABB 公司的 320kV 高压混合式直流真空断路器。

2012 年，ABB 公司研制出世界上第 1 台 320kV 高压混合式直流真空断路器，其开断能力为 9kA/5ms。该断路器由机械式开关支路（包括快速机械隔离开关+负载转换开关）和半导体开关支路（包括半导体断路器+避雷器组）构成。其中，半导体断路器采用 IGBT 作半导体开关，并进行阀组串联。

动作过程：直流线路正常运行时，半导体开关支路处于断开状态，快速机械隔离开关和负载转换开关导通，流过直流电流。线路发生短路时，先导通半导体断路器，关断负载转换开关，线路电流转移到半导体开关支路，负载转换开关承受半导体短路器的导通电压。由于快速机械隔离开关此时流过的电流为零，快速机械隔离开关迅速打开。当快速机械隔离开关打开后，半导体断路器开关断开，直流线路上的能量通过与半导体断路器并联的氧化锌避雷器吸收，短路电流下降。

320kV 高压混合式直流真空断路器开断 8.5kA 短路电流时的试验电流波形如图 10-62 所示，其开断时间为 5ms。

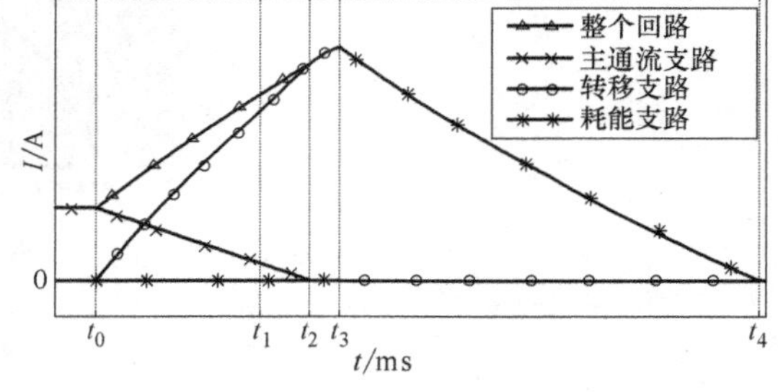

图 10-62　ABB 公司设计的高压混合式直流真空断路器短路试验电流波形

示例 10-43：Alstom 公司的 120kV 高压混合式直流真空断路器。

2013 年，Alstom 公司研制出 120kV 高压混合式直流真空断路器，开断能力 7kA/2.5ms。该断路器主要由旁路开关（UFD + PES)、半导体开关支路 1（晶闸管 + 避雷器）、半导体开关支路 2（晶闸管+电容器）和避雷器组共同构成。

120kV 高压混合式直流真空断路器进行短路试验的电流波形如图 10-63 所示，测试过程中开断的短路电流超过 5.2kA，开断时间为 5.5ms。

示例 10-44：国网智能电网研究院的 200kV 高压混合式直流真空断路器。

2015 年，国网智能电网研究院研制完成 200kV 高压混合式直流真空断路器。该断路器由主开关支路（快速机械隔离开关+H 桥负载转换开关）、电流转移开关支路（H 桥半导体断路器）和吸收回路（避雷器组）构成，其中，半导体断路器也是采用 IGBT 作为半导体开关。

在短路试验测试过程中，该断路器所切断的电流超过了 15kA，开断时间为 3ms。

示例 10-45：清华大学等单位研制的 535kV 混合式直流真空断路器。

535kV 混合式直流真空断路器是当今世界电压等级最高、开断能力最强的高压混合式直

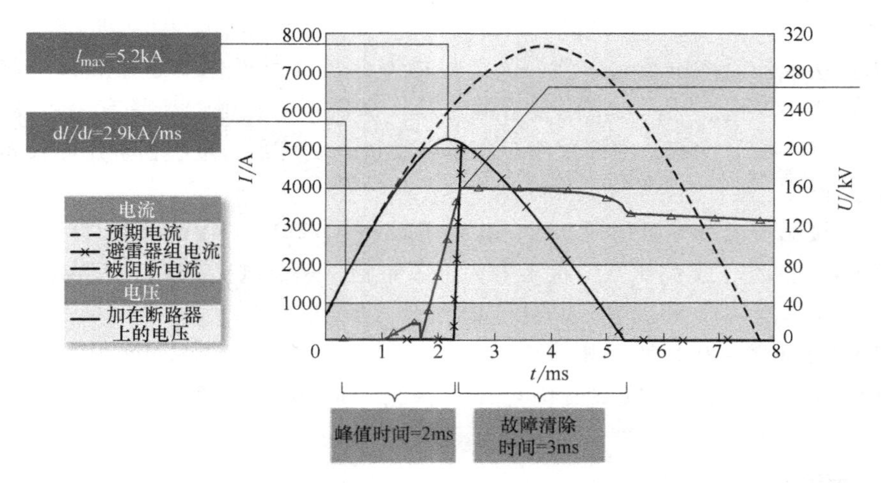

图 10-63　Alstom 公司设计的高压混合式直流真空断路器进行短路试验的电流波形

流真空断路器，研制单位包括清华大学、北京电力设备总厂有限公司、南京南瑞继保电气有限公司、全球能源互联网研究院和中电普瑞科技有限公司。

535kV 混合式直流真空断路器采用混合式直流断路器拓扑结构，通过突破低损耗高可靠换流技术，解决了电力电子开关双向可控通流及高效大容量开断等技术问题。

535kV 混合式直流真空断路器产品的外形如图 10-64 所示。

2020 年 6 月，张北柔性直流电网 535kV 混合式直流真空断路器成功通过人工接地短路试验，试验现场如图 10-65 所示。所有高压混合式直流真空断路器均在 3ms 内成功开断，并实现重合闸。

图 10-64　535kV 混合式直流真空断路器产品外形

图 10-65　535kV 混合式直流真空断路器的人工接地短路试验

10.5　高压真空接触器

当前高压真空接触器以 SF_6 和真空为代表，尤以真空接触器量大面广，占主导地位。

1. 特点

高压真空接触器属高压控制电器，除了机械寿命长（可操作200万次）、可频繁操作、安全可靠、体积小等优点外，与SF_6接触器比较，高压真空接触器还具有无污染、不爆炸、环保性好、检修方便等优点，主要用于对高压电动机、变压器、电容器等用电设备进行远距离控制和频繁操作。

高压真空接触器电压等级包括3kV、6kV、7.2kV、12kV、24kV和40.5kV。

示例10-46：3TL71型高压真空接触器为上下布置，额定电压24kV、额定电流800A、机械寿命100万次、电寿命50万次，应用于磁悬浮列车。

示例10-47：JCZ1-40.5型单相真空接触器为上下布置，额定电压40.5kV、额定电流630A、机械寿命3万次，是接触器中电压最高的，应用于40.5kV系统中，作保护接地之用。

2. 结构类型

1）真空接触器结构类型，如图10-66所示。

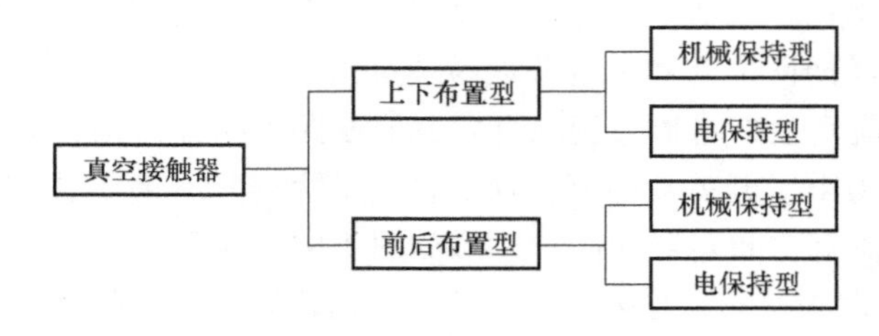

图10-66 真空接触器结构类型

2）按高、低压部分相对位置不同，分为上下布置（见图10-67）和前后布置（见图10-68）。

3）按合闸是否带锁扣，分为带锁扣（机械保持）和不带锁扣。

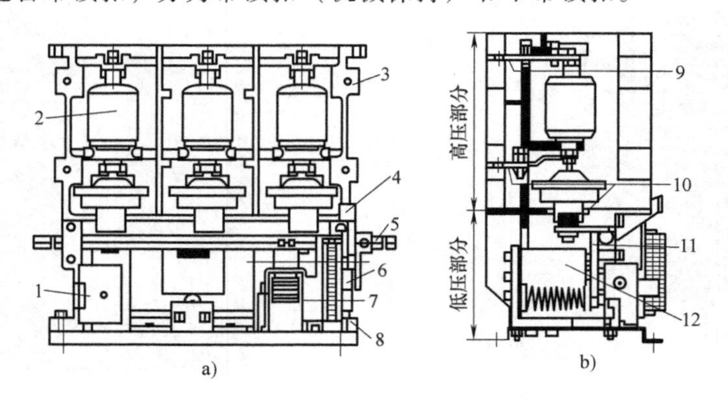

图10-67 真空接触器上下布置结构简图

a）主视图 b）左视图

1—电气模块 2—真空灭弧室 3—绝缘框架 4—分合指示器 5—操作轴 6—机构箱 7—机械锁扣 8—端子排 9—上出线 10—下出线 11—驱动杆 12—合闸电磁铁

3. 技术参数

1）国内交流真空接触器技术参数见表10-11，此时的额定频率为50Hz。

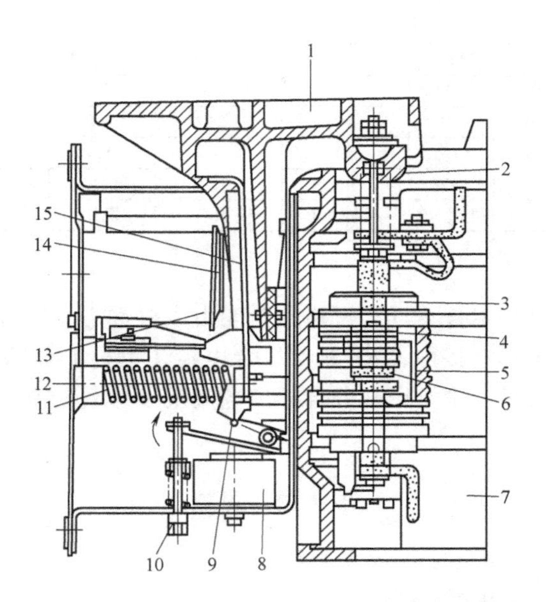

图 10-68　前后布置的真空接触器的结构示意图

1—绝缘摇臂　2—触头压力弹簧　3—真空灭弧室　4—波纹管　5—屏蔽罩　6—动触头　7—绝缘框架　8—脱扣线圈　9—挚子　10—机械脱扣杆　11—分闸弹簧　12—钢板框架　13—机械分闸锁扣　14—合闸线圈　15—衔铁

表 10-11　国内交流真空接触器的技术参数

产品型号	JCZ2-6	JCZ6-10	JCZ5	JCZ9	JCZ11	JCZ3	JCZ1	JCZ1	JCZ8
额定电压/kV	7.2	12	7.2/12	7.2/12	7.2/12	3.6/7.2/12	40.5	7.2/12	7.2
额定电流/A	400	400	200/400/630	400	400	160/250/400	200/400/630	200/400/630	400
高低压布置形式	前后	前后	上下	前后	上下	上下	上下	上下	上下
最大额定开断电流/kA	4	4	2/4/6	5	4	1.6/2.5/4	2/4/6.3	2/4/6.3	3.2
额定短路持续时间/s	—	4	—	—	—	4	4	4	—
机械寿命/万次	10/100	10/100	30	30/100	30	—	3	100	30
电寿命/万次	10	10	25	—	30	—	3	20	—
工频耐压/kV	32	42	32/42	32/42	32	32	85	28/42	32
冲击耐压/kV	60	75	75	60/75	60	60	185	60/75	60
合闸保持方式	机械/电	机械/电	—	—	—	—	—	电	电

2）国外真空接触器技术参数见表 10-12，此时的额定频率为 50/60Hz。

表 10-12　国外真空接触器的技术参数

产品型号	3TL5	3TK65	3TL71	CV-6KAL	CV-10HBL	VC 系列	VZ4D	VMCHN46A	Bulletin
额定电压/kV	3.6/7.2	12	24	7.2	12	7.2/12	7.2	3.3/6.6	7.2
额定电流/A	400	450	800	720	320	400	400	200/400	400/800
高低压布置形式	前后	前后	上下	上下	上下	前后	上下	上下	上下
最大额定开断电流/kA	3.2	5	3.6	8	5	6	8	9	6/12
额定短路持续时间/s	1	1	—	1	1	—	0.5	1	1

（续）

产品型号	3TL5	3TK65	3TL71	CV-6KAL	CV-10HBL	VC 系列	VZ4D	VMCHN46A	Bulletin
机械寿命/万次	500	100	100	20	300/120	25	250/25	250/20	250/20
电寿命/万次	100	50	50	40	24	100	25	25	100/20
工频耐压/kV	20	28	75	22	28	20/30	22	22	18.2
冲击耐压/kV	60	—	95	60	75	8/42	60	60	60
合闸保持方式	机械/电	机械/电	机械/电	机械/电	机械/电	机械	机械/电	机械/电	机械/电

4. 应用

高压真空接触器由于其本身不具有短路开断能力，故常与高压熔断器组合在一起，成为具有综合保护特性的高压真空接触器-熔断器组合电器，也称 F-C 综合起动器。短路保护由熔断器承担，高压真空接触器主要用来分合额定电流及小过载电流。

思考题与习题

10-1　高压真空断路器为什么能在中压领域走红？

10-2　影响高压真空断路器真空间隙耐压强度的主要因素有哪些？

10-3　为什么真空灭弧室动、静触头的接触方式都采用对接式？

10-4　为什么真空断路器多次重燃过电压对电动机绕组绝缘的危害特别大？采用什么方式对抑制多次重燃过电压最有效？为什么？

10-5　在切断电容性负载时，真空断路器的过电压与其他断路器的有何异同？

10-6　永磁机构与传统操动机构相比，有何特点？

10-7　怎样对不同场合和电压等级下的高压断路器的操动机构进行优化设计？

10-8　高、低压断路器触头系统的结构和材料有何不同？各有何特点？

10-9　永磁材料在高压电器的最新运用有哪些？与传统高压电器相比，它有什么优缺点？

第11章　其他高压电器

本章所述的其他高压电器主要包括了高压隔离开关、中压级自动转换开关、高压接地开关、高压负荷开关、高压熔断器和高压避雷器。

11.1　高压隔离开关

11.1.1　定义、用途与分类

1. 定义

高压隔离开关（以下简称隔离开关）是用于隔离故障设备和维修设备的高压电器。它既不用于开断负载电流，也不用于开断短路电流，是一种没有灭弧装置的高压开关设备，一般只用来关合和开断有电压、无负荷的线路。

隔离开关的特点是结构简单、价格便宜，合理应用可在一定设备投资下增加电力系统运行的灵活性。它是电力系统中用量最大、使用范围最广的高压开关设备，在电网装用量约为高压断路器的3倍，126kV和252kV电压等级隔离开关在电力系统中的运行数量最多。

2. 用途

隔离开关主要用在高压断路器分闸后建立可靠的绝缘间隙，将被检修线路和设备与电源隔开，根据运行需要换接线路，以及开断和关合线路的充电电流和小容量空载变压器励磁电流，它在电力网中的接线图如图1-5所示，QS为其文字符号。

隔离开关的具体用途包括：

1）检修与分段隔离：为了缩小试验和检修时的停电范围，可采用隔离开关把需要检修和试验的设备与其他带电运行的部分隔离。隔离开关一般安在避雷器和电压互感器的高压端及高压断路器和电流互感器组两侧。它在分闸位置有明显断口，可保证检修安全；在合闸状态，能可靠通过正常工作电流和短路故障电流。

2）倒换母线。

3）分、合空载线路。

4）自动快速隔离。

3. 分类

1）隔离开关按安装地点不同，分为户内与户外两类。

2）隔离开关按使用特性不同，分为一般用、快分用和变压器中性点接地用三类。

3）隔离开关按接口二端有无接地装置及附装接地刀的数量不同，分为不接地（无接地刀）、单接地（有一把接地刀）和双接地（有两把接地刀）三类。

4）隔离开关按支柱数量不同，分为单柱式、双柱式和三柱式。

5）隔离开关按结构型式不同，分为单柱单臂伸缩式、单柱双臂垂直伸缩式、单柱水平伸缩式、双柱水平中间开启式、三柱双断口水平开启式五种。

11.1.2 结构型式

隔离开关的结构型式很多，目前国内生产的有以下几种系列型式：一是以GW4型为代表的双柱水平旋转式（40.5~252kV）；二是以GW5型为代表的双柱V形水平旋转式（40.5~126kV）；三是以GW7、GW27型为代表的三柱水平旋转式（252~1100kV）；四是以GW10、GW16、GW20型为代表的单柱单臂垂直伸缩式（126~550kV）；五是以GW11、GW17、GW21型为代表的双柱水平伸缩式（126~252kV）；六是以GW6、GW46型为代表的单柱双臂伸缩式（剪刀式）（126~550kV）。

隔离开关按国内外使用情况，可以分为11种，它们的结构型式和特点见表11-1。

表11-1 隔离开关不同的结构型式及其特点

序号	结构型式			简图	特点			产品举例
					相间距离	分闸后刀开关情况	其他	
1	水平断口	双柱式	刀开关水平转	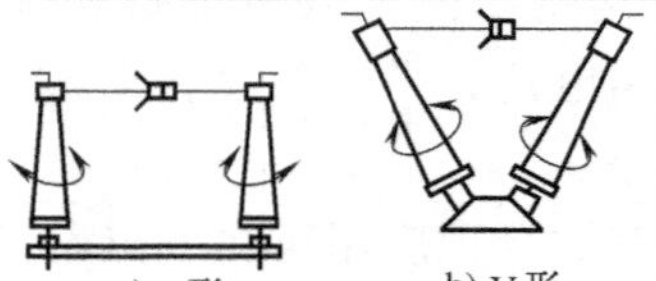 a) π形 b) V形	大	不占上部空间	瓷柱兼受较大弯矩和扭矩	GW4 GW5
2			刀开关垂直转	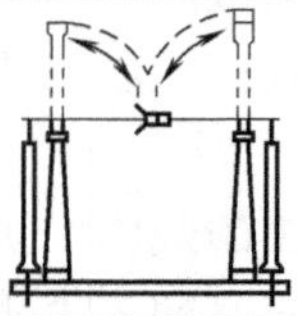	小	占上部空间	每侧都有支持与操作瓷柱	—
3		三柱（双断口）式	刀开关水平转	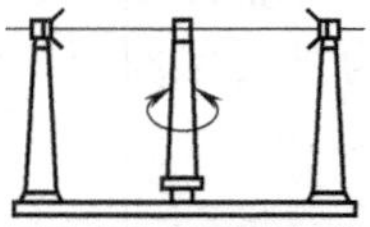	较小	不占上部空间	瓷柱分别受弯矩或扭矩	GW7
4			刀开关垂直转	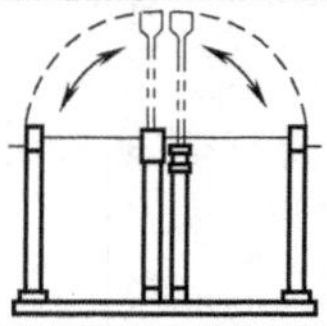	小	占上部空间	刀开关传动结构较复杂	GW26 GW27 GW33
5		刀开关式		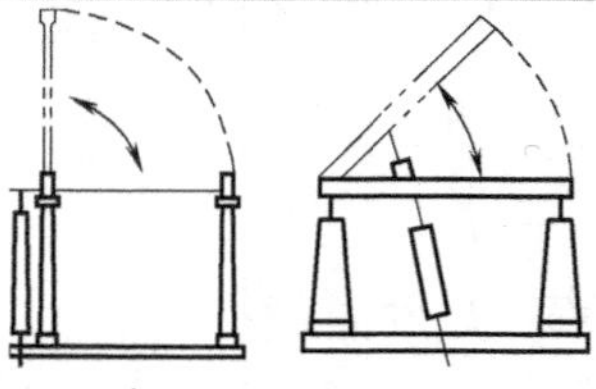 a) b)	小	上部占空间大	b类适用于较低电压级	GW2 GW9
6		伸缩插入式	瓷柱转动（或拉动）	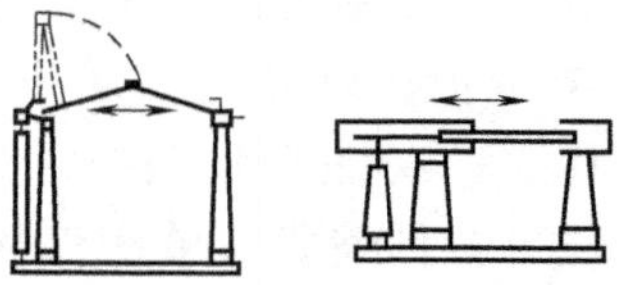 a) b)	小	a类占上部空间	a类适用于较高电压级；b类适用于户内型	GW11 GW12 GW17 GW28/29

（续）

序号	结构型式			简图	特点			产品举例
					相间距离	分闸后刀开关情况	其他	
7	水平断口	伸缩插入式	瓷柱移动	 a)　b)	小	同上	瓷柱受较大弯矩,适用于较低电压级	—
8	水平断口	伸缩插入式	瓷柱移动	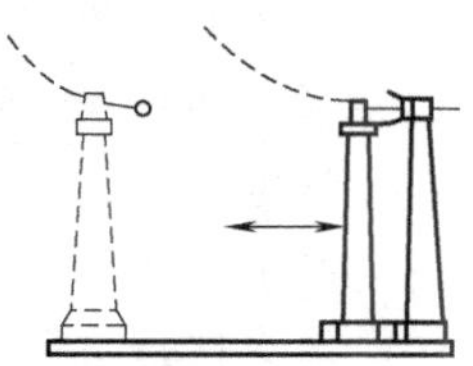	小	不占用空间	底座滚动,瓷柱受较大弯矩,引线移、摆幅度大	—
9	垂直断口	刀开关式		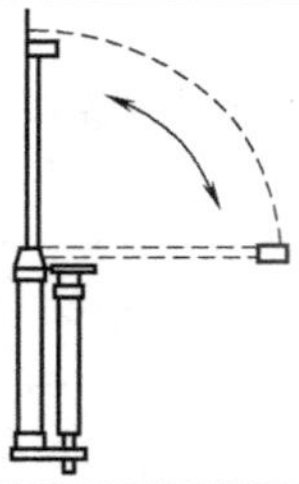	小	一侧占空间大	刀开关运动轨迹大易于同5a类通用	GW3
10	垂直断口	单柱式	偏折	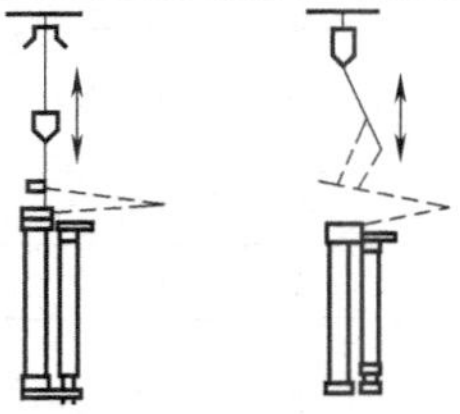 a)　b)	小	一侧占空间	a 类适用于架空硬母线 b 类可用于架空软、硬母线	GW10 GW16 GW6-220
11	垂直断口	单柱式	对称折	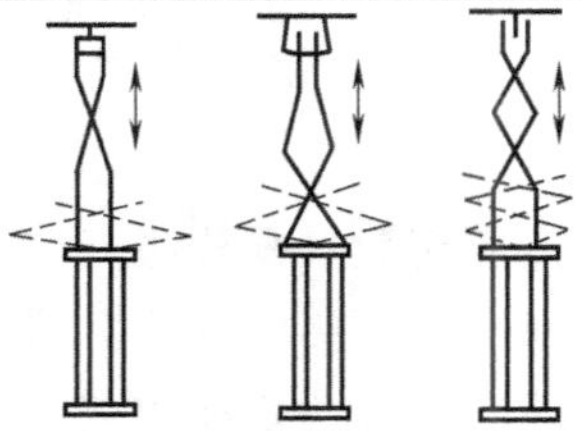 a)　b)　c)	小	两侧占空间	刀开关分闸后的宽度： a 类 > b 类 > c 类 c 类刀开关关节多	GW6-330

11.1.3　产品技术

1. 产品研发

2003 年 2 月，国家正式批准建设西北 750kV 输电工程，从而催生出 800kV 超高压隔离开关。目前，国产超高压隔离开关产品的结构型式多样，主要技术参数达到国际先进水平，多方面性能高于 IEC 标准，在电网运行基本良好，特别是在改进完善以后，但还需对产品的外观、可靠性、防腐性及免维护等方面做进一步改进，以拉近与跨国产品的差距。

数据显示，2004年在国家电网公司系统运行的72.5~550kV隔离开关近16万台。其中，国产型号有GW4~GW11、GW16和GW17等，进口及合资产品主要有SIEMENS的PR、KR、CR、DR型，Areva的Spo/Spol、Spv/Spvl、SC3D、S2DA型等。

2007—2008年，我国生产了800kV级隔离开关87组，其中西开38组、平高25组、新沈高14组、长高10组，这些产品对西北大规模建设750kV线路做出了贡献。

示例11-1：西开与美国南州电力开关有限公司（SSL）合作研制了GW45-800型双柱垂直开启式户外超高压隔离开关和RDA-I型800kV三柱水平翻转式户外超高压隔离开关。

示例11-2：平高自主研制的GW27-800型三柱刀开关翻转式隔离开关和JW8-800型接地开关，在KEMA试验站和国内试验站通过型式试验，2006年5月通过国家鉴定。GW27-800/4000型隔离开关为单极装配（单相）、三柱水平旋转式，主要由底座总装配、棒型支柱绝缘子、导电杆装配、静触头装配、CJ11电动机操动机构等组成。GW27-800/4000型隔离开关产品按接地开关的有无，分为不接地、单接地、双接地三种结构型式。

GW27-800型隔离开关的主要技术参数见表11-2。

表11-2 GW27-800型隔离开关的主要技术参数

序号	项目	基本参数
1	额定电压/kV	800
2	额定电流/A	4000
3	额定短时耐受电流/kA	50
4	额定峰值耐受电流/kA	125
5	额定短路持续时间/s	3
6	开合容性电流/A	2
7	开合感性电流/A	1

序号	项目		基本参数
8	额定短时工频耐受电压(有效值)	相对地/kV	960
		断口间/kV	960(+320)
9	额定雷电冲击耐受电压	相对地/kV	2100
		断口间/kV	2100(+460)
10	额定操作冲击耐受电压	相对地/kV	1550
		断口间/kV	1300(+650)
11	开合母线转换电流/A		1600
12	接线端子静拉力	纵向/N	3000

使用环境如下：①使用地点：户外。②环境温度：-35~40℃（断路器0.6MPa/50kA）。③海拔：≤3000m；相对湿度：≤90%（月平均值）。④地震烈度：≤8度。⑤风压：≤700Pa。

2. 技术发展

过去，电网中的高压隔离开关容易出现瓷瓶断裂、操作失灵、导电回路过热和锈蚀四大问题，原因涉及制造和运行两方面。其中，制造问题集中在产品设计、选材、加工工艺、组装调试及质量控制等环节，运行问题出在缺乏统一的法定检修规程上。

现在，通过对产品的结构、制造工艺、材料选用等进行完善改型，隔离开关性能和可靠性明显提高。隔离开关的技术进步主要表现在两方面：一是自主研发出GW27-800/4000型特高压交流隔离开关；二是完善改进现有产品，以更好地满足运行要求。

3. 选择要求

选择高压隔离开关的主要要求有：①绝缘可靠，触头间有足够的绝缘距离，打开时有明显的断开点；②具有足够的动热稳定性和机械稳定性；③结构简单，动作可靠；④带接地功能的高压隔离开关必须装有联锁装置，以确保两者的操作顺序固定，即“高压隔离开关先断开，接地刀开关后闭合”，或“接地刀开关先断开，高压隔离开关后闭合”。

11.2 中压级自动转换开关

中压级自动转换开关（ATSE）的额定电压为12kV、额定电流为630A、1250A、1600A，广泛用于钢铁、石化、电力等行业的紧急供电系统中。图11-1所示的ATSE采用固封极柱，具有极高的绝缘性能。

ATSE的操作由两个自动转换过程组成：当常用电源被监测到出现偏差时，ATSE自动将负载从常用电源转换至备用电源；如果常用电源恢复正常，ATSE又自动将负载转换回常用电源。

ATSE采取电气与机械多重互锁，可以保证常用、备用电源不能同时接入，可靠性高。

示例11-3：中压级智能型双电源自动转换开关设备由一个（或几个）转换开关电器和其他必需的电器组成，是一种真空一体化自动转换开关，实物外形如图11-2所示。

图11-1　中压级自动转换开关的固封极柱

图11-2　中压级智能型双电源自动转换开关的外形

产品的额定电压为12kV，其操动机构采用通电时间在毫秒级的电磁驱动机构，如图11-3所示。在操动机构的驱动下，真空开关动触头合闸速度（后6mm）约为0.85m/s，

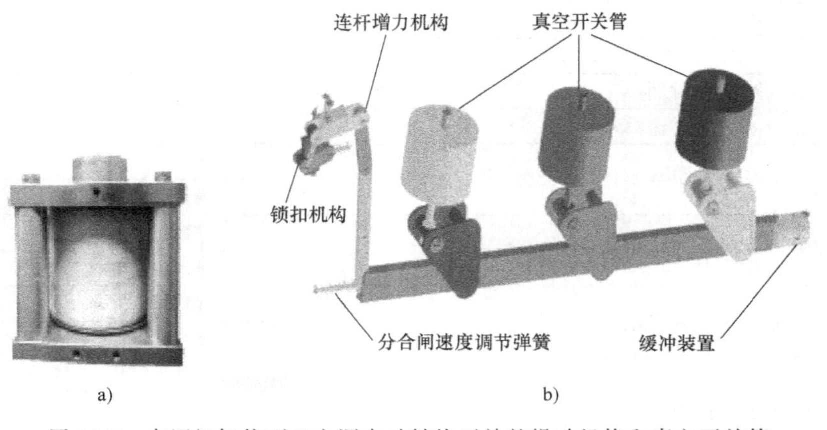

a)　　b)

图11-3　中压级智能型双电源自动转换开关的操动机构和真空开关管

a）电磁驱动机构　b）操动机构和真空开关管

触头合闸弹跳时间≤2ms；分闸速度（前6mm）约为1.1m/s，之后迅速恢复稳定。

与低电压等级ATSE将本体和控制器一体化的组装形式不同，中压级的ATSE将本体和控制器完全分离，两者用专用接线连接，从而减小了电磁干扰和机械振动，励磁驱动的可靠性高，转换速度快，寿命长。其传动机构采用平面四连杆双摇，实现了触头同步分合闸。此外，利用机械和电气的多重联锁装置，可以防止两路电源同时投入导致的误操作。

11.3　高压接地开关

高压接地开关（简称接地开关）是一种用于高压回路制造人为接地短路的机械开关装置，其接线方式如图11-4所示。

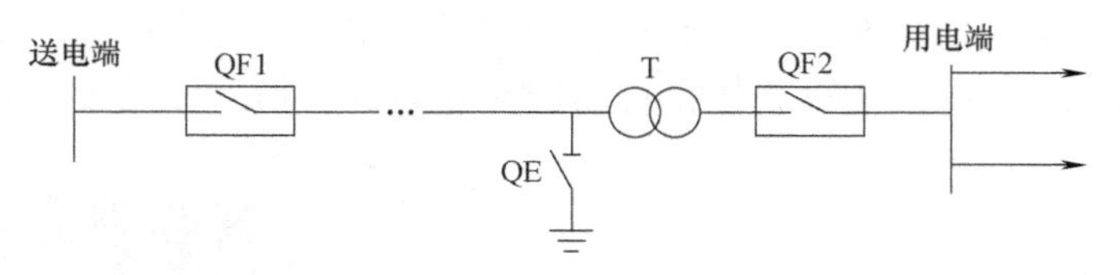

图11-4　接地开关的接线方式

T—降压变压器　QF1，QF2—断路器　QE—接地开关

通常，为降低电力系统终端变电站的造价，降压变压器的高压侧不安装高压断路器，而是安装接地开关。如降压变压器出现故障，利用送电端的高压断路器QF1来切除。接地开关常装在降压变压器的高压侧，原因是当输电线路向只有一个变压器的终端变电站供电时，在用电端处发生故障但故障电流不够大，不足以使送电端高压断路器QF1动作，接地开关应自动关合，造成人为接地短路，增大故障电流，迫使送电端高压断路器QF1动作，切断负载，断开故障电流。

示例11-4：JW8-800（W）/J50-125型特高压接地开关的结构简单、接触可靠、操作灵活，且适应于海拔2000m以下地区，其主要技术参数见表11-3。

表11-3　JW8-800型接地开关的主要技术参数

序号	项目		基本参数
1	额定电压/kV		800
2	额定电流/A		4000
3	额定短路持续时间/s		3
4	额定峰值耐受电流/kA		125
5	额定短时工频耐受电压(有效值)	相对地/kV	960
		断口间/kV	960(+320)
6	额定雷电冲击耐受电压	相对地/kV	2100
		断口间/kV	2100(+460)
7	额定操作冲击耐受电压	相对地/kV	1550
		断口间/kV	1300(+650)
8	接线端子静拉力	纵向/N	3000
		横向/N	1500
		垂直/N	2000
9	机械寿命/次		2000

使用环境如下：①使用地点：户外。②环境温度：-35～40℃（断路器 0.6MPa/50kA）。③海拔：≤3000m；相对湿度：≤90%（月平均值）。④地震烈度：≤8 度。⑤风压：≤700Pa。

11.4　高压负荷开关

11.4.1　定义

高压负荷开关（简称负荷开关）是一种既能关合、开断和承载运行线路正常负载电流，也能在规定时间内承载异常电流的结构简单、安装维护方便、安全可靠、经济技术指标比较合理的高压开关电器，在 10～35kV 供电系统，尤其在城市配网中已得到广泛的应用。

现代负荷开关有两个明显的特点：一是三工位，即分、合、接地，完成开断、隔离和接地任务；二是灭弧与载流分开，灭弧系统不承受动热稳定电流，而载流系统不参与灭弧。

负荷开关可以用来开断和关合负荷电流及规定的过载电流，也可用来开断、关合电容器组和大容量输电线路中的空载变压器和空载线路。负荷开关可以手动或电动操作，也可以进行智能化控制，其使用寿命与其开断电流值和灭弧介质或方式有关。

负荷开关作为一种开关设备，可以作为独立的设备使用（如柱上负荷开关），也可以作为主要元件安装使用于环网柜等设备中。负荷开关通常与高压熔断器配合使用。近年来，随着环网柜产量的大幅增长，负荷开关的使用量也不断增加，如 12kV 负荷开关与高压断路器的使用量之比为 1∶2.3，但与国外的负荷开关与高压断路器的（5～6）∶1 相比，我国负荷开关还有很大的发展空间。

11.4.2　技术参数

1. 额定电流

负荷开关的额定电流是指其负载功率因数 $\cos\varphi=0.7\pm0.05$ 时的额定负载电流，表示负荷开关长期正常工作运行并能够开断的最大电流值，其单位为 A。

2. 额定热稳定电流和额定峰值动稳定电流

额定热稳定电流即允许短时耐受电流，其单位为 kA/3s（或 kA/4s）；额定峰值动稳定电流值等于开关的额定短路关合电流值，其单位为 kA。

3. 额定电缆充电开断电流

空载情况下的电缆回路充电电流属于容性电流，电缆越长，容性电流值就越大；电容回路电压不能突变，容易产生过电流，使开关断弧困难。国标规定负荷开关额定电缆充电开断电流值为 10A；负荷开关额定电缆充电开断电流标称值越大，表明其允许开断电缆长度越长。

4. 额定空载变压器开断电流

对于 3～35kV 电压等级的负荷开关，国标规定开断额定容量为 1250kV·A 配电变压器的空载电流，属于感性电流。电感回路电流不能突变，容易产生过电压，使开关断弧困难。

5. 额定单个电容器组开断电流

其数值等于负荷开关额定电流值的 0.8 倍。

11.4.3 种类及其性能

由于采用的灭弧介质或灭弧方式不同，负荷开关也多种多样。其中，油负荷开关和磁吹负荷开关已被淘汰，目前主要有产气式、压气式、真空式和 SF_6 式四种。

1. 产气式负荷开关

产气式负荷开关有明显断开点，结构最为简单。此种开关使用一种特殊固体灭弧材料制作的灭弧罩。当开关分闸时，主触头先分离，位于灭弧罩内的并联辅助触头后分离而产生电弧，电弧加热灭弧罩内的固体灭弧材料，并使其产生灭弧气体而熄灭电弧。

产气式负荷开关由于产气材料在大电弧时容易烧毁，小电弧时由于热量不足而产气不足，使得灭弧性能相对不稳定。

2. 压气式负荷开关

压气式负荷开关主要依靠压缩空气进行吹弧，因此，其灭弧效果一般；通常吹气压力是一定的，因此，其灭弧效果比较稳定。

压气式负荷开关开断额定负荷电流的次数通常能达到数百次，但其最大开断电流不高。此种负荷开关有明显断开点，灭弧装置通常由压气装置和喷嘴组成，压气装置的外部为绝缘气缸，内部为活塞。当开关分闸时，传动机构带动活塞在气缸内运动，被压缩的空气由喷嘴喷出而吹灭电弧。

为了更好地提高灭弧效果，可以将产气式灭弧和压气式吹弧的原理相结合，使用固体灭弧材料制作喷嘴。当分闸燃弧时，压缩空气吹弧和材料产气灭弧共同作用（在开断小电流时以压缩空气吹弧为主，开断大电流时以产气灭弧为主）。

3. 真空式负荷开关

（1）开断性能　真空式负荷开关灭弧速度快，最大开断电流高，结构相对简单。但由于截流效应，真空式负荷开关操作时容易引起截流重燃过电压，尤其是开断5%额定有功负载的小电流。同时，需要定期检测真空管的真空度，以保证开关的性能和安全。其开断性能如图11-5所示。

（2）灭弧装置　采用真空灭弧室，其比真空断路器的灭弧室要简单得多。它因不开断短路电流而不必像真空断路器那样，要形成横或纵磁场，而是只需用平板对接式触头即可，一种真空式负荷开关的真空灭弧室的剖面图如图11-6所示，一种真空式负荷开关的一相结构如图11-7所示。

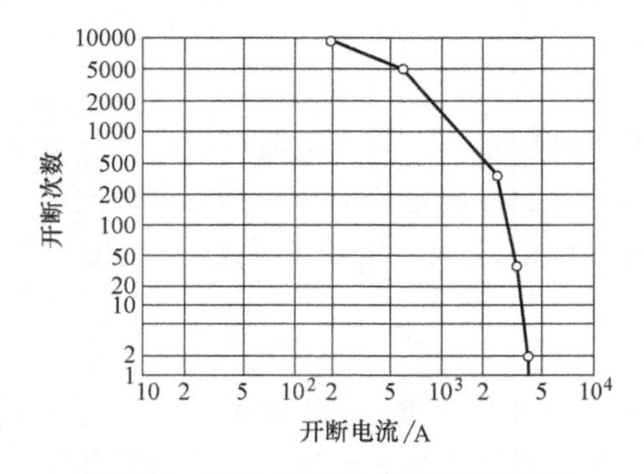

图11-5　真空式负荷开关的开断性能

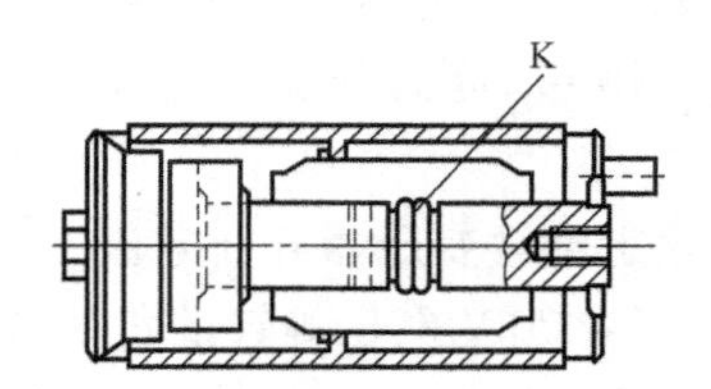

图11-6　一种真空式负荷开关的真空灭弧室的剖面图（K为触头）

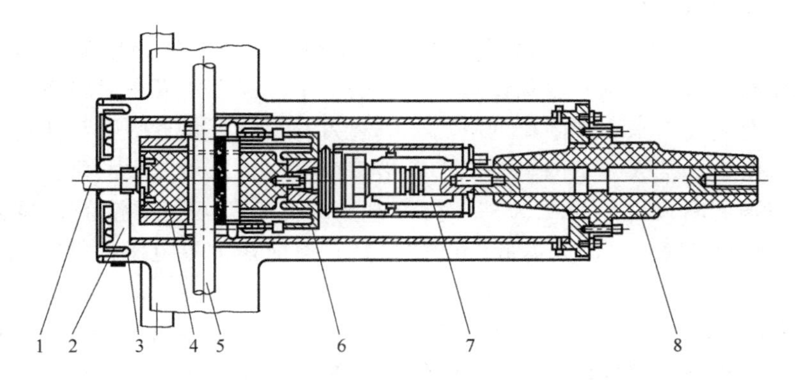

图 11-7　一种真空式负荷开关的一相结构

1—真空灭弧室和转换开关的操动机构　2—绝缘介质（浇注树脂、胶木纸板、绝缘液）3—优质钢板　4—真空灭弧室的绝缘操作杆　5—母线　6—转换开关　7—真空灭弧室　8—浇注树脂套管（带电位控制），供接电缆用

（3）分合闸操作　当真空式负荷开关分闸时，位于真空灭弧室内的触头分开，产生的电弧在真空介质中自行熄灭。真空式负荷开关没有明显断开点，但其分、合状态可由机械联动装置准确指示。

真空式负荷开关要完成三工位（切负荷、隔离和接地），在结构设计上有一定难度。它不像回转式负荷开关通过回转不同角度而完成三工位。一般来说，真空式负荷开关的灭弧室只能起切负荷的作用。

真空式负荷开关要达到隔离和接地的目的，有两种办法：一是使真空灭弧室切负荷后，随之做回转运动，完成隔离和接地；另一种方法是让真空灭弧室切负荷后不动，由与它连接的转换开关完成隔离和接地。此时，真空灭弧室的动作要与转换开关的动作通过联锁，配合默契：关合时，转换开关先关合，真空灭弧室再关合；开断时，真空灭弧室先开断，转换开关再打开，图 11-8 所示的真空式负荷开关即有此种功能。真空式负荷开关和转换开关的接线方式如图 11-9 所示。

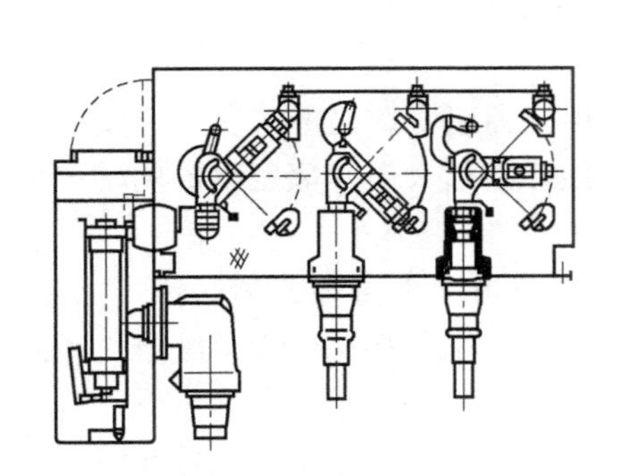

图 11-8　一种三工位的真空式负荷开关

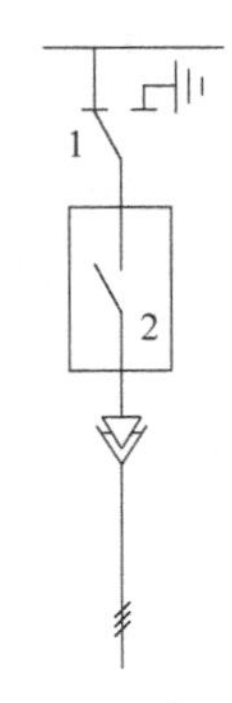

图 11-9　真空式负荷开关和转换开关的接线方式

1—转换开关　2—真空式负荷开关灭弧室

（4）技术参数　采用真空作为绝缘与灭弧介质的真空式负荷开关较 SF_6 开关，电气和机械参数高、容量大、寿命长，适用于频繁操作和特殊用途的场合。

4. SF_6 式负荷开关

1）定义。负荷开关不仅承担着开断和关合负荷电流、关合短路电流等的任务，还要提供一个可靠的隔离断口，检修时以保证操作人员的安全。现有的真空灭弧室无法提供隔离断口，需要另加一套隔离刀来实现断口的隔离，隔离刀与真空灭弧室的联动使得产品的结构比较复杂。另外，由于真空灭弧室的触头压力，给整个机构带来了较大的负担；而 SF_6 灭弧单元的灭弧断口与隔离断口可以合二为一，负荷电流的开断用 SF_6 灭弧单元很容易实现。因此，SF_6 式负荷开关结构简单，成本低，可靠性高，当前在世界范围内，SF_6 式负荷开关成为主流。

SF_6 式负荷开关将触头安装在一个充满 SF_6 气体的密封壳体内。开关分闸时，利用 SF_6 气体进行灭弧。为提高灭弧效果，SF_6 式负荷开关通常也同时采用压气式原理（吹弧气体为 SF_6）或增加离子栅将电弧分断。

2）特点。它是内充 SF_6 气体、具有简单灭弧装置和优良灭弧性能的开关电器。分闸过程中，电弧和气体间产生相对运动而被熄灭。当动、静触头分离时，电弧出现在瞬变的电磁场中，受电动力作用绕静触头旋转，同时被拉长并依靠 SF_6 气体使其在电流过零时熄灭。SF_6 式负荷开关易实现三工位（接通、断开和接地）。动、静触头间的距离足以承受恢复过电压。

SF_6 式负荷开关简单可靠，触头磨损少，电气寿命长，既可以用来关合和开断负荷电流及过载电流，也可以用来关合和开断空载线路、空载变压器及电容器等，具有结构简单、价格便宜的特点。

SF_6 式负荷开关还具有开断能力强、开断性能稳定、不产生操作过电压、容易实现自动化功能、体积小、安全可靠的特点，但制造技术难度较大，开关结构相对复杂，价格较高。考虑到 SF_6 气体对 SF_6 式负荷开关开断性能的影响，必须保证其密封性能，因此，在 SF_6 式负荷开关中必须有 SF_6 气压检测显示功能，且在低气压时闭锁开关操作，以保证开关操作安全。RL27 型、SPG 型 10kV 柱上 SF_6 式负荷开关甚至在 SF_6 气体零表压下，也可以保证绝缘水平和开断能力。

3）SF_6 式负荷开关适用于三相交流 50Hz、额定电压 12kV 的环网供电或双辐射供电系统中，既可用于关合和开断负荷电流及过载电流，亦可用作关合和开断空载长线、空载变压器及电容器组等，在城网和农网已大量使用。

在配电装置中，使用 SF_6 式负荷开关与高压限流熔断器组合，是经济实惠又安全可靠的电器。此时，对负荷开关提出了更高要求，即其必须能开断远大于其额定电流的转移电流和交接电流。

4）分类。从灭弧原理看，SF_6 式负荷开关有压气式（分上下直动式和回转式）、灭弧栅式、吸气活塞+去离子栅式、回转永磁旋弧式。压气式现在用得较多，但灭弧栅式和旋弧式有增多之势。

① 上下直动压气式。灭弧室装在内充 SF_6 的壳体内，在金属壳体底部装有安全阀。导电杆由快速操动机构操作，做上下直线运动。

图 11-10 所示为 DML 型上下直动压气式负荷开关的开断过程。

DML 型上下直动压气式负荷开关为三工位，集切断负荷、隔离、接地于一体。开断时，活塞压缩壳体内的 SF_6 气体，使之流向断开，从而冷却前置触头之间的电弧，并使之熄灭。熄灭电弧由导电杆及活塞直线运动完成。熄弧后，整个灭弧室再回转运动，达到接地位置。

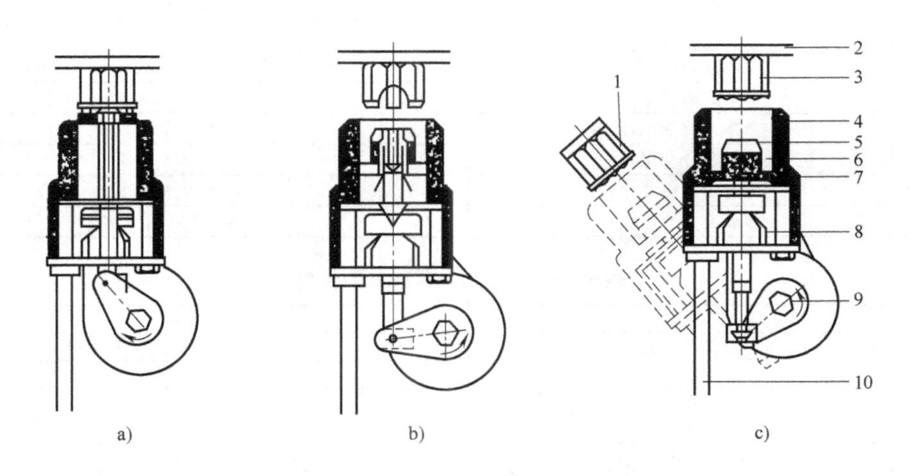

图 11-10　DML 型上下直动压气式负荷开关的开断过程

a）关合位置　b）开断过程　c）开断位置

1—接地触头　2—母线　3—瓣形触头　4—负荷开关　5—导电杆　6—环形触头　7—活塞　8—滑动触头　9—操动机构主轴　10—软连接

② 回转压气式。类似转换开关，通过动触头回转运动形成气吹，完成开断、隔离，有的还完成接地功能。回转过程中形成双断口。形式多种，如 BTLS106 型等。

示例 11-5：西门子回转式 SF_6 式负荷开关，也为三工位。图 11-11 为回转式 SF_6 式负荷开关的开断过程。

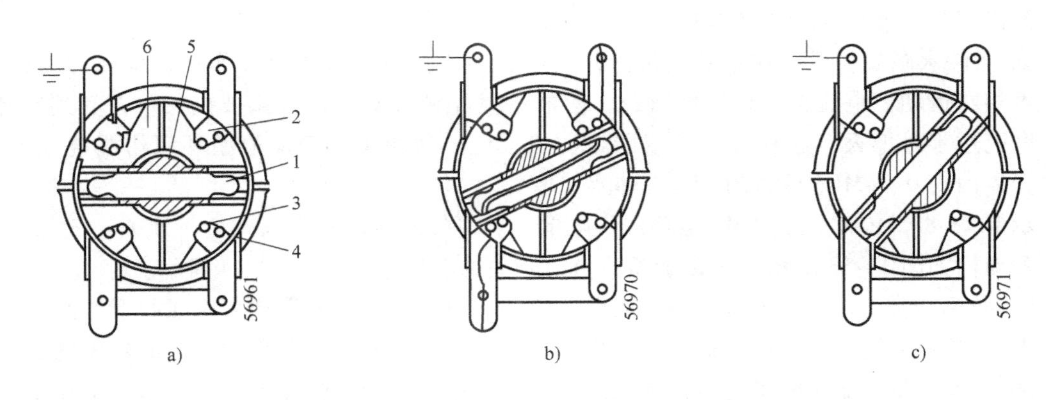

图 11-11　回转式 SF_6 式负荷开关的开断过程

a）开断位置　b）开断过程　c）关合位置

1—动触刀　2—静触头　3—主触头　4—弧触头　5—负荷开关主轴　6—灭弧室

示例 11-6：某型号的 SF_6 回转压气式负荷开关的技术数据见表 11-4，性能见表 11-5。

③ 灭弧栅式。这种负荷开关利用灭弧栅片熄灭电弧，以回转达到三工位（合、分、接地），且回转式结构紧凑。

表 11-4　SF_6 式负荷开关的技术数据

序号	项目	技术参数
1	额定电压	24kV
2	额定电流	400A
3	额定频率	50/60Hz
4	工频耐受电压	50kV,1min
5	冲击耐受电压	125kV(全波)
6	额定分合电流	400A
7	额定短路耐受电流	16kA(有效值)
8	额定关合电流	40kA(峰值),一次

表 11-5　SF_6 式负荷开关的性能

序号	项目	技术参数
1	操动方式	电动机弹簧储能/手动储能
2	开断方式	回转式,双断口
3	灭弧方式	压气式
4	壳体	环氧树脂全封闭
5	无负载操作次数	1000 次
6	负载操作次数	200 次(24kV,400A)

示例 11-7：德国 F&G 公司的 GA 型和 GE 型环网供电单元中采用的灭弧栅式负荷开关，其结构如图 11-12 所示。图中，主回路接至浇注树脂套管 2，其内侧端的导体作为闸刀的枢轴。该闸刀有三个位置（合、分、接地）。静触头 3 装在镀镍的铜母线 5 上。静止灭弧室 6 及其去离子栅 4 以最短的时间来熄弧。闸刀的合和分位置之间的距离大于分和接地之间的距离。闸刀由操作杆转动，而操作杆顶部穿过箱体的双道密封圈连至操动机构。为了防止触头熔焊，在闸刀上装有专用的铆钉 8。

④ 吸气活塞+去离子栅式。灭弧室为单独的壳体，即灭弧介质和绝缘介质在设备内分开。其优点是即使外面的壳体被损坏，仍能保持全开断能力。

⑤ 回转永磁旋弧式。在永磁式负荷开关中，为增强对电弧的冷却作用，电弧与气体之间产生相对运动。电流与永久磁体结合，使电弧绕静触头旋转，电弧被拉长，并受到冷却，以至电流过零时熄灭。这种开关为双断口、三工位。动触头置于加强型环氧树脂浇注外壳内。壳体内充 0.04MPa 压力的 SF_6 气体永久密封。

示例 11-8：MG 公司的 SM_6 型环网供电单元。内装回转永磁旋弧式负荷开关。三工位负荷开关结构如图 11-13 所示，永磁旋弧式负荷开关的动作过程如图 11-14 所示。

5）技术特点。SF_6 式负荷开关一般做成模块，现有很大发展，这表现在如下方面：

① 灭弧方法很多，如压气式、灭弧栅式、旋弧式、堵塞式和混合式，一般用压气式。

② 壳体原多为浇注树脂壳体，现出现不锈钢壳体。后者的强度大且可接地，更加安全。

③ 原来模块将母线外露，现在装在 SF_6 气室内，不再会触电，增加了安全感。

④ 闸刀位置原来靠指示，现在壳体设有大视窗，可直接观察闸刀位置，更直观。如 ABB 公司的紧凑型（Safering）环网柜内负荷开关为不锈钢壳体，开有大视窗，用灭弧栅灭弧，母线置于气室内。

6）技术数据。SF_6 式负荷开关的机械寿命为合-分 5000 次，分-接地 1000 次。额定电压为 7.2kV、12kV、24kV，额定电流为 400A 或 630A，峰值耐受电流为 40kA 或 50kA（或 63kA），转移电流（当与熔断器配合时）为 1700~2200A。

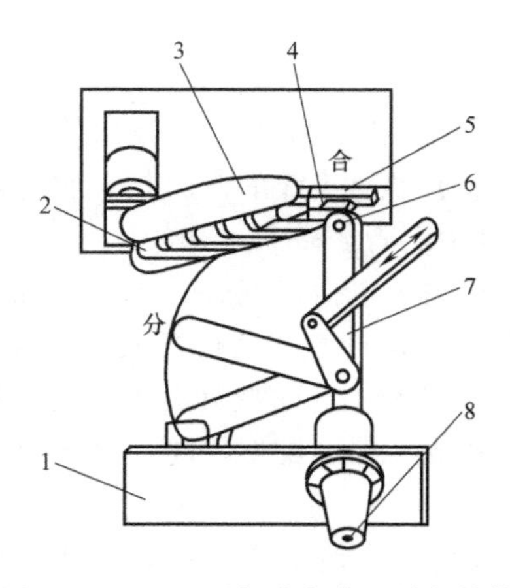

图 11-12　灭弧栅式负荷开关的结构

1—气密箱　2—套管　3—静触头　4—去离子栅　5—母线　6—静止灭弧室　7—闸刀　8—专用的铆钉

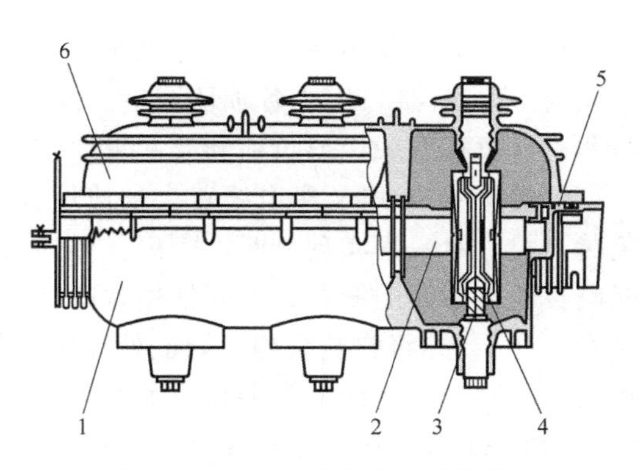

图 11-13　三工位负荷开关结构

1—壳体　2—操作轴　3—静触头　4—动触头　5—密封装置　6—密闭罩

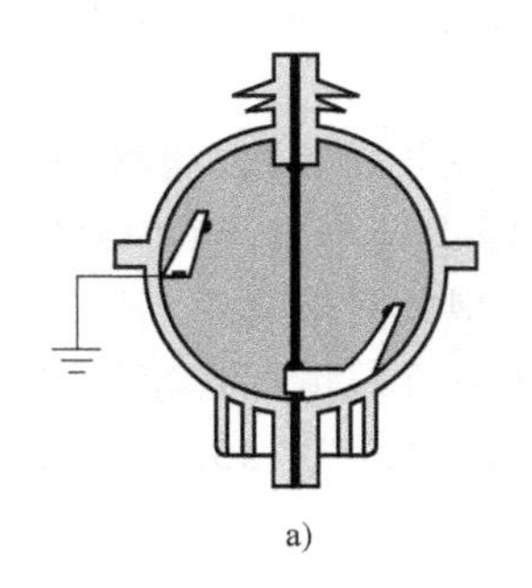
a)

b)

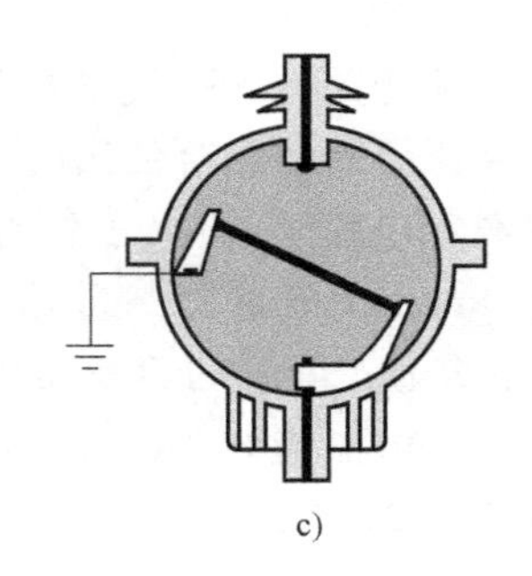
c)

图 11-14　永磁旋弧式负荷开关的动作过程

a）触头闭合　b）触头断开　c）触头接地

总之，产气式和压气式负荷开关的结构简单，制造容易，价格低，可以作为普通型广泛使用；而 SF_6 式和真空式负荷开关，它们的结构较为复杂，制造难度大且价格高，但是由于性能好，电气和机械参数高、寿命长，可作为提高型产品重点使用。

5. 符号

负荷开关的文字符号和图形符号见表 11-6。

表 11-6　负荷开关的文字符号和图形符号

图形符号	文字符号
(负荷开关图形符号)	专用负荷开关(QLG)、通用负荷开关(QLP)和特殊用途负荷开关(QLA) SF_6 式负荷开关(QLS)、真空式负荷开关(QLV)和油负荷开关(QLO)

6. 机构

负荷开关通常都配有形式各异的弹簧机构，不论手动或电动操作，都有弹簧储能的过程。当储能到位时，自动拉动开关触头，进行分、合闸操作，使得手动或电动操作的速度与开关的分、合闸速度无关，确保了开关分、合闸速度的稳定。

11.4.4 应用

负荷开关主要用在小型化变电站、配电架空线路等场所，也可作为核心元件（如负荷开关-限流熔断器）用于各种环网柜。此处的环网柜是用于环网接线的开关柜，它可以是断路器柜、负荷开关柜或负荷开关-熔断器组合电器柜，其中后者居多。

示例11-9：10kV配电线路大量使用各种柱上负荷开关，包括产气式、真空式和SF_6式负荷开关。对只需实现分断、隔离作用的线路，主要使用手动产气式负荷开关。在需要实现配电自动化功能的线路，主要使用智能SF_6式或真空式负荷开关，这些开关可以较容易地内置CT、PT，并将弹簧机构、智能处理单元与开关壳体做成一体，配置FTU，制成可远方遥控或自行判断、操作的智能化负荷开关。

示例11-10：用于小型化变电站——农村35kV小型化无人值班变电所。主变进线采用产气式负荷开关加熔断器保护方案，如GFW型和LPTE型等，分断有明显断开点。

示例11-11：负荷开关普遍用于环网柜中。如XGN型空气绝缘环网柜中多采用NAL型等压气式负荷开关；UniSwitch型空气绝缘环网柜采用的是单体SFG型SF_6式负荷开关，各个负荷开关的SF_6气室不贯通；Safe型SF_6气体绝缘环网柜中采用的是Safe-L型SF_6负荷开关，各个负荷开关的SF_6气室相互贯通。

在和高压熔断器组合使用时，负荷开关就要求有一个转移电流参数。转移电流I_1可根据熔断器额定电流I_2的大小估算：当$I_2 \leqslant 50A$时，$I_1 = (8 \sim 9) \times I_2$；当$I_2 > 50A$时，$I_1 = (10 \sim 12) \times I_2$；$I_2$值越大，选用倍数越大。如ABB公司Safe型环网柜采用SF_6式负荷开关，SF_6式气室贯通；配置的熔断器额定电流范围为25～125A（视负载情况选定），SF_6式负荷开关额定开断电流为630A，转移电流为1400A，电缆充电开断电流为135A，5%额定有功负载开断电流为31.5A。

11.5 高压熔断器

11.5.1 定义

高压熔断器俗称高压熔丝，一般用在电压不大于35kV的小容量电网中，用于开断过载或短路状态下的电路。

高压熔断器由置放熔体的熔断器管、接触导电件、绝缘支持件等组成。它的主要元件（熔体）在正常工作情况下不应熔断；当系统中出现过载或短路时，熔体将因过热而自行熔断，从而切断电路，达到保护电网和电气设备的目的。

11.5.2 特性

表征高压熔断器的工作特性除了额定电压、额定电流和开断能力外，还有熔体的热特性，包括：

1. 时间-电流特性

时间-电流特性是表示熔体熔化时间与通过电流间的关系曲线，其形状如图11-15所示。按照时间-电流特性进行熔体选择，就可以获得高压熔断器动作的选择性。

图中，I_0 称为最小熔化电流，即熔丝熔化的最小电流。熔丝通过最小熔化电流时，熔化时间接近于无穷大。最小熔化电流与额定电流的比值，称为熔断系数，其值大于 1，一般取 2.2~2.5。不同用途的熔断器可以规定不同的熔断系数，过高的熔断系数会使熔断器失去应有的灵敏度，过低的熔断系数则会造成熔断器在工作电流下的误动。

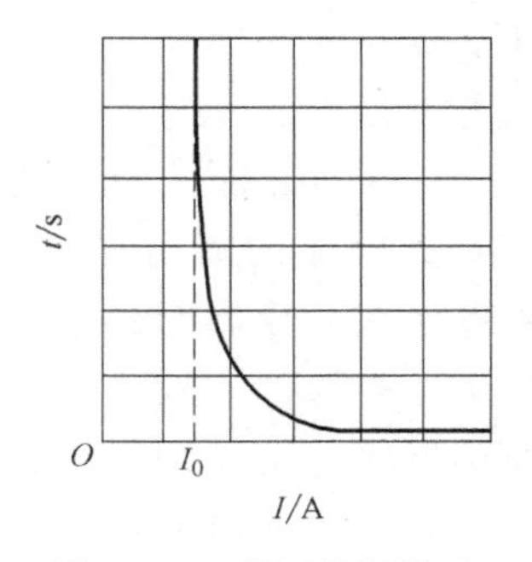

图 11-15 高压熔断器的时间-电流特性

2. 上、下级高压熔断器时间-电流特性的配合

在电力网中，上、下级高压熔断器的接线如图 11-16a 所示，FU_1 作为 FU_2 的后备保护，熔断时间更长，时间-电流特性更高（见图 11-16b）。

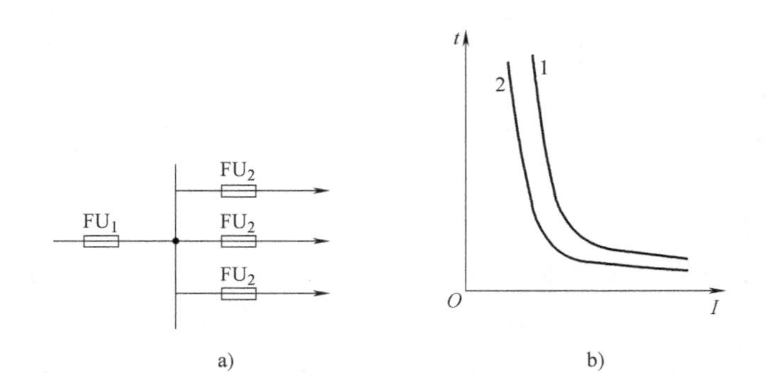

图 11-16 上、下级高压熔断器时间-电流特性的配合

a）上、下级高压熔断器的接线 b）时间-电流特性配合

3. 熔丝材料的选择

为减小熔丝截面积，避免熔断后产生过多的金属和金属蒸气，常用低电阻系数的铜和银来制造熔丝。然而，铜和银是高熔点的材料（铜的熔点为 1083℃，银的熔点为 961℃）。如果要熔体达到材料熔点而熔断，熔体的温度必然也相当可观。为解决这一问题，可以采取在铜熔体上焊锡球或搪锡的方法来降低熔体的熔点，因为锡的熔点为 232℃，熔化的锡可使铜熔解。当铜丝上焊上锡球时，只要锡球一熔解，锡液附近的铜也就会随之熔解，将电路开断。该效应称为锡的冶金效应，在高压熔断器中被广泛采用。

11.5.3 结构

高压熔断器的型号用 RN 和 RW 表示，目前，在电力系统中用得最多的是跌落式高压熔断器和限流式高压熔断器。

1. 跌落式高压熔断器

（1）结构 图 11-17 为跌落式高压熔断器的结构示意图。

跌落式高压熔断器由绝缘支座和开口熔断管两部分组成：熔断器的两端设有触头，安装时使熔断管的轴线与垂直线成一倾斜角；熔断管由钢纸管、虫胶桑皮纸等产气材料制成。

（2）灭弧原理 跌落式高压熔断器利用固体产气材料灭弧。当熔丝熔断，熔管内产生电弧后，熔管的内壁在电弧的作用下产生大量气体，使管内压力升高。气体在高压力的作用下，高速向外喷出，产生强烈去游离作用，使电弧在过零时熄灭。

和所有自能式熄弧装置一样，跌落式高压熔断器开断大电流的能力强、开断小电流的能力弱，因此，在跌落式高压熔断器中，有时需要采取措施来兼顾开断大小电流的不同要求。常用的方法是分级排气，即把熔断管的上端用一个金属薄膜封闭；在开断小电流时，仅由下端单向排气，以保持足够的吹弧压力。在开断大电流时，利用熔断管内的高压力将上端薄膜冲破，形成两端排气，以避免熔断管因压力过高而爆裂。

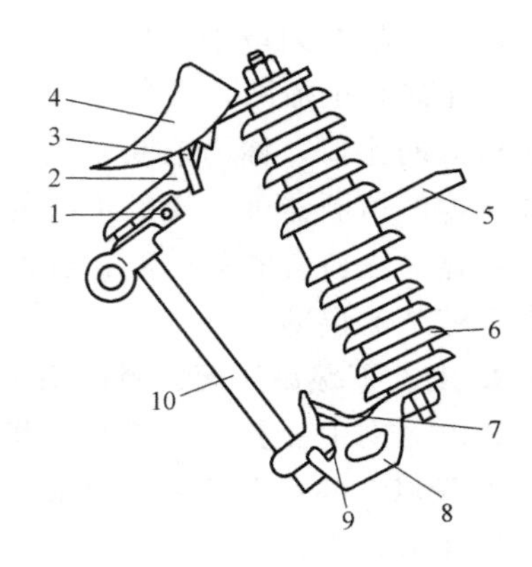

图11-17 跌落式高压熔断器的结构示意图

1、9—轴 2—压板 3—弹簧钢片 4—鸭嘴罩 5—安装固定板 6—绝缘支座 7—下触头 8—金属支座 10—开口熔断管

（3）使用场合 跌落式高压熔断器灭弧时，会喷出大量游离气体并发出很大的响声，所以，一般只用在户外。

（4）特点 结构简单，熔断时不会出现截流，故过电压较低，但开断容量较小。

2. 限流式高压熔断器

（1）结构 石英砂限流式高压熔断器如图11-18所示。它适用于户内，全部动作过程都发生在密闭的管子中，熄弧时无巨大的气流冲出管外。为使运行人员能判定高压熔断器是否动作，需在熔管内设置动作指示器（见图11-18中的4）。动作指示器在正常工作时由熔丝拉住，在熔丝熔断后可在弹簧的作用下弹出，指示动作。

限流式高压熔断器的熔件用镀银的细铜丝制成，铜丝上焊有锡球来降低铜的熔化温度。熔丝的长度由熔断器额定电压和灭弧要求决定。额定电压越高，熔丝越长。

（2）限流原理 当流经熔丝的短路电流很大时，熔丝温度可在电流上升到最大值前达到其熔点，此时，被石英砂包围的熔丝将立即在全长范围内熔化和蒸发，在熔体原来占有的狭小空间中形成很高的压力，迫使金属蒸气向四周喷溅并深入到石英砂中去，使短路电流在上升到最大值前折断。

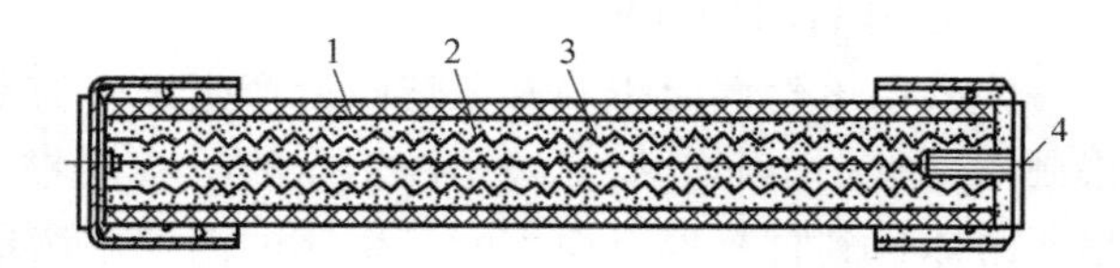

图11-18 石英砂限流式高压熔断器的结构

1—熔断器管 2—熔丝 3—石英砂 4—动作指示器

电流折断必然会引起过电压，过电压作用在熔体熔断形成的间隙，将使间隙立即击穿形成电弧。由于电弧是在被石英砂所包围的狭沟中燃烧，直径很小，再加上石英砂对它的冷却和去游离，因此，弧柱呈现的电阻很高。该电阻可大大限制以电弧形式重新接通的短路电流的上升，这就是限流式高压熔断器的限流作用。

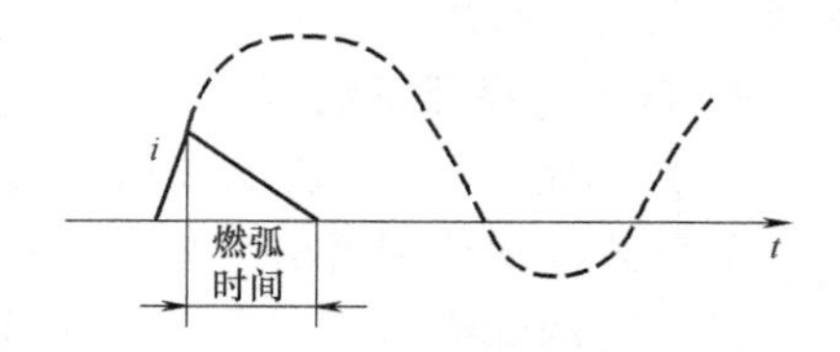

图11-19 限流熔断器切断短路电流时的电流波形

图11-19是用限流熔断器切断短路电流时的电流波形。图中，虚线为未经限流的短路电流，实线为限流后的短路电流。

注意：当熔丝很长时，熔丝熔断形成的间隙将很大，此时必须有较大的电压才能把它击穿形成电弧，这就会使电力系统中出现很高的过电压。为解决这个问题，限流熔断器的熔丝常用几段粗细不等的熔丝串联组成。在短路电流通过时，细熔丝先熔断，此时过电压的大小只由细熔丝的长度决定；间隙击穿后，短路电流继续流过粗熔丝，粗熔丝再熔断。由于粗熔丝熔断时原来的细熔丝间隙中已形成电弧、发生游离，因此，粗熔丝熔断而形成的过电压将只由粗熔丝的长度决定。实验证明，采用这一方法可将过电压自 4.5 倍降低到 2.5 倍以下。

11.6　高压避雷器

11.6.1　用途

高压避雷器是一种用于保护变配电所或其他建筑物及电气设备，防止过电压损坏的限压保护装备，其实质是一个能释放雷电或兼顾释放电力系统操作过电压能量的放电器，它既可以使被保护电工设备免受瞬时过电压危害，又能截断、续流，不致引起系统接地短路。当雷电入侵或操作过电压超过某一电压值后，高压避雷器将优先于与其并联的被保护电力设备放电，从而限制过电压，保护与其并联的设备；当电压值正常后，避雷器又迅速恢复原状，以保证系统正常供电。

如图 11-20 所示，高压避雷器与被保护物是并联关系，一般接在母线及发、变电站的出线处。相关内容请参见“电力系统过电压”方面书籍。

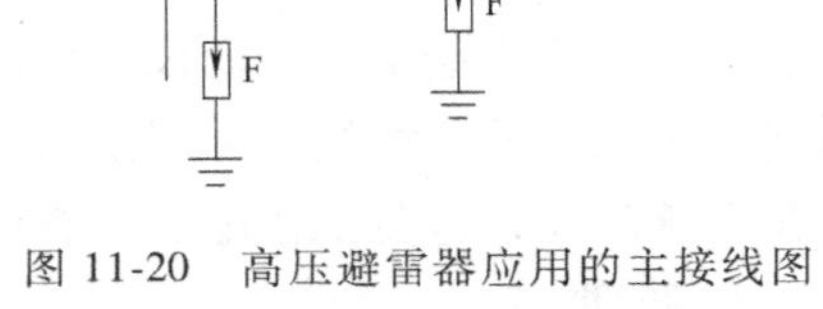

图 11-20　高压避雷器应用的主接线图
G—发电机　QF—高压断路器
L—电抗器　F—高压避雷器

11.6.2　间隙放电特性

由于避雷器的保护作用是靠间隙放电来完成的，所以研究间隙放电特性，就可以了解避雷器如何起到保护作用。

1. 冲击放电电压和工频放电电压

1）冲击放电电压：因为大气过电压的持续时间很短（以 μs 计），所以一般将在实验室里模拟大气过电压做试验的电压称为冲击放电电压；产生这种电压的装置，称为“冲击电压发生器”。用这种电压试验避雷器，即称避雷器的冲击放电试验。

2）工频放电电压：指在工频放电试验时的放电电压。它采用工频高压试验变压器来进行，其持续时间较长。

3）冲击系数 β：指间隙的冲击放电电压与间隙的工频放电电压（峰值）的比值，其值一般大于 1。

2. 伏秒特性曲线的配合

1）放电电压与其作用时间有关。为说明间隙的放电特性，常采用试验方法求出间隙（或设备）的伏秒特性曲线，即放电电压与该电压作用于间隙的时间的关系曲线。

2）伏秒特性曲线的测定。将幅值不同的冲击电压（波形不变）加在间隙上，并根据放电电压在示波器中出现的图像来决定放电时间，与这段放电时间相对应的放电电压为：①如果放电电压发生在冲击波波头部分，则放电电压取放电瞬时值，如图 11-21 中曲线上点 3 所示。②如果放电电压发生在波尾部分，则放电电压应取波峰值，如图 11-21 中的点 1 和点 2 所示。

3）因放电的分散性，实际伏秒特性不是一条曲线，而是一条带形区域。

为使避雷器可靠地保护电气设备，要求避雷器的伏秒特性至少应低于被保护设备的伏秒特性 20%～25%；如图 11-22 的带 1 与带 2 所示。这样，无论过电压幅值多大，总是避雷器首先放电，降低了加在被保护物上的电压值，从而达到保护目的。

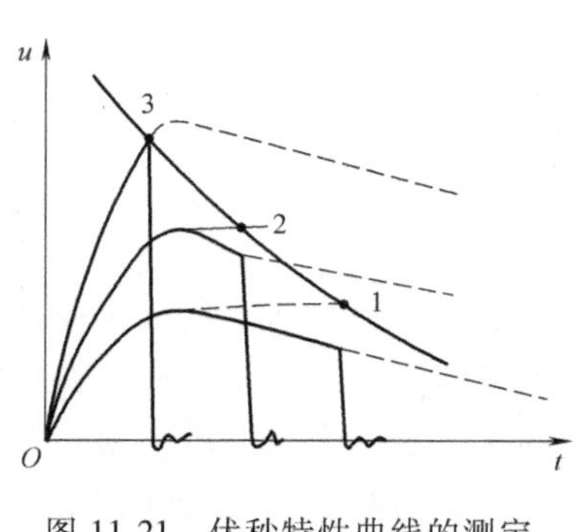

图 11-21　伏秒特性曲线的测定

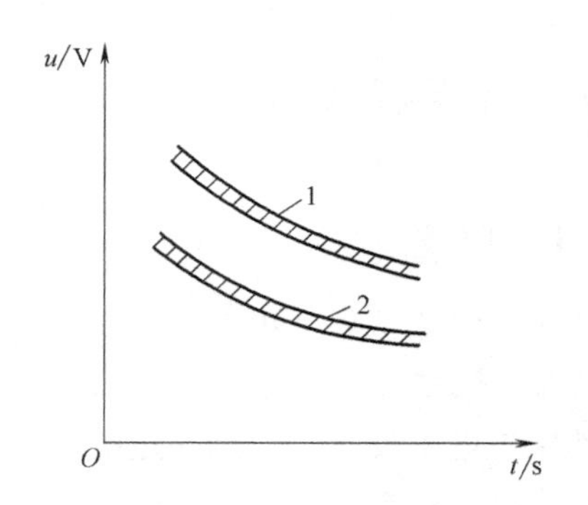

图 11-22　伏秒特性的配合

1—被保护设备的伏秒特性　2—避雷器的伏秒特性

11.6.3　管式避雷器

1. 组成

管式避雷器由产气管 1、内部间隙 S_1 和外部间隙 S_2 三部分组成，其示意图如图 11-23 所示。一般管式避雷器寿命仅十余次。产气管材料常用纤维纸管，也有采用硬橡胶、乙烯塑料或有机玻璃的。产气管外部采用环氧玻璃布加强其机械强度。外部间隙 S_2 能将产气管与工作电压隔离，避免工作电压下有泄漏电流流过产气管。

2. 原理

当线路上遭到直接雷击或发生感应雷电压时，S_1 与 S_2 都被击穿放电，将雷电流通过接地装置泄入大地，随之而来的是供电系统的工频续流。产气管内壁在电弧作用下汽化，管内压力增大到几十个大气压，气体从管口喷出形成纵吹灭弧，电弧约在 0.01～0.02s 内熄灭，这时外部间隙 S_2 也恢复了绝缘状态，系统恢复正常运行。

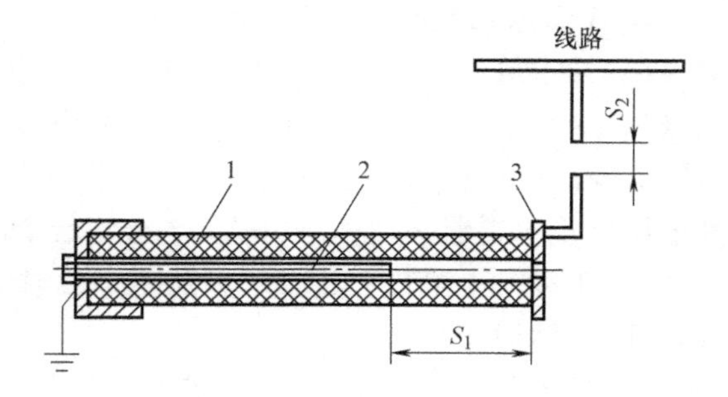

图 11-23　管式避雷器

1—产气管　2—内部电极　3—外部电极

S_1—内部间隙　S_2—外部间隙

3. 灭弧方式

管式避雷器采用自产气灭弧方式，它能熄灭的工频续流有一定的范围。它还规定了开断电流的下限，以免由于电流太小，产气太少，熄灭不了电弧。它也规定了开断电流的上限，以免产气过多，使管子炸裂。

示例 11-12：管式避雷器 GX_2 ［10/(2-7)］型号中，10kV 电压等级，额定断流能力下限 2kA、上限 7kA。

管式避雷器伏秒特性很陡，放电分散性大，难以与被保护物理想地配合。管式避雷器放电后，避雷器两端电压突然下降，形成截波，由于截波尾极陡，产生的过电压危害电气设备的绝缘，因此一般不能用来保护高压电器设备的绝缘。在我国高压电网中管式避雷器只用作线路弱绝缘处的保护（如两条线路的交叉处）和变电站进线保护。

为避免截波的发生，同时限制工频续流的幅值，可将火花间隙串联非线性电阻，即所谓阀型避雷器。

11.6.4　阀型避雷器

1）阀型避雷器。结构如图 11-24 所示，由火花间隙和阀电阻片组成，将它们串联后装在密封的瓷套管内。

2）黄铜片电极。用云母垫片隔开，即形成火花间隙，云母垫片厚 0.5~1mm。电极间大致为均匀电场，如图 11-24a 所示。

3）阀型避雷器中串联的火花间隙和阀片数量，随电压的升高而增加。

4）阀片。它是用金刚砂（SiC）、水玻璃和石灰石等材料共同混合、模制成饼，低温焙烧而成的，电阻饼两面喷铝，以减少接触电阻，饼的侧面涂以无机的绝缘瓷釉，防止表面闪络。

阀片是非线性电阻，它有三个优点：

① 正常电压下阀片阻值非常大；在雷电压作用下，阻值小（见图 11-24b），以保证避雷器上的电压降不超过被保护物的绝缘水平。

② 雷电流过后，当阀片上的电压为工频电压时，阀片阻值增大，以限制工频续流（一般 80A 以内）。

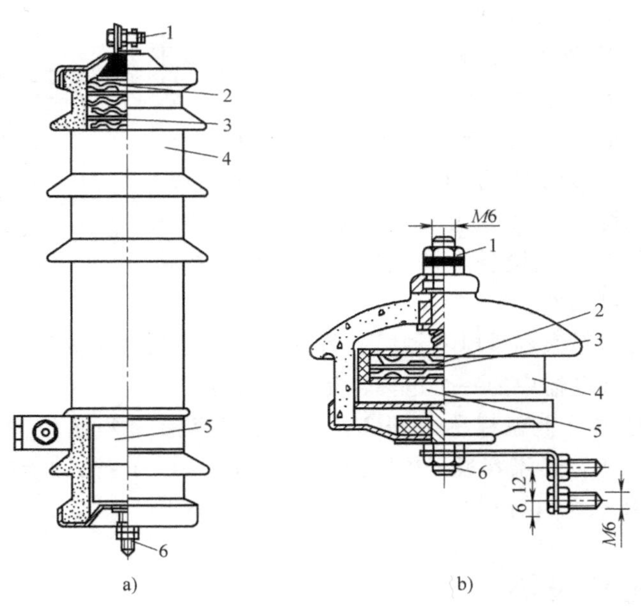

图 11-24　阀型避雷器结构

a）FS4-10 型　b）FS-0.38 型

1—上接线端　2—火花间隙　3—云母垫片　4—瓷套管　5—阀电阻片　6—下接线端

③ 阀片上的电压降不是随雷电流的增大成比例地增大，而是趋近于一个常数，使被保护物得到良好的保护。

11.6.5　磁吹阀式避雷器

具有磁吹间隙的避雷器，称为磁吹避雷器，它采用专门的方法加强火花间隙的磁场以吹动工频续流电弧，提高灭弧能力，可起限制工频续流值和减少续流持续时间的双重作用，因此可减少一定数量的阀片，从而降低了冲击残压值。

磁吹间隙通常有电弧旋转式与拉长电弧式两种。前者设计为电弧在外磁场作用下沿内、外电极所形成的间隙旋转，使电弧冷却以加强去游离作用。后者的特点是利用工频续流通过线圈产生磁场，在磁场作用下，续流电弧受到电动力的作用，被拉得很长且被驱入灭弧室的狭缝中受到挤压和冷却，因此电弧电阻变得很大，一般可切断续流达450A。

11.6.6　金属氧化物避雷器

金属氧化物避雷器是从改进阀片性能来提高保护性能的，这种阀片的阻值也因电压而变，是一种对电压敏感的元件。阀片的主要成分是氧化锌，所以又称氧化锌避雷器。

氧化锌晶粒是低电阻的N形半导体，氧化锌晶粒之间的粒界层，具有像稳压管那样的非线性伏安待性，并且放电容量很大。

示例11-13：MY31型氧化锌避雷器伏安特性，如图11-25所示。

在线路正常工作电压下，粒界层呈高电阻状态，只有很小的泄漏电流（微安级），但线路有过电压时，粒界层迅速变为低电阻，雷电流泄入大地。过电压消失后，对正常工作电压，粒界层又立即恢复到高阻状态，即不会有一般阀型避雷器的工频续流产生。这样，氧化锌避雷器可以不串联火花间隙，称为无间隙避雷器。

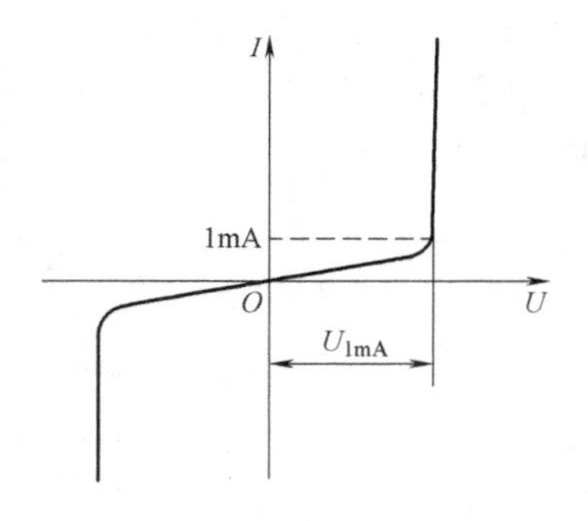

图11-25　氧化锌避雷器伏安特性

金属氧化物避雷器无火花间隙，结构简单，体积较小。因不存在熄弧问题，所以特别适用于保护直流输电设备。再者，它没有火花间隙，这就大大改善了避雷器的陡波响应特性，降低了作用在电气设备上的过电压的幅值，提高了对电气设备保护的可靠性。

氧化锌避雷器可以对大容量电容器组进行保护。它还适应于高原地区和严重污秽地区。它作为SF_6全封闭组合电器中的一个组件也是特别适合的。

选用压敏电阻时主要考虑标称电压U_{1mA}和通流容量。所谓U_{1mA}是指压敏电阻流过1mA电流时两端的电压。通流容量是指以前、后沿（8/20）μs的冲击电流，间隔5min，冲击十次，U_{1mA}变化在-10%以内的最大电流幅值。

11.7　重合器与分段器

它是具有多次重合功能和自具（不需外加能源）功能的断路器。它能够按照预定的顺序，在导电回路中进行开断和重合操作，并在其后自动复位、分闸闭锁或合闸闭锁的自具控制保护功能。重合器不同于高压断路器的一点是高压断路器一般具有一次重合功能，而重合器具有多次重合功能，能更有效地排除临时性故障；重合器不同于高压断路器的另一点是它具有自具功能。自具功能包括两个方面：①它自带控制和操作电源，如高效锂电池；②它的操作不受外界继电器控制，而由微处理器控制，微处理器按事先编好的程序指令控制重合器动作。

分段器是指一种负荷隔离开关。它一般由负荷灭弧室和隔离刀开关组成。分段器具有记忆和识别功能，能够在重合器开断的情况下，隔离永久性故障线段，恢复供电。因此，重合器与分段器往往配合使用。

思考题与习题

11-1　高压熔丝为什么要求用高熔点、低电阻率的材料？又为什么要采用冶金效应？

11-2　充石英砂的熔断器为什么有限流作用？

11-3　用什么方法可以限制熔断器开断过程中的过电压？

11-4　阀型避雷器的火花间隙与阀电阻片各起什么作用？磁吹阀式避雷器有何优点？

11-5　试述氧化锌避雷器的伏安特性及其特点。

第12章　高压开关设备试验

12.1　概况

高压电器由于性能无法完全依靠设计来确定，因此，任何一种高压电器产品在制造后，其性能都要经过试验来校正，而且在运行过程中还需要不断检查其各种工作特性，以保证产品工作的可靠性。

高压开关设备试验是指高压开关电器在正常工作和故障情况下所应具备的各种性能的验证。试验目的是考核产品和设备的各项性能，检验其结构设计、制造工艺和材料选择的合理性。

实验室对高压电器产品进行试验的依据是国家标准和国际（IEC）标准（包括产品标准和试验标准）。随着产品的不断发展和人们对电力系统运行条件认识的深化，相应的国家标准和国际标准也在不断地增订和修订，试验项目也在不断地增加，如近年来新增的环境适应性试验、小电感电流开合试验等。随着试验项目的增加，要求实验室调整试验回路，满足试验要求，提高试验效率等。

随着试验标准的不断完善，产品性能和试验技术也有了很大发展。例如，高压 GIS 三相合成试验技术尽管很复杂，但已被普遍应用于实际试验中。又如，试验测量技术发展也很快，计算机数字采集系统已在各实验室普遍应用，其测量精度好、试验效率高。

12.2　试验类型

高压开关设备是指高压开关及与其相关的控制、测量、保护和调节设备的组合，以及这些装置和设备同相关的电气连接辅件外壳和支撑件的总装的总称。

高压开关设备试验是指在正常工作和故障情况下设备所应具备的各种性能的验证，包括交流高压断路器在内的高压开关设备和控制设备的试验项目及其分类，见表 12-1。

高压开关设备和控制设备的试验项目主要有绝缘性能试验、大容量试验、温升与机械性能试验、电磁兼容（EMC）试验、环境适应性试验等。

按照试验形式不同，高压开关设备和控制设备的试验分为型式试验、出厂试验、参考性试验三类。

1. 型式试验

型式试验分为绝缘试验、温升试验、机械试验、大容量试验（如短时耐受电流和峰值耐受电流试验、包括短路试验在内的各类开断与关合试验）、电磁兼容（EMC）试验和环境适应性试验等。

试验从产品中抽样进行，目的是对某一断路器的性能、质量等各方面进行研究和考核，并据此对设计进行修改和重新加工，然后再做考核。当一种产品的重要零部件经过修改、代

表 12-1　高压开关设备和控制设备的试验项目及其分类

序号	试验项目		试验类别		适用产品									使用国家标准
	分类	名称	型式试验	出厂试验	交流高压断路器	隔离开关及接地开关	负荷开关	负荷开关及其熔断器组合电器	高压接触器	高压熔断器	重合器及分段器	金属封闭开关设备	72.5kV及以上气体绝缘金属封闭开关设备	
1	绝缘试验	工频耐压试验	★	√	√	√	√	√	√	√	√	√	√	GB/T 11022—2020 GB/T 311.1—2012 GB/T 311.2—2013 GB/T 16927.1—2011 GB/T 4585—2004 GB/T 7354—2018
2		雷电冲击电压试验	★		√	√	√	√	√	√	√	√	√	
3		操作冲击电压试验[①]	★		√	√	√						√	
4		无线电干扰试验[②]	★		√	√	√						√	
5		局部放电试验	○	√[③]	√	√	√	√			√	√	√	
6		辅助和控制回路的绝缘试验	★	√	√	√	√	√	√	√	√	√	√	
7		作为状态检查的电压试验	★		√	√	√	√	√	√	√	√	√	
8		户外绝缘子的人工污秽试验	○		√	√	√						√	
9	大容量试验	关合与开断试验	★		√			√	√	√	√	√	√	GB/T 1984—2014 GB/T 4473—2018
10		近区故障开断试验	○		√								√	
11		失步故障和关合试验	★		√							√	√	
12		单相和异相接地故障试验	★		√							√	√	
13		容性电流（线路充电、电缆充电、电容器组）开断与关合试验	★		√						√	√	√	
14		小电感电流的关合试验	○		√	√	√						√	GB/T 1984—2014 GB/T 14810—2014
15		开合负载电流试验	○				√	√	√		√			GB/T 3804—2017 GB/T 16926—2009
16		内部故障耐受试验	★									√	√	GB/T 17467—2020 GB/T 3906—2020 GB/T 7674—2020
17		母线转换电流试验	○			√							√	GB/T 1985—2023
18		短时和峰值耐受电流试验	★		√	√	√	√	√		√	√	√	GB/T 11022—2020
19		感应电流开合试验	○			√		√		√			√	GB/T 1985—2023
20		小容性电流开合试验	○			√		√		√			√	GB/T 1985—2023
21		电寿命试验	○		√							√	√	GB/T 1984—2014

（续）

序号	试验项目		试验类别		适用产品									使用国家标准
	分类	名称	型式试验	出厂试验	交流高压断路器	隔离开关及接地开关	负荷开关	负荷开关及其熔断器组合电器	高压接触器	高压熔断器	重合器及分段器	金属封闭开关设备	72.5kV及以上气体绝缘金属封闭开关设备	
22	温升、机械性能试验	连续电流试验	★		√	√	√	√	√	√	√	√	√	GB/T 11022—2020
23		回路电阻测量	★	√	√	√	√	√	√		√	√	√	
24		机械特性试验	★	√	√	√	√	√	√		√	√	√	GB/T 11022—2020
25		机械操作试验	★	√	√	√	√	√	√		√	√	√	
26		机械寿命试验	★		√	√	√	√	√		√	√	√	GB/T 11022—2020
27		密封试验	★	√	√	√	√	√	√		√	√	√	
28		防雨试验	★		√	√	√	√				√	√	
29		防护等级试验	★		√	√	√					√	√	GB/T 4208—2017
30		辅助和控制回路附加试验	★		√	√	√	√	√	√	√	√	√	GB/T 11022—2020
31	电磁兼容（EMC）试验	电气快速瞬态/脉冲群试验	★		√	√	√	√	√	√	√	√	√	GB/T 17626.2—2018
32		振荡波抗扰性试验	★		√	√	√	√	√	√	√	√	√	GB/T 17626.4—2018
33		主回路发射试验（无线电干扰电压试验）④	○		√	√		√		√			√	GB/T 17626.5—2019 GB/T 11604—2015
		辅助回路和控制回路的发射试验	○		√	√	√	√	√	√	√	√	√	GB/T 11022—2020
34	环境适应性试验	湿热带气候条件试验	○		√	√						√	√	GB/T 14598.3—2006 GB/T 11022—2020
35		高原气候条件试验	○		√	√							√	
36		抗地震试验	○		√	√							√	
37		严重冰冻条件下的操作试验	○		√	√	√	√	√		√			GB/T 1985—2023
38		低温试验	○		√	√			√		√		√	GB/T 1984—2014
39		高温试验	○		√	√			√		√		√	GB/T 1984—2014
40		交变湿热试验	○						√		√			GB/T 11022—2020
41		振动试验	○					√		√				GB/T 11022—2020 GB/T 11287—2000

注：★—强制性型式试验项目；○—适用性型式试验项目；√—适用性项目。
① 额定电压不小于363kV时。
② 额定电压不小于126kV时。
③ 额定电压72.5kV及以上气体绝缘金属封闭开关设备时。
④ 额定电压252kV及以上，并在相关产品标准有规定时。

用以及重要的工艺更改时，都要重新按有关型式试验进行考核。一种产品生产若干年后也要重新进行型式试验。

对高压开关设备，当产品的设计、工艺或所使用的关键材料（如触头材料、绝缘材料）、关键零件（如灭弧室、波纹管）改变而影响到产品的性能时，应进行相应项目的型式试验；当替代的操动机构参考的机械行程特性曲线变化时，应进行全部型式试验，当替代的操动机构或者原来的操动机构布置方式发生改变时，可只进行机械试验、峰值耐受电流试验和基本短路试验。

在新产品试制过程中，应对试制的样品进行型式试验，试验必须到专业实验室进行。

2. 出厂试验

出厂试验是为了发现材料和结构中的缺陷，试验应不损坏试品的性能和可靠性。出厂试验应在制造厂任一合适可行的地方进行，成批生产的每一个产品均应进行出厂试验，以确保产品与已通过型式试验的设备相一致。根据协议，所有出厂试验都可以在现场进行。

出厂试验的项目一般包括：①主电路的绝缘试验；②辅助和控制电路的试验；③主电路电阻的测量；④密封试验；⑤设计检查和外观检查。可能需要进行一些附加的出厂试验，这在有关的 IEC 标准中予以规定。

如果高压开关设备和控制设备在运输前不完成总装，那么应该对所有的运输单元进行单独的试验。在这种场合，制造厂应该证明这些试验的有效性（如泄漏率、试验电压、部分主电路的电阻）。除非制造厂和用户间另有协议，通常出厂试验不需要试验报告。

3. 参考性试验

指型式试验以外的性能验证试验。由于使用环境和场合的不同，有些高压电器还要进行如耐寒、耐地震、特殊环境适应性等的试验。

12.3　试验方法

高压开关设备的试验项目是根据电力系统对其要求而定出的，应尽可能按电力系统的实际情况进行。

高压开关设备主要试验项目的试验方法有以下五种。

1. 机械速度特性试验方法

主要有三种：

1）电磁振荡器法：采用交流电磁式机械振荡器。当振荡器的线圈通入交流 50Hz 电流时，其振荡笔尖开始做每秒 100 次的振动。操作试验时，振荡器笔尖连接在断路器动触头直线运动部分的薄片上，并描绘出振荡波。波形上任何两个相邻波峰间的时间间隔为 0.01s，薄片上纵向的长度即为断路器动触头运动的行程。由此可求出动触头运动的速度特性。

2）行程记录器法：行程记录器由厚度相同的一组金属片和一组绝缘片相间叠制而成。它的滑动触头与断路器动触头相连，并用电池与光线示波器的振子接通。当断路器动触头运动时，同时起动示波器即可以拍摄出动触头运动的波形，并由此计算出断路器的时间特性和速度特性。

3）霍尔效应传感器法：其原理同行程记录器法，只是将行程记录器换成霍尔效应传感器。该方法测量较准确并且方便。

2. 温升试验方法

用一调压变压器和大电流变压器组成试验回路，对被测试电器供给所需的工作电流。被测试电器的安装接线方式与在电力系统中工作的情况相同。该方法用热电偶测量被试电器的温度。

3. 动、热稳定试验方法

开关、变压器等电器在短路工况下，应能承受短路电流产生的电动力和热效应的影响而不致损坏。这两项要求分别称为动稳定性和热稳定性。动、热稳定试验方法是：用冲击发电机或电网与降压大电流变压器组成供电回路，对被测试的高压电器供电。高压电器的导电回路呈闭合状态接于变压器的二次侧，并接成短路形式。高压电器与变压器的连接方式和所选用的连接母线与电力系统中实际运行情况相同或处于不利条件下。热稳定电流一般等于断路器的额定开断电流，用有效值表示。动稳定电流包括非周期分量，用峰值表示，数值一般为热稳定电流的2.5倍。

4. 开断关合能力试验方法

1）按电源装置不同，有以下三种方法：

① 网络试验法：以电力系统作为试验供电电源。缺点是试验容易受到电网容量的限制；恢复电压受电网的电感和对地电容限制，因而不易调整；试验时间和试验次数受到限制。该方法的主要试验设备是试验变压器、合闸开关、保护开关、调节短路电流和功率因数用的电感和电阻、调频电容和调频电阻等。

② 冲击发电机试验法：利用一种特制的巨型同步发电机作为试验电源对高压电器进行试验。该方法的优点是试验方便，试验等价性好。缺点是投资大，建设周期长，维护复杂。主要试验设备是一套冲击发电机系统，包括拖动电动机、励磁机和同步电机。其他设备同网络试验方法相同。

③ 振荡回路试验法：用充满电荷的电容器对电感线圈放电，用由此得到的工频交流电源对高压电器进行试验。该方法的优点是经济、方便，适宜做大量研究性试验。缺点是试验等价性稍差，只能做分断试验，并且只适用于燃弧时间短的断路器。主要试验设备有带整流充电装置的电容器组、电感线圈、点火球隙和合闸开关等。

2）按试验方法不同，又有以下三种：

① 完全试验法：按断路器规定的额定电压和额定开断电流对其进行整台的直接试验。这种试验最接近实际开断情况。但这种试验方法必须供给断路器全部容量，对大容量断路器来说这几乎是不可能的。对于中等容量的断路器，也要有巨大能量的设备。因而这种试验方法只用在小容量的断路器上。

② 部分试验法：取断路器一相的部分断口进行直接试验，然后推算出整台断路器的额定开断容量。此方法适用于有多断口串联的断路器，并且各断口的工作条件完全相同。

③ 合成试验法：随着电力系统容量的增大，高压电器的开断容量也越来越大。单独使用网络、冲击发电机、振荡回路系统进行完全试验、部分试验都已满足不了高压电器开关试验的需要。因此出现了合成试验法。由于断路器在短路电流的弧道熄灭以前，电弧电压很低，所以先用一套低压电源供电；当电弧电流过零后，再用一套高压电源提供加在断路器断口两端的恢复电压，以此考核电弧是否会重燃。这种试验回路称合成回路。合成试验法设备投资少，试验等价性也得到世界各国的公认，大容量的开断试验多采用此试验法。

5. 绝缘性能试验方法

被测试电器是完整的一台或一极，与邻近物体的距离要与使用情况相同。试验时，施加电压部位，一是每极在分闸和合闸位置的导电部分对地之间，二是相间导电部分之间（分闸位置、合闸位置分别进行），三是分闸状态下同极的断口之间。

12.4 绝缘试验

高压开关设备的绝缘试验主要验证产品在使用寿命中，耐受电力系统正常工作电压、各种过电压（如大气过电压、操作过电压即内部过电压）的能力，以确保高压电器可靠运行。

高压开关设备的绝缘试验包括工频耐压试验、雷电冲击耐压试验、操作冲击耐压试验、无线电干扰试验、局部放电试验、凝露及人工污秽条件下的绝缘试验、泄漏电流试验。其中，工频耐压试验、直流耐压试验、冲击耐压试验、放电试验等属于破坏性试验，此类试验将对被试设备造成一定的损害；而绝缘电阻测量、介质损耗测量、局部放电测量等属于非破坏性试验，它们主要用于高压开关设备绝缘特性的测量。

绝缘试验一般在高电压实验室进行，主要试验设备为工频（交流）高压试验设备（即高压试验变压器）和冲击电压发生器。其中，工频高压试验变压器可产生工频试验电压、操作波试验电压。它需要满足内部过电压的要求，故工频输出电压将大大超过电力变压器的标称值，一般为数百至数千千伏，如我国有 2250kV 的试验变压器，个别国家还有 3000kV 的试验变压器。

12.4.1 工频耐压试验

工频耐压试验主要检验高压电器产品耐受电力系统长期工作电压及内部操作过电压的能力，试验方法简单，包括短时（1min、加一次）工频耐压和长时间工频耐压两类试验。

1. 对工频耐压试验条件的要求

依据标准规定，试验电压频率为 45~65Hz，波形应是正弦波，试验变压器回路电压应足够稳定，试验系统有足够的短路容量，满足升压速度等。工频试验设备原理接线图如图 12-1 所示。

2. 短时工频耐压试验

高压开关设备应该按 IEC 60060—1 承受短时工频耐受电压试验。对每一试验条件，应该把试验电压升到试验值维持 1min。应该进行干试，对户外高压开关设备和控制设备还应该进行湿试。

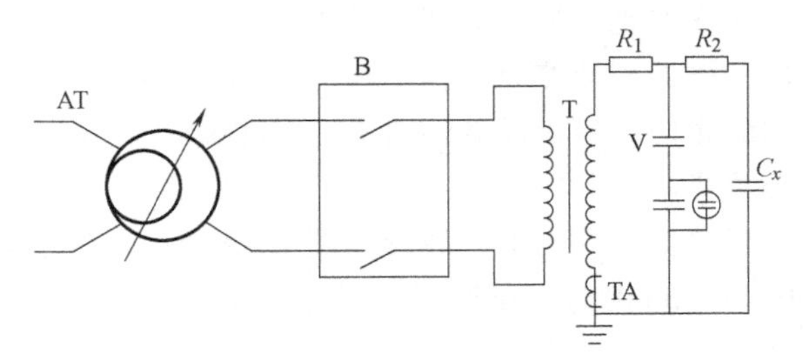

图 12-1　工频试验设备原理接线图

AT—调压器　B—高压开关柜（内有断路器、隔离开关、电压互感器、电流互感器、避雷器等）　T—试验变压器　TA—电流互感器　R_1、R_2—保护电阻　V—分压器　C_x—试品

高压开关设备应该按 IEC 60060—1 承受短时工频耐受电压试验。对每一试验状况，应该把试验电压升到试验值并维持 1min，只进行干试。试验电压要根据开关设备的额定电压、设备类型等因素来选定。不同额定电压的设备，其试

验电压由 GB/T 11022—2020 及 GB/T 311.1—2012 规定。

12.4.2　冲击电压试验

冲击电压是一极短时间的脉冲高压，用冲击电压来模拟大气过电压（操作冲击电压和雷电冲击电压）对高压开关电器进行试验，以检验产品在大气过电压下的绝缘性能。

对冲击电压，试验程序与试品的自恢复或非自恢复绝缘类型有关。其中，自恢复绝缘在破坏性放电后，绝缘介质（如液体和气体介质）能完全恢复其绝缘性能，而非自恢复绝缘在破坏性放电后，绝缘介质（如固体介质）永久地丧失其绝缘强度。IEC 标准规定，对自恢复绝缘试品，通常施加 3 次冲击；对非自恢复与自恢复绝缘的组合，通常施加 15 次冲击。

1. 雷电冲击电压试验

高压开关设备在电力系统运行中不仅受到工作电压和工频电压升高的作用，还受到雷电过电压的作用。雷电过电压对绝缘的破坏在特征上和交流电压破坏情况有着显著的不同，它也与操作过电压引起的绝缘破坏的形态有所不同。所以，雷电冲击电压试验是型式试验必试项目。

标准雷电冲击电压波形被规定为 1.2/50μs，极性有正、负两种，可表示为

$$T_1/T_2=\pm 1.2/50\mu s$$

式中，T_1 为波前时间；T_2 为半峰值时间。

标准雷电全波如图 12-2 所示。

图中的标准雷电冲击波形是平滑的，试验电压值取其峰值。实际上某些试验回路在冲击波形峰值处可能有振荡或过冲，但振荡的单个波峰幅值不超过峰值是允许的。标准冲击波与实际测量冲击波间的容许偏差如下：峰值为±3%，T_1 为±30%，T_2 为±20%。

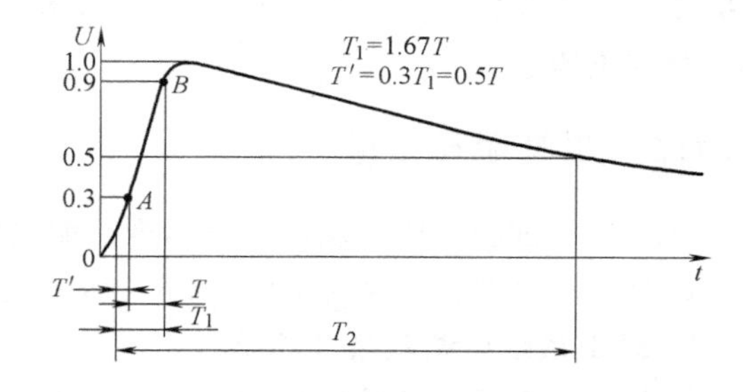

图 12-2　标准雷电全波

2. 操作冲击电压试验

电力系统中高压开关设备的接入和切断会引起操作过电压。对额定电压大于 363kV 的开关设备应承受操作冲击电压试验，对户外产品则要求进行湿度试验。

操作波是指波头时间为数十微秒至数毫秒的冲击电压波，分单极性或正/负极性的冲击电压和极性周期变化的振荡形冲击电压两种。对非均匀电场，操作波正极性的放电特性具有饱和的倾向，所以随着输电电压的提高，设备绝缘水平将降低，操作波冲击电压试验就变得十分重要。

标准操作冲击电压波形如图 12-3 所示，其波头时间 $T_P=250\mu s$（±20%），波尾时间 $T_2=2500\mu s$（±60%）。试验时，操作冲击电压的峰值容许偏差为±3%。

12.4.3　局部放电试验

局部放电是指在高电场作用下发生在绝缘介质内局部区域的放电现象，此时绝缘介质整体仍保持绝缘性能，未发生贯穿性放电。

局部放电的原因主要是由于高压开关设备使用的绝缘介质多（有瓷、空气、SF_6、纸、布、油、环氧树脂及不同材料组成的复合体等），由于绝缘结构和工艺等不同，绝缘介质内

残存有气泡或杂质。正常带电情况下，液体或固体介质内含有的气泡的内部电场强度比周围介质高，而击穿强度却低得多，因此气泡先放电，其他介质仍然保持绝缘性能，从而形成局部放电。当绝缘介质内有杂质时，杂质边缘电场集中，也会形成局部放电；导体的表面有毛刺或较尖的棱角也会形成电场集中，发生局部放电。此外，SF_6 气体中含有金属微粒、GIS 中绝缘件表面不够光洁或附有尘埃等，都会使局部放电发生。

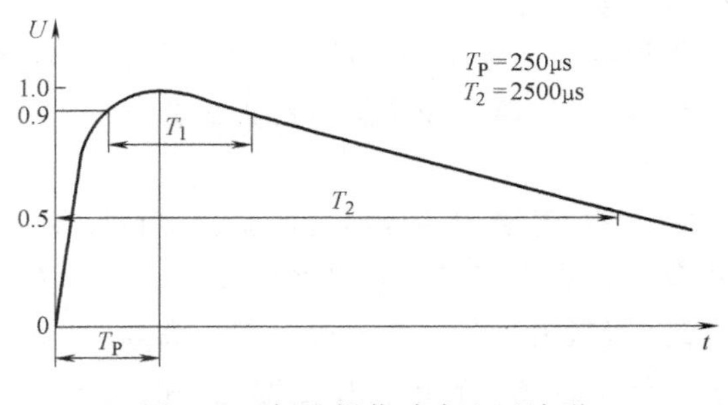

图 12-3　标准操作冲击电压波形

局部放电的发生会降低绝缘介质的击穿强度，最终造成击穿或闪络，因此对高压电器应进行局部放电测量，以作为质量控制的重要指标。局部放电的测量按 IEC 60270 进行测量。

12.4.4　人工污秽试验

人工污秽试验用来验证用于高压开关设备的户外绝缘子、套管等外绝缘承受污秽的能力。GB/T 11022—2020 规定：如果绝缘子的爬电距离满足了相应要求，则不需要进行人工污秽试验，除非用户有特殊要求。

如果绝缘子爬电距离不满足要求或有疑问时，应按 GB/T 4585—2004《交流系统用高压绝缘子的人工污秽试验》进行人工污秽试验。

12.4.5　泄漏电流试验

当金属封闭高压开关设备和控制设备中有绝缘材料制成的隔板或活门时，如果通过绝缘表面的连续路径在绝缘的隔板和活门的可触及表面产生泄漏电流，或通过被小的气体或液体间隙截断的路径而在绝缘的隔板和活门的可触及表面产生泄漏电流，则要求在规定条件下，泄漏电流不应超过 0.5mA。

12.4.6　无线电干扰试验

无线电干扰试验（RIV）是指高压开关设备在带电状态下电晕放电引起的电场发射对周围低压系统（通信、广播、信号）等的干扰影响试验，它仅适用于额定电压 126kV 及以上的高压开关设备和控制设备，并应在相关产品标准中有规定时进行。

无线电干扰试验虽然不属于绝缘试验，但属于利用高压工频试验变压器在高压实验室进行的试验项目，且是高压开关设备的必试项目。

12.5　大容量试验

12.5.1　概述

作为一项主要性能试验，大容量试验是验证高压开关电器在最高工作电压下开断和关合短路（正常）电流能力的试验。

根据在电力系统的使用情况，高压开关电器短路开断和关合能力试验包括：

1）端部短路开断和关合能力试验，即发生在高压开关电器出口端短路时的开断、关合能力试验。

2）失步开断和关合能力试验，也称反相开断和关合能力试验。当电力系统出现严重失步现象时，联络用高压断路器将分断两个系统，使其解列，进行失步开断。

3）近区故障的开断试验，即在离断路器出口几公里处进行的短路开断试验。由于带有一段线路，故其短路电流比端部短路电流小一些，但恢复电压比端部短路时的高。

4）电容电流的开断和关合能力试验。电容电流指空载长线充电电流、电容器组电流及电缆线路充电电流。

5）小电感电流开断和关合能力试验。小电感电流指空载变压器的励磁电流、电动机电流和电抗器电流。该试验中，开断的特点是高压断路器在开断过程中，易因发生截流而产生过电压。

6）发展性故障的开断试验。发展性故障是指高压断路器在开断小电感电流或容性电流时，由于产生的过电压危及电力设备的绝缘而造成电源短路的故障。其特点是高压断路器中本来流过的是小电感电流或电容电流，由于电源短路导致短路电流突然变得很大，给高压断路器开断带来很大困难，并由于灭弧室的机械强度不够而发生爆炸事故。

7）并联开断试验。指电力系统的一种特殊接线情况，即一条输出线路由两个供电电源供电，每一供电线路均各用一台高压断路器保护。当输出线路发生短路时，两台高压断路器均需开断。由于两台高压断路器的动作时间有先后，先分断的断路器先开断，而后分断的断路器流过的短路电流将由原来分担的一部分突然增加到全部。情况与发展性故障相似，同样会给高压断路器带来很大的困难。

8）异相接地故障的开断试验。指高压断路器两侧出现不同相接地的短路开断试验。高压断路器两侧短路的这一段开断电压由正常开断时的相电压提高为线电压。

12.5.2 开断和关合能力试验

开断和关合能力试验作为高压开关电器的一项主要性能试验，用来验证高压开关电器在最高工作电压下，开断短路（正常）电流的能力和关合短路（正常）电流的能力。其中，开断能力试验的目的是考核高压开关电器在规定的恢复电压下开断各种电流的能力，以检验试品及其灭弧装置在结构设计、制造工艺和材料选择等方面的正确性。而关合能力试验的目的是考核产品（特别是动、静触头）在额定电压和规定的使用条件下，关合短路电流（包括非周期分量和周期分量）的能力，以检验操动机构能否克服短路电流的电动力作用而顺利完成关合任务。做关合能力试验时，要求触头无熔焊和出现其他妨碍产品继续正常工作的现象。

12.5.3 出线端的短路开断和关合试验

根据高压开关电器在电力系统的使用情况，开断和关合能力试验主要在高压开关电器的出口端进行短路时的开断、关合能力试验。

1. 试验方法

出线端短路试验包括试验方式 T10、T30、T60、T100s、T100s（b）、T100a 和临界电流试验。其中，按试验方式 T10、T30、T60、T100s 分别进行 10%、30%、60%、100%额定短路开断电流试验，按额定操作顺序“O-0.3s-CO-180s-CO”各进行一次。按试验方式 T100a 进行 100%额定短路开断电流非对称开断试验，按单分方式进行，三相各进行一次。直流分量百分数按 40%进行。试验时，SF_6 气体充气压力值为 0.1MPa。

试验选择合理的试验回路和试验方法，可使一定的试验设备获得较大的试验容量；应按照 GB/T 1984—2014 进行，满足通用要求、试品数量、开关设备的布置及试验方法通用考虑等。常用的开断及关合能力试验回路的类型见表 12-2，试验分类、原理及特点见表 12-3。

表 12-2　开断及关合能力试验回路的类型

试验方法及电源装置名称		特点
直接试验回路	网络试验装置	能进行多种型式的试验(如单相试验、三相试验、开断、关合、重合闸、动热稳定性试验等),试验条件等价性较好,投资少,试验时对系统运行有冲击,试验容量、时间和次数受限制,试验参数调节方便
	冲击发电机系统	能进行多种型式的试验。便于综合体现系统的各种典型情况,等价性较好,运行方式比较灵活,参数易于调节,投资大,运行维护工作量较大
	振荡回路	试验型式比较单一,只能对单相产品进行单分试验,对燃弧时间长、电弧电压高的断路器,试验等价性较差、投资少、运行方式比较灵活,很适于对燃弧时间短的断路器进行大量的研究性试验
合成试验回路		可以用较少的设备获得较高的试验参数,只要电流源和电压源配合得当,符合一定的试验条件,等价性就可以保证,能进行单分、合分、分-合分试验,运行维护比较复杂,程序控制准确性要求较高

表 12-3　开断和关合能力试验的分类、原理及特点

类别		原理简介	等价性条件	特点
按试品构成分类	整体试验	在组装完整的三相断路器上按标准进行三相试验	试品结构、安装方式和操动机构等均需与实际产品完全一致,按标准施加额定试验参数值	考核产品性能最真实,但试验需要提供断路器的全部开断容量,要求试验设备容量大、投资大,只适用于容量较小的断路器
	单相试验*	在组装完整的一相断路器上按规定进行单相试验	试品各断口的机械动作特性、灭弧介质的供应等均应与三相使用时等价。试验参数按三相中最严格的一相施加	考核产品性能真实,但要求试验设备容量较大、投资较大
	单元试验*	用一相断路器中的单个或部分灭弧单元试验的结果,确定三相断路器的开断与关合能力	被试灭弧单元的结构状态、介质条件、安装方式和操动特性等应与整相产品的其他单元相同,且互不影响。各灭弧单元的分合闸不同期性不应超过允许值	考核产品性能真实,对超高压大容量的多断口断路器进行试验,既经济又简便,因而应用广泛
按试验方法分类	直接试验	用一个电源,对试品按标准进行试验	—	考核产品性能真实,试验效率高,但要求试验设备容量大、投资大
	合成试验	用两个单元:低电压、大电流电源和高电压、小电流电源共同供电,满足高参数要求	开断电流波形应与实际短路波形相同,保证电弧能量相等,电流过零附近的波形应与直接试验等价,保证零区物理过程相同。电流过零时,恢复电压应立即加上,数值、频率和波形应与实际一致,保证电压恢复过程相同	等价性能保证,特别适用于超高压大容量的高压断路器,可以大大提高试验设备的试验容量,对燃弧时间长的断路器,操作控制较复杂

注：“*”的项目，均为部分试验项目。

2. 试验参数

短路开断与关合试验按照 GB/T 1984—2014 高压交流断路器规定的参量及要求进行。

（1）试验回路要求

1）功率因数不超过 0.15。

2）频率为额定频率，允差±8%。

3）回路接地、试验回路与试品的连接满足相关要求。

（2）短路试验参数　包括外施电压、短路关合电流、短路开断电流、短路开断电流的直流分量、瞬态恢复电压、工频恢复电压和燃弧时间。

图 12-4 是断路器电流开断过程中几个阶段的电流、电压原理波形图，存在以下四个阶段：

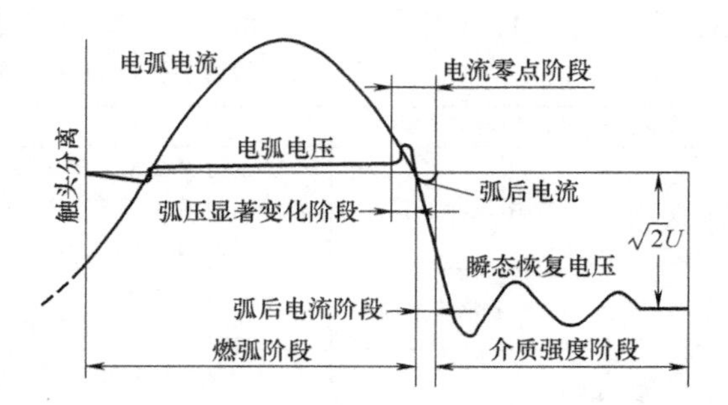

图 12-4　断路器电流开断过程中几个阶段的电流、电压原理波形图

① 从触头分离瞬间起到主电流消失瞬间止的这一段时间，为“燃弧阶段”。

② 在每个燃弧半波，电弧电压在电流过零前表现出的显著变化，随后与电流一起降至零，并改变极性，断口两端出现瞬态恢复电压，此阶段为电流过零前的“弧压显著变化阶段”。

③ 在电弧电流零点后，由于存在瞬态恢复电压和弧隙剩余电阻，断口会流过弧后电流，这就是“弧后电流阶段”。

④ 当流过断口的电流消失以后，断口就像一段绝缘介质似地承受电压，这就是“介质强度阶段”。实际上由于不能精确确定这些阶段的界线，常常是将弧压显著变化阶段和弧后电流阶段统称为电流零点阶段，即电流零区。

1）短端开断电流的直流分量。直流分量的百分数（即“%DC”）是基于时间间隔（$T_{OP}+T_t$）和时间常数 ζ，用式（12-1）来计算的。对高压断路器，要求至少应在 10%、30%、60%和 100%四种额定开断电流下进行试验。

$$\%DC = 100e^{-(T_{OP}+T_t)/\zeta} \tag{12-1}$$

式中，时间常数 ζ 的选择，基于如下条件：

① 标准的时间常数时，$\zeta=0.45\text{ms}$。

② 特殊工况下的时间常数：额定电压为 40.5kV 及以下时，$\zeta_1=120\text{ms}$；额定电压为 72.5～363kV 时，$\zeta_2=60\text{ms}$；额定电压为 550kV 及以上时，$\zeta_3=75\text{ms}$。

③ T_{OP} 为断路器首先分闸极的最短分闸时间。

④ T_t 为额定频率的一个半波（如额定频率为 50Hz 时，$T_t=10\text{ms}$）。

直流分量百分比与关合、分断电流的确定如图 12-5 所示。

2）瞬态恢复电压，其波形与实际回路有关，一般有如下两种情况：

① 系统电压高于 126kV 且短路电流相对于最大短路电流来说较大时，瞬态恢复电压包括一个上升速率较高的初始部分及继之而来的上升速率较低的部分。这种波形适合用四参数法确定的三条线段所组成的包络线来表示。

② 系统电压低于 126kV 或虽高于 126kV，但短路电流相对于最大短路电流来说较小时，

瞬态恢复电压近似于一种衰减的单频振荡波。这种波形适合用两参数法确定的两条线段所组成的包络线来表示，两参数法是四参数法的一种特殊情况，由于断路器电源侧固有电容的影响，瞬态恢复电压在最初几微秒上升速率较低。为了反映这种情况，引入“时延”的概念。实际上瞬态恢复电压是用两参数或四参数加上时延来表示，两参数或四参数以及时延的规定值参见 GB/T 1984—2014。

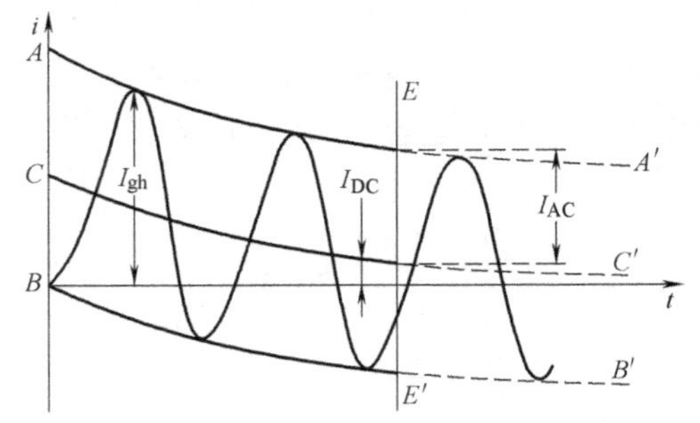

图 12-5　直流分量百分比与关合、分断电流的确定

AA'、BB'—电流包络线　Bt—短路电流零线　CC'—周期分量零线　EE'—触头分离瞬间　I_{gh}—关合电流　I_{AC}—触头分离瞬间的交流分量峰值　I_{DC}—触头分离瞬间的直流分量

3）工频恢复电压。工频恢复电压是在各相电弧均熄灭后，作用在断路器上的工频线电压的有效值。试验时，持续作用时间不应小于 0.3s。做三相和单相试验时，工频恢复电压值分别为：

① 三相断路器进行三相试验时，以相电压（也可以是线电压）的平均值表示，不得小于规定值的 95%。

② 三相断路器进行单相试验时，不得小于最高相电压与首开相系数（1.3 或 1.5）乘积的 95%。

③ 对于单相断路器，工频恢复电压应等于断路器的额定电压。

4）燃弧时间。关于燃弧时间的规定，GB/T 1984—2014 将其分为三相试验和单相试验，试验方法有直接试验和合成试验。在不同的试验方式下，燃弧时间要求不同。

5）操作顺序。操作顺序是指断路器用于快速自动重合闸的和不用于快速自动非重合闸的额定操作顺序。有以下两种选择：

① O-t-CO-t'-CO。除非另有规定，否则 $t=180$s，不用于快速自动非重合闸的断路器；$t=0.3$s，用于快速自动非重合闸的断路器；$t'=180$s（取代 $t'=180$s 的其他值：$t'=15$s 和 $t'=60$s），也可用于快速自动重合闸的断路器。

② CO-t''-CO。其中，$t''=15$s 不用于快速自动非重合闸的断路器；O 表示一次分闸操作；CO 表示一次分闸操作（即无任何故意的时延）之后，进行分闸操作；t、t'、t''是连续操作之间的时间间隔。

3. 试验装置

开断能力试验装置需要在短时间提供巨大的能量，这些能量一般由电网、短路发电机和高压电容器储能来提供。

（1）网络试验　网络试验是直接利用电网进行开断能力试验，即把被试断路器接到所需的电网上，人为造成电网短路来进行断路器开断能力的试验。

优点：①不需专门电源；②可做三相试验；③试验条件比较符合实际运行情况。缺点：①试验容量受到现有电网短路容量的限制；②试验时的参数由电网和试验地点所确定，调整很困难；③造成电网的短路才能进行试验，对电网有损害；④试验时间和次数受到限制；准备试验太费时间。所以，网络试验有很大的局限性。

克服上述缺点，有两种方法。

方法一：建立专供试验的网络试验站。网络试验站接线图如图12-6所示。图中，变压器T用来改变试验电压，在需要时接入；电抗器L和电阻R用以调节试验时的短路电流及功率因数；调频电容C_0用以调节瞬态恢复电压的特性。

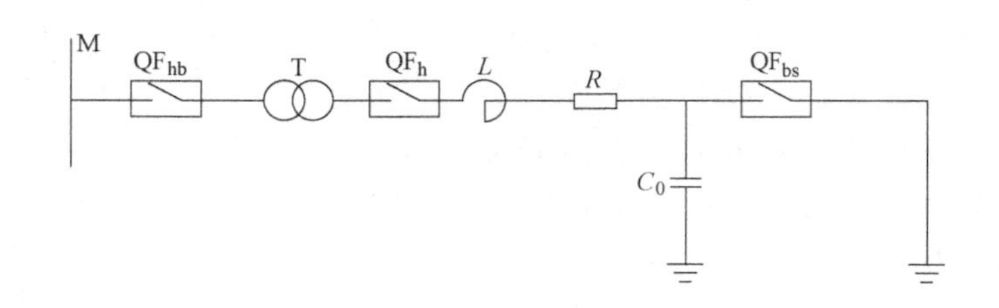

图12-6　网络试验站接线图

M—电网电线　T—变压器　QF_h—合闸断路器　QF_{hb}—后备断路器　L—电抗器　R—电阻　QF_{bs}—被试断路器　C_0—调频电容

若只进行“单分试验”，可先使被试断路器QF_{bs}和后备断路器QF_{hb}闭合，再接通合闸断路器QF_h，使线路中产生需要的短路电流，然后开断QF_{bs}进行试验。如果QF_{bs}不能开断，则由后备断路器QF_{hb}将短路电流开断而起保护作用。若进行“合分”试验，则先将QF_{hb}和QF_h闭合，然后接通QF_{bs}，产生短路电流，并立即使QF_{bs}自动分闸开断电路。同样，此时若QF_{bs}试验失败，也可由QF_{hb}开断电路。

方法二：用网络试验站做直接试验时，短路容量仍会受到限制，只有在网络合成试验时，试验容量才能提高。

合成网络试验装置的种类：有电压引入回路和电流引入回路两大类。

1）电压引入回路：电压源在电弧电流过零后才加到弧隙上，因此电流源供给过零前的大电流和刚过零后很短时间内的恢复电压，然后由电压源提供高的恢复电压。

2）电流引入回路：

① 电压源在电弧电流过零前一段时间加到弧隙上，因此电压源也要提供一定数量的电流，与电流源的大电流叠加，而过零后恢复电压完全由电压源提供。一般认为，只有在电流过零前就在弧隙上加上电压源，才能保证试验与实际开断情况基本一致。因此，电流引入回路的试验等价性要好得多。

② 威尔合成回路：是电流引入回路的一种，其原理接线图如图12-7所示。它由短路发电机G和变压器T作为电流源，而用振荡回路作为电压源。试验时，QF_f与QF_{bs}都处于闭合位置，接通QF_h后，就有短路电流i_1通过QF_f和QF_{bs}。QF_h接通后随即让QF_f与QF_{bs}分断，产生电弧。在电流过零前某一时刻（一般为几百微秒）时使点火球隙G′点火，于是预先已充到相应

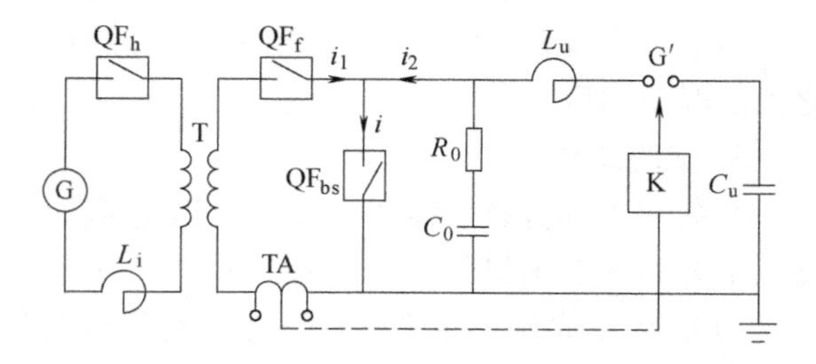

图12-7　威尔合成回路原理接线图

G—短路发电机　T—变压器　QF_h—合闸断路器　QF_f—辅助断路器　QF_{bs}—被试断路器　C_u—高压电容器　L_i、L_u—电抗器　G′—点火球隙　K—同步控制装置　TA—电流互感器　R_0—阻尼电阻　C_0—调频电容

试验电压的高压电容器 C_u 通过球隙和电抗器 L_u 向 QF_{bs} 放电，使高压回路投入工作。

电压源提供的电流 i_2 也通过 QF_{bs} 弧隙，于是 QF_{bs} 中流过的电流为 i_1+i_2，波形如图 12-8 所示。由于流过 QF_f 中的电流 i_1 比流过 QF_{bs} 中的电流（i_1+i_2）要先过零，QF_f 中的电弧就先熄灭，使电流源与被试断路器 QF_{bs} 及电压源脱离，免受高电压的危害。从图中可以看到，由于电流 i_2 的引入，使流过 QF_{bs} 的电流发生了畸变。但是只要畸变不大，并且畸变区域离电流过零点较远，可以认为不影响试验的等价性。在 bc 段时间内（通常为 50~300μs），只有电流 i_2 流过 QF_{bs} 中的电流过零，电弧熄灭，恢复电压就立即加在断路器的弧隙两端。R_0、C_0 用来调节瞬态恢复电压的参数。

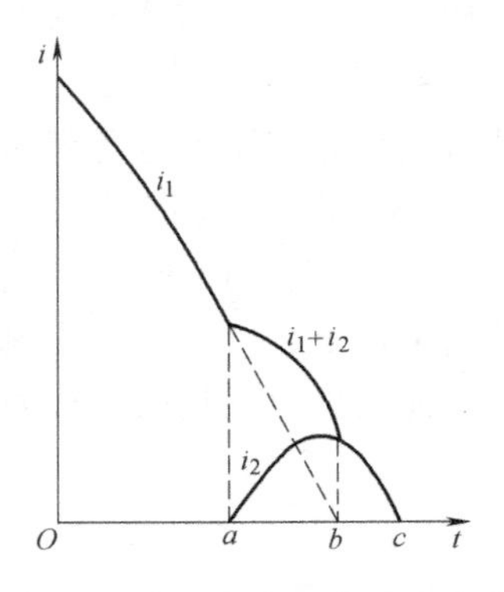

图 12-8　威尔合成回路电流波形

（2）短路发电机回路试验

1）短路发电机回路试验是一种采用巨型三相短路发电机作为试验电源的短路开断试验，其原理接线图如图 12-9 所示。

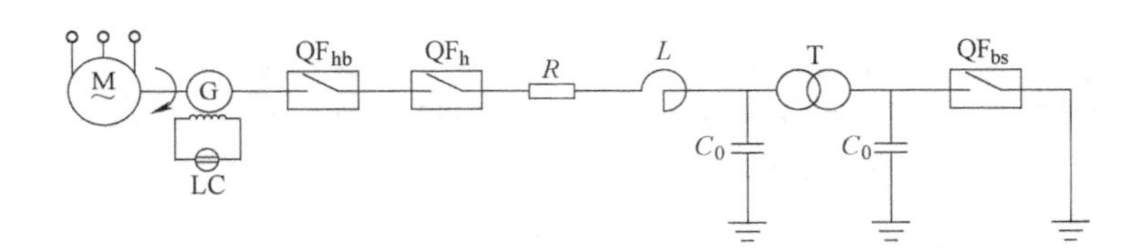

图 12-9　短路发电机回路试验原理接线图

M—交流电动机　G—短路发电机　LC—励磁机　QF_{hb}—后备断路器　QF_h—合闸断路器

QF_{bs}—被试断路器　T—变压器　L—电抗器　R—电阻　C_0—调频电容

所谓短路发电机实际上是一种特殊结构的同步发电机，只供重复地短时提供巨大的短路电流之用。它的电抗特别小，因此能提供的短路电流大，绕组的机械强度特别强，因此能经受短路电流电动力冲击的反复作用。它由一台普通交流异步电动机带动，电动机功率通常只要求能拖动发电机正常空载运转即可。同样，试验回路中也可加装变压器 T 来改变试验电压。试验电流和功率因数通过调整 L 和 R 完成。

2）操作方式：有以下两种。

①突然短路：起动电动机和励磁机组，当电动机-短路发电机机组达到额定转速后，逐渐将励磁电流通入短路发电机，使其电压达到要求值。然后，将电动机电源切除，并接通试验回路，执行短路开断试验。此时靠发电机组转子和飞轮所储存的动能提供试验能量，以保证试验时电压和转速的基本稳定。

②冲击励磁：试验前先将试验回路与短路发电机短接，但不接入励磁电流。当短路发电机达到额定转速时，将电动机的电源切断并突然加入励磁电流，这时发电机的短路电流由零开始急速上升，至一定程度时，被试断路器开断。由于冲击励磁电流可达正常励磁电流值的十余倍，因此在试验回路开断后，必须迅速使励磁绕组去磁，否则发电机端电压将急速上升而损坏绕组绝缘。这种运行方式，短路电流内没有直流分量，因此可以增大发电机的短路容量。

3）等价性：短路发电机回路试验的等价性好，能做三相试验。试验装置还能进行如重合闸试验、短时和峰值耐受电流试验等其他试验。

4）缺点：投资大，相当于一座不供电的大容量电站设备；维护、操作等较复杂。试验装置用作直接试验也受到容量的限制，但可用作合成试验时的电流源。

（3）振荡回路试验

1）原理。用小电流在较长时间内对脉冲电容器组充电，储存能量，然后经电感和被试断路器放电，以在短时间内获得交变的大电流进行高压断路器开断能力试验。

高列夫单频振荡回路的原理接线图如图12-10所示。

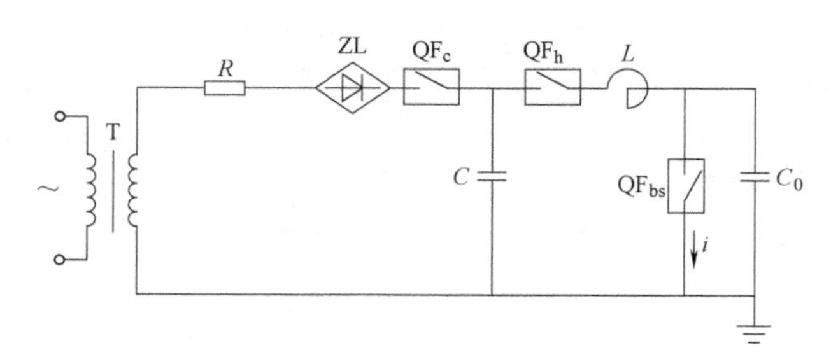

图12-10　高列夫单频振荡回路的原理接线图

T—变压器　R—限值电阻　ZL—整流器　QF_c—充电断路器　C—电容器组　L—电抗器

QF_h—合闸断路器　QF_{bs}—被试断路器　C_0—调频电容

2）分为充电回路和试验回路两部分。先合充电断路器QF_c，将电容器充电至U_{Cm}，打开QF_c，使充电回路与试验回路脱开。在被试断路器闭合状态时，接通QF_h，形成振荡的放电过程，此时将被试断路器分闸，即可进行开断能力试验。

3）在忽略回路中的电阻和被试断路器的电弧影响时，可得出放电回路中电流i和电容器上电压u_C的变化规律为

$$i=I_m\sin\omega t=\frac{U_{Cm}}{\omega L}\sin\omega t \tag{12-2}$$

$$u_C=U_{Cm}\cos\omega t \tag{12-3}$$

$$\omega=2\pi f=\frac{1}{\sqrt{LC}} \tag{12-4}$$

式中，f为振荡频率（Hz）；C为电容器组的电容量（F）；L为放电回路内的电感（H）。

4）单频振荡回路试验。

①振荡回路试验中的波形图如图12-11所示。只要合适地选择L和C，就可在放电回路中获得工频50Hz的正弦电流，而且回路中的正弦电流i落后于电容上电压u_C 90°相角。振荡回路中被试断路器开断的电流相当于电网中的纯电感性电流。当电流过零时，电容电压u_C为最大值U_{Cm}，相当于开断瞬间的工频恢复电压值。

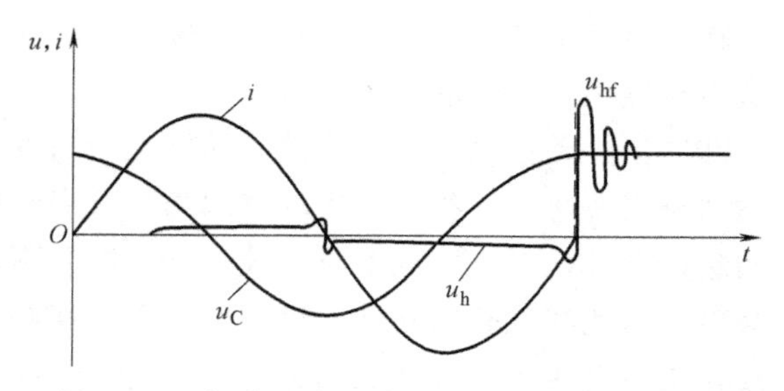

图12-11　振荡回路试验中的电流与电压波形图

② f_0：在被试断路器 QF_{bs} 上并接有调频电容 C_0，当 QF_{bs} 电流过零开断时，断路器上将出现瞬态恢复电压。瞬态恢复电压的振荡频率 f_0 为

$$f_0=\frac{1}{2\pi\sqrt{LC'}} \tag{12-5}$$

式中，C'为电容 C 和 C_0 的串联值。

由于 f_0 比工频 50Hz 高得多，因此 $C'\approx C_0$，式（12-5）可改写为

$$f_0=\frac{1}{2\pi\sqrt{LC_0}} \tag{12-6}$$

调节 C_0 可改变被试断路器开断时瞬态恢复电压的频率。如还需调节瞬态恢复电压的幅值，则可用一电阻与 C_0 并联或串联，调节电阻即可改变恢复电压幅值。

由于实际回路中总有电阻存在，振荡回路提供的是衰减振荡过程；再考虑电弧电压的影响，实际衰减就更大。因此，实际试验中有效的只是第一个半波。如果被试断路器在后面几个半波才开断，则由于损耗的结果，电源能量已大大减小，为保证开断条件，须备有附加的特殊回路。

③ 优缺点：设备简单，投资费用较少，维护、操作方便，容易做成合成回路；但不适用于进行燃弧时间较长的断路器的开断能力试验，且只能做单相试验。

示例 12-1：单频振荡回路的计算：若采用图 12-10 的高列夫单频振荡回路对一台额定电压 U_r 为 10kV、额定（短路）开断电流 I_{ke} 为 20kA 的三相断路器做满容量开断试验，则振荡回路的几个主要参数如下：

a. 电容器的充电电压 U_{Cm}。由于只能进行单相试验，工频恢复电压 U_1 应不低于以下值：

$$U_1=1.5\times U_r\times 0.9/\sqrt{3}=0.78U_r \tag{12-7}$$

式中，U_r 是线电压，为 11.5kV，则得

$$U_1=0.78\times 11.5\text{kV}=8.79\text{kV}$$

可得电容器的充电电压（即外施电压幅值）U_{Cm} 为

$$U_{Cm}\geqslant\sqrt{2}U_1=12.7\text{kV}$$

若暂不考虑衰减的影响，可取 $U_{Cm}=12.7\text{kV}$。

b. 电容量 C。试验电流的幅值 $I_m=\sqrt{2}I_{ke}$，所以

$$C=\frac{\sqrt{2}I_{ke}}{U_{Cm}\omega}=\frac{\sqrt{2}\times 20}{12.7\times 314}\text{F}=7.093\times 10^{-3}\text{F}=7.093\text{mF}$$

如采用 MY30-19 电容器，则至少需用 374 台。

c. 电感量 L。

$$L=\frac{1}{\omega^2 C}=1.43\times 10^{-3}\text{H}=1.43\text{mH}$$

d. 调频电容 C_0。对于 10kV 断路器进行满容量开断试验时，其瞬态恢复电压的固有振荡频率 f_0 的规定值为 5.9kHz，则调频电容 C_0 为

$$C_0=\frac{1}{(2\pi f_0)^2 L}=5.09\times 10^{-7}\text{F}=0.509\mu\text{F}$$

12.5.4 近区故障的开断和关合试验

由于近区故障短路区域有一段线路，故其短路电流比端部短路的短路电流小一些，此时有较高的初始瞬态恢复电压上升率（达每微秒数千伏至10kV）。由于近区故障短路阻抗很小，开断电流接近断路器的额定开断电流，且恢复电压的初始陡度极高，因此近区故障的开断很难完成。

近区故障试验是对出线端短路试验方式补充的短路试验，目的是确定高压断路器在近区故障条件下，瞬态恢复电压有电源侧和线路侧组合时断路器开断短路电流的能力。该试验仅适应于额定电压72.5kV及以上且额定开断电流超过12.5kA、直接与架空线连接的高压断路器。

受限于试验设备，近区故障试验只能采取合成试验方法。一般用链路接在电压回路（合成试验）的高压端模拟相应的架空线，其回路如图12-12所示。

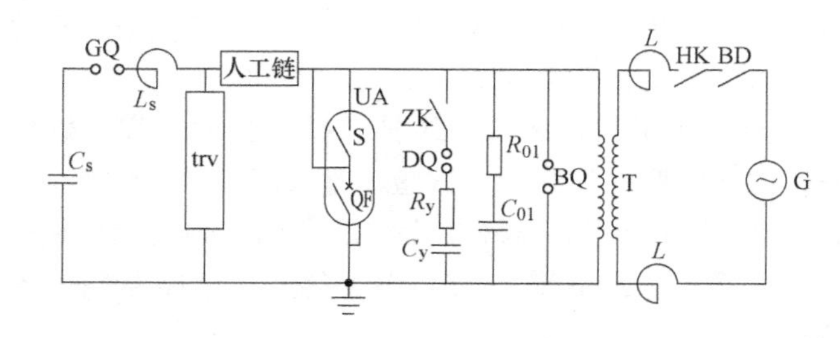

图12-12 近区故障发电机-振荡回路合成试验原理接线图（800kV，1/2极50kA）

G—短路发电机 T—短路升压变压器 S—辅助开关 QF—被试断路器

12.5.5 电容电流的开断和关合能力试验

电容电流指空载长线充电电流、电容器组电流及电缆线路充电电流。

切、合空载线路的试验可以在现场进行，也可以在实验室进行。现场试验可以进行三相整体试验，等价性较好，但试验条件有局限性，次数也有限制。对空载线路的开断研究一般在实验室进行，绝大部分采用单相单元试验。

为模拟开断空载线路的实际情况，实验室常采用*L-C*链形回路模拟空载线路。试验电路如图12-13所示。

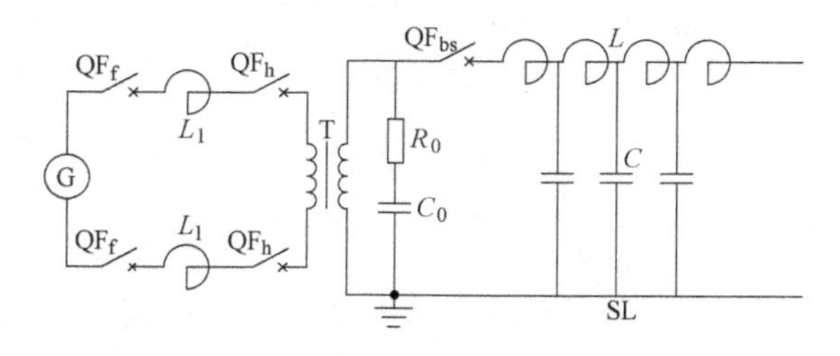

图12-13 开断空载线路试验的模拟电路

G—短路发电机 T—变压器 *L*—电抗器 QF_{bs}—试验断路器 QF_f—辅助断路器 QF_h—合闸断路器

C_0、R_0—调频电容与电阻 SL—模拟空载线路的链形回路

12.6　短时和峰值耐受电流试验

短时和峰值耐受电流试验是考核产品在闭合状态下，耐受短路故障电流的电动力效应和热效应能力的试验。

1. 受试产品

1）受试产品应装在其本身的支架或等效支架上，并配有本身的操动机构。

2）受试产品的触头接触压力应调到规定值的下限（对不可调的结构除外）。

3）配人力操动机构产品，以人力缓慢分、合闸各三次，机械传动部分应灵活可靠。

4）配动力操动机构的产品，以规定的最低操作电（气、液）压分、合闸各三次，机械传动部分应灵活可靠。

5）带有电流互感器的断路器，试验时应将电流互感器二次绕组短接并可靠接地。

6）对金属封闭开关设备的主电路和接地回路进行试验时，应将对性能或短路电流有影响的所有附件都装在金属封闭开关设备内一起进行考核。

7）试验前应测量主电路电阻（接地开关除外）。

2. 试验方法

三相或单相短时和峰值耐受电流联合试验时，应在额定短路持续时间内的一次试验中同时获得规定的峰值耐受电流峰值和短时耐受电流有效值。若因试验设备条件限制不能满足要求时，可做如下处理：

1）如不能在额定的短路持续时间内选到规定的值，则允许相应增加通流时间，但不得大于5s。

2）如不能获得规定的峰值耐受电流值时，则允许增大电流有效值，而相应地缩短通流时间。

3）若短时和峰值耐受电流试验联合进行有困难时，可分开进行。此时，短时和峰值耐受电流试验都应满足：①峰值耐受电流试验时，其通流时间不得小于0.3s，且试验的 I^2t 值不应大于规定的 I^2t 值；②短时耐受电流试验时，其通流时间可以相应延长，但不得超过5s。

三相试验（包括单独进行峰值耐受电流试验）时，三相电流交流分量有效值应尽可能相等，任一相电流有效值与三相电流有效值的平均值之差，不得大于平均值的10%。短时耐受电流试验时，I^2t 值不得低于额定的 I^2t 值。峰值耐受电流试验时，峰值耐受电流峰值至少应有一相不低于规定值。

3. 试验判据

产品在承受短时和峰值耐受电流的作用后，应满足：

1）不影响产品正常工作的任何机械损伤，如绝缘子破裂，主要零部件明显变形。局部绝缘损伤而引起的绝缘性能降低（如有争议可用相应绝缘性能试验结果判断）。

2）不应出现自动分闸及各种联锁失灵等。

3）未出现触头熔焊或有影响正常工作的烧伤（如有争议，则从额定电流下的温升是否超过规定值来判断）；接地装置触头则允许轻微熔焊，但操作应自如。

4）试验后应测量主电路电阻（接地开关除外），如果电阻的增加超过20%，且目测无法查证的话，进行一次附加的温升试验是合适的。

12.7 温升和机械性能试验

12.7.1 温升试验

高压电器在正常运行情况下，其任何部分的温升不得超过规定的允许极限值。温升试验的目的是研究和验证高压开关设备和控制设备各部分的发热情况，是型式试验之一。

1. 设备的状态

除非在相关标准中另有规定，受试高压开关设备和控制设备主电路的温升试验应该在装有清洁触头的新开关装置上进行，且如果适用的话，在试验前充以用作绝缘的合适的液体或处于最低功能压力（密度）的气体。

2. 设备的布置

试验应在户内、大体上无空气流动的环境下进行，受试开关装置本身发热引起的气流除外。实际上，当气流速度不超过0.5m/s时，就能达到这一条件。

原则上，这些试验应该在三极高压开关设备和控制设备上进行；但若其他极或其他单元的影响可以忽略的话，试验也可以在单极或单元上进行。这是非封闭开关设备的一般情况，对于额定电流不超过1250A的三极高压开关设备和控制设备，可以把三极串联后进行试验；对于特别大型的高压开关设备和控制设备，它们的对地绝缘对温升没有明显的影响，对地绝缘可以显著地降低。

接到主电路的临时连接线应使得试验时与实际运行时的连接相比较没有明显的热量从高压开关设备和控制设备散出或向高压开关设备和控制设备传入。应该测量主电路端子和距端子1m处临时连接线的温升。两者温升的差值不应该超过5K。临时连接线的类型和尺寸应该记入试验报告。注：为了使温升试验更具复现性，临时连接线的类型和尺寸可以在相关标准中予以规定。

对于三极高压开关设备和控制设备，除了上述的例外，试验应该在三相回路中进行。

试验应该持续足够长的时间以使温升达到稳定。如果在1h内温升的增加不超过1K，就认为达到这一状态。通常这一判据在试验持续时间达到受试设备热时间常数的5倍时就会满足。如果记录到的试验数据足以能够计算出热时间常数，则可以用较大电流预热电路的办法来缩短整个试验的时间。

3. 温度和温升的测量

应该采取预防措施来减少由于开关装置的温度和周围空气温度的变化之间的时间滞后引起的变化和误差。

1）对线圈，通常利用电阻变化来测量温升。只在使用电阻法不可行时才允许使用其他的方法。

电器线圈内部温度的分布沿径向是不均匀的，其最高温度点在线圈内部。测量表面温度的方法不能真实反映线圈内部的温度。而用电阻变化法测量得到的是线圈平均温升，也只能间接反映线圈内部的发热情况。

用电阻法求线圈平均温升的过程如下：

① 金属导体的电阻随温度变化，即

$$R=R_0(1+\alpha\theta) \tag{12-8}$$

式中，R 为温度为 θ℃时线圈的电阻（Ω）；R_0 为 0℃时的线圈电阻（Ω）；α 为 0℃时导线材料的电阻温度系数（1/℃）。对于纯铜为 1/234.5，对铝为 1/245。

② 设周围空气温度为 θ_{01} 时，测得线圈冷态电阻为 R_1；线圈通电发热至温度 θ_2 时，测得线圈热态电阻为 R_2，并求解可得

$$(R_2-R_1)/R_1=(\theta_2-\theta_{01})/(1/\alpha+\theta_{01})$$

整理后得

$$\theta_2=(R_2-R_1)/R_1\cdot(1/\alpha+\theta_{01})+\theta_{01} \tag{12-9}$$

③ 如果测热态电阻时周围空气温度变成 θ_{02}，则线圈温升用下式计算，即

$$\tau=\theta_2-\theta_{02}=\frac{R_2-R_1}{R_1}\left(\frac{1}{\alpha}+\theta_{01}\right)+(\theta_{01}-\theta_{02}) \tag{12-10}$$

显然，只需测得 R_1、R_2 和 θ_{01}、θ_{02}，即可算出线圈的平均温升。线圈的电阻常用惠斯顿电桥或开尔文电桥来测量。

2）除线圈以外，电器零部件各部分的温度（其温度限值已有规定）应该用温度计、热电偶或其他适用的传感器测量；它们应被放在可触及的最热点。如果需要计算热时间常数，在整个试验过程中应按一定的时间间隔记录温升。

① 表面温升的测量。测量应使用合适的热电偶或温度计，放在能测到的最热部位进行。测量时应注意：a. 温度计或热电偶的球泡应用干而清洁的毛织品等进行保护，以防散热；b. 应确保温度计或热电偶与被测部件表面之间具有良好导热性。当球泡温度计放在有交变磁场的受测点时，应使用酒精温度计。

实际测量中，一般用热电偶法来测量。利用热电偶，就把温度的测量转变为热电动势的测量。热电偶的测温原理是当热电偶的热端与冷端存在温度差时，在热电偶回路中会产生热电动势，它是热端与冷端温度的函数。若保持冷端温度不变，则所产生的热电动势就仅是热端温度的函数。为了减少测量中的误差，一般热电动势可采用直流电位差计来测得。一个电器产品做温升试验时，往往需要很多只热电偶同时测量许多点的温度，通常用一只开关转换箱接到热电偶测量电路中，以便用一台电位差计迅速地分别测量各点的热电动势。

电器温升试验常用的热电偶由线径 0.2~0.5mm 的康铜线和绝缘铜线组成，其测温范围在 300℃以内。

② 两种热电偶测温电路。利用热电偶测温的电路如图 12-14 所示。

图 12-14a 所示的测温接线线路将冷端放于空气中，把热电偶的铜丝和康铜丝的两个端头接到电位差计的测量端。若冷端的温度即为周围空气温度，测出热电动势后，直接可算得被试点的温升 ζ（单位℃）为

$$\zeta=KE_1 \tag{12-11}$$

式中，E_1 为测得的直流热电动势（mV）；K 为热电偶常数，对铜-康铜，K 为 25.1~25.4℃/mV。

图 12-14b 是另一种测温电路，其在热电偶电路中再反接串联一个相同的热电偶，该热电偶的焊接点作为冷端放于 0℃的冰水混合物中，此时用电位差计测得热电动势 E_1 后，先按式（12-11）计算出被试点的温度，再减去周围空气温度即可，得到被试点温升。系数 K

严格地说并不是常数，因此常采用热电偶的热电动势-温度校正曲线，测得热电动势后，从校正曲线上去求得精确的测量值。

为了计算热时间常数，在不超过30min的时间段内，试验过程中应该进行足够的温度测量，并应记录在试验报告或等效的文件中。

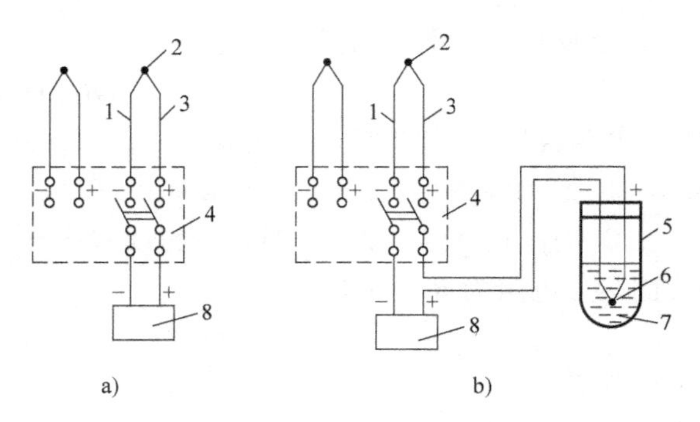

图 12-14 热电偶测温电路

a) 冷端放于空气中 b) 冷端放于冰水混合物中

1—康铜丝 2—测温端 3—铜丝 4—转换开关箱 5—保温瓶 6—冷端 7—冰水混合物 8—电位差计

4. 周围空气温度

周围空气温度是高压开关设备和控制设备周围空气（对封闭高压开关设备和控制设备是指外壳外面的空气）的平均温度。试验时，周围空气温度应该高于10℃，但低于40℃，在此温度范围内，不应进行温度值修正。

在最后四分之一的试验期间，周围空气温度的变化在1h内不应该超过1K。如果因实验室不利的温度使条件不可能达到时，可以用一台条件相同但不通电的高压开关设备和控制设备的温度来代替周围空气温度。这台附加的高压开关设备和控制设备不应受到不适当热量的影响。

12.7.2 回路电阻试验

因为高压开关设备载流时主电路和辅助电路的电阻值反映了设备的接触状态和装配质量，因此常用测回路电阻的办法来判断设备的技术状态。

1. 主电路

高压开关设备主电路电阻测量在温升试验后进行。方法是用直流测量每极端子间的电压降或电阻。对封闭高压开关设备应做特殊考虑（见相关标准）。试验电流应该取50A到额定电流之间的任一方便的值。注：经验表明，单凭主电路电阻增大不能看作触头或连接不好的可靠证据。这时，试验应当在更大的（尽可能接近额定电流的）电流下重复进行。

高压开关设备应先在温升试验前、处在周围空气温度下测量直流电压降或电阻，再在温升试验后，设备冷却到周围空气温度时测量直流电压降或电阻。试验后测得的电阻增加值不应超过20%。

型式试验报告中，应给出直流电压降或电阻测量值，以及试验时的电流、周围空气温度、测量部位等一般条件。

2. 辅助电路

根据额定连续电流的不同，高压开关设备辅助触头有1级、2级和3级三个等级，三者的额定连续电流分别为10A、2A和200mA。

(1) 1级和2级辅助触头电阻的测量　将1级和2级辅助触头每种类型的一个样品接入阻性负载回路，然后施加开路电压为6V（相对偏差为-15%）的直流电源，使其流过10mA电流；电阻测量按IEC 60513—2的试验2b进行。闭合的1级和2级辅助触头电阻的测得值不应超过50Ω（该值来自统计数值且已被用户接受）。

（2）3 级辅助触头电阻的测量　将 3 级辅助触头的一个样品接入阻性负载回路，然后施加开路电压≤30mV 的直流电源，使其流过≤10mA 的电流；电阻的测量按照 IEC 61810—7（我国尚未有与之完全对应的国家标准）。闭合的 3 级辅助触头的电阻不应超过 1Ω。

12.7.3　机械性能试验

据统计，电力系统事故约有 80%是因高压电器机械性能不好引起的。因此，机械性能试验是高压电器的基础试验，试验主要内容包括：

1）机械操作试验。用来检查产品在规定操作能源下正常工作的性能。

2）时间特性试验。测出产品的动作时间，如合闸时间、分闸时间、重合闸操作的无电流时间、金属短接时间等。

3）速度特性试验。开关触头的分、合速度是高压开关电器的重要参数之一，对断路器尤为重要。断路器速度有平均速度和瞬时速度，产生主要影响的是刚分和刚合的瞬时速度。刚分瞬时速度指断路器分闸过程中，动触头刚与静触头脱离接触的瞬间，动触头所具有的速度；刚合瞬时速度指断路器在合闸过程中，动触头刚接触静触头的瞬间，动触头所具有的速度。

4）机械强度试验。它是指高压开关电器（连同操动机构）在不带电的情况下进行连续操作规定次数的试验，用来考核产品各部位的机械强度和磨损能力。此试验又称机械寿命试验，这里的“寿命”是指制造厂需要保证电器各种机械特性均能保持稳定的最少操作次数，所以这种试验实际上是机械稳定性试验。

5）密封试验。它是指对充有气体或液体介质的产品进行的试验，以测其密封性能。

12.8　电磁兼容试验

自 20 世纪 50 年代开始，半导体器件迅速发展，自动化技术、电力电子技术、微电子技术向电器控制设备领域的不断渗透，导致成套工业控制设备受到了电磁干扰。为抑制电磁干扰，防止相互之间的有害影响，提出了电磁兼容性技术。

电磁兼容性（Electromagnetic Compatibility，EMC，常称为抗干扰），是指设备或系统在其电磁环境中符合要求运行并不对其环境中的任何设备产生无法忍受的电磁干扰的能力。它包括两个方面的要求：一是设备在正常运行时对所在环境产生的电磁干扰不超过一定的限值（EMI）；二是对所在环境中存在的电磁干扰具有一定程度的抗扰度，即电磁敏感性（EMS）。

思考题与习题

12-1　三相断路器做单相开断试验时，为什么要考虑首开相系数的影响？如何选择首开相系数的数值？

12-2　断路器开断能力试验中，满足试验条件与符合“等价性”在概念上有什么区别？

12-3　试比较网络试验、短路发电机回路试验、振荡回路试验及合成回路试验的优缺点。

12-4　合成回路试验的根据是什么？试说明电流源与电压源各自的特点，以及总设备容量减小的原因。

12-5　合成回路中电压引入回路与电流引入回路的区别与特点是什么？为保证合成回路试验的等价性，哪些主要的要求必须满足？

附　　录

附录　部分高低压电器的文字符号和图形符号

序号与类型	名称	图形符号	文字符号	备注
1. 熔断器	低压熔断器		FU	F为保护类器件
	高压跌落式熔断器			
2. 开关类器件	刀开关（机械式）		QS	Q是开关类器件
	单线表示的多极开关			
	多线表示的多极开关			
	熔断器式刀开关			
	隔离开关			
	熔断器式隔离开关			
	高压负荷开关			
	旋钮开关、旋转开关、钮子开关		SA	S是控制回路中的开关器件
	万能转换开关	Ⅰ 0 Ⅱ 1 2 3 4 5 SA a) 图形和文字符号　b) 通断表		
	行程开关	SQ 动合触头　SQ 动断触头　SQ 复合触头		
3. 断路器类	断路器	主触头　动合触头　动断触头	QF	
	熔断器式断路器			

触点号	Ⅰ	0	Ⅱ
1	+	+	
2		+	+
3	+	+	
4		+	+
5		+	+

（续）

序号与类型	名称	图形符号	文字符号	备注
4. 接触器	接触器	KM 线圈；KM KM 单相和三相动合主触头；KM 动断主触头；KM 动合辅助触头；KM 动断辅助触头	KM	
5. 继电器类	中间继电器	线圈　动合触头　动断触头	KA	K是接触器、继电器类器件
	欠电流继电器	$I<$ 线圈　$I<$ 动断触头	KI	
	过电流继电器	$I>$ 线圈　$I>$ 动合触头		
	过电压继电器	$U>$ 线圈　动合触头　动断触头	KV	
	欠电压继电器	$U<$ 线圈　动合触头　动断触头		
	时间继电器	线圈　通电延时动合触头　通电延时动断触头　断电延时动合触头　断电延时动断触头	KT	
	热继电器	单相和三相热元件　动合触头　动断触头	FR	
6. 互感器类	电流互感器		TA	T是变压器类
	电压互感器	单相　三相	TV	

（续）

序号与类型	名称	图形符号	文字符号	备注
7. 按钮	按钮（不闭锁）		SB	
8. 阻抗类	电阻器		R	
				可变（调）电阻器
	电抗器		L	
	电容器		C	第二个为可变（调）电容器

参考文献

[1] 李靖. 高低压电器及设计 [M]. 北京：机械工业出版社，2016.

[2] 周茂祥. 低压电器设计手册 [M]. 北京：机械工业出版社，1992.

[3] 尹天文. 低压电器技术手册 [M]. 北京：机械工业出版社，2014.

[4] 方鸿发. 低压电器：修订本 [M]. 北京：机械工业出版社，1988.

[5] 连理枝. 低压断路器设计与制造 [M]. 北京：中国电力出版社，2003.

[6] 陆俭国，张乃宽，李奎. 低压电器的试验与检测 [M]. 北京：中国电力出版社，2007.

[7] 陈慈萱，马志瀛. 高压电器 [M]. 北京：水利电力出版社，1987.

[8] 张节容，钱家骊，王伯翰，等. 高压电器原理和应用 [M]. 北京：清华大学出版社，1989.

[9] 徐国政. 高压断路器原理和应用 [M]. 北京：清华大学出版社，2000.

[10] 荣命哲，吴翊，杨飞. 直流开断基础及技术应用 [M]. 北京：科学出版社，2021.

[11] 荣命哲，吴翊. 开关电器计算学 [M]. 北京：科学出版社，2018.

[12] 张培铭. 智能低压电器关键技术研究 [M]. 北京：科学出版社，2018.

[13] 林莘. 现代高压电器技术 [M]. 2版. 北京：机械工业出版社，2011.

[14] 黎斌. SF_6 高压电器设计 [M]. 5版. 北京：机械工业出版社，2019.

[15] 王建华，张国钢，闫静，等. 高压开关电器发展前沿技术 [M]. 北京：机械工业出版社，2020.

[16] 米尔萨德·卡普塔诺维克. 高压断路器：理论、设计与试验方法 [M]. 王建华，闫静，译. 北京：机械工业出版社，2015.

[17] 李建基. 特高压·超高压·高压·中压开关设备实用技术 [M]. 北京：机械工业出版社，2011.

[18] 李建基. 新型高中压开关设备选型及新技术手册 [M]. 北京：中国电力出版社，2010.

[19] 梁曦东，邱爱慈，孙才新，等. 中国电气工程大典　第01卷：现代电气工程基础 [M]. 北京：中国电力出版社，2009.

[20] 周孝信，卢强，杨奇逊，等. 中国电气工程大典　第08卷：电力系统工程 [M]. 北京：中国电力出版社，2010.

[21] 关志成，朱英浩，周小谦，等. 中国电气工程大典　第10卷：输变电工程 [M]. 北京：中国电力出版社，2010.

[22] 陆俭国，仲明振，陈德桂，等. 中国电气工程大典　第11卷：配电工程 [M]. 北京：中国电力出版社，2009.

[23] 中国电器工业协会. 低压开关设备和控制设备　第2部分：断路器：GB/T 14048.2—2020 [S]. 北京：中国标准出版社，2021.

[24] 中国电器工业协会. 低压开关设备和控制设备　第3部分：开关、隔离器、隔离开关以及熔断器组合电器：GB/T 14048.3—2017 [S]. 北京：中国标准出版社，2018.

[25] 全国高压开关设备标准化技术委员会. 高压交流断路器：GB/T 1984—2014 [S]. 北京：中国标准出版社，2015.